普通高等教育"十三五"规划教材·全国高等院校规划教材

酶学与酶工程导论

邹国林 刘德立 周海燕 张新潮 编著

清华大学出版社
北京

内 容 简 介

本书共 12 章,对酶学和酶工程的基本概念、基本理论与基础知识进行了系统的阐述,并介绍了本学科的最新进展。前 5 章比较全面地论述了酶学的基本理论和基础知识,后 7 章主要介绍酶工程相关内容。

本书可作为综合性大学、师范院校、理工院校、农林院校、医药院校的生物科学、生物技术、生物工程及相关专业的本科生教材,亦可作为有关专业的研究生教材,还可供相关教师和科技工作者参考。

版权所有,侵权必究。举报:010-62782989,beiqinquan@tup.tsinghua.edu.cn。

图书在版编目(CIP)数据

酶学与酶工程导论/邹国林等编著. —北京:清华大学出版社,2021.8
普通高等教育"十三五"规划教材　全国高等院校规划教材
ISBN 978-7-302-56819-3

Ⅰ. ①酶… Ⅱ. ①邹… Ⅲ. ①酶学－高等学校－教材 ②酶工程－高等学校－教材 Ⅳ. ①Q55 ②Q814

中国版本图书馆 CIP 数据核字(2020)第 217403 号

责任编辑:罗　健
封面设计:刘艳芝
责任校对:欧　洋
责任印制:杨　艳

出版发行:清华大学出版社
　　　　网　　　址:http://www.tup.com.cn,http://www.wqbook.com
　　　　地　　　址:北京清华大学学研大厦 A 座　　　　　邮　　编:100084
　　　　社 总 机:010-62770175　　　　　　　　　　　　邮　　购:010-62786544
　　　　投稿与读者服务:010-62776969,c-service@tup.tsinghua.edu.cn
　　　　质量反馈:010-62772015,zhiliang@tup.tsinghua.edu.cn
印 装 者:三河市君旺印务有限公司
经　　销:全国新华书店
开　　本:185mm×260mm　　印　张:28.5　　插　页:12　　字　　数:747 千字
版　　次:2021 年 8 月第 1 版　　　　　　　　　　　　　印　　次:2021 年 8 月第 1 次印刷
定　　价:89.80 元

产品编号:085257-01

前　言

PREFACE

酶学是生物化学与分子生物学的一门分支学科。酶工程是生物工程的一个重要组成部分。它们与生物学、农学、医学、化学等学科的许多分支学科有广泛的联系并相互交叉渗透。

1998 年以前，大学本科一般以二级学科设专业，例如生物化学与分子生物学专业，酶学是其重要专业课之一。1998 年以后，一般采用一级学科设专业，例如生物学（多以生物科学、生物技术、生物工程等名义），酶工程是主要的专业课之一；但研究生仍以二级学科设专业。

以前的酶学课程以酶学内容为主，以酶工程内容为辅；而酶工程课程则以酶工程内容为主，以酶学内容为辅。酶学的基本概念、基本理论和基础知识是酶工程的重要基础，也是其他有关领域的重要基础。学生的酶学基础薄弱了，不仅对其今后在酶工程科研和应用等方面的发展有严重的影响，而且对其在其他相关领域的发展也有影响。基于这种考虑，在本书内容安排上，加强了酶学理论的内容，使酶学与酶工程两部分内容基本均衡。这既符合相关专业本科生通才教育的需求（厚基础、宽口径），也为相关专业的研究生提供了一本具学科交叉性质的可选用的教材。

在内容安排上，本书既要考虑知识的系统性、逻辑性，又要尽量避免与其他课程内容重复，还要避免本书前后章节的内容重复。例如酶分子结构与功能一章，重点安排酶分子结构特征等内容，尽量避免与蛋白质相关课程重复，又尽量避免与本书后续章节内容重复。

武汉大学邹国林编写本书第 1、2、3 章，华中师范大学刘德立编写第 8、9、12 章，湖南农业大学周海燕编写第 6、7、11 章，湖北师范大学张新潮编写第 4、5、10 章，最后由邹国林统稿。本书编入了不少新近的科研成果，并融汇了作者多年教学、科研的心得体会，但由于编著者学识有限，书中难免有不妥或错误之处，敬请读者不吝指正。本书封面彩图表示的是纳豆激酶的最适底物被对接到该酶的活性中心，这是我们自己的研究成果，详见本书相关内容和第 125 条、第 126 条参考文献。

本书的出版得到了清华大学出版社领导和罗健编辑的大力支持，清华大学生命科学学院李珍教授对本书进行了审读，在此表示衷心的感谢！还得到下列同志的鼓励和帮助：湖南农业大学谢达平，武汉大学郑忠亮、余建清，湖北工业大学李冬生，三峡大学邹昆，吉首大学李克纲，阜阳师范大学李文雍，宜春学院梅光泉，中国科学院微生物研究所唐双焱，怀化学院胡兴，华中师范大学袁永泽，湖北师范大学王卫东、汪劲松，唐山师范学院李春香，武汉华夏理工学院程弘夏，湖北大学李顺意，武汉工程大学吕中，武汉科技大学伍林、左振宇，厦门大学张连茹、汤凯，桂林医学院杨扬，北京大学唐李斐、吴显辉，中南民族大学杨天鸣、林爱华，湖北民族大学唐巧玉，江西中医药大学翁美芝,南昌大学晏润纬,南开大学张裕英,杭州师范大学范汉东,湖南科技学院袁志辉,红河学院李娜,湖北工程学院盛继群,中国地质大学(武汉)曾宪春,湖北文理学院余海忠,北京工商大学贾焱,中国药科大学蒋淑君,上海交通大学朱顺英,湖北科技学院丁涵静等,在此一并表示感谢!

邹国林

2021 年 5 月于武昌珞珈山

目 录

CONTENTS

第1章

绪　论

1.1.1　酶的概念及酶作用的特点

化学反应的催化是指通过催化剂(一种在整个反应中不被消耗的物质)加速化学反应的过程。催化剂改变了反应的途径,使反应通过一条活化能比原途径低的途径进行。催化剂的效应只是反映在反应的动力学上,而不影响反应的热力学。催化剂的效率由原途径与替代途径的相对速度来体现。

催化剂有一般的化学催化剂和生物催化剂两大类。生物催化剂(biocatalyst)是具有催化功能的生物大分子(包括蛋白质和 RNA、DNA)。

酶(enzyme)是一类生物催化剂,是具有催化功能的蛋白质。

酶具有催化剂的共性。只要有少量酶存在即可大大加快反应的速度。它能使反应迅速达到平衡,但不改变反应的平衡点。有时它也参与反应,但在反应前后本身无变化,因此可重复使用。

酶与一般的化学催化剂相比,还具有下述特性。

(1) 更高的催化效率。酶催化的反应速率是相应的无催化反应速率的 $10^8 \sim 10^{20}$ 倍,并且至少高出非酶催化反应速率几个数量级。

(2) 更高的反应专一性。酶对反应的底物和产物都有极强的专一性。也就是说,酶催化反应几乎没有副产物。例如,在核糖体上酶催化生物合成中,由超过 1000 个氨基酸残基组成的多肽被合成而没有错误。但是在多肽的化学合成中,由于副反应和不完全反应的存在,而限制了多肽的合成长度,即使是精确地合成,也只能达到约 50 个氨基酸残基的长度。

(3) 温和的反应条件。酶催化反应都发生在相对温和的条件下。例如,温度低于 100℃,正常的大气压,中性的 pH 环境。相反,一般化学催化往往需要高温、高压和极端的 pH 条件。

(4) 具有调节能力。许多酶的催化活性可受到多种调节机制的灵活调节。这些调节机制有别构调节、酶的共价修饰调节和酶合成与降解的调节等。

(5) 当然,由于酶是蛋白质分子,也容易变性和失活。

下面介绍酶催化的高效性和专一性,有关酶调节的内容放在后面相关部分介绍。

1. 酶催化的高效性

酶的催化效率非常高。就分子比(molecular ratio)而言,酶催化反应速度比非催化反应速

度高 $10^8 \sim 10^{20}$ 倍，比非酶催化反应速度高 $10^7 \sim 10^{13}$ 倍。以转换数(turnover number，即每个酶分子每分钟催化底物转变的分子数)表示，大部分酶为 1000 左右，β-半乳糖苷酶为 12500，β-淀粉酶为 1100000，最高的是碳酸酐酶，达 36000000。

酶如何有如此惊人的催化能力呢？这主要由下述原因造成。

(1) 酶可极大地降低反应所需的活化能。处于初态的分子要发生反应，首先要吸收能量成为活化分子，才能产生有效碰撞，打破和形成一些化学键，最终形成产物。活化态分子的能量超过初态分子的平均能量，超出的那部分能量就是活化能。活化能定义为在一定温度下一摩尔反应物全部进入活化态所需要的自由能。其单位是焦耳/摩尔。

图 1-1 比较了无催化剂、非酶催化剂和酶存在下反应各自所需的活化能，可看到酶催化反应所需的活化能远低于非酶催化反应，更低于非催化反应。例如过氧化氢的分解反应，无催化剂时需活化能 75.24kJ/mol，用胶态钯作催化剂时需活化能 48.94kJ/mol，用过氧化氢酶催化时只需活化能 8.36kJ/mol。

(2) 酶催化是多种催化因素的协同作用。形成酶催化高效性的主要因素有：酶与底物的邻近效应和定向效应，酶与底物相互诱导的扭曲变形和构象变化的催化效应，广义的酸碱催化，共价催化、金属离子催化及酶活性中心微

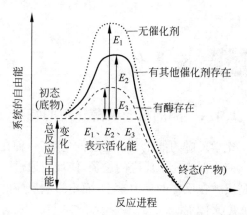

图 1-1 酶和其他催化剂降低反应活化能示意图

环境的影响等。在一个具体的酶催化反应中，往往是上述因素中的几个因素同时起作用，从而表现出酶催化功能的高效性。这是一般化学催化剂所无法比拟的。详细内容将在酶催化作用机制一章介绍。

2. 酶的底物专一性(substrate specificity)

酶的底物专一性是指酶对它的催化对象有严格的选择性。一种酶只能催化某一类，甚至某一种分子起反应。

(1) 解释底物专一性的假说。底物和其他分子与酶结合的非共价力在性质上与维系酶本身立体构象的力是相同的，包括范德华力、静电力、氢键和疏水作用。通常一个底物结合部位由一个酶分子表面的凹槽或空穴组成。这是酶的活性中心，它的形状与底物分子形状互补。底物分子或底物分子的一部分像钥匙一样，可专一地契入到酶活性中心部位，通过多个结合位点的结合，形成酶-底物复合物；同时，酶活性中心的催化基团正好对准底物的有关敏感键，可顺利地进行催化反应。这就是刚性模板(template)或锁与钥匙学说(lock and key theory)(图 1-2)。非底物分子，由于其分子形状或相关基团的排布与底物分子不同，或是不能楔入酶活性中心，或是可进入酶活性中心，但不能与酶的结合基团结合形成复合物。例如立体对映的一对分子，虽然基团相同，但空间排布不一样。只有底物分子的这些基团才能与酶活性中心及其结合基团互补匹配；而非底物分子不能互补匹配，无法形成复合物。

酶既可催化一个反应的正向反应，亦可催化此反应的逆向反应。上述的这种刚性模板学说，就无法解释酶活性中心的这种刚性结构如何既能适合一个可逆反应的底物，又适合此反应的产物。但诱导契合假说(induced-fit hypothesis)就能克服上述困难。它解释酶分子与底物邻

近时,酶分子受底物诱导,构象发生有利于与底物结合的变化,最终形成酶与底物的互补契合。X 衍射分析结果证实,绝大多数酶与底物结合时,确有显著的构象变化。图 1-3(左)表示底物未进入酶活性中心的酶活性中心构象。图 1-3(右)表示底物进入酶活性中心,诱导酶活性中心构象发生变化,有利于与底物互补契合形成酶-底物复合物,并可顺利地进行催化反应。而非底物分子不能诱导酶活性中心发生正确的构象变化,结果或不能形成复合物,或不能产生催化反应。

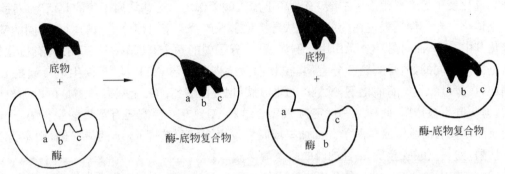

图 1-2　酶与底物的"锁与钥匙关系"学说示意图　　　　图 1-3　酶与底物的诱导契合作用

(2) 酶的底物专一性类型。一般说来,一种物质分子能否成为某种酶的底物,必须具备两个条件:一是该分子上有被酶作用的化学键;二是该分子上有一个或多个结合基团能与酶活性中心结合,并使其敏感键对准酶的催化基团。图 1-4 是胰凝乳蛋白酶底物专一性示意图及底物的结构。该酶需要底物有一个疏水基团结合于酶上的疏水部位。这个结合起定位作用,使底物的敏感键对准酶的催化基团。同时这种结合所释放的能量,又可作为催化的驱动力。

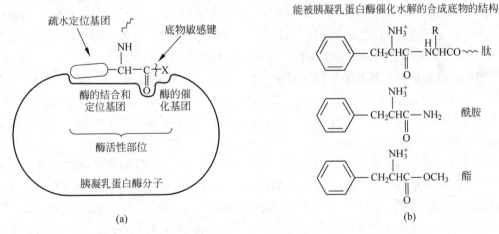

(a) 底物在酶分子上的结合和定位;(b) 胰凝乳蛋白酶专一性底物的结构

图 1-4　胰凝乳蛋白酶底物的专一性

酶的底物专一性一般可分为下列类型:

(1) 立体化学专一性(stereochemical specificity)。酶对手性底物的结合和催化都显示出高度的专一性。这种专一性的存在,是因为酶通过其本身固有的手性(蛋白质仅由 L-氨基酸组成)形成了不对称的活性中心。立体化学专一性可分为两种。

a. 光学专一性(optical specificity)。例如,精氨酸酶只催化 L-精氨酸水解,对 D-精氨酸无作用。这种酶对光学异构体的高度选择性称为光学专一性。它是相当普遍的现象。例如,乳酸脱氢酶只作用 L-乳酸,谷氨酸脱氢酶只作用 L-谷氨酸,胰蛋白酶只作用与 L-氨基酸有关的肽键和酯键,葡萄糖代谢中的酶仅对 D-葡萄糖残基有作用。

b. 几何专一性(geometrical specificity)。它涉及立体化学结构中的顺式和反式异构体。例如,反丁烯二酸酶只催化反丁烯二酸生成苹果酸,而对顺丁烯二酸无作用。又例如,丁二酸脱氢酶只催化反丁烯二酸生成丁二酸,而对顺丁烯二酸无作用。这些均属于酶的几何专一性。

立体化学专一性还表现在酶能区分从有机化学观点看属于对称分子中的两个等同的基团,只催化其中一个,而对另一个无作用。例如,甘油分子中的两个—CH_2OH 基团,从有机化学观点看是完全相同的,但是酶能区分它们,在甘油激酶催化下与 ATP 反应,仅生成 1-磷酸甘油。又例如,在酵母醇脱氢酶催化下,NAD^+ 的烟酰胺(尼克酰胺)环 C_4 上只有一侧是可以加氢或脱氢的,另一侧不被作用,此种专一性定为 A 型。这种 A 型专一性酶还有苹果酸脱氢酶、异柠檬酸脱氢酶以及有的乳酸脱氢酶等。如加氢或脱氢发生在烟酰胺环 C_4 上的另一侧,则定为 B 型专一性酶,如谷氨酸脱氢酶、α-甘油磷酸脱氢酶等。

(2) 非立体化学专一性。如酶不具有立体化学专一性或不从立体化学专一性考虑,尚可对底物的键以及组成该键的基团考虑酶专一性。

a. 键专一性(bond specificity)。酶只对作用的键要求严格,而对键两端的基团无特殊要求。例如,酯酶可催化酯键水解,而对底物 $R\!-\!\overset{O}{\underset{}{C}}\!-\!OR'$ 中的 R′ 和 R 基团无特殊要求,只是对不同底物的水解速度有所不同。又例如,磷酸酯酶可水解各种磷酸酯分子。这类键专一性酶对底物结构的要求最低。

b. 基团专一性(group specificity)。酶不仅对所作用的键有严格要求,还对键一端的基团要求严格,但对键另一端的基团要求不严格。它亦称族专一性。例如 α-D-葡萄糖苷酶不仅要求作用的键是 α-糖苷键,而且要求此键一端必须是葡萄糖残基,对此键另一端的基团则无特殊要求,所以含 α-葡萄糖苷的蔗糖和麦芽糖均可成为该酶的底物。

基团专一性和键专一性可统称为相对专一性(relative specificity)。

c. 绝对专一性(absolute specificity)。酶只能作用于一个底物,催化一个化学反应。例如,大麦芽中的麦芽糖酶只作用于麦芽糖,而不作用于其他双糖;碳酸酐酶只作用于碳酸;脲酶只催化尿素水解等。

不同的蛋白酶都水解肽键,但它们的专一性程度不相同。例如,枯草芽孢杆菌蛋白酶只要求被作用肽键的氨基端有一个疏水基团。消化道的几种蛋白酶的专一性如图 1-5 和表 1-1 所示。凝血酶只水解 L-精氨酸的羧基与 L-甘氨酸的氨基组成的肽键,专一性非常高。

立体化学专一性和非立体化学专一性是从不同角度考虑的类别划分,因此往往同一个酶的专一性类别可互相重叠。例如,二肽酶是键专一性酶,因不能水解 D-氨基酸组成的肽,所以又是光学专一性酶。又例如,反丁烯二酸酶是几何专一性酶,因它只能催化反丁烯二酸和 L-苹果酸相互转变的这一反应,所以它又属绝对专一性酶。再例如,精氨酸酶既属于光学专一性酶,又属于绝对专一性酶。

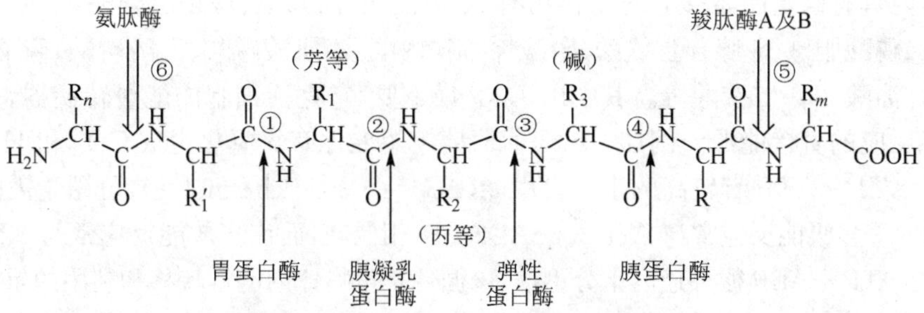

图 1-5 消化道中几种蛋白酶的专一性

表 1-1 消化道蛋白酶作用的专一性

酶		对 R 基团的要求	键作用部位	脯氨酸的影响
内肽酶	胃蛋白酶	R_1，R_1'：芳香族氨基酸及其他疏水氨基酸（NH_2 端及 COOH 端）	①	对肽键提供 $-\underset{H}{N}-$ 的氨基酸为脯氨酸时，不水解
内肽酶	胰凝乳蛋白酶	R_1：芳香族氨基酸及其他疏水氨基酸（COOH）端	②	对肽键提供 $-\underset{\underset{O}{\|}}{C}-$ 的氨基酸为脯氨酸时，水解受阻
内肽酶	弹性蛋白酶	R_2：丙氨酸，甘氨酸，丝氨酸等短脂肪链的氨基酸（COOH 端）	③	
内肽酶	胰蛋白酶	R_3：碱性氨基酸（COOH）端	④	对肽键提供 $-\underset{\underset{O}{\|}}{C}-$ 的氨基酸为脯氨酸时，水解受阻
外肽酶	羧肽酶 A	R_m：芳香族氨基酸	⑤羧基末端的肽键	
外肽酶	羧肽酶 B	R_m：碱性氨基酸	⑤羧基末端的肽键	
外肽酶	氨肽酶		⑥氨基末端的肽键	
二肽酶		要求相邻两个氨基酸上的 α-氨基和 α-羧基同时存在		

注：①～⑥见图 1-5。

1.1.2 酶的重要性及其分布

组成生命活动的大量生化反应都是由一套特异的酶所催化的。例如，光合作用、食物的消化等均离不开酶。在一个细胞内，存在着形形色色的物质分子，它们之间可以发生各种各样的反应，细胞利用酶使这复杂的生化反应得以有序而顺利地进行，保证正常代谢途径的畅通而不发生副反应。生物体内条件温和，酶催化反应却非常迅速。例如，某些细菌在 20min 就增殖一代，酶在这短短的时间内能合成新细胞内全部的复杂物质。

生命活动需要能量，如人体所需要的能量来自糖类、脂类和蛋白质。在酶催化作用下，糖类转变为单糖，脂肪转变为脂肪酸和甘油，蛋白质转变为氨基酸，再经过氧化途径进行分解代谢而释放能量并伴随生成高基团转移势化合物，以便于能量的转移和利用。

生物体内具有高基团转移势的化合物有 ATP、乙酰辅酶 A、琥珀酰辅酶 A、尿苷二磷酸葡萄糖、胞苷二磷酸胆碱、S-腺苷蛋氨酸、磷酸烯醇式丙酮酸、肌酸磷酸、乙酰磷酸、磷酸精氨酸、氨甲酰磷酸、甘油酸-1,3-二磷酸等。其中以 ATP 最重要，它是活细胞的能量转换器，是活细胞内大部分需能反应的直接能源。例如，1mol 葡萄糖经酶催化有氧氧化生成 CO_2 和 H_2O 时，可净生成 38mol ATP。ATP 有较高的水解自由能($\Delta G° = -30.5kJ \cdot mol^{-1}$)，可用于需能的生化反应。生物体内许多吸能反应常与 ATP $\longrightarrow$ ADP+Pi 相偶联，而许多放能反应常与 ADP+Pi $\longrightarrow$ ATP 相偶联，ATP—ADP 循环速度十分迅速，该循环是生物体内能量转移和利用的重要环节。

酶是生物体内产生的，具有专一性和高度催化效能的蛋白质。生物体内几乎没有一种生化反应不是酶催化的。新陈代谢就是酶催化的许多同化与异化反应的复杂体系。生物的发育、生长、繁殖等都涉及酶的催化作用。酶系统的完整性与协调性成为生命的关键。否则，将引起疾病，甚至危及生命。许多毒物之所以有毒，就在于它们是酶的抑制剂，会使酶失活。生物体内酶的种类和性质是由其基因决定的，如基因发生突变，可能会导致遗传性疾病。

生物体内存在酶活性的调节(如别构调节和共价修饰调节)和酶含量的调节(如酶合成与降解的调节)，以保持体内代谢的动态平衡，维持正常的生命活动。

一个细胞内含有上千种酶，互相有关的酶往往组成一个酶体系，分布于特定的细胞组分中。因此，某些调节因子可以比较特异地影响某细胞组分中的酶活性，而不使其他组分中的酶受到影响。

有些酶定位于细胞的膜质结构上，它们大多数包含 4 个结构域，即膜外结构域、跨膜结构域、茎区和催化结构域，在细胞中执行许多重要的生理功能。许多非膜结合酶存在于胞液、线粒体基质或核液等可溶性细胞成分中，没有穿膜结构域，也不存在 N 端或 C 端的定位问题。

在细胞内各个组分中，酶的种类与含量是不同的。表 1-2～表 1-7 列出了哺乳动物细胞内某些组分所含的部分酶。

表 1-2 分布于细胞核的酶

定位区域	酶
核被膜	酸性磷酸酶、葡萄糖-6-磷酸酶
染色质	三磷酸核苷酶、RNA 核苷酸转移酶Ⅱ、RNA 核苷酸转移酶Ⅲ、DNA 核苷酸转移酶、烟酰胺核苷酸腺苷酰转移酶
核仁	RNA 核苷酸转移酶Ⅰ、RNA 甲基转移酶、核糖核酸酶
核内可溶性部分	酵解酶系、磷酸戊糖途径酶系、精氨酸酶、乳酸脱氢酶、苹果酸脱氢酶、异柠檬酸脱氢酶

表 1-3 分布于细胞溶质的酶

类　别		酶
参与糖代谢的酶	酵解酶系	糖原合成酶、二磷酸果糖酶、磷酸化酶激酶、蛋白激酶、磷酸烯醇式丙酮酸羧激酶
	磷酸戊糖途径酶系	苹果酸脱氢酶、乳酸脱氢酶、异柠檬酸脱氢酶、柠檬酸裂合酶、1-磷酸葡萄糖尿苷酸转移酶
参与脂代谢的酶		脂肪酸合成酶复合体、乙酰辅酶 A 羧化酶、3-磷酸甘油脱氢酶
参与氨基酸、蛋白质代谢的酶		天冬氨酸氨基转移酶、丙氨酸氨基转移酶、精氨酸酶、精氨琥珀酸合成酶、精氨琥珀酸裂解酶、氨基酰-tRNA 合成酶
参与核酸合成的酶		核苷激酶、核苷酸激酶

表 1-4 分布于内质网的酶

定位区域	酶
光滑内质网	胆固醇合成酶系、固醇羟基化酶系、($C_{16}\sim C_{24}$)脂肪酸碳链延长酶系、肉毒碱酰基转移酶、磷酸甘油酰基转移酶、药物代谢酶系(芳环羟化、侧链氧化、脱氨、脱烷基、脱卤等反应)
粗糙内质网(细胞质一侧)	蛋白质合成酶系、三磷酸腺苷酶、$5'$-核苷酸酶、细胞色素 b_5 还原酶、NADPH-细胞色素还原酶、GDP 甘露糖 α-D-甘露糖基转移酶、胆固醇酰基转移酶
粗糙内质网(内腔侧)	二磷酸核苷酶、6-磷酸葡萄糖酶、β-D-葡糖苷酸酶、UDP-葡糖苷酰基转移酶

表 1-5 分布于线粒体的酶

定位区域	酶
外膜	酰基辅酶 A 合成酶、甘油磷酸酰基转移酶、磷酸胆碱转移酶、NADH 脱氢酶、细胞色素 b_5 还原酶、单胺氧化酶、狗尿酸原羟化酶、磷脂酶 A_2、腺苷酸激酶、己糖激酶
膜间腔	核苷激酶、腺苷酸激酶、L-木酮糖还原酶
内膜	NADH 脱氢酶、琥珀酸脱氢酶、3-羟丁酸脱氢酶、3-磷酸甘油脱氢酶、细胞色素 C 氧化酶、ATP 酶、己糖激酶、肉毒碱软脂酰转移酶
基质	三羧酸循环酶系、脂肪酸 β-氧化酶系、氨甲酰磷酸合成酶、鸟氨酸氨甲酰转移酶、丙酮酸羧化酶、谷氨酸脱氢酶

表 1-6 分布于溶酶体的酶

类 别	酶
水解蛋白质的酶	组织蛋白酶、弹性蛋白酶、胶原蛋白酶
水解糖苷类的酶	β-葡萄糖醛酸苷酶、β-半乳糖苷酶、α-甘露糖苷酶、β-N-乙酰氨基葡糖苷酶、葡聚糖酶、透明质酸酶、溶菌酶、神经氨糖酸苷酶
水解核酸的酶	核糖核酸酶Ⅱ、脱氧核糖核酸酶Ⅱ
水解脂类的酶	磷脂酶 A、胆固醇酯酶
其他水解酶	酸性磷酸酯酶、芳基硫酸酯酶

表 1-7 分布于过氧物酶体的酶

氧化还原酶类	过氧化氢酶、尿酸氧化酶、D-氨基酸氧化酶、3-磷酸甘油酸脱氢酶、α-羟酸脱氢酶、酰基磷酸二羟丙酮-NADPH 氧化还原酶
转移酶类	磷酸二羟丙酮乙酰转移酶、肉毒碱乙酰转移酶

从上面一些表可看到,细胞内的一定超微结构中存在着特定的酶。酶存在的特定部位称为酶的定位(localization of enzyme)。许多定位于细胞超微结构中的酶,可采用酶组织化学的特异反应而被观察到。对证明酶的定位来说,反应越特异,就越能准确地显示酶在细胞内的定位。这种反应的特异性(reaction specificity)对酶组织化学是极其重要的。酶组织化学是一门实用性很强的学科,详细内容可参阅有关专著。

有些酶只分布于细胞内某种特定的组分,成为标志酶。它们可作为细胞组分鉴别的依据。表 1-8 列出了一些细胞组分的生化功能及其标志酶。

表 1-8　细胞各部分的生化功能与标志酶

细胞部分	标志酶	主要生化功能
细胞核	烟酰胺单核苷酸(NMN)腺苷酰转移酶	DNA、RNA、NADH 的生物合成
线粒体	琥珀酸脱氢酶、细胞色素氧化酶	电子转移,氧化磷酸化,尿素循环,三羧酸循环,脂肪酸氧化,血红素生物合成
溶酶体	酸性磷酸酶	细胞成分的水解
微粒体(核蛋白体、多核蛋白体、内质网)	葡萄糖-6-磷酸酶,NADPH-细胞色素 C 还原酶	蛋白质合成 药物的解毒 黏多糖、葡萄糖苷酸、胆固醇、磷脂的生物合成
上清液(可溶部分)	乳酸脱氢酶	氨基酸活化 糖酵解 糖的异生作用 戊糖磷酸旁路 脂肪酸的生物合成

生物的种类繁多,在不同的生物、不同的细胞组织及不同的发育过程中,酶的种类与含量均有很大差异。

表 1-9 列出了大鼠一些器官组织中某些酶的分布情况,从中可看到酶的种类与含量存在很大差异。

表 1-9　大鼠的各组织中酶的分布[*]

细胞部分	肝	肾	脾	心	骨骼肌	肺	胃黏膜	小肠	大肠	胰腺	脑
α-淀粉酶			0	0	0			0.7		100	0
β-半乳糖苷酶	45	100	68	5				44		13	4
组织蛋白酶	46	100	88		8	48					21
天冬酰胺酶	38	100	26			14				16	29
谷氨酰胺酶	8	46	6	5		6		33		7	100
精氨酸酶	100	15	5	0	4					2	1
鸟嘌呤脱氨酶	80	76	92		0					57	100
腺嘌呤脱氨酶	11	35	100								
三磷酸腺苷酶	47	74	48	100	82	80				42	25
二磷酸果糖醛缩酶	6	5	3	12	100	1.5		1		0.2	8
柠檬酸合成酶	8	16			100						
碳酸酐酶	100	19	25				0			100	31
延胡索酸水化酶	68	66		100							
顺乌头酸水化酶	77	100				18		10			8
烯醇化酶	9	15		6	100						9
磷酸葡萄糖异构酶	21	0.5		1	0.5	5		15	100	1.5	
丙酮酸羧化酶	100	66		0	0						0

[*] 每种酶的分布为组织间相对比较数(以酶量最多的组织作为100)。

有些酶分布极广泛,如催化糖酵解的酶类。但有些酶往往不存在于某些器官组织,例如,脾、心、脑、小肠、胰腺、骨骼肌中不存在 D-氨基酸氧化酶,骨骼肌中不存在黄嘌呤氧化酶。有些器官组织中某些酶活性特别高,可能与该器官组织特征有关系,例如,脑中的乙酰胆碱酯酶和谷氨酰胺合成酶,脾、肾中的酸性磷酸酶,小肠黏膜中的碱性磷酸酶等。

大多数组织中有不同类型的细胞,而不同类型的细胞所含的酶可能在很大差异。

生物在发育过程的不同阶段所含的酶亦有差异。图1-6为大鼠肝中某些酶在发育过程中的变化情况。

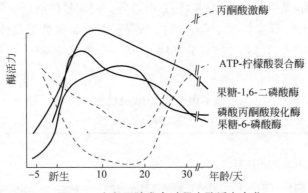

图1-6 大鼠肝脏发育过程中酶活力变化

某些疾病会引起组织所含的酶发生很大变化。例如,肝脏中形成尿素的酶系统在肝癌中不存在,胃癌中没有胃黏膜形成胃蛋白酶原的系统,小肠癌中碱性磷酸酶和酯酶的活性下降到很低的水平。

某些生物中,酶的差异显示种属的特征。例如,精氨酸酶存在排尿素动物的肝中,而在排尿酸动物(如鸡)的肝中不存在,但在肾中存在。

不同生物所含有的同一种酶,其一级结构往往有差异,并体现出进化上亲缘关系的远近。

1.1.3 酶的命名和分类

酶种类繁多,在早期由于没有一个系统的命名法则,使用的名称都是习惯沿用的,有时就出现一酶数名或一名数酶的混乱情况。为了避免这种混乱,国际酶学会于1961年提出了酶的系统命名法和系统分类法。

1. 国际系统命名法

该命名法规定,每一种酶有一个系统名称(systematic name),其命名原则如下所述。

(1) 名称由两部分构成:前面为底物名,如有两个底物则都写上,并用“:”分开;若底物之一是水时,可将水略去不写。后面为所催化的反应名称。例如,ATP:己糖磷酸基转移酶。

(2) 不管酶催化正反应还是逆反应,都用同一名称。当只有一个方向的反应能够被证实,或只有一个方向的反应有生化重要性,自然就以此方向来命名。有时也带有一定的习惯性,例如在包含有NAD^+和NADH相互转化的所有反应中($DH_2 + NAD^+ \rightleftharpoons D + NADH + H^+$),命名为$DH_2 : NAD^+$氧化还原酶,而不采用其反方向命名。

各大类酶有时还有其特殊的命名规则,如氧化还原酶往往为供体:受体氧化还原酶;转移酶为供体:受体被转移基团转移酶等。

2. 国际系统分类法

该分类法规定,每个酶都有一个编号,前面冠以EC(Enzyme Commision,酶学委员会)。编号由 4 个阿拉伯数字组成,每个数字之间用"·"分开。第一个数字代表酶所属的大类。酶分为六大类:①氧化还原酶类;②转移酶类;③水解酶类;④裂合酶类;⑤异构酶类;⑥连接酶类。第二个数字表示大类下的亚类,在各大类下的亚类含义不相同,请参阅表 1-10。第三个数字表示各亚类下的亚亚类,它更精确地表明底物或反应物的性质。例如,一大类中的亚亚类是表示受体的类型,具体指明受体是氧,是细胞色素,还是二硫化物等。又例如,二大类中的亚亚类是表示被转移的具体基团,是甲基,是己糖基,还是氨基等。酶编号的前三个数字就已表明了这个酶的特性:反应物的种类、反应的性质等。第四个数字表示亚亚类下具体的个别的酶的顺序号、一般按酶发现时间的先后排列。按此分类法,任何一个酶都可得到一个适当的编号,也只能得到一个编号。

表 1-10 酶的国际分类表

(大类及部分亚类)

1. 氧化还原酶类 (亚类表示底物中发生反应的供体基团的性质) 　1.1　作用于供体的 $\diagdown$CH—OH 　1.2　作用于供体的醛基或酮基 　1.3　作用于供体的—HC—CH— 　1.4　作用于供体的 $\diagdown$CH—NH$_2$ 　1.5　作用于供体的 $\diagdown$CH—NH— 　1.6　作用 NADH 或 NADPH 　1.7　作用于其他含氮化合物供体 　1.8　作用于供体的含硫基团 　　⋮ 　1.19　作用于还原型黄素氧还蛋白供体	2. 转移酶类 (亚类表示底物中被转移基团的性质) 　2.1　转移一碳基团 　2.2　转移醛基或酮基 　2.3　转移酰基 　2.4　转移糖苷基 　2.5　转移甲基以外的烷基或芳基 　2.6　转移含氮基团 　2.7　转移磷酸基 　2.8　转移含硫基团
3. 水解酶类 (亚类表示被水解的键的类型) 　3.1　水解酯键 　3.2　水解糖苷键 　3.3　水解醚键 　3.4　水解肽键 　3.5　水解其他 C—N 键 　3.6　水解酸酐键 　　⋮ 　3.11　水解 C—P 键	4. 裂合酶类 (亚类表示分裂下来的基团与残余分子间的键的类型) 　4.1　C—C 　4.2　C—O 　4.3　C—N 　4.4　C—S 　4.5　C—卤 　4.6　P—O
5. 异构酶类 (亚类表示异构的类型) 　5.1　消旋及差向异构酶 　5.2　顺反异构酶 　5.3　分子内氧化还原酶 　5.4　分子内转移酶 　5.5　分子内裂合酶	6. 连接酶类 (亚类表示新形成的键的类型) 　6.1　C—O 　6.2　C—S 　6.3　C—N 　6.4　C—C 　6.5　磷酸酯键

六大类酶简介如下：

(1) 氧化还原酶类(oxido-reductases)。

它催化氧化还原反应：$A \cdot 2H + B \Longrightarrow A + B \cdot 2H$

例如乳酸脱氢酶

$$H_3C-\overset{H}{\underset{OH}{C}}-COOH + NAD^+ \underset{\text{(氧化} \langle CH-OH \text{的酶)}}{\xrightarrow{\quad \text{乳酸脱氢酶} \quad}} H_3C-\overset{}{\underset{O}{C}}-COOH + NADH + H^+$$

这类酶不仅包括脱氢酶、氧化酶，还包括过氧化物酶、加氧酶等。

(2) 转移酶类(transferases)。

它催化基团的转移反应：$AB + C \Longrightarrow A + BC$

例如谷丙转氨酶

$$H-\overset{COOH}{\underset{CH_3}{C}}-NH_2 + \overset{COOH}{\underset{COOH}{\underset{CH_2}{\underset{CH_2}{C=O}}}} \underset{\text{(转—NH}_2\text{基)}}{\xrightarrow{\quad \text{谷丙转氨酶} \quad}} \overset{COOH}{\underset{CH_3}{C=O}} + \overset{COOH}{\underset{COOH}{\underset{CH_2}{\underset{CH_2}{\underset{}{H-C-NH_2}}}}}$$

(3) 水解酶类(hydrolases)。

它催化水解反应：$AB + H_2O \Longrightarrow AOH + BH$

例如 ATP 酶

$$ATP + H_2O \underset{\text{(水解酸酐键)}}{\xrightarrow{\quad \text{ATP酶} \quad}} ADP + H_3PO_4$$

这类酶可水解的键有酯键、硫酯键、糖苷键、肽键、酸酐键等。它们包括淀粉酶、酯酶、蛋白酶、核酸酶等。

(4) 裂合酶类(lyases)。

它亦称裂解酶类，催化通过消去反应裂解 C—C、C—O、C—N 等键而产生双键的反应及其逆反应。

例如柠檬酸合成酶

$$HO-\overset{CH_2COOH}{\underset{CH_2COOH}{C}}-COOH + CoASH \underset{\text{(裂解C—C键)}}{\xrightarrow{\quad \text{柠檬酸合成酶} \quad}} \overset{O}{\underset{CH_2COOH}{C}}\overset{COOH}{} + CH_3\overset{O}{C} \sim SCoA$$

这类酶包括醛缩酶、水化酶、脱氨酶等。

(5) 异构酶类(isomerases)。

它催化各种同分异构体相互转变：$A \Longrightarrow B$

例如磷酸丙糖异构酶

$$H-\overset{CHO}{\underset{CH_2O—\text{⑫}}{C}}-OH \underset{\text{(催化醛糖和酮糖间的异构化)}}{\xrightarrow{\quad \text{磷酸丙糖异构酶} \quad}} \overset{CH_2OH}{\underset{CH_2O—\text{⑫}}{C=O}}$$

这类酶包括催化 D、L 互变，α、β 互变等的酶。

（6）连接酶类（ligases）。

它亦称合成酶类，催化利用 ATP 或其他 NTP 供能而使两个分子连接的反应。

例如乙酰-CoA 合成酶

$$CH_3COOH + CoASH \xrightleftharpoons[\text{(催化C—S键连接)}]{\text{乙酰-CoA合成酶}} CH_3\overset{\overset{O}{\parallel}}{C} \sim SCoA$$

3. 值得注意的问题

（1）习惯名或常用名。

采用国际系统命名法所得酶的名称往往是非常长的，使用起来十分不方便。时至今日，日常使用中用得最多的还是酶的习惯名称。因此，每一种酶除有一个系统名称外，还有一个常用的习惯名称（即推荐名称 recommended name）。

习惯命名的原则是：

a. 大多数酶依其底物命名，如淀粉酶、脂肪酶、蛋白酶等。

b. 有些酶根据其催化反应的性质命名，如转氨酶、脱氢酶等。

c. 有些酶结合上述两方面来命名，如乳酸脱氢酶、谷丙转氨酶等。

d. 在上述命名基础上有时还加上酶的来源或酶的其他特点，如胰蛋白酶、碱性磷酸酯酶等。

（2）酶的物种和组织的差异。

来自不同物种或同一物种不同组织或不同细胞器的同一种酶，虽然它们催化同一个生化反应，但它们本身的一级结构可能并不相同，有时反应机制也可能不尽一样。可是，无论是酶的系统命名法或习惯命名法，对这些均不加以区别，而定为相同的名称。这是因为命名的根据是酶所催化的反应。

例如，超氧化物歧化酶（SOD），不管其来源如何，均催化下述反应：$2O_2^{-} + 2H^{+} \rightarrow H_2O_2 + O_2$。因此它们有同一个名称和酶的编号（EC 1.15.1.1）。其实，根据酶所含金属离子的不同，可将它们分成三类：CuZn—SOD、Mn—SOD、Fe—SOD。就真核生物而言，一般细胞溶质中含 CuZn—SOD，线粒体中含 Mn—SOD，它们不仅一级结构不同，而且理化性质上也有很大差异。即使同是 CuZn—SOD，来自牛红细胞的与猪红细胞的，其一级结构也不同。

因此，每当讨论一个酶时，应把它的来源与名称一并加以说明。在《酶学手册》或某些专著中列有酶一览表，表中包括酶的编号、系统名称、习惯名称、反应式、酶的来源、酶的性质等项内容，可供查阅。

1.2 对酶认识的发展

1.2.1 历史回顾

人们对酶的认识起源于酿酒、造酱、制饴和治病等生产与生活实践。我国人民在几千年以前就开始利用酶。例如，约公元前 21 世纪夏禹时代，人们就会酿酒。《战国策》记载，夏禹时仪狄做酒。古时酿酒用的酒母称为"麴"或"酶"，"酶"古通"媒"。后来在中文中就用"酶"字来表示催化反应的媒介物质。又例如，公元前 12 世纪，《周礼》上即有造酱、制饴的记载。酱是发酵产品,饴是大麦芽经酶作用生成的麦芽糖。再例如,两千多年前的春秋战国时期,已采用曲治疗消化不良的疾病。当然,那个时代对酶还缺乏认识。

西方国家19世纪对酿酒发酵过程进行过许多研究。1810年,Jaseph Gaylussac发现酵母可将糖转化为酒精。L. Pasteur研究发酵作用,对发酵工业的发展有重大贡献。但他对发酵过程的认识则有错误的地方,他认为只有活的酵母细胞才能进行发酵。J. Liebig反对这种观点,他认为发酵现象是由于酵母细胞中含有发酵酶,是发酵酶催化糖发酵。但他当时未能从酵母细胞制备出可催化发酵的无细胞酶制品。直到1897年,Büchner兄弟用细砂研磨酵母细胞,然后压取汁液,并证明此不含细胞的酵母提取液也能使糖发酵,说明发酵与细胞的活力无关。酶早期被称为ferment,这表明了人们对酶的认识与发酵密切相关。1878年,Kühne创造了enzyme一词,目的是为了避免ferment一词的双重意义(酶、发酵)。现在除日本还经常使用ferment这个词外,一般都采用enzyme一词表示酶。

1833年,Payen和Persoz从麦芽抽提液中得到一种对热敏感的物质,它可使淀粉水解成可溶性糖。他们称它为淀粉糖化酶(diastase),尽管当时它还只是一个很粗的酶制剂。但由于他们采用了最简单的提纯方法,得到了一个无细胞酶制剂,并指出了它的催化特性和热不稳定性,因而开始涉及酶的一些本质性问题,故一般还是认为是他们首先发现了酶。

1835—1837年,Berzelius提出了催化作用的概念,该概念的产生对酶学和化学的发展都是非常重要的。对酶的研究,一开始也就与它具有催化作用联系在一起。

对酶化学本质的认识亦经历过一场曲折。20世纪20年代初,德国著名化学家Willstätter认为酶不一定是蛋白质。他将过氧化物酶纯化达12000倍,酶制剂活性很高,但却检测不到蛋白质。其实这是受当时蛋白质检测水平的限制。他认为酶由活动中心与胶质载体组成,活动中心决定酶的催化能力及专一性,胶质载体的作用在于保护活动中心,蛋白质只是保护胶质载体的物质,以此来解释酶纯度越高越不稳定的实验事实。由于他的权威地位,这种观点较流行。1926年,美国化学家J. B. Sumner结晶了第一个酶(脲酶),并提出它由蛋白质组成。但直到Northrop和Kunitz得到了胃蛋白酶、胰蛋白酶、胰凝乳蛋白酶的结晶,并用相关方法证实酶是一种蛋白质后,酶的蛋白质属性才普遍被人们所接受。

1963年,牛胰核糖核酸酶A的一级结构被报道。1965年,鸡蛋清溶菌酶的三维结构被阐明。1969年,首次人工化学合成核糖核酸酶获得成功。现已鉴定出数千种酶,且每年都有新酶被发现。

1.2.2　对酶和生物催化剂概念的认识

自然界存在形形色色的化学反应,其中相当一部分可以被催化剂所催化。催化剂是指能够加速化学反应速度而反应前后本身并无变化的物质。一般按来源把催化剂分为两类。一类是非生物催化剂,即一般的化学催化剂,如镍为乙烯加氢反应的催化剂。另一类是生物催化剂(酶)。从1833年Payen和Persoz发现第一个酶起,直至20世纪80年代初期,整整一个半世纪,已发现的酶逾4000种。这些酶都是由生物体自然产生的具有催化能力的蛋白质。然而,人类对任何事物的认识都经历一个逐步发展的过程。后来,核酶(ribozyme)、脱氧核酶(deoxyribozyme)、抗体酶、人工酶、生物酶工程生产的酶以及模拟酶的出现,使酶的传统概念受到了严峻的挑战。

长期以来,人们认为只有某些蛋白质才具有生物催化功能。但后来研究发现,某些RNA分子也具有生物催化功能,被称为核酶。例如1982年Cech等发现四膜虫细胞大核期间

26S rRNA 前体具有自我剪接功能，并于 1986 年证明其内含子 L-19 IVS 具有多种催化功能。又例如 1984 年 Altman 等发现 RNase P 的核酸组分 M1 RNA 具有该酶的活性，而该酶的蛋白质部分 C_5 蛋白并无酶活性。此后，新的发现接踵而来。一般可把核酶分为三类：自我剪接核酶、自我剪切核酶和催化分子间反应的核酶。核酶的底物也由 RNA 扩大到 DNA、糖类、氨基酸酯等。这些事实表明核酶是普遍存在的。核酶的催化活性依赖于 RNA 的结构，具有很高的底物专一性，与传统酶的催化行为极其相似。现在人们在实验室还可设计合成出一系列新的核酶。

从分子的组成和结构上看，DNA 与 RNA 有许多相似之处。它们都有糖磷酸骨架和与之相连的含氮碱基，很难想象 2'-OH 会给 RNA 带来异乎寻常的特性。因此后来一些关于脱氧核酶（具有催化活性的 DNA）的报道也就不是那么令人震惊了。锤头状核酶的核心结构由 Prody 等人最先发现，它具有磷酸二酯酶活性。该核酶中心部位的大多数不配对碱基是相对甚至是绝对保守的。许多工作者以此结构为基础，用脱氧核苷酸逐步替换其中的核苷酸，并对替换后的分子进行活性检测，结果发现许多部分替代物仍保持着催化活性。Chartrand 等人得到了一段由 14 个脱氧核苷酸组成的寡聚脱氧核苷酸，在 Mg^{2+} 存在下具有切割 RNA 链中磷酸二酯键的活性，其催化反应动力学特征非常类似于核酶。Cuenoud 等同样也制得了一段具有连接酶活性的 DNA，它由 47 个脱氧核苷酸聚合而成。

20 世纪 80 年代后期出现的抗体酶，是抗体的高度选择性和酶的高效催化能力巧妙结合的产物，本质上是一类具有催化活性的抗体分子，在可变区赋予了酶的属性，所以也称为催化性抗体。用事先设计好的抗原（半抗原）按照一般单克隆抗体制备程序可获得有催化活性的抗体。例如，Pollack 等以对硝基苯酚磷酸胆碱酯作为相应羧酸二酯水解反应的过渡态类似物，用它作半抗原诱导产生单克隆抗体。经过筛选，从中找到两株具有催化活性的单抗，其中 MOPC167 可催化该水解反应，使速率加快 12000 倍。该抗体催化反应的动力学行为满足米氏方程，并具有底物特异性及 pH 和温度依赖性等酶催化反应的特征。迄今为止，获得的抗体酶已能成功地催化六种类型的酶促反应和几十种类型的化学反应。这些抗体酶催化反应的专一性相当于或超过一般酶反应的专一性，催化速度有的也可达到酶催化的水平。

生物酶工程是酶学和以 DNA 重组技术为主的现代分子生物学技术相结合的产物，主要包括三个方面：①用基因工程技术大量生产酶。将酶基因和合适的启动、调节讯号通过载体（质粒）导入易于大量繁殖的微生物中并使之高效表达，通过发酵的方法大量生产所需要的酶（克隆酶）。用于医药或工业上的尿激酶原、组织纤溶酶原激活剂、凝乳酶、α-淀粉酶、青霉素 G 酰化酶等都已用此法获得。②修饰天然酶基因、产生遗传修饰酶（突变酶）。酶的选择性遗传修饰主要是寡核苷酸指导的点突变，通过对酶基因的定点突变可以改变酶的性质（如酶活性、底物专一性、稳定性、对辅酶的依赖性等），从而得到具新性状的酶。例如，将枯草芽孢杆菌蛋白酶的第 99 位天冬氨酸及 156 位谷氨酸替换为赖氨酸后，使这个酶在 pH7 时的活力提高了一倍，在 pH6 时活力提高了 10 倍。③设计新酶基因，合成自然界不曾有的新酶。随着对酶结构与功能关系认识的深化、计算机技术的发展，可人工设计并合成基因，通过蛋白质工程技术生产出自然界不存在的具有独特性质和重要作用的新酶。

人工合成的蛋白质或多肽类的非天然催化剂属人工酶。1977 年，Dhar 等报道，人工合成的序列为 Glu-Phe-Ala-Glu-Glu-Ala-Ser-Phe 的多肽具有溶菌酶的活力，其活力为天然酶的 50%。1990 年，Steward 等使用胰凝乳蛋白酶底物酪氨酸乙酯作为模板，用计算机模拟胰凝乳蛋白酶的活性位点，构建出一种由 73 个氨基酸残基组成的多肽，其活性部位由组氨酸、天冬氨酸和丝氨酸组成。此肽对烷基酯底物的活力为天然胰凝乳蛋白酶的 1%，并显示底物特异性及对胰凝乳蛋白酶抑制剂的敏感性。

所谓模拟酶，就是利用有机化学方法合成的一些比酶简单的具催化功能的非蛋白质分子。它们可以模拟酶对底物的络合和催化过程，既可达到酶催化的高效性，又可以克服酶的不稳定性。酶的模拟工作可分为三个层次：①合成有类似酶活性的简单络合物；②酶活性中心模拟；③整体模拟，即包括微环境在内的整个酶活性部位的化学模拟。目前模拟酶的工作主要集中在第二层次。例如，可以通过对某些天然或人工合成的化合物引入某些活性基团，使其具有酶的行为。目前用于构建模拟酶的这类酶模型分子有环糊精、冠醚、穴醚、笼醚、卟啉、大环番等。利用环糊精已成功地模拟了胰凝乳蛋白酶、核糖核酸酶、转氨酶、碳酸酐酶等。例如 1985 年，Bender 等利用 β-环糊精的空穴作为底物的结合部位，以连在环糊精侧链上的羧基、咪唑基及环糊精自身的一个羟基共同构成催化中心，制成了胰凝乳蛋白酶的模拟酶。它的催化能力和天然的胰凝乳蛋白酶相近。

博莱霉素（bleomycin，简写 BLM）是 1966 年由 Umezawa 等人从轮枝链霉菌中得到的一类具有抗肿瘤活性的含糖含肽的抗生素，已发现这类抗生素共有 15 种。研究报道 $BLMA_2$ 对 DNA 具有切割活性。该分子上既有与底物的结合部位，也有催化部位。在 Fe^{2+} 和 O_2 的参与下，它催化 DNA 上脱氧核糖反应，将其 C_4 和 C_3 之间的键切开，导致 DNA 链断裂。在反应前后 $BLMA_2$ 本身未发生变化。在这些方面，它与其他抗生素很不相同。而从某些方面讲，它很像一个 DNA 内切酶。1992 年 Takashi 提出它是一种小分子酶的观点。

本实验室研究平阳霉素（$BLMA_5$），发现它易作用脱氧核糖，很难作用核糖及 RNA，对 DNA 上的 GC 比 AT 有更强的亲和力，即具有较强的底物特异性；在平阳霉素、Fe^{2+}、O_2 系统中产生的羟自由基不是引起 DNA 断链的关键因子，导致 DNA 降解的物质可能是平阳霉素、铁、氧组成的一种活化三元复合物；平阳霉素切割 DNA 的行为与酶催化行为有不少相似之处；因此推测它是一种生物催化分子进化过程中的遗迹。

综上所述，可以看出核酶、脱氧核酶、抗体酶、生物酶工程生产的酶、人工酶、模拟酶等，它们除了在催化功能上与传统酶极其相似外，在来源和化学本质方面又各有特点，不同于传统酶。

核酶虽然可来源于生物体，但它的化学本质是 RNA。抗体酶和生物酶工程生产的酶都是通过生物体产生的蛋白质属性酶，但它们的产生离不开人工的免疫过程、人为的基因克隆和寡核苷酸定点突变等技术。人工酶是具有催化功能的蛋白质或肽，但它的产生完全依赖人工的体外合成法。模拟酶是人工合成的非蛋白质非核酸物质。BLM 似乎是一种天然的模拟酶。

以上各种类似传统酶的化合物的出现，对酶的传统概念提出了挑战。长期以来，学术界一直将生物催化剂和酶视为等同的概念，核酶的出现使学术界遇到了困境。为了明确生物催化剂和酶概念的由来及其发展，让我们回顾一下历史。1833 年，Payen 和 Persoz 得到了第一个酶（淀粉糖化酶），1835 年，Berzelius 提出了催化作用的概念之后，发酵等现象中起催化作用的物质才被称为 ferment（酵素）或 biocatalyst（生物催化剂）。1878 年，Kühne 指出在发酵现象中不是酵母本身，而是酵母中的某种物质催化了酵解反应，并给这种物质取名为酶（enzyme＝en＋zyme，希腊文 en＝in（英语），zyme＝yeast（英语，意思是在酵母中）。这表明最初的酶概念指的是生物体中具有催化功能的物质，并没有限定酶的化学本质是蛋白质。那时生物催化剂与酶的概念是等同的。直到 1926—1936 年，Sumner 与 Northrop 和 Kunitz 证实了酶是蛋白质以后，酶的蛋白质属性才普遍被人们接受。直到 20 世纪 80 年代初，所发现的生物催化剂其化学本质都是蛋白质，至此还没有人认为生物催化剂与酶两个概念有何差异。核酶出现后，就应当把生物催化剂作为属概念,把酶和核酶作为种概念。这样酶和核酶都属于生物催化剂。随着科学的发展,假如今后再发现生物体中存在的非蛋白质非核酸的具有催化功能的其他生物分子,可取用新名词,仍归于生物催化剂这一范畴,而不必去更改已有的酶的定义。可把抗体酶、克隆酶、遗传修饰酶、蛋白质工程新酶、人工酶等作为亚种概念。因它们的名称在酶字前面都加有定语,其意义是明确的。它们都是具有催化功能的蛋白质,与天然酶的区别在于它们的产生含有人为加工的成分。人工合成的核酶可称为人工核酶,属亚种概念。模拟酶是非蛋白质非核酸的物质,可称作模拟生物催化剂。对上述概念的内涵进行明确定义,就可对其外延进行界定,避免造成概念混乱。当然,要科学地解决好这些问题,需要科学家们仔细地斟酌和商榷。

生物催化剂与化学催化剂不仅其来源和化学本质有差别,而且前者具有专一性,催化效率也比后者高 $10^7 \sim 10^{13}$ 倍。因此长期以来人们认为两者之间存在着一条不可逾越的鸿沟。以上各种类似天然酶的催化剂的出现,似乎在生物催化剂和化学催化剂之间架起了桥梁。例如模拟酶,它的来源和化学本质像化学催化剂,但催化行为像生物催化剂,而且随着模拟程度和水平的提高,其专一性和催化效率会越来越接近天然酶。自然界本身是一个整体,所谓概念是人们认识问题时人为划分的,它受当时科学水平的限制,一些对应的概念间可能并没有绝对的界限,随着科学的发展,存在于生物催化剂和化学催化剂之间的鸿沟将会被逐渐填平。

1.2.3 生物催化分子的进化与生命的起源

Crick 和 Orgel 等早就注意到 RNA 可能有催化活性,但都认为 RNA 可能不是良好的催化剂,因而在进化过程中被取代。由于蛋白质由 20 种氨基酸组成,而 RNA 仅由 4 种核苷酸组成,所以和蛋白质酶比较,自然界中核酶的数目只占少数,所能催化的底物及催化反应类型也少,且催化效率也低得多。已知核酶的转换数在 0.1~5,比大多数蛋白质酶低几个数量级。从进化角度看,生物催化剂从核酶到蛋白质酶的转变,伴随着生物代谢高效率和生命现象的更趋复杂。图 1-7 为生物催化分子进化的可能过程,它表示生物催化功能从 RNA 到蛋白质的转移。现在,主要的生物催化剂是蛋白质和蛋白质-辅酶(辅基)。

RNA ⟶ RNA 为主,蛋白质为辅 ⟶ 蛋白质为主,RNA 为辅 ⟶ 蛋白质-辅酶(辅基) ⟶ 蛋白质

图 1-7 生物催化分子进化的可能过程

哲学上有个著名问题: 先有鸡,还是先有蛋? 在生命起源初期,究竟是先有核酸,还是先有蛋白质? 这是生命起源问题中的一场旷日持久的"蛋鸡"之争。没有核酸的信息就不可能合成蛋白质,而没有蛋白质(酶)也不能合成核酸。核酶的发现,不仅改变了生物催化剂只能是蛋白质的传统观念,也有力地支持了原基因说(the proto-gene theory)或称裸基因说(the naked gene theory)。该学说是 1924 年由 H. J. Muller 首先提出的。该学说认为核酸是生命起源中的关键物质,能进行自体复制的寡核苷酸是最初的生命类型。J. B. S. Haldane 认为原始生物是由一条单链的 RNA 分子构成,该 RNA 分子是从原始热汤(hot dilute soup)中经化学作用产生。现在知道,DNA 是遗传信息的载体,蛋白质是表达遗传信息的功能分子,唯有 RNA 具有信息分子和功能分子这两种作用。因此有可能在生命起源中,是先有核酸,然后才有蛋白质;在核酸中又是 RNA 的出现早于 DNA。

有趣的是 G. F. Joyer 等于 1992 年在试管中建立了四膜虫核酶(L-21 型)的进化体系,使原来仅在 50℃对 DNA 有极微弱切割作用的核酶进化到第九代,成为在 37℃对 DNA 有切割作

用,活性提高30倍的变异型。经对各代的序列测定发现,出现的变异主要集中在序列的5个有功能意义的固定位置上,而且这些变异在一代代中积累程度的加大,与同期核酶切割DNA活性的逐步提高是一致的。到第九代成了不利于切割RNA,却有利于切割DNA的变异型核酶。他们将此变异型核酶的基因在大肠杆菌中表达,结果发现能抗单链DNA噬菌体M13的侵染。1993年,他们用试管进化方法获得了底物不变,但反应条件变了(由需Mg^{2+}或Mn^{2+}变为有Ca^{2+}即可)的变异型。如果一旦获得能自己催化自己复制的核酶——兼有模板和复制酶功能的RNA分子,则对原基因说和1986年Gilbert提出的RNA时代说将是极大的支持。

1.3 酶工程简介

1.3.1 酶工程的产生与发展

现代生物工程包括基因工程、蛋白质工程、细胞工程、发酵工程、酶工程等,它们之间是相互依存、相互促进的。酶工程(enzyme engineering)是从人们的生产和生活实践中逐步产生与发展起来的,是酶学理论与工程技术结合的产物。

1894年,高峰让吉从米曲霉中制得淀粉酶,作为消化剂使用,开创了近代酶生产和应用的先例。1908年,Boidin制得细菌淀粉酶,将其用于纺织品褪浆;Rohm制得动物胰酶,将其用于皮革软化。1911年,Wallerstein制得木瓜蛋白酶,将其用于啤酒澄清。由于受到来自植物、动物、微生物来源的原料制约,使酶制剂的生产和应用发展还比较缓慢。1949年,日本开始采用微生物液体深层发酵方法进行了α-淀粉酶的生产,开启了现代酶制剂工业的序幕。此后酶制剂的生产发展十分迅速,应用面也越来越广。20世纪80年代,植物、动物细胞培养技术迅速发展起来,开拓了酶制剂生产的又一重要途径。由于天然酶稳定性较差;在水溶液中与底物只能作用一次,且与产物混在一起,增加了产物分离纯化的难度;有些底物不易或不能溶于水等原因,随后逐步出现了酶固定化(enzyme immobilization)、酶分子修饰(enzyme molecule modification)、酶非水相催化(enzyme catalysis in non-aqueous phase)、酶定向进化(enzyme directed evolution)等技术。酶工程在1971年召开的第一届国际酶工程学术会议上得到正式命名。

1.3.2 酶工程的内容

酶工程主要研究酶的生产、分离纯化、固定化技术、酶分子改造以及酶在工农业、医药卫生和理论研究方面的应用。根据研究和解决问题的手段不同,可将酶工程分为化学酶工程和生物酶工程。

化学酶工程也可称为初级酶工程(primary enzyme engineering),包含天然酶、固定化酶、化学修饰酶和模拟酶的研究和应用。

生物酶工程也可称为高级酶工程(advanced enzyme engineering),是酶学理论与现代分子生物学技术(以DNA重组技术为主)相结合的产物。它主要包括用基因工程技术大量生产酶(克隆酶),对酶基因修饰产生遗传修饰酶(突变酶),设计新酶基因,合成自然界不曾有的新酶等。

经过100多年的发展,酶工程已取得了长足的进步,其内容已极为丰富。这些内容将在后面的相关章节进行详细的阐述,此处就不赘述。编著者深信酶工程将会在今后的科技、经济和社会生活中发挥越来越重要的作用。

第2章

酶分子结构与功能

酶分子结构与功能的关系是酶学的核心问题之一。要正确理解酶的功能,就必须对其结构有深入的了解。

2.1 酶的组成

2.1.1 酶的化学本质

酶是有催化功能的蛋白质。蛋白质是由不分支的一条或多条多肽链组成。多肽链通常由表 2-1 中的 L 型氨基酸以不同种类、不同数目、不同排列顺序,依靠酰胺键连接而成。酰胺键由一个氨基酸残基的 α-羧基与另一个氨基酸残基的 α-氨基形成。一条多肽链可表示如下:

$$H_2NCH(R_1)CO—NHCH(R_2)CO—NHCH(R_3)CO—\cdots\cdots—NHCH(R_n)COOH$$

有的蛋白质含有—S—S—桥,这是由两个半胱氨酸残基以硫醇连接而成。这可形成链内桥并使链成环,或把不同的链连接起来。α-胰凝乳蛋白酶就是一个典型的例子(图 2-1)。这些二硫键可经硫醇的还原作用而被断开。

有些酶仅由蛋白质组成,如脲酶、溶菌酶、核糖核酸酶等。有些酶不仅含有蛋白质成分(脱辅酶,apoenzyme),还含有非蛋白质成分(辅因子,cofactor),只有脱辅酶与辅因子结合后形成的复合物(全酶,holoenzyme)才表现出酶活性。例如,碳酸酐酶、超氧化物歧化酶、细胞色素氧化酶、乳酸脱氢酶等。酶反应的专一性由脱辅酶结构决定。辅因子起传递电子或某些化学基团的作用。有些蛋白质也具有这种作用,称为蛋白辅酶。

表 2-1 组成蛋白质的氨基酸

氨基酸(三个字母的符号、一个字母的符号、M_r)	$RCH(NH_3^+)CO_2^-$ 中的侧链 R	pK
甘氨酸(Gly,G,75)	H—	2.35,9.78
丙氨酸(Ala,A,89)	CH_3—	2.35,9.87
缬氨酸(Val,V,117)	H_3C⟩CH— / H_3C	2.29,9.74
亮氨酸(Leu,L,131)	H_3C⟩CHCH_2— / H_3C	2.33,9.74

氨基酸(三个字母的符号, 一个字母的符号,M_r)	$RCH(NH_3^+)CO_2^-$ 中的侧链 R	pK
异亮氨酸(Ile,I,131)	H_3C-H_2C CH H_3C	2.32,9.76
苯丙氨酸(Phe,F,165)	⬡$-CH_2-$	2.16,9.18
酪氨酸(Tyr,Y,181)	$HO-$⬡$-CH_2-$	2.20,9.11,10.13
色氨酸(Trp,W,204)	吲哚环$-CH_2-$	2.43,9.44
丝氨酸(Ser,S,105)	$HOCH_2-$	2.19,9.21
苏氨酸(Thr,T,119)	HO $CH-$ H_3C	2.09,9.11
半胱氨酸(Cys,C,121)	$HSCH_2-$	1.92,8.35,10.46
蛋氨酸(Met,M,149)	$CH_3SCH_2CH_2-$	2.13,9.28
天冬酰胺(Asn,N,132)	$H_2NC(=O)CH_2-$	2.1,8.84
谷氨酰胺(Gln,Q,146)	$H_2NC(=O)CH_2CH_2-$	2.17,9.13
天冬氨酸(Asp,D,133)	$^-OOCCH_2-$	1.99,3.90,9.90
谷氨酸(Glu,E,147)	$^-OOCCH_2CH_2-$	2.10,4.07,9.47
赖氨酸(Lys,K,146)	$H_3N^+(CH_2)_4-$	2.16,9.18,10.79
精氨酸(Arg,R,174)	H_2N^+ $C-NH(CH_2)_3-$ H_2N	1.82,8.99,12.48
组氨酸(His,H,155)	咪唑环$-CH_2-$	1.80,6.04,9.33
脯氨酸(Pro,P,115)	吡咯烷环COO^-,H,NH_2^+	1.95,10.64

2.1.2　酶的辅因子

酶的辅因子主要是金属离子(如 Fe^{2+}、Fe^{3+}、Cu^+、Cu^{2+}、Mn^{2+}、Mn^{3+}、Zn^{2+}、Mg^{2+}、K^+、Na^+、Mo^{6+}、Co^{2+} 等)和有机化合物。一些需要金属离子作为辅因子的酶见表 2-2。一些作为辅因子的有机化合物见表 2-3,从中可看到许多维生素就是它们的前体。

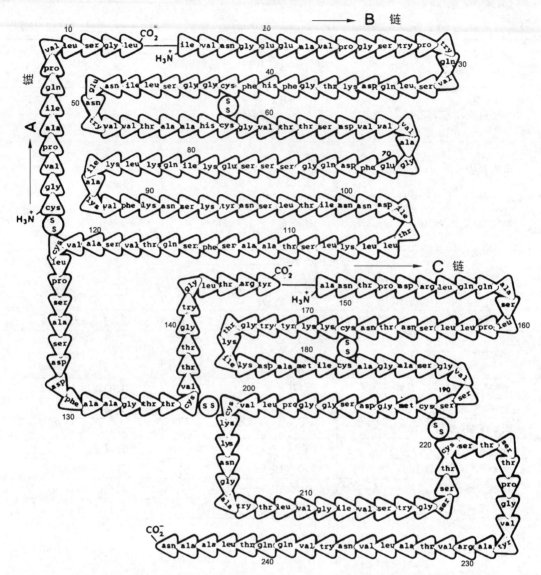

该酶由—S—S—桥连接在一起的三条链构成,而这三条链是由单链的胰凝乳蛋白酶原经删除 Ser_{14}、Arg_{15}、Thr_{147} 和 Asn_{148} 形成的(注意:这里色氨酸用的符号是"Try"而不是"Trp")。

图 2-1 α-胰凝乳蛋白酶的一级结构图

表 2-2 一些酶及其金属辅因子

酶	辅 因 子	酶	辅 因 子
CuZn-超氧化物歧化酶	Cu^{2+}、Zn^{2+}	丙酮酸羧化酶	Mn^{2+}、Zn^{2+}(还需生物素)
Mn-超氧化物歧化酶	Mn^{3+}	磷酸酯水解酶类	Mg^{2+}
Fe-超氧化物歧化酶	Fe^{3+}	Ⅱ型限制性核酸内切酶	Mg^{2+}
固氮酶	Fe^{3+}、Mo^{2+}	碳酸酐酶	Zn^{2+}
过氧化氢酶	Fe^{2+} 或 Fe^{3+}(在卟啉环中)	羧肽酶	Zn^{2+}
过氧化物酶	Fe^{2+} 或 Fe^{3+}(在卟啉环中)	漆酶	Cu^{+} 或 Cu^{2+}
琥珀酸脱氢酶	Fe^{2+} 或 Fe^{3+}(还需 FAD)	酪氨酸酶	Cu^{+} 或 Cu^{2+}
精氨酸酶	Mn^{2+}	抗坏血酸氧化酶	Cu^{+} 或 Cu^{2+}

表 2-3　常见的作为辅因子的有机化合物

名　称	结　构	转移基团		分类
		基团	所处部位	
1. 烟酰胺腺嘌呤二核苷酸（NAD⁺）或称辅酶 I		$H^+,2e^-$	烟酰胺环 C_4 位	载体
1$_b$. 烟酰胺腺嘌呤二核苷酸磷酸（NADP⁺），或称辅酶 II	与 NAD⁺ 结构相同，但在腺嘌呤核苷的核糖 C_2 位上加一磷酸基团	$H^+,2e^-$	烟酰胺环 C_4 位	载体
2. 抗坏血酸（维生素 C）		$2H^+,2e^-$	可能在 C_2 和 C_3	载体

续表

名 称	结 构	转移基团		分类
		基团	所处部位	
3. 泛醌（辅酶Q）		$2H^+,2e^-$	醌的碳原子	载体
4. 谷胱甘肽		$H^+,2e^-$	—SH 基	载体
5. 血红素辅酶		H^+,e^- $2H^+,2e^-$	Fe(Ⅲ)-血红素 Fe(Ⅲ)-血红素*	载体 辅基*
6a. 黄素单核苷酸(FMN)		$H^+,2e^-$	5 位 N	辅基

续表

名　称	结　构	转移基团		分类
		基团	所处部位	
6b. 黄素腺嘌呤二核苷酸(FAD)	（结构式：H_3C，H_3C，$CH_2CH—CH—CH—CH_2O—P—…$，NH_2，OH，HO）	H^+,$2e^-$	黄素上的 5 位 N	辅基、载体
7. 核苷二磷酸和核苷三磷酸（ADP、UDP、CDP、IDP、GDP）；（ATP、UTP、CTP、ITP、GTP）	（结构式：NH_2，CH_2，OH，HO，$HO—P—O—P—O—P—O—CH_2$，(ATP)）	Pi,PPi;其他		载体
8. 硫胺素焦磷酸(TPP)	（结构式：OH，OH，$CH_2CH_2O—P—O—P$，CH_3，S，NH_2，H_3C，N，$CH_2—N$）	$RC{=}O{-}$ （通常R＝CH_3）	硫胺素环 C_2 位上	辅基
9. 硫辛酸	（结构式：$S—S$，$CH_2CH_2CH_2CH_2COOH$，H）	$RC{=}O{-}$ $+2e^-$		载体

续表

名称	结构	转移基团		分类
		基团	所处部位	
10. 辅酶 A(CoA-SH)		$RC\!\!=\!\!O$ （通常 $R\!\!=\!\!CH_3$）	SH 基	载体
11. 生物素		$-COO^-$	N_1 或脲基氧	载体
12. 四氢叶酸(FH₄)		$-CH_3$ $-CH_2OH$ $-CHO$ $-CH\!\!=$ $-CH\!\!=\!\!NH$	N_5 N_5-N_{10} N_5-N_{10} N_{10}, N_5 N_5-N_{10} N_5	载体
13. 维生素 B₁₂ 或钴胺素	结构很复杂，此处结构图省略	H^+	Co(Ⅲ)＋5-脱氧腺苷基部分，C_5	载体
14. 磷酸吡多醛(PLP)		$-NH_2$	醛基	辅基

* 在过氧化氢酶、过氧化物酶中，血红素是作为辅基形式起作用。

多数情况下，可用透析或其他方法将全酶中的辅因子除去，这类与脱辅酶松弛结合的辅因子称为辅酶（coenzyme），如辅酶 Q、辅酶 A 等。少数情况下，某些辅因子以共价键与脱辅酶结合，不易通过透析等方法将其除去，此类辅因子称辅基（prosthetic group），例如 FMN 辅基等。但辅酶与辅基并无严格界限，只是区别它们与脱辅酶结合的牢固程度不同。

2.2　酶活性中心

2.2.1　酶活性中心的概念

酶分子上只有少数氨基酸残基与催化活性直接相关，这些氨基酸残基集中的、与酶活性相关的区域称作酶的活性中心（active center），亦称作活性部位（active site）。这些氨基酸残基往往分散在相距较远的氨基酸序列中，有的甚至分散在不同的肽链上。例如，组成 α-胰凝乳蛋白酶活性中心的几个氨基酸残基分别位于 B、C 两条肽链上，靠酶分子空间结构的形成，使它们集中在酶表面一特定区域，成为行使催化功能的活性中心。

Koshland 将酶分子的氨基酸残基分为下述 4 类：

1. 接触残基（contact residues）

它们与底物接触、参与底物的化学转变，如图 2-2 之 R_1、R_2、R_6、R_8、R_9、R_{163}、R_{164}、R_{165}。此类氨基酸残基的一个或几个原子与底物分子中一个或几个原子的距离都在一个键距离（1.5～2Å）之内。它们的侧链，起与底物结合作用的称为结合基团；起催化作用的称为催化基团。有时结合基团也参与催化作用，不能绝对区分。这些残基中的一些有时可能也起辅助残基的作用。

2. 辅助残基（auxiliary residues）

它们不与底物接触，而是在使酶与底物结合及协助接触残基发挥作用方面起作用，如图 2-2 中的 R_4。

上述两类残基构成酶的活性中心。

3. 结构残基（structure residues）

它们在维持酶分子正常三维构象方面起重要作用。如图 2-2 中的 R_{10}、R_{162}、R_{169}。它们与酶活性相关，但不在酶活性中心范围之内，属于酶活性中心外的必需范围。

上述 3 类残基统称为酶的必需基团，若被其他氨基酸残基取代，往往造成酶失活。

4. 非贡献残基（non-contributing residues）

除了上述 3 类酶的必需基团外，酶分子上其余的氨基酸残基都可称为非贡献残基或非必需基团。如图 2-2 中的 R_3、R_5、R_7 等。它们对酶活性显示不起作用，可以由其他氨基酸残基代替，且在酶分子中占很大比例。例如，木瓜蛋白酶的 2/3 的氨基酸

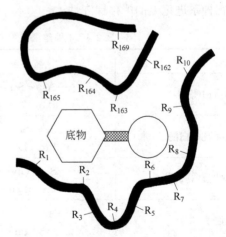

粗黑线代表主肽链；R_1，R_2，…，R_{169} 等表示氨基酸残基的侧链；底物上的网纹线表示可被裂解的键

图 2-2　酶分子中各种残基的作用

残基是非贡献残基。当然,它们也可能在免疫、酶活性调节、运输转移、防止降解、种系发育的物种专一性等方面起作用。也可能它们是该酶迄今尚未发现的另一活力类型的活性中心。因已知有些酶是多功能的,如猪乳酸脱氢酶 M(A)亚基就是 DNA 螺旋解稳蛋白以及神经细胞的胆碱酯酶,尚有自身分解的蛋白酶功能,所以对一种酶活力而言的非必需基团,对另一种活力(酶或非酶)也许是必需基团。

以上 4 类残基可归纳如下:

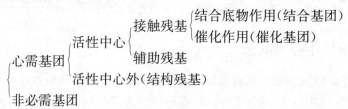

对于需要辅因子的酶来说,辅因子或它的部分结构也是酶活性中心的组成部分。

有 8 种氨基酸参与酶活性中心的频率最高,它们是丝氨酸、组氨酸、半胱氨酸、酪氨酸、色氨酸、天冬氨酸、谷氨酸和赖氨酸。有关酶活性中心的测定和实例请看本书第 4 章的有关部分。

2.2.2 活性中心区域的一级结构和立体结构

由于一些酶的结构及催化机理极相似,可把它们归为一族。蛋白水解酶就有几个族,如丝氨酸蛋白酶(包括胰凝乳蛋白酶、纳豆激酶等)、锌蛋白酶(包括羧肽酶 A 等)、巯基蛋白酶(包括木瓜蛋白酶等)、羧基蛋白酶(包括胃蛋白酶等)。

在同一族酶中,有的活性中心一级结构的氨基酸顺序极其相似。例如,表 2-4 列出了 4 种丝氨酸蛋白酶在活性丝氨酸附近肽段的氨基酸顺序,可看出来源于哺乳动物的这 4 种酶都含有一个包括活性丝氨酸在内的完全相同的六肽(······Gly—Asp—* Ser—Gly—Gly—Pro······)。又例如,在巯基蛋白酶(木瓜蛋白酶、无花果蛋白酶、菠萝蛋白酶)活性中心,活性半胱氨酸附近的氨基酸顺序也几乎相同[······—Cys—Gly—Ser(Ala)—* Cys—Trp······]。这表明酶活性中心在种系进化上的严格保守性。

表 2-4　4 种丝氨酸蛋白酶活性中心丝氨酸附近的肽链组成

酶	氨基酸顺序
胰蛋白酶(牛)	······Asp—Ser—Cys—Gln—Gly—Asp—* Ser—Gly—Gly— Pro—Val—Val—Cys—Ser—Gly—Lys······
胰凝乳蛋白酶 A(牛)	······Ser—Ser—Cys—Met—Gly—Asp—* Ser—Gly—Gly— Pro—Leu—Val—Cys—Lys—Lys—Asn······
弹性蛋白酶(猪)	······Ser—Gly—Cys—Gln—Gly—Asp—* Ser—Gly—Gly— Pro—Leu—His—Cys—Leu—Val—Asn······
凝血酶(牛)	······Asp—Ala—Cys—Glu—Gly—Asp—* Ser—Gly—Gly— Pro—Phe—Val—Met—Lys—Ser—Pro······

* 表示活性丝氨酸

表 2-5 列出了一些其他酶活性中心附近的氨基酸顺序,它们或含活性丝氨酸,或含活性半胱氨酸,但其氨基酸顺序互不相同,亦与上述丝氨酸蛋白酶或巯基蛋白酶不同。

表 2-5　某些酶活性中心附近的氨基酸顺序

酶	氨基酸顺序
碱性磷酸酶	······Lys—Pro—Asp—Tyr—Val—Thr—Asp—* Ser—Ala—Ala—Ser—Ala······
葡萄糖磷酸变位酶	······Gly—Val—Thr—Ala—* Ser—His—Asp—Gly—Glu—* Ser—Ala—Gly······
胆碱酯酶	······Phe—Gly—Glu—* Ser—Ala—Gly······
3-磷酸甘油醛脱氢酶	······Ile—Val—Ser—Asn—Ala—Ser—* Cys—Thr—Thr—Asn—Cys······
酵母醇脱氢酶	······Val—Ala—Thr—Gly—Ile—* Cys—Arg—Ser—Asp—Asp—His—Ala······

* 为活性中心具有催化功能的氨基酸残基。

　　一个酶的活性中心一般是相当小的(几个到十几个氨基酸残基),为什么需要一个这样大而复杂的分子结构才能获得催化活性呢? 可能的回答是,为了使催化基团和结合基团聚集起来,并保持它们相应的空间位置,并赋予此活性中心有一定的柔性,这种大而复杂的分子结构是必需的。

　　活性中心内有不同部位,起催化作用的称催化部位或催化位点(catalytic site),可以不止一个;起与底物结合作用的称结合部位或结合位点(binding site),它又可分为亚位点(sub-site),分别与底物的不同部位结合。例如,羧肽酶 A 的活性中心,除了催化位点外,可能还有 6 个结合亚位点,可以识别底物肽链上的 5 个氨基酸残基(图 2-3)。又例如,木瓜蛋白酶有 7 个结合亚位点,溶菌酶有 6 个结合亚位点。再例如,α-胰凝乳蛋白酶活性中心,具有一个酰胺基位点 am,一个仅能容纳 L 型 α-碳原子的立体专一性识别位点 H,疏水位点 ar 和催化位点 n(图 2-4)。

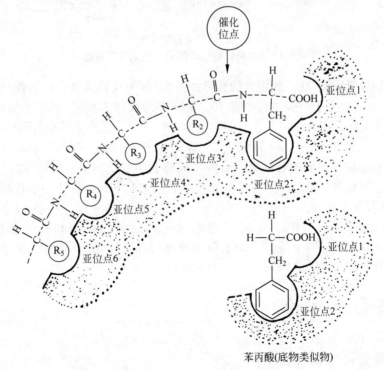

图 2-3　羧肽酶 A 活性中心的结合位点与催化位点

酶活性中心的各基团在空间构象上的相对位置对酶活性是至关重要的,而活性中心构象的维持依赖于酶分子空间结构的完整性。假如酶受变性因素影响导致空间结构破坏,活性中心构象也会随着发生改变,甚至因肽链松散而使活性中心各基团分散,酶也因之失活。

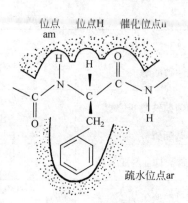

图 2-4 α-胰凝乳蛋白酶活性中心的结合位点与催化位点

有时只要酶活性中心各基团的相对位置得以维持,就能保全酶的活力,一级结构的破坏却并不影响酶活性。例如,牛胰核糖核酸酶活性中心有两个组氨酸(His_{12} 和 His_{119}),用枯草芽孢杆菌蛋白酶处理它,使 Ala_{20} 和 Ser_{21} 之间的肽链断裂,成为 S 肽(N 端的 20 肽)和 S 蛋白(C 端的 104 肽)。S 肽和 S 蛋白单独存在均无活性。但如果在 pH7 的缓冲液中,将两者按 1∶1 混合,并使两者间形成氢键及疏水作用联结,则 Ala_{20} 与 Ser_{21} 之间的肽键虽未恢复,但酶活性却恢复。这是因为 His_{12} 和 His_{119} 靠近,恢复了原来活性中心的空间构象的缘故(图 2-5)。由此可知活性中心各基团的相对空间位置对酶活性的重要意义。

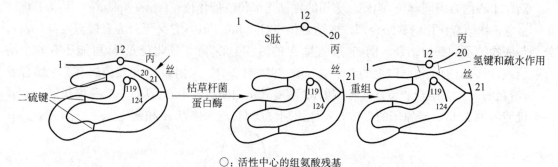

○:活性中心的组氨酸残基

图 2-5 牛胰核糖核酸酶分子的切断和重组

来自胰脏的胰凝乳蛋白酶、胰蛋白酶和弹性蛋白酶,不仅其活性中心活性丝氨酸附近的氨基酸顺序相同,并且其分子一级结构中有 40% 的氨基酸顺序亦相同,其三维结构亦相同,这反映出它们起源于共同的祖先。但是它们的底物专一性不同。这类来源于共同祖先,经基因突变而得出不同专一性的结果,称为同源的趋异进化(divergent evolution)。而来自 *B. amyloliquifaciens* 的枯草芽孢杆菌蛋白酶的结构与上述三个酶很不相同(哺乳动物丝氨酸蛋白酶与微生物丝氨酸蛋白酶之间的顺序相似度在 15%～19%),活性中心活性丝氨酸附近的氨基酸顺序也不同,其序列为:……Gly—Thr—*Ser—Met—Ala—Ser……组成电荷中继网的氨基酸所在位置(为 Asp_{32}—His_{64}—Ser_{221})也不同于胰凝乳蛋白酶和弹性蛋白酶(Asp_{102}—His_{57}—Ser_{195})。这表明它与上述三个酶来源不同,但它们的电荷中继网组成相同,功能相同,这种情况称作异源的趋同进化(convergent evolution)。

2.3 酶蛋白结构

2.3.1 酶蛋白结构及特征

酶的化学本质是蛋白质,所以它也有一、二、三、四级结构。

一级结构也称化学结构,指的是酶分子中氨基酸的排列顺序。氨基酸之间靠肽键连接,也包括某些二硫键。主链骨架上的重复单位称为肽单位,可表示成:

$$
\text{—C—}\overset{\overset{\textstyle O}{\|}}{\text{C}}\text{—NH—} \quad 或 \quad \text{—C—}\overset{\overset{\textstyle O}{\|}}{\text{C}}\text{—NH—C—}
$$

多肽链就是由许多肽单位在 αC 原子上互相连接而成的。

二、三、四级结构亦称空间结构。酶的空间结构遵循立体结构原理。L. Pauling 和 R. B. Corey 提出了下列立体化学原则:肽键具有部分双键性质,不能自由旋转;肽单位是刚性平面结构;除含 Pro 的肽单位外,绝大多数肽单位都是反式排布,能量低。

二级结构是指多肽链折叠的规则方式。驱动酶蛋白折叠的主要动力是疏水作用,也称熵效应。折叠结果是疏水基团包在酶蛋白内部,亲水基团处在表面。在形成疏水核心时,必然有部分主链也被包在里面。主链本身是高度亲水的,只有处于酶蛋白内部的主链极性基团(C=O,N—H)被氢键中和,体系才能稳定。正是在这种能量平衡中,酶蛋白主链的折叠产生了由氢键维系的有规则的构象,称其为二级结构。正因为主链肽键上的 C=O 和 N—H 是沿多肽链有规则地排列,所以在主链内和主链间常出现周期性的氢链相互作用(C—O···H—N)。常见的二级结构元件(secondary structure element)有 α 螺旋、β 折叠片、β 转角和无规卷曲等。α 螺旋(α-helix)和 β 折叠片(β-pleated sheet)都是一种周期性结构。β 转角(β-turn)不是周期性结构,它在多肽链弯曲、回折和重新定向处起作用。无规卷曲(random coil)泛指那些不能被归入明确的二级结构(如螺旋、折叠片、转角)的多肽区段。这些区段实际上大多既不是卷曲,也不是完全无规的,虽然也存在少数柔性的无序区段。它们也像其他二级结构那样是明确而稳定的结构,否则酶就不可能形成三维空间上每维都具有周期性结构的晶体。它们受侧链相互作用的影响很大,常构成酶活性部位。

如果细分可在二级与三级结构之间增加超二级结构和结构域两个层次。在酶分子中常看到由若干相邻的二级结构元件组合在一起,形成有规则的二级结构组合(combination),充当三级结构的构件,称其为超二级结构(super secondary structure)。已知的超二级结构有 3 种基本的组合形式:$\alpha\alpha$、$\beta\alpha\beta$ 和 $\beta\beta$。多肽链在二级结构或超二级结构的基础上形成三级结构的局部折叠区,它是相对独立的紧密球状实体,称其为结构域(structural domain 或 domain)。常见的结构域含连续的 100~200 个氨基酸残基,少至 40 个左右,多至 400 个以上。它是独立的折叠单位。对于较小的酶分子或亚基来说,结构域和三级结构是一个意思,即它们是单结构域,如核糖核酸酶等。而对于较大的酶分子或亚基,其三级结构往往由两个或多个结构域缔合而成,如猪苹果酸脱氢酶、马肝己醇脱氢酶都含两个结构域。结构域有时也指功能域(functional domain)。功能域是酶中能独立存在的功能单位。它可以是一个结构域,也可以是两个或多个结构域组成。从结构的角度看,一条长多肽链先分别折叠成几个相对独立的区域,再缔合成三级结构,要比整条多肽链直接折叠成三级结构在动力学上更为合理。从功能角度看,许多多结构域的酶,其活性中心都位于结构域之间,因通过结构域易构建具有特定三维排布的活性中心。结构域之间常由一段柔性的肽链相连,使它们之间易发生相对运动。这有利于酶活性中心结合底物和施加应力,有利于酶别构中心结合调节物和发生别构效应。根据所含二级结构种类和组合方式,结构域大体可分为 4 类:反平行 α 螺旋结构域(全 α-结构)、平行或混合型 β 折叠片结构域(α、β-结构)、反平行 β 折叠片结构域(全 β-结构)和富含金属或二硫键结构域(不规则小蛋白结构)。蛋白质的模体(motif)是由几个至几十个氨基酸残基组成的具有相对独立功能的小区。一个结构域可含几个模体,如催化结构域可包括能与几种不同底物相结合的模体,调节结构域可含有与不同调节物结合的模体。但有的模体也可独立存在,而不属于某个既定的结构域。具有相同或类似功能的酶常会有相同的模体,如所有以 ATP 为底物的蛋白激酶在催化结构域中都有一个 ATP 结合模体。具有不同功能的酶只要有某一相同或相似的性能,就可能存在同源性模体,如蛋白激酶 C、磷脂酶 C 和磷脂酶 A_2 都可和膜结合且受钙激活,都含有高度同源的 Ca^{2+} 依赖性膜连接模体。可利用不同结构域或不同模体的相应 cDNA 片段重组成杂交 DNA 来表达出崭新的具有特殊功能的酶。

三级结构是指由二级结构元件构建成的总三维结构,包括一级结构中相距远的肽段之间的几何相互关系和侧链在三维空间中彼此间的相互关系。酶蛋白的三级结构具有下述特征。

1. 含多种二级结构元件

如溶菌酶含有 α 螺旋、β 折叠片、β 转角和无规卷曲等(图 2-6),当然不同的酶蛋白中各级元件的含量是不同的。

2. 具有明显而丰富的折叠层次

多肽主链在熵驱动下折叠成借氢链维系的二级结构,然后在一级序列上相邻的二级结构在三维折叠中彼此靠近并相互作用形成超二级结构,再由超二级结构进一步装配成相对独立的结构域或三级结构(对于单结构域酶或亚基),或再由两个或多个结构域(对于多结构域酶或亚基)装配成三级结构。

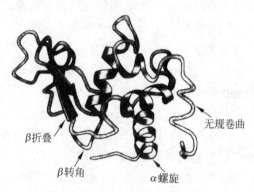

图 2-6 鸡蛋清溶菌酶的三级结构

3. 是紧密的球状或椭球状实体

一般酶蛋白装配较紧密,总体积中还有约 25% 没被蛋白质原子占据。而邻近活性中心的区域其装配密度比整个酶蛋白的平均值低得多,这意味着该区域有较大的空间可塑性,构象易发生变化,可允许结合基团和催化基团有较大的活动范围。这是酶与底物、别构酶与调节物相互作用的结构基础。

4. 疏水侧链在酶蛋白内部,亲水侧链在表面

这里面有两种作用:一种是肽链必须满足自身结构固有的限制,包括折叠中 α-碳的二面角的限制和手性效应;另一种是肽链必须折叠以埋藏疏水侧链,使之与溶剂水的接触降到较小程度(熵驱动)。酶蛋白中,多数 α 螺旋都是两亲螺旋(amphipathic helix)。它们一个面朝向外面溶剂,另一面朝向酶蛋白疏水内部。其向外的一面主要由极性和带电残基组成,朝内一面主要是非极性的疏水残基。平行 β 折叠片一般处于疏水核心;而反平行 β 折叠片疏水一侧朝向疏水内部,亲水一侧与溶剂接触。

5. 酶蛋白表面有一个空穴(亦称裂沟、凹槽或口袋)

它一般是疏水区,是酶的活性部位。空穴大小约能容纳 1~2 个小分子配体或大分子配体的一部分。酶的显著催化能力,部分是由于把底物带入了疏水环境(低介电区域)。

组成酶蛋白四级结构的最小单位称为亚基(subunits)。四级结构是指各亚基在寡聚酶中的空间排布及其相互作用,但不考虑亚基的内部几何形状。每个亚基的三维结构仍被看作它的三级结构。形成寡聚酶的倾向与酶分子中的疏水氨基酸的含量有关。这些酶分子中大约含

有30%以上的疏水氨基酸,如此多的疏水氨基酸不可能全包含在亚基的内部,过剩的疏水氨基酸不得不暴露在亚基表面,为了避开水相,只有迫使亚基聚合。因此维持四级结构的主要作用力是疏水作用,而氢键、范德华力仅起次要作用;在少数情况下,离子键等也参与维持四级结构。可采用稀释、变性剂、高浓度盐、调节pH、化学修饰将寡聚酶解离成亚基。

不同来源的同一种酶,其亲缘关系越远,氨基酸序列差异越大;然而这些差异一般是在远离活性中心的地方,而活性部位的保守性强。例如,已对50多种不同来源的细胞色素C(是一种氧化还原酶)的一级结构进行了分析,发现它们的一级结构互有差异,亲缘关系越远差异越大。如酵母与人的细胞色素C就相差44个氨基酸残基;但从酵母到人,它们的细胞色素C的构象和功能并未发生重大变化。看来在酶的进化中,三级结构比一级结构更为保守。

马肝乙醇脱氢酶、龙虾甘油醛-3-磷酸脱氢酶、小鲨鱼乳酸脱氢酶和猪苹果酸脱氢酶的分子结构上都存在2个结构域,其中一个结构域在4个酶中均相似,该结构域结合NAD^+(图2-7)。由个别氨基酸的随意选择决定酶蛋白演变过程似乎是不可能的,比如对一个含250个氨基酸残基的蛋白质而言,可能的不同排列顺序有20^{250}个。而上述脱氢酶结构域的结构却指出了产生各种专一性酶族的非常简单的方式。假定结合NAD^+的结构域由一个基因编码,那么这个基因与单独催化的结构域的每个编码的一系列基因融合就能产生脱氢酶族。鸡蛋清溶菌酶DNA含有4个外显子,外显子2编码酶的催化中心,外显子3为底物定向残基编码。因此,外显子相当于蛋白质的功能单位,新的蛋白质可产生于不同外显子的重新组合。

因为蛋白质的结构及结构测定方法在蛋白质相关课程中已有详尽的介绍,所以此处只对酶蛋白的结构及特征作一概述,细节不再赘述。

2.3.2 一级结构与空间结构的关系

决定酶的空间结构的因素有内因和外因两个方面。内因是指由一级结构所决定的各种侧链之间的各种相互作用,其作用方式有疏水作用、氢键、离子键、二硫键、配位键、范德华力等。外因是指酶所处的环境因子,如溶剂、其他溶质、pH、温度、离子强度等。外因是条件,也有较大影响。

内因是根据,即酶的一级结构决定其空间结构。例如,能否形成螺旋结构。以及形成的螺旋结构的稳定程度,与链的氨基酸组成和排列顺序有极大的关系,即与氨基酸侧链基团的大小、电荷性质密切相关。例如,存在脯氨酸或羟脯氨酸,α-螺旋则被中断,产生一个结节(kink)。又例如,多肽链中的侧链基团过大,且带同种电荷,则不能形成β-折叠片。

酶的三维构象是多肽链主链上的各个单键的旋转自由度受到各种限制的总结果。这些限制包括:肽键的硬度(即肽键的平面性质),C_α—C和C_α—N键旋转的许可角度,疏水基团和亲水基团的数目、位置,带电基团的性质、数目、位置以及溶剂和其他溶质等。通过这些侧链基团的彼此作用,以及它们与溶剂和其他溶质的相互作用,最后达成平衡,形成在生物体条件下热力学上最稳定的空间结构,实现自我装配原则。

现举一个三级结构自我装配的例子。如核糖核酸酶在8mol/L尿素存在下,用巯基乙醇处理,其4个二硫键全部断裂,肽链松弛,酶活力丧失。用透析法除去尿素和巯基乙醇后,借空气中的氧将这些巯基重新氧化成二硫键,酶活力几乎全部恢复。概率计算表明,在随机重组下,8个巯基形成4个二硫键时,可有105种不同的方式,可结果只得出一种方式(天然构象),原因就在于线性的一维信息(氨基酸顺序)控制了肽键的折叠盘绕。

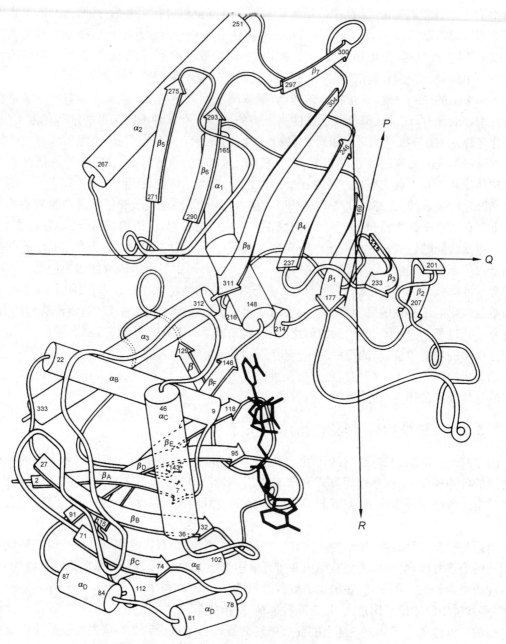

图 2-7　来自 *B. stearothermophilus* 甘油醛-3-磷酸脱氢酶中的结构域

　　寡聚酶中多肽链的氨基酸顺序不仅仅规定了其二、三级结构,而且也规定了亚基之间接触的几何位置,即四级结构的形成也遵循自我装配的原则,例如,醛缩酶经酸处理,成无规则线团,酶失去活性;调节 pH 至 7,不仅可恢复该酶的天然三级结构,还可恢复其天然的四级结构,使酶活性得以恢复。

　　所以说一个酶分子的氨基酸顺序决定其分子形状,决定其功能。

2.4　单体酶、寡聚酶、多酶复合体、多酶融合体

2.4.1　单体酶

单体酶(monomeric enzyme)一般是由一条肽链组成。例如,牛胰核糖核酸酶是由 124 个氨基酸残基组成的一条肽链(图 2-8)。又例如,鸡蛋清溶菌酶是由 129 个氨基酸残基组成的一条肽链,相对分子质量 14600。但有的单体酶是由多条肽链组成。如胰凝乳蛋白酶是由 3 条肽链组成,肽链间由二硫键相连构成一个共价整体(图 2-1)。这类含几条肽链的单体酶往往是由一条前体肽链经活化断裂而生成。例如,胰凝乳蛋白酶原(chymotrypsinogen)是一条由 245 个氨基酸残基组成的肽链,具有 5 对二硫键,无催化活性。经胰蛋白酶切开 Arg_{15} 和 Ile_{16} 之间的肽键后,得到高活性的 π-胰凝乳蛋白酶。但它不稳定,再作用其他的 π-胰凝乳蛋白酶分子,使其失去两个二肽(Ser_{14}-Arg_{15} 和 Thr_{147}-Asn_{148})而形成稳定的 α-胰凝乳蛋白酶。该酶由总长度为 241 个氨基酸残基的 A、B、C 3 条肽链组成,A、B 两链及 B、C 两链之间各通过一对二硫键相连,使整个分子成为一个共价整体。这整个活化过程称为酶原(zymogen 或 proenzyme)激活。

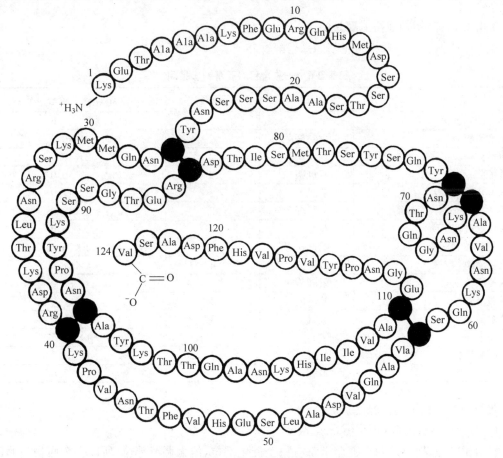

组成 4 个二硫键的半胱氨酸用黑色表示

图 2-8　牛胰核糖核酸酶的氨基酸顺序

在生物体内这种酶原激活现象较普遍,切除的部分有的只是几个氨基酸残基,有的却很大。例如,胰蛋白酶是由其前体胰蛋白酶原(trypsinogen)经切除一个 6 肽形成的,胃蛋白酶是由 392 个氨基酸残基的前体胃蛋白酶原(pepsinogen)经切除 44 个氨基酸残基而获得,羧肽酶 A 是由羧肽酶 A 原(procarboxy peptidase A)经切除约 60 个氨基酸残基而形成,牛羧肽酶 B 则是从 505 个氨基酸残基的前体切除了约 200 个氨基酸残基而得到。

消化道酶类在胰腺、胃腺中以酶原形式存在是至关重要的,可防止它们的自身消化,这是生物对自身环境适应的一种反应。

单体酶种类很少,一般多是催化水解反应的酶,相对分子质量在 35.0×10^3 以下。

2.4.2 寡聚酶

寡聚酶(oligomeric enzyme)是由两个或两个以上亚基组成的酶。这些亚基可以是相同的,也可以是不相同的。绝大部分寡聚酶都含偶数亚基,而且这些亚基一般以对称形式排列。极个别的寡聚酶含奇数亚基,如荧光素酶含 3 个亚基。亚基与亚基之间一般是以非共价键相结合,彼此易于分开。因此从结构上看,亚基是蛋白质分子中的最小共价单位。寡聚酶相对分子质量一般高于 30.0×10^3。如 CuZn-超氧化物歧化酶相对分子质量约 32.0×10^3,它由两个相同亚基组成。

2.4.2.1 含相同亚基的寡聚酶

表 2-6 列出了一些含相同亚基的寡聚酶。

表 2-6 一些含相同亚基的寡聚酶

酶	来源	亚基数	相对分子质量/10^3
苹果酸脱氢酶	鼠肝	2	2×37.5
碱性磷酸酶	大肠杆菌	2	2×40.0
肌酸激酶	鸡或兔肌	2	2×40.0
醛缩酶	酵母菌	2	2×40.0
烯醇化酶	兔肌	2	2×41.0
甲硫氨酰-tRNA 合成酶	大肠杆菌	2	2×48.0
天冬氨酸转氨酶	鸡心	2	2×50.0
L-氨基酸氧化酶	响尾蛇毒	2	2×70.0
己糖激酶	酵母菌	4	4×27.5
鸟氨酸转氨酶	鼠肝	4	4×33.0
醇脱氢酶	酵母菌	4	4×37.0
醛缩酶	兔肌	4	4×40.0
延胡索酸酶	猪心	4	4×48.5
丙酮酸激酶	兔肌	4	4×57.2
过氧化氢酶	牛肝	4	4×57.5

此类酶中存在不同情况,例如:

1. 多催化部位酶(multisite enzyme)

它由相同亚基组成,每个亚基上都有一个催化部位,但无调节部位,所以一个底物与酶的一个亚基结合对其他亚基与底物的结合无影响,对已结合了底物的亚基解离亦无影响。从这点看,一个带 n 个催化部位的酶和 n 个一催化部位的酶是相等的。但这类酶的游离亚基无活性,必须聚合成寡聚酶才有活性。这就是说一个多催化部位酶并不是多个分子的聚合体,而仅仅是一个功能分子。原因在于亚基聚合时,其构象可产生变化,或形成底物结合部位,或导致底物结合部位与催化部位的邻近与定位。此类酶的动力学属双曲线型动力学。

2. 可调节酶

有些含相同亚基的寡聚酶属调节酶(regulatory enzyme)类。一般被称为调节酶的,主要是指别构酶(allosteric enzyme)和共价调节酶(covalently modulated enzyme)。例如,3-磷酸甘油醛脱氢酶是由 4 个相同亚基组成的,是一个具有负协同效应的别构酶(请参阅第 3 章的相关内容)。

2.4.2.2　含异种亚基的寡聚酶

表 2-7 列出了一些含异种亚基的寡聚酶。

表 2-7　一些含异种亚基的寡聚酶

酶	来源	亚基数及类型	相对分子质量/10^3
果糖-1,6-二磷酸酯酶	兔肝	2A 2B	2×29.0 2×37.0
琥珀酸脱氢酶	牛心	α β	70.0 27.0
cAMP 依赖性蛋白激酶	牛心	$2C^*$ 2R	2×42.0 2×55.0
Na^+,K^+-ATP 酶	兔肾	2α 2β	2×95.0 2×45.0
α-L-岩藻糖苷酶	大鼠附睾	2α 2β	2×60.0 2×47.0
乳酸脱氢酶同工酶 2～4	牛心、肝	A_3B A_2B_2 AB_3	4×35.0
天冬氨酸转氨甲酰酶	大肠杆菌	$(C_3)_2$ $(R_2)_3$	6×33.0 6×17.0
RNA 聚合酶	大肠杆菌	α_2 $\beta\beta'$ σ	2×39.0 $155.0, 165.0$ 95.0
组氨酸脱羧酶	乳酸杆菌	A_5 B_5	5×29.9 5×9.0

* C:催化亚基;R:调节亚基,可与 cAMP 结合。

此类酶中存在不同情况,例如:

1. 天冬氨酸转氨甲酰酶

来自大肠杆菌的这个酶含有 6 条 C 链、6 条 R 链,共 12 条肽链,组成 2 个催化亚基(C_3)和 3 个调节亚基(R_2)。催化亚基上有底物结合部位,具催化活性;调节亚基上有别构效应剂 CTP、ATP 的结合部位,无催化活性,起别构调节作用。用汞化合物处理该酶,可将两类亚基分开,这时的催化亚基仍保持催化活性,但不显示 S 型别构动力学曲线,而呈现双曲线型动力学曲线(请参阅第 3 章的相关内容)。

2. 乳糖合成酶

它存在妊娠及哺乳期乳腺中,催化以下反应:

$$UDP\text{-半乳糖}+葡萄糖 \Longleftrightarrow UDP+乳糖$$

该酶由蛋白 A 和 B 组成。蛋白 A 是催化亚基,又称半乳糖基转移酶;蛋白 B 是改性亚基,是乳清蛋白。A 和 B 单独存在都不能催化上述反应,但 A 却能催化下述反应:

$$UDP\text{-半乳糖}+N\text{-乙酰葡萄糖胺} \Longleftrightarrow N\text{-乙酰乳糖胺}+UDP$$

这表明蛋白 A 的底物专一性在蛋白 B 的影响下,由作用 N-乙酰葡萄糖胺转变为作用于葡萄糖。

上述例子是酶的专一性受到酶分子中非酶蛋白的影响。还有的寡聚酶,有专门的亚基作为底物载体而起作用。此外还有其他情况,就不一一赘述了。

寡聚酶中亚基的聚合作用,有的与酶的专一性有关,有的与酶活性中心的形成有关,有的与酶的调节性能有关。大多数寡聚酶,其聚合形式是活性型,解聚形式是失活型。但牛肝谷氨酸脱氢酶,其聚合形式为失活型。

亚基结构是大多数酶的特征。这些酶一般属胞内酶,而胞外酶一般是单体酶。相当数量的寡聚酶是调节酶,其活性可受各种形式的灵活调节,在调节控制代谢过程中起重要作用。

2.4.3 多酶复合体

多酶复合体(multienzyme complex)由两个或两个以上的酶,靠非共价键连接而成。其中每一个酶催化一个反应,所有反应依次连接,构成一个代谢途径或代谢途径的一部分。由于这一连串反应是在一高度有序的多酶复合体内完成,所以反应效率非常高。举例如下:

1. 大肠杆菌色氨酸合成酶复合体

它是一个双功能四聚体酶,由 $\alpha \cdot \alpha \cdot \beta_2$ 联合组成,催化下列反应:

$$吲哚甘油磷酸 + L\text{-丝氨酸} \xrightarrow[\text{磷酸吡哆醛}]{\alpha \cdot \alpha \cdot \beta_2} L\text{-色氨酸} + 3\text{-磷酸甘油醛}$$

游离的 α 亚基和 β_2 亚基可各自催化以下反应:

$$吲哚甘油磷酸 \xrightarrow{\alpha} 吲哚 + 3\text{-磷酸甘油醛}$$

$$吲哚 + L\text{-丝氨酸} \xrightarrow[\text{磷酸吡哆醛}]{\beta_2} L\text{-色氨酸}$$

用变性剂处理,β_2 可解离成 2β,单独的 β 亚基无催化活性。只有当组成 $\alpha \cdot \alpha \cdot \beta_2$ 复合体,联合作用时,才能高效地完成色氨酸的合成。中间产物吲哚在亚基间移动,而不释放到溶液中。游离的 α 和 β_2 虽有催化活性,但效率显著低于其复合体。α 亚基的催化效率只有其复合体的 $1/30$,而 β_2 亚基的催化效率大约只有其复合体的 1%。这表明由亚基聚合成复合体,对提高催化能力十分有利。

2. 大肠杆菌丙酮酸脱氢酶复合体

它由 3 种酶组成:(1)丙酮酸脱氢酶(E_1),它以二聚体存在($M_r = 2 \times 96.0 \times 10^3$);(2)二氢硫辛酸转乙酰基酶($E_2$)($M_r = 70.0 \times 10^3$);(3)二氢硫辛酸脱氢酶($E_3$),它以二聚体存在($M_r = 2 \times 56.0 \times 10^3$)。该复合体共含 12 个 E_1 二聚体,24 个 E_2 和 6 个 E_3 二聚体,相对分子质量约 4600.0×10^3。E_2 所属的肽链组成复合体的内核,E_1 和 E_3 所属的肽链规则地排布在内核周围;

复合体直径约 300Å。该复合体以非共价键维系。复合体解离后,除去解离因素,它又能自动装配成天然复合体形式并恢复功能。

3 个酶的催化作用见下式:

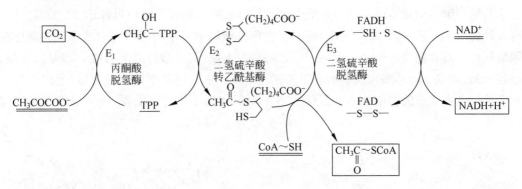

该复合体催化的总反应如下:

$$丙酮酸 + CoASH + NAD^+ \longrightarrow CO_2 + 乙酰 CoA + NADH + H^+$$

3 种酶的辅因子都牢固地连接在酶分子上,生成的中间产物也在复合体内传递,并不扩散到介质中去。E_2 的一个赖氨酸残基的 ε 氨基和辅基(硫辛酰基)连接,赖氨酸残基的侧链长 14Å,正好可将硫辛酰基在 E_1 和 E_3 的辅基之间灵活摆动,高效地传递中间产物。

2.4.4 多酶融合体

多酶融合体(multienzyme conjugate)是指一条多肽链上含有两种或两种以上催化活性的酶,这往往是基因融合的产物。它可以是单体酶,也可以是寡聚酶或更复杂的多酶复合体。举例如下:

1. 天冬氨酸激酶Ⅰ-高丝氨酸脱氢酶Ⅰ融合体(双头酶)

来自大肠杆菌的这种酶在天冬氨酸到丝氨酸生物合成中催化两步反应。该酶是 α_4 四聚体,相对分子质量 $4 \times 86.0 \times 10^3$。每条肽链含两个活性区域:N-端部分的天冬氨酸激酶和 C-端部分的高丝氨酸脱氢酶。这两个活性区域可用蛋白酶水解分开。这种一条肽链的两端各含一种不同酶活性的酶称双头酶(double-headed enzyme)。

类似的双活性酶已发现多种。例如,催化除去糖原上的 1,6-分支的脱支酶,它一条肽链上有淀粉-1,6-葡糖苷酶和 4-α-D-葡聚糖转移酶两个催化活性。又例如,在微体(microbody)的 β-氧化系统中,含有一种双活性酶,它一条肽链上有烯脂酰辅酶 A 水合酶和羟脂酰辅酶 A 脱氢酶两个催化活性。

2. 克木毒蛋白和 AROM 多酶融合体

还有一条肽链上含有两个以上酶活性的蛋白质。例如,克木毒蛋白(camphorin),它来自樟树种子,由一条肽链组成。它具有 3 种不同的酶活性:①RNA N-糖苷酶活性,可水解大鼠核糖体 28S RNA 中第 4324 位腺苷酸的 N-C 糖苷键,释放一个腺嘌呤碱基;②依赖于超螺旋 DNA 构型的核酸内切酶活性,专一解旋并切割超螺旋环状 DNA 形成缺口环状和线状 DNA;③超氧化物歧化酶活性,可歧化 $O_2^{\overline{}}$。

来自红色链孢霉的 AROM 多酶融合体是一个二聚体。其每条肽链 $M_r = 150.0 \times 10^3$。含 5 种酶活性(5-脱氢奎尼酸合成酶、5-脱氢奎尼酸脱水酶、5-脱氢莽草酸还原酶、莽草酸激酶和 3-

烯醇式内酮酸-莽草酸-5-磷酸合成酶）。它催化多芳香化合物合成途径（莽草酸途径）②～⑥五步反应（图 2-9）。该融合体有中间产物的传递通道，使催化效率大为提高。

3. 脂肪酸合成酶系

来自酿酒酵母的脂肪酸合成酶系是个 12 聚体（$\alpha_6\beta_6$），相对分子质量高达 2200.0×10^3，共含有 8 种酶活性。其 α 链（$M_r=185.0\times10^3$）含酰基载体蛋白、β-酮脂酰基合成酶和 β-酮脂酰基还原酶活性。其 β 链（$M_r=175.0\times10^3$）含乙酰转酰基酶、丙二酰转酰基酶、β-羟酰基脱水酶、烯酰基还原酶、脂酰基转移酶和软脂酰转酰酶活性。α 和 β 链都属于多酶融合体，这两个融合体又聚合成一个更复杂的多酶体系。反应中各中间产物均不离开该酶系，使反应以最高的效率进行。

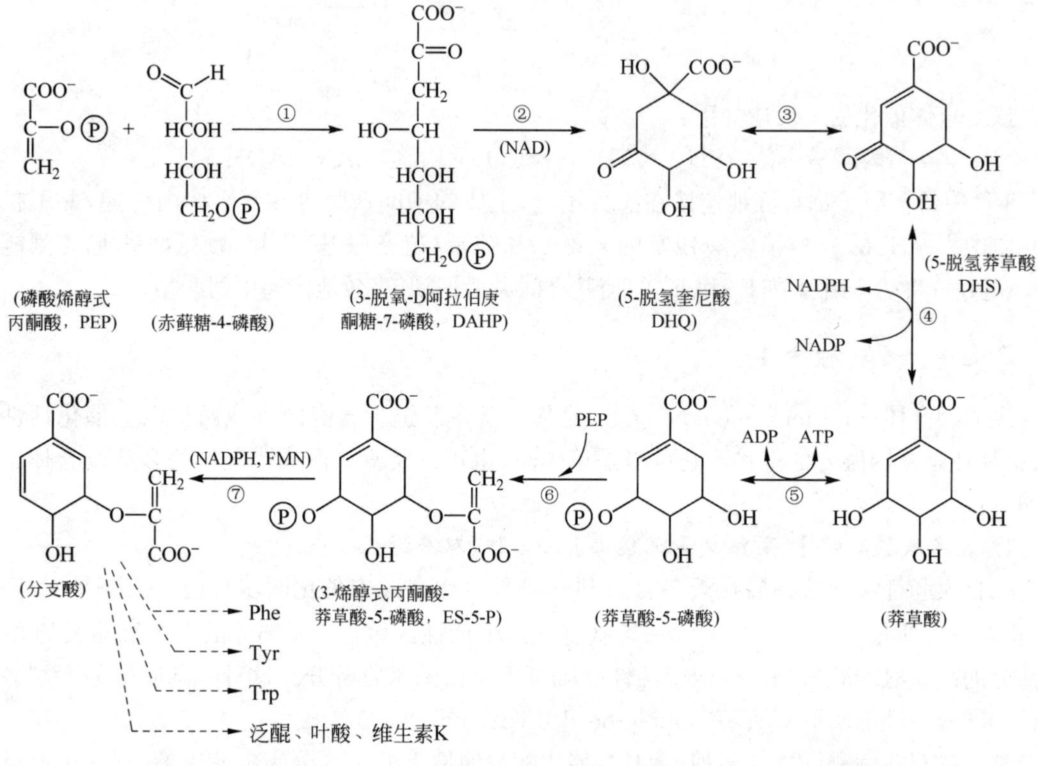

① DAHP 合成酶；② DHQ 合成酶；③ DHQ 脱水酶；④DHS 还原酶；⑤ 莽草酸激酶；⑥ ES-5-P 合成酶；⑦ 分支酸合成酶

图 2-9　多芳香化合物合成途径

综上所述，单体酶是一个共价单位，不含四级结构。绝大多数单体酶只表现一种酶活性，但有的也可表现两种甚至多种酶活性。寡聚酶具有四级结构，它是由亚基靠非共价键结合而成。习惯上把亚基数不太多、相对分子质量不太大的这类聚合体酶称为寡聚酶。因此多酶复合体、多酶融合体中较简单的，如大肠杆菌色氨酸合成酶复合体、天冬氨酸激酶 I-高丝氨酸脱氢酶 I 融合体等也常称作寡聚酶。细胞中许多酶常常是在一个连续的代谢过程中起催化作用，前一个酶反应的产物是后一个酶反应的底物，形成一条反应链。催化这种链反应的几个酶往往组成一个多酶系统（multienzyme system）。有的多酶系统结构化程度很高，可以将它们完整地分离出来，如丙酮酸脱氢酶复合体、脂肪酸合成酶系等。这种极其复杂的多酶系统其实已超出"分子"

范围,可称之为超分子组织(supramolecular organization)。还有的多酶系统在亚细胞结构上有严格的定位关系,系统中的多个酶分子高度有序地镶嵌在生物膜等上面,承担细胞内许多重要代谢途径的反应。这些内容在相关课程中有介绍,此处就不赘述。

由于多功能酶(multifunctional enzyme)具有多种酶活性,而每种酶活性均有一个 EC 编号,所以多功能酶在国际系统分类中就占有一个以上的位置和 EC 编号。例如,天冬氨酸激酶 I-高丝氨酸脱氢酶 I 融合体,其编号分别为:EC2.7.2.4 和 EC1.1.1.3;又例如,上述的脱支酶,其编号分别为:EC3.2.1.33 和 EC2.4.1.25;再例如,丙酮酸脱氢酶复合体,其编号分别为:EC1.2.4.1,EC2.3.1.12 和 EC1.6.4.3。但从一个多功能酶的 EC 编号,是无法判断这些酶活性是存在于一条肽链上,还是来自于不同的亚基。

绝大多数酶在母体细胞内或离体状态下表现的酶活性是一致的;但有的酶在上述两种环境中却表现出完全不同的酶活性,如 RNA N-糖苷酶、多核苷酸磷酸化酶等,也显示出多功能。关于这类酶目前知道的还较少,有待于进一步研究。

第3章

酶促反应动力学

酶动力学是研究酶促反应的速度问题,即研究各种因素对酶促反应速度的影响。酶动力学理论与实验在生物化学领域,特别在酶学和酶工程研究和应用中,有十分重要的作用。例如,根据某些因素对酶促反应速度的影响,可推断该酶促反应的机制。又例如,要准确测定酶活力单位,就需要对最佳反应条件及各种因素的影响进行研究。

3.1 单底物酶促反应动力学

酶促反应有单底物反应和多底物反应之分。单底物酶促反应包括异构酶、水解酶及大部分裂合酶催化的反应。先介绍单底物酶促反应动力学,而多底物酶促反应动力学放在后面阐述。

3.1.1 米氏方程的推导

根据酶催化的中间产物学说,可得到式(3-1):

$$E + S \underset{k_{-1}}{\overset{k_1}{\rightleftharpoons}} ES \overset{k_2}{\longrightarrow} E + P \tag{3-1}$$

式中:E 表示酶;S 表示底物;ES 表示酶底复合物;P 表示产物,k_1、k_{-1}、k_2 分别表示各反应速度常数。

3.1.1.1 快速平衡假设对速度方程的推导

该假设如下:$E + S \rightleftharpoons ES$ 是一个快速平衡反应,即 k_2 相对 k_{-1} 来说很小,也即 ES 分解成产物的反应对这个平衡反应干扰很小,$ES \longrightarrow E + P$ 这步反应是式(3-1)总反应的限速反应。

依据上述假设可推导出速度方程:

1) 在反应达平衡时,正反应速度 v_f = 逆反应速度 v_r。

因为 $v_f = k_1[E][S]$, $v_r = k_{-1}[ES]_r$,

所以 $k_1[E][S] = k_{-1}[ES]$,

$k_1([E_t] - [ES])[S] = k_{-1}[ES]$([$E_t$] 表示总酶浓度),

$\dfrac{([E_t] - [ES])[S]}{[ES]} = \dfrac{k_{-1}}{k_1} = K_S$($K_S$ 表示 ES 的解离常数),

$[ES] = \dfrac{[E_t][S]}{K_S + [S]}$。

2) 由于 $v = k_2[\text{ES}]$ [v 表示式(3-1)反应的速度]，

所以 $v = \dfrac{k_2[\text{E}_t][\text{S}]}{K_\text{S} + [\text{S}]}$。

3) 由于 $v_{\max} = k_2[\text{E}_t]$（$v_{\max}$ 表示最大反应速度），

$$所以\quad v = \frac{v_{\max}[\text{S}]}{K_\text{S} + [\text{S}]} \tag{3-2}$$

式(3-2)是由 Michaelis 和 Menten 根据以上假设推导出来的，所以简称米氏方程。从式(3-2)可以看出：

当 $[\text{S}] \gg K_\text{S}$ 时，$v \approx \dfrac{v_{\max}[\text{S}]}{[\text{S}]} = v_{\max}$，即 $[\text{S}]$ 很大时，反应速度达最大值。这与实验结果相符。

当 $[\text{S}] \ll K_\text{S}$ 时，则 $v \approx \dfrac{v_{\max}[\text{S}]}{K_\text{S}}$。对某一反应来说，当酶浓度不变时，$v_{\max}$ 和 K_S 都是常数，所以 v 与 $[\text{S}]$ 成正比关系。

米氏方程中的 K_S 为 ES 的解离常数。最初人们为了纪念米孟二氏，用 K_m 来代替 K_S，称米氏常数（Michaelis constant）。而 $\dfrac{1}{K_\text{m}}$ 称为酶与底物结合的亲和常数。

3.1.1.2　稳态处理法对速度方程的推导

Briggs 和 Haldane 考虑到许多酶的催化常数很高，即 $\text{ES} \xrightarrow{k_2} \text{E} + \text{P}$ 不能忽略，而且他们又发现很多酶的 $k_2 \gg k_{-1}$。因此，提出了稳态假说来代替米氏的快速平衡假说。该假说指出：$[\text{ES}]$ 不一定与 $[\text{E}]$ 和 $[\text{S}]$ 呈平衡。而是在反应进行很短时间后，$[\text{ES}]$ 即由零增加到一定值。此时尽管 ES 也在不断分解和生成，但其生成和分解速度相等，即其浓度达到了稳态，不再改变。用稳态处理推导速度方程过程如下：

1) 由于在初速度条件下 $[\text{P}]$ 很小，所以逆反应 $\text{E} + \text{P} \longrightarrow \text{ES}$ 可以忽略不计。

2) 根据式(3-1)，

因为 ES 生成速度 $= k_1[\text{E}][\text{S}] = k_1([\text{E}_t] - [\text{ES}])[\text{S}]$

ES 分解速度 $= k_{-1}[\text{ES}] + k_2[\text{ES}] = (k_{-1} + k_2)[\text{ES}]$

所以 $k_1([\text{E}_t] - [\text{ES}])[\text{S}] = (k_{-1} + k_2)[\text{ES}]$

得：$[\text{ES}] = \dfrac{k_1[\text{E}_t][\text{S}]}{k_1[\text{S}] + k_{-1} + k_2} = \dfrac{[\text{E}_t][\text{S}]}{\dfrac{k_{-1} + k_2}{k_1} + [\text{S}]}$

3) 由于 $v = k_2[\text{ES}]$，$v_{\max} = k_2[\text{E}_t]$

所以 $v = \dfrac{k_2[\text{E}_t][\text{S}]}{\dfrac{k_{-1} + k_2}{k_1} + [\text{S}]} = \dfrac{v_{\max}[\text{S}]}{\dfrac{k_{-1} + k_2}{k_1} + [\text{S}]}$

用 K_m 来代表 $\dfrac{k_{-1} + k_2}{k_1}$，则得：

$$v = \frac{v_{\max}[\text{S}]}{K_\text{m} + [\text{S}]} \tag{3-3}$$

式(3-3)和式(3-2)形式几乎一样，只是式(3-3)中的 $K_\text{m} = \dfrac{k_{-1} + k_2}{k_1}$，而式(3-2)中的 $K_\text{S} =$

$\dfrac{k_{-1}}{k_1}$。当 $k_2 \ll k_{-1}$ 时,则 $K_m \approx K_S$。所以式(3-3)是更有普遍意义的方程,而式(3-2)只是稳态方程中的一种特殊情况。

图 3-1 是一个酶促反应的进程曲线,这是起始底物浓度 $[S_t]$ 明显远大于起始酶浓度 $[E_t]$ 而得到的酶促反应进程曲线。随 $[S_t]/[E_t]$ 比例增大,$\dfrac{d[ES]}{dt} = 0$ 以前的时间将减少,而 $\dfrac{d[ES]}{dt} = 0$ 的反应时间范围将延长,即稳态假说更正确。

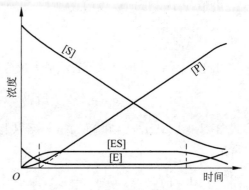

图 3-1　酶促反应过程中$[S]$、$[P]$、$[E]$、$[ES]$等随时间而改变的曲线

3.1.2　米氏方程的讨论

3.1.2.1　米氏方程的特性

米氏方程 $v = \dfrac{v_{max}[S]}{K_m + [S]}$ 属 $\dfrac{ax}{b+x}$ 形式的等轴双曲线方程,即酶促反应速度 v 与 $[S]$ 之间的关系为一双曲线。该双曲线的两条渐近线为 $v = v_{max}$,$[S] = -K_m$,如图 3-2 所示。图中实验测得的部分,是双曲线中的实线部分,它是根据表 3-1 所列的 v 和 S 数据做出的,从表 3-1 和图 3-2 都可看出:当 $[S]$ 浓度很大时,$v = v_{max}$,双曲线趋于 $v = v_{max}$ 渐近线。当反应速度达最大反应速度的一半时,$[S] = K_m$,所以,K_m 定义为反应速度达 $0.5v_{max}$ 时的底物浓度,其单位为浓度单位。

表 3-1　实验测得的 v 和 $[S]$

$[S]$	v
$1000K_m$	$0.999v_{max}$
$100K_m$	$0.99v_{max}$
$10K_m$	$0.9v_{max}$
$3K_m$	$0.75v_{max}$
$1K_m$	$0.50v_{max}$
$0.33K_m$	$0.25v_{max}$
$0.10K_m$	$0.09v_{max}$
$0.01K_m$	$0.01v_{max}$

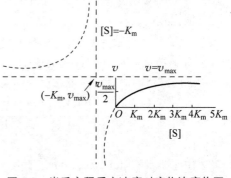

图 3-2　米氏方程反应速度对底物浓度作图

3.1.2.2　米氏方程中 v 与 $[S]$ 的关系

当 $v = v_{max}$ 时,v 与 $[S]$ 无关,只和 $[E_t]$ 成正比,这时表明酶的活性部分已全部被底物占据。当 $v = 0.5v_{max}$ 时,表示活性部位有一半被占据。当一个酶的 K_m 已知,则任何底物浓度下酶活性部位被占据的分数 $\overline{Y}_s = v/v_{max} = \dfrac{[S]}{K_m + [S]}$。$\overline{Y}_s$ 又称为该酶促反应的相对速度。

米氏方程所作曲线的曲度,不随 K_m 和 v_{max} 的变化而变化,所以任何酶只要服从米氏方程,

则到达任何两个 v_{max} 分数的对应底物浓度之比为一常数。例如，$\dfrac{0.9v_{max}}{v_{max}}=\dfrac{[S]_{0.9}}{K_m+[S]_{0.9}}$，所以

$[S]_{0.9}=9K_m$，同理 $[S]_{0.1}=\dfrac{1}{9}K_m$。所以，$[S]_{0.9}/[S]_{0.1}=\dfrac{9K_m}{\dfrac{1}{9}K_m}=81$，即达 90% v_{max} 与达 10%

v_{max} 所需底物浓度之比总是 81。同样也可得到达 70% v_{max} 与达 10% v_{max} 所需底物浓度之比总是 21。

在米氏方程曲线图 3-3(a) 中，v 随 [S] 增加的反应有三个特性区。如将一级动力学区（$[S]\ll0.1K_m$）放大，则 $v\sim[S]$ 曲线主要是线性的，即根据实验测得的酶促反应速度与 [S] 成正比，如图 3-3(b) 所示。

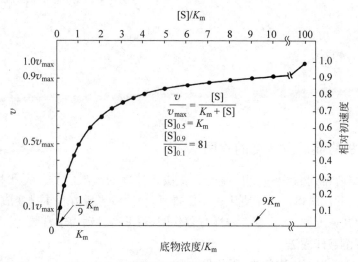

图 3-3(a)　根据米氏方程所作的 $v\sim$[S]曲线

这也就是酶促反应初速度区。在一级速度区，由于 $[S]\ll K_m$，所以 $v=\dfrac{v_{max}[S]}{K_m}=k[S]$。从

这个方程可知，一级速度常数 $k=\dfrac{v_{max}}{K_m}$。

k 的化学意义：底物在单位时间转变成产物的量。例如 $k=0.02\text{min}^{-1}$，就意味着底物在 1min 内会有 2% 转变成产物；若 $k=2.3\text{min}^{-1}=0.0383\text{s}^{-1}$，那就意味着每秒钟有 3.83% 的底物变成产物。要测定任一时间范围内底物的消耗量或产物的生成量，可用一级速度方程积分。

$$v=-\frac{\mathrm{d}[S]}{\mathrm{d}t}=k[S]$$

即 $-\dfrac{\mathrm{d}[S]}{[S]}=k\,\mathrm{d}t$。

从 $t=0$ 至 $t=t$，以及 $[S_t]$ 至 [S] 之间积分得：

$$-\int_{[S_t]}^{[S]}\frac{\mathrm{d}[S]}{[S]}=\int_0^t k\,\mathrm{d}t$$

图 3-3(b)　在 $[S]\ll0.1K_m$ 狭窄范围内的 v-[S] 曲线（即酶促反应的初速度范围）

所以 $-\ln\dfrac{[S]}{[S_t]}=kt$ 或 $\dfrac{[S]}{[S_t]}=e^{-kt}$

所以 $[S]=[S_t]e^{-kt}$

两边取对数得：

$$\lg[S]=-\frac{k}{2.3}t+\lg[S_t] \qquad (3\text{-}4)$$

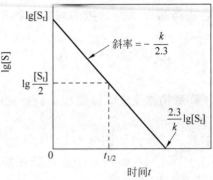

图 3-4　一级速度方程 $\lg[S]$ 对 t 作图

将 $\lg[S]$ 对 t 作图得 3-4 图。

图 3-4 中的 $t_{1/2}$ 是使原有底物的一半转变成产物所需的时间。对一级反应来说，它是一个常数。

$$2.3\lg\frac{1}{0.5}=kt_{1/2},$$

所以 $kt_{1/2}=0.692$，

$$t_{1/2}=\frac{0.692}{k}。$$

$t_{1/2}$ 是一个常数。

3.1.3　分析酶促反应速度的作图法

要从实验数据所得到的 $v\sim[S]$ 曲线来直接决定速度的极限值 $v_{\max}$ 是很困难的，因此 K_m 值也不易准确地由此法求得。为了克服这些困难，可设法将米氏方程重排变成不同形式的线性方程，然后将所得初速度数据，根据各线性方程作图，可求得各动力学常数。

3.1.3.1　双倒数作图法

将式(3-3)米氏方程两边取倒数，得线性方程：

$$1/v=\frac{K_m}{v_{\max}}\cdot\frac{1}{[S]}+\frac{1}{v_{\max}} \qquad (3\text{-}5)$$

将实验所得的一些初速度数据 v 和$[S]$取倒数，得各种 $1/v$ 和 $\dfrac{1}{[S]}$ 值；将 $1/v$ 对 $\dfrac{1}{[S]}$ 作图，得一直线。按式(3-5)，该直线纵截距$=\dfrac{1}{v_{\max}}$，斜率$=\dfrac{K_m}{v_{\max}}$，故横截距$=-\dfrac{1}{K_m}$(图 3-5)。从而可直接测得 $\dfrac{1}{v_{\max}}$ 和 $-\dfrac{1}{K_m}$，而计算出 $v_{\max}$ 和 K_m。

应用双倒数作图法处理实验数据求 $v_{\max}$ 和 K_m 等动力学常数比较方便，也是应用最广泛的一种方法。但要获得较准确的结果，实验时必须注意底物浓度范围，一般所选底物浓度需在 K_m 附近。图 3-5 是根据$[S]$在 $0.33\sim2.0K_m$ 范围时的实验结果而作的双倒数图，从此图可准确地测量出 $-\dfrac{1}{K_m}$ 和 $\dfrac{1}{v_{\max}}$。

如果所选底物浓度比 K_m 大得多，则所得双倒数图的直线基本上是水平的。这种情况虽可测得 $\dfrac{1}{v_{\max}}$，但由于直线斜率近乎零，$-\dfrac{1}{K_m}$ 则难以测得。例如，图 3-6 是根据$[S]$在 $3.3\sim20K_m$ 范围的实验结果而做出的双倒数图，从图中无法测得 $-\dfrac{1}{K_m}$。

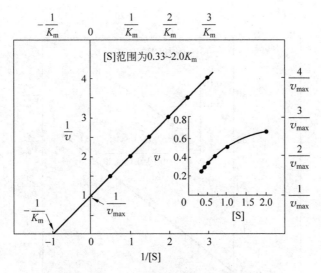

[S]在 0.33～2.0K_m 范围内的实验数据所作的图

图 3-5 米氏方程的双倒数作图

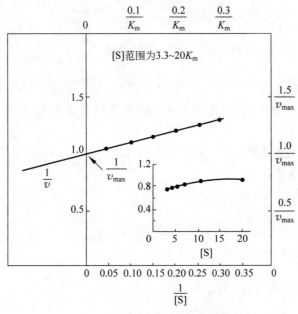

图 3-6 [S]≫K_m 时的双倒数图

如果[S]比 K_m 小得多,则所作双倒数图的直线与两轴的交点都接近原点,使 $-\dfrac{1}{K_m}$ 和 $\dfrac{1}{v_{max}}$ 都难以测准。如图 3-7 是根据[S]在 0.033～0.20K_m 范围所作的图。

上面三个双倒数图,只有当[S]为 0.33～2.0K_m 时是正常的。如当 $K_m=1\times10^{-5}$ mol/L 时,则实验所取底物浓度范围应在 0.33×10^{-5} mol/L～2.0×10^{-5} mol/L。

一般来说,选底物浓度应考虑能否得到 $\dfrac{1}{[S]}$ 的常数增量。例如,当所选[S]为 1.0、1.11、

1.25、1.42、1.66、2.0、2.5、3.33、5.0、10.0 时,则 $\dfrac{1}{[S]}$ 为 0.1、0.2、0.3、0.4、0.5、0.6、0.7、0.8、

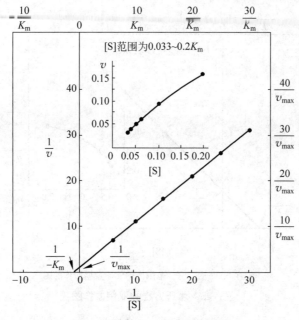

图 3-7 ［S］≪K_m 时的双倒数图

0.9、1.0，为常数增量。反之，所选［S］为常数增量，如为 1.0、2.0、3.0、4.0、5.0、6.0、7.0、8.0、9.0、10 时，则 $\dfrac{1}{[S]}$ 的值为 0.1、0.111、0.125、0.143、0.167、0.20、0.25、0.333、0.5、1.0；在作图时，这些点将集中于 $1/v$ 轴附近，而远离 $1/v$ 轴的地方只有很少点，而这些点对于决定所作直线的走向却至关重要。

3.1.3.2 其他线性作图法

1. Hanes-Woolf 作图法

将米氏方程重排为线性方程：

$$[S]/v = \frac{1}{v_{max}}[S] + \frac{K_m}{v_{max}} \tag{3-6}$$

从各实验数据 v 和［S］，算出 ［S］/v，以［S］/v

对［S］作图（图 3-8），可直接测得 $-K_m$ 和 $\dfrac{K_m}{v_{max}}$。

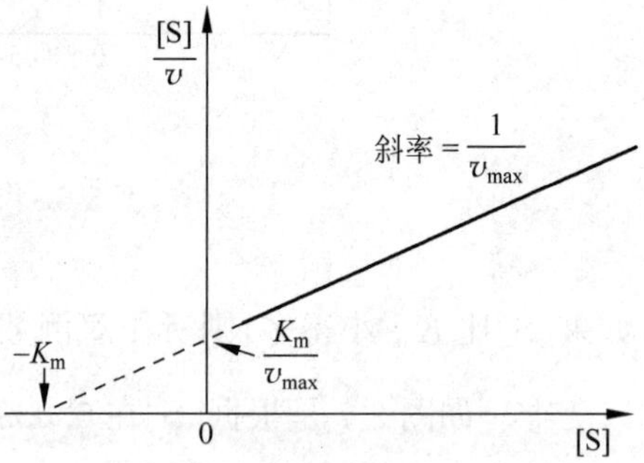

2. Woolf-Augustinsson-Hofstee 作图法

将米氏方程重排为线性方程：

$$v = -K_m v/[S] + v_{max} \tag{3-7}$$

以 v 对 v/［S］ 作图（图 3-9），可直接测得

v_{max} 和 $\dfrac{v_{max}}{K_m}$。

图 3-8 ［S］/v 对［S］作图

3. Eadie-Scatchard 作图法

将米氏方程重排为线性方程：

$$v/[S] = -\frac{v}{K_m} + \frac{v_{max}}{K_m} \tag{3-8}$$

以实验数据 $v/[S]$ 对 v 作图(图 3-10),可直接测得 v_{max} 和 $\dfrac{v_{max}}{K_m}$。

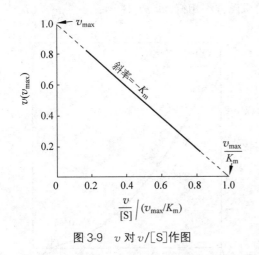

图 3-9 v 对 $v/[S]$ 作图

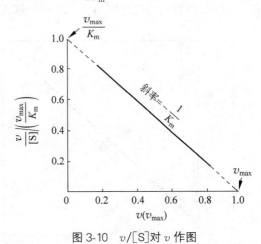

图 3-10 $v/[S]$ 对 v 作图

以上三种作图法也应注意选择底物浓度,不要使[S]比 K_m 高得多或低得多。

上述几种线性作图法各有其优缺点。双倒数作图法应用最广泛。但此法有两个缺点:第一,在 $v\sim[S]$ 图上,由相等增值而给出的等距离各点,在双倒数图上变成非等距离的点,且多数点集中在 $1/v$ 轴附近,而远离 $1/v$ 轴的地方只有少数几个点,恰好这些点又正是主观目测以确定直线最权重的那些点。第二,在测定 v 时产生的小误差,当取倒数时会放大。在低底物浓度下更为敏感,因在高 $\dfrac{1}{[S]}$ 值所得的一两个不准确的点,会给图的斜率带来显著误差。第一个缺点可通过选择适当的[S],使 $\dfrac{1}{[S]}$ 为等距离增值而得到克服。对第二个缺点关键要注意在低底物浓度下使所测初速度误差尽可能减小。

$[S]/v$ 对[S]作图,[S]未取倒数。另两个线性作图法,v 未取倒数。前者对等距离[S]增值所测数据作图较双倒数法更优越。后者在低底物浓度下测定误差较大时使用,比其他方法更可靠。

尽管以上三种线性作图法各有其优点,但因 v 与[S]出现在同一个轴上,要很容易地做出直观判断是不可能的。而双倒数图两个变量出现在两个不同轴上,则很易做出直观判断。在实际应用上,如果所选实验数据是正确的,或已被正确地加权,则任何一种线性作图法都是可用的。

在鉴别催化同一反应的多种酶存在时,$v/[S]$ 对 v 作图比双倒数作图更有用。例如,当鉴别催化同一反应的二酶($v_{max1}=v_{max2}$,K_m 相差 10 倍)混合物时,用相同[S]进行实验,实验数据所作的双倒数图只在极低 $\dfrac{1}{[S]}$ 区才显示偏离线性,一般不易被觉察出,这样就可能得出只有单一酶存在的结论。而用 $v/[S]$ 对 v 所作的图,各点分布均匀,且与线性的偏离,从整个 v 数据范围可明显看出该现象(图 3-11 和图 3-12)。

4. Eisenthal-Cornish-Bowden 作图法

这是根据米氏方程的性质而提出的一种直接作图法。该法是把[S]值标在横轴的负半轴上,而把测得的 v 值标在纵轴上,然后把相应的 v 和[S]连成直线,这样所得的一簇直线交于一点,该交点坐标为 K_m 和 v_{max}。从图 3-13 可以看出,任一[S]点和对应的 v 轴所形成的小三角形都与该[S]点和 K_m 处虚线所形成的大三角形相似。前一情况,三角形两直角边之比为 $v/[S]$,而后一情况,两直角边之比则为 $\dfrac{v_{max}}{K_m+[S]}$。这正好与米氏方程相符,即 $v/[S]=\dfrac{v_{max}}{K_m+[S]}$。

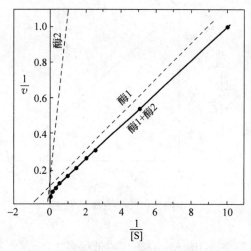

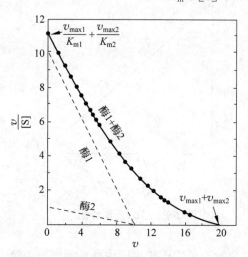

图 3-11　催化同一反应的两个酶的双倒数图　　　图 3-12　图 3-11 所示的两个酶及其混合物的
　　　　　虚线为单个酶,实线为二酶混合物,　　　　　　　　　$v/[S]$ 对 v 作图
　　　　　$v_{max1}=v_{max2}=10$, $K_{m1}=1$, $K_{m2}=10$

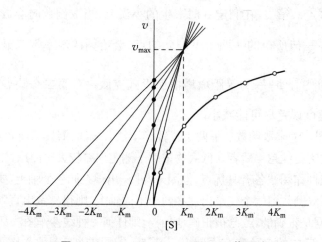

图 3-13　Eisenthal-Cornish-Bowden 作图法

5. 米氏方程的积分形式及其对数据的处理

米氏方程是一个微分方程,其 $v=\dfrac{d[P]}{dt}$ 或 $v=-\dfrac{d[S]}{dt}$。根据从米氏方程重排得到的线性方程作图求 K_m 和 v_{max} 时,在实验过程中所取数据必须限于初速度阶段,即只能是小于 5% 的 $[S_t]$ 转变为[P]的阶段。但有些情况,例如,产物浓度过低难以测定;或产物根本不能直接测定,而必须测定底物浓度的降低来反映产物的量(即[P]=[S_t]−[S])。若只限于 5% 的底物发生反应就难以测准其降低的量。在这些情况下,如用积分速度方程处理,就不受这种限制。例如,在 10%~90% 的 $[S_t]$ 转变为[P]的数据均可使用。因为积分方程在反应全过程中都是准确

的。最简单的积分方程是在假定无产物抑制（即 $K_{ms} \ll K_{mp}$），并且 K_{eq} 很大的情况下导出，即把米氏微分方程 $v = \dfrac{-\mathrm{d}[S]}{\mathrm{d}t} = \dfrac{v_{max}[S]}{K_m + [S]}$ 重排成 $v_{max}\mathrm{d}t = -\dfrac{K_m + [S]}{[S]}\mathrm{d}[S]$，然后在 $t_0 \sim t$ 以及相应的 $[S_t]$ 至 $[S]$ 间积分，则：

$$v_{max}\int_{t_0}^{t}\mathrm{d}t = -\int_{[S_t]}^{[S]}\frac{K_m + [S]}{[S]}\mathrm{d}[S] = -K_m\int_{[S_t]}^{[S]}\frac{\mathrm{d}[S]}{[S]} - \int_{[S_t]}^{[S]}\mathrm{d}[S]$$

所以 $v_{max}t = -K_m\ln\dfrac{[S]}{[S_t]} - ([S] - [S_t]) = 2.3K_m\lg\dfrac{[S_t]}{[S]} + [S_t] - [S]$

此式可重排成各种线性形式，如

$$\frac{2.3}{t}\lg\frac{[S_t]}{[S]} = -\frac{1}{K_m} \cdot \frac{[P]}{t} + \frac{v_{max}}{K_m} \tag{3-9}$$

$$\frac{t}{[P]} = \frac{K_m}{v_{max}}\left[\frac{2.3\lg\dfrac{[S_t]}{[S]}}{[P]}\right] + \frac{1}{v_{max}} \tag{3-10}$$

根据式（3-9）将 $\dfrac{2.3}{t}\lg\dfrac{[S_t]}{[S]}$ 对 $\dfrac{[P]}{t}$ 作图得一直线（图3-14），其斜率和纵截距同式（3-8），如图3-10所示。

按图3-14可直接测得 $\dfrac{v_{max}}{K_m}$ 和 v_{max}，从而可算出 K_m。这样的处理方法，可从比 K_m 大几倍的 $[S_t]$（如 $[S_t] = 10K_m$）开始，将反应进行到 $[S]$ 显著低于 K_m（如 $[S] = 0.1K_m$）止，可得到如图3-14所示的极佳分布点。

6. Lee 和 Wilson 改良的双倒数作图法

改良的双倒数方程形式与双倒数方程相似，为

$$1/\bar{v} = \frac{K_m}{v_{max}} \cdot \frac{1}{[\bar{S}]} + \frac{1}{v_{max}} \tag{3-11}$$

其中，$\bar{v} = \dfrac{[P]}{t} = \dfrac{[S_t] - [S]}{t}$，是 t 这一段时间内的平均速度；$[\bar{S}] = \dfrac{[S_t] + [S]}{2}$，为反应过程中底物浓度的算术平均值。

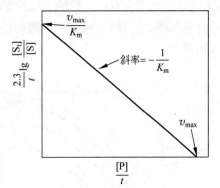

图3-14 米氏积分方程的一种作图法

由于积分方程对任何反应程度的数据处理都是准确的，用式（3-11）处理实验数据的准确性如何，可以通过式（3-11）和式（3-10）的对比，看 $\dfrac{1}{[\bar{S}]}$ 是否与式（3-10）中的 $2.3\lg\dfrac{[S_t]}{[S]}\Big/([S_t] - [S])$ 值近似。现在设想一个反应已进行到 30% 的 $[S_t]$ 转变为 $[P]$，令 $[S_t] = 1.0$，则

$$\frac{[S_t] + [S]}{2} = [\bar{S}] = \frac{1.0 + 0.7}{2} = \frac{1.7}{2} = 0.85$$

所以 $\dfrac{1}{[\bar{S}]} = 1.18$，

而 $2.3\lg\dfrac{[S_t]}{[S]}\Big/([S_t]-[S])=\dfrac{2.3\lg\dfrac{1}{0.7}}{1.0-0.7}=\dfrac{2.3\lg1.43}{0.3}=1.19$。

从以上计算可以看出,用改良的双倒数方程作图法处理实验数据时,即使反应已进行到 30% ,所引入的误差也不过 1% 左右。

很明显,如果所有辅底物是饱和的,而且反应显著不可逆,而且没有产物抑制的情况,用改良双倒数法处理实验数据来测定 K_m 和 v_{max} ,可获得准确结果。如有必要,可用捕获剂或偶联酶使产物不断移去,迫使反应不可逆,并使产物抑制成为最小。

3.1.4 酶的分析和检测

3.1.4.1 酶促反应初速度与[E_t]的关系

酶促反应的初速度随[E_t]的变化而变化。通常在离体测定条件下,[E_t]一般为 $10^{-12}\sim10^{-7}\,mol/L$,而[S_t]为 $10^{-6}\sim10^{-2}\,mol/L$ 。

可将米氏方程转变为以下形式:

$$v=\frac{v_{max}[S]}{K_m+[S]}=\frac{k_p[E_t][S]}{K_m+[S]}=\frac{k_p}{\dfrac{K_m}{[S]}+1}[E_t]$$

这样,当[S]为常数时,则初速度 v 与[E_t]成正比。但一个酶促反应速度,常因[S]的改变而改变。因此反应时间必须尽可能短,使[S]几乎处于恒态(即只有 5% 以下的底物形成产物),才能得到真正的初速度, v 与[E_t]之间的关系才会是线性的。图 3-15(a)表示在固定[S]下不同[E_t]时,产物随反应时间的变化。当[E_t]从[E_t]$_1$～[E_t]$_4$,在 $0\sim t_1$ 时间范围内,产物形成的量都随反应时间而正比例地增加。也就是说,在酶浓度为[E_t]$_1$～[E_t]$_4$ 时,在 $0\sim t_1$ 时间范围内,反应速度 $v=\dfrac{d[P]}{dt}$ 为一常数[见图 3-15(b)]。如果反应时间过长,如达到 t_2 ,则酶浓度大于[E_t]$_2$ 时,[P]对 t 作图将不是线性的。同样,如酶浓度大于[E_t]$_4$,即使反应时间为 t_1 ,[P]对 t 作图也不会呈线性。因此,要研究一个酶的动力学,首先必须确立这个线性范围,在此情况下的速度称为初速度。

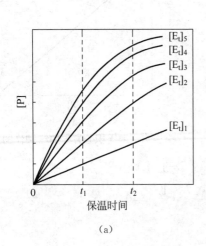

(a)

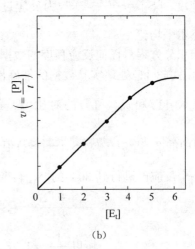

(b)

图 3-15　不同酶浓度下产物随时间的变化(a)和酶促反应初速度随酶量的变化(b)

如果试验要求底物的转变量很大，即不能测得初速度，那就要用积分作图法和改良双倒数作图法来求动力学常数。

3.1.4.2 酶活力单位和比活力

由于大多数酶制剂并不是纯酶；由于酶是有生物活性的，在储存过程中会逐渐失活；由于有些酶的相对分子质量还是未知的；这种种原因使得酶量的准确表示方法，一般既不采用质量，又不采用摩尔浓度，而是采用酶的活力单位（active unit）表示。酶活力单位（U，简称酶单位）是指酶在一定作用条件和单位时间内，使底物转化的量或产物生成的量。也就是说，酶量的多少是用其催化能力来度量的；换句话说，是采用酶催化反应的速度来度量的，因为在适当的条件下，$v \propto [E]$。

每一种酶的每一种测活方法，对酶单位都有一个确定的定义。例如，限制性核酸内切酶有许多种测活方法。其黏度法对酶单位的定义为：在 30℃ 下，1min 使底物 DNA 溶液的比黏度下降 25% 的酶量为 1 个酶单位。其转化率法对酶单位的定义为：在标准条件下，5min 使 1μg 供体 DNA 残留 37% 的转化活性所需的酶量为 1 个酶单位。其凝胶电泳法对酶单位定义为：在 37℃ 下，1h 使 1μg λDNA 完全水解的酶量为 1 个酶单位。可见同一种酶采用不同的测活方法所得到的酶单位数是不同的。即使是同一种测活方法，如所采用的实验条件（pH、温度、底物、缓冲液等）不同，则测得的酶单位数亦有差异。

为了使酶单位的文献报道能统一，并具有可比性，国际酶学会议曾制定了一个标准单位：在特定条件下，1min 转化 1μmol 底物所需的酶量为一个酶单位。所谓特定条件，温度定为 25℃，pH、底物浓度等其他条件均定为最适条件。该酶单位称国际单位（IU）。但使用者不多，一是使用起来不如习惯用法方便，二是在某些测活方法中根本无法办到。

酶制剂中的酶量一般用 U/mg 或 U/ml 等表示。

酶的比活力（specific activity）是指每毫克蛋白中所含的酶单位数，用 U/mg 蛋白表示。它是酶制剂的一个纯度指标。随着酶制剂的逐步纯化，其比活力将逐渐增高。当增高到一个极限值时，可认为酶已纯化到均一程度。

3.1.4.3 酶的转换数

转换数可用两种方法表示：其一是以分子活性（molecular activity）来定义，即在最适条件下，每摩尔酶每分钟所转变的底物摩尔数（即每微摩尔酶的酶单位数）。其二是许多酶为寡聚体，含几个亚基，因此可用另一种方式来表示转换数，即在最适条件下，每摩尔活性亚基或催化中心每分钟所转变的底物摩尔数。这两个值有时简单以 min^{-1} 表示，即

$$k_p = \frac{v_{max}}{[E_t]} = \frac{\mu mol \cdot min^{-1} \cdot ml^{-1}}{\mu mol \cdot ml^{-1}} = min^{-1}$$

酶的 k_p 值约在 $50 \sim 10^7 min^{-1}$。碳酸酐酶是已知转换数最高的酶之一（$36 \times 10^6 min^{-1}$）。$1/k_p = \dfrac{1}{36 \times 10^6 min^{-1}} = 1.7\mu s$，即该酶一个催化周期为 $1.7\mu s$。

3.1.4.4 用积分方程计量 $[E_t]$

酶促反应的积分速度方程为

$$v_{max}t = 2.3K_m \lg \frac{[S_t]}{[S]} + [S_t] - [S] = 2.3K_m \lg \frac{[S_t]}{[S_t] - [P]} + [P]$$

即对任一固定 $[S_t]$，为形成给定的 $[P]$ 所需时间与 v_{max} 成反比，即对给定的 $[S_t]$ 和 $[P]$ 来说，

$v_{\max}t=$常数。而 $v_{\max}$ 是 $[E_t]$ 的度量,所以 $[E_t]t=$常数。这样,如果 n 单位酶在 5min 形成 1mmol/L 产物,则 $2n$ 单位酶在 2.5min 亦能形成 1mmol/L 产物,而 $0.5n$ 单位酶形成 1mmol/L 产物需要 10min。这种关系在所有 $[S_t]$ 区都是不变的。虽然 $2n$ 单位酶在 2.5min 能形成 1mmol/L 产物,但 $2n$ 单位酶在 5min 不一定会形成 2mmol/L 产物,除非 $[S_t]\gg K_m$,反应为零级反应时才会如此。

3.1.4.5 利用辅助酶测酶活力问题

如果一个反应产物不能直接定量测定,这时可加入一个辅助酶,把它转变成另一个可测定的产物,总反应次序可表示为

$$A \xrightarrow{E_1} S \xrightarrow{E_2} P$$

式中:A 为底物,E_1 为需要测量活性的酶,E_2 为辅助酶,它与 E_1 偶联反应而使 A 转变成 P。E_1 使 A→S,E_2 使 S→P。这两个偶联反应,在反应条件上常不一致,如 E_2 反应的最适温度和 pH 可能与 E_1 完全不同;E_2 反应的辅底物可能是 E_1 的抑制剂;在这些情况下,可先把 A 与 E_1 及适当辅底物一起保温,使产生足够浓度的 S,即停止反应;然后再加入 E_2 及相应辅底物,使所生成的 S 全部转变成 P,再测定 P 的生成量。问题是第二阶段到底保温多久才能使固定浓度的 E_2 把 S 转变成 P。可用下述积分方程进行计算。

$$t = \frac{2.3 K_m}{v_{\max}} \lg \frac{[S_t]}{[S_t]-[P]} + \frac{[P]}{v_{\max}}$$

例如,已知 $K_m=2\times10^{-4}$ mol/L,$v_{\max}=5\times10^{-5}$ mol/(L·min),E_2 的用量为 0.05 单位,可累积的最大 $[S]$ 为 1×10^{-4} mol/L,则 99% 的 S 转变成 P 所需时间的计算过程如下所述:

$$t_{99\%} = \frac{2.3\times(2\times10^{-4})}{5\times10^{-5}} \lg \frac{1\times10^{-4}}{1\times10^{-4}-0.99\times10^{-4}} + \frac{0.99\times10^{-4}}{5\times10^{-5}}$$

$$= 9.2\times2.0+1.98 = 20'23''$$

如果辅助酶很昂贵,可计算出在一适当时间内完成反应所需 E_2 的最小量。例如,规定 20min 使 S 转变 99%,则所需 E_2 的量的计算过程如下所述:

$$v_{\max} = \frac{2.3\times(2\times10^{-4})}{20} \lg \frac{1\times10^{-4}}{0.01\times10^{-4}} + \frac{0.99\times10^{-4}}{20}$$

$$= (2.3\times2+0.495)10^{-5} \text{ mol} \cdot L^{-1} \cdot \min^{-1}$$

$$= 0.051 \text{ mmol} \cdot L^{-1} \cdot \min^{-1}$$

$$= 0.05 \text{ U/ml}$$

如果 E_1 与 E_2 的反应互不妨碍,则可直接把 E_2 加到 E_1 的反应系统中,最后测定 $[P]$。在这种情况下,一个正确的偶联试验必须满足以下条件:

ⅰ 第一步反应对 A 来说必须为零级反应,并且不可逆;

ⅱ 第二步反应对 $[S]$ 而言必须为一级反应,并且不可逆。

如果试验期间只有一小部分 A 参与反应,或者 $[A_0]\gg K_{mA}$,则第一步反应为零级;而且由于第二步反应不断除去 S,可假定为不可逆,则条件(ⅰ)可满足。如果用充分过量的 E_2,S 的稳态浓度 $[S]_{ss}\ll K_m$,且 E_2 反应的平衡远远向右,则条件(ⅱ)可满足。在这些条件下,在一短的迟延期后,A 将给出稳态浓度 $[S]_{ss}$,这时 P 的形成速度为一常数,并正比于 $[E_1]$(图 3-16)。

如果 $[E_1]$ 加倍,$[S]_{ss}$ 会加倍,$[P]$ 的形成速度也会加倍;而 $[E_2]$ 加倍,$[S]_{ss}$ 会减半。由于 $v=k_2[S]_{ss}[E_2]$,故 v 不会因 $[E_2]$ 的增加而改变。因此,一旦有充分过量的 $[E_2]$ 存在,$[P]$ 形成

速度将与 E_2 无关,使总反应速度决定于 $[E_1]$。但 E_2 的最小用量该是多少,可用反复试验法求得,也可用 1969 年 Mcdure 计算法求得。

偶联试验的微分方程为

$$\frac{d[S]}{dt}=k_1-k_2[S]$$

其中 $k_1=v_1$,为 A→S 零级反应速度常数;k_2 为 S→P 一级反应速度常数。将上式积分得

$$\int\frac{d[S]}{k_1-k_2[S]}=\int dt$$

即

$$\int\frac{d(k_1-k_2[S])}{k_1-k_2[S]}\left(-\frac{1}{k_2}\right)=\int dt$$

所以 $\ln(k_1-k_2[S])=-k_2t+C$

$$k_1-k_2[S]=Ce^{-k_2t}$$

$$[S]=\frac{1}{k_2}(k_1-Ce^{-k_2t})=\frac{k_1}{k_2}\left(1-\frac{C}{k_1}e^{-k_2t}\right)$$

当 $t=0$,$[S]=0$,因为 $\frac{k_1}{k_2}$ 不等于零,

所以 $1-\frac{C}{k_1}=0$,$C=k_1$,

$$[S]=\frac{k_1}{k_2}(1-e^{-k_2t}) \qquad (3\text{-}12)$$

重排取对数得

$$2.3\lg\left(1-\frac{k_2}{k_1}[S]\right)=-k_2t \qquad (3\text{-}13)$$

由于稳态时 $v_{1=}v_2$,即 $\frac{d[S]}{dt}=0$.

又因 $v_1=k_1$,$v_2=k_2[S]_{ss}$ 所以 $k_1=k_2[S]_{ss}$.

所以 $[S]_{ss}=\frac{k_1}{k_2}$,将此代入式(3-13)得:

$$2.3\lg\left(1-\frac{[S]}{[S]_{ss}}\right)=-k_2t$$

$[S]$ 为 t 时间的 S 浓度,

$\frac{[S]}{[S]_{ss}}$ 为 t 时间存在的 $[S]$ 占稳态 $[S]_{ss}$ 的分数,

所以

$$t=-\frac{2.3\lg\left(1-\frac{[S]}{[S]_{ss}}\right)}{k_2} \qquad (3\text{-}14)$$

由于 k_2 为一级速度常数,

所以

$$k_2=\frac{v_{maxE_2}}{K_{ms}}$$

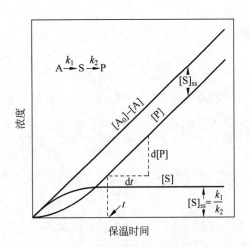

[P]在一迟延期后才能与 t 呈线性关系

图 3-16　偶联酶动力学图

代入式(3-14)得

$$v_{maxE_2} = -\frac{K_{ms} \times 2.3 \lg\left(1 - \frac{[S]}{[S]_{ss}}\right)}{t} \tag{3-15}$$

式(3-15)表示在 t 时间获得一些 $[S]_{ss}$ 的反应分数所需的 E_2 量。请注意要达到一个 $[S]_{ss}$ 的实际分数所需时间与 k_1 无关。

假定 E_2 的 $K_{ms} = 2 \times 10^{-4}$ mol/L，并使 99% 的 $[S]_{ss}$ 在 6 秒钟起反应，则所需酶量为

$$v_{maxE_2} = -\frac{2 \times 10^{-4}\,\text{mol} \cdot \text{L}^{-1} \times 2.3 \lg\left(1 - \frac{0.99}{1}\right)}{6\text{s}}$$

$$= -\frac{2 \times 10^{-4} \times 2.3 \times (-2)\,\text{mol} \cdot \text{L}^{-1}}{0.1\text{min}}$$

$$= 9.2\,\text{mmol} \cdot \text{L}^{-1} \cdot \text{min}^{-1} = 9.2\,\text{U/ml}$$

9.2U/ml 是在 E_1 和 E_2 的最适反应条件相同情况下，测试 E_1 所需 E_2 的量。如果 E_1 和 E_2 的最适反应条件不同。当 E_2 的贮备液在其最适条件 pH8.5 和 37℃下测得为 4600U/ml 时，如果 E_1 的最适条件为 pH6.5 和 25℃，而试验是在符合 E_1 的最适条件下进行，那么取 $2\mu l E_2$ 储备液（即 9.2U），将不会给出 9.2U 的活性。

3.1.5　稳态前动力学

3.1.5.1　快反应技术

酶促反应动力学研究有两条途径：一条途径是稳态动力学，它是监测整个反应，得到关于反应的笼统信息；另一条途径是稳态前动力学，它能更直接地研究整个反应中的基本步骤或部分反应，提供可用于分析复杂反应机制的更有效的数据，但需要特殊的仪器来测量快反应。

所谓快反应，是相对于普通的混合和观察方法所需要的时间而言。完成总反应量的一半，即所谓反应半时间，为秒或更短时间，则属快反应。采用手工混合启动反应，用普通的分光光度计等仪器所能测量的反应半时间为分和小时。而酶促反应常常是反应半时间短于一秒的快反应，采用普通方法是不行的。限制仪器测定能力的主要因素有：混合样品并充满反应池所需的时间；观察和记录变化所需的时间。快速反应动力学技术因此应运而生，并得到不断发展。目前，甚至已能测定反应半时间与分子振动和转动所需时间相当的反应。化学反应半时间不可能短于 10^{-11} s，故可认为已没有哪个化学反应是快得无法测定的。图 3-17 表示出一些快反应技术适用的时间尺度与几类化学反应的时间尺度。

流动法和弛豫法，是为研究溶液中快反应动力学而建立起来的方法。前者包括常流法、加速流动法、停流法和淬灭法；后者包括温度、压力、电磁场的跳变或周期性变化法等。由于这些方法采用与停流相似的液体处理系统和相同的快响应探测和数据采集系统，所以常在一台仪器上更换相应的附件实施上述多种测量，构成组合式仪器。

3.1.5.2　停流法在简单酶促反应中的应用

停流仪既可能指单一功能的仪器，也可能指有多种功能的快反应动力学仪。下面以停流法为例，介绍该法在酶促反应稳态前动力学方面的应用。

停流设备基本元件如图 3-18 所示。

停流法原理。在马达驱动下，两个注射管中的物体（如底物和酶）被迅速压迫经混合室到观

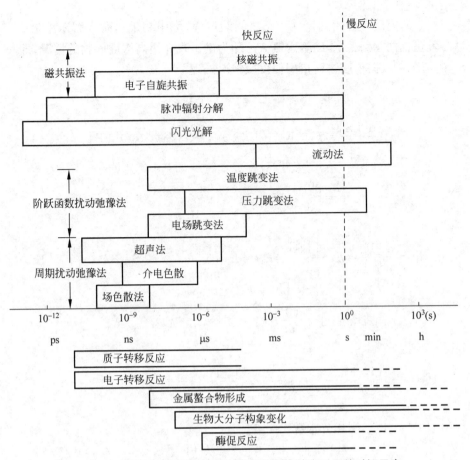

图 3-17　几类反应的时间尺度及一些快反应技术适用的时间尺度

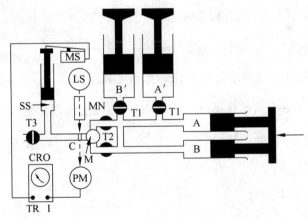

A、B,推进注射器；A′、B′,储备注射器；T,各活塞；M,混合室；C,观察池；SS,停止注射器；MS,微动开关；TR,触发电路；LS,光源；MN,单色仪；PM,光电倍增管；CRO,示波器；I,由倍增管输信号到示波器的接头

图 3-18　停流设备元件示意图

察池,液体的流动迫使停止注射器活塞被压出去,直至它冲击到停止屏障,液流突然停止,并启动记录装置。通常用一个阴极射线示波仪,既可测到混合物中反应的瞬间变化。这一类型的仪器,有一迟延期,相当于混合反应的起始与液流停止之间的间隔时间,约 1s。

用停流技术研究反应开始到建立稳态之间的过程,可用胰蛋白酶水解苯甲酰-L-精氨酸乙酯和 α-胰凝乳蛋白酶水解乙酰-L-苯丙氨酸乙酯为例。现介绍高浓度底物的情况,即 $[S] \gg K_m$, $[S] = [S_t]$ 的情况。根据单底物简单酶促反应情况处理:

$$E + S \underset{k_{-1}}{\overset{k_1}{\rightleftharpoons}} ES \overset{k_2}{\longrightarrow} E + P$$

$$\frac{d[ES]}{dt} = k_1([E_t] - [ES])[S] - (k_{-1} + k_2)[ES]$$

$$= k_1[E_t][S] - (k_1[S] + k_{-1} + k_2)[ES]$$

$$v = \frac{d[P]}{dt} = k_2[ES]$$

二阶微分得

$$dv/dt = \frac{d^2[P]}{dt^2} = k_2\frac{d[ES]}{dt} = k_1k_2[E_t][S] - k_2(k_1[S] + k_{-1} + k_2)[ES]$$

$$= k_1k_2[E_t][S] - k_2[ES](k_1[S] + k_{-1} + k_2)$$

$$= k_1k_2[E_t][S] - \frac{d[P]}{dt}(k_1[S_t] + k_{-1} + k_2)$$

积分得

$$[P] = \frac{k_2[E_t][S_t]t}{[S_t] + \frac{k_{-1} + k_2}{k_1}} + \frac{k_1k_2[E_t][S_t]}{(k_1[S_t] + k_{-1} + k_2)^2}[e^{-(k_1[S_t] + k_{-1} + k_2)t} - 1] + C$$

当 $t = 0$, $[P] = [P_0]$,则积分常数 $C = [P_0]$,

所以 $[P] - [P_0] = \dfrac{k_2[E_t][S_t]t}{[S_t] + \dfrac{k_{-1} + k_2}{k_1}} + \dfrac{k_1k_2[E_t][S_t]}{(k_1[S_t] + k_{-1} + k_2)^2}(e^{-(k_1[S_t] + k_{-1} + k_2)t} - 1)$ (3-16)

当 $t = 0$ 时,用级数展开取前二项,后面几项可忽略,则方程可简化为

$$[P] - [P_0] = \frac{k_1k_2[E_t][S_t]t}{2}$$

因此反应早期测量 $[P]$,即可求得 $k_1k_2[E_t]$。测定 v_{max} 后,因 $v_{max} = k_2[E_t]$,可求得 k_1。测定 K_m 后,可由 $K_m = \dfrac{k_{-1} + k_2}{k_1}$,而计算出 k_{-1}。这样三个反应速度常数都可计算出来。

当 t 足够大时,则式(3-16)中的 $e^{-(k_1[S_t] + k_{-1} + k_2)t}$ 项近乎零(可以忽略),这时,式(3-16)可简化为

$$[P] - [P_0] = \frac{k_2[E_t][S_t]t}{[S_t] + K_m} - \frac{k_2[E_t][S_t]}{k_1([S_t] + K_m)^2}$$

如 $[S_t] \gg K_m$,则

$$[P] - [P_0] = k_2[E_t]t - \frac{k_2[E_t]}{k_1[S_t]} \tag{3-17}$$

以 $[P] - [P_0]$ 对 t 作图,如图 3-19 所示。

当 $[P] - [P_0] = 0$ 时,横轴截距 $t = \dfrac{1}{k_1[S_t]}$,$[S_t]$ 为已知,t 可直接从图 3-19 测得,故 k_1 可算出。

应当注意,式(3-17)只有当 $K_m = \dfrac{k_{-1}+k_2}{k_1}$ 时,才是合适的。这时 ES 是反应的唯一中间复合物,它直接分解成产物。该式不能应用于具有两个或两个以上中间复合物的系统,因为 k_1 是形成 ES 的速度常数。如果有两个以上的中间物,则 k_1 并不是其他复合物形成的速度常数,产物形成速度亦不会再与[ES]成正比,而 K_m 也要用更为复杂的式子来表示。这时产物的形成速度不受 k_2 限制,而是受 k_3 或 k_4 所限制。在这种情况,$\dfrac{1}{t}$ 就不再能度量 k_1,而是 k_3 或其他速度常数的函数。

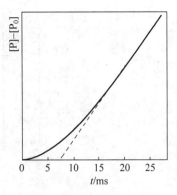

图 3-19　用稳态前动力学停流法测 k_1 的方法

式(3-17)是否适用,其实是很易检验的。因为反应的最后一步没有自由底物参与,所以导出的最后方程中不会包含[S_t]。如果发现所得 t 值确与 $\dfrac{1}{[S_t]}$ 成正比,那么式(3-17)是适用的。不然,t 值将决定于中间常数之一,但不可能测定 k_1。

Gutfreand 用胰蛋白酶水解苯甲酰-L-精氨酸乙酯,测出 k_1 约为 $4\times10^6\,(\mathrm{mol/L})^{-1}\cdot\mathrm{s}^{-1}$,$k_2=15\mathrm{s}^{-1}$,$K_m=10^{-5}\mathrm{mol/L}$,所以 k_{-1} 必须大于 $25\mathrm{s}^{-1}$。用胰凝乳蛋白酶水解乙酰-L-苯丙氨酸乙酯,测得 k_1 大于 $10^6\,(\mathrm{mol/L})^{-1}\cdot\mathrm{s}^{-1}$,$k_2$ 约为 $10\mathrm{s}^{-1}$,$K_m=10^{-4}\mathrm{mol/L}$,因此 k_{-1} 必须大于 $90\mathrm{s}^{-1}$。可以看出这两个酶的 k_2 都比 k_{-1} 小得多,因此 K_m 实际上等于 K_s,从而可得出结论,这两个酶,特别是胰凝乳蛋白酶所催化的系统,是符合快速平衡假设的。

3.1.5.3　弛豫技术在稳态前动力学研究中的应用

对发生在几毫秒一个周期的酶促过程,用停流法进行研究是合适的。它的时间分辨力是受均匀混合所需时间的限制,由于技术上的原因,约为 1ms。例如,用停流法来研究 NADH 和乳酸脱氢酶之间的反应时,常用低浓度[E]和[S]来满足需要。如果应用低浓度仍不能使某快速反应的速度达到适宜的时间尺度,则必须采用另外一些方法。其中最普遍的方法,是用一些物理方法扰动反应平衡,然后测量从平衡被破坏到新平衡建立过程的时间曲线。这种方法称为弛豫时谱法。弛豫技术能测量出比停流法快 7 个数量级的反应速度。

扰动平衡有许多方法,其中最常用的有温度的快速变化(称为温度跳变)法和压力的快速变化(称为压力跳变)法。一个典型的温度跳变装置如图 3-20 所示。采用高压放电而使溶液升温,需要相当高的离子强度(约 $10^{-2}\mathrm{mol/L}$)。因为升温是由电场中带电颗粒的摩擦作用而引起,这样的装置,在 $10\mu\mathrm{s}$ 内可升温 5℃。对低导电率的溶液,可用激光脉冲等加热升温。

现以 $A\underset{k_{-1}}{\overset{k_1}{\rightleftharpoons}}B$ 平衡系统为例,讨论温度跳变法的有关计算问题。

在快速干扰后,化学平衡被引起小的扰动,不管反应级数如何,任何一个反应物或产物浓度的变化就会跟着发生。在上述例子中,B 浓度的变化可表示如下:

$$\frac{\mathrm{d}[B]}{\mathrm{d}t}=k_1([A_t]-[B])-k_{-1}[B]=k_1[A_t]-(k_1+k_{-1})[B] \tag{3-18}$$

式中[A_t]为 A 的总浓度,它等于[A]和由 A 转变的[B]之和。在平衡时[B]以[B]$_{eq}$ 表示,则

$$k_1([A_t]-[B]_{eq})=k_{-1}[B]_{eq} \tag{3-19}$$

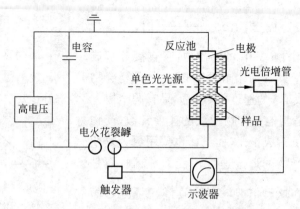

图 3-20　利用加热的温度跳变装置示意图

这里所说的平衡点,是跳变后所到达的新平衡点,而不是跳变前原有的平衡点。k_1 和 k_{-1} 同样也是新条件下的反应速度常数(它会因温度的改变而改变)。

用 $\Delta[B]=[B]_{eq}-[B]$ 表示,则

$$-\frac{d\Delta[B]}{dt}=\frac{d[B]}{dt}=k_1[A_t]-(k_1+k_{-1})([B]_{eq}-\Delta[B]) \tag{3-20}$$

从式(3-19)和式(3-20),可得

$$\frac{d\Delta[B]}{dt}=-(k_1+k_{-1})\Delta[B] \tag{3-21}$$

当 $t=0,\Delta[B]=\Delta[B_0]$,积分得

$$\ln\frac{\Delta[B_0]}{\Delta[B]}=(k_1+k_{-1})t \tag{3-22}$$

或

$$\ln\frac{\Delta[B_0]}{\Delta[B]}=\frac{t}{\tau} \tag{3-23}$$

由于 $\frac{1}{\tau}=k_1+k_{-1}$,所以 $\frac{d\Delta[B]}{dt}=-\frac{\Delta[B]}{\tau}$。

以积分形式表示为 $\Delta[B]=\Delta[B_0]e^{-\frac{1}{\tau}}$。

根据式(3-23),以 $\ln\frac{\Delta[B_0]}{\Delta[B]}$ 对 t 作图可求得 τ(τ 称为弛豫时间)。

这种处理方法,只有在扰动极小,即 $\Delta[B]\ll[B]$ 时,才是可行的。

在酶促反应中,酶与底物结合的反应,即

$$E+S\underset{k_{-1}}{\overset{k_1}{\rightleftharpoons}}ES$$

和上面所讨论的简单反应一样可写成方程

$$\frac{d[ES]}{dt}=k_1[E][S]-k_{-1}[ES]$$

或

$$\frac{d([ES]_{eq}-\Delta[ES])}{dt}=k_1([E]_{eq}-\Delta[E])([S]_{eq}-\Delta[S])-k_{-1}([ES]_{eq}-\Delta[ES])$$

这里$[E]_{eq}$、$[S]_{eq}$ 和$[ES]_{eq}$ 分别为扰动后达平衡时 E、S 和 ES 的浓度,即

$$\Delta[E]=[E]_{eq}-[E], \quad \Delta[S]=[S]_{eq}-[S], \quad \Delta[ES]=[ES]_{eq}-[ES]。$$

在平衡时,$k_1[E]_{eq}[S]_{eq}=k_{-1}[ES]_{eq}$,

所以$\dfrac{d[ES]}{dt}=-\dfrac{d\Delta[ES]}{dt}=-(k_1[E]_{eq}\Delta[S]+[S]_{eq}\Delta[E]+\Delta[E]\Delta[S])+k_{-1}\Delta[ES]$,

所以$\dfrac{d\Delta[ES]}{dt}=k_1[E]_{eq}\Delta[S]+[S]_{eq}\Delta[E]+\Delta[E]\Delta[S]-k_{-1}\Delta[ES]$,

由于 $\Delta[E]=\Delta[S]=-\Delta[ES]$,而且在扰动很小时,$\Delta[E]\cdot\Delta[S]$极小,可以忽略。

所以
$$\frac{d\Delta[ES]}{dt}=-k_1([E]_{eq}+[S]_{eq})\Delta[ES]-k_{-1}\Delta[ES]$$
$$=-\{k_1([E]_{eq}+[S]_{eq})+k_{-1}\}\Delta[ES] \tag{3-24}$$

式(3-24)与式(3-21)形式相同,因而式(3-24)亦可转变成与式(3-23)相同的积分形式:

$$\frac{1}{\tau}=k_{-1}+k_1([E]_{eq}+[S]_{eq}) \tag{3-25}$$

弛豫时间亦可用同样作图法求得。如果反应的平衡常数 K_{eq} 已知,就可以从 K_{eq} 或 K_S 和 τ 求得速度常数。此外,对服从方程(3-25)的系统,以$\dfrac{1}{\tau}$对$([E]_{eq}+[S]_{eq})$作图,则直线的斜率为 k_1,纵截距为 k_{-1},从而可直接测得这两个速度常数。

弛豫技术是通过弛豫时间来求各速度常数的。如果一个过程有几个基元反应,就会有几个 τ。如果有两个以上的 τ,情况就比较复杂,有时也不易区分开,需要借助计算机才能对数据进行满意地处理。

弛豫法只能应用于一系列可逆反应,而对包含一个不可逆反应步骤的过程,如 $E+S\underset{k_{-1}}{\overset{k_1}{\rightleftharpoons}}$ $ES\longrightarrow E+P$,则不可能用简单干扰技术来分析。若不可逆步骤比前面各可逆步骤慢得多,则可把弛豫法与停流法结合起来使用。例如,Hammes 曾用停流法和温度跳变技术研究核糖核酸酶与许多底物相互作用的弛豫时谱。

从上述有关稳态前动力学的研究,可以看出稳态前动力学仍需稳态动力学的配合,才能获得对各种速度常数的估计值。

3.2 酶的抑制作用及其动力学

凡能降低酶促反应速度的作用,称为酶的抑制作用。能使酶活性受抑制的物质,称为酶的抑制剂。通过酶抑制作用的研究,不仅对了解酶的专一性,酶活性部位的物理和化学结构,酶的动力学性质以及酶的作用机制等;而且对了解药物和毒物作用于机体的方式及机理等也有重要意义;对代谢途径中酶的调节也能提供信息。抑制剂之所以能抑制酶促反应,主要是由于它们能使酶的必需基团或活性部位的性质和结构发生改变,从而导致酶活性降低或丧失。按抑制剂作用的方式不同,酶的抑制作用可分为可逆和不可逆两种类型。

3.2.1 可逆抑制作用

这一类型的抑制作用,抑制剂与酶的结合是可逆的,而不会产生不可逆的共价修饰等作用。

3.2.1.1　动力学方程的推导

按可逆抑制剂对酶-底物结合的影响不同,可分为许多类型,它们的反应历程可用同一反应式(3-26)表示:

$$\begin{array}{ccc}
\text{E} + \text{S} & \overset{K_\text{S}}{\rightleftharpoons} \text{ES} & \overset{k_\text{p}}{\longrightarrow} \text{E} + \text{P} \\
+ & & + \\
\text{I} & & \text{I} \\
K_\text{i} \updownarrow & & \updownarrow \alpha K_\text{i} \\
\text{EI} + \text{S} & \overset{\alpha K_\text{S}}{\rightleftharpoons} \text{EIS} & \overset{\beta k_\text{p}}{\longrightarrow} \text{E} + \text{P} + \text{I}
\end{array} \tag{3-26}$$

根据此反应历程,可用快速平衡法推导总速度方程,过程如下所述:

因为 $K_\text{S} = \dfrac{[\text{S}][\text{E}]}{[\text{ES}]}$,所以 $[\text{E}] = \dfrac{K_\text{S}}{[\text{S}]}[\text{ES}]$,

因为 $K_\text{i} = \dfrac{[\text{I}][\text{E}]}{[\text{EI}]}$,所以 $[\text{EI}] = \dfrac{[\text{I}]}{K_\text{i}}[\text{E}] = \dfrac{[\text{I}]}{K_\text{i}} \cdot \dfrac{K_\text{S}}{[\text{S}]}[\text{ES}]$,

因为 $\alpha K_\text{i} = \dfrac{[\text{I}][\text{ES}]}{[\text{EIS}]}$,所以 $[\text{EIS}] = \dfrac{[\text{I}]}{\alpha K_\text{i}}[\text{ES}]$,

又因为 $[\text{E}_\text{t}] = [\text{E}] + [\text{ES}] + [\text{EI}] + [\text{EIS}]$,

因为 $v = k_\text{p}[\text{ES}] + \beta k_\text{p}[\text{EIS}]$,

$$\frac{v}{[\text{E}_\text{t}]} = \frac{k_\text{p}[\text{ES}] + \beta k_\text{p}[\text{EIS}]}{[\text{E}] + [\text{ES}] + [\text{EI}] + [\text{EIS}]} = \frac{k_\text{p}\left(1 + \dfrac{\beta[\text{I}]}{\alpha K_\text{i}}\right)[\text{ES}]}{\left(\dfrac{K_\text{S}}{[\text{S}]} + 1 + \dfrac{K_\text{S}[\text{I}]}{[\text{S}]K_\text{i}} + \dfrac{[\text{I}]}{\alpha K_\text{i}}\right)[\text{ES}]}$$

$$= \frac{k_\text{p}\left(1 + \dfrac{\beta[\text{I}]}{\alpha K_\text{i}}\right)[\text{S}]}{K_\text{S}\left(1 + \dfrac{[\text{I}]}{K_\text{i}}\right) + [\text{S}]\left(1 + \dfrac{[\text{I}]}{\alpha K_\text{i}}\right)}$$

所以 $v = \dfrac{k_\text{p}[\text{E}_\text{t}]\left(1 + \dfrac{\beta[\text{I}]}{\alpha K_\text{i}}\right)[\text{S}]}{K_\text{S}\left(1 + \dfrac{[\text{I}]}{K_\text{i}}\right) + [\text{S}]\left(1 + \dfrac{[\text{I}]}{\alpha K_\text{i}}\right)} = \dfrac{v_\text{max}[\text{S}]\left(1 + \dfrac{\beta[\text{I}]}{\alpha K_\text{i}}\right)\Big/\left(1 + \dfrac{[\text{I}]}{\alpha K_\text{i}}\right)}{K_\text{S}\left(1 + \dfrac{[\text{I}]}{K_\text{i}}\right)\Big/\left(1 + \dfrac{[\text{I}]}{\alpha K_\text{i}}\right) + [\text{S}]}$

$$= \frac{v_\text{maxi}[\text{S}]}{K_\text{sapp} + [\text{S}]} \tag{3-27}$$

在不同 α 和 β 条件下,式(3-27)中的 v_maxi 和 K_sapp 可得不同的值,不同类型的可逆抑制作用即由此而产生。

3.2.1.2　竞争性抑制作用

竞争性抑制作用中 $\alpha = \infty$,即 I 只与自由酶结合,因而阻止 S 与酶结合。而 S 又不能与 EI 结合,I 也不能与 ES 结合,所以 EIS 不存在;EI 亦不能分解成产物。其反应历程如下:

$$\begin{array}{ccc}
\text{E} + \text{S} & \overset{k_1 \quad K_\text{S}}{\underset{k_{-1}}{\rightleftharpoons}} \text{ES} & \overset{k_\text{p}}{\longrightarrow} \text{E} + \text{P} \\
+ & & \\
\text{I} & & \\
k_2 \updownarrow \begin{matrix} k_{-2} \\ K_\text{i} \end{matrix} & & \\
\text{EI} & &
\end{array} \tag{3-28}$$

从式(3-28)可知 $\alpha = \infty$,$\beta = 0$,代入式(3-27)得:

$$v = \frac{v_{max}[S]}{K_S\left(1 + \frac{[I]}{K_i}\right) + [S]}\tag{3-29}$$

这就是以快速平衡假设推导出的竞争性抑制作用的速度方程。

1. 竞争性抑制作用速度方程的稳态动力学推导法

根据式(3-28)知：

$$\frac{d[E]}{dt} = k_{-1}[ES] + k_p[ES] + k_{-2}[EI] - k_1[E][S] - k_2[E][I] = 0\tag{3-30}$$

$$\frac{d[ES]}{dt} = k_1[E][S] - k_{-1}[ES] - k_p[ES] = k_1[E][S] - (k_{-1} + k_p)[ES] = 0\tag{3-31}$$

从式(3-31)得

$$k_1[E][S] = (k_{-1} + k_p)[ES], \quad 因此 \frac{[E]}{[ES]} = \frac{k_{-1} + k_p}{k_1[S]} = \frac{K_m}{[S]}\tag{3-32}$$

从式(3-30)得

$$(k_{-1} + k_p)[ES] + k_{-2}[EI] = (k_1[S] + k_2[I])[E]\tag{3-33}$$

将式(3-32)代入式(3-33)得

$$(k_{-1} + k_p)[ES] + k_{-2}[EI] = (k_1[S] + k_2[I])\frac{K_m}{[S]}[ES]$$

重排并整理得

$$\frac{[EI]}{[ES]} = \frac{k_2[I]\frac{K_m}{[S]}}{k_{-2}} = \frac{K_m[I]}{K_i[S]}$$

$$因为 v/[E_t] = \frac{k_p[ES]}{[E] + [ES] + [EI]} = \frac{k_p}{\frac{[E]}{[ES]} + 1 + \frac{[EI]}{[ES]}} = \frac{k_p}{\frac{K_m}{[S]} + 1 + \frac{K_m[I]}{K_i[S]}}$$

$$= \frac{k_p}{1 + \frac{K_m}{[S]}\left(1 + \frac{[I]}{K_i}\right)}$$

$$所以 v = \frac{k_p[E_t]}{1 + \frac{K_m}{[S]}\left(1 + \frac{[I]}{K_i}\right)} = \frac{v_{max}[S]}{K_m\left(1 + \frac{[I]}{K_i}\right) + [S]}\tag{3-34}$$

将式(3-34)与米氏方程式(3-3)对比可以看出：有竞争性抑制剂存在下，表观常数 $K_m(K_{mapp})$变为 $K_m\left(1 + \frac{[I]}{K_i}\right)$，而 v_{maxi}仍为 v_{max}。有、无竞争性抑制剂存在下的 $v \sim [S]$曲线对比如图3-21。

从图3-21可以看出，竞争性抑制剂的存在并不影响 v_{max}，即 $v_{maxi} = v_{max}$；而 $K_{mapp} > K_m$。该图中，当 $[I] = 3K_i$时，$K_{mapp} = K_m\left(1 + \frac{3K_i}{K_i}\right) = 4K_m$。既有竞争性抑制剂存在，并且 $[I] = 3K_i$时，要达到最大反应速度一半，所需底物浓度应为无抑制剂存在下所需底物浓度的4倍，即 $\frac{[S]_{0.5i}}{[S]_{0.5}} = 4$。

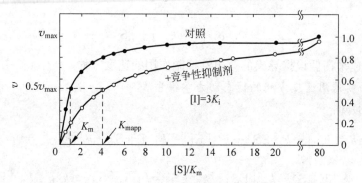

图 3-21 有、无竞争性抑制剂存在下的 $v\sim[S]$ 曲线

2. 底物浓度范围对竞争性抑制剂抑制程度的影响

有竞争性抑制剂存在时,酶促反应的相对速度 $a=v_i/v$,a 又称酶的活性分数,

$$\text{所以 } a=\frac{\dfrac{v_{max}[S]}{K_m(1+[I]/K_i)+[S]}}{\dfrac{v_{max}[S]}{K_m+[S]}}=\frac{K_m+[S]}{K_m\left(1+\dfrac{[I]}{K_i}\right)+[S]},$$

$$\text{抑制分数}\quad i=1-a=1-\frac{K_m+[S]}{K_m\left(1+\dfrac{[I]}{K_i}\right)+[S]}=\frac{[I]}{[I]+K_i\left(1+\dfrac{[S]}{K_m}\right)} \tag{3-35}$$

从式(3-35)可以看出,一个竞争性抑制剂对酶促反应的抑制程度与[S]有关。当[S]≪K_m,如[S]=$0.01K_m$,而 $K_i=K_m$,则比[S]过量10倍的抑制剂([I]=10[S])所导致的抑制程度亦不会很大,即只有9%的反应被抑制,相对速度仍有91%。

$$i=\frac{[I]}{[I]+K_i(1+[S]/K_m)}=\frac{10[S]}{10[S]+K_m(1+0.01K_m/K_m)}$$
$$=\frac{10\times0.01K_m}{10\times0.01K_m+K_m\times1.01}=0.09$$

如果[S]=$10K_m$,同样比[S]过量10倍的抑制剂,经同样计算,$i=0.9$,这时相对速度只有10%。

如果[S]≫K_m,同样比[S]过量10倍的抑制剂,其抑制程度可达最大值。

如果在相同抑制剂浓度下,对酶的抑制程度将随[S]的增加而降低,这可以从式(3-35)看出。

3. 竞争性抑制作用的双倒数图

式(3-34)的双倒数方程为

$$1/v=\frac{K_m}{v_{max}}\left(1+\frac{[I]}{K_i}\right)\frac{1}{[S]}+\frac{1}{v_{max}} \tag{3-36}$$

在不同的固定的[I]下,改变[S],并测定相应[S]下的 v,将 $1/v$ 对 $\dfrac{1}{[S]}$ 作图得一簇直线,相交于 $1/v$ 轴上一点,如图 3-22 所示。

从图 3-22 可以看出,有竞争性抑制剂存在,不管[I]浓度如何,其双倒数图的纵截距不变,仍为 $\dfrac{1}{v_{max}}$。而各直线的斜率则随[I]的增加而增加,而横截距则随[I]的增加其负值增加。如[I]

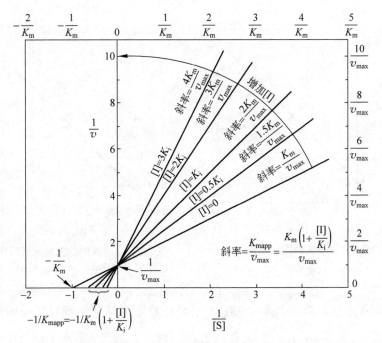

图 3-22　在不同固定[I]下，$1/v$ 对 $\dfrac{1}{[S]}$ 的双倒数图

达饱和浓度，则可使初速度降为 0，极限双倒数直线为一垂线，落在 $1/v$ 轴上。也就是说随着[I]增加，K_{mapp} 增加。

4. 竞争性抑制作用 K_i 的求解

（1）从双倒数图求得的 $-\dfrac{1}{K_{mapp}}$ 计算出 K_{mapp}，代入 $K_{mapp}=K_m\left(1+\dfrac{[I]}{K_i}\right)$，可计算出 K_i。

（2）从双倒数图求得各[I]浓度下的 K_{mapp} 对相应[I]再制图：由于 $K_{mapp}=K_m\left(1+\dfrac{[I]}{K_i}\right)=\dfrac{K_m}{K_i}[I]+K_m$，所以从再制图的纵截距可直接测得 K_m，而从其横截距可直接测得 K_i[图 3-23（a）]。

（3）从不同固定[I]下所作一簇直线的斜率$_{1/S}$ 对相应[I]再制图：由于

$$斜率_{1/S}=\frac{K_m}{v_{max}}\left(1+\frac{[I]}{K_i}\right)=\frac{K_m}{v_{max}K_i}[I]+\frac{K_m}{v_{max}} \tag{3-37}$$

所以再制图纵截距为 $\dfrac{K_m}{v_{max}}$，斜率为 $\dfrac{K_m}{v_{max}K_i}$，其横截距为 $-K_i$，可直接测出[图 3-23（b）]。

（4）Dixon 作图法求 K_i：将竞争性抑制剂存在下的双倒数方程（3-36）重排成 $1/v$ 随[I]而变化的方程，即

$$1/v=\frac{K_m}{v_{max}K_i[S]}[I]+\frac{1}{v_{max}}\left(1+\frac{K_m}{[S]}\right) \tag{3-38}$$

在几个不同固定[S]（不饱和）下，测出不同[I]下的 v，将 $1/v$ 对[I]作图，得一簇直线[图 3-24（a）]。当[S]=∞时，代入式（3-38），则 $1/v=\dfrac{1}{v_{max}}$，将 $1/v=\dfrac{1}{v_{max}}$ 代入式（3-38），得[I]$=-K_i$，即各直线交点的[I]值为 $-K_i$，而交点的 $1/v$ 值为 $\dfrac{1}{v_{max}}$。

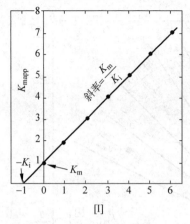

图 3-23(a) 双倒数图所求得 K_{mapp}
对相应[I]的再制图

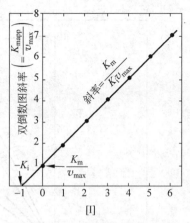

图 3-23(b) 双倒数图各直线斜率对
相应[I]的再制图

通过 Dixon 作图法不但可求得 K_i 值,而且可以鉴定出该抑制剂对某酶的抑制作用类型。从式(3-38)可知 Dixon 图的斜率$_1 = \dfrac{K_m}{v_{max}K_i[S]} = \dfrac{K_m}{v_{max}K_i} \cdot \dfrac{1}{[S]}$,因此将不同固定[S]下所作 $1/v$ 对[I]的 Dixon 图的斜率对相应 1/[S]再制图,其纵截距=0,即再制图直线通过原点,如图 3-24(b) 所示。所以一个抑制剂如果其 Dixon 图的斜率$_1$ 对 1/[S]的再制图通过原点,则可以证明该抑制剂是竞争性抑制剂,从而区别于非竞争性和反竞争性抑制剂,但不能与混合型抑制剂相区分。

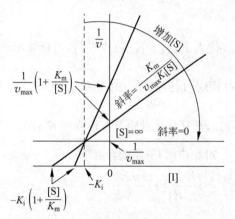

图 3-24(a) 在不同固定 S 浓度下 $1/v$
对[I]所作 Dixon 图

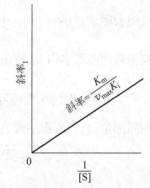

图 3-24(b) 在竞争性抑制存在下所作 Dixon 图
的斜率$_1$ 对 1/[S]的再制图

5. 竞争性抑制作用的其他线性作图法求动力学常数

有竞争性抑制剂存在时,除可用双倒数作图法处理实验数据求动力学常数外,其他线性作图法,如[S]/v 对[S],v 对 v/[S],v/[S]对 v 等都可使用,也可用积分速度方程处理数据和作图。各种线性方程及所作图形如下所述。

(1) Hanes-Woolf 方程

$$[S]/v = \frac{1}{v_{max}}[S] + \frac{K_m(1+[I]/K_i)}{v_{max}} \tag{3-39}$$

[S]/v 对[S]作图如图 3-25 所示。

（2）Woolf-Augustinsson-Hofstee 方程

$$v = -K_m\left(1 + \frac{[I]}{K_i}\right)v/[S] + v_{max} \tag{3-40}$$

v 对 v/[S]作图如图 3-26 所示。

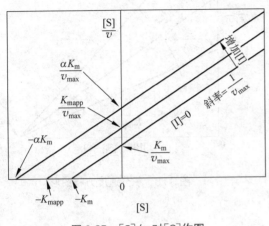

图 3-25　[S]/v 对[S]作图

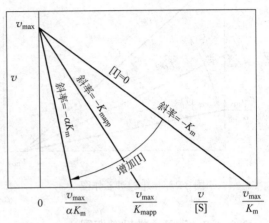

图 3-26　v 对 v/[S]作图

（3）Eadie-Scatchard 方程

$$v/[S] = \frac{-1}{K_m\left(1 + \frac{[I]}{K_i}\right)}v + \frac{v_{max}}{K_m\left(1 + \frac{[I]}{K_i}\right)} \tag{3-41}$$

v/[S]对 v 作图如图 3-27 所示。

（4）积分速度方程

$$\frac{2.3}{t}\lg\frac{[S_t]}{[S]} = \frac{-1}{K_m\left(1 + \frac{[I]}{K_i}\right)}\cdot\frac{[P]}{t} + \frac{v_{max}}{K_m\left(1 + \frac{[I]}{K_i}\right)} \tag{3-42}$$

$\dfrac{2.3}{t}\lg\dfrac{[S_t]}{[S]}$ 对 $\dfrac{[P]}{t}$ 作图如图 3-28 所示。

6. 竞争性抑制作用总结

一个竞争性抑制剂只增加酶与底物结合的表观 K_m（K_{mapp}），即[I]浓度增加，K_{mapp} 就增加；而 v_{max} 则保持不变。在竞争性抑制剂存在下，要达到同一个给定的 v_{max} 分数，必须要有比无抑制剂时大得多的底物浓度。当[S]≫K_m，如[S]≥100K_m 时，v_{maxi} 可达 v_{max}。

竞争性抑制剂对酶促反应的抑制程度，决定于[I]、[S]、K_m 和 K_i 的大小。[I]一定，增加[S]，减少抑制程度；[S]一定，增加[I]，增加抑制程度；K_i 值较低时，任何给定[I]和[S]，抑制程度都较大；当[I]＝K_i 时，所作双倒数图直线的斜率加倍；K_m 值越低，在一定[S]、[I]下，抑制程度越小。

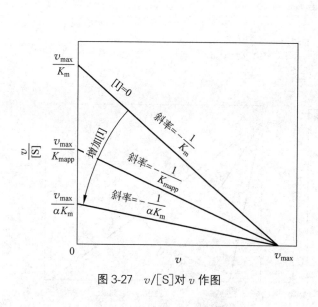

图 3-27　$v/[S]$ 对 v 作图

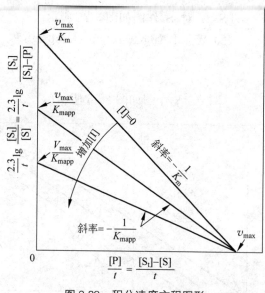

图 3-28　积分速度方程图形

3.2.1.3　非竞争性抑制作用

典型的非竞争性抑制剂不影响酶与底物结合；底物也不影响酶与 I 的结合；S 和 I 可逆地、独立地结合于酶的不同部位上；并且 EIS 为端点复合物。因此对非竞争性抑制作用而言，可逆抑制作用通式(3-26)中的 $\beta=0$，$\alpha=1$。用快速平衡法所推导的速度方程为

$$v = \frac{\dfrac{v_{max}}{1 + \dfrac{[I]}{K_i}} \cdot [S]}{K_S + [S]} \tag{3-43}$$

其反应历程可表示为下式：

$$
\begin{array}{ccc}
\text{E + S} & \underset{k_{-1}}{\overset{K_S\ \ k_1}{\rightleftharpoons}} \text{ES} & \overset{k_p}{\longrightarrow} \text{E + P} \\
+ & & + \\
\text{I} & & \text{I} \\
{}^{K_i}_{k_2}\big\Vert{}_{k_{-2}} & & {}^{K_i}_{k_2}\big\Vert{}_{k_{-2}} \\
\text{EI + S} & \underset{k_{-1}}{\overset{K_S\ \ k_1}{\rightleftharpoons}} \text{ESI} &
\end{array}
\tag{3-44}
$$

式(3-44)反应历程亦可用稳态法推导速度方程，使式(3-43)中的 K_S 变为 K_m，推导过程相当烦琐。King Altman 创立了一种较方便的速度方程推导法，以应用于较复杂的酶促反应。兹以非竞争抑制作用速度方程的推导为例介绍此方法。

1. 用 King Altman 法推导非竞争性抑制作用方程

非竞争性抑制作用速度方程的 King Altman 推导法按下列步骤进行。

（1）写出式(3-44)反应历程，并排列成图 3-29 的封闭图形。

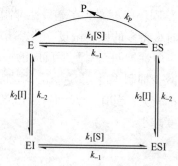

图 3-29　非竞争性抑制剂存在下酶促反应历程的 King Altman 封闭图形

（2）写出封闭图形的所有 $n-1$ 线图：当封闭图角数（酶形式）为 n，线段数（反应中相互转变步骤总数）为 m，则 $n-1$ 线图形总数 $=m!/[(n-1)!(m-n+1)!]$。非竞争性抑制作用封闭图形的 $n=4,m=4$，故 $n-1$ 线图形总数 $=4!/[(4-1)!(4-4+1)!]=4$。即每种酶形式的 $n-1$ 线图形总数为 4，具有下列形式。

（3）写出各种酶存在形式及其 $n-1$ 线图和各动力学常数的乘积和（表 3-2）。

表 3-2　各种酶形式及其 $n-1$ 线图形和动力学常数

酶存在形式	$n-1$ 线图及各图所示速度常数乘积				各动力项常数之和
E	$k_{-1}k_{-1}k_{-2}$	$k_{-1}k_{-2}k_{-2}$	$k_1[S]k_{-1}k_{-2}$	$k_2[I]k_{-1}k_{-2}$	$k_{-1}k_{-2}(k_{-1}+k_{-2}+k_1[S]+k_2[I])$
ES	$k_{-1}k_{-2}k_1[S]$	$k_{-2}k_{-2}k_1[S]$	$k_1[S]k_1[S]k_{-2}$	$k_2[I]k_1[S]k_{-2}$	$k_1[S]k_{-2}(k_{-1}+k_{-2}+k_1[S]+k_2[I])$
ESI	$k_{-1}k_1[S]k_2[I]$	$k_{-2}k_1[S]k_2[I]$	$k_1[S]k_1[S]k_2[I]$	$k_1[S]k_2[I]k_2[I]$	$k_1k_2[I][S](k_{-1}+k_{-2}+k_1[S]+k_2[I])$
EI	$k_{-1}k_{-1}k_2[I]$	$k_{-1}k_{-2}k_2[I]$	$k_1[S]k_2[I]k_{-1}$	$k_2[I]k_2[I]k_{-1}$	$k_{-1}k_2[I](k_{-1}+k_{-2}+k_1[S]+k_2[I])$

从图 3-29 还可看到包括 k_p 的封闭图形，它也应有如下一些 $n-1$ 线图形。但如果假定 $k_p \ll k_{-1}$，则包括 k_p 的这些 $n-1$ 线图形可以省略。这样我们就可得出：

$$
\begin{aligned}
v/[E_t] &= \frac{k_p[ES]}{[E]+[ES]+[EI]+[ESI]} \\
&= \frac{k_p k_1 k_{-2}[S](k_{-1}+k_{-2}+k_1[S]+k_2[I])}{(k_{-1}k_{-2}+k_1k_{-2}[S]+k_1k_2[S][I]+k_{-1}k_2[I])(k_{-1}+k_{-2}+k_1[S]+k_2[I])} \\
&= \frac{k_p k_1 k_{-2}[S]}{k_{-1}k_{-2}+k_1k_{-2}[S]+k_1k_2[S][I]+k_{-1}k_2[I]}
\end{aligned}
$$

$$= \frac{k_p[\mathrm{S}]}{\dfrac{k_{-1}}{k_1} + [\mathrm{S}] + \dfrac{k_2}{k_{-2}}[\mathrm{S}][\mathrm{I}] + \dfrac{k_{-1}k_2}{k_1 k_{-2}}[\mathrm{I}]}$$

所以
$$v = \frac{k_p[\mathrm{E_t}][\mathrm{S}]}{K_S + [\mathrm{S}] + \dfrac{[\mathrm{I}]}{K_i}[\mathrm{S}] + K_S \dfrac{[\mathrm{I}]}{K_i}} = \frac{v_{\max}[\mathrm{S}]}{K_S\Big(1 + \dfrac{[\mathrm{I}]}{K_i}\Big) + [\mathrm{S}]\Big(1 + \dfrac{[\mathrm{I}]}{K_i}\Big)}$$

$$= \frac{[\mathrm{S}]v_{\max}/(1 + [\mathrm{I}]/K_i)}{K_S + [\mathrm{S}]}$$

此式与式(3-43)相同。

从式(3-43)可知,有非竞争性抑制剂存在,$v_{\max i} < v_{\max}$,$v_{\max i} = v_{\max}/(1+[\mathrm{I}]K_i)$,即 $v_{\max i}$ 随 I 浓度增大而减小;而 K_S 则不变。其 $v \sim [\mathrm{S}]$ 曲线如图 3-30 所示。

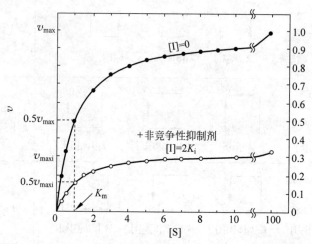

图 3-30 非竞争性抑制剂存在时的 $v \sim [\mathrm{S}]$ 曲线,$[\mathrm{I}]=0$ 和 $[\mathrm{I}]=2K_i$ 所作两曲线对比

2. 非竞争性抑制剂存在下的相对速度及抑制分数

相对速度
$$a = \frac{[\mathrm{S}]v_{\max}/(1 + [\mathrm{I}]/K_i)}{K_m + [\mathrm{S}]} \Big/ \frac{v_{\max}[\mathrm{S}]}{K_m + [\mathrm{S}]} = \frac{1}{1 + [\mathrm{I}]/K_i} = \frac{K_i}{K_i + [\mathrm{I}]}$$

抑制分数
$$i = 1 - \frac{K_i}{K_i + [\mathrm{I}]} = \frac{[\mathrm{I}]}{K_i + [\mathrm{I}]}$$

从 a 和 i 值可知非竞争性抑制剂的抑制程度只与$[\mathrm{I}]$和K_i有关,而与$[\mathrm{S}]$和K_m无关。

3. 非竞争性抑制作用的双倒数方程及双倒数图

式(3-43)以 K_m 代 K_S,并化为双倒数方程(3-45):

$$1/v = \frac{K_m}{v_{\max}}\Big(1 + \frac{[\mathrm{I}]}{K_i}\Big)\frac{1}{[\mathrm{S}]} + \frac{1}{v_{\max}}\Big(1 + \frac{[\mathrm{I}]}{K_i}\Big) \tag{3-45}$$

在不同的固定的$[\mathrm{I}]$下,测相应$[\mathrm{S}]$的 v,并以 $1/v$ 对 $1/[\mathrm{S}]$ 作图,得一簇直线相交于横轴上一点(图 3-31)。

从图 3-31 可知,有非竞争性抑制剂存在,直线斜率和纵截距都增加一个系数$(1+[\mathrm{I}]/K_i)$。因此横截距不变,从横截距可直接测得$-1/K_m$,而求得 K_m。

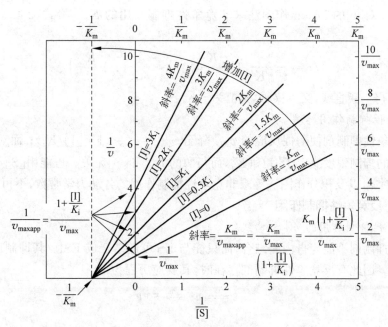

图 3-31　不同固定非竞争性抑制剂[I]的双倒数图

4. 非竞争性抑制作用 K_i 的求解

（1）从[I]＝0 和[I]为某一固定浓度所作 $1/v$ 对 $1/[S]$ 双倒数图的纵截距可直接测得 $1/v_{max}$ 和 $(1/v_{max}) \cdot (1+[I]/K_i)$，从而计算出 K_i。

（2）从不同固定[I]所作双倒数图的斜率$_{1/S}$ 对[I]再制图可求得 K_i。

图 3-31 各直线的斜率$_{1/S}$＝$\dfrac{K_m}{v_{max}}\left(1+\dfrac{[I]}{K_i}\right)=\dfrac{K_m}{v_{max}K_i}[I]+\dfrac{K_m}{v_{max}}$

斜率$_{1/S}$ 对[I]再制图如图 3-32(a)所示，从横截距可直接测出 K_i。

（3）从不同固定[I]所作双倒数图的纵截距对[I]再制图求得 K_i。

图 3-31 各直线纵截距＝$(1/v_{max})(1+[I]/K_i)$。纵截距对[I]再制图如图 3-32(b)所示。从其横截距可直接测得 K_i。

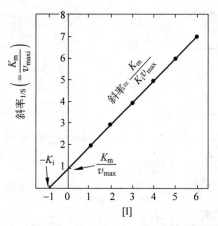

图 3-32(a)　斜率$_{1/S}$ 对[I]的再制图

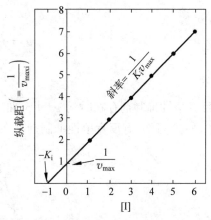

图 3-32(b)　纵截距对[I]的再制图

（4）用 $1/v$ 对[I]的 Dixon 作图法求非竞争性抑制作用的 K_i。将式（3-43）重排成 Dixon 方程：

$$1/v = \frac{1}{v_{max}K_i}\left(1 + \frac{K_m}{[S]}\right)[I] + \frac{1}{v_{max}}\left(1 + \frac{K_m}{[S]}\right)$$

$1/v$ 对[I]作图得一簇直线,交于横轴,其值为 $-K_i$。

5. 非竞争性抑制作用总结

一个非竞争性抑制剂使酶促反应的 v_{max} 降至 $v_{maxi} = v_{max}/(1+[I]/K_i)$；而对 K_m 无影响。它对酶促反应的抑制程度决定于[I]和 K_i,而与酶的 K_m 和[S]无关。也能用[S]/v 对[S],v 对 $v/[S]$,$v/[S]$对 v,以及积分作图法等求非竞争性抑制作用的各动力学常数,不再一一介绍。

3.2.1.4 反竞争性抑制作用

1. 反竞争性抑制作用的 v-[S]曲线

反竞争性抑制剂不能与自由酶结合,而只能与 ES 可逆结合成 ESI。其抑制原因是 ESI 不能分解成产物。因此有反竞争性抑制剂存在时,其反应历程为

$$\begin{array}{c} E + S \underset{}{\overset{K_S}{\rightleftharpoons}} ES \xrightarrow{k_p} E + P \\ + \\ I \\ \Big\Updownarrow K_i \\ ESI \end{array} \tag{3-46}$$

把式（3-46）与可逆抑制作用通式（3-26）相比,其 $\beta = 0$,并且 EI 不能形成。在任何[I]下,无限高的[S]不会使所有酶形成 ES,一些不能分解成产物的 ESI 总会存在,所以 $v_{maxi} < v_{max}$。快速平衡法推导的速度方程为

$$v = \frac{\dfrac{v_{max}}{1 + \dfrac{[I]}{K_i}} \cdot [S]}{\dfrac{K_S}{1 + \dfrac{[I]}{K_i}} + [S]}$$

如用稳态法推导得

$$v = \frac{\dfrac{v_{max}}{1 + \dfrac{[I]}{K_i}} \cdot [S]}{\dfrac{K_m}{1 + \dfrac{[I]}{K_i}} + [S]} \tag{3-47}$$

有反竞争性抑制剂存在时的 $v \sim [S]$曲线如图 3-33 所示。

从图 3-33 可知,有反竞争性抑制剂存在时,$K_{mapp} < K_m$,$v_{maxi} < v_{max}$。 当[I]$= 2K_i$ 时,

$$v_{maxi} = \frac{v_{max}}{1 + \dfrac{[I]}{K_i}} = \frac{v_{max}}{1 + \dfrac{2K_i}{K_i}} = \frac{v_{max}}{3}$$

$$K_{mapp} = \frac{K_m}{1 + \dfrac{[I]}{K_i}} = \frac{K_m}{1 + \dfrac{2K_i}{K_i}} = \frac{K_m}{3}$$

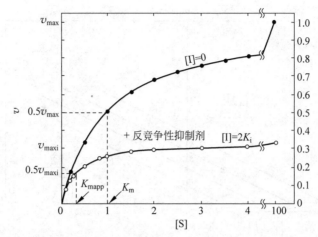

图 3-33   反竞争性抑制剂存在时的 $v\sim$[S]曲线(以[I]=0 作对照)

2. 反竞争性抑制剂的抑制程度

在反竞争性抑制剂存在下,酶促反应的相对速度为

$$a=v_i/v=\frac{v_{max}[\text{S}]}{\left[K_m+[\text{S}]\left(1+\dfrac{[\text{I}]}{K_i}\right)\right]}=\frac{K_m+[\text{S}]}{K_m+[\text{S}](1+[\text{I}]/K_i)}$$

抑制分数为

$$i=1-a=\frac{[\text{I}]}{[\text{I}]+K_i(1+K_m/[\text{S}])} \tag{3-48}$$

从式(3-48)可知,有反竞争性抑制剂存在,对酶促反应的抑制程度决定于[I]、[S]、K_i 和 K_m 等。但它不像竞争性抑制剂,它的抑制程度随底物浓度的增加而增加。这是由于 I 只与 ES 结合,而 ES 又随[S]的增加而增加的。反竞争性抑制剂使酶的 K_{mapp} 值降低,即 $K_{mapp}<K_m$。从这点看,反竞争性抑制剂不是一个抑制剂,而像是一个激活剂。它之所以造成对酶促反应的抑制作用,完全是由于它使 v_{max} 降低而引起的。所以如果[S]很小,反应主要为一级反应,则抑制剂对 v_{max} 的影响几乎完全被对 K_m 的相反影响所抵消,这时几乎看不到抑制作用。

3. 反竞争性抑制作用的双倒数方程及作图

反竞争性抑制作用的双倒数方程为

$$1/v=\frac{K_m}{v_{max}}\cdot\frac{1}{[\text{S}]}+\frac{1}{v_{max}}\left(1+\frac{[\text{I}]}{K_i}\right) \tag{3-49}$$

在不同的固定的[I]下,所作的双倒数图为一簇平行线(图 3-34)。从图中[I]=0 直线的纵截距和横截距可直接测出 $1/v_{max}$ 和$-1/K_m$。从[I]为某给定值的直线截距可测出 $1/v_{maxi}$ 和$-1/K_{mapp}$,从而计算出 K_i。

反竞争性抑制系统的 K_i 也可通过图 3-34 所测得的各$-1/K_{mapp}$ 对[I]和各 $1/v_{maxi}$ 对[I]的再作图求得,也可通过 $1/v$ 对[I]所作的 Dixon 图求得。反竞争性抑制作用的一些动力学常数也可用其他线性作图法求得。

3.2.1.5 线性混合型抑制作用

这种混合型抑制作用和上述三种抑制作用一样,其双倒数图的斜率$_{1/S}$ 对[I]、K_{mapp} 对[I]、

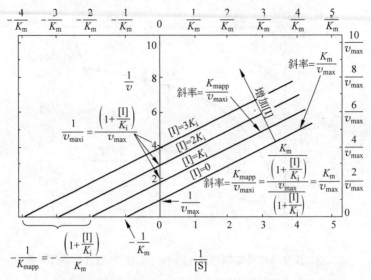

图 3-34 反竞争性抑制剂存在下的双倒数图（以[I]＝0 作对照）

$1/K_{mapp}$ 对[I]或 $1/v_{maxi}$ 对[I]的再制图以及 Dixon 图等都是线性的，而且也可通过这些线性图求 K_i，故称线性混合型抑制作用。其所以称为混合型是由于它相当于纯非竞争性和部分竞争性抑制作用的混合系统。这个抑制系统的特征是：(a)EI 对 S 的亲和力比 E 对 S 的亲和力低或高，即相当于式(3-26)中的 $\alpha > 1$ 或 $\alpha < 1$；(b)ESI 不能分解成产物，即 $\beta = 0$。

1. 线性混合型抑制作用的速度方程及 $v\sim[S]$ 曲线

将 $\beta = 0$，$\alpha > 1$ 或 $\alpha < 1$ 代入式(3-27)得

$$v = \frac{\dfrac{v_{max}}{1+[I]/\alpha K_i} \cdot [S]}{K_S \dfrac{1+[I]/K_i}{1+[I]/\alpha K_i} + [S]} = \frac{v_{maxi}[S]}{K_{sapp}+[S]} \tag{3-50}$$

从式(3-50)知这种抑制剂既影响酶促反应的 v_{maxi}，又影响酶与底物结合的 K_{sapp}，但影响程度不同。兹以 $\alpha > 1$ 的系统为例进行讨论，图 3-35 是 $\beta = 0$，$\alpha = 2$ 的一种线性混合型抑制作用的 $v\sim[S]$ 曲线。

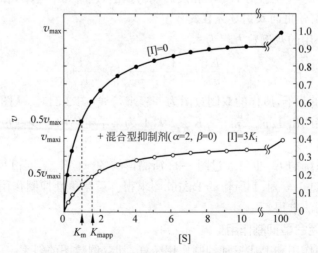

图 3-35 线性混合型抑制剂存在时的 $v\sim[S]$ 曲线（以[I]＝0 作对照）

2. 线性混合型抑制作用的双倒数方程及双倒数图

双倒数方程为

$$1/v = \frac{K_S}{v_{max}}\left(1 + \frac{[I]}{K_i}\right)\frac{1}{[S]} + \frac{1}{v_{max}}\left(1 + \frac{[I]}{\alpha K_i}\right) \tag{3-51}$$

双倒数图如图 3-36 所示。

从图 3-36 可以看出随着[I]增加,直线斜率增加,所得一簇直线交于第二象限一点。交点坐标可假设[I]=0 和[I]等于一任何定值时,从 $1/v = 1/v_i$ 计算而求得。即

$$\frac{K_S}{v_{max}} \cdot \frac{1}{[S]} + \frac{1}{v_{max}} = \frac{K_S}{v_{max}}\left(1 + \frac{[I]}{K_i}\right)\frac{1}{[S]} + \frac{1}{v_{max}}\left(1 + \frac{[I]}{\alpha K_i}\right)$$

求解得 $1/[S] = -1/\alpha K_s$,再代入式(3-51)得 $1/v = \frac{1}{v_{max}}\left(1 - \frac{1}{\alpha}\right)$,即一簇直线的交点坐标,其 $1/[S]$ 轴为 $-1/\alpha K_s$,$1/$ 轴为 $\frac{1}{v_{max}}\left(1 - \frac{1}{\alpha}\right)$。

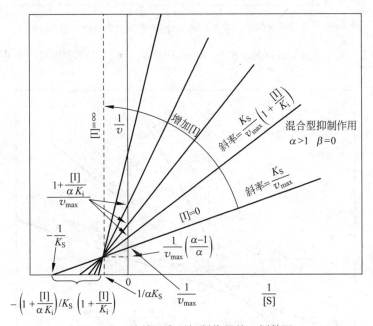

图 3-36 线性混合型抑制作用的双倒数图

由于 EIS 不能分解成产物,当[I]=∞时,将使 E 趋向 EI 和 EIS,$v=0$;得到一条通过各直线交点的垂直线。

如果 $\alpha < 1, \beta = 0$,则一簇直线的交点在 $1/v$ 轴的坐标将为 $-\frac{1}{v_{max}}\left(1 - \frac{1}{\alpha}\right)$,即交点在 $1/[S]$ 轴下方,在第三象限。

3. 线性混合型抑制剂 K_i 的求解

从图 3-36 各直线斜率$_{1/S}$ 对[I]和截距对[I]的再制图,可求得 K_i 和 αK_i(图 3-37)。

从图 3-37 可看出,这种抑制作用和纯非竞争性抑制作用不同,其斜率因素和截距因素不等。

线性混合型抑制作用的 Dixon 图也是线性的(图 3-38)。用该图斜率对 $1/[S]$ 作图,不像纯

竞争性抑制作用,所得直线不通过原点。

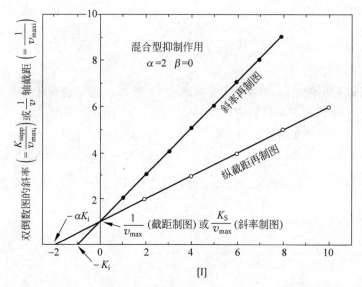

图 3-37　线性混合型抑制剂存在下,双倒数图斜率$_{1/S}$对[I]和纵截距对[I]的再制图

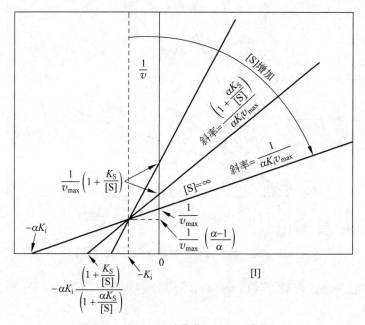

图 3-38　在不同固定[S]下,$1/v$ 对[I]作图

Dixon 图的一簇直线的交点,可考虑[S]=∞和[S]为任一定值时,其 $1/v$ 相等情况下计算而得。计算结果:$[I]=-K_i$,$1/v=\dfrac{1}{v_{max}}\left(1-\dfrac{1}{\alpha}\right)$。

以上所述四种抑制系统,无论双倒数图、Dixon 图以及各种再制图都是线性的,所生成的酶与 I 复合物都不能分解成产物。下面介绍另外几种可逆抑制系统。

3.2.1.6 部分竞争性和部分非竞争性抑制作用

1. 部分竞争性抑制作用

其特征是相当于(3-26)通式中的 $\alpha>1,\beta=1$，即 EI 和 S 的亲和力小于 E 和 S 的亲和力，并且 EIS 与 ES 以相等速度分解成产物。用相应 α 和 β 代入式(3-27)，得部分竞争性抑制作用的速度方程(3-52)及其双倒数方程(3-53)。

$$v=\frac{v_{max}[S]}{K_S\dfrac{1+[I]/K_i}{1+[I]/\alpha K_i}+[S]} \tag{3-52}$$

$$1/v=\frac{K_S}{v_{max}}\cdot\frac{(1+[I]/K_i)}{(1+[I]/\alpha K_i)}\cdot\frac{1}{[S]}+\frac{1}{v_{max}} \tag{3-53}$$

根据式(3-53)所作双倒数图(图 3-39)，其形式与竞争性抑制作用的双倒数图一样，为一簇直线相交于 $1/v$ 轴上一点；而且随[I]的增加，直线斜率增加，但增加的系数为 $\dfrac{1+[I]/K_i}{1+[I]/\alpha K_i}$。即斜率增加有一个极限，当[I]=∞时，斜率不会增加至∞，而是达一极限值 $\dfrac{\alpha K_s}{v_{max}}$。这是由于 EIS 也以同样速度分解成产物，所以当[I]=∞，$v\neq0$。从式(3-53)可知，图 3-39 直线簇的斜率或横截距对[I]的再制图不是线性的，而是双曲线型的。例如，斜率$_{1/S}=\dfrac{K_S}{v_{max}}\cdot\dfrac{\alpha(K_i+[I])}{(\alpha K_i+[I])}$，斜率$_{1/S}$ 对[I]作图是双曲线而不会是直线。

在固定[S]下，增加部分竞争性抑制剂的效应与增加纯竞争性抑制剂的效应对比如图 3-40 所示。当 $\alpha\gg1$ 时，EIS 不能形成，则 v 接近竞争性抑制剂的情况。

2. 部分非竞争性抑制作用

其特征是(3-26)通式中的 $\alpha=1$，与纯非竞争性抑制作用一样；但 β 不等于 0，而 $1>\beta>0$，即 EIS 虽能分解成产物，但不及 ES 分解快。将相应 α 和 β 代入式(3-27)，得部分非竞争性抑制作用的速度方程和双倒数方程，如式(3-54)和式(3-55)所示。

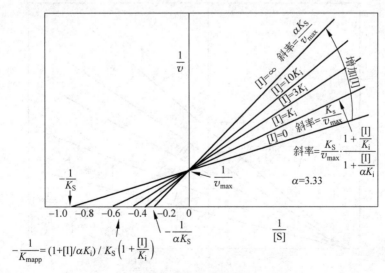

图 3-39 部分竞争性抑制剂存在下的双倒数图

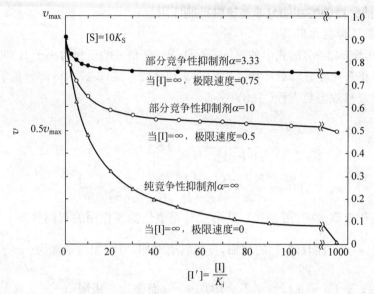

图 3-40　在[S] = 10K_S，有部分竞争性抑制剂存在下，v 对[I]作图，以纯竞争性抑制作用作对照。

$$v = \frac{v_{\max}\left(\dfrac{1+\beta[\mathrm{I}]/K_{\mathrm{i}}}{1+[\mathrm{I}]/K_{\mathrm{i}}}\right)[\mathrm{S}]}{K_{\mathrm{S}}+[\mathrm{S}]} \tag{3-54}$$

$$1/v = \frac{K_{\mathrm{S}}}{v_{\max}}\left(\frac{1+[\mathrm{I}]/K_{\mathrm{i}}}{(1+\beta[\mathrm{I}]/K_{\mathrm{i}})}\right)\frac{1}{[\mathrm{S}]} + \frac{1}{v_{\max}}\left(\frac{1+[\mathrm{I}]/K_{\mathrm{i}}}{1+\beta[\mathrm{I}]/K_{\mathrm{i}}}\right) \tag{3-55}$$

根据式(3-55)作图(图 3-41)。这个图的一簇直线交于横轴上一点，形式与非竞争性抑制作用相似；随着[I]增加，直线斜率增加；但增加有一极限，当[I] = ∞时，斜率 = $\dfrac{K_{\mathrm{S}}}{\beta v_{\max}}$，而不会等于∞，即 v 不会等于 0。部分非竞争性抑制作用的各种再制图及 Dixon 图都不是线性的。

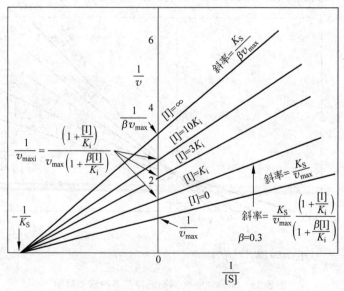

图 3-41　在不同固定部分非竞争性抑制剂存在下的双倒数图(以[I] = 0 作对照)

3.2.1.7 部分线性混合型抑制作用

这种抑制系统类似线性混合型,即相当于(3-26)通式中$\infty > \alpha > 1$ 或 $0 < \beta < 1$。但与线性混合型抑制系统不同,β 不等于 0,而 $0 < \beta < 1$,即 EIS 仍能分解成产物,只是其分解速度比 ES 小。其速度方程符合通式(3-27)。将式(3-27)重排得:

$$v = \frac{v_{max}[S]}{\dfrac{(\alpha K_i + [I])/(\alpha K_i + \beta[I])}{}}{K_S[\alpha(K_i + [I])/(\alpha K_i + [I])] + [S]}$$

$$v = \frac{\dfrac{v_{max}[S]}{(\alpha K_i + [I])/(\alpha K_i + \beta[I])}}{K_S[\alpha(K_i + [I])/(\alpha K_i + [I])] + [S]} \tag{3-56}$$

其双倒数方程为

$$
\begin{aligned}
1/v &= \frac{K_S}{v_{max}}\left[\frac{\alpha(K_i + [I])}{\alpha K_i + \beta[I]}\right]\frac{1}{[S]} + \frac{1}{v_{max}}\left(\frac{\alpha K_i + [I]}{\alpha K_i + \beta[I]}\right) \\
&= \frac{K_S}{v_{max}}\left(\frac{\alpha K_i + \beta[I] + \alpha[I] - \beta[I]}{\alpha K_i + \beta[I]}\right)\frac{1}{[S]} + \frac{1}{v_{max}}\left(\frac{\alpha K_i + \beta[I] + [I] - \beta[I]}{\alpha K_i + \beta[I]}\right) \\
&= \frac{K_S}{v_{max}}\left[1 + \frac{(\alpha - \beta)[I]}{\alpha K_i + \beta[I]}\right]\frac{1}{[S]} + \frac{1}{v_{max}}\left[1 + \frac{(1 - \beta)[I]}{\alpha K_i + \beta[I]}\right]
\end{aligned}
$$

可简化为

$$1/v = \frac{K_S}{v_{max}}\left(1 + \frac{[I]}{K_{islope}}\right)\frac{1}{[S]} + \frac{1}{v_{max}}\left(1 + \frac{[I]}{K_{iint}}\right) \tag{3-57}$$

这里 K_{islope} 是指双倒数方程斜率项中的表观 K_i 值,$K_{islope} = \dfrac{\alpha K_i + \beta[I]}{\alpha - \beta}$;而 K_{iint} 是指双倒数方程截距项中的表观 K_i 值,$K_{iint} = \dfrac{\alpha K_i + \beta[I]}{1 - \beta}$。它们可以从双倒数图相应[I]下的直线斜率和纵截距计算而得。双倒数图如图 3-42 所示,其一簇直线相交于第二象限一点。其交点的 1/[S]轴坐标值,可根据[I]=0 以及[I]为任一定值时,其速度相等而求得,即

$$\frac{K_S}{v_{max}} \cdot \frac{1}{[S]} + \frac{1}{v_{max}} = \frac{K_S}{v_{max}}\left(1 + \frac{[I]}{K_{islope}}\right) \cdot \frac{1}{[S]} + \frac{1}{v_{max}}\left(1 + \frac{[I]}{K_{iint}}\right)$$

解得 $\dfrac{1}{[S]} = \dfrac{-K_{islope}}{K_S K_{iint}} = \dfrac{-(\alpha K_i + \beta[I])/(\alpha - \beta)}{K_S(\alpha K_i + \beta[I])/(1 - \beta)} = \dfrac{-(1 - \beta)}{K_S(\alpha - \beta)}$,再代入式(3-57),得

$$1/v = \frac{1}{v_{max}}\left(\frac{\alpha - 1}{\alpha - \beta}\right)$$

从图 3-42 可以看出这个系统的双倒数图与图 3-36 完全相似,所以用双倒数作图法不能区别这两种抑制作用。但以图 3-42 各直线斜率$_{1/s}$ 对[I]或纵截距对[I]再制图,得到的是一双曲线图形,得不到类似图 3-37 的线性图。所以这种混合型抑制系统又称双曲线型混合型抑制系统。这种抑制作用,其 K_i 的求解方法,可通过$\dfrac{1}{\Delta slope}$ 对 $\dfrac{1}{[I]}$ 或 $\dfrac{1}{\Delta int}$ 对 $\dfrac{1}{[I]}$ 再制图的斜率和截距的测量及计算来求得。$\Delta slope$ 与 Δint 为有[I]和无[I]存在所作双倒数图的斜率$_{1/s}$ 之差与截距之差。

$$\frac{1}{\Delta slope} = \frac{1}{\dfrac{K_S}{v_{max}}\left(1 + \dfrac{[I]}{K_{islope}}\right) - \dfrac{K_S}{v_{max}}} = \frac{1}{\dfrac{K_S}{v_{max}} \cdot \dfrac{[I]}{K_{islope}}} = \frac{1}{\dfrac{K_S}{v_{max}}\left(\dfrac{[I](\alpha - \beta)}{\alpha K_i + \beta[I]}\right)}$$

即

$$\frac{1}{\Delta slope} = \frac{v_{max} \cdot \alpha K_i}{K_S(\alpha - \beta)} \cdot \frac{1}{[I]} + \frac{v_{max} \cdot \beta}{K_S(\alpha - \beta)} \tag{3-58}$$

$$\frac{1}{\Delta \text{int}} = \frac{1}{\dfrac{1}{v_{\max}}\left[\dfrac{\dfrac{[I]}{\alpha K_i + \beta[I]}}{1-\beta}\right]} = \frac{1}{\dfrac{1}{v_{\max}}\left(\dfrac{[I](1-\beta)}{\alpha K_i + \beta[I]}\right)} = \frac{v_{\max}(\alpha K_i + B[I])}{[I](1-\beta)}$$

即

$$\frac{1}{\Delta \text{int}} = \frac{v_{\max} \cdot \alpha K_i}{1-\beta} \cdot \frac{1}{[I]} + \frac{v_{\max} \cdot \beta}{1-\beta} \tag{3-59}$$

$\dfrac{1}{\Delta \text{slope}}$对$\dfrac{1}{[I]}$，$\dfrac{1}{\Delta \text{int}}$对$\dfrac{1}{[I]}$的再制图如图 3-43 所示。

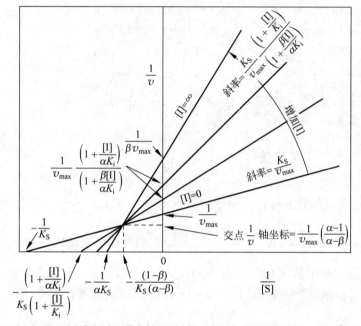

图 3-42 不同固定部分混合型抑制剂存在下的双倒数图（α＞1，0＜β＜1）

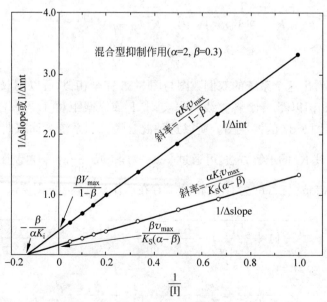

图 3-43 不同固定的部分混合型抑制剂[I]下所作双倒数图的$\dfrac{1}{\Delta \text{slope}}$对$\dfrac{1}{[I]}$及$\dfrac{1}{\Delta \text{int}}$对$\dfrac{1}{[I]}$的再制图

如果这种混合型抑制剂,其 $0<\alpha<1,0<\beta<1$,则所作双倒数图的一簇直线相交于第三象限。其交点求法及 K_i 的求法与 $\infty>\alpha>1,0<\beta<1$ 的抑制作用相同。

其他非线性的部分和混合型抑制系统,其 K_i 的求法均可用相似方法求得。

混合型抑制作用还有多种,如 $0<\alpha<1,0<\beta<1,\alpha=\beta$,以及 $0<\alpha<1,0<\beta<1,\beta>\alpha$ 等。另外,还有与反竞争性抑制作用相似(只有 ES 可与 I 结合,但 EIS 可分解成产物)的部分反竞争性抑制系统。这些就不一一介绍了。

3.2.2 不可逆抑制作用

这类抑制作用的抑制剂与酶分子上的某基团以牢固的共价键结合使酶失活。不能用透析、超滤等物理方法除去抑制剂而使酶复活。不可逆抑制作用的特点是随时间的延长会逐渐地增加抑制,最后达到完全抑制。抑制剂的效应,应以速度常数表示,而不能以平衡常数表示,它决定于给定时间内某一浓度抑制剂所抑制酶活性的分数。有些不可逆抑制剂选择性很强,它只能和酶活性部位有关基团反应,称为专一性不可逆抑制剂。另一类则能和酶上一类或几类基团反应,称为非专一性不可逆抑制剂。但某些非专一性抑制剂因作用条件不同,作用对象不同,或由于位阻效应以及活性部位其他基团的存在,也能显示专一性抑制效应。例如,碘乙酸可非专一地烷化-SH,醛缩酶分子中共有 32 个-SH,在底物不存在时,碘乙酸可选择性地使部分-SH 烷化,使酶失活。

3.2.2.1 非专一性不可逆抑制作用

1. 非专一性不可逆抑制剂的类型

(1) 酰化剂。可用通式表示为 $R-\overset{\overset{O}{\|}}{C}-X$。例如,$CH_3\overset{\overset{O}{\|}}{C}-O-\overset{\overset{O}{\|}}{C}-CH_3$、$CF_3\overset{\overset{O}{\|}}{C}-S\,CH_2CH_3$、

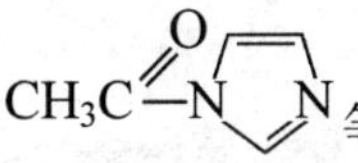

$CH_3\overset{\overset{O}{\|}}{C}-N\diagdown\diagup N$ 等。它们对酶的酰化反应如下式所示:

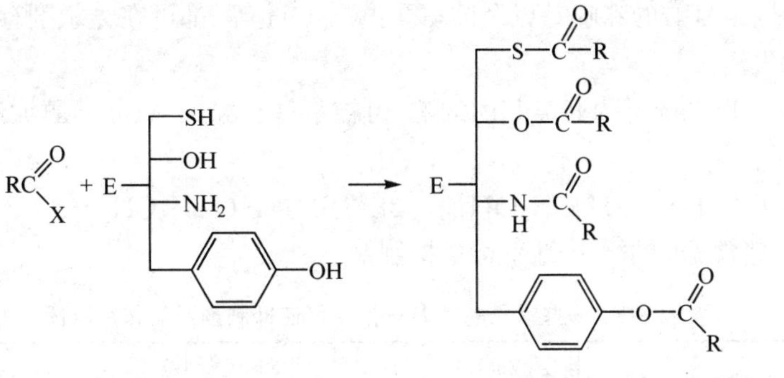

磷酰化剂亦属此类,如二异丙氟磷酸酯(DFP)以及 1605、1059 等磷酯农药。DFP 能使乙酰胆碱酯酶分子中的一个丝氨酸侧链(Ser—CH_2OH)磷酰化而使酶失活,反应如下式所示:

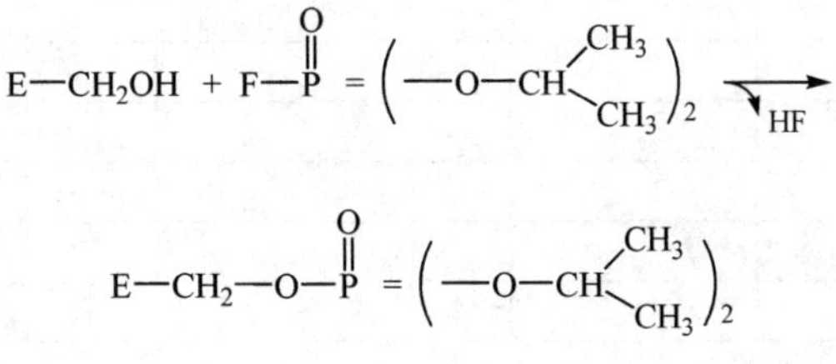

（2）烃基化剂　可用通式 R-X 表示。如卤烃衍生物，由于卤原子的强电负性，使烃基带部分正电荷，有利于酶上一些亲核基团的攻击，反应如下式所示：

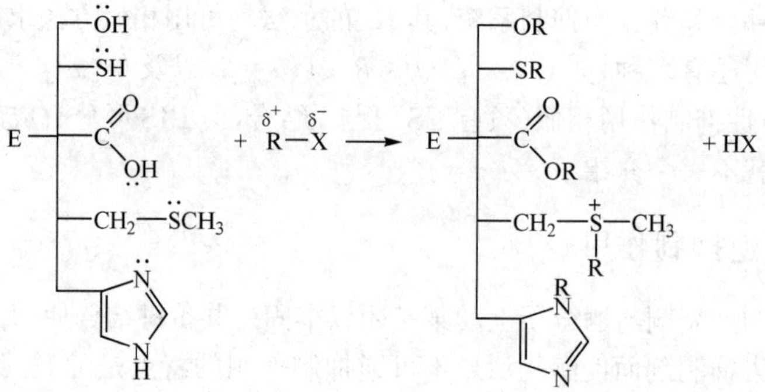

（3）含活泼双键的试剂。含活泼双键的试剂，如 N-乙基顺丁烯二酰亚胺、丙烯腈等。它们可与酶分子上的-SH、-NH$_2$ 等基团起加成反应，反应如下式所示：

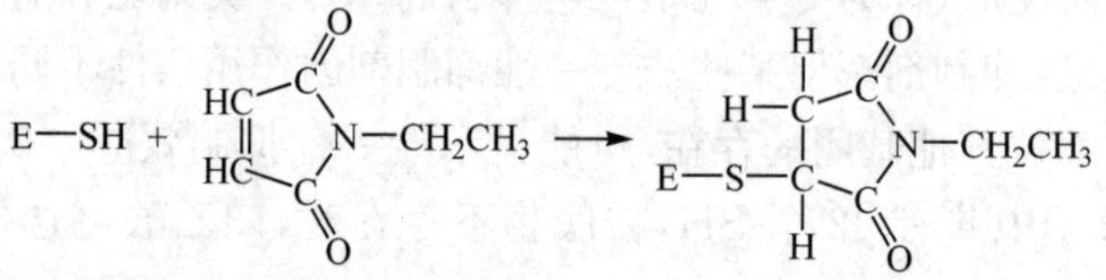

（4）亲电试剂。常见的有四硝基甲烷，它可使酶分子上的酪氨酸侧链硝基化。产物具有特殊光谱性质，易于被检测，反应如下式所示：

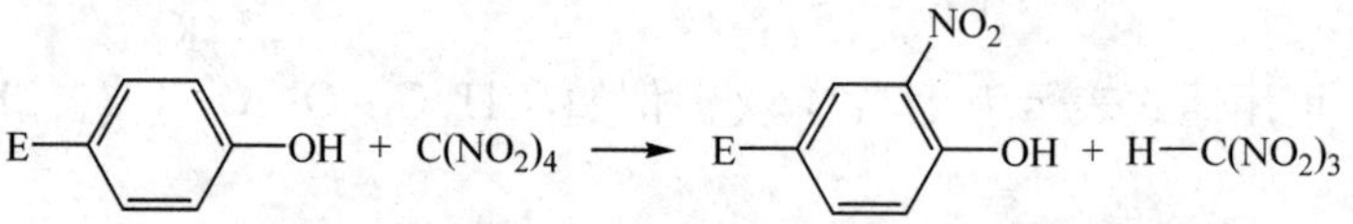

（5）氧化剂。一些二硫化合物可使酶分子上的-SH 氧化。酶分子上的甲硫氨酸的硫醚基、色氨酸的吲哚基、组氨酸的咪唑基以及酪氨酸的酚-OH 等，都可在光敏剂存在下发生温和的光氧化作用，使酶失活。

（6）还原剂。以二硫键为必需基团的酶，可被巯基乙醇、二硫苏糖醇等巯基试剂还原失活。反应如下式所示：

$$E-S-S-E+2HS-CH_2CH_2OH \longrightarrow 2E-SH+HOCH_2CH_2-S-S-CH_2CH_2OH$$

表 3-3 为一些常见的非专一性不可逆抑制剂。

表 3-3　一些常见的非专一性不可逆抑制剂及其作用基团

抑制剂名称	α-NH$_2$ Lys-ε-NH$_2$	α-COOH Asp-γ-COOH Glu-δ-COOH	-S-S	Arg 胍基	Ser-OH Thr-OH	His 咪唑基	Trp 吲哚基	Tyr 酚-OH	Cys -SH	Met -S-CH$_3$
乙酸酐	+					+		+	+	
乙酰咪唑	+							+	+	
丙烯腈	+								+	
叠氮化合物	+							+	+	
溴甲胺									+	
溴代丙酮酸									+	

续表

抑制剂名称	α-NH₂ Lys-ε-NH₂	α-COOH Asp-γ-COOH Glu-δ-COOH	-S-S	Arg 胍基	Ser-OH Thr-OH	His 咪唑基	Trp 吲哚基	Tyr 酚-OH	Cys -SH	Met -S-CH₃
N-溴代琥珀酰亚胺						+	+	+	+	
羰二亚胺		+								
二硫化碳	+									
氰酸盐	+							+		
尿酰氟				+						
丁二酮	+			+						
二乙基焦碳酸酯	+		+							
连二亚硫酸盐			+							
硫酸二甲酯	+							+		
乙酰亚氨酸乙酯和亚氨酸酯										
O-甲基异脲	+									
苯基异硫氰酸酯	+									
三硝基苯磺酸	+									
氮芥类	+	+							+	+

2. 通过非专一性不可逆抑制作用判断酶分子中必需基团的性质和数目

由于这类不可逆抑制剂是非专一性的，所以它们不但能和酶分子中的必需基团作用，同时也能和相应的非必需基团作用，甚至不只与一种基团作用。要通过对这类抑制作用的研究来判断酶分子中必需基团的性质和数目，必须测定酶活力降低的反应速度常数和侧链基团被破坏的反应速度常数，比较它们之间的关系，并加以分析才能做出判断。邹承鲁教授创立了一种方法。他在测定抑制作用过程中酶活力剩余分数 a 的同时，又测定酶分子上某必需基团的剩余分数 L_e。他假定同类基团中如有 n 个是必需基团，而且所有这类基团与抑制剂反应活性相等，并且又只有 n 个必需基团都未被破坏的酶分子才能保持活性；那么某必需基团的剩余分数 L_e 将会和该类基团总的剩余分数 L 相同。根据这些假定，他得出：

$a = L_e^n$ 或 $a^{\frac{1}{n}} = L_e$，并且 $a^{\frac{1}{n}} = L$，取对数得：$\lg a = n \lg L$。把 $\lg a$ 对 $\lg L$ 作图得一直线，其斜率为 n，从而求得该必需基团的数目。也可用 $\sqrt{a}$、$\sqrt[3]{a}$、$\cdots$、$\sqrt[n]{a}$ 等对 L 尝试作图，如 $\sqrt[n]{a}$ 对 L 作图符合线性关系，n 亦即可以求得。邹承鲁判断酶分子中必需基团数目的作图法，已被广泛应用于酶化学修饰的研究。1987 年，王志新对邹氏作图法给出了严格的数学证明，并对邹承鲁所提的一些情况进行了讨论。认为邹氏作图法在理论上是完善的，它本身所产生的误差远小于实验过程中所引起的误差。对邹承鲁提出的一些假设，王志新认为有些假设是可以满足的，如酶分子上的一类基团与抑制剂的反应活性都相等；而有些假设则有待于进一步研究。

3.2.2.2　专一性不可逆抑制剂的类型

属于这一类型的抑制剂又可分为两类。

1. K_S 型专一性不可逆抑制剂

K_S 型抑制剂具有与底物相似的可与酶结合的基团，同时还具有一个能与酶其他基团反应的活泼基团。它之所以有专一性，是由于此抑制剂与酶活性部位某基团形成的非共价络合物和它与非活性部位同类基团形成的非共价络合物之间的解离常数不同。从两个解离常数的比值,可决定其专一性程度。如果比值在三个数量级以上,则这个不可逆抑制剂是一个专一性很强的抑制剂。要判断这类抑制剂的抑制作用是否发生在酶的活性部位,常用的判断方法如下所述:

① 如果抑制剂的作用是化学计量的,并且作用后酶活性全部丧失,说明它全部结合在酶的活性部位。

② 如果底物和竞争性抑制剂能保护酶,使之抵抗不可逆抑制剂的作用,即可证实此不可逆抑制剂肯定结合在酶的活性部位。

③ 采用简单方法使酶失活,如失活酶不会再与抑制剂反应,则证明该不可逆抑制剂是结合在酶的活性部位。

现举几种 K_S 型不可逆抑制剂实例:

(1) 胰凝乳蛋白酶的 K_S 型不可逆抑制剂对-甲苯磺酰-L-苯丙氨酰氯甲烷(TPCK)。这个抑制剂与该酶的最佳底物对-甲苯磺酰-L-苯丙氨酸甲酯的结构相似,见下图(a)、(b)。它们都含有对-甲苯磺酰-L-苯丙氨酰基,酶通过对这个基团的强亲和力,把 TPCK 误认为底物而与之结合,形成 K_S 很小的非共价络合物。但 TPCK 又与该最佳底物不同,它以-CH_2Cl 取代了最佳底物中的-O-CH_3 基团。-CH_2Cl 是一个烷化基,在通常情况该基团虽非是很活泼的烷化剂,但在 TPCK 与酶形成的非共价络合物中,-CH_2Cl 与酶活性部位的一个 His-咪唑基距离很近,从而使-CH_2Cl 成为该 His-咪唑基的极活泼烷化剂,可很快使其烷化;而非活性部位的咪唑基,由于远离-CH_2Cl,则不易被烷化。

(2) 胰蛋白酶的 K_S 型不可逆抑制剂对-甲苯磺酰-L-赖氨酰氯甲烷(TPLK)。TPLK 的结构与胰蛋白酶的最佳底物对-甲苯磺酰-L-赖氨酸甲酯的结构相似,如下图(c)、(d)。由于酶对赖氨酸正离子基团的亲和力,把 TPLK 误认作底物并与之结合,形成 K_S 较小的非共价络合物。络合物形成后,-CH_2Cl 基团在空间与酶活性部位的一个 His-咪唑基非常邻近,立即使其烷化,而非活性部位的咪唑基则不能被烷化。

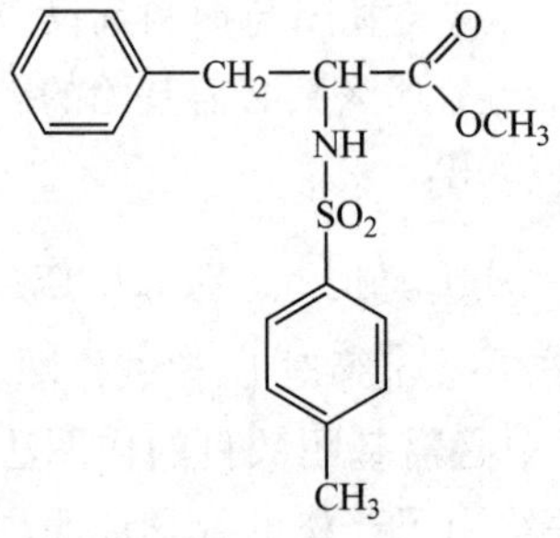

(a) 胰凝乳蛋白酶的最佳底物

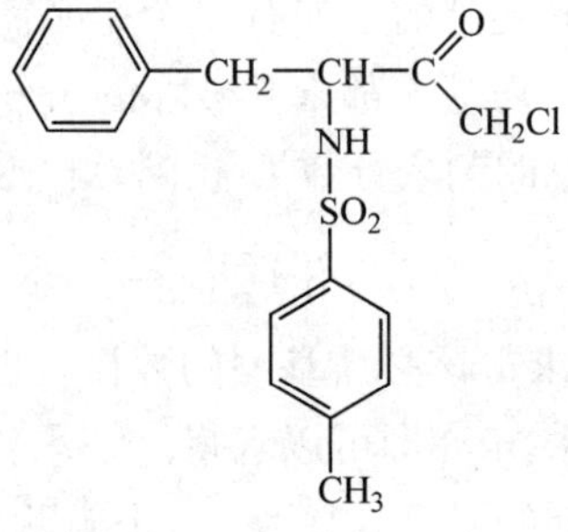

(b) TPCK

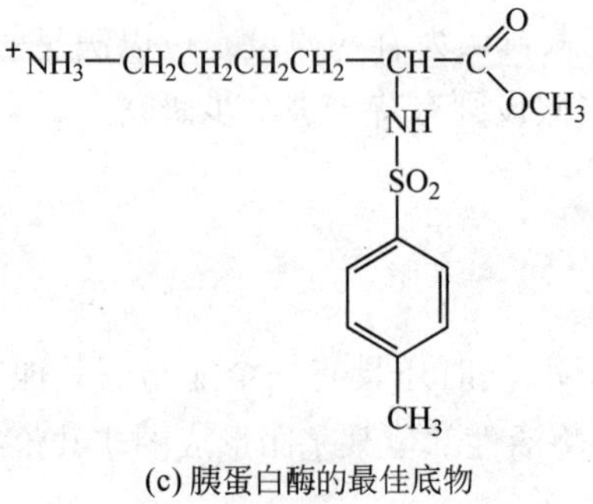

(c) 胰蛋白酶的最佳底物

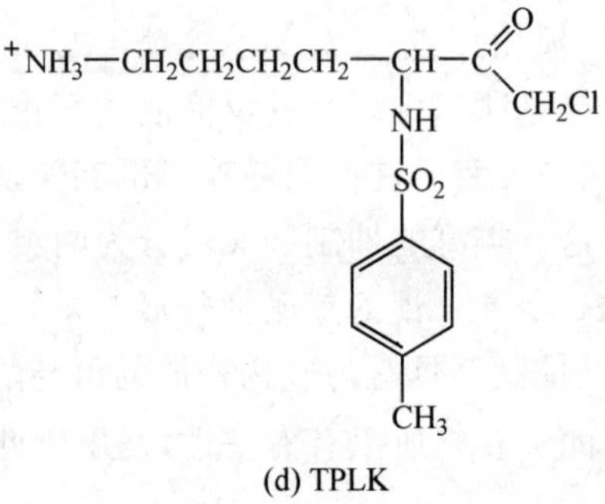

(d) TPLK

上面所举的两个 K_S 型专一性不可逆抑制剂,是根据酶的底物结构而设计的,并添加了一个能与酶活性部位反应的活泼基团,所以又称为活性部位定向指示剂或亲和标记试剂。

2. k_{cat} 型专一性不可逆抑制剂

这种抑制剂是根据酶的催化过程来设计的。它们与底物类似,既能与酶结合,也能被酶催化发生反应。在其分子中具有潜伏反应基团(latent reactive group),该潜伏反应基团会被酶催化而活化,并立即与酶活性中心某基团呈不可逆结合,使酶受抑制。这种抑制剂专一性很强,又是经酶催化后而引起,所以被称为自杀性底物。现举数例如下。

(1) β-羟基癸酰硫酯脱水酶的 k_{cat} 型专一性不可逆抑制剂

$$CH_3(CH_2)_5—C\equiv C—CH_2—\overset{\displaystyle O}{\overset{\displaystyle \|}{C}}—S—R \qquad \beta\text{-羟基癸酰硫酯脱水酶催化如下脱水反应:}$$

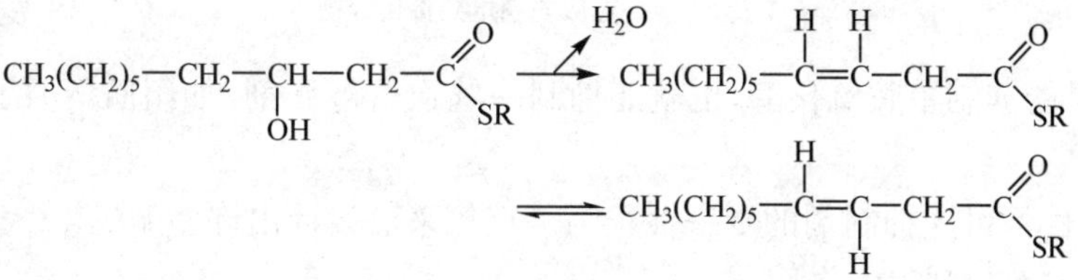

该抑制剂为炔类化合物,它与酶结合而被酶催化后,形成具有高度反应性能的连丙二烯结构,即 $CH_3(CH_2)_5—\overset{H}{\overset{|}{C}}=C=\overset{H}{\overset{|}{C}}—\overset{O}{\overset{\|}{}}SR$,可立即与酶活性中心有关基团(如 His 的咪唑基)反应,使之烷化而形成稳定的共价中间物,使酶失活。反应如下:

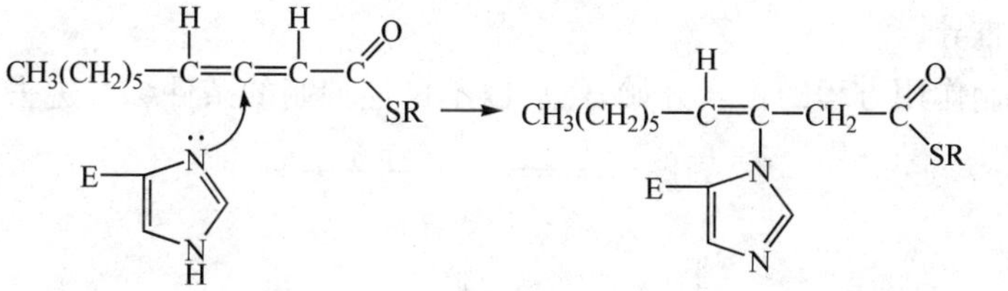

(2) 以 FMN 或 FAD 为辅基的单胺氧化酶的 k_{cat} 型专一性不可逆抑制剂——炔类化合物

迫降灵属于这类抑制剂,它是一种治疗高血压的良药,是单胺氧化酶的自杀性底物,反应如下:

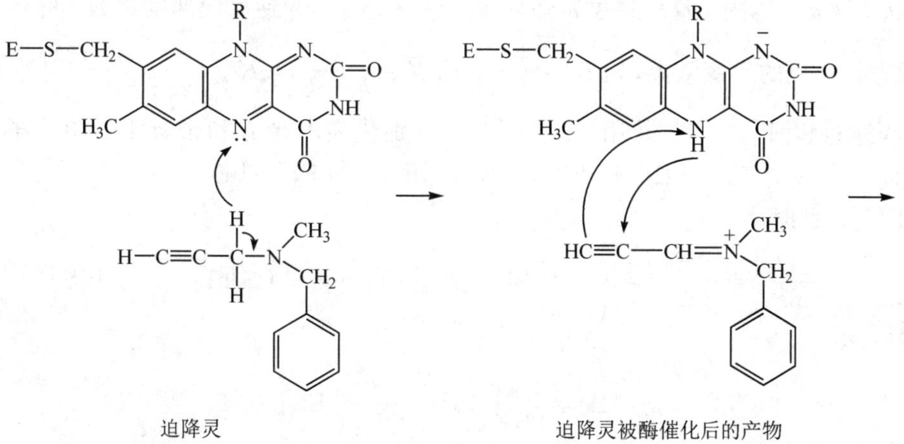

迫降灵　　　　　　　　迫降灵被酶催化后的产物

活泼的催化产物与酶反应
形成的稳定共价化合物

由于迫降灵能抑制单胺氧化酶,也就能抑制一些血管舒张剂(如组胺等)的氧化,因而有降血压作用。

k_{cat} 型专一性不可逆抑制剂的专一性很强。近年来已设计出许多酶的 k_{cat} 型专一性不可逆抑制剂,在医疗方面起到很大作用。

3.2.2.3　不可逆抑制作用的动力学

通过测定抑制剂对表观 K_m 的影响,可区分可逆竞争、非竞争和反竞争性抑制作用。邹承鲁等认为对不可逆抑制剂也可导出类似的判据,可由测定底物浓度对不可逆抑制剂与酶结合的表观速度常数的影响来区分三种类型的不可逆抑制剂。现简要叙述邹承鲁等人对动力学方程的推导以及对三种抑制剂的判定依据。

速度方程的推导。

先从可逆抑制作用方程的推导开始,然后以不可逆抑制的条件综合进去。推导方法如下:

$$
\begin{array}{ccc}
\mathrm{E+S} & \xrightleftharpoons[k_{-1}]{k_{+1}} & \mathrm{ES} & \xrightarrow{k_p} & \mathrm{E+P} \\
+ & & + & & \\
\mathrm{I} & & \mathrm{I} & &
\end{array}
\tag{3-60}
$$

$$
\begin{array}{ccc}
k_{+0} \big\Vert k_{-0} & & k'_{+0} \big\Vert k'_{-0} \\
\mathrm{EI+S} & \xrightleftharpoons[k'_{-1}]{k'_{+1}} & \mathrm{EIS} & \xrightarrow{k'_p} & \mathrm{EI+P}
\end{array}
$$

k_{+1}、k'_{+1}、k_{+0}、k'_{+0} 为正反应速度常数,k_{-1}、k'_{-1}、k_{-0}、k'_{-0} 为逆反应速度常数。并令 K_1、K'_1、K_0、K'_0 等为各反应的平衡常数,如 $K_1 = \dfrac{k_{+1}}{k_{-1}}$；而 $\overline{K} = \dfrac{k_{+1}}{k_p + k_{-1}}$、$\overline{K}' = \dfrac{k'_{+1}}{k'_p + k'_{-1}}$ 分别为 K_m 的倒数。又假定 [S] 和 [I]≫[E],并用 $[E_T]$ 和 $[E'_T]$ 分别代表不带有和带有 I 的酶分子浓度,即 $[E_T] = [E] + [ES]$,$[E'_T] = [EI] + [EIS]$。所以总酶浓度 $[E_0] = [E_T] + [E'_T] = [E] + [ES] + [EI] + [EIS]$。此时,

$$
-\frac{\mathrm{d}[E_T]}{\mathrm{d}t} = \frac{\mathrm{d}[E'_T]}{\mathrm{d}t} = k_{+0}[E][I] - k_{-0}[EI] + k'_{+0}[ES][I] - k'_{-0}[EIS]
\tag{3-61}
$$

从式(3-32),得

$$
[E] = \frac{K_m}{[S]}[ES] = \frac{1}{\overline{K}[S]}[ES]
$$

所以
$$[E_T] = [E] + [ES] = \frac{1}{\overline{K}[S]}[ES] + [ES]$$

$$= [ES]\left(1 + \frac{1}{\overline{K}[S]}\right) = \frac{1 + \overline{K}[S]}{\overline{K}[S]}[ES]$$

所以
$$[ES] = \frac{\overline{K}[E_T][S]}{1 + \overline{K}[S]} \tag{3-62}$$

$$[E] = \frac{1}{\overline{K}[S]}[ES] = \frac{[E_T]}{1 + \overline{K}[S]} \tag{3-63}$$

同理
$$[EIS] = \frac{\overline{K}'[E_T'][S]}{1 + \overline{K}'[S]} \tag{3-64}$$

$$[EI] = \frac{[E_T']}{1 + \overline{K}'[S]} \tag{3-65}$$

将式(3-62)~式(3-65)代入式(3-61)，得

$$-\frac{d[E_T]}{dt} = \frac{d[E_T']}{dt} = \frac{[E_T][I](k_{+0} + k_{+0}'\overline{K}[S])}{1 + \overline{K}[S]} - \frac{[E_T'](k_{-0} + k_{-0}'\overline{K}'[S])}{1 + \overline{K}'[S]} \tag{3-66}$$

由于
$$[E_0] = [E_T] + [E_T'], \quad \text{因此}[E_T'] = [E_0] - [E_T] \tag{3-67}$$

将式(3-67)代入式(3-66)，得

$$-\frac{d[E_T]}{dt} = \left\{\frac{[I](k_{+0} + k_{+0}'\overline{K}[S])}{1 + \overline{K}[S]} + \frac{(k_{-0} + k_{-0}'\overline{K}'[S])}{1 + \overline{K}'[S]}\right\}[E_T] - \frac{[E_0](k_{-0} + k_{-0}'\overline{K}'[S])}{1 + \overline{K}'[S]} \tag{3-68}$$

如果酶与抑制剂的结合是不可逆的，则 k_{-0}、k_{-0}' 都等于 0，则式(3-68)可简化为

$$-\frac{d[E_T]}{dt} = \frac{[E_T][I](k_{+0} + k_{+0}'\overline{K}[S])}{1 + \overline{K}[S]} \tag{3-69}$$

式(3-68)也可简化为

$$-\frac{d[E_T]}{dt} = (A[I] + B)[E_T] - B[E_0] \tag{3-70}$$

式中，$A = \dfrac{k_{+0} + k_{+0}'\overline{K}[S]}{1 + \overline{K}[S]}$，$B = \dfrac{k_{-0} + k_{-0}'\overline{K}'[S]}{1 + \overline{K}'[S]}$。

从式(3-68)很容易看出，A 和 B 分别代表有底物存在时酶与抑制剂结合的正向和逆向表观速度常数，而且这表观速度常数为底物浓度的函数。根据竞争、非竞争和反竞争抑制的定义可以看出：

对竞争性抑制作用

因为 $k_{+0}' = 0$，　所以 $A = \dfrac{k_{+0}}{1 + \overline{K}[S]}$，　所以 $1/A = \dfrac{\overline{K}[S]}{k_{+0}} + \dfrac{1}{k_{+0}}$

对非竞争性抑制作用

因为 $k_{+0} = k_{+0}'$，　所以 $A = \dfrac{k_{+0}(1 + \overline{K}[S])}{1 + \overline{K}[S]} = k_{+0}$，　所以 $1/A = \dfrac{1}{k_{+0}}$

对反竞争性抑制作用

因为 $k_{+0}=0$，　所以 $A=\dfrac{k'_{+0}\overline{K}[\mathrm{S}]}{1+\overline{K}[\mathrm{S}]}$，　所以 $1/A=\dfrac{1+\overline{K}[\mathrm{S}]}{k'_{+0}\overline{K}[\mathrm{S}]}=\dfrac{1}{k'_{+0}\overline{K}}\cdot\dfrac{1}{[\mathrm{S}]}+\dfrac{1}{k'_{+0}}$

所以竞争性抑制作用，其 $1/A$ 对 $[\mathrm{S}]$ 作图为一直线，纵截距为 $1/k'_{+0}$。非竞争性抑制作用，其表观速度常数等于真实速度常数，而与底物浓度无关。反竞争性抑制作用，其 $1/A$ 对 $\dfrac{1}{[\mathrm{S}]}$ 作图是一直线，横截距为 $-\overline{K}$，纵截距为 $\dfrac{1}{k'_{+0}}$。

邹承鲁等又建立了通过一次实验测得表观速度常数的方法。他们假定在一定时间内，底物浓度相对它的初始浓度无明显变化，则式(3-68)可积分。实验中，如果在同一时间内无抑制剂存在时，底物的稳态反应速度无明显变化，可以认为[E]、[ES]、[EI]和[EIS]的相对速度也接近于恒值，则任意时间 t 的酶活力剩余分数即可由式(3-68)的积分求得，即

$$a=\frac{[\mathrm{E_T}]}{[\mathrm{E_0}]}=\frac{\mathrm{e}^{-(A[\mathrm{I}]+B)t}+\dfrac{B}{A[\mathrm{I}]}}{1+\dfrac{B}{A[\mathrm{I}]}} \tag{3-71}$$

当 $t=\infty$，则

$$a_{\infty}=\frac{B}{A[\mathrm{I}]+B}$$

这样所得的剩余活力分数，与可逆抑制作用所得到的结果相一致。

当 EIS 完全失活时，即 $k'_{\mathrm{p}}=0$ 时，则产物生成的速度可由式(3-71)和式(3-62)导出：

$$\frac{\mathrm{d}[\mathrm{P}]}{\mathrm{d}t}=\frac{k_{\mathrm{p}}[\mathrm{E_0}]\overline{K}[\mathrm{S}]}{(1+\overline{K}[\mathrm{S}])(A[\mathrm{I}]+B)}\{B+A[\mathrm{I}]\mathrm{e}^{-(A[\mathrm{I}]+B)t}\} \tag{3-72}$$

将式(3-72)积分，得到在 t 时刻已生成的产物浓度[P]：

$$[\mathrm{P}]=\int_0^t[v/(A[\mathrm{I}]+B)]\{B+A[\mathrm{I}]\mathrm{e}^{-(A[\mathrm{I}]+B)t}\}\mathrm{d}t$$

$$=[v/(A[\mathrm{I}]+B)]\left\{Bt-\frac{A[\mathrm{I}]}{A[\mathrm{I}]+B}\mathrm{e}^{-(A[\mathrm{I}]+B)t}-\left(-\frac{A[\mathrm{I}]}{A[\mathrm{I}]+B}\right)\right\}$$

$$=[v/(A[\mathrm{I}]+B)]\left\{Bt+\frac{A[\mathrm{I}]}{A[\mathrm{I}]+B}(1-\mathrm{e}^{-(A[\mathrm{I}]+B)t})\right\} \tag{3-73}$$

其中 v 为无抑制剂存在时，给定底物浓度条件下的反应速度。当抑制作用为不可逆时，k_{-0}、k'_{-0} 都等于 0，即 $B=0$，

$$所以[\mathrm{P}]=\frac{v}{A[\mathrm{I}]}(1-\mathrm{e}^{-A[\mathrm{I}]t}) \tag{3-74}$$

当 $t=\infty$ 时，产物生成浓度为

$$[\mathrm{P_{\infty}}]=\frac{v}{A[\mathrm{I}]} \tag{3-75}$$

式(3-75)说明，当 $t=\infty$ 时，$[\mathrm{P_{\infty}}]$ 趋近于恒值。

邹承鲁等已证实，在 TPCK 或苯甲基磺酰氟(PMSF)存在下，胰凝乳蛋白酶对苯甲酰酪氨酰乙酯底物的水解反应的确属于这种情况。

合并式(3-74)和式(3-75)，并整理得

$$\ln([\mathrm{P_{\infty}}]-[\mathrm{P}])=\ln[\mathrm{P_{\infty}}]-0.43A[\mathrm{I}]t \tag{3-76}$$

将 $\ln([P_\infty]-[P])$ 对 t 作图则得一直线。表观速率常数 A 即可从该直线斜率求得。邹承鲁等研究 TPCK 抑制苯甲酰酪氨酰乙酯（BTEE）水解，在不同底物浓度下，从直线斜率求得表观速率常数 A（图 3-44）。而且 $1/A$ 对 $[S]$ 作图得一直线（图 3-45），说明该抑制剂 TPCK 为胰凝乳蛋白酶的不可逆竞争性抑制剂。

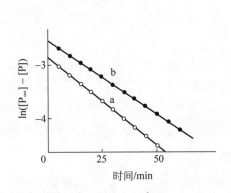

按式(3-76)作图：a. $150\mu mol \cdot L^{-1}$；b. $200\mu mol \cdot L^{-1}$

图 3-44 在两种不同底物浓度下，TPCK
抑制 BTEE 水解的数据

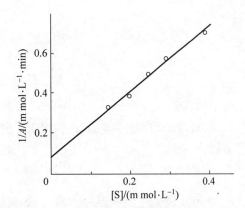

图 3-45 在 TPCK 对胰凝乳蛋白酶的抑制作用中，$1/A$ 对 $[S]$ 作图

3.2.3 高浓度底物对酶的抑制作用

在低浓度底物下，酶促反应服从米氏方程。而在高浓度底物时，速度下降，这是常见的现象。这种高浓度底物的抑制效应可能有多种原因。

1. 高浓度底物下无效复合物的生成

对酶的专一性研究指出，许多酶有几个结合基团，每个基团与底物分子中的一个特殊部位结合。在有效酶-底物复合物中，一个底物分子与酶上所有结合基团结合。而在一无效复合物中，酶的一些结合基团结合在一个底物分子上，而另一些结合基团则结合在另外的底物分子上。在高浓度底物下，底物分子群集于酶分子周围，因而增加了生成无效复合物的机会，使酶的活性部位结合着两个或更多个底物分子。

① 无效复合物生成的历程可表示如下：

$$E + S \underset{K_S}{\rightleftharpoons} ES \xrightarrow{k_p} E + P$$
$$+ $$
$$S$$
$$K_i^s \updownarrow$$
$$ES_2$$

用稳态法推出的动力学速度方程为

$$v = \frac{\dfrac{v_{max}[S]}{1+\dfrac{[S]}{K_i^s}}}{\dfrac{K_m}{\left(1+\dfrac{[S]}{K_i^s}\right)}+[S]} \tag{3-77}$$

式(3-77)中的 K_i^s 为 ES_2 的解离常数。从该式看出高[S]的效应既影响最大反应速度,也影响 K_{mapp}。[S]的作用类似反竞争性抑制剂的作用。

② 生成无效复合物也可按如下历程进行:

$$E + S \xrightarrow{\ K_S\ } ES \xrightarrow{\ k_p\ } E + P$$

$$+ \ S$$

$$\Big\Updownarrow K_i^s$$

$$ES'$$

这个历程是一些 S 分子以错误方向与 E 结合,生成无效复合物。这似乎是底物的错误方位与正确方位相互竞争与酶结合,所以 ES′ 很像竞争性抑制作用中的 EI。稳态动力学推导出的速度方程为

$$v = \frac{v_{max}[S]}{K_m\left(1 + \dfrac{[S]}{K_i^s}\right) + [S]}$$

该方程与竞争性抑制作用的速度方程相似。

③ 无效复合物还可按下列历程形成:

$$E + S \xrightleftharpoons{\ K_S\ } ES \xrightarrow{\ k_p\ } E + P$$

$$+ \ S$$

$$\Big\Updownarrow K_i^s$$

$$ES' + S \xrightleftharpoons{\ K_i^{s'}\ } ES_2'$$

用稳态法推导其速度方程,得

$$v = \frac{\dfrac{v_{max}[S]}{1 + \dfrac{[S]}{K_i^s}}}{K_m\dfrac{1 + [S]/K_i^s}{1 + [S]/K_i^{s'}} + [S]}$$

此方程类似于线性混合型抑制作用。

2. 高浓度底物对溶剂浓度的影响而产生的抑制作用

由于所有酶促反应都在水溶液中进行,极高[S]意味着降低了水的浓度,因而使反应速度降低。特别是以水作为底物之一的反应会产生这种效应。例如,高浓度蔗糖能抑制 β-D-果糖苷酶的活性,就是由于蔗糖降低了水的浓度而造成的。

3. 极高浓度底物降低酶促反应活化剂浓度,而使酶促反应受到抑制

例如,Mg^{2+} 是无机焦磷酸酶的激活剂,极高浓度的焦磷酸底物能与 Mg^{2+} 结合,使激活剂 Mg^{2+} 浓度降低,因而降低酶促反应速度。当 Mg^{2+} 浓度降为零时,酶促反应完全被抑制。不过在这个实例中,也可能酶的真正底物是 $(MgP_2O_7)^{2-}$ 复合离子,而不是焦磷酸,过量的焦磷酸会与复合离子竞争与酶结合而降低酶促反应速度。

4. 高浓度底物中含有的高浓度杂质,可能作为混合型或反竞争性抑制剂而起作用,抑制酶促反应速度,限于篇幅,该部分内容省略。

3.3 多底物酶促反应动力学

许多酶促反应都不止一种底物,例如,肌酸激酶催化底物肌酸和 ATP 生成产物磷酸肌酸和 ADP。含 2 个或 2 个以上底物的酶促反应称多底物酶促反应。本章介绍此类酶促反应的动力学内容。

3.3.1 一套命名法

这是 Cleland 1963 年建议的一套命名法,其要点如下:

① 按照底物与酶结合的次序,分别用 A、B、C 等字母表示底物。产物则按照它从酶产物复合物释放的次序分别用 P、Q、R 等表示。

② 在酶促反应过程中,酶所形成的中间物可分为稳态中间物和过渡态中间物。所谓稳态中间物,是指酶与底物以共价键结合而形成的中间物。它是比较稳定的,可以和另一底物起双分子反应。如许多水解酶的酶促反应过程中,酶分子中的 Ser-OH 与某底物共价结合形成的酰化酶中间物,就属于稳态中间物。此稳态中间物只能与另一底物——水起双分子反应,但不能进行单分子反应解离成产物或底物。过渡态中间物又可分为两类:一类是指酶与配体形成中间物时,酶活性中心没有全部被占据。这类中间物既可以单分子反应分解成产物或底物,也可参与和其他配体结合的双分子反应。这种形式的中间物称非中心过渡态中间物。另一类是指酶与配体形成中间物时,酶的活性中心已全部被配体所占据。这个中间物不再能参与和其他配体结合的双分子反应,而只能进行单分子反应解离成底物或产物。这样的中间物称中心过渡态中间物。现以苹果酸脱氢酶为例予以说明。

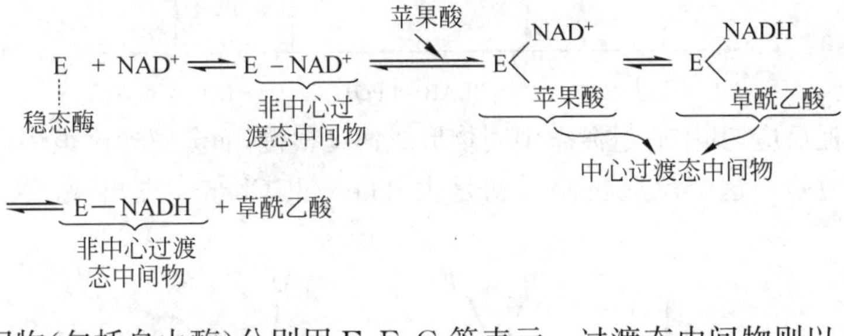

③ 稳态中间物(包括自由酶)分别用 E、F、G 等表示。过渡态中间物则以 EA、EB、EAB 等表示。如果是中心过渡态中间物则外加括号表示。由于稳态动力学不能区别中心过渡态中间物的数目,通常只假定存在一种中心过渡态中间物,以 $(EA \rightleftharpoons EP)$、$(EA \rightleftharpoons EPQ)$ 等表示其异构化作用。

④ 对一定方向的反应来说,动力学上有意义的底物和产物的数目以单、双、三、四等表示或以 Uni、Bi、Ter、Quad 等表示。如 Bi Bi 表示两种底物反应生成两种产物,Uni Bi 表示一种底物反应生成两种产物。按反应动力学机制,酶促反应可分为顺序反应(sequential reaction)和乒乓反应(ping pong reaction)两类。前者是指所有底物与酶的结合必须在任何产物释放之前。后者是指一部分底物与酶结合后即释放一部分产物,然后再结合另一部分底物,再释放另一部分产物。

顺序反应又分为两类,一类是指酶与各底物的结合是严格按顺序进行的,即先 A 后 B,而决不能先 B 后 A,此称为有序顺序反应(ordered sequential reaction)。另一类是指各底物与酶的结合顺序可以随意,即可以先 A 后 B,也可以先 B 后 A,此称为随机顺序反应(random sequential reaction)。

⑤ K_{mA}、K_{mB}、K_{mP}、K_{mQ} 等分别代表酶对 A、B、P、Q 等的米氏常数。K_{ia}、K_{ib}、K_{ip}、K_{iq} 等则表示一些抑制常数,即表示 A、B、P、Q 等与酶结合所形成的非中心过渡态中间物的解离常数。

3.3.2 表示方法和举例

3.3.2.1 有序顺序反应

两个底物和两个产物的有序顺序反应简写作有序 BiBi(ordered BiBi)。

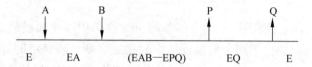

上式中水平线表示反应进行途径。正反应从左向右,逆反应从右向左。水平线上的箭头表示各底物与各酶形式的结合,或产物从各酶形式的释放。水平线下的字母表示酶促反应过程中可能存在的各种酶形式。

如 EAB 不转变成 EPQ,而是直接分解成产物,所导出的速度方程将不会有什么差别。另外中心过渡态中间物也可以有一系列,如 EAB、EXY、EPQ 等,导出的速度方程还是一样。但如果酶本身已发生异构化,如 3-78 式所示机制,则导出的速度方程不同。在那儿酶有 E 和 F 两种形式,E 只能与 A 结合,而 F 只能与 Q 结合。此反应称为异型有序 BiBi。

$$\begin{array}{ccccc} A & B & & P & Q \\ \downarrow & \downarrow & & \uparrow & \uparrow \\ \hline E & EA & (EAB{-}FPQ) & FQ & F \end{array} \tag{3-78}$$

还有一种酶促反应,其中心过渡态中间物形成速度很慢,而分解速度很快,其浓度在动力学上可以忽略式(3-79)。这个反应机制最初是由 Theorell Chance 提出,故称 Theorell Chance 反应。

$$\begin{array}{cccc} A & B\ \ P & & Q \\ \downarrow & \downarrow\ \nearrow & & \uparrow \\ \hline E & EA & EQ & E \end{array} \tag{3-79}$$

兹举一些实例如下:

$$\begin{array}{cccccc} NAD^+ & 苹果酸 & & 草酰乙酸 & NADH \\ \downarrow & \downarrow & & \uparrow & \uparrow \\ \hline E & E\text{-}NAD^+ & \left(E{<}^{NAD^+}_{苹果酸}{-}E{<}^{NADH}_{草酰乙酸}\right) & E\text{-}NADH & E \end{array}$$

E 为苹果酸脱氢酶

$$\begin{array}{cccccc} NAD^+ & 乙醇\ \ 乙醛 & & NADH \\ \downarrow & \downarrow\ \nearrow & & \uparrow \\ \hline E & E\text{-}NAD^+ & E\text{-}NADH & E \end{array}$$

E 为马肝醇脱氢酶

上面两例中,NAD$^+$ 和苹果酸或 NAD$^+$ 和乙醇与相应酶的结合,都是 NAD$^+$ 在先,然后再与苹果酸或乙醇结合,而产物释放也是先草酰乙酸或乙醛,然后再释放 NADH。无论底物结合或产物释放都有严格次序。

3.3.2.2 随机顺序反应

以 Random BiBi 为例,表示如下。

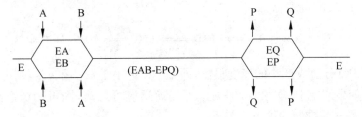

糖原磷酸化酶所催化的反应属于这一类型。

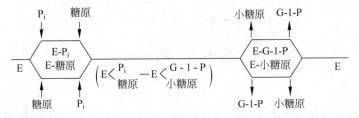

在此反应中,虽然产物 G-1-P 和小糖原的释放必须在底物 P_i 和糖原与酶结合之后,但底物 P_i 和糖原可以随机次序与酶结合,而产物 G-1-P 和小糖原也可以随机次序释放。

3.3.2.3 乒乓反应

两个底物和两个产物的乒乓反应可简写成 Ping Pong Bi Bi 或 Ping Pong Uni Uni Uni Uni,可表示如下。

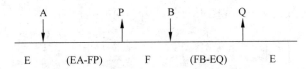

谷丙转氨酶所催化的反应属于这一类型。

这里 E 和 F 是两种稳态酶存在形式:一种是吡哆醛-酶;另一种是吡哆胺-酶。下例为乒乓 Bi Bi Uni Uni。

E 为生物素乙酰-CoA 羧化酶。

3.3.3 反应速度方程及动力学常数求解

3.3.3.1 有序顺序 **Bi Bi** 系统速度方程及动力学常数求解

1. 速度方程的推导

有序顺序 Bi Bi 反应可表示为

$$E + A \underset{k_{-1}}{\overset{k_1}{\rightleftharpoons}} EA \overset{B \ k_2}{\underset{k_{-2}}{\rightleftharpoons}} EAB \underset{k_{-3}}{\overset{k_3}{\rightleftharpoons}} EPQ \overset{k_4 \ P}{\underset{k_{-4}}{\rightleftharpoons}} EQ \overset{k_5 \ Q}{\underset{k_{-5}}{\rightleftharpoons}} E$$

如果 EAB-EPQ 分解成产物的速度很慢,即 k_4、k_5 远小于 k_{-1} 和 k_{-2},则可用快速平衡法推导出速度方程。如果假定 P、Q 很少,即 k_{-4}、k_{-5} 逆反应可忽略,则可用稳态法推导出速度方程。用 King Altman 法推导速度方程如下。

(1) 写出各种酶形式相互转变的反应式及 King Altman 图形。

由此反应式可知整个过程共有 E、EA、(EAB-EFQ)、EQ 等四种酶形式,其 King Altman 闭环图形应为

(2) 写出各种酶形式的 $n-1$ 线图形及各动力学项的乘积和。

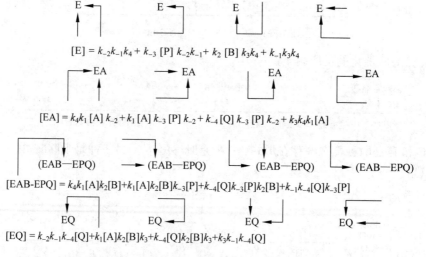

$[E] = k_{-2}k_{-1}k_4 + k_{-3}[P]k_{-2}k_{-1} + k_2[B]k_3k_4 + k_{-1}k_3k_4$

$[EA] = k_4k_1[A]k_{-2} + k_1[A]k_{-3}[P]k_{-2} + k_{-4}[Q]k_{-3}[P]k_{-2} + k_3k_4k_1[A]$

$[EAB-EPQ] = k_4k_1[A]k_2[B] + k_1[A]k_2[B]k_{-3}[P] + k_{-4}[Q]k_{-3}[P]k_2[B] + k_{-1}k_{-4}[Q]k_{-3}[P]$

$[EQ] = k_{-2}k_{-1}k_{-4}[Q] + k_1[A]k_2[B]k_3 + k_{-4}[Q]k_2[B]k_3 + k_3k_{-1}k_{-4}[Q]$

(3) 从上述各图形的乘积和推导动力学方程。

$[E_t] = [E] + [EA] + [(EAB-EFQ)] + [EQ] =$ 各项乘积和的总和。

$v = k_4[EQ] - k_{-4}[E][Q]$ 或 $k_1[E][A] - k_{-1}[EA]$ 等,即 $v =$ 任一步反应的正反应与逆反应之差。

所以 $v/[E_t]=\dfrac{k_4[\text{EQ}]-k_{-4}[\text{E}][\text{Q}]}{[\text{E}]+[\text{EA}]+[(\text{EAB}-\text{EPQ})]+[\text{EQ}]}$

$=\dfrac{k_4(k_{-1}k_{-2}k_{-4}[\text{Q}]+k_1k_2k_3[\text{A}][\text{B}]+k_2k_3k_{-4}[\text{B}][\text{Q}]+k_{-1}k_3k_{-4}[\text{Q}])}{\text{各项乘积和之总和}}-$

$\dfrac{k_{-4}[\text{Q}](k_{-1}k_{-2}k_4+k_{-1}k_{-2}k_{-3}[\text{P}]+k_2k_3k_4[\text{B}]+k_{-1}k_3k_4)}{\text{各项乘积和之总和}}$

所以
$$v=(k_1k_2k_3k_4[\text{A}][\text{B}]-k_{-1}k_{-2}k_{-3}k_{-4}[\text{P}][\text{Q}])[E_t]/\{k_{-1}k_4(k_{-2}+k_3)+k_1k_4(k_{-2}+k_3)[\text{A}]+$$
$$k_2k_3k_4[\text{B}]+k_{-1}k_{-2}k_{-3}[\text{P}]+k_{-1}k_{-4}(k_{-2}+k_3)[\text{Q}]+k_1k_2(k_3+k_4)[\text{A}][\text{B}]+$$
$$k_1k_{-2}k_{-3}[\text{A}][\text{P}]+k_{-3}k_{-4}(k_{-1}+k_{-2})[\text{P}][\text{Q}]+k_2k_3k_{-4}[\text{B}][\text{Q}]+$$
$$k_1k_2k_{-3}[\text{A}][\text{B}][\text{P}]+k_2k_{-3}k_{-4}[\text{B}][\text{P}][\text{Q}]\}$$

可简化为
$$v=(num_1[\text{A}][\text{B}]-num_2[\text{P}][\text{Q}])/(const+coef_\text{A}[\text{A}]+coef_\text{B}[\text{B}]+coef_\text{P}[\text{P}]+$$
$$coef_\text{Q}[\text{Q}]+coef_\text{AB}[\text{A}][\text{B}]+coef_\text{AP}[\text{A}][\text{P}]+coef_\text{PQ}[\text{P}][\text{Q}]+coef_\text{BQ}[\text{B}][\text{Q}]+$$
$$coef_\text{ABP}[\text{A}][\text{B}][\text{P}]+coef_\text{BPQ}[\text{B}][\text{P}][\text{Q}]) \tag{3-80}$$

令

$$v_\text{f}=\frac{num_1}{coef_\text{AB}}=\frac{k_3k_4}{k_3+k_4}[E_t]; \quad v_\text{r}=\frac{num_2}{coef_\text{PQ}}=\frac{k_{-1}k_{-2}}{k_{-1}+k_{-2}}[E_t]$$

$$K_\text{eq}=\frac{num_1}{num_2}=\frac{k_1k_2k_3k_4}{k_{-1}k_{-2}k_{-3}k_{-4}}; \quad K_\text{mA}=\frac{coef_\text{B}}{coef_\text{AB}}=\frac{k_3k_4}{k_1(k_3+k_4)}$$

$$K_\text{mB}=\frac{coef_\text{A}}{coef_\text{AB}}=\frac{k_4(k_{-2}+k_3)}{k_2(k_3+k_4)}; \quad K_\text{ia}=\frac{coef_\text{P}}{coef_\text{AP}}=\frac{k_{-1}}{k_1}=\frac{const}{coef_\text{A}}$$

$$K_\text{ib}=\frac{coef_\text{PQ}}{coef_\text{BPQ}}=\frac{k_{-1}+k_{-2}}{k_2}; \quad K_\text{mP}=\frac{coef_\text{Q}}{coef_\text{PQ}}=\frac{k_{-1}(k_{-2}+k_3)}{k_{-3}(k_{-1}+k_{-2})}$$

$$K_\text{mQ}=\frac{coef_\text{P}}{coef_\text{PQ}}=\frac{k_{-1}k_{-2}}{k_{-4}(k_{-1}+k_{-2})}; \quad K_\text{iP}=\frac{coef_\text{AB}}{coef_\text{ABP}}=\frac{k_3+k_4}{k_{-3}}$$

$$K_\text{iq}=\frac{coef_\text{B}}{coef_\text{BQ}}=\frac{const}{coef_\text{Q}}=\frac{k_4}{k_{-4}}$$

num_1 和 num_2 分别表示分子第一项和第二项的系数。K_eq 为平衡常数，$const$ 表示分母的常数项，$coef_\text{A}$、$coef_\text{B}$ 等分别表示[A]、[B]等各项的系数。v_f 和 v_r 分别表示正向和逆向反应的最大反应速度。

将式(3-80)的分子分母同乘以 $num_2/(coef_\text{AB}\cdot coef_\text{PQ})$，则分子中的[A][B]项，分母中的[A]、[B]、[A][B]和[A][B][P]等项都可直接以动力学常数表示。分子中的[P][Q]项和分母中的[P]、[Q]、[P][Q]和[B][P][Q]等项，在其分子分母中再各乘以 num_1 后，也可化成动力学常数或平衡常数。而分母中的[A][P]项必须在其分子分母中同乘以 num_1 和 $coef_\text{P}$ 后，才能化为动力学常数或平衡常数。分母中的[B][Q]项必须在其分子分母中同乘以 $coef_\text{B}$ 后，才能化为动力学常数。分母中的常数项必须在其分子分母中同乘以 $coef_\text{A}$，才能化为动力学常数。然后再根据

$$K_\text{eq}=\frac{num_1}{num_2}=\frac{v_\text{f}coef_\text{AB}}{v_\text{r}coef_\text{PQ}}=\frac{v_\text{f}\dfrac{const}{coef_\text{PQ}}}{v_\text{r}\dfrac{const}{coef_\text{AB}}}=\frac{v_\text{f}\dfrac{const}{coef_\text{Q}}\cdot\dfrac{coef_\text{Q}}{coef_\text{PQ}}}{v_\text{r}\dfrac{const}{coef_\text{A}}\cdot\dfrac{coef_\text{A}}{coef_\text{AB}}}=\frac{v_\text{f}K_\text{iq}\cdot K_\text{mP}}{v_\text{r}K_\text{ia}\cdot K_\text{mB}}$$

及

$$K_{eq} = \frac{v_f \cdot K_{ip} K_{mQ}}{v_r \cdot K_{ib} K_{mA}}$$

得

$$\frac{v_f}{K_{eq}} = \frac{v_r K_{ia} K_{mB}}{K_{iq} K_{mP}} = \frac{v_r K_{ib} K_{mA}}{K_{ip} K_{mQ}} \tag{3-81}$$

在式(3-80)化为动力学常数后,再以式(3-81)代入,则可消去 v_r 而得正反应速度方程(3-82)。

$$v = [(v_f[A][B] - v_f[P][Q])/K_{eq}]/(K_{ia} K_{mB} + K_{mA}[B] + K_{mB}[A]) +$$

$$\frac{K_{ib} K_{mA}[P]}{K_{ip}} + \frac{K_{ia} K_{mB}[Q]}{K_{iq}} + [A][B] + \frac{K_{ia} K_{mB}[P][Q]}{K_{iq} K_{mP}} + \frac{K_{mQ} K_{mB}[A][P]}{K_{iq} K_{mP}} +$$

$$\frac{K_{mA}[B][Q]}{K_{iq}} + \frac{[A][B][P]}{K_{ip}} + \frac{K_{mA}[B][P][Q]}{K_{ip} K_{mQ}}) \tag{3-82}$$

如果在初速度下,即假定产物[P]和[Q]浓度都接近于零,则式(3-82)可简化为

$$v = \frac{v_f[A][B]}{K_{mB}[A] + K_{mA}[B] + K_{ia} K_{mB} + [A][B]} \tag{3-83}$$

此即稳态下的初速度方程。

如果 k_3 比起其他速度常数来小得多,即 $K_{mA} = \dfrac{k_3 k_4}{k_1(k_3 + k_4)}$ 近乎零,则 EPQ 的分解是整个反应的限速反应,从而可得快速平衡法推导的速度方程。

$$v = \frac{v_f[A][B]}{K_{mB}[A] + K_{ia} K_{mB} + [A][B]} \tag{3-84}$$

2. 有序顺序 BiBi 反应各动力学常数的求解

(1) 在快速平衡条件下:

按式(3-84),如[B]为可变底物,[A]为固定底物时,$1/v$ 对 $\dfrac{1}{[B]}$ 的双倒数方程为

$$1/v = \frac{K_{mB}}{v_{max}} \left(1 + \frac{K_{ia}}{[A]}\right) \cdot \frac{1}{[B]} + \frac{1}{v_{max}} \tag{3-85}$$

而当[A]为可变底物,[B]为固定底物时,则 $1/v$ 对 $\dfrac{1}{[A]}$ 的双倒数方程为

$$1/v = \frac{K_{ia}}{v_{max}} \cdot \frac{K_{mB}}{[B]} \cdot \frac{1}{[A]} + \frac{1}{v_{max}} \left(1 + \frac{K_{mB}}{[B]}\right) \tag{3-86}$$

因此在快速平衡条件下,当[A]固定时,所作 $1/v$ 对 $\dfrac{1}{[B]}$ 的双倒数图如图 3-46 所示;而当[B]固定时,所作 $1/v$ 对 $\dfrac{1}{[A]}$ 的双倒数图如图 3-47 所示。

图 3-46 类似于竞争性抑制剂存在下的双倒数图形,但各直线斜率随[A]的增加而减少,即 A 的效应与竞争性抑制剂 I 的效应刚好相反。这正好说明此 BiBi 反应是有序的,E 必须先结合 A 成为 EA,A 诱导酶变构才能使酶更有效地与 B 结合,即[A]增加,酶与 B 的亲和力增加。

图 3-47 很像线性混合型抑制剂存在下的双倒数图。但 B 对 A 的效应正好与 I 的效应相反,随着[B]的增加,直线斜率下降;当[B]=∞时,斜率降为零;此时 $1/v$ 轴的截距 $= \dfrac{1}{v_{max}}$,表明反应速度与[A]无关。这也说明此反应机制为有序 Bi Bi 反应。当[B]增加时,把[EA]拉向[EAB],从而也增加 E 和 A 的亲和力。

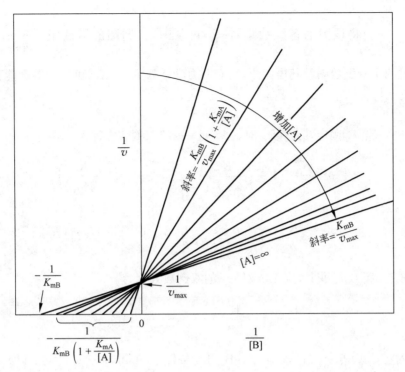

图 3-46 有序顺序 BiBi 反应在快速平衡条件下，[A]固定，[B]可变，所作 $1/v$ 对 $\dfrac{1}{[B]}$ 的双倒数图

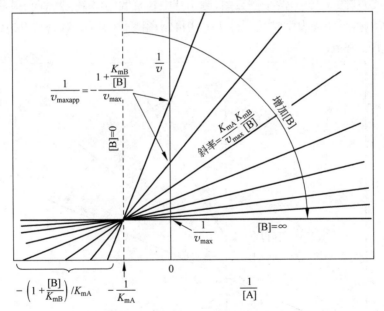

图 3-47 有序顺序 Bi Bi 反应在快速平衡条件下，当[B]固定，[A]可变，所作 $1/v$ 对 $\dfrac{1}{[A]}$ 双倒数图

从式(3-85)可知，图 3-46 各直线的斜率$_{1/B}=\dfrac{K_{mB}K_{ia}}{v_{max}}\cdot\dfrac{1}{[A]}+\dfrac{K_{mB}}{v_{max}}$。所以将该斜率$_{1/B}$对

$\dfrac{1}{[A]}$再制图，其纵截距$=\dfrac{K_{mB}}{v_{max}}$，而横截距$=-\dfrac{1}{K_{ia}}$。从式(3-86)可知，图 3-47 各直线的纵截距$=$

$\dfrac{K_{\mathrm{mB}}}{v_{\max}} \cdot \dfrac{1}{[\mathrm{B}]} + \dfrac{1}{v_{\max}}$。将该图的各纵截距对 $\dfrac{1}{[\mathrm{B}]}$ 再制图,再制图的纵截距 $= \dfrac{1}{v_{\max}}$,而横截距 $=$

$-\dfrac{1}{K_{\mathrm{mB}}}$。通过两个双倒数图及其再制图,所有动力学常数 K_{mB}、K_{ia} 和 $v_{\max}$ 等都能直接测得。

（2）在稳态条件下

按式（3-83），当[B]固定,[A]可变时,$1/v$ 对 $\dfrac{1}{[\mathrm{A}]}$ 的双倒数方程为

$$1/v = \frac{K_{\mathrm{mA}}}{v_{\max}}\left(1 + \frac{K_{\mathrm{ia}}K_{\mathrm{mB}}}{K_{\mathrm{mA}}[\mathrm{B}]}\right) \cdot \frac{1}{[\mathrm{A}]} + \frac{1}{v_{\max}}\left(1 + \frac{K_{\mathrm{mB}}}{[\mathrm{B}]}\right) \tag{3-87}$$

或

$$1/v = \frac{K_{\mathrm{mA}}}{v_{\max}}\left(1 + \frac{K_{\mathrm{ib}}}{[\mathrm{B}]}\right) \cdot \frac{1}{[\mathrm{A}]} + \frac{1}{v_{\max}}\left(1 + \frac{K_{\mathrm{mB}}}{[\mathrm{B}]}\right)$$

当[A]固定,而[B]可变时,则 $1/v$ 对 $\dfrac{1}{[\mathrm{B}]}$ 的双倒数方程为

$$1/v = \frac{K_{\mathrm{mB}}}{v_{\max}}\left(1 + \frac{K_{\mathrm{ia}}}{[\mathrm{A}]}\right) \cdot \frac{1}{[\mathrm{B}]} + \frac{1}{v_{\max}}\left(1 + \frac{K_{\mathrm{mA}}}{[\mathrm{A}]}\right) \tag{3-88}$$

因此,在[B]固定,[A]可变;或[A]固定,[B]可变条件下,可得,$1/v$ 对 $\dfrac{1}{[\mathrm{A}]}$ 或 $1/v$ 对 $\dfrac{1}{[\mathrm{B}]}$ 两个双倒数图。从这些双倒数图形,可预计此反应机制为有序顺序 BiBi 反应。

从图 3-48(a)和图 3-49(a)两个倒数图,测出其中各直线的斜率、纵截距、横截距以及各直线的交点,可直接测得一些动力学常数。再从一些再制图[图 3-48(b)和(c),3-49(b)和(c)]又可得到另一些动力学常数。

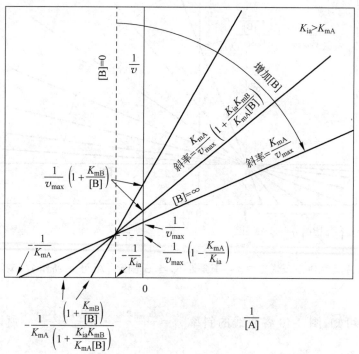

图 3-48(a)　有序顺序 BiBi 反应,在稳态条件下,[B]固定,[A]可变,$1/v$ 对 $\dfrac{1}{[\mathrm{A}]}$ 的双倒数图

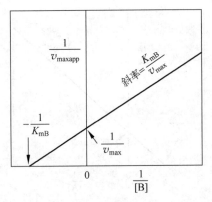 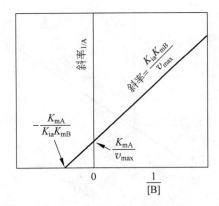

图 3-48(b) 图 3-48(a)的纵截距对 $\dfrac{1}{[B]}$ 的再制图　图 3-48(c) 图 3-48(a)的斜率对 $\dfrac{1}{[B]}$ 的再制图

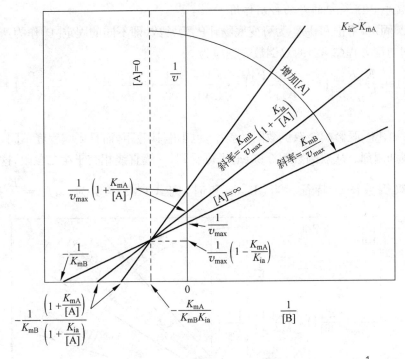

图 3-49(a) 有序顺序 BiBi 反应，在稳态条件下，[A]固定，[B]可变，$1/v$ 对 $\dfrac{1}{[B]}$ 双倒数图

从图 3-48(a)直线交点的 $\dfrac{1}{[A]}$ 轴坐标，可直接测得 $-\dfrac{1}{K_{ia}}$，而求得 K_{ia}。从图 3-48(b)可测得纵截距值 $\dfrac{1}{v_{max}}$，而求得 v_{max}。从图 3-48(b)可测得横截距 $-\dfrac{1}{K_{mB}}$，而求得 K_{mB}。从图 3-49(b)可测得横截距 $-\dfrac{1}{K_{mA}}$，而得到 K_{mA}。从图 3-49(c)亦可测得 $-\dfrac{1}{K_{ia}}$，而求得 K_{ia}。

有序顺序 BiBi 反应的实验数据，亦可用[A]/v 对[A]和[B]/v 对[B]，v/[A]对 v 和 v/[B]对 v，v 对[A]/v 和 v 对[B]/v 等线性作图法，以及它们的再制图，而求得各动力学常数。

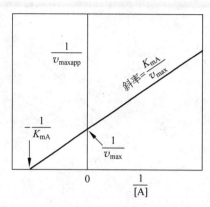 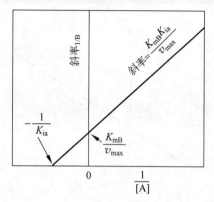

图 3-49(b)　图 3-49(a)的纵截距对 $\dfrac{1}{[A]}$ 的再制图　图 3-49(c)　图 3-49(a)的斜率对 $\dfrac{1}{[A]}$ 的再制图

3. 有序顺序 BiBi 反应的产物抑制作用

(1) 当[B]固定,不饱和,[A]为可变底物,[P]为常数(即不同的固定[P]作为产物抑制剂),[Q]＝0 时,则速度方程(3-82)的双倒数方程应为

$$
1/v = \frac{K_{mA}}{v_{max}}\left\{1 + \frac{K_{ia}K_{mB}}{K_{mA}[B]}\left(1 + \frac{K_{mQ}[P]}{K_{mP}K_{iq}}\right)\right\} \cdot \frac{1}{[A]} + \frac{1}{v_{max}}\left\{1 + \frac{K_{mB}}{[B]}\left(1 + \frac{K_{mQ}[P]}{K_{iq}K_{mp}}\right) + \frac{[P]}{K_{ip}}\right\}
$$

(3-89)

从式(3-89)可知,[P]既影响该双倒数图的斜率,也影响其截距,而且影响程度不同,所以 P 对 A 来说是混合型抑制剂。从双倒数图 3-50(a)也可看到,一簇直线相交于第二象限,这是线性混合型抑制作用双倒数图的特征。当[B]饱和时,则式(3-89)变为: $1/v = \dfrac{K_{mA}}{v_{max}} \cdot \dfrac{1}{[A]} +$

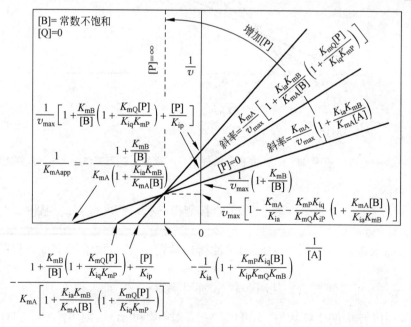

图 3-50(a)　有序顺序 BiBi 反应,在[A]可变,[B]固定且不饱和,[Q]＝0,[P]＝常数时,$1/v$ 对 $\dfrac{1}{[A]}$ 双倒数图

$\dfrac{1}{v_{\max}}\left(1+\dfrac{[P]}{K_{ip}}\right)$。这时[P]只影响双倒数图的纵截距,而不影响斜率,这时[P]对 A 而言为反竞争性抑制剂。其双倒数图 3-51(a)中一簇直线相互平行,也可说明 P 对 A 为反竞争性抑制剂。

各动力学常数可通过 $1/v$ 对 $\dfrac{1}{[A]}$ 双倒数图的斜率$_{1/A}$ 对[P]或纵截距对[P]的再制图以及从再制图的斜率$_{P/A}$、纵截距$_{P/A}$ 或横截距$_{P/A}$ 对[B]或 $\dfrac{1}{[B]}$ 二次作图而求得。

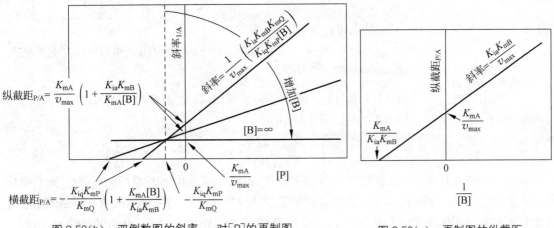

图 3-50(b)　双倒数图的斜率$_{1/A}$ 对[P]的再制图　　　　图 3-50(c)　再制图的纵截距$_{P/A}$ 对 $\dfrac{1}{[B]}$ 的二次作图

如图 3-51(a)的纵截距 $=\dfrac{1}{v_{\max}}\cdot\dfrac{[P]}{K_{ip}}+\dfrac{1}{v_{\max}}$。用测得的各纵截距值对[P]再制图,可得纵截距$_{P/A}=\dfrac{1}{v_{\max}}$,斜率$_{P/A}=\dfrac{1}{v_{\max}K_{ip}}$,横截距$_{P/A}=-K_{ip}$,从而求得 $v_{\max}$ 和 K_{ip}[图 3-51(b)]。

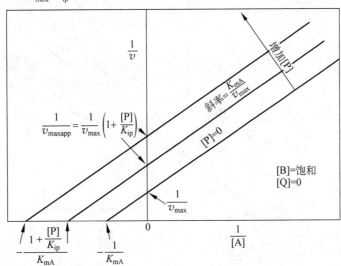

图 3-51(a)　有序顺序 BiBi 反应,在[A]可变,[B]饱和,[Q]=0,[P]=常数时,$1/v$ 对 $\dfrac{1}{[A]}$ 的双倒数图

又如图 3-50(a)的斜率$_{1/A}=\dfrac{K_{ia}K_{mB}K_{mQ}}{v_{max}K_{iq}K_{mP}[B]}\cdot[P]+$

$\dfrac{K_{mA}}{v_{max}}\left(1+\dfrac{K_{ia}K_{mB}}{K_{mA}[B]}\right)$,将测得的斜率$_{1/A}$值对[P]再制

图[图 3-50(b)],则再制图纵截距$_{P/A}=\dfrac{K_{ia}K_{mB}}{v_{max}}\cdot$

$\dfrac{1}{[B]}+\dfrac{K_{mA}}{v_{max}}$。将测得的纵截距$_{P/A}$对$\dfrac{1}{[B]}$二次作图

[图 3-50(c)],其纵截距$=\dfrac{K_{mA}}{v_{max}}$,从而求得 K_{mA};其斜

率$=\dfrac{K_{ia}K_{mB}}{v_{max}}$,从而求得 $K_{ia}K_{mB}$。其他以此类推。

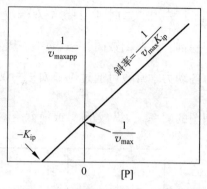

图 3-51(b)　双倒数图的纵截距对[P]的再制图

（2）当[B]固定，[A]可变，[P]=0，[Q]=常数(不同的固定[Q]作为产物抑制剂)时，则式(3-82)
的双倒数方程为式(3-90)，其双倒数图如图 3-52 所示。

$$1/v=\frac{K_{mA}}{v_{max}}\left(1+\frac{[Q]}{K_{iq}}\right)\left(1+\frac{K_{ia}K_{mB}}{K_{mA}[B]}\right)\cdot\frac{1}{[A]}+\frac{1}{v_{max}}\left(1+\frac{K_{mB}}{[B]}\right) \tag{3-90}$$

从式(3-90)和图 3-52 可知，不管[B]饱和还是不饱和，[Q]不影响该双倒数图的纵截距，而只影响
其斜率，所以在各种[B]条件下，Q 对 A 而言总是竞争性抑制剂，可通过双倒数图及其再制图而求得
各动力学常数。例如，将双倒数图斜率$_{1/A}$对[Q]再制图，其横截距$_{Q/A}=-K_{iq}$，从而可求得 K_{iq}。

（3）当[A]固定，[B]可变，[Q]=0，[P]=常数时，则式(3-82)的双倒数方程为式(3-91)，其
双倒数图如图 3-53(a)所示。

$$1/v=\frac{K_{mB}}{v_{max}}\left(1+\frac{K_{ia}}{[A]}\right)\left(1+\frac{K_{mQ}[P]}{K_{iq}K_{mP}}\right)\cdot\frac{1}{[B]}+\frac{1}{v_{max}}\left(1+\frac{K_{mA}}{[A]}+\frac{[P]}{K_{ip}}\right) \tag{3-91}$$

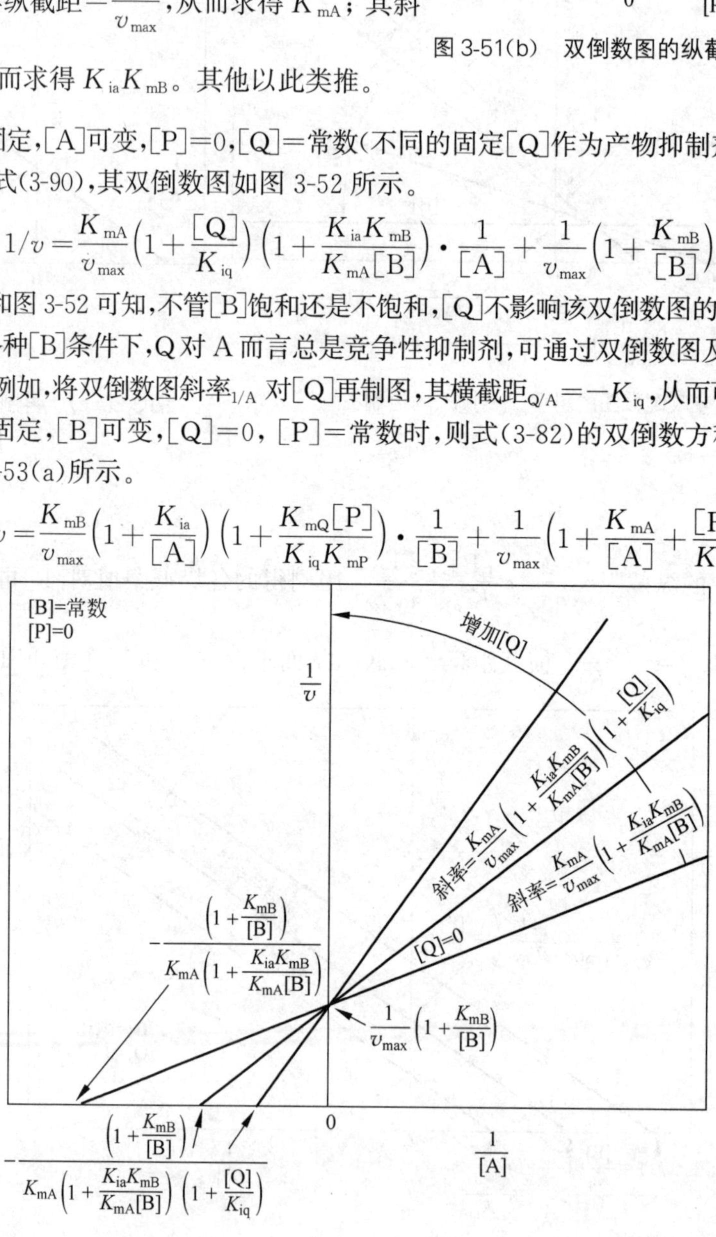

图 3-52　有序顺序 Bi Bi 反应，[B]固定，[A]可变，[P]=0，[Q]=常数时，$1/v$ 对$\dfrac{1}{[A]}$的双倒数图

从式(3-91)和图 3-53(a)可知,在各种[A]条件下,[P]既影响该双倒数图的斜率,又影响其纵截距,而且影响程度不同,故 P 对 B 来说是混合型抑制剂。

用各斜率$_{1/B}$ 对[P]或纵截距$_{1/B}$ 对[P]再制图[图 3-53(b)和(c)],然后用再制图的斜率$_{P/B}$ 或纵截距$_{P/B}$ 对$\frac{1}{[A]}$二次制图[如图 3-53(d)],可测得 K_{ip}、$-\dfrac{1}{K_{mA}}$ 和 $-\dfrac{1}{K_{ia}}$ 等,从而可计算出其他动力学常数。

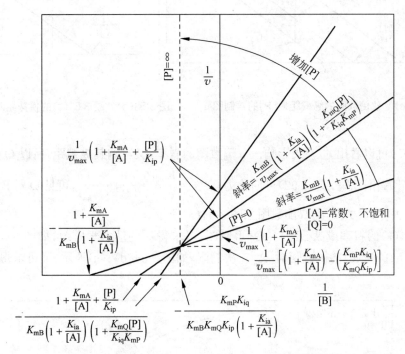

图 3-53(a)　有序顺序 BiBi 反应,在[B]可变,[A]固定,[Q]$=0$,[P]$=$常数时,$1/v$ 对$\dfrac{1}{[B]}$的双倒数图

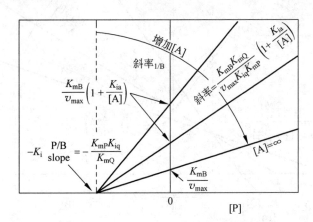

图 3-53(b)　双倒数图的斜率$_{1/B}$ 对[P]的再制图

(4) 当[A]固定,[B]可变,[P]$=0$,[Q]$=$常数时,式(3-82)的双倒数方程为

$$1/v = \frac{K_{mB}}{v_{max}}\left\{1+\frac{K_{ia}}{[A]}\left(1+\frac{[Q]}{K_{iq}}\right)\right\}\cdot\frac{1}{[B]}+\frac{1}{v_{max}}\left\{1+\frac{K_{mA}}{[A]}\left(1+\frac{[Q]}{K_{iq}}\right)\right\} \tag{3-92}$$

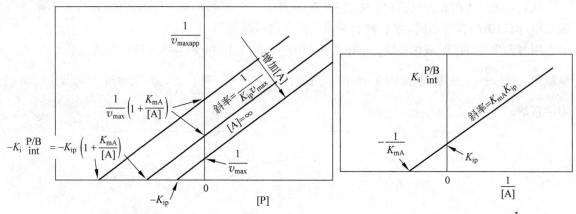

图 3-53(c)　双倒数图的纵截距对[P]的再制图　　图 3-53(d)　图 3-53(c)的横截距对 $\frac{1}{[A]}$ 的二次作图

从式(3-92)可以看出,[Q]既影响该双倒数图的斜率,又影响其纵截距,所以 Q 为 B 的混合型抑制剂。当[A]饱和时,式(3-92)可简化为: $1/v = \frac{K_{mB}}{v_{max}} \cdot \frac{1}{[B]} + \frac{1}{v_{max}}$,可见 Q 对 B 的抑制作用可为[A]所消去。式(3-92)的双倒数图如图 3-54(a)所示。

以图 3-54(a)的斜率或纵截距对[Q]再制图,可求得一些动力学常数,如图 3-54(b)、(c)所示;再从图 3-54(b)、(c)的横截距对[A]二次制图,如图 3-54(d)、(e)所示,又可求得一些动力学常数。

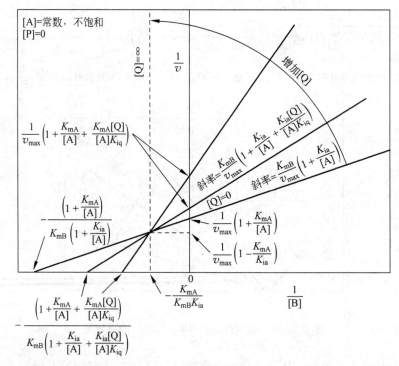

图 3-54(a)　有序顺序 BiBi 反应,在[B]可变,[A]固定,[P]=0,[Q]=常数时,1/v 对 $\frac{1}{[B]}$ 的双倒数图

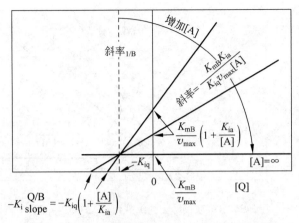

图 3-54(b)　双倒数图的斜率$_{1/B}$ 对[Q]的再制图

3.3.3.2　随机顺序反应的初速度方程及动力学常数求解

以随机顺序 Bi Bi 反应为例。

1. 快速平衡法推导速度方程

快速平衡条件下,随机顺序 Bi Bi 反应式如式(3-93)所示。

$$\begin{array}{c} E + B \underset{}{\overset{K_{ib}}{\rightleftharpoons}} EB \\ {\scriptstyle +} \qquad {\scriptstyle +} \\ {\scriptstyle A} \qquad {\scriptstyle A} \\ K_{ia} \big\| \qquad \big\| K_{mA} \\ EA + B \underset{K_{mB}}{\overset{}{\rightleftharpoons}} EAB \overset{K_p}{\longrightarrow} E + P + Q \end{array} \qquad (3\text{-}93)$$

$$v = k_p[EAB], \quad [E_t] = [E] + [EA] + [EB] + [EAB]$$

$$K_{ib} = \frac{[E][B]}{[EB]}, \quad 所以[EB] = \frac{[B]}{K_{ib}}[E]$$

$$K_{ia} = \frac{[E][A]}{[EA]}, \quad 所以[EA] = \frac{[A]}{K_{ia}}[E]$$

$$K_{mA} = \frac{[EB][A]}{[EAB]}, \quad 所以[EAB] = \frac{[A]}{K_{mA}} \cdot [EB] = \frac{[A]}{K_{mA}} \cdot \frac{[B]}{K_{ib}}[E]$$

$$K_{mB} = \frac{[EA][B]}{[EAB]}, \quad 所以[EAB] = \frac{[B]}{K_{mB}}[EA] = \frac{[B]}{K_{mB}} \cdot \frac{[A]}{K_{ia}} \cdot [E]$$

$$所以\ v/[E_t] = \frac{k_p[EAB]}{[E] + [EA] + [EB] + [EAB]} = \frac{k_p \dfrac{[A]}{K_{ia}} \cdot \dfrac{[B]}{K_{mB}}}{1 + \dfrac{[A]}{K_{ia}} + \dfrac{[B]}{K_{ib}} + \dfrac{[A]}{K_{ia}} \cdot \dfrac{[B]}{K_{mB}}}$$

$$= \frac{k_p[E_t][A][B]}{K_{ia}K_{mB} + K_{mB}[A] + \dfrac{K_{ia}K_{mB}[B]}{K_{ib}} + [A][B]}$$

$$所以\ v = \frac{v_{max}[A][B]}{K_{ia}K_{mB} + K_{mB}[A] + K_{mA}[B] + [A][B]}$$

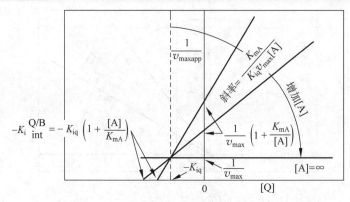

图 3-54(c)　双倒数图的纵截距对[Q]的再制图

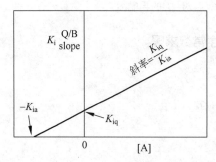 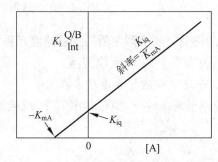

图 3-54(d)　图 3-54(b)的横截距对[A]的二次作图　图 3-54(e)　图 3-54(c)的横截距对[A]的二次作图

这个方程与用稳态动力学方法推导的有序顺序 BiBi 系统的速度方程形式相同。其双倒数方程为

$$1/v = \frac{K_{mB}}{v_{max}}\left(1 + \frac{K_{ia}}{[A]}\right)\frac{1}{[B]} + \frac{1}{v_{max}}\left(1 + \frac{K_{mA}}{[A]}\right) \tag{3-94}$$

或

$$1/v = \frac{K_{mA}}{v_{max}}\left(1 + \frac{K_{ib}}{[B]}\right) \cdot \frac{1}{[A]} + \frac{1}{v_{max}}\left(1 + \frac{K_{mB}}{[B]}\right) \tag{3-95}$$

式(3-94)和式(3-95)与式(3-88)和式(3-87)相同,因此各动力学常数求解的作图法同图 3-48(a)、(b)、(c)和图 3-49(a)、(b)、(c)。

如果 $K_{mA} < K_{ia}$,$K_{mB} < K_{ib}$,即一个底物与酶结合将增加另一个底物对酶的亲和力;当固定底物浓度增加时,酶对可变底物的表观 $K_m(K_{mapp})$ 将会减小。当可变底物为 B 时,一簇 $1/v$ 对 $\frac{1}{[B]}$ 的双倒数图直线交于第二象限,如图 3-49(a)。其交点坐标在 $\frac{1}{[B]}$ 轴上为 $-\frac{1}{K_{ib}}$ 或 $-\frac{K_{mA}}{K_{mB}K_{ia}}$,在 $1/v$ 轴上为 $\frac{1}{v_{max}}\left(1 - \frac{K_{mA}}{K_{ia}}\right)$ 或 $\frac{1}{v_{max}}\left(1 - \frac{K_{mB}}{K_{ib}}\right)$。当[A]为可变底物时,所作 $1/v$ 对 $\frac{1}{[A]}$ 双倒数图的一簇直线也交于第二象限。其交点在 $\frac{1}{[A]}$ 轴上的坐标为 $-\frac{1}{K_{ia}}$,而在 $1/v$ 轴上的坐标为 $\frac{1}{v_{max}}\left(1 - \frac{K_{mA}}{K_{ia}}\right)$,如图 3-48(a)所示。

在固定底物饱和时,所作双倒数图的直线交 $1/v$ 轴于 $\frac{1}{v_{max}}$,交可变底物轴于 $-\frac{1}{K_m}$。这是由于在饱和[A]下，所有与 B 结合的酶形式都是 EA 状态，反应 EA+B $\rightleftharpoons$ EAB 的 $K_{mapp}=K_{mB}$。当[A]减到 0 时，则大部分与 B 反应的酶形式为 E，即 E+B $\rightleftharpoons$ EB，这时双倒数图横截距 = $-\dfrac{1}{K_{ib}}$，即 $K_{mapp}=K_{ib}$。

如果 $K_{mA}=K_{ia}$，$K_{mB}=K_{ib}$，即一个底物与酶结合后，对酶与另一底物结合的亲和力无影响，这时所作一簇双倒数直线交于横轴上，交点坐标为 $-\dfrac{1}{K_{ib}}\left(\text{或} -\dfrac{1}{K_{ia}}\right)$。

如果 $K_{mA}>K_{ia}$，$K_{mB}>K_{ib}$，即一个底物与酶结合后，使酶对另一底物的亲和力降低，则所作一簇双倒数直线交于第三象限。交点坐标在 $\dfrac{1}{[A]}$ 轴或 $\dfrac{1}{[B]}$ 轴上仍为 $-\dfrac{1}{K_{ia}}$ 或 $-\dfrac{1}{K_{ib}}$，而在 $1/v$ 轴上的坐标则为 $-\dfrac{1}{v_{max}}\left(1-\dfrac{K_{mA}}{K_{ia}}\right)$ 或 $-\dfrac{1}{v_{max}}\left(1-\dfrac{K_{mB}}{K_{ib}}\right)$（图 3-55）。在这种情况下，酶对可变底物的 K_{mapp} 将随固定底物的浓度增加而增加。

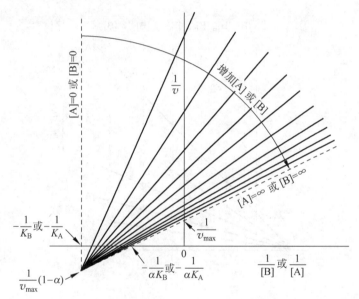

图 3-55　随机顺序 Bi Bi 反应系统，在 $K_{mA}>K_{ia}$，$K_{mB}>K_{ib}$ 情况下的双倒数图

对两个可变底物双倒数图的制作，往往不需要进行两个分开试验。一簇 $1/v$ 对 $\dfrac{1}{[A]}$ 的双倒数图直线可包含一簇 $1/v$ 对 $\dfrac{1}{[B]}$ 直线全部数据。下面以 $K_{mA}=K_{ia}$ 和 $K_{mB}=K_{ib}$ 时的双倒数图[图 3-56(a)、(b)]为例，予以说明。同样的实验设计，得出 30 个试验数据，即可做出 $1/v$ 对 $\dfrac{1}{[A]}$ 和 $1/v$ 对 $\dfrac{1}{[B]}$ 两个不同的图。

2. King Altman 法对速度方程的推导

其步骤如下：

(1) 写出各步反应过程及每步转变之间的速度常数。

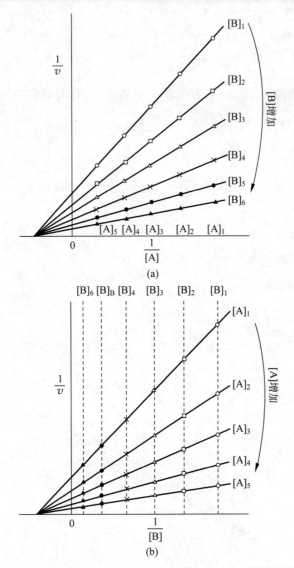

(a)

(b)

图 3-56　随机顺序 Bi Bi 系统，$K_{mA} = K_{ia}$，$K_{mB} = K_{ib}$，同样 30 个实验数据所作的两个双倒数图

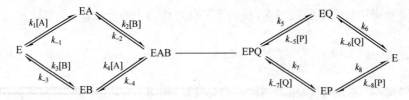

（2）写出初速度条件下所发生反应的 King Altman 封闭图形（图 3-57），并计算出该图的 $n-1$ 线图形数。

m（图形线数）＝8，n（图形角数）＝6，

则 $n-1$ 线图形数 $= \dfrac{m!}{(m-n+1)!\,(n-1)!} = \dfrac{8!}{(8-6+1)!\,(6-1)!} = \dfrac{8\times 7\times 6}{3\times 2\times 1} = 56$

（3）计算出图 3-57 中可能的闭环 $n-1$ 线图形数。

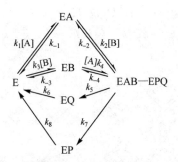

图 3-57 随机顺序 Bi Bi 系统的 King Altman 封闭图形

上图中的 $n-1$ 线图形包含着一些闭环图形，56 种图形中可包含下列 6 种形式的闭环图形。

EA — E — EAB—EPQ — EB

EA — E — EAB—EPQ — EQ

EA — E — EAB—EPQ — EP

EB — E — EAB—EPQ — EQ

EB — E — EAB—EPQ — EP

EQ — E — EAB—EPQ — EP

由于此 6 种图形都是四边形，令 $\gamma=4$。而包含每一种闭环图形的 $n-1$ 线图又有 4 种，现将包含第一种闭环图形的 4 种 $n-1$ 线图形表示如下，其他类推。

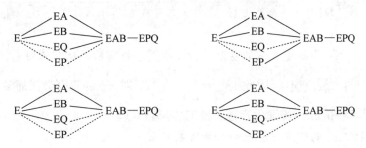

所以含闭环的 $n-1$ 线图形数应为 $6\times4=24$ 种。

每种闭环的 $n-1$ 线图形数亦可用下述通式计算。

$$\frac{(m-r)!}{(n-r-1)!(m-n+1)!} = \frac{(8-4)!}{(6-4-1)!(8-6+1)!} = \frac{4!}{3!} = 4$$

由于所用的图形，都必须代表一种酶形式转变为另一种酶形式的途径。而闭环图形从一种酶形式开始，最后仍回到原来的酶形式，因此这种闭环图形在计算 $n-1$ 线图形时，必须扣除。所以随机顺序 BiBi 系统只有 32 种 $n-1$ 线图形是有用的，表示如图 3-58 所示。

（4）按图 3-58 的 32 种图形写出各种酶形式的各项乘积和。

例如，$[E] = k_{-1}k_{-2}k_{-3}k_6k_8 + k_2[B]k_{-3}k_6K_7k_8 + k_{-1}k_{-3}k_6k_7k_8 + k_2[B]k_{-3}k_{-4}k_6k_8 + k_2[B]k_{-3}k_5k_6k_8 + k_{-1}k_{-3}k_{-4}k_6k_8 + k_{-1}k_{-3}k_5k_6k_8 + k_{-1}k_{-2}k_4[A]k_6k_8 + k_{-1}k_4[A]k_5k_6k_8 + k_{-1}k_4[A]k_6k_7k_8 + k_2[B]k_4[A]k_6k_7k_8$

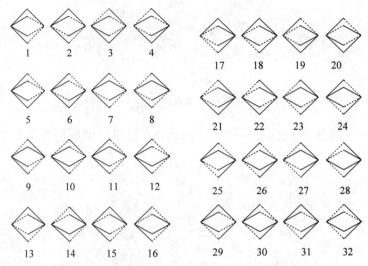

图 3-58　随机顺序 Bi Bi 系统的非闭环 $n-1$ 线图形

同样可写出$[EA]$、$[EB]$、$[EAB-EPQ]$、$[EQ]$、$[EP]$的乘积和。

（5）写出初速度方程：

$$v = k_6[EQ] + k_8[EP]$$

将各乘积和代入式(3-96)中，并以动力学方程表示，得式(3-97)。

$$v = \frac{(k_6[EQ] + k_8[EP])[E_t]}{[E] + [EA] + [EB] + [EAB-EPQ] + [EQ] + [EP]} \tag{3-96}$$

$$v = \frac{v_{max}(K_1[A][B] + K_2[A]^2[B] + [A][B]^2)}{K_3[A] + K_4[B] + K_5[A]^2 + K_6[B]^2 + K_7[A][B] + K_2[A]^2[B] + [A][B]^2 + K_8} \tag{3-97}$$

式(3-97)中的 $K_1 \sim K_8$ 为各速度常数复杂结合而得的各种常数。从此式可看出，这个初速度方程包括$[A]$和$[B]$的二级反应项，因此 $1/v$ 对 $\dfrac{1}{[A]}$ 或 $1/v$ 对 $\dfrac{1}{[B]}$ 的双倒数图通常不是线性的。

3.3.3.3　乒乓 Bi Bi 系统速度方程及动力学常数求解

1. 乒乓 Bi Bi 反应的速度方程及动力学常数求解

乒乓 Bi Bi 反应的过程可表示如下：

$$E + A \underset{k_{-1}}{\overset{k_1}{\rightleftharpoons}} (EA\text{-}FP) \underset{k_{-2}}{\overset{k_2}{\rightleftharpoons}}^P F \underset{k_{-3}}{\overset{B\ k_3}{\rightleftharpoons}} (FB\text{-}EQ) \underset{k_{-4}}{\overset{k_4}{\rightleftharpoons}}^Q E$$

其 King Altman 闭合图形如图 3-59 所示。

按图 3-59 可导出乒乓 Bi Bi 反应的完全速度方程如下。

$$v = \left[(v_{max}[A][B] - v_{max}[P][Q])/K_{eq} \right] \Big/ \left(K_{mA}[B] + K_{mB}[A] + \frac{K_{mQ}K_{mB}K_{ia}}{K_{iq}K_{mP}}[P] + \right.$$

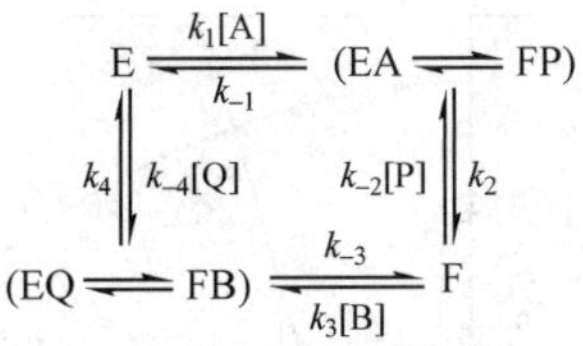

$$\text{E} \underset{k_{-1}}{\overset{k_1[\text{A}]}{\rightleftharpoons}} (\text{EA} \rightleftharpoons \text{FP})$$

图 3-59　乒乓 Bi Bi 反应的 King Altman 闭合图形

$$\left. \frac{K_{mB}K_{ia}}{K_{iq}}[\text{Q}] + \frac{K_{mQ}K_{mB}}{K_{iq}K_{mP}}[\text{A}][\text{P}] + \frac{K_{mB}K_{ia}}{K_{iq}K_{mP}}[\text{P}][\text{Q}] + \frac{K_{mA}}{K_{iq}}[\text{B}][\text{Q}] + [\text{A}][\text{B}] \right) \quad (3\text{-}98)$$

当[P]＝0，[Q]＝0 时，则初速度方程为

$$v = \frac{v_{max}[\text{A}][\text{B}]}{K_{mA}[\text{B}] + K_{mB}[\text{A}] + [\text{A}][\text{B}]}$$

从而可得[A]为可变底物或[B]为可变底物时的双倒数方程。

$$1/v = \frac{K_{mA}}{v_{max}} \cdot \frac{1}{[\text{A}]} + \frac{1}{v_{max}}\left(1 + \frac{K_{mB}}{[\text{B}]}\right) \quad (3\text{-}99)$$

或

$$1/v = \frac{K_{mB}}{v_{max}} \cdot \frac{1}{[\text{B}]} + \frac{1}{v_{max}}\left(1 + \frac{K_{mA}}{[\text{A}]}\right) \quad (3\text{-}100)$$

从式(3-99)或式(3-100)可以看出，这两个双倒数图都是一簇平行线。从双倒数图及其再制图可求得各动力学常数。

一个乒乓反应，在设计实验时，也可使[A]和[B]浓度同时变化，而保持一恒定比例。如[B]＝x[A]，则式(3-99)可化为

$$1/v = \frac{K_{mA}}{v_{max}} \cdot \frac{1}{[\text{A}]} + \frac{1}{v_{max}}\left(1 + \frac{K_{mB}}{x[\text{A}]}\right) = \frac{K_{mB}}{v_{max}}\left(1 + \frac{K_{mB}}{xK_{mA}}\right) \cdot \frac{1}{[\text{A}]} + \frac{1}{v_{max}}$$

在不同 x 值，将 $1/v$ 对 $\frac{1}{[\text{A}]}$ 作图，会得一簇直线，其斜率随 x 值的增加而减小。它们相交于纵轴上一点 $\left(\dfrac{1}{v_{max}}\right)$，从而求得 v_{max}[图 3-60(a)]。

用图 3-60(a)各直线的斜率$_{1/A}$ 对 $1/x$ 再制图，由于

$$斜率_{1/A} = \frac{K_{mB}}{v_{max}} \cdot \frac{1}{x} + \frac{K_{mA}}{v_{max}}$$

所以再制图的纵截距＝$\dfrac{K_{mA}}{v_{max}}$，横截距＝$-\dfrac{K_{mA}}{K_{mB}}$，从而可计算得到 K_{mA} 和 K_{mB}[图 3-60(b)]。

也可从图 3-60(a)得到 $-\dfrac{1}{K_{mAapp}}$（横截距），而计算出 K_{mAapp}，再用 K_{mAapp} 对 $\dfrac{1}{x}$ 再制图，求得 K_{mA} 和 K_{mB}[图 3-60(c)]。

2. 乒乓反应的产物抑制作用

可以从[A]为可变底物时，[Q]＝0 或[P]＝0 的双倒数方程而知 P 或 Q 对 A 的抑制类型。

例如，[A]可变，[B]固定，[Q]＝0 或[P]＝0 时的双倒数方程可从式(3-98)简化而得到。

$$1/v = \frac{K_{mA}}{v_{max}}\left(1 + \frac{K_{mB}K_{ia}[\text{P}]}{K_{mA}K_{ip}[\text{B}]}\right) \cdot \frac{1}{[\text{A}]} + \frac{1}{v_{max}}\left\{1 + \frac{K_{mB}}{[\text{B}]}\left(1 + \frac{[\text{P}]}{K_{ip}}\right)\right\} \quad (3\text{-}101)$$

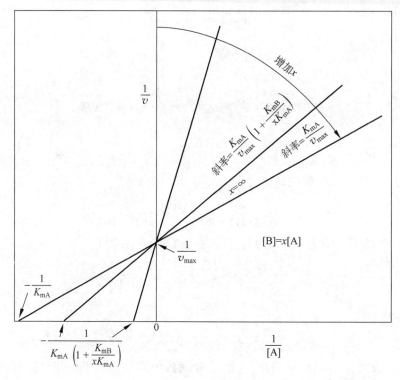

图 3-60(a)　乒乓 Bi Bi 反应,在[A]可变,[B]＝x[A]时,$1/v$ 对 $\dfrac{1}{[A]}$ 的双倒数图

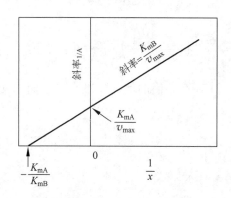

图 3-60(b)　双倒数图的斜率$_{1/A}$ 对 $\dfrac{1}{x}$ 的再制图

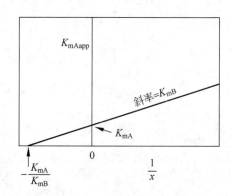

图 3-60(c)　K_{mAapp} 对 $\dfrac{1}{x}$ 的再制图

$$1/v = \frac{K_{mA}}{v_{max}}\left(1 + \frac{K_{ib}[Q]}{K_{iq}[B]} + \frac{[Q]}{K_{iq}}\right) \cdot \frac{1}{[A]} + \frac{1}{v_{max}}\left(1 + \frac{K_{mB}}{[B]}\right) \tag{3-102}$$

从式(3-101)可知,[P]既影响该双倒数图的斜率,又影响其纵截距,而且影响程度不同,所以 P 对 A 的抑制为混合型抑制作用。

从式(3-102)可以看到,截距项不包含[Q],而斜率则随[Q]的增加而增加,所以 Q 对 A 的抑制应为竞争性抑制作用。

同样,当[B]可变,[A]固定,[P]＝0 或[Q]＝0 时,式(3-98)可简化为下面两式。

$$1/v = \frac{K_{mB}}{v_{max}}\left\{1 + \frac{[P]}{K_{ip}}\left(1 + \frac{K_{ia}}{[A]}\right)\right\} \cdot \frac{1}{[B]} + \frac{1}{v_{max}}\left(1 + \frac{K_{mA}}{[A]}\right) \tag{3-103}$$

$$1/v = \frac{K_{mB}}{v_{max}}\left(1 + \frac{K_{ib}K_{mA}[Q]}{K_{iq}K_{mB}[A]}\right) \cdot \frac{1}{[B]} + \frac{1}{v_{max}}\left\{1 + \frac{K_{mA}}{[A]}\left(1 + \frac{[Q]}{K_{iq}}\right)\right\} \tag{3-104}$$

从式(3-103)和式(3-104)可知,P 对 B 为竞争性抑制作用,而 Q 对 B 为混合型抑制作用。

3.3.4 反应机制的鉴定及动力学常数求解总结

研究酶动力学的主要目的,在于确定酶促反应的动力学机制。

如果某酶促反应为有序顺序 Bi Bi 反应,或三元复合物的互变成为随机顺序 Bi Bi 反应的限速反应时,它们的初速度方程都将具有如下的形式

$$v = \frac{v_{max}[A][B]}{K_{mB}[A] + K_{mA}[B] + K_{ia}K_{mB} + [A][B]}$$

其双倒数方程为

$$1/v = \frac{K_{mA}}{v_{max}}\left(1 + \frac{K_{ib}}{[B]}\right) \cdot \frac{1}{[A]} + \frac{1}{v_{max}}\left(1 + \frac{K_{mB}}{[B]}\right)$$

$$1/v = \frac{K_{mB}}{v_{max}}\left(1 + \frac{K_{ia}}{[A]}\right) \cdot \frac{1}{[B]} + \frac{1}{v_{max}}\left(1 + \frac{K_{mA}}{[A]}\right)$$

如果实验所得数据符合这两个线性方程,则说明这个 Bi Bi 反应可能是有序顺序反应或快速平衡的随机反应。

如果一个双底物双产物酶促反应是乒乓反应,则其实验数据应符合下面的初速度方程及双倒数方程。

$$v = \frac{v_{max}[A][B]}{K_{mB}[A] + K_{mA}[B] + [A][B]}$$

$$1/v = \frac{K_{mA}}{v_{max}} \cdot \frac{1}{[A]} + \frac{1}{v_{max}}\left(1 + \frac{K_{mB}}{[B]}\right)$$

$$1/v = \frac{K_{mB}}{v_{max}} \cdot \frac{1}{[B]} + \frac{1}{v_{max}}\left(1 + \frac{K_{mA}}{[A]}\right)$$

如果一个双底物双产物酶促反应的实验数据不符合上面任何一个双倒数直线方程,则该反应可能具有稳态随机顺序反应的动力学机制。

怎样为上述双倒数方程选配实验数据呢?可固定一种底物[B],用简便方法,如分光光度法,放射分析法或其他化学分析法,测定不同[A]下的初速度,将 $1/v$ 对 $\frac{1}{[A]}$ 作图;或固定[A],测不同[B]下的 v,将 $1/v$ 对 $\frac{1}{[B]}$ 作图。如做出的双倒数图都是直线,可推测该 Bi Bi 反应为有序顺序反应或快速平衡的随机反应或乒乓反应。

如进一步在另一固定[B]下,再测不同[A]的 v,作双倒数图可得第二条直线。以此可得第三条、第四条直线,最后形成一簇直线。如果一簇直线交于 $1/v$ 轴左边,交点纵坐标为 $\frac{1}{v_{max}}\left(1 - \frac{K_{mA}}{K_{ia}}\right)$。则当 $K_{ia} > K_{mA}$ 时,交于第二象限;当 $K_{mA} = K_{ia}$ 时,交于横轴上;当 $K_{ia} < K_{mA}$ 时交于第三象限;此酶促反应为有序顺序或快速平衡的随机顺序 Bi Bi 反应。如果一簇直

线相互平行,则该反应为乒乓反应。

以上几个双倒数图的明显区别,在于乒乓机制无斜率效应,只有截距效应;有序顺序反应和快速平衡的随机反应机制既有截距效应,又有斜率效应。下面就这两个效应产生的条件进一步进行讨论。

(1) 截距效应。$1/v$ 轴截距代表可变底物浓度无限高时反应初速的倒数。在可变底物浓度无限高时,与可变底物结合的酶形式将趋近于零。这时如果一个化合物仍能影响酶促反应速度,那它必然是与另一种酶形式结合,才能影响 v,从而影响 $1/v$ 轴的截距。例如,在有序顺序反应中,A 与 E 结合,B 则与 EA 结合,B 所结合的酶形式与 A 不同,所以[B]能影响 $1/v$ 对 $\frac{1}{[A]}$ 双倒数图的纵截距。在乒乓机制中,A 与 E 结合,B 与 F 结合,E 和 F 是不同酶形式,所以[B]能影响 $1/v$ 对 $\frac{1}{[A]}$ 双倒数图的纵截距。在快速平衡随机反应系统中,虽然 A,B 都能与 E 结合,但 B 又能与 EA 结合,而 A 则不能与 EA 结合,所以 A 和 B 也可说结合了不同酶形式。这样[B]可影响 $1/v$ 对 $\frac{1}{[A]}$ 双倒数图的纵截距,[A]也可影响 $1/v$ 对 $\frac{1}{[B]}$ 双倒数图的纵截距。但如果[B]饱和,则所有 EA 都与 B 结合成 EAB,迫使反应 E+A $\Longrightarrow$ EA 的平衡向右移动。这样反应速度对[A]的依赖关系就会被消除,即 $1/v$ 对 $\frac{1}{[B]}$ 双倒数图纵截距将不受[A]的影响,即在所有[A]下,所作的一簇双倒数直线交于 $1/v$ 轴上一点。因此截距效应产生的条件应更完全地描述为:一个化合物和可变底物结合不同的酶形式,并且当可变底物饱和时,仍不能克服它对可变底物反应的影响,那么这个化合物将影响 $1/v$ 对 $\frac{1}{[可变底物]}$ 双倒数图的纵截距。

(2) 斜率效应。在双倒数方程中,斜率$=\dfrac{K_m}{v_{max}}$。在米氏方程中,当[S]$\ll K_m$ 时,$v=\dfrac{v_{max}[S]}{K_m}=k[S]$。故斜率$=\dfrac{K_m}{v_{max}}=\dfrac{1}{k}$,即一级速度常数的倒数。

如果一个可变底物 S 与酶形式 E′结合生成 E′S,在任何固定[E_t]下,其 k 的大小决定于 E′和 E′S 的相对水平。任何因素降低 E′或增加 E′S 的稳态水平,即降低[E′]/[E′S]的比例,将会降低表现一级速度常数 k,也就会增加 $1/v$ 对 $\frac{1}{[S]}$ 双倒数直线的斜率。相反,任何因素增加[E′]/[E′S],则会使 $1/v$ 对 $\frac{1}{[S]}$ 双倒数直线的斜率降低。因此一个产物,如果能与 E′结合(降低 E′水平),将会使 $1/v$ 对 $\frac{1}{[S]}$ 双倒数直线斜率增加。一个有序顺序 Bi Bi 反应,A 与 E 结合,B 与 EA 结合。若 B 为固定底物,[B]增加,则[EA]的降低会比[E]快,即[E]/[EA]增加。所以当[B]增加时,$1/v$ 对 $\frac{1}{[A]}$ 双倒数图直线的斜率会降低。当 A 为固定底物时,增加[A],则[EA]增加比[EAB]快,即增加[A]会增加[E]/[EAB],因而使 $1/v$ 对 $\frac{1}{[B]}$ 双倒数直线的斜率降低。以上说明斜率效应之所以产生,是由于一个化合物与可变底物结合于同一种酶形式,或虽结合于不同酶形式,但在两个结合点之间是可逆相连的,那么这种化合物的增加或减少就会影响 $1/v$

对$\dfrac{1}{[可变底物]}$双倒数直线斜率的减少或增加。

如果所考虑的两个结合点,被加入另一饱和浓度的底物分开,或被一产物释放步骤分开,且产物浓度很低时,则两个结合点之间反应变得不可逆。例如,一个有序顺序 Ter Ter 系统,A 和 C 两个结合点之间是经加 B 和解离 B 而可逆地连接起来的。在固定不饱和[B]下,A 和 C 结合于不同酶形式,所以在不同固定[C]下作的 $1/v$ 对 $\dfrac{1}{[A]}$ 的双倒数直线纵截距不同。又因 C 和 A 可逆相连,增加[C],则

[EAB]的减少会比[EA]快,[EA]的减少又会比[E]快,即[E]/[EA]和[EA]/[EAB]都会随[C]的增加而增加,所以 $1/v$ 对 $\dfrac{1}{[A]}$ 双倒数直线的斜率将会随[C]的增加而降低。但当[B]饱和时,A 和 C 所结合的两种酶形式之间的可逆相连被切断(假定[P]、[Q]、[R]没有高到可使 A 与 C 可逆相连),这时[C]增加与否对[E]/[EA]和[EA]/[EAB]无影响,即不影响 $1/v$ 对 $\dfrac{1}{[A]}$ 双倒数直线的斜率。这时在不同[C]下所得的一簇 $1/v$ 对 $\dfrac{1}{[A]}$ 双倒数直线是一簇平行线。又如在乒乓 Bi Bi 反应中,A、B 两个底物与酶结合的两个结合点之间,有 P 释放,如果 P 浓度不显著,则 A、B 与酶结合的两个结合点之间不是可逆相连的。若[A]为可变底物,不同的固定[B]对[E]/[EA]值无影响,所以[B]不影响 $1/v$ 对 $\dfrac{1}{[A]}$ 双倒数直线的斜率。

3.3.5 抑制作用研究对多底物酶促反应动力学机制的判断

3.3.5.1 通过抑制剂作用判断多底物酶促反应动力学机制

抑制作用研究是判断酶促反应机制的特有的有效途径。对多底物酶促反应,在进行动力学试验时,其他底物浓度在实验中都保持恒定,而只让一种底物浓度在几个不同的固定[I]中变化着。

如果 $1/v$ 对 $\dfrac{1}{[可变底物]}$ 在不同的固定[I]中作图,所得一簇直线只有其斜率随[I]而变,那么这个 I 对可变底物的抑制作用是竞争性的。因为竞争性抑制剂与可变底物结合同一种酶形式,它的存在能使与可变底物结合的酶形式的有效浓度减少,因而看到斜率效应。例如,当 A 为可变底物时,A 与 E 结合,当有能与 E 结合的竞争性抑制剂 I 存在时,则使 E 的有效浓度减少,并且[E]/[EA]变小,所以 $1/v$ 对 $\dfrac{1}{[A]}$ 的双倒数直线斜率会随[I]的增加而增加(图3-61)。所以对可变底物来说,竞争性抑制剂的一个表现特征是影响其双倒数图的斜率。另外,由于竞争性抑制剂与可变底物结合同一种酶形式,所以在极高的底物浓度时,其抑制效应消失。这是它的又一特征。

如果所得 $1/v$ 对 $\dfrac{1}{[A]}$ 的双倒数直线只有截距随不同的固定[I]而变化,则该 I 对可变底物 A

来说是反竞争性的。在此情况下，I 与 A 结合于不同酶形式。对 A 来说，这种 I 的效应是减少能分解成产物的酶形式的总量。极高的可变底物浓度亦不能消除这种抑制效应，这是反竞争性抑制作用的特征。反竞争性抑制作用的另一特征是只有截距效应而无斜率效应，其双倒数图为一簇平行线（图 3-62）。

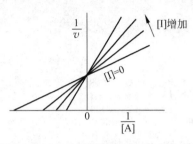

图 3-61　竞争性抑制剂对可变底物 A 的双倒数图的影响

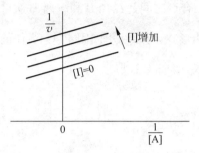

图 3-62　反竞争性抑制剂对可变底物 A 的双倒数图的影响

当 A 为可变底物，在不同的固定 [I] 下进行实验，如随 [I] 的变化，所作 $1/v$ 对 $\dfrac{1}{[A]}$ 的一簇双倒数直线的斜率和截距都变化，则这种抑制剂对可变底物 A 来说是非竞争性或线性混合型抑制剂。如 I 比起 A 来可与更多的酶形式结合，而且在反应序列中，如果 I 的结合点在可变底物之前，这两个结合点之间又无不可逆步骤，则截距和斜率效应都可看到。截距效应之所以产生，是由于 I 和 A 结合不同的酶形式，极大的可变底物不能消除抑

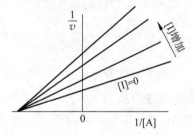

图 3-63　非竞争性抑制剂对可变底物 A 的双倒数图的影响

制。斜率效应之所以产生，是由于抑制剂在可变底物之前与酶结合，而且两结合点之间是可逆相连的，所以 I 与酶的结合必然使与 A 结合的酶形式减少，即使速度常数 k 减少，也能使 $1/v$ 对 $\dfrac{1}{[A]}$ 双倒数直线的斜率增加。如果 [I] 对双倒数直线的斜率和截距影响程度相同，则该 I 为非竞争性抑制剂（图 3-63）。如果对斜率和截距影响响度不同，则该 I 为混合型抑制剂（图 3-64）。

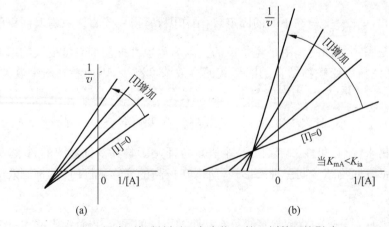

(a)　　　　　　　　　　(b)

图 3-64　混合型抑制剂对可变底物 A 的双倒数图的影响

3.3.5.2 通过产物抑制作用判断酶促反应动力学机制

通过产物抑制作用研究来判断酶促反应动力学机制在前面已作过详细介绍。此处对各种产物抑制作用进行归纳，以 Bi Bi 反应为例。为了解 Bi Bi 反应的动力学机制，可进行以下4种产物抑制实验。

（1）[A]可变底物，[B]固定底物，[P]=0，[Q]=常数。

（2）[A]可变底物，[B]固定底物，[P]=常数，[Q]=0。

（3）[B]可变底物，[A]固定底物，[P]=0，[Q]=常数。

（4）[B]可变底物，[A]固定底物，[P]=常数，[Q]=0。

如果 Bi Bi 反应确实是有序顺序反应，且根据第一套实验数据，在不同[Q]下所作的 $1/v$ 对 $\frac{1}{[A]}$ 双倒数图是相交于纵轴上的一簇直线，即 Q 对 A 只有斜率效应而无截距效应，Q 对 A 的抑制为竞争性抑制作用。那么这竞争性的产物抑制图形就为底物结合和产物释放提供了线索。因为抑制剂与可变底物结合于同一种酶形式才能看到竞争性抑制作用，所以这个可变底物必为第一个底物，而该抑制剂必为最后一个释放的产物，因为只有第一个底物和最后一个产物才能与同一种酶形式（自由酶 E）结合。又由于 Bi Bi 反应只有两种底物和两种产物，这样整个次序即可决定。

在有序顺序 Bi Bi 反应中，其他三套实验数据所作的图形都可看到斜率和截距两种效应。其所以有截距效应，是由于 A 和 P，B 和 P，B 和 Q 都与不同酶形式结合。其所以产生斜率效应，是由于产物与酶结合在整个反应序列中都在底物与酶结合之后，并且两个结合点之间无不可逆步骤。在此情况下，P 或 Q 的加入都会导致酶与可变底物复合物浓度的增加。例如，当[B]固定，而[A]可变时，增加[P]或[Q]，则[EA]增加，所以[E]/[EA]就减少。而当[B]可变，[A]固定时，增加[P]或[Q]，则[EAB]增加，[EA]/[EAB]就减少。所以这些产物抑制会使 $1/v$ 对 $\frac{1}{[A]}$ 或 $1/v$ 对 $\frac{1}{[B]}$ 双倒数图直线的斜率增加。既然 P 对 A，P 对 B 和 Q 对 B 都既有斜率效应又有截距效应，所以 P 对 A，P 对 B 和 Q 对 B 都是非竞争性或混合型抑制作用。

如果一个 Bi Bi 反应是随机顺序反应，则 $1/v$ 对 $\frac{1}{[A]}$ 或 $1/v$ 对 $\frac{1}{[B]}$ 双倒数图都是非线性的。而且在大多数情况下，产物抑制作用常常是非竞争性的或混合型的。因为在该机制中，任何产物都可代替底物与酶结合，并且还能与底物不结合的酶形式结合。如 P 能与 E 结合，又能与 EQ 结合；Q 能与 E 结合，又能与 EP 结合。由于前者所以显示斜率效应，由于后者所以显示截距效应。所以其4种抑制作用实验都显示非竞争性或混合型抑制作用。但在快速平衡的随机反应中，$1/v$ 对 $\frac{1}{[A]}$ 或 $1/v$ 对 $\frac{1}{[B]}$，在不同的产物浓度下，做出的图都是线性的，产物抑制作用通常表现为竞争性的。因为任何产物可代替底物与酶结合，也可与底物一起与酶结合。但必须注意，在稳态情况下是不发生的。并且在平衡条件下，如果任何底物是饱和的，产物抑制作用可以被消除。这是由于在快速平衡反应系统中，各组分的酶形式可认为像一个单一酶形式起作用（这确切的假说为所有反应组分结合于酶催化部位上一个共同的区域）。因而抑制剂结合于可变底物不结合的酶形式所产生的截距效应观察不到。在这一点上，也可说产物是作为快速平衡反应的一个端点抑制剂，它只能从所结合的酶形式解离，不会有其他遭遇。

如果经初速度研究，一个 Bi Bi 反应是按乒乓机制进行，那么经同样的 4 种产物抑制实验就可看到：当 A 为可变底物时，Q 显竞争性产物抑制作用；而 B 为可变底物时，P 显竞争性产物抑制作用。因为 A 与 Q 结合于同一种酶形式 E，而 B 与 P 结合于同一种酶形式 F。而 P 对 A，Q 对 B 则显非竞争性抑制或混合型抑制作用。因为 A 与 E 结合，P 和 F 结合，二者结合不同酶形式，所以 P 对 A 有截距效应。再看 E 和 F，在有 A，P 存在下，可逆相连，所以加入 P，则[FP]增加，[EA]亦增加，[E]/[EA]将减少，也就是与 A 结合的酶形式 E 相对来说减少了，所以产生斜率效应。Q 对 B 所产生的截距效应和斜率效应理由与此相同。

下面列出各种 Bi Bi 反应的产物抑制作用（表 3-4）。

表 3-4　各种 Bi Bi 反应的产物抑制作用

动力学机制	可变底物	固定底物	产物	抑制作用类型
有序顺序反应	A	B(不饱和) B(饱和)	Q	竞争性
	A	B(不饱和) B(饱和)	P	非竞争性或混合型 反竞争性
	B	A(不饱和) A(饱和)	Q	非竞争性或混合型 不抑制
	B	A(不饱和) A(饱和)	P	非竞争性或混合型
快速平衡随机 顺序反应	A	B(不饱和) B(饱和)	Q	竞争性 不抑制
	A	B(不饱和) B(饱和)	P	竞争性 不抑制
	B	A(不饱和) A(饱和)	Q	竞争性 不抑制
	B	A(不饱和) A(饱和)	P	竞争性 不抑制
随机顺序反应	A	B(不饱和) B(饱和)	Q	非竞争性或混合型
	A	B(不饱和) B(饱和)	P	非竞争性或混合型
	B	A(不饱和) A(饱和)	Q	非竞争性或混合型
	B	A(不饱和) A(饱和)	P	非竞争性或混合型
乒乓反应	A	B(不饱和) B(饱和)	Q	竞争性
	A	B(不饱和) B(饱和)	P	非竞争性或混合型 不抑制
	B	A(不饱和) A(饱和)	Q	非竞争性或混合型 不抑制
	B	A(不饱和) A(饱和)	P	竞争性

3.3.5.3 底物抑制作用及其对动力学机制的判断

在多底物酶促反应中,当其他底物浓度固定,而只有一种底物 A 为可变底物时,其速度方程通常用米氏方程表示,其 $v\sim[A]$ 曲线为正常米氏曲线。但在某些情况,当 v 增加到某点以后,继续增加[A],v 反而下降。这种高浓度底物使反应速度下降的现象,称为底物抑制作用。

1. 引起底物抑制作用的原因

(1) 底物与一种酶形式结合成端点复合物,不能分解成产物,就会造成高底物浓度下的线性抑制作用。在无限高浓度底物时,$v=0$。

(2) 如果某高浓度底物能改变各种底物与酶结合次序,则可引起部分抑制。无限高浓度底物得出有限抑制作用,v 降低。

(3) 底物结合酶的别构部位,造成完全或部分抑制作用。

(4) 底物浓度在中等毫摩尔水平,产生非专一性抑制作用。

2. 底物抑制作用的类型及实例

为了分析底物抑制作用,通常固定其他底物浓度,而使一种底物浓度变化,以测定酶促反应速度的变化,然后根据实验数据作图。当一固定底物浓度改变时,如果只影响可变底物双倒数直线的斜率,则该固定底物对酶促反应所显示的抑制作用是竞争性的;如果只影响截距,则为反竞争性的;如果既影响斜率又影响截距,则为非竞争性或混合型的。现举数例如下:

在 Bi Bi 乒乓机制中,酶在两种稳态形式 E 和 F 之间摆动。例如,转氨酶中的 E 和 F 是吡哆醛酶和吡哆胺酶;核苷二磷酸酶中的 E 和 F 是自由酶和磷酰酶。在这些乒乓反应中,正常状态 E 只与 A 结合,B 只与 F 结合,在不同固定浓度[B]或[A]下,所作 $1/v$ 对 $\frac{1}{[A]}$ 或 $1/v$ 对 $\frac{1}{[B]}$ 的双倒数图都是一簇平行线。但在高[B]或高[A]下,由于 E 和 F 如此相似,B 也能像结合 F 那样去结合 E,A 也能像结合 E 那样去结合 F。那么式(3-99)和式(3-100)的双倒数方程将变为式(3-105)和式(3-106)。

$$1/v = \frac{K_{mA}}{v_{max}}\Big(1+\frac{[B]}{K_{ib}}\Big)\cdot\frac{1}{[A]}+\frac{1}{v_{max}}\Big(1+\frac{K_{mB}}{[B]}\Big) \tag{3-105}$$

$$1/v = \frac{K_{mB}}{v_{max}}\Big(1+\frac{[A]}{K_{ia}}\Big)\cdot\frac{1}{[B]}+\frac{1}{v_{max}}\Big(1+\frac{K_{mA}}{[A]}\Big) \tag{3-106}$$

从式(3-105)和式(3-106)看,不仅 $1/v$ 对 $\frac{1}{[A]}$ 图的截距随[B]浓度的增加而减少,其斜率亦随[B]的增加而增加。这说明在极高的[B]时,B 对 A 显示竞争性抑制作用。同样在极高[A]时,A 对 B 也显示竞争性抑制作用。图 3-65 是高[B]情况下,$1/v$ 对 $\frac{1}{[A]}$ 的双倒数图。在极高[B]时,这些直线倾向于交于一公共点,像简单的竞争性抑制剂存在时的情况一样。

在乒乓反应中,一般都呈现竞争性底物抑制作用。

在顺序反应机制中,底物抑制模式可能为竞争性、反竞争性甚至非竞争性模式等,这完全随顺序机制的类型而异。在随机顺序机制中,一般预计无底物抑制作用。但在有些情况下,一个底物会对其他部位显示一些亲和力,这将会呈现出竞争性底物抑制作用。肌酸激酶是一个例子。在该反应中,ADP 将会结合在 MgADP 部位,但不能反过来。另一个竞争性底物抑制实例是,CO_2(更像是酸性碳酸盐)对 NADP-异柠檬酸脱氢酶反应中 NADPH 的竞争性底物抑制作用。而 CO_2 对 α- 酮戊二酸的抑制作用则是非竞争性的。说明 CO_2(或酸性碳酸盐)作为端点

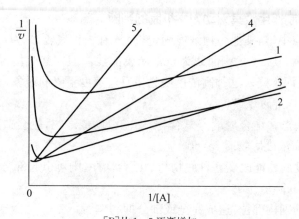

[B]从 1~5 逐渐增加

图 3-65　某乒乓 Bi Bi 反应中的竞争性底物抑制作用

抑制剂结合于核苷酸部位上。

　　在有序顺序机制中,有的 EA 与 EQ 很相似(如 E-NAD$^+$ 和 E-NADH),B 对 EQ 像对 EA 一样有些亲和力这是可能的。如果 B 与 EQ 结合阻止 Q 的释放,那么当 A 为可变底物时,B 会导致反竞争性底物抑制作用。在有序顺序 Bi Bi 反应,[A]可变,[B]固定时,随[B]的增加,双倒数图斜率下降,纵截距一般也应随[B]增加而降低[图 3-48(a)]。但在高[B]时,由于 B 与 EQ 结合,随着[B]的增加纵截距又会增加。因此将纵截距对 $\frac{1}{[B]}$ 再制图就会得到图 3-66 的图形。但在一般情况下,B 与 EQ 结合不可能阻止 Q 的释放,而只是减慢 Q 的释放,从而看到部分抑制现象。

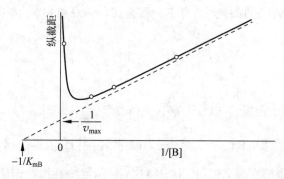

图 3-66　有序顺序 Bi Bi 反应,B 对 A 的抑制情况下,$1/v$ 对 $\frac{1}{[A]}$ 双倒数图的纵截距对 $\frac{1}{[B]}$ 再制图

　　然而关于 B 与 EQ 结合所引起的反竞争性抑制作用的解释必须慎重,因为 B 与中心复合物结合也会产生反竞争性抑制作用。这样的结合初看起来似乎不大可能,而 NADP-异柠檬酸脱氢酶反应中所看到的 α-酮戊二酸的反竞争性底物抑制作用似乎可作为例证之一。这个底物抑制作用,在底物浓度达 α-酮戊二酸 K_m 5000 倍时,都是线性的,而且不管对 CO_2 还是 NADPH 都是显反竞争性抑制。通过双抑制作用实验说明,这个抑制作用不是由于与 E-NADP$^+$ 结合阻止 NADP$^+$ 的释放而引起。让 CO_2 和 NADPH 保持常数,在几个不同的[NADP$^+$]下,测不同浓度的 α-酮戊二酸的反应速度(α-酮戊二酸的浓度远高于底物抑制作用范围)。用 $1/v$ 对[α-酮戊二酸]的倒数作图获一簇平行线,说明 α-酮戊二酸没有以端点形式与 NADP$^+$ 结合,可能是有

第二个 α-酮戊二酸分子与酶上一个 Lys 形成 Schiff 碱。该 Lys 是在起始中心复合物转变成一个催化活泼复合物时,由于酶构象发生变化而暴露出来的。这个双抑制实验,对决定反竞争性抑制作用是由于真正与 EQ 结合还是与中心复合物结合,是应该做的。

举一个例子说明非竞争性或混合型底物抑制作用。肝醇脱氢酶是一个例子,当所用底物为伯醇或最佳底物环己六醇时,它们对 NAD^+ 显示部分底物抑制。这是由于它们与 E-NADH 结合而造成(脂肪族仲醇反应很慢,在稳态情况 E-NADH 不存在,因此不显示底物抑制作用)。这种底物抑制作用是非竞争性的。截距效应的产生是由于醇与 E-NADH 结合成 E-NADH-醇,从 E-NADH-醇释放 NADH 比从 E-NADH 释放 NADH 缓慢所引起;而斜率效应的产生是由于 E 先与醇结合成 E-醇,NAD^+ 与 E-醇结合的 v_{max}/K_m 值低于 NAD^+ 与 E 结合的 v_{max}/K_m 值。在低 NAD^+ 浓度而高醇浓度时,此反应机制变为随机机制。但 NAD^+ 与 E-醇结合的 v_{max}/K_m 值变低,说明这个反应的正常机制应是 NAD^+ 优先与酶结合而不是醇优先与酶结合,即这反应的正常机制是有序顺序 Bi Bi 反应。

3.3.5.4 底物或产物的类似物作为抑制剂对动力学机制的判断

一种结构与底物或产物相类似的化合物也可作为抑制剂用来研究酶的动力学机制。一般来说,由于它与底物或产物结构类似,则它们将与底物或产物结合相同的酶形式。利用类似物的抑制作用图,用于有序顺序反应中测定或验证底物结合顺序是很有用的。例如,某一有序顺序 Bi Bi 反应,当 A 为可变底物,而用 A 的类似物为抑制剂时,则可看到 A 类似物对 A 的竞争性抑制作用。当 B 为可变底物,而仍用 A 类似物为抑制剂时,则观察到 A 类似物对 B 的非竞争性或混合型抑制作用。而当 B 为可变底物,以 B 类似物为抑制剂时,则观察到 B 类似物对 B 的竞争性抑制作用。当 A 为可变底物,而仍以 B 类似物为抑制剂,则可观察到 B 类似物对 A 呈现反竞争性抑制作用。因此,如果观察到一个类似物呈现反竞争性抑制现象,则可断定该类似物结构与酶促反应中第二个底物相似。结构类似物抑制作用的研究,像产物抑制作用的研究一样,可以确定一个酶促反应的底物结合次序和产物释放次序。

3.4 别构酶及其动力学

3.4.1 别构酶的概念与特征

别构酶(allosteric enzyme)这个名词最初是由 Monod 等提出,并用以解释结构与底物不相似的化合物为什么可作为酶的竞争性抑制剂。在典型的竞争性抑制作用中,竞争性抑制剂都与底物结构类似,现在把这种竞争性抑制作用称为同配位效应(isosteric effect);而把结构与底物不相似的化合物对酶所引起的竞争性抑制效应称为别构效应。这种别构效应剂在酶上的结合部位,不是酶的活性中心,还可能远离活性中心。它们之所以能发挥竞争性抑制效应,是由于它们和酶结合后,在酶分子中引起一种构象变化,从而阻止底物与酶结合。故其反应过程仍可表示为

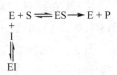

其动力学方程亦应与同配位效应抑制剂相同,即

$$v = \frac{v_{\max}[S]}{K_m\left(1 + \dfrac{[I]}{K_i}\right) + [S]}$$

但一个化合物结合于酶的非活性部位，从而通过一种构象变化来影响活性部位性质的机制，无疑会引起竞争性抑制作用以外的效应。有些情况可解释为非竞争性抑制效应。后来Monod 等引来了"别构效应剂"(allosteric effector)这个名词，以概括所有采取这种方式与酶作用的各种抑制剂和激活剂。

这样别构酶的概念也就变得广泛多了，原来这个名词只用于称谓那些结构与底物不相似的效应剂存在下，显示特殊动力学特性的一类酶；而现在把与各种配体（包括底物、抑制剂、激活剂等）结合后构象发生改变，从而导致与后续配体的亲和力改变的那一类酶统称为别构酶。而称那些能使酶构象改变的配体为别构效应剂。把别构效应剂引起酶分子构象变化，使酶对后续配体的亲和力亦变化的现象，称为别构现象。

3.4.1.1　别构酶的种类

别构酶又称别位酶，属于调节酶类。根据配体对别构酶所产生的影响，可把别构酶分为以下各类。

1. 同促别构酶(homotropic allosteric enzyme)

别构酶大多为寡聚酶，含几个亚基，一般每个亚基有一个配体结合部位。当一个配体与酶结合后，即引起或诱导出酶分子构象变化或电子分布等改变，从而改变后续相同配体对酶的亲和力，这种酶称为同促别构酶。如果一个配体分子与酶的一个亚基结合后，会提高酶分子中其他亚基对配体的亲和力；也就是酶结合一个配体分子后，会使第二、第三……个配体分子更易结合到酶分子上。这种现象称为配体分子对酶的正协同效应(positive homotropic effect)或配体对酶的正协同性(positive cooperative)。如果一个配体结合于酶分子上以后，使后续第二、第三……个配体更难与酶结合，则这种效应称为负协同效应(negative homotropic effect)或配体对酶的负协同性(negative cooperative)。

2. 异促别构酶(heterotropic allosteric enzyme)

凡一种配体与酶结合后，引起另一种配体对酶的亲和力发生改变，则这种酶称为异促别构酶。激活剂与酶结合后能增加酶对底物的亲和力，称为正异促效应；抑制剂与酶结合后能降低酶对底物的亲和力，称为负异促效应。

3. 同促异促别构酶

更多的别构酶属于这一类，既具有同促效应，又具有异促效应。不管底物还是抑制剂或激活剂与这类酶结合后，都可引起酶对后续底物分子的亲和力发生变化。

3.4.1.2　别构酶的重要特征

别构酶的一个重要特征就是它不具有米氏酶的动力学性质。它的 $v\sim[S]$ 曲线不是典型米氏酶的等轴双曲线。正协同效应酶的 $v\sim[S]$ 曲线常为 S 形，即在一区间内随着底物浓度的增加，反应速度陡增。负协同效应别构酶则相反，在一区间内尽管[S]大大增加，v 的增加却不显著。别构酶不能给出米氏酶的一些线性图，如正协同效应酶的双倒数图向上凹，而负协同效应酶的双倒数图则向下凹，都不是线性的。图 3-67 和图 3-68 是米氏型酶、正协同效应酶和负协同效应酶的 $v\sim[S]$ 曲线和双倒数图的比较。

可通过图 3-69 从量的方面比较米氏型酶和正协同效应酶。这个正协同效应酶的反应速度

要从 $0.1v_{max}$ 增至 $0.9v_{max}$,其[S]只要增加 3 倍(从 $3K_m$ 增至 $9K_m$);而米氏型酶的反应速度要从 $0.1v_{max}$ 增至 $0.9v_{max}$,其[S]则要增加 81 倍$\left(从\frac{1}{9}K_m\right.$ 增至 $\left.9K_m\right)$。因此具有 S 形 $v\sim$[S]曲线的别构酶,从某种意义上说,它起着开关作用,即在某一底物浓度区,可通过改变底物浓度而灵敏地调节酶反应速度,这在生物体内的酶调节中是很重要的。通常用 R_s 来表示[S]$_{0.9}$/[S]$_{0.1}$,即酶 90% 被底物饱和,反应速度达 $0.9v_{max}$ 时所需底物浓度([S]$_{0.9}$)与酶 10% 被底物饱和,反应速度达 $0.1v_{max}$ 时所需底物浓度([S]$_{0.1}$)之比。这个比值称为饱和比值(saturation ratio)。由于它可反映 v 依[S]改变的灵敏度,故又称灵敏度指数。米氏型酶的 R_s 值等于 81,正协同效应酶的 R_s 值小于 81,而负协同效应酶的 R_s 值大于 81。与米氏酶相比,正协同效应酶的 v 依[S]改变的灵敏度增高,而负协同效应酶的 v 依[S]改变的灵敏度降低。

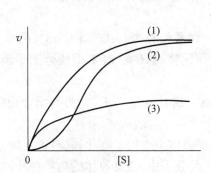

图 3-67 米氏型酶(1)、正协同性酶(2)和负协
同性酶(3)的 $v\sim$[S]曲线

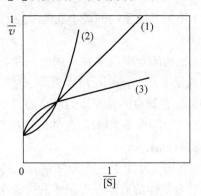

图 3-68 米氏型酶(1)、正协同性酶(2)和负协
同性酶(3)的双倒数图

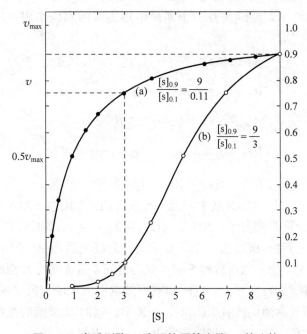

图 3-69 米氏型酶(a)和正协同效应酶(b)的比较

3.4.2　对别构酶作用机制的解释

曾经提出过多种模型来解释别构酶的作用机制,择其主要者介绍如下。

3.4.2.1　M. W. C. 模型

M. W. C. 模型是 1985 年 Monod、Wyman 和 Changeux 三人提出的,至今仍被应用于别构酶作用机制的解释。

1. M. W. C. 模型的假设及其对别构作用机制的定性解释

Monod 等对别构酶提出以下假设:

(1) 别构酶是由相同亚基组成的寡聚酶。这些亚基又称原体(protomer)。在自由酶中,原体以对称形式排列,因此自由酶分子至少有一个对称轴。

(2) 原体是酶蛋白的最小功能单位,它对每种特定配体(底物、抑制剂、激活剂)只有一个特殊结合部位。

(3) 别构酶至少以两种不同的构象状态存在。一种称松弛型(relaxed form),简称 R 型;另一种称紧密型(tight form),简称 T 型。在没有任何配体时,R 型和 T 型酶处于平衡状态。两种构象状态的原体对配体的结合能力不同。

(4) T 型酶或 R 型酶与配体的解离常数分别为 K_T 或 K_R($K_T \gg K_R$),且与结合到酶分子上配体的数目无关。

(5) 当酶分子上有一个原体结合配体以后,不仅该原体发生构象变化,同时也使酶分子的其他未结合配体的原体发生同样的构象变化。所以在酶分子中,所有原体的构象都相同,即都是 T 型或都是 R 型。如四聚体酶,都是 $\boxed{\begin{smallmatrix}T&T\\T&T\end{smallmatrix}}$ 或 $\boxed{\begin{smallmatrix}Ⓡ&Ⓡ\\Ⓡ&Ⓡ\end{smallmatrix}}$ 状态,而没有 $\boxed{\begin{smallmatrix}T&Ⓡ\\Ⓡ&Ⓡ\end{smallmatrix}}$、$\boxed{\begin{smallmatrix}T&T\\Ⓡ&Ⓡ\end{smallmatrix}}$ 或 $\boxed{\begin{smallmatrix}T&T\\Ⓡ&T\end{smallmatrix}}$ 等杂合状态存在。因此这个模型又称同构模型(concerted model)。

现以 M. W. C. 模型来定性地解释一个四聚体别构酶的别构作用机制。酶与 S 结合的反应为

$$R_0 \rightleftharpoons T_0 \qquad L = [T_0]/[R_0]$$

$$R_0 + S \xrightleftharpoons{K_R} RS_1 \qquad T_0 + S \xrightleftharpoons{K_T} TS_1$$

$$RS_1 + S \xrightleftharpoons{K_R} RS_2 \qquad TS_1 + S \xrightleftharpoons{K_T} TS_2$$

$$RS_2 + S \xrightleftharpoons{K_R} RS_3 \qquad TS_2 + S \xrightleftharpoons{K_T} TS_3$$

$$RS_3 + S \xrightleftharpoons{K_R} RS_4 \qquad TS_3 + S \xrightleftharpoons{K_T} TS_4$$

若 L 很大,那么在起始阶段,溶液中尚无 S 存在时,T_0 占优势。加入少量 S 后,由于 $K_R \ll K_T$,溶液中所存在的少量 R 型分子优先与 S 结合,使 $R_0 \rightleftharpoons T_0$ 平衡向 R 型方向移动。又由于原体构象变化是同时进行的,所以当一个 S 分子结合到酶上后,酶分子四个原体都变为 R 型,即高亲和力原体增加了 3 倍。因而后续 S 分子就会遇到 3 倍浓度的 R 型原体,它们比第一批 S 分子有更大的概率与酶结合。这时只要[S]稍有增加就可大大增加反应速度。$R_0 \rightleftharpoons T_0$ 平衡可继续移动下去,直至最后酶的所有原体都变为 R 型。这时 R 型酶的浓度不会再因结合 S 而增加,反应速度达最大值。这就是 S 形曲线的由来(图 3-70)。

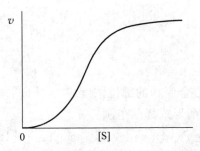

图 3-70 别构酶的 S 型 $v \sim [S]$ 曲线

2. 按 M. W. C. 模型导出别构酶速度方程

现以四聚体别构酶为例,推导别构酶速度方程。在溶液中,可用下式表示别构酶的存在形式:

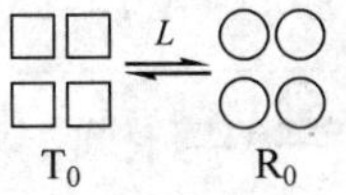

$$\square\square \quad \underset{}{\overset{L}{\rightleftharpoons}} \quad \bigcirc\bigcirc \qquad L=[T_0]/[R_0]$$
$$T_0 \qquad\qquad R_0$$

设 S 既能与 T 型酶结合,又能与 R 型酶结合,则酶与 S 结合的反应如图 3-71 所示。

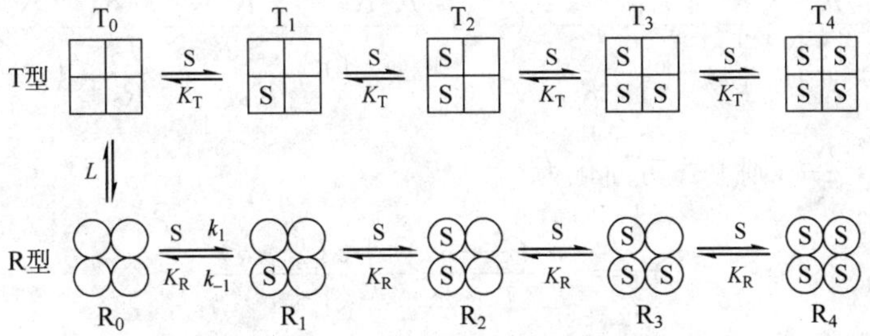

图 3-71 四聚体别构酶其 T 型和 R 型酶与 S 的结合

图 3-71 中,R_0 与 S 结合生成 R_1 的反应,其正反应速度与酶的空位原体浓度及[S]成正比,即 $v_f = k_1 \cdot 4[R_0][S]$;其逆反速度与酶的被 S 占据的原体浓度成正比,即 $v_r = k_{-1} \cdot [R_1]$。当平衡时,$v_f = v_r$,即 $4k_1[R_0][S] = k_{-1} \cdot [R_1]$,也即 $[R_1] = \dfrac{4k_1[S]}{k_{-1}}[R_0] = \dfrac{4[S]}{K_R}[R_0]$。

同理 R_1 与 S 结合生成 R_2 的反应的正反应和逆反应速度分别为

$$v_f = 3k_1[R_1][S], \quad v_r = 2k_{-1}[R_2]$$

平衡时,$3k_1[R_1][S] = 2k_{-1}[R_2]$

所以 $[R_2] = \dfrac{3k_1[R_1][S]}{2k_{-1}} = \dfrac{3[S]}{2K_R}[R_1] = \dfrac{3[S]}{2K_R} \cdot \dfrac{4[S]}{K_R}[R_0] = \dfrac{6[S]^2}{K_R^2}[R_0]$

同理可推导出:

$$[R_3] = \dfrac{2[S]}{3K_R}[R_2] = \dfrac{2[S]}{3K_R} \cdot \dfrac{6[S]^2}{K_R^2}[R_0] = \dfrac{4[S]^3}{K_R^3}[R_0]$$

$$[R_4] = \dfrac{[S]}{4K_R}[R_3] = \dfrac{[S]}{4K_R} \cdot \dfrac{4[S]^2}{K_R^3}[R_0] = \dfrac{[S]^4}{K_R^4}[R_0]$$

同理也可推导出:

$$[T_1] = \frac{4[S]}{K_T}[T_0], \quad [T_2] = \frac{6[S]^2}{K_T^2}[T_0]$$

$$[T_3] = \frac{4[S]^3}{K_T^3}[T_0], \quad [T_4] = \frac{[S]^4}{K_T^4}[T_0]$$

设$[E_t]$为总酶浓度,则能结合底物的部位浓度应为$4[E_t]$。如图 3-71 所示的 T_0、R_0、T_1、R_1、T_2、R_2、T_3、R_3、T_4、R_4 各种酶形式都存在,则

$$4[E_t] = 4([T_0] + [R_0] + [T_1] + [T_2] + [T_3] + [T_4] + [R_1] + [R_2] + [R_3] + [R_4])$$

而被 S 占据的部位浓度则为

$$[T_1] + 2[T_2] + 3[T_3] + 4[T_4] + [R_1] + 2[R_2] + 3[R_3] + 4[R_4]$$

所以 $\bar{Y}_S = v/v_{max} = \dfrac{[T_1] + 2[T_2] + 3[T_3] + 4[T_4] + [R_1] + 2[R_2] + 3[R_3] + 4[R_4]}{4([T_0] + [T_1] + [T_2] + [T_3] + [T_4] + [R_0] + [R_1] + [R_2] + [R_3] + [R_4])}$

$$= \frac{\left(\frac{4[S]}{K_T} + \frac{2\times6[S]^2}{K_T^2} + \frac{3\times4[S]^3}{K_T^3} + \frac{4[S]^4}{K_T^4}\right)[T_0] + \left(\frac{4[S]}{K_R} + \frac{2\times6[S]^2}{K_R^2} + \frac{3\times4[S]^3}{K_R^3} + \frac{4[S]^4}{K_R^4}\right)[R_0]}{4\left\{[T_0]\left(1 + \frac{4[S]}{K_T} + \frac{6[S]^2}{K_T^2} + \frac{4[S]^3}{K_T^3} + \frac{[S]^4}{K_T^4}\right) + [R_0]\left(1 + \frac{4[S]}{K_R} + \frac{6[S]^2}{K_R^2} + \frac{4[S]^3}{K_R^3} + \frac{[S]^4}{K_R^4}\right)\right\}}$$

$$= \frac{\frac{[S]}{K_T}\left(1 + \frac{[S]}{K_T}\right)^3 \frac{T_0}{R_0} + \frac{[S]}{K_R}\left(1 + \frac{[S]}{K_R}\right)^3}{\left(1 + \frac{[S]}{K_T}\right)^4 \frac{T_0}{R_0} + \left(1 + \frac{[S]}{K_R}\right)^4} = \frac{\frac{[S]K_R}{K_RK_T}\left(1 + \frac{[S]K_R}{K_RK_T}\right)^3 \frac{T_0}{R_0} + \frac{[S]}{K_R}\left(1 + \frac{[S]}{K_R}\right)^3}{\left(1 + \frac{[S]K_R}{K_RK_T}\right)^4 \frac{T_0}{R_0} + \left(1 + \frac{[S]}{K_R}\right)^4}$$

令 $\alpha = \dfrac{[S]}{K_R}$,$c = \dfrac{K_R}{K_T}$,则上式可简化为

$$\bar{Y}_S = \frac{L\alpha c(1+\alpha c)^3 + \alpha(1+\alpha)^3}{L(1+\alpha c)^4 + (1+\alpha)^4} \tag{3-107}$$

当反应开始时,如果 R_0 占优势,而 S 又只和 R 型亚基反应,则 L 很小,c 亦很小,都接近于零,那么式(3-107)可简化为

$$\bar{Y}_S = \frac{\alpha(1+\alpha)^3}{(1+\alpha)^4} = \frac{\alpha}{1+\alpha} = \frac{\frac{[S]}{K_R}}{1 + \frac{[S]}{K_R}} = \frac{[S]}{K_R + [S]}$$

这是典型米氏方程,$\bar{Y}_S$ 对 $\dfrac{[S]}{K_R}$ 作图为双曲线,无底物结合的协同效应。

如果反应开始时,T_0 占优势,而 S 只与 R 结合,则 L 很大,c 很小,接近于零,3-107 式可简化为

$$\bar{Y}_S = \frac{\alpha(1+\alpha)^3}{L + (1+\alpha)^4} \tag{3-108}$$

随着$[S]$增加,3-108 式的分子 $\dfrac{[S]}{K_R}\left(1 + \dfrac{[S]}{K_R}\right)^3$ 的值迅速增大;分母中 $\left(1 + \dfrac{[S]}{K_R}\right)^4$ 的值虽亦迅速增大,但由于 L 值很大,整个分母相对来说其值增加不多。所以随着$[S]$增加,$\bar{Y}_S$ 迅速增加,$\bar{Y}_S$ 对 $\dfrac{[S]}{K_R}$ 作图得 S 形曲线。该酶有 S 结合的协同效应。

由此类推,有 n 个原体的酶,其速度方程通式为

$$\overline{Y}_S = \frac{Lac(1+\alpha c)^{n-1} + \alpha(1+\alpha)^{n-1}}{L(1+\alpha c)^n + (1+\alpha)^n} \qquad (3-109)$$

从以上对四聚体别构酶的讨论可以看出,一个酶有无底物结合的协同效应,或协同效应大小如何,取决于 L 和 c 的大小。

当 S 只和 R 型酶结合($c=0$),在不同的 L 值下,$\overline{Y}_S$ 对 $\dfrac{[S]}{K_R}$ 作图($v\sim[S]$曲线),随着 L 值的增高,曲线越呈 S 形;随着 L 值的降低,曲线越趋向米氏型双曲线。图 3-72 表示 $n=4, c=0$,不同 L 值下的 $v\sim[S]$ 曲线。例如,当 L 值为 10^4 时,$R_0 \rightleftharpoons T_0$ 的平衡趋向 T_0,而 R_0 只占 $\dfrac{1}{10000}$。这时 S 与少量 R 型酶结合,会使 $R_0 \rightleftharpoons T_0$ 平衡向 R_0 方向移动。由于 $n=4$,所以酶分子结合 1 个 S 分子,失去了 1 个 R 型原体,却能增加 3 个 R 型原体,即 R 型原体浓度增加 3 倍,所以后续 S 分子更易和 R 型酶结合。随着 [S] 增加,R 型原体浓度迅速增加,S 与酶结合呈现正协同效应。

当 L 很大且为定值,随着 c 值逐渐增大,其 $v\sim[S]$ 曲线越趋向米氏型;随 c 值逐渐减小,其 $v\sim[S]$ 曲线越趋向 S 形,即协同性越显著(图 3-73)。

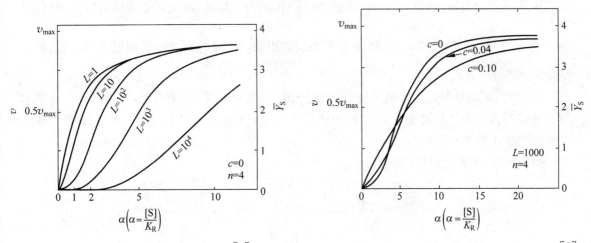

图 3-72　当 $n=4, c=0, L$ 值对 $\overline{Y}_S \sim \dfrac{[S]}{K_R}$ 曲线的影响

图 3-73　当 L 值很大且恒定,$n=4, c$ 值对 $\overline{Y}_S \sim \dfrac{[S]}{K_R}$ 曲线的影响

当 L 和 c 值都是恒定,则 n 值越大,酶协同性越强,$v\sim[S]$ 曲线越趋向 S 形。因 n 值越大,一个 S 分子与酶结合产生的 R 型原体越多。

3. M. W. C. 模型对异促效应及其大小的解释

(1)抑制剂的异促效应　如果有抑制剂 I 存在,I 只与 T 型酶结合,而 S 只与 R 型酶结合。那么一个四聚体酶与 I 和 S 结合的关系可用图 3-74 表示。

从图 3-74 可导出别构酶速度方程如下:

$$\overline{Y}_S = v/v_{max} = \frac{\dfrac{[S]}{K_R}\left(1+\dfrac{[S]}{K_R}\right)^3}{\left(1+\dfrac{[S]}{K_R}\right)^4 + L\left(1+\dfrac{[I]}{K_{iT}}\right)^4} = \frac{\alpha(1+\alpha)^3}{(1+\alpha)^4 + L'}$$

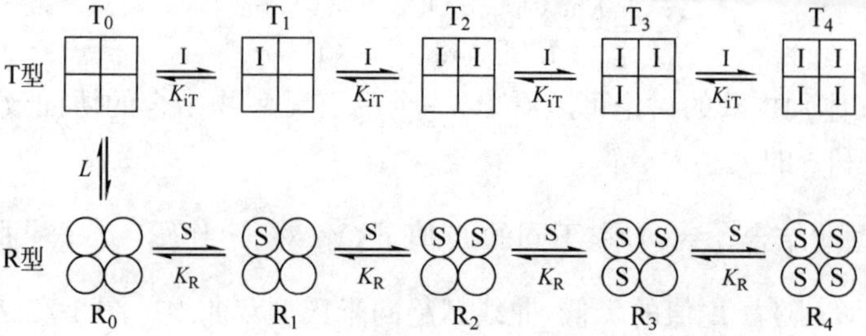

图 3-74　I 和 S 与四聚体别构酶结合的示意图

其中 $L'=\left(1+\dfrac{[\mathrm{I}]}{K_{\mathrm{iT}}}\right)^4 L$。含 n 个亚基的别构酶的速度方程通式应为

$$\overline{Y}_{\mathrm{S}}=\frac{\alpha(1+\alpha)^{n-1}}{(1+\alpha)^n+L'} \tag{3-110}$$

其中 $L'=L\left(1+\dfrac{[\mathrm{I}]}{K_{\mathrm{iT}}}\right)^n$。

从式(3-110)可知,如果 L' 很大,则 $\overline{Y}_{\mathrm{S}}$ 对 $\dfrac{[\mathrm{S}]}{K_{\mathrm{R}}}$ 作图为 S 形曲线,显示正协同效应。随[I]增加,L' 即增加,这时如果增加[S],将使 R 型酶增加更快,$\overline{Y}_{\mathrm{S}}$ 对 $\dfrac{[\mathrm{S}]}{K_{\mathrm{R}}}$ 作图,其曲线更趋 S 形,即 S 结合的协同效应更大。

(2) 激活剂的异促效应　激活剂 A 与 S 相仿,使 $\mathrm{R}_0\Longleftrightarrow\mathrm{T}_0$ 平衡向 R_0 方向移动。由于 S 和 A 能各自独立地与 R 型酶亚基结合,因此当 A 存在时将形成大量 R 型酶。图 3-75 是二聚体别构酶结合 A 和 S 的示意图。

按图 3-75 可导出速度方程:

$$\overline{Y}_{\mathrm{S}}=v/v_{\max}=\frac{\dfrac{[\mathrm{S}]}{K_{\mathrm{R}}}\left(1+\dfrac{[\mathrm{S}]}{K_{\mathrm{R}}}\right)\left(1+\dfrac{[\mathrm{A}]}{K_{\mathrm{AR}}}\right)^2}{L+\left(1+\dfrac{[\mathrm{S}]}{K_{\mathrm{R}}}\right)^2\left(1+\dfrac{[\mathrm{A}]}{K_{\mathrm{AR}}}\right)^2}=\frac{\dfrac{[\mathrm{S}]}{K_{\mathrm{R}}}\left(1+\dfrac{[\mathrm{S}]}{K_{\mathrm{R}}}\right)}{\dfrac{L}{\left(1+\dfrac{[\mathrm{A}]}{K_{\mathrm{AR}}}\right)^2}+\left(1+\dfrac{[\mathrm{S}]}{K_{\mathrm{R}}}\right)^2}$$

$$=\frac{\dfrac{[\mathrm{S}]}{K_{\mathrm{R}}}\left(1+\dfrac{[\mathrm{S}]}{K_{\mathrm{R}}}\right)}{L'+\left(1+\dfrac{[\mathrm{S}]}{K_{\mathrm{R}}}\right)^2}$$

其中

$$L'=\frac{L}{\left(1+\dfrac{[\mathrm{A}]}{K_{\mathrm{AR}}}\right)^2}$$

如果酶由 n 个原体构成,则其速度方程通式为

$$\overline{Y}_{\mathrm{S}}=\frac{\dfrac{[\mathrm{S}]}{K_{\mathrm{R}}}\left(1+\dfrac{[\mathrm{S}]}{K_{\mathrm{R}}}\right)^{n-1}}{L'+\left(1+\dfrac{[\mathrm{S}]}{K_{\mathrm{R}}}\right)^n}=\frac{\alpha(1+\alpha)^{n-1}}{L'+(1+\alpha)^n} \tag{3-111}$$

其中

$$L' = \frac{L}{\left(1 + \dfrac{[A]}{K_{AR}}\right)^n}$$

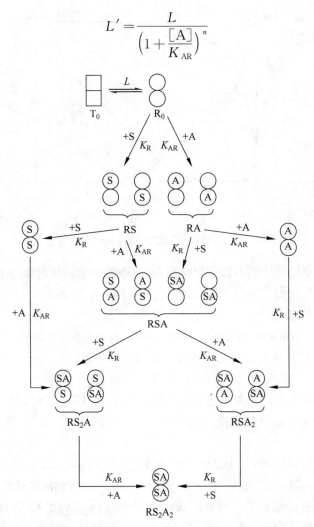

图 3-75　激活剂 A 和底物 S 同时存在所生成的各种 R 型酶复合物

如果激活剂和抑制剂同时存在,则其速度方程的通式为

$$v/v_{\max} = \bar{Y}_S = \frac{\alpha(1+\alpha)^{n-1}}{(1+\alpha)^n + L \dfrac{(1+\beta)^n}{(1+\gamma)^n}} = \frac{\alpha(1+\alpha)^{n-1}}{(1+\alpha)^n + L'}$$

其中,$\beta = \dfrac{[I]}{K_{iT}}$,$\gamma = \dfrac{[A]}{K_{AR}}$,$L' = L \dfrac{[1+\beta]^n}{[1+\gamma]^n}$。

A 与 I 对 $R_0 \rightleftharpoons T_0$ 平衡的移动有相反的作用。A 使 T_0 向 R_0 移动,其结果降低 L' 值,即降低底物结合的协同性。其曲线随[A]的增高而愈趋向于米氏双曲线。I 使 R_0 向 T_0 移动,其结果增高 L' 值,即增大底物结合的协同性。因此,A 或 I 可使 $v\sim[S]$ 曲线向左或向右移动,但并不改变 $v_{\max}$,而只改变半饱和点 $S_{0.5}$(即达 $0.5v_{\max}$ 时的[S]),如图 3-76 所示。这种系统称为 K 系统。

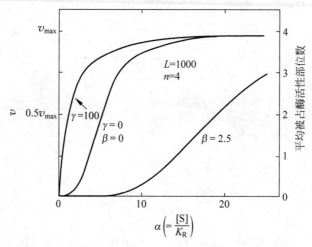

图 3-76　激活剂和抑制剂对别构酶 $v\sim[S]$ 曲线的影响

另有 V 系统，即别构效应剂不影响半饱和点，只影响 v_{max}。其正 V 系统中的别构效应剂为激活剂，负 V 系统中的别构效应剂为抑制剂。此外，还有 K-V 系统。

3.4.2.2　K. N. F. 模型

K. N. F. 模型是 Koshland、Nemethy 和 Filmer 三人提出的，故名 K. N. F. 模型。

1. K. N. F. 模型的假设及其对别构作用机制的定性解释

K. N. F. 模型与 M. W. C. 模型相比有以下几个不同假设。

(1) 酶可以两种以上不同构象状态存在，用 A、B、C 等代表不同构象的酶形式。原体从一种构象转变为另一构象是由底物或其他配体诱导产生的，不存在 M. W. C. 模型中两种构象相平衡的假设。

(2) 由 n 个原体构成的酶，各个原体构象的改变不是同步的，而是逐步改变的，所以称为序变模型(sequential model)。它和 M. W. C. 模型不同，除了含有相同原体构成的酶分子以外，还存在不同构象原体构成的酶分子。例如，二聚体酶可以 ⒶⒶ、Ⓐ⒝ 和 ⒝⒝ 等形式存在。

(3) 有无 S 结合的协同性，完全决定于已被 S 结合的原体对其他未被结合的空位原体的影响。如果增大空位原体结合 S 的解离常数，即降低空位原体对 S 的亲和力，则产生负协同效应；相反，增大空位原体对 S 的亲和力，则产生正协同效应。现以二聚体别构酶为例进行讨论。图 3-77 是一个原体 A 变为已结合一个 S 分子的原体 B 的进程示意图。$K_t=[B]/[A]$，为 A 构象变为 B 构象的平衡常数，又称 B 的转变常数。K_{Sb} 为 S 与原体结合的结合常数，代表每个原体对 S 固有的亲和力。

所以 $K_{Sb}=\dfrac{[BS]}{[B][S]}$

$$[BS]=K_{Sb}[B][S]=K_{Sb}K_t[A][S]$$

总平衡反应为：$[A]+[S]\Longrightarrow[BS]$

其平衡常数为 $K_{eq}=\dfrac{[BS]}{[A][S]}=\dfrac{K_{Sb}K_t[A][S]}{[A][S]}$

$=K_{Sb}K_t$。

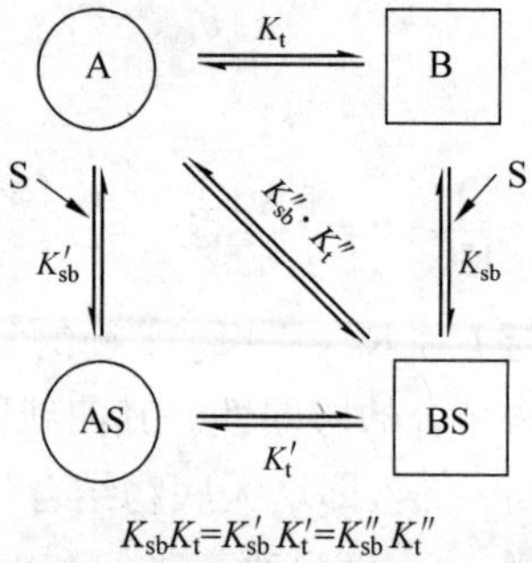

图 3-77　K. N. F. 模型中一个原体转变为一个被 S 结合的原体的进程示意图

$K_{sb}K_t=K_{sb}'K_t'=K_{sb}''K_t''$

同理
$$K_{eq} = K'_{Sb}K'_t = K''_{Sb}K''_t 。$$

讨论了一个独立原体相互转变并结合 S 的过程后,现在让我们来讨论两个原体的别构酶中两原体相互作用并结合 S 的过程。

如果酶分子中一个原体的构象会受相邻原体构象状态的影响,不同构象原体之间的相互作用,影响空位原体对 S 的结合常数,则必须考虑另外三种常数 K_{AA}、K_{AB} 和 K_{BB}。

在酶未结合 S 前,本来就存在 A 与 A 的相互作用;结合一个 S 分子后,就有 A 与 B 的相互作用;结合两个 S 分子后,就有 B 与 B 的相互作用。如果 K_{AA}、K_{AB}、K_{BB} 代表这三种相互作用常数或缔合常数,并使 $K_{AA}=1$。那么 K_{AB} 或 K_{BB} 实际上就是 A、B 相互作用或 B、B 相互作用与 A、A 相互作用之比。

K_{AB} 实际上是 $AA+B \underset{\overset{K_{AB}}{\rightleftharpoons}}{} AB+A$ 的平衡常数;而 K_{BB} 是 $AA+B+B \underset{\overset{K_{BB}}{\rightleftharpoons}}{} BB+A+A$ 的平衡常数。即

$$K_{AB} = \frac{[AB][A]}{[AA][B]}, \quad K_{BB} = \frac{[BB][A][A]}{[AA][B][B]} 。$$

假定 AA 为标准态,$K_{AA}=1$。如果 $K_{AB}>1$,则表示 A、B 相互作用比 A、A 相互作用更明显,二聚体 AB 比 AA 更稳定。A、B 作用大的二聚体比 A、B 作用小的二聚体更稳定。

当 $K_{BB}>1$,则表示有 B、B 相互作用的二聚体 BB 比 AA 更稳定。如果 $K_{AB} \geqslant 1$,$K_{BB} > K_{AB}$,则表示随着 S 与酶结合,使被结合原体与空位原体之间的缔合常数增加,也使空位原体与 S 的亲和力增加,而且每结合一个 S 分子,都增加原体间的缔合力。这样的酶对 S 的结合显示正协同效应。如果 $K_{AB}>1$ 而 $K_{BB} \leqslant 1$,则表示酶被 S 部分结合的中间复合物最稳定,即 $\boxed{A}\boxed{BS}$ 比 $\boxed{A}\boxed{A}$ 和 $\boxed{BS}\boxed{BS}$ 都更稳定。因此二聚体 $\boxed{BS}\boxed{BS}$ 不易形成,虽 S 继续增加,而 $\boxed{A}\boxed{BS}$ 则持续存在。即使尽量增加 S,也难以到达最大反应速度。这是负协同效应酶的特征。

2. K.N.F. 模型速度方程的推导

以二聚体酶为例,其结合 S 的进程如图 3-78 所示。

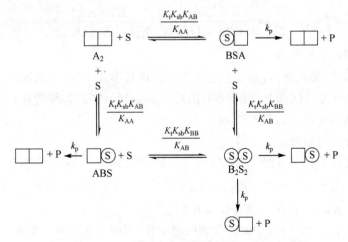

图 3-78　K.N.F. 模型中二聚体酶结合 S 的反应进程

对于　　　　　　　　　　　　$A_2 + S \rightleftharpoons BSA$

因为　　　　　　　　　　　　$A \underset{\overset{K_t}{\rightleftharpoons}}{} B$

因为 $B+S \xrightleftharpoons[]{K_{Sb}} BS$，所以 $K_{Sb}=\dfrac{[BS]}{[B][S]}$，所以 $[BS]=K_{Sb}[B][S]=K_{Sb}K_t[A][S]$；

因为 $A+BS \xrightleftharpoons[]{K_{AB}} BSA$，所以 $K_{AB}=\dfrac{[BSA]}{[BS][A]}$，所以 $[BSA]=K_{AB}K_{Sb}K_t[A]^2[S]$；

因为 $A+A \xrightleftharpoons[]{K_{AA}} A_2$，所以 $K_{AA}=\dfrac{[A_2]}{[A]^2}$，$[A]^2=\dfrac{[A_2]}{K_{AA}}$；

因此 $[BSA]=\dfrac{K_{AB}K_{Sb}K_t}{K_{AA}}[A_2][S]$；

所以 $A_2+S \xrightleftharpoons[]{} BSA$ 反应的总平衡常数

$$K_{eq}=\frac{[BSA]}{[A_2][S]}=K_{AB}K_{Sb}K_t/K_{AA}$$

同理 $BSA \xrightleftharpoons[]{K_{BB}K_t/K_{AB}} BSB+S \xrightleftharpoons[]{K_{Sb}} B_2S_2$ 的总平衡常数

$$K_{eq}=\frac{[B_2S_2]}{[BSA][S]}=K_{BB}K_{Sb}K_t/K_{AB}$$

$$[B_2S_2]=[BSA][S]\frac{K_{BB}K_{Sb}K_t}{K_{AB}}=\frac{K_{AB}K_{Sb}K_t}{K_{AA}}\cdot\frac{K_{BB}K_{Sb}K_t}{K_{AB}}[A_2][S]^2$$

$$=\frac{K_{BB}K_{Sb}^2K_t^2}{K_{AA}}[A_2][S]^2$$

如 $K_{AA}=1$，$[A_2]=1$，则 $[ABS]=[BSA]=K_{AB}K_{Sb}K_t[S]$，$[B_2S_2]=K_{BB}(K_{Sb}K_t[S])^2$

因为 $v=k_p[BSA]+k_p[ABS]+2k_p[B_2S_2]$

$$[E_t]=[A_2]+[BSA]+[ABS]+[B_2S_2]$$

$$v_{max}=2k_p[E_t]$$

所以 $$v/[E_t]=\frac{2k_pK_{AB}K_{Sb}K_t[S]+2k_pK_{BB}(K_{Sb}K_t[S])^2}{1+2K_{AB}(K_{Sb}K_t[S])+K_{BB}(K_{Sb}K_t[S])^2}$$

$$\bar{Y}_S=v/v_{max}=\frac{K_{AB}(K_{Sb}K_t[S])+K_{BB}(K_{Sb}K_t[S])^2}{1+2K_{AB}(K_{Sb}K_t[S])+K_{BB}(K_{Sb}K_t[S])^2} \tag{3-112}$$

$\bar{Y}_S$ 对 $[S]$ 作图得 S 形曲线。

如果酶为多聚体，如四聚体，则由于亚基之间的排列形式不同（如四面体排列，线性排列或正方形排列等），各亚基之间相互作用不同，因此就会得到不同的各种常数，并导出不同的速度方程。正方形排列的酶形式如图 3-79 所示。

按上述同样方法可导出速度方程：

$$\bar{Y}_S=[K_{AB}^2(K_{Sb}K_t[S])+(2K_{AB}^2K_{BB}+K_{AB}^4)(K_{Sb}K_t[S])^2+3K_{AB}^2K_{BB}^2(K_{Sb}K_t[S])^3+$$
$$K_{BB}^4(K_{Sb}K_t[S])^4]\div[1+4K_{AB}^2(K_{Sb}K_t[S])+(4K_{AB}^2K_{BB}+2K_{AB}^4)(K_{Sb}K_t[S])^2+$$
$$4K_{AB}^2K_{BB}^2(K_{Sb}K_t[S])^3+K_{BB}^4(K_{Sb}K_t[S])^4] \tag{3-113}$$

前已述及增加 K_{AB} 值，增加中间复合物的稳定性，因而使速度曲线变得平坦；而增加 K_{BB}，则速度曲线越趋向 S 形。但如果 $K_{AB}=\sqrt{K_{BB}}$，则式(3-113)可简化为 $\bar{Y}_S=\dfrac{[S]}{\dfrac{1}{K_{BB}K_{Sb}K_t}+[S]}$，酶

无协同效应。

如果 $K_{AB}<1$,即使 $K_{BB}=1$,结果得很陡的速度曲线(S 形)。因为这里虽无 B、B 相互作用,但由于 $K_{AB}<1$,部分填满复合物很不稳定,促使 BB 形成。图 3-80 为 $K_{Sb}K_t=$ 常数,$K_{BB}=1$ 时,正方形模型中,不同 K_{AB} 对速度曲线的影响。从图可以看出,当 K_{AB} 增加时,部分填满复合物在很大的[S]范围持续存在,速度曲线在 v_{max} 以下趋于平坦,呈负协同效应。只有[S]很大时,空位才能填满,使速度接近 v_{max}。

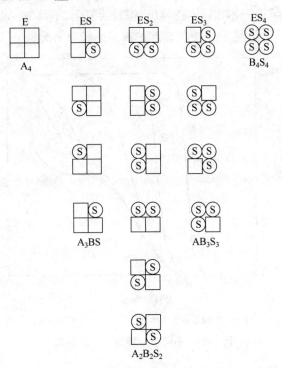

图 3-79 K.N.F. 模型中四聚体酶正方形排列结合 S 示意图

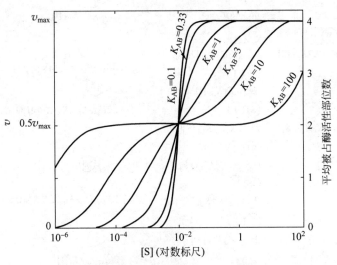

K. N. F. 模型正方形排列,$K_{Sb}K_t=100$,$K_{BB}=1$

图 3-80 不同 K_{AB} 值的 $v\sim\lg[S]$图

如果 $K_{AB}=1$(无 A、B 相互作用)，$K_{BB}<1$，也可得负协同速度曲线。这里虽无 A、B 相互作用，但由于不利的 B、B 相互作用，会在较广的[S]范围保持未填满状态，难达 v_{max}。图 3-81 是 $K_{AB}=1$，$K_{Sb}K_t=100$，不同的 K_{BB} 值对速度曲线的影响。当 $K_{BB}=0.01$ 时，呈明显负协同效应。

3. K. N. F. 模型对抑制和激活作用的解释

当抑制剂 I、激活剂 J 和底物 S 共同存在下，二聚体酶的各种形式如图 3-82 所示。对图中各种情况下的速度方程可用上述相同方法导出，但较为复杂，不及 M. W. C. 模型简明。

上述两种模型，实际上是图 3-83 更为普遍的模型的特殊情况。

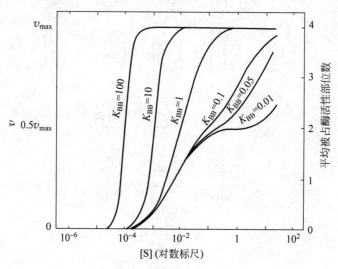

K. N. F. 模型正方形排列，$K_{AB}=1$，$K_{Sb}K_t=100$

图 3-81 不同 K_{BB} 值的 $v\sim\lg[S]$图

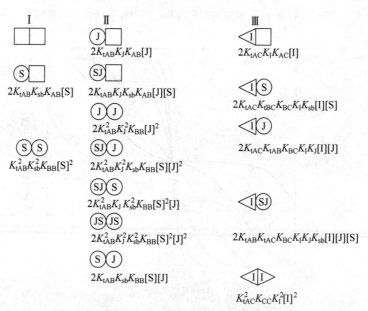

△ 为 I 结合后酶原体构象；○ 为 S 和(或)J 结合后原体构象；□ 为空位原体

图 3-82 S、I、J 同时存在时可能存在的各种酶形式

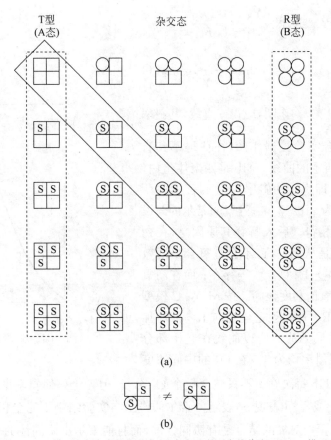

(a)

(b)

两端的垂直行代表 M. W. C. 模型中所存在的酶形式；方框画出的对角线代表 K. N. F. 模型中一些简单的形式

图 3-83 酶结合 S 协同性的普遍模型

3.4.3 希尔系数及各种协同效应的判断

3.4.3.1 希尔系数

为了解释血红蛋白（Hb）的 S 形氧合曲线，希尔认为 Hb 氧合反应式如下：

假定 $K_1 \ll K_2 \ll K_3 \ll \cdots \ll K_n$，$Hb \underset{}{\overset{O_2 K_1}{\rightleftharpoons}} Hb(O_2) \underset{}{\overset{O_2 K_2}{\rightleftharpoons}} Hb(O_2)_2 \underset{}{\overset{O_2 K_3}{\rightleftharpoons}} Hb(O_2)_3 \cdots$ $\underset{}{\overset{O_2 K_n}{\rightleftharpoons}} Hb(O_2)_n$，即一个亚基结合 O_2 以后，大大提高了其他亚基对氧的亲和力。从这个假定出发，希尔认为血红蛋白实际上一下子就结合了 n 个 O_2 分子，中间态结合物浓度很小，近乎零，从而可把上式简化为 $Hb + nO_2 \overset{K}{\rightleftharpoons} Hb(O_2)_n$，$K$ 为总平衡常数。

所以 $K = \dfrac{[Hb(O_2)_n]}{[Hb][O_2]^n}$，$[Hb(O_2)_n] = K[Hb][O_2]^n$

在给定氧浓度下，Hb 被氧饱和的分数为

$$\overline{Y}_S = \frac{[Hb(O_2)_n]}{[Hb] + [Hb(O_2)_n]} = \frac{K[Hb][O_2]^n}{[Hb] + K[Hb][O_2]^n} = \frac{K[O_2]^n}{1 + K[O_2]^n}$$

$$= \frac{[O_2]^n}{\dfrac{1}{k} + [O_2]^n} = \frac{[O_2]^n}{K' + [O_2]^n}$$

将上述希尔方程重组,得 $\dfrac{\overline{Y}_S}{1-\overline{Y}_S}=\dfrac{[O_2]^n}{K'}$

所以

$$\lg\frac{\overline{Y}_S}{1-\overline{Y}_S}=n\lg[O_2]-\lg K' \qquad (3\text{-}114)$$

将 $\lg\dfrac{\overline{Y}_S}{1-\overline{Y}_S}$ 对 $\lg[O_2]$ 作图,应得一直线,其斜率

为 n。但用 Hb 氧合实验数据作图,往往得不到直线,而是如图 3-84 所示的曲线。Hb 是四聚体蛋白,按希尔假设 n 是 4,即直线的斜率应为 4,但实验所得曲线的最大斜率为 2.5~3.0。这说明希尔的假设与实验事实不完全相符。后人解释其原因是,在初始阶段,Hb 结合氧是从无到有,不会有氧合协同效应,总有少量 $Hb(O_2)$、$Hb(O_2)_2$ 等存在;而在高氧浓度时,Hb 分子的氧饱和度很高。按 M. W. C 模型假说,这时 $T_0 \rightleftharpoons R_0$ 平衡已完全趋向 R_0,再增加 O_2 也不会有氧合协同效应。所以曲线在起始部分

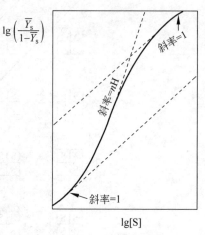

图 3-84　Hb 氧合希尔图

和最后部分,其极限斜率均为 1。在 O_2 的中间浓度区,则协同性很大,Hb 每次确实不只结合一个 O_2 分子,但无论如何斜率也不会达到 4。所以希尔系数通常以 n_H 或 n_{app}(表观 n)表示。希尔假设虽与实验结果不完全相符,但希尔方程和 n_H 可用来说明血红蛋白对氧的结合是有协同性的,而且能表示出协同性的大小。后来也用来作为判断别构酶结合底物或其他配体的协同程度。

3.4.3.2　希尔方程和 n_H 在别构酶方面的应用

别构酶的希尔方程为

$$\overline{Y}_S=v/v_{max}=\frac{[S]^n}{K'+[S]^n}$$

所以

$$v_{max}[S]^n=vK'+v[S]^n$$

$$v/(v_{max}-v)=\frac{[S]^n}{K'}$$

$$\lg v/(v_{max}-v)=n\lg[S]-\lg K' \qquad (3\text{-}115)$$

将 $\lg v/(v_{max}-v)$ 对 $\lg[S]$ 作图,应得一直线,其斜率为 n。当 $\lg v/(v_{max}-v)=0$ 时,$v/(v_{max}-v)=1$,所以 $v=0.5v_{max}$。从 $\lg[S]$ 轴上的相对位置,即可得出 $\lg[S]_{0.5}$,从而计算出 $[S]_{0.5}$。从 $[S]_{0.5}$ 值,可得出 $K'(K'=[S]_{0.5}^n)$。图 3-85 和图 3-86 是别构酶的两个希尔图。

如果用 $v=0.9v_{max}$ 和 $v=0.1v_{max}$ 代入希尔方程,则

$$0.9=\frac{[S]_{0.9}^n}{K'+[S]_{0.9}^n} \qquad 所以 [S]_{0.9}=\sqrt[n]{9K'},$$

同理

$$[S]_{0.1}=\sqrt[n]{\frac{K'}{9}}$$

$$\frac{[S]_{0.9}}{[S]_{0.1}} = \frac{\sqrt[n]{9K'}}{\sqrt[n]{K'/9}} = \sqrt[n]{81}, \quad \left(\frac{[S]_{0.9}}{[S]_{0.1}}\right)^n = 81, \quad n\lg\frac{[S]_{0.9}}{[S]_{0.1}} = \lg 81$$

所以

$$n = \frac{\lg 81}{\lg\dfrac{[S]_{0.9}}{[S]_{0.1}}} \tag{3-116}$$

如果作图时,坐标横轴与纵轴标尺进位相同,则应用$[S]_{0.9}$和$[S]_{0.1}$点所测斜率,应与式(3-116)计算而得的 n 相同。但由于 $0.1v_{max} \sim 0.9v_{max}$ 的图不是线性的,所以 n 通常由 $0.5v_{max}$ 那一点的斜率而得出,这个值即 n_H 或 n_{app}。

3.4.3.3 如何用希尔系数说明别构酶的协同性

希尔系数

$$n_H = \mathrm{dlg}\left[\frac{\overline{Y}_S}{1 - \overline{Y}_S}\right]\bigg/\mathrm{dlg}[S] \tag{3-117}$$

M.W.C.模型和 K.N.F.模型的二聚体酶速度方程可写成相同形式

$$\overline{Y}_S = \frac{K_1'[S] + K_1'K_2'[S]^2}{1 + 2K_1'[S] + K_1'K_2'[S]^2} \tag{3-118}$$

当$[S]_{0.5}$时,

$$\overline{Y}_S = \frac{1}{2}, \quad 所以 \frac{1}{2} = \frac{K_1'[S]_{0.5} + K_1'K_2'[S]_{0.5}^2}{1 + 2K_1'[S]_{0.5} + K_1'K_2'[S]_{0.5}^2}$$

解得

$$[S]_{0.5}^2 = \frac{1}{K_1'K_2'}, \quad 所以[S]_{0.5} = \frac{1}{\sqrt{K_1'K_2'}} \tag{3-119}$$

将式(3-118)代入式(3-117)得

$$n_{H0.5} = \mathrm{dlg}\frac{K_1'[S](1 + K_2'[S])}{1 + K_1'[S]}\bigg/\mathrm{dlg}[S]$$

解得

$$n_{H0.5} = \frac{1 + 2K_2'[S] + K_1'K_2'[S]^2}{(1 + K_1'[S])(1 + K_2'[S])} \tag{3-120}$$

将式(3-119)代入式(3-120)得

$$n_{H0.5} = \frac{2}{1 + \sqrt{\dfrac{K_1'}{K_2'}}} \tag{3-121}$$

按 M.W.C.模型之通式(3-109),则式(3-118)中,

$$K_1' = \frac{1}{K_R(1 + L)}, \quad K_2' = \frac{1}{K_R}$$

将 K_1' 和 K_2' 值代入式(3-121)得

$$n_{H0.5} = \frac{2}{1 + \sqrt{\dfrac{1}{K_R(1 + L)}\bigg/\dfrac{1}{K_R}}} = \frac{2}{1 + \sqrt{\dfrac{1}{1 + L}}}$$

当 $L = 0$ 时,$n_{H0.5} = \dfrac{2}{1 + 1} = 1$。

该酶结合 S 无协同效应,为米氏型酶。

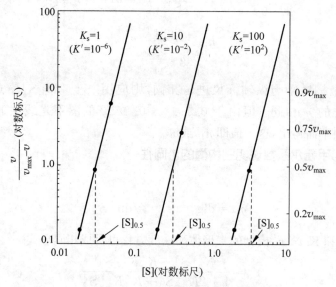

图 3-85 n_H 为 4 的别构酶的希尔图

所有斜率都为 4,曲线位置决定于 K_S 值大小。$[S]_{0.5} = \sqrt[4]{K'}$,所以 $K' = [S]_{0.5}^4$。

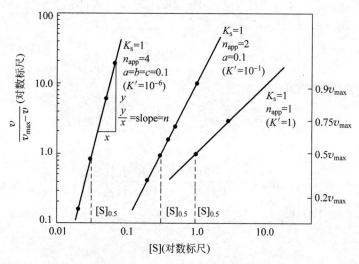

图 3-86 具有相同 K_S,而 n_H 不同的别构酶的希尔图

当 $L > 0$,则 $n_{H0.5}$ 为 1~2。当 L 很大时,则 $n_{H0.5}$ 接近 2。这说明酶结合 S 起正协同效应。但 M. W. C. 模型不能解释负协同效应。

按 K. N. F. 模型之通式(3-112),则式(3-118)中,$K'_1 = K_{AB} K_{Sb} K_t$,$K'_2 = K_{BB} K_{Sb} K_t / K_{AB}$,代入式(3-121)得

$$n_{H0.5} = \frac{2}{1 + \sqrt{(K_{AB} K_{Sb} K_t) \Big/ \left(\dfrac{K_{BB} K_{Sb} K_t}{K_{AB}}\right)}} = \frac{2}{1 + \sqrt{K_{AB}^2 / K_{BB}}}$$

当 $K_{AB}^2 = K_{BB}$ 时，则 $n_{H0.5} = 1$，该酶结合 S 无协同性。

当 $K_{AB}^2 < K_{BB}$ 时，则 $2 > n_{H0.5} > 1$；当 $K_{BB} \gg K_{AB}^2$ 时，则 $n_{H0.5} = 2$。该酶有底物结合的正协同性。

当 $K_{AB}^2 > K_{BB}$ 时，则 $0 < n_{H0.5} < 1$，即 A、B 之间的相互作用远大于 B、B 之间的相互作用，AB 复合物最稳定，再增加[S]也难达 v_{max}，该酶具负协同性。

3.4.4　别构酶实例

兹举二例以说明别构酶的正负协同效应及其在代谢上的调节作用。

3.4.4.1　天冬氨酸转氨甲酰酶

它简称 ATCase，是催化天冬氨酸与氨甲酰磷酸之间氨甲酰转移反应的酶。反应式如下：

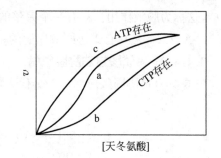

这个反应是嘧啶合成途径中的第一个反应。这个酶为该途径的终产物 CTP 所抑制，从而可调节 CTP 的合成，CTP 为该酶的反馈抑制剂，而 ATP 则是该酶的激活剂，以对抗 CTP 的抑制。

当底物氨甲酰磷酸浓度处于饱和，将酶促反应初速度对 Asp 浓度作图得 S 形的 $v \sim$ [S]曲线[图 3-87(a)]。如果 Asp 浓度处于饱和，而用酶促反应初速度对氨甲酰磷酸浓度作图，也得 S 形曲线。这说明该酶显示底物结合的同促正协同效应。ATP 和 CTP 的存在不改变酶促反应的 v_{max}，但改变[S]$_{0.5}$ 和灵敏度指数 R_S 值。CTP 的存在使 $v \sim$ [S]曲线越趋向 S 形，[S]$_{0.5}$ 向底物浓度较高方向移动[图 3-87(b)]，R_S 值变小，显示 CTP 对该酶结合底物的异促正协同效应。而 ATP 存在时，$v \sim$ [S]曲线 S 形程度变小；R_S 值增大。当 ATP 达饱和浓度时，$v \sim$ [S]曲线为米氏型双曲线[图 3-87(c)]。用 M. W. C. 模型来解说，ATP 起着底物一样的作用，使 $T_0 \rightleftharpoons R_0$ 平衡向 R_0 方向移动，使 S 结合的正协同效应减小。

用 Asp 的两个类似物琥珀酸和顺丁烯二酸进一步研究 ATCase 的动力学性质，发现两种类似物在高浓度时是该酶的竞争性抑制剂，但在低浓度 Asp 存在时，低浓度的这些类似物似乎对该酶起激活作用。这种反常现象，用 M. W. C. 模型来分析，是完全可以理解的。这些底物类似物像底物一样，能使 $T_0 \rightleftharpoons R_0$ 平衡向 R_0 方向移动，因此它们的存在，会产生更多可供 Asp 结合的高亲和力的酶形式，所以起激活作用。但在高浓度底物 Asp 存在时，底物本身的正协同作用已产生足够多的高亲和力原体，可供底物结合。这时类似物则起着与 Asp 竞争酶上结合部位的作用，因而降低酶促反应速度。用 K. N. F. 模型亦可

a. 无 A 和 I 存在；b. 有 I(CTP)存在；

c. 有 A(ATP)存在

图 3-87　ATCase 的 $v \sim$ [S]曲线

解释这一反常现象。在低浓度底物及类似物存在下,类似物可假冒底物,使与它结合的原体相邻的那些原体稳定在与 Asp 高亲和力的构象状态。当氨甲酰磷酸饱和时,测定琥珀酸与酶的结合速度曲线,发现这一曲线呈 S 形。这正好说明琥珀酸在这里假冒了 Asp,使与它结合的原体相邻的那些空位原体稳定在与底物 Asp 高亲和力的构象状态。

在两种底物都不存在时,CTP 可与酶结合,但这种结合无协同性。在高浓度 Asp 存在下,CTP 与酶结合的速度曲线是 S 形的,$n_H = 3$。用 M. W. C. 模型可以说明所得结果。无底物存在时 T_0 占优势,CTP 又只与 T_0 结合,所以无结合 CTP 的协同性。如有底物存在,底物的结合使 $T_0 \rightleftharpoons R_0$ 平衡向 R_0 方向移动,R_0 占优势。这时如有 CTP 存在,CTP 与酶结合又使 R_0 向 T_0 移动,每结合一个 CTP 就会产生更多的 T 态亚基供后续 CTP 结合,所以显示 S 形的 CTP 结合速度曲线。

对于 ATCase 本身的结构特征也作了不少研究。用对氯汞苯甲酸(PCMB)处理天然 ATCase,得两类亚基:大亚基有酶促活性,但对 CTP 和 ATP 无作用,称催化亚基;小亚基可结合 CTP 或 ATP,但无催化活性,称为调节亚基。两类亚基又可重新装配成酶分子。天然酶相对分子质量约为 300.0×10^3,由 12 条肽链组成。酶含有 2 个催化亚基,呈二次轴对称排列;每个亚基又是一个三聚体,由 3 条 C 链构成,每条 C 链的相对分子质量为 33.0×10^3。酶还含有 3 个调节亚基,呈三次轴对称;每个亚基又由 2 条 R 链构成,每条 R 链的相对分子质量为 17.0×10^3。另外,酶还含有 6 个 Zn^{2+},调节亚基需要 Zn^{2+} 稳定它的二聚体形式。

用 X 射线晶体学方法研究 ATCase 及其与 CTP 的复合物,发现二者十分相似。但酶与 CTP 的复合物上有 3 个 CTP 分子结合在 3 个调节亚基的外侧,可能就是上面所说的 3 个对 CTP 高亲和力的部位。酶中各亚基的排布如图 3-88 所示。

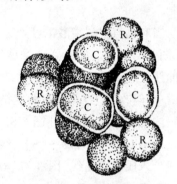

研究发现,当 ATCase 与底物结合,它就肿胀(swelling)起来,成为松弛型;而当酶与 CTP 结合,它就收缩,成为紧密型。这反映出配体与酶结合所引起的构象变化。

用汞化合物处理该酶,使 CTP 或 ATP 的结合部位选择性地被破坏,酶仍具有活性,可行使催化功能,但不显示协同效应,这称为脱敏作用。只有一个完整的酶分子才显示协同效应。ATCase 是具有正协同效应酶的一个代表。

图 3-88　天冬氨酸转氨甲酰酶
各亚基的聚合模式图

3.4.4.2　3-磷酸甘油醛脱氢酶

它是具有负协同效应酶的一个代表,催化如下反应:

$$\begin{array}{c} \text{CHO} \\ | \\ \text{H—C—OH} \\ | \\ \text{CH}_2\text{OPO}_3^{2-} \end{array} + \text{NAD}^+ + \text{HPO}_4^{2-} \rightleftharpoons \begin{array}{c} \text{COOPO}_3^{2-} \\ | \\ \text{H—C—OH} \\ | \\ \text{CH}_2\text{OPO}_3^{2-} \end{array} + \text{NADH} + \text{H}^+$$

该酶由 4 个相同亚基组成,从理论上说它可以和 4 个 NAD^+ 结合;但实验结果表明它一般只结合 2 个 NAD^+,即此酶结合 NAD^+ 的位点只有一半能与 NAD^+ 起作用,这称作半位反应性。这是什么原因造成的呢? 可从酶的 4 个 NAD^+ 结合位点的解离常数(表 3-5)来解释。K_1 与 K_2 的值比较接近,且均很小,表明酶易于结合 2 个 NAD^+;而 K_3 值比 K_2 值大 2 个数量级,表示当酶结合了 2 个 NAD$^+$ 后,对第 3 个 NAD$^+$ 的亲和力下降了 100 倍左右,即难于再与第 3 个 NAD$^+$ 结合,这就导致了半位反应性。进一步的研究证明,这种半位反应性是亚基构象变化的结果,而不是由于存在两类不同的亚基所造成。

表 3-5　兔肌 3-磷酸甘油醛脱氢酶 4 个亚基与 NAD$^+$ 结合的解离常数

解离常数	荧光法测定/(mol/L)	超离心法测定/(mol/L)	平衡透析法测定/(mol/L)
K_1	1×10^{-8}	$<5\times10^{-8}$	$<10^{-10}$
K_2	9×10^{-8}	$<5\times10^{-8}$	$<10^{-9}$
K_3	4×10^{-6}	4×10^{-6}	3×10^{-7}
K_4	3.6×10^{-5}	35×10^{-6}	26×10^{-6}

以上是具有正协同效应酶和负协同效应酶的实例。从这两个实例可以看到:正协同效应酶提供了一个底物浓度变化对反应速度影响极敏感的区间。在此区间,底物浓度只要有小的变化就可导致反应速度发生很大的变化;而在此区间以外,底物浓度变化对反应速度的影响较小。负协同效应酶则刚好相反,它提供了一个底物浓度变化对反应速度影响很小的区间。在该区间内,底物浓度变化很大,而反应速度并无多大改变。即使底物浓度增加到很大时,仍难以到达最大反应速度。

这两类酶的作用,在生物体内不同功能的调节中都是十分有用的。

对于一个底物同时受几个酶的作用,即该底物是几条代谢途径的共同底物,那么在不同情况下,该底物分配到哪几个途径中,各分配多少,可以通过正协同效应酶来实现。产物反馈抑制剂的作用,是使该酶对底物浓度的敏感区向高浓度底物方向移动。也就是当反馈抑制剂浓度升高时,就必须在更高底物浓度下,该酶才能有效地催化相应反应,因而使该底物更多地分配到其他代谢途径中去。如氨甲酰磷酸,在大肠杆菌中,是合成 CTP 的原料,也是合成精氨酸的原料。ATCase 结合氨甲酰磷酸的正协同效应和 CTP 对 ATCase 结合氨甲酰磷酸的异促正协同效应,保证了氨甲酰磷酸以适当比例分配到两个不同途径中去。当氨甲酰磷酸富足,而 CTP 不足时,由于 ATCase 结合氨甲酰磷酸的同促正协同效应,使氨甲酰磷酸主要分配来合成 CTP,而只有少部分与鸟氨酸作用合成精氨酸。但当 CTP 合成过量时,由于 CTP 对 ATCase 的反馈抑制作用,氨甲酰磷酸不再主要分配来合成 CTP,而是主要用于精氨酸的合成。

对于许多酶都需要同一种底物,但其中一条代谢途径特别重要,一定要在各种条件下都能保证它稳定地进行,这时负协同效应酶可起到这个作用。例如,NAD$^+$ 是许多脱氢酶的载体底物,为了使酵解作用这一特别重要的代谢途径能顺利进行,而又不影响其他脱氢酶的反应,3-磷酸甘油醛脱氢酶可发挥这一作用。在 NAD$^+$ 不太富足时,由于 3-磷酸甘油醛脱氢酶结合 NAD$^+$ 的 K_1 和 K_2 很小,即酶与头 2 个 NAD$^+$ 的亲和力很大,大部分 NAD$^+$ 可与该酶结合,这样保证了酵解途径顺利进行。但当 NAD$^+$ 富足时,由于该酶结合后两个 NAD$^+$ 的 K_3、K_4 很大,这时 NAD$^+$ 不易再与该酶结合,而分配到其他途径中去,不会过多地用于酵解途径。这样既能保证酵解这一重要途径顺利稳定地进行,又不至于影响其他反应的进行。

3.5 pH和温度对酶促反应的影响

3.5.1 pH对酶促反应的影响

pH对酶促反应影响的原因是多方面的。如过酸过碱可使酶空间构象改变,使酶失活。根据过酸过碱的程度不同,酶可遭受可逆或不可逆失活。又如pH可改变底物的解离状态,影响它与酶的结合。研究pH对酶促反应影响最有意义的是,pH能影响酶分子上一些氨基酸侧链的解离状态,特别是酶催化活性所需的侧链基团的解离状态。从这些研究结果,有希望获得与催化有关的侧链本质以及它们在酶催化中所起的作用。进一步结合X射线衍射分析以及其他实验手段所得结果,可获得有关酶作用机制方面的重要信息。表3-6是一些酶活性部位常见的解离基团及其pK_a值。但应当注意,这些pK_a值是强烈地受其所处环境的影响。如β-COOH,在自由氨基酸中其pK_a为4.0,而在胃蛋白酶中有一Asp的β-COOH,其pK_a值为1.0,比自由Asp中的低3.0个pH。

表3-6 酶活性部位存在的主要解离基团及其pK_a和ΔH

基团种类	解离反应	pK_a	ΔH/(kcal/mol)
α-COOH β或γ-COOH	—COOH ⇌ —COO⁻ + H⁺	3.0～3.2 3.2～5.0	±1.5
His的咪唑基	(咪唑环) HN⁺H ⇌ HN N + H⁺	5.5～7.0	6.9～7.5
α-NH₂ ε-NH₂	—NH₃⁺ ⇌ —NH₂ + H⁺	7.5～8.5 9.5～10.6	10～13
Tyr	—〇—OH ⇌ —〇—O⁻ + H⁺	9.8～10.5	6
Arg-胍基	—N—C—NH₂ (NH₂⁺) ⇌ —N—C—NH₂ (NH) + H⁺	11.6～12.6	12～13

3.5.1.1 从作图法看pH对酶促反应的效应

用酶促反应速度对pH作图形成一钟罩形曲线(图3-89中A),得出该酶最适pH为6.8。从该曲线只能说明pH高于6.8或低于6.8都能使酶促反应速度降低,而不能说明其降低原因是酶蛋白变性还是酶和底物产生了不正常的解离状态。图3-89中B是根据酶在不同pH保温后,再调回到pH6.8测定反应速度的数据做出的。曲线B说明,在pH6.8～8及5～6.8范围内,反应速度的降低不是由于酶蛋白变性失活造成的,而是由于酶或底物形成了不正常的解离形式所致。而在pH>8和pH<5范围,反应速度的降低除了上述原因外,还增加了酶不可逆

变性失活这一因素。图 3-89 中,pH5~8 称为该酶的稳定 pH 范围。

3.5.1.2 pH 影响酶分子解离的效应

下面是在酶的稳定 pH 值范围,以双解离模型,即酶有 2 个可解离的控制酶活性的基团,并假定底物不解离,以此为例来讨论 pH 对酶促反应速度的影响。

(1) 如果只有自由酶解离成不同酶形式,而又只有一种酶形式可生成酶底复合物并分解成产物,如式(3-122)所示。

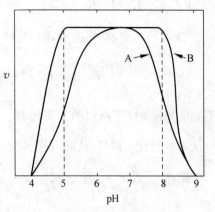

图 3-89 pH 对酶促反应速度的影响

$$EH_2 \underset{K_1}{\overset{H^+}{\rightleftharpoons}} EH^- \underset{K_2}{\overset{H^+}{\rightleftharpoons}} E^{2-} \qquad (3\text{-}122)$$

当 EHS^- 为稳态时,则可按如下步骤导出速度方程:

$$\frac{d[EHS^-]}{dt} = k_1[EH^-][S] - k_{-1}[EHS^-] - k_p[EHS^-] = 0$$

所以 $[EH^-] = [EHS^-]\left(\frac{k_{-1}+k_p}{k_1[S]}\right) = [EHS^-] \cdot \frac{K_m}{[S]}$

$$[E_t] = [EH_2] + [EH^-] + [E^{2-}] + [EHS^-]$$

$$= \frac{[H^+]}{K_1}[EH^-] + [EH^-] + \frac{K_2}{[H^+]}[EH^-] + [EHS^-]$$

$$= [EHS^-] \cdot \frac{K_m}{[S]}\left(1 + \frac{[H^+]}{K_1} + \frac{K_2}{[H^+]}\right) + [EHS^-]$$

$$v/[E_t] = \frac{k_p[EHS^-]}{[EHS^-] \cdot \frac{K_m}{[S]}\left(1 + \frac{[H^+]}{K_1} + \frac{K_2}{[H^+]}\right) + [EHS^-]}$$

$$= \frac{k_p}{\frac{K_m}{[S]}\left(1 + \frac{[H^+]}{K_1} + \frac{K_2}{[H^+]}\right) + 1}$$

所以 $\qquad v = \frac{k_p[E_t][S]}{K_m\left(1 + \frac{[H^+]}{K_1} + \frac{K_2}{[H^+]}\right) + [S]} = \frac{v_{max}[S]}{K_{mapp} + [S]} \qquad (3\text{-}123)$

从式(3-123)可知,pH 变化只影响酶的 K_m 值,使 $K_{mapp} = K_m\left(1 + \frac{[H^+]}{K_1} + \frac{K_2}{[H^+]}\right)$;而对 v_{max} 无影响。

式(3-123)的双倒数方程为

$$1/v = \frac{K_m}{v_{max}}\left(1 + \frac{[H^+]}{K_1} + \frac{K_2}{[H^+]}\right) \cdot \frac{1}{[S]} + \frac{1}{v_{max}} \qquad (3\text{-}124)$$

在不同的 pH 所作的双倒数直线,其纵截距不变,斜率随 pH 而改变,横截距 $\left(-\frac{1}{K_{mapp}}\right)$ 亦随 pH 而改变。从这个双倒数图可直接测得 $\dfrac{1}{K_{\text{mapp}}}$，从而可计算出 K_{mapp}。可用下述两种方法从 K_{mapp} 求得 K_1、K_2 或 pK_1、pK_2。

（Ⅰ）在 $[\text{H}^+]$ 较低情况下，因为 $[\text{H}^+] \ll K_1$，所以 $\dfrac{[\text{H}^+]}{K_1}$ 可忽略不计，则

$$K_{\text{mapp}} = K_m\left(1 + \frac{K_2}{[\text{H}^+]}\right) = K_m \cdot K_2 \cdot \frac{1}{[\text{H}^+]} + K_m$$

用不同的固定 pH 下所得的一系列 K_{mapp} 对 $\dfrac{1}{[\text{H}^+]}$ 再制图，其纵截距为 K_m，横截距为 $-1/K_2$，都可从再制图直接测量，从而可求得 K_m 和 K_2（图 3-90）。

如果在高 $[\text{H}^+]$ 下，因为 $[\text{H}^+] \gg K_2$，所以 $\dfrac{K_2}{[\text{H}^+]}$ 可忽略不计，则

$$K_{\text{mapp}} = K_m\left(1 + \frac{[\text{H}^+]}{K_1}\right) = \frac{K_m}{K_1}[\text{H}^+] + K_m$$

将 K_{mapp} 对 $[\text{H}^+]$ 再制图可求得 K_1 和 K_m。

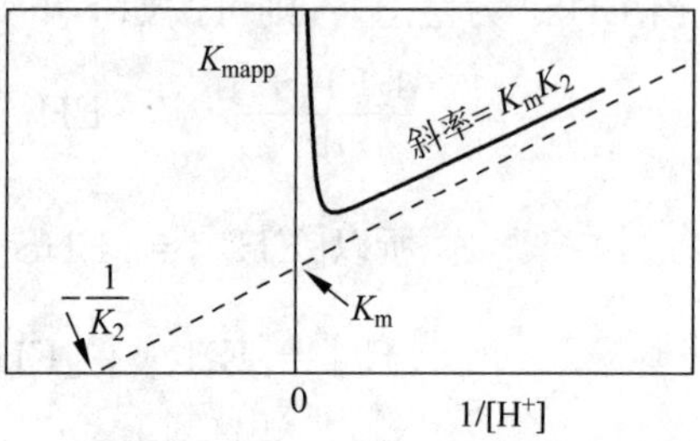

（Ⅱ）可从以下三种情况求得 pK_1 和 pK_2。

a. 在高 $[\text{H}^+]$ 时，$[\text{H}^+] \gg K_1 \gg K_2$，即 $\dfrac{[\text{H}^+]}{K_1} \gg$

$\dfrac{K_2}{[\text{H}^+]}$，$\dfrac{[\text{H}^+]}{K_1} \gg 1$，故 $\dfrac{K_2}{[\text{H}^+]}$ 和 1 都可忽略不计，则

$K_{\text{mapp}} = K_m \cdot \dfrac{[\text{H}^+]}{K_1}$ 所以 $pK_{\text{mapp}} = pK_m + pH - pK_1$

图 3-90 K_{mapp} 对 $1/[\text{H}^+]$ 作图

将 pK_{mapp} 对 pH 作图得一直线，其斜率为 1。当 $pK_{\text{mapp}} = pK_m$ 时，$pH = pK_1$（图 3-91 中 A）。

b. 在低 $[\text{H}^+]$ 时，$K_1 \gg K_2 \gg [\text{H}^+]$，即 $\dfrac{K_2}{[\text{H}^+]} \gg \dfrac{[\text{H}^+]}{K_1}$，$\dfrac{K_2}{[\text{H}^+]} \gg 1$，故 $\dfrac{[\text{H}^+]}{K_1}$ 和 1 都可忽略不计，则 $K_{\text{mapp}} = K_m \cdot \dfrac{K_2}{[\text{H}^+]}$，

所以 $$pK_{\text{mapp}} = pK_m + pK_2 - pH$$

将 pK_{mapp} 对 pH 作图，得一直线，其斜率为 -1。当 $pK_{\text{mapp}} = pK_m$ 时，$pH = pK_2$（图 3-91 中 B）。

c. 当 $\dfrac{[\text{H}^+]}{K_1}$ 和 $\dfrac{K_2}{[\text{H}^+]}$ 都远小于 1 时，$\dfrac{[\text{H}^+]}{K_1}$ 和 $\dfrac{K_2}{[\text{H}^+]}$ 都可忽略不计，则 $K_{\text{mapp}} = K_m$，故 $pK_{\text{mapp}} = pK_m$，这是一条平行于 pH 轴且高度为 pK_m 的直线（图 3-91 中 C）。

（2）自由酶只有一种酶形式 EH^-，不能解离成其他形式；EH^- 与 S 结合生成的 EHS^- 能解离成不同的酶形式，但只有 EHS^- 能分解成产物，如式（3-125）所示。

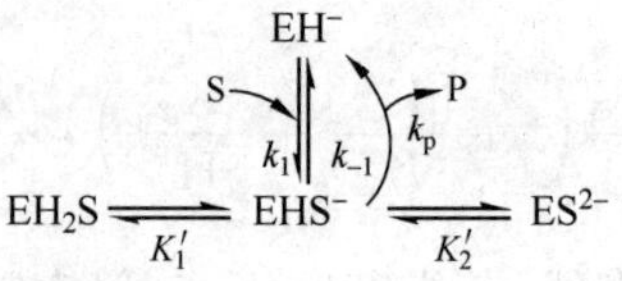

$$\tag{3-125}$$

按上述相同方法推导得速度方程如下：

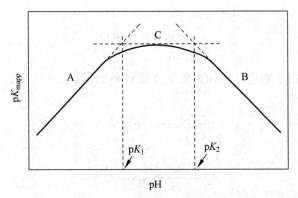

图 3-91 pH 对 pK_{mapp} 的影响

$$v = \frac{\dfrac{v_{max}[S]}{1 + \dfrac{[H^+]}{K_1'} + \dfrac{K_2'}{[H^+]}}}{\dfrac{K_m}{\left(1 + \dfrac{[H^+]}{K_1'} + \dfrac{K_2'}{[H^+]}\right)} + [S]} = \frac{v_{maxapp}[S]}{K_{mapp}[S]} \qquad (3-126)$$

作其双倒数图,求得:纵截距$=\dfrac{1}{v_{maxapp}}$,横截距$=-\dfrac{1}{K_{mapp}}$。

采用上述 I 方法,利用下面 2 个公式之一,通过再制图,均可求得 K_1' 和 K_2'。

$$\frac{1}{v_{maxapp}} = \frac{1}{v_{max}}\left(1 + \frac{[H^+]}{K_1'} + \frac{K_2'}{[H^+]}\right) \qquad (3-127)$$

$$\frac{1}{K_{mapp}} = \frac{1}{K_m}\left(1 + \frac{[H^+]}{K_1'} + \frac{K_2'}{[H^+]}\right) \qquad (3-128)$$

也可采用上述 II 方法,而求得 pK_1' 和 pK_2'。图 3-92 是利用式(3-128),用 II 方法作的图。利用式(3-127),采用 II 方法可导出式(3-129)、式(3-130)和式(3-131),再根据这 3 个式子,用 lgv_{maxapp} 对 pH 作图,可求得 pK_1' 和 pK_2'(图 3-93)。

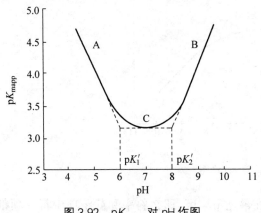

图 3-92 pK_{mapp} 对 pH 作图

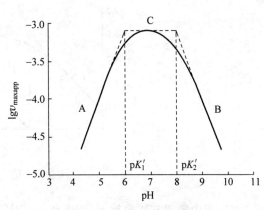

图 3-93 lgv_{maxapp} 对 pH 作图

$$\lg v_{maxapp} = \lg v_{max} + pH - pK'_1 \tag{3-129}$$

$$\lg v_{maxapp} = \lg v_{max} - pH + pK'_2 \tag{3-130}$$

$$\lg v_{maxapp} = \lg v_{max} \tag{3-131}$$

（3）如果自由酶和酶-底物复合物都能解离成各种酶形式，而只有 EHS$^-$ 能分解成产物，如式(3-132)所示。

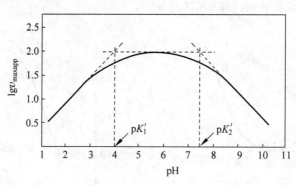

$$\tag{3-132}$$

按上述方法推导其速度方程为

$$v = \cfrac{\cfrac{v_{max}[S]}{\left(1 + \cfrac{[H^+]}{K'_1} + \cfrac{K'_2}{[H^+]}\right)}}{\cfrac{K_m\left(1 + \cfrac{[H^+]}{K_1} + \cfrac{K_2}{[H^+]}\right)}{\left(1 + \cfrac{[H^+]}{K'_1} + \cfrac{K'_2}{[H^+]}\right)} + [S]} = \cfrac{v_{maxapp}[S]}{K_{mapp} + [S]} \tag{3-133}$$

其双倒数方程为

$$1/v = \frac{K_m}{v_{max}}\left(1 + \frac{[H^+]}{K_1} + \frac{K_2}{[H^+]}\right)\cdot\frac{1}{[S]} + \frac{1}{v_{max}}\left(1 + \frac{[H^+]}{K'_1} + \frac{K'_2}{[H^+]}\right) \tag{3-134}$$

在不同的 pH 下，$1/v$ 对 $\dfrac{1}{[S]}$ 作图得一簇直线。

$$斜率_{1/S} = \frac{K_m}{v_{max}}\left(1 + \frac{[H^+]}{K_1} + \frac{K_2}{[H^+]}\right), \quad 纵截距 = \frac{1}{v_{max}}\left(1 + \frac{[H^+]}{K'_1} + \frac{K'_2}{[H^+]}\right)$$

如果两个 pK 值相差 3.5 个 pH 以上，即 $K_1 \gg K_2$ 时，则可按上述 II 方法在高、低、中 3 个 pH 范围，以 $\lg v_{maxapp}$ 对 pH 作图，从 3 根直线的交点可求得 pK'_1 和 pK'_2（图 3-94）。也可用 lg 斜率$_{1/S}$ 对 pH 作图求出 pK_1 和 pK_2。

图 3-94　$\lg v_{maxapp}$ 对 pH 作图

如果两个解离常数很接近，或者作图范围是在最适 pH 区，那么斜率和截距项中每一项都不能忽略，其再制图就不会是线性的。

在这种情况下，pH 对 pK_m 的影响是比较复杂的，要从不同的固定[H$^+$]测得 pK_{mapp}，而测出的各种解离常数将随下列各种条件而异。

A. $pK_1 > pK_1'$, $pK_2 = pK_2'$;   E. $pK_1 = pK_1'$, $pK_2 > pK_2'$;

B. $pK_1 = pK_1'$, $pK_2 < pK_2'$;   F. $pK_1 < pK_1'$, $pK_2 = pK_2'$;

C. $pK_1 > pK_1'$, $pK_2 < pK_2'$;   G. $pK_1 < pK_1'$, $pK_2 < pK_2'$;

D. $pK_1 > pK_1'$, $pK_2 > pK_2'$;   H. $pK_1 < pK_1'$, $pK_2 > pK_2'$。

例1 $pK_1 = 6.0 > pK_1' = 5.5$, $pK_2 = 9.0 = pK_2'$

在高$[H^+]$时，$\dfrac{K_2}{[H^+]}$和$\dfrac{K_2'}{[H^+]}$可忽略，故 $K_{mapp} = K_m \dfrac{1 + [H^+]/K_1}{1 + [H^+]/K_1'}$。因为 $pK_1 > pK_1'$，所以

$K_1' \gg K_1$，则$\dfrac{[H^+]}{K_1'}$亦可忽略；并且$\dfrac{[H^+]}{K_1} \gg 1$，分子中的 1 也可忽略，故 $K_{mapp} = K_m \dfrac{[H^+]}{K_1}$。

所以 $pK_{mapp} = pK_m + pH - pK_1$，将 K_{mapp} 对 pH 作图，得一直线（图 3-95 中 A），其斜率为 1。

因为 $pK_2 = pK_2'$，所以 $K_2 = K_2'$。在低$[H^+]$下，$\dfrac{[H^+]}{K_1}$和$\dfrac{[H^+]}{K_1'}$都可忽略，而$\dfrac{K_2}{[H^+]}$和$\dfrac{K_2'}{[H^+]}$

也远大于 1，故 $K_{mapp} = K_m \dfrac{K_2/[H^+]}{K_2'/[H^+]} = K_m$。得一直线平行于 pH 轴（图 3-95 中 B）。

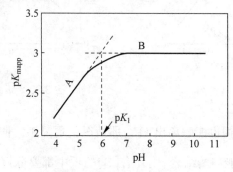

图 3-95 pK_{mapp} 对 pH 作图

例2 $pK_1 = 6.0 > pK_1' = 5.5$, $pK_2 = 9.0 < pK_2' = 9.5$

在高$[H^+]$下，$\dfrac{K_2}{[H^+]}$和$\dfrac{K_2'}{[H^+]}$可忽略，故 $K_{mapp} = K_m \dfrac{1 + [H^+]/K_1}{1 + [H^+]/K_1'}$。因为 $pK_1 > pK_1'$，所以

$K_1' > K_1$，则$\dfrac{[H^+]}{K_1'}$亦可忽略；而$\dfrac{[H^+]}{K_1} \gg 1$，分子中的 1 亦可忽略，故 $K_{mapp} = K_m \dfrac{[H^+]}{K_1}$。所以

$pK_{mapp} = pK_m + pH - pK_1$。

将 pK_{mapp} 对 pH 作图，得一直线（图 3-96 中 A），其斜率为 1。

在低$[H^+]$下，同理可得 $pK_{mapp} = pK_m + pK_2 - pH$。将 pK_{mapp} 对 pH 作图，得一直线（图 3-96 中 B），其斜率为 -1。

例3 $pK_1 = 6.0 = pK_1'$, $pK_2 = 9.0 < pK_2' = 9.5$

与上述方法相似，可得 $pK_{mapp} = pK_m + pK_2 - pH$ 和 $pK_{mapp} = pK_m$。pK_{mapp} 对 pH 作图（图 3-97）。

例4   当 $pK_1 = 6.0 < pK_1' = 6.5$, $pK_2 = 9.0 = pK_2'$

与上述方法相似，可得 $pK_{mapp} = pK_m + pK_1' - pH$ 和 $pK_{mapp} = pK_m$。pK_{mapp} 对 pH 作图（图 3-98）。

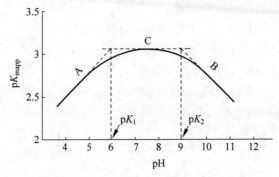

图 3-96　pK_{mapp} 对 pH 作图

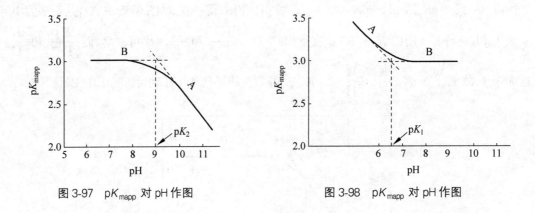

图 3-97　pK_{mapp} 对 pH 作图　　　　图 3-98　pK_{mapp} 对 pH 作图

（4）如果进一步考虑底物也能解离出 H^+，那情况就更复杂。假设底物也有三种解离形式 SH_2、SH^- 和 S^{2-}，而它们又能与酶结合，则凡有 [S] 的项中都要除以 $\left(1+\dfrac{[H^+]}{K_1''}+\dfrac{K_2''}{[H^+]}\right)$ 系数。例如，速度方程（3-133）将改写成：

$$v=\cfrac{\cfrac{v_{max}[S]}{\left(1+\dfrac{[H^+]}{K_1''}+\dfrac{K_2''}{[H^+]}\right)}}{K_m\left(1+\dfrac{[H^+]}{K_1}+\dfrac{K_2}{[H^+]}\right)+[S]\cfrac{\left(1+\dfrac{[H^+]}{K_1'}+\dfrac{K_2'}{[H^+]}\right)}{\left(1+\dfrac{[H^+]}{K_1''}+\dfrac{K_2''}{[H^+]}\right)}} \tag{3-135}$$

$$K_{mapp}=K_m\cfrac{\left(1+\dfrac{[H^+]}{K_1}+\dfrac{K_2}{[H^+]}\right)\left(1+\dfrac{[H^+]}{K_1''}+\dfrac{K_2''}{[H^+]}\right)}{\left(1+\dfrac{[H^+]}{K_1'}+\dfrac{K_2'}{[H^+]}\right)} \tag{3-136}$$

在高 $[H^+]$ 下式（3-136）可简化为

$$K_{mapp}=K_m\cfrac{([H^+]/K_1)([H^+]/K_1^*)}{[H^+]/K_1'}$$

所以 $pK_{mapp}=pK_m+pH+pK_1'-pK_1-pK_1''$

将 pK_{mapp} 对 pH 作图得一直线（图 3-99 中 A），其斜率为 1。

在低[H$^+$]下,同理得:

$$pK_{mapp} = pK_m - pH + pK_2 + pK_2'' - pK_2'$$

将 pK_{mapp} 对 pH 作图得一直线(图 3-99B),其斜率为 -1。

同理,当 pH 适当,$\dfrac{[H^+]}{K_1}$、$\dfrac{[H^+]}{K_1'}$、$\dfrac{[H^+]}{K_1''}$ 和 $\dfrac{K_2}{[H^+]}$、$\dfrac{K_2'}{[H^+]}$、$\dfrac{K_2''}{[H^+]}$ 都小于 1 时,$pK_{mapp} = pK_m$,

得一平行于 pH 轴之直线(图 3-99 中 C)。

其他情况还很多,如 EH_2S 和 ES^{2-} 等也能分解成产物,则更复杂了,这里不一一赘述。

下面举例说明,为什么高[H$^+$]时,$\dfrac{K_2}{[H^+]}$

和 1 可忽略不计;低[H$^+$]时,$\dfrac{[H^+]}{K_1}$ 和 1 可忽

略不计;而在一适当[H$^+$]范围,$\dfrac{[H^+]}{K_1}$ 和

$\dfrac{K_2}{[H^+]}$ 可忽略不计。

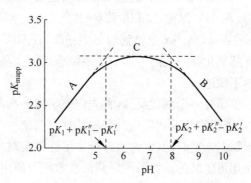

图 3-99 pK_{mapp} 对 pH 作图

设 $K_1 = 10^{-5}$,$K_2 = 10^{-10}$

在 pH=3 时,$[H^+] = 10^{-3}$,则 $\dfrac{[H^+]}{K_1} = \dfrac{10^{-3}}{10^{-5}} = 100$,而 $\dfrac{K_2}{[H^+]} = \dfrac{10^{-10}}{10^{-3}} = 10^{-7}$。所以在 pH3

时,$\dfrac{[H^+]}{K_1}$ 远大于 1 和 $\dfrac{K_2}{[H^+]}$,1 和 $\dfrac{K_2}{[H^+]}$ 则可忽略不计。

在 pH=7 时,$[H^+] = 10^{-7}$,则 $\dfrac{[H^+]}{K_1} = \dfrac{10^{-7}}{10^{-5}} = 10^{-2}$,$\dfrac{K_2}{[H^+]} = \dfrac{10^{-10}}{10^{-7}} = 10^{-3}$。所以在 pH7

时,$\dfrac{[H^+]}{K_1}$ 和 $\dfrac{K_2}{[H^+]}$ 都远小于 1,可忽略不计。

在 pH=12 时,$[H^+] = 10^{-12}$,则 $\dfrac{K_2}{[H^+]} = \dfrac{10^{-10}}{10^{-12}} = 100$,$\dfrac{[H^+]}{K_1} = \dfrac{10^{-12}}{10^{-5}} = 10^{-7}$。所以在 pH12

时,$\dfrac{K_2}{[H^+]}$ 远大于 1 和 $\dfrac{[H^+]}{K_1}$,1 和 $\dfrac{[H^+]}{K_1}$ 则可忽略不计。

3.5.2 温度对酶促反应的影响

温度对酶促反应产生影响的原因是多方面的,概括地说主要有两个方面:一方面是温度对酶蛋白稳定性的影响,即对酶热变性失活作用;另一方面是温度对酶促反应本身的影响,其中可能包括影响酶和底物的结合,影响 v_{max},影响酶和底物分子解离基团的 pK,影响酶与抑制剂、激活剂或辅酶的结合等。

酶热变性失活的活化能为 50 000～150 000cal·mol^{-1},它比一般酶促反应的活化能(5000～15 000cal·mol^{-1})约大 10 倍。所以,在 30℃以下的较低温度,由于这时远低于酶热变性的活化能水平,酶的热失活作用很慢,对酶促反应无明显影响。随着温度上升,由于热失活作用温度系数远大于酶促反应的温度系数,酶变性速度很快增加,它比升温使反应速度的增加要

快得多。这是酶促反应速度对温度作图呈钟罩形曲线的原因。

在一定条件下,某一温度达最大反应速度,则该温度称为最适温度。但酶的最适温度并不是酶的特征常数,它与实验条件等密切相关。例如,与测定反应速度时反应的保温时间有关,一般反应保温时间越短,测得的最适温度越高。

3.5.2.1 酶稳定性温度

大多数酶均对热敏感,即在较高温度下易变性失活。如大多数限制性核酸内切酶、DNA 连接酶,在 65℃保温 10min 就会完全失活。但也有极少数酶对热不敏感。例如,从 *Bacillus steaothermophilus* 中得到的 α-淀粉酶,在 90℃下保温 1h,仍可保持 90%的活性。腺苷酸激酶、铜锌超氧化物歧化酶等亦对热不敏感。能在高温环境(如温泉)生长的嗜热菌,其体内的酶往往对热不敏感。

要研究一个酶促反应,首先应该了解该酶的稳定性温度范围,在该温度范围内进行各种试验,才能说明该酶促反应的各种特性。确定一个酶的稳定性温度范围,是将酶分别在不同温度下预保温一定时间(大约为进行酶活性测定时间的 1～2 倍),然后回到较低温度(酶的热变性失活作用可忽略的温度),测定酶活性数次。测出在该时间范围内酶活性不降低的最高温度,即为该酶的稳定性温度。例如,图 3-100 所示的 35℃为该酶的稳定性温度。

图 3-100 中各直线斜率＝lg(剩余酶活性百分数)/t,而酶失活的一级速度常数 $k = -\ln$(剩余酶活性百分数) $/t$,所以各直线斜率 $= -\dfrac{k}{2.3}$。将各温度下求得的 k 对温度作图,求得 $k=0$ 时的温度范围,其中最高温度(35℃)即该酶最高稳定温度(图 3-101)。

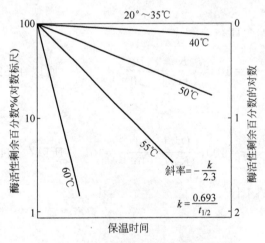

图 3-100　不同温度下预保温时间对剩余酶活性百分数的对数作图

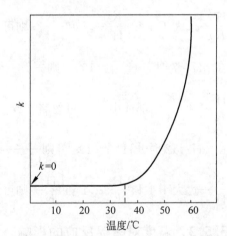

图 3-101　酶失活一级速度常数 k 对温度作图

那么,这个酶可否就在 35℃下长期保存呢?肯定不行!一般酶都是在 0℃以下低温进行保存。上述的 35℃仅仅表示在一特定时间(酶预保温时间)内酶是稳定的。一般酶预保温时间愈长,测得酶的最高稳定温度会愈低。

酶对温度的敏感性,首先与酶分子本身的结构有关,其次与一系列条件(如酶的纯度、浓度,有无底物和保护剂存在,介质的 pH、离子强度等)有关。例如,一般的酶液,高浓度的比低浓度的耐热,低纯度的比高纯度的耐热。

3.5.2.2 冷不稳定酶

有些酶在0℃反而比在室温更不稳定。

例如,细菌谷氨酸脱羧酶,在25℃稳定,而在0℃则易失活,1小时内活性可降低50%。如果先加入磷酸吡哆醛或血清白蛋白或高浓度甘氨酸,0℃时酶不易失活。如果酶已在0℃失活,加入磷酸吡哆醛,酶活性可恢复;而加入血清白蛋白或甘氨酸,或升温到25℃,酶活性不能恢复。

生物膜上的H^+-ATP酶有3类:P型H^+-ATP酶、F型H^+ATP酶和V型H^+-ATP酶。来自质膜的P型H^+-ATP酶不存在冷失活现象。而来自线粒体或叶绿体的F型H^+-ATP酶,在高盐浓度下存在冷失活现象,即在0℃迅速失活,在室温反而较稳定,若加入底物Mg ATP则有保护作用。V型H^+-ATP酶是一个相对分子质量较大($400 \times 10^3 \sim 600 \times 10^3$)的寡聚酶,它的结构类似于F型$H^+$-ATP酶,含有一个亲水性部分$V_1$和一个嵌于磷脂双分子层中的疏水性部分$V_0$。1989年,Moriyama和Nelson发现V型H^+-ATP酶也存在冷失活现象,并观察到冷刺激后,该酶的V_1部分会从V_0所位于的膜脂双分子层上脱落。

3.5.2.3 温度对酶促反应本身的影响

一个酶促反应可简单地表示为三个连续步骤,即

$$E + S \underset{k_{-1}}{\overset{k_1}{\rightleftharpoons}} ES \underset{k_{-2}}{\overset{k_2}{\rightleftharpoons}} EP \underset{k_{-3}}{\overset{k_3}{\rightleftharpoons}} E + P \tag{3-137}$$

温度对酶促反应的影响,就是温度对这三个反应步骤影响的总结果。这三个步骤中每一步都包含着活化自由能、活化热焓和活化熵,以及反应过程的标准自由能、热焓和熵。理论上需要测量每一步的速度常数的绝对值,以及温度对这些值的影响,来计算出各种自由能、热焓和熵的数值。

1. 酶促反应的标准自由能、热焓和熵

现以式(3-137)反应的第一步为例进行讨论。

k_1/k_{-1}为第一步反应的平衡常数(K_{eq})。标准自由能变化为

$$\Delta G^0 = -RT\ln(k_1/k_{-1}) = -2.303RT\lg(k_1/k_{-1}) \tag{3-138}$$

ΔG^0为标准自由能变化(以cal·mol^{-1}表示)。当ES形成是吸热时,ΔG^0为正值。R为气体常数,T为绝对温度。

按Van't Hoff公式: $\dfrac{d\ln K_{eq}}{dT} = \dfrac{\Delta H^0}{RT^2}$

所以

$$\Delta H^0 = \frac{RT^2 d\ln K_{eq}}{dT} = \frac{2.303RT^2 d\lg K_{eq}}{dT} \tag{3-139}$$

根据温度对平衡常数K_{eq}的影响,则第一步热焓变化可从式(3-139)求得。

将式(3-139)重排、积分,得

$$\int d\lg K_{eq} = \int -\frac{\Delta H^0}{2.303R} \cdot \frac{dT}{T^2}$$

所以

$$\lg K_{eq} = -\frac{\Delta H^0}{2.303R} \frac{1}{T} + C$$

以$-\lg K_{eq}(pK_{eq})$对$\dfrac{1}{T}$作图得一直线,其斜率为$\dfrac{\Delta H^0}{2.303R}$,从而求得$\Delta H^0$。

再可按式(3-140)求得 ΔS^0，即

$$\Delta S^0 = \frac{\Delta H^0 - \Delta G^0}{T} \tag{3-140}$$

第二步、第三步反应的各种热力学参数，可用同样方法从 $\dfrac{k_2}{k_{-2}}$ 和 $\dfrac{k_3}{k_{-3}}$ 等平衡常数求得。逆反应的各种量与正反应相同，但符号相反。三个反应步骤的 ΔH^0、ΔG^0、ΔS^0 的代数和为总反应的 ΔH^0、ΔG^0、ΔS^0。

从一个酶促反应的标准热焓可进一步判断通过 pK 值测定而得出的解离基团是否正确。可在几个不同温度下用 $\lg v_{\max\,\mathrm{app}}$ 对 pH 作图求得 pK 值，再将此 pK 值对 $\dfrac{1}{T}$ 再制图，从图的各斜率求得标准热焓，进而与表 3-6 中各解离基团的热焓值比较，从而推知解离基团的类型。

2. 酶促反应的活化自由能、活化热焓、活化熵

要得到这些热力学参数，需要利用绝对反应速度理论。这理论的中心是："在给定温度下，任何反应的反应速度，只决定于一个能量富集的活化复合物的浓度。"

下面我们简单阐述这个理论并将它应用于(3-137)式的第一步反应：E＋S ⇌ ES。这个理论认为 E 和 S 在形成 ES 之前，必须克服一个能障，经过一富能的活化复合物 $(E\cdots S)^{\neq}$ 阶段，只有达到所需活化能的那一部分反应物分子才能反应。这些活化态分子可看作一个不稳定的过渡态，其键和排列方向是被扭曲的，一旦达到过渡态立即就会分解成产物，这时反应速度与温度无关。图 3-102 是表示这种由 E 和 S 经过渡态而形成 ES 的能量关系图。

图 3-102 所示的能量差 Δ_1 可用 K_{eq}、ΔG^0、ΔH^0、ΔS^0 等热力学量来表示。如果 E＋S ⇌ $(E\cdots S)^{\neq}$ ⇌ ES 平衡成立，则 Δ_2 除可用活化能 E_a 和 k_1 表示外，也可用相应热力学量 $K^{\neq}$、$\Delta G^{\neq}$、$\Delta H^{\neq}$ 和 $\Delta S^{\neq}$ 等来表示。

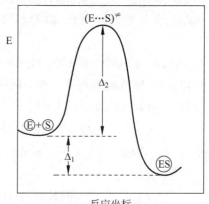

$K^{\neq} = \dfrac{[E\cdots S]^{\neq}}{[E][S]}$，是一个假平衡常数，故 $[E\cdots S]^{\neq} = K^{\neq}[E][S]$。$[E\cdots S]^{\neq}$ 实际是以稳态存在，所以 $K^{\neq}$ 是类似于 K_m 而不类似 K_S 的动力学常数。

ES 形成速度 ＝活化复合物 $(E\cdots S)^{\neq}$ 浓度 $\times \nu$
ν 称为 E~S 键的振动频率。

在过渡态的振动键能 E_{vib} ＝键的势能 E_{pot}。

按 Eyring 假说，$E_{\mathrm{vib}} = h\nu$，$E_{\mathrm{pot}} = K_B T$。h 为普朗克常数 $(6.624 \times 10^{-27}\,\mathrm{erg \cdot s})$，$K_B$ 为玻尔兹曼常数 $(1.38 \times 10^{-16}\,\mathrm{erg \cdot deg^{-1}})$。

反应坐标

$(E\cdots S)^{\neq}$ 代表活化过渡态分子；$\Delta_1 = \Delta H^0$，为反应的标准热焓；$\Delta_2 = \Delta H^{\neq}$，为反应的活化热焓

图 3-102　E＋S 形成 ES 的能量分布图

$$\text{所以 } h\nu = K_B T, \qquad \text{所以 } \nu = \frac{K_B T}{h}$$

所以 ES 形成的反应速度 $= [E\cdots S]^{\neq} \cdot \nu = \dfrac{K_B T}{h} K^{\neq}[E][S]$，从式(3-137)可知：ES 形成的反应速度 $= k_1[E][S]$。

所以

$$k_1 = \frac{K_B T}{h} K^{\neq} \tag{3-141}$$

由于

$$\Delta G^{\neq} = -RT \ln K^{\neq} \tag{3-142}$$

所以 $K^{\neq} = e^{\frac{-\Delta G^{\neq}}{RT}}$，代入式(3-141)，得

$$k_1 = \frac{K_B T}{h} e^{\frac{-\Delta G^{\neq}}{RT}} \tag{3-143}$$

由于

$$\Delta G^{\neq} = \Delta H^{\neq} - T \Delta S^{\neq} \tag{3-144}$$

所以 $k_1 = \frac{K_B T}{h} e^{\frac{-\Delta H^{\neq}}{RT}} e^{\frac{\Delta S^{\neq}}{R}} \tag{3-145}$

$$\lg \frac{k_1}{T} = -\frac{\Delta H^{\neq}}{2.303R} \cdot \frac{1}{T} + \lg \frac{K_B}{h} + \frac{\Delta S^{\neq}}{2.303R} \tag{3-146}$$

$\Delta G^{\neq}$ 可从式(3-143)求得。

$\Delta H^{\neq}$ 可按式(3-146)，以 $\lg \frac{k_1}{T}$ 对 $\frac{1}{T}$ 作图，从所得直线斜率求得(图3-103)。即在不同温度下

测反应速度常数 k_1，然后将 $\lg \frac{k_1}{T}$ 对 $\frac{1}{T}$ 作图，所得直线斜率$= \frac{-\Delta H^{\neq}}{2.303R}$，从而可计算出 $\Delta H^{\neq}$。

$\Delta S^{\neq}$ 可由 $\Delta G^{\neq}$、$\Delta H^{\neq}$ 按式(3-144)计算求得。

假定 $\Delta S^{\neq}$ 不随温度而变，则式(3-145)取对数并微
分得

$$\frac{\mathrm{d} \ln k_1}{\mathrm{d} T} = \frac{\Delta H^{\neq} + RT}{RT^2} \tag{3-147}$$

根据 Arrhenius 方程 $\frac{\mathrm{d} \ln k_1}{\mathrm{d} T} = \frac{E_0}{RT^2}$，

所以 $E_0 = \Delta H^{\neq} + RT$，即 E+S→ES 反应的活化
能可从 $\Delta H^{\neq}$ 求得。

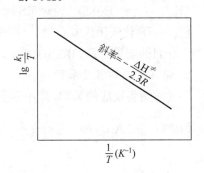

图 3-103 求 $\Delta H^{\neq}$ 的作图法

也可从式(3-147)重排，积分得

$$\lg k_1 = -\frac{\Delta H^{\neq} + RT}{2.303R} \cdot \frac{1}{T} = -\frac{E_a}{2.303R} \cdot \frac{1}{T} \tag{3-148}$$

根据式(3-148)，求不同温度下的 k_1，再将 $\lg k_1$ 对 $\frac{1}{T}$ 作图，从直线斜率$-\frac{E_a}{2.303R}$，即可计算

出 E_a。图3-104是在不同温度下，所测一个反应的速度常数的对数对 $\frac{1}{T}$ 所作的图。

综上所述，可知绝对反应速度理论和酶促反应中间产物学说之间有某种类似之处。两者都
假定先形成一个活性复合物，然后再分解成产物，并且活性复合物又与原有反应物相平衡。但
两种假定的活性复合物是处于完全不同的状态。米氏酶底物复合物在物理意义上是未被活化
的。但 E 和 S 形成 ES，必须首先有一热活化过程，形成活化过渡态才能转变为 ES；而 ES 要继
续反应形成产物，仍需一个热活化过程形成相应过渡态。一个单底物反应可用下式表示两种复

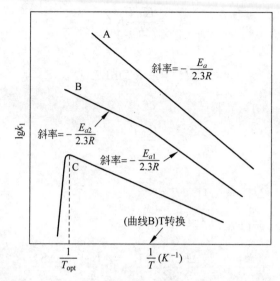

A. 为正常情况；B. 直线斜率发生改变是由于反应包括几个步骤，有不同步骤成为限速反应；C. 由于酶失活，曲线突然下降

图 3-104 不同温度下测出的反应速度常数 k_1，将 $\lg k_1$ 对 $\frac{1}{T}$ 作图

合物的关系。

$$E+S \rightleftharpoons (E\cdots S)^{\neq} \rightleftharpoons ES \rightleftharpoons (E\cdots X)^{\neq} \rightleftharpoons EP \rightleftharpoons (E\cdots P)^{\neq} \longrightarrow E+P \quad (3\text{-}149)$$

ES 和 EP 代表米氏复合物。$(E\cdots S)^{\neq}$、$(E\cdots X)^{\neq}$ 和 $(E\cdots P)^{\neq}$ 代表 Eyring 热活化过渡态复合物。它们的能量关系如图 3-105 所示，这是一个正反应的能量关系图。

3. 酶促反应的温度系数

温度对酶促反应的影响，常用温度系数 Q_{10} 表示。Q_{10} 是指温度增加 10℃ 时，速度常数所增加的倍数。按 Arrhenius 方程在不同温度下的积分形式 $\lg \dfrac{k_2}{k_1} = \dfrac{E_a}{2.303R}\left(\dfrac{T_2-T_1}{T_1 T_2}\right)$，可得 $\lg Q_{10} = \dfrac{E_a}{2.303R}\dfrac{10}{T_1 T_2}$，

所以

$$E_a = \frac{2.303 R T_1 T_2 \lg Q_{10}}{10}$$

酶促反应的 Q_{10} 常为 1～2。当 $Q_{10}=2$ 时，$E_a=12\,000\text{cal}\cdot\text{mol}^{-1}$。酶促反应的 Q_{10} 比无机催化剂催化反应的 Q_{10} 低，所以其活化能 E_a 亦比无机催化反应小。

4. 酶促反应的一些热力学参数的大小说明什么问题

表 3-7 记录了一些反应的活化能数据，从数据可以归纳出下列几点：

(1) 酶促反应的活化能远比无机催化反应低。

(2) 不同的酶催化同一种反应，所需活化能不同。

(3) 同一种酶催化不同底物的反应，所需活化能相同。

从这个意义上，可以说酶促反应的活化能是酶的一个特征值。

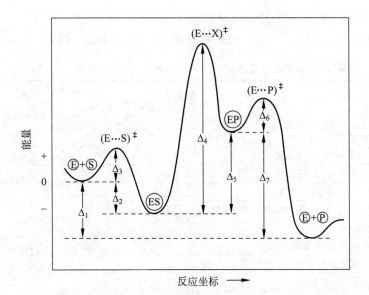

Δ_1 代表 $E+S \xrightleftharpoons[]{K_{eq}} E+P$ 总反应中，$E+S$ 至 $E+P$ 的能量差；不管反应机制如何，是否有酶催化，它都为常数。总反应可用 K_{eq}、ΔG^0、ΔH^0 和 ΔS^0 来描述。

Δ_2 为 $E+S$ 与 ES 间的能量差。在快速平衡系统，$K_{eq}=1/K_S$，$K_S=K_m$，当 K_S 为 $10^{-6} \sim 10^{-2}$，则 ΔG^0 为 $-2700 \sim 8200\text{cal} \cdot \text{mol}^{-1}$。

Δ_3 代表 $E+S$ 经热激活形成过渡态复合物 $(E \cdots S)^{\neq}$ 所需的能量。与这步有关的热力学参数值 E_a、$\Delta G^{\neq}$、$\Delta H^{\neq}$、$\Delta S^{\neq}$，可通过测不同温度下的 k_1 而求得。ES 形成速度很快，k_1 为 $10^6 \sim 10^9 \text{mol}^{-1} \cdot \text{L} \cdot \text{s}^{-1}$，需用快速技术测定。

Δ_4 这一步有键的破坏和形成，如果这一步骤是限速步骤，则用 $\lg v_{\max \text{ app}}$ 对 $\frac{1}{T}$ 作图可求得这一步的 E_a。

Δ_5 为两个酶底复合物间的能量差，不能直接测得。

Δ_6 是 EP 激发成过渡态所需能量。这一步的一些热力学参数值可通过温度对 EP 解离的一级速度常数影响的测定而求得。

Δ_7 为 EP 与 $E+P$ 之间的能量差。$K_{eq}=[E][P]/[EP]$，在快速平衡单反应物系统中，这个 $K_{eq}=K_p=K_{mP}$

图 3-105　式(3-149)中各复合物在正反应中的能量关系图

表 3-7　反应的活化能

反　应	催化剂	活化能 $E_a/(\text{kJ} \cdot \text{mol}^{-1})$
蔗糖水解	H^+	109
蔗糖水解	麦芽糖酶	54
蔗糖水解	酵母蔗糖酶	46
棉籽糖水解	酵母蔗糖酶	46
H_2O_2 分解	无催化剂	76
H_2O_2 分解	Fe^{2+}	42
H_2O_2 分解	过氧化氢酶	7

一般酶促反应的 $\Delta G^{\neq}$ 变化不大，而在酶-底物复合物生成时常有离子键和氢键等生成，所以 $\Delta H^{\neq}$ 为负值，对反应更有利。$\Delta S^{\neq}$ 往往是负值。表 3-8 列出了 $E+S \xrightleftharpoons[k_{-1}]{k_1} ES \xrightarrow{k_2} ES' \xrightarrow{k_3} E+P$ 反应中，一些反应步骤的速度常数、E_a 和 $\Delta S^{\neq}$ 等(在一定温度和 pH 下)。表中有 * 号的酶促反

应速度常数项不是 k_3，而是一个复合速度常数 $k_0 = k_1 k_2/(k_{-1} + k_2)$。当 $k_2 \gg k_{-1}$ 时，$k_0 = k_1$。当 $k_{-1} \gg k_2$ 时，$k_0 = k_1 k_2/k_{-1}$。E_a 和 $\Delta S^{\neq}$ 都是相当于 k_0 时的 E_a 和 $\Delta S^{\neq}$。

表 3-8　在固定温度和 pH 下，一些酶促反应的 k_3 或 k_0、E_a、$\Delta S^{\neq}$

酶	底　物	温度/℃	pH	k_3 或 k_0/s^{-1}	E_a /(kJ·mol^{-1})	$\Delta S^{\neq}$/(J·deg·mol^{-1})
胰凝乳蛋白酶	N-乙酰-L-酪氨酸乙酯	25.0	8.7	0.0683	45.6	−56.1
	N-苯甲酰-L-酪氨酸乙酯	25.0	7.8	78.0	38.5	−89.5
	N-苯甲酰-L-苯丙氨酸乙酯	25.0	7.8	37.4	52.3	−46.0
碱性磷酸酯酶	p-硝基苯基磷酸酯	25.0	8.5	28.0	39.3	−95.4
*胃蛋白酶	苄氧羰酰-L-谷氨酰-L-酪氨酸乙酯	31.6	4.0	0.57	96.7	59.0
*胰蛋白酶	胰凝乳蛋白酶原	19.6	7.5	2.9×10^3	68.2	35.6
*羧肽酶	苄氧羰酰甘氨酰-L-色氨酸	25.0	7.5	1.7×10^4	41.4	−35.6
*脲酶	尿素	20.8	7.1	5.0×10^6	28.5	−28.5
ATP 酶	ATP	25.0	7.0	8.2×10^6	87.9	184.1
木瓜蛋白酶	呋喃基丙烯酰咪唑	25.0	7.0	0.02	62.3	−95.0

表 3-8 中大部分酶促反应的 $\Delta S^{\neq}$ 为负值。造成熵值的大小是由溶剂效应和结构效应两种原因决定。前者意味着溶剂和反应系统有相互作用。在酶促反应过程中，这种相互作用可以改变，从而引起熵变。后者意味着在酶促反应过程中酶本身会遭受一些可逆的构象变化而引起熵变。

溶剂效应引起熵变，说明在酶促反应期间酶可能有极性变化。例如，酶分子或底物分子上可能造成电荷或电子偏移，使溶剂水结合得更牢固，分子更有序，而导致熵减。如果酶促反应过程中，酶底之间有电荷被中和，那就会使溶剂水分子释放，因而造成熵增。表 3-8 实例中 k 都是包含溶剂水的反应，当活性复合物形成时，有极性增加这是完全可能的，所以熵大多为负值。

对于结构效应造成熵变化可作如下解释：当酶底形成复合物时，呈现一种更开放的结构；复合物继续反应时，酶分子又重新折叠。前者造成熵增，而后者则造成熵减。另一种解释是，在正常酶分子上有电荷维持 β 折叠构象，而当形成复合物时电荷被中和，酶分子伸展，导致熵增。从表 3-8 看到，胰凝乳蛋白酶、羧肽酶、脲酶等 k_0 的 $\Delta S^{\neq}$ 值是负值。脲酶、胰凝乳蛋白酶是和一个不带电荷的底物反应，使分子上有某种电子偏移，使活性复合物比原有反应底物更具极性，因此有一电缩作用(eletrorestriction)的增加，而造成相应的负熵。

胃蛋白酶、胰蛋白酶和 ATP 酶具有正的熵值。胃蛋白酶作用于带自由-COOH 的底物，在 pH4 时有部分负电荷存在。胰蛋白酶作用于带-NH$_3^+$ 正电荷的底物。ATP 酶作用于带磷酸根负电荷的底物。在酶促反应过程中，酶底复合物形成时有电中和作用，会导致水分子释放，所以相当 k_0 的 $\Delta S^{\neq}$ 值是正值。

羧肽酶虽亦作用于带自由-COOH 的底物，但熵值是负的。其原因可能是这个-COOH 并不与酶分子上某正电荷发生中和作用，也可能在酶正电荷邻近有一相似的负电荷存在。

k_3 相当的 $\Delta S^{\neq}$ 都是负值，说明酶-底物复合物继续反应脱酰时，酶的结构重新发生折叠，造成熵减。

第4章

酶催化作用机理

在酶催化过程中,底物分子与酶分子相互作用,经过一系列化学变化,最终底物转化为产物。在此过程中,酶分子与底物分子是如何相互作用,底物分子中键的断裂和新键的生成是如何进行的,即酶催化反应机制。酶学研究的基本问题之一是阐明酶催化反应机制。和非酶催化反应相比,酶催化的主要特点:一是酶对它所催化的化学反应有高度专一性;二是酶能高效地加速化学反应。酶催化为什么具有这两个特点? 近代研究认为,酶除了以一般催化剂所利用的化学机制加速反应外,还能利用酶与底物非共价相互作用的有效能进行催化以加速反应。而且这种相互作用的有效能可以通过多方面的作用来加速反应,有些是在结合底物中诱导扭曲或变形,使底物产生去稳定作用;有些是用来触发酶蛋白的构象变化,产生更为活泼的酶形式;另一些则通过冻结底物的移动和转动,促使底物采取正确的取向,以增加催化反应速度。酶促反应的专一性表现主要也就在于酶分子与底物结合所释放的有效能究竟有多少用来增加酶促反应速度。

对酶催化分子机理的研究,有利于我们更透彻地理解酶分子结构与功能之间的关系,也为酶的分子设计及改造提供理论依据。

4.1 酶具有高催化能力的原因

目前普遍接受的酶具有比非酶催化剂更高催化能力的因素主要有以下述几种。

4.1.1 邻近和定向效应

如果不止一种反应底物,酶的作用就好像把几种底物从溶液中取出来,使它们固定在酶分子的活性部位,同时使它们的反应基团相互邻近,并按正确的取向排列,使反应易于发生。这种作用就称为邻近和定向效应。

1. 酶催化反应中邻近和定向效应的贡献

在大多数的双分子或多分子底物反应中,底物之间只有采取某种特定的取向,才能够进入过渡态。然而,在溶液中,构成每一种底物的原子以及相应的键都能相对自由的震动和旋转,因此会产生大量的旋转异构体,这严重地阻滞了反应的进行。但是,当底物分子以适当方向专一地结合于酶的活性中心时,它们的反应概率(一种熵的度量)就会显著增加。酶活性中心的有关基团可使底物精确定位,这样就好像冻结了底物的移动和转动。E 和 S 结合成 ES 时所释放的能量,一部分就用来支付这种熵损失。这样反应就好像是从 ES 开始,而 ES 继续反应得到产物熵变很小,所以反应速度大大增加。有人曾把发生在酶活性部位的双分子反应与在溶液中的双分子反应做对比,计算出溶液中的反应需要多损失 35 个熵单位。此熵值在 25℃约相当于 43.9kJ/mol 的能量,这相当于酶催化反应速度增加了 10^8 倍。

分子内羧基催化酯水解的模型实验很好地展示了反应基团间正确取向定位的意义。表 4-1 列出了二羧酸单苯酯水解相对速率和结构之间的关系,从表可以看出,随着羧基和酯之间的自由度变小,它们相互临近,在具备一定的取向下反应,反应速率越来越大。

表 4-1 二羧酸单苯酯水解相对速率和结构关系

结构	相对速率	结构	相对速率
$CH_3COO^- + CH_3COOR$	1.0	⌐COOR ⌐COO⁻	2.2×10^5
⌐COOR ⌐COO⁻	1.0×10^3	⌐COOR ⌐COO⁻	1.0×10^7
R'⌐COOR R'⌐COO⁻	$3.0 \times 10^3 \sim 1.3 \times 10^6$	⌐COOR ⌐COO⁻	1.0×10^8

2. 邻近、定向效应影响反应速度的原因

(1) 酶对底物分子起电子轨道导向作用。现以一些有机化学反应实例予以说明。反应式(4-1)的酚羟基和羧基虽然可自动环化成内酯,但反应很慢;而相似的反应式(4-2)由于引入了三个-CH₃,固定了-OH 和-COOH 的相对方位,使形成过渡态时电子轨道方向适当,所以它比式(4-1)反应快 10^{11} 倍。在这里三个-CH₃ 起了电子轨道导向作用(orbital steering)。酶活性中心对底物分子就具有电子轨道导向作用,使底物反应基团的电子轨道处于很合适的方向,因而减少反应所需的活化能。

$$(4-1)$$

$$(4-2)$$

(2) 酶使分子间反应转变成分子内反应。由于酶对底物的邻近和定向效应,使分子间反应转变成分子内反应,从而提高反应速度。例如在给定条件下,自由咪唑催化 p-硝基苯酚酯的水解,其分子间反应的二级速率常数为 $k_1 = 35 mol^{-1} \cdot L \cdot min^{-1}$;而在同样条件下,一个分子内的咪唑基催化同样的酯水解,其分子内反应的一级速率常数 $k_2 = 200 min^{-1}$。$k_2/k_1 = 5.7 mol \cdot L^{-1}$,人们称这个比值为分子内反应中咪唑的有效摩尔浓度。这意味着要使咪唑所催化的分子间反应的速度达到分子内反应的速度就需要使咪唑浓度达到 $5.7 mol \cdot L^{-1}$。又例如—COO^- 所催化的下列分子间和分子内反应。分子内反应式(4-3)相当于—COO^- 的有效摩尔浓度为分子间反应式(4-4)的 10^7 倍。所以邻近和定向效应也相当于增加反应物的摩尔浓度,从而增加反应速度。

$$(4\text{-}3)$$

$$(4\text{-}4)$$

（3）邻近和定向效应起底物固定作用。酶对底物的邻近、定向效应促使 ES 中间复合物的生成。ES 寿命比一般双分子相互碰撞的平均寿命要长，快速动力学技术测得前者为 $10^{-7} \sim 10^{-4}\,\mathrm{s}$，后者为 $10^{-13}\,\mathrm{s}$，这大大增加了产物形成的概率。这种作用叫底物固定作用（substrate anchoring）。

4.1.2 酸碱催化

4.1.2.1 酶呈现的酸碱催化形式

酶呈现的酸碱催化，是以共轭酸和共轭碱的形式来进行的，可用以下两个通式来表示共轭酸、碱催化酯、酰胺和肽的水解。式中 HB-代表共轭酸，:B-代表共轭碱。

$$(4\text{-}5)$$

$$(4\text{-}6)$$

从以上两个通式［式(4-5)和式(4-6)］可知，共轭酸的作用是它首先与 $>\!\!C\!\!=\!\!O$ 氧形成氢键，使 $>\!\!C\!\!=\!\!O$ 碳带更多的正电荷，更易吸引水分子中氧上的未共用电子对，降低了 $>\!\!C\!\!=\!\!O$ 碳与水分子形成共价键的活化能；接着共轭酸把氢离子转移给 $>\!\!C\!\!=\!\!O$ 氧，自己成为共轭碱，它又立即从水分子中吸引一个氢离子，恢复原状，完成催化任务。共轭碱的催化，首先是它与水中的 H 原子形成氢键，使水分子中氧的电负性增强，更易对 $>\!\!C\!\!=\!\!O$ 碳进行亲核进攻，从而降低碳氧键生成的活化能，使反应加速；共轭碱吸引水分子中的一个 H^+ 成为共轭酸，随后这共轭酸又把吸来的 H^+ 给离去基团，自己恢复原状，完成催化任务。

4.1.2.2 酶蛋白中的酸碱催化基团

酶蛋白中的酸碱催化基团是由氨基酸侧链提供的（表 4-2）。表中所列酸碱催化基团，以咪唑基在酶分子中最为常见,又最活泼。其 pK$_a$ 为 6~7,咪唑基在酶蛋白中含量虽不高,但是非常重要。在生理条件下,既可作质子供体,又可作质子受体;而且接受和释放质子的速度相等并很快,现以核糖核酸酶中组氨酸咪唑基催化核糖核酸磷酸二酯键的水解为例。

表 4-2　酶蛋白中的酸碱催化基团

酸催化基团(质子供体)	碱催化基团(质子受体)
—COOH	—COO$^-$
—NH$_3^+$	-ṄH$_2$
—SH	—S$^-$
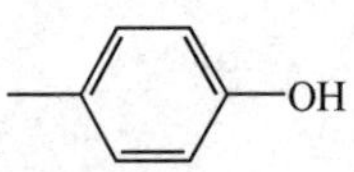	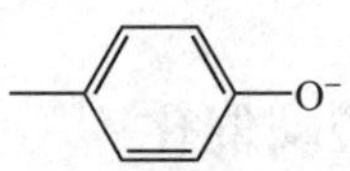
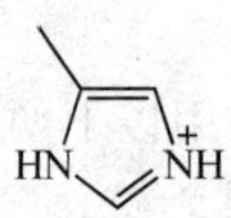	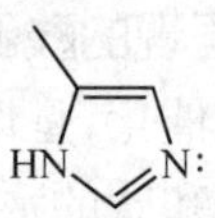

核糖核酸酶活性部位有两个 His,即 His$_{12}$ 和 His$_{119}$;另外还有个 Lys$_{41}$。它们联合作用催化 RNA 磷酸二酯键水解。

图 4-1 是 RNase 催化 RNA 水解过程的示意图。从图中可以看出,RNase 催化 RNA 水解,首先是由于酶与 RNA 之间有邻近和定向效应,因而形成 ES 复合物。His$_{12}$ 咪唑侧链起碱催化作用,它首先与底物 RNA 的 2′-OH 形成氢键;接着咪唑-N$_3$ 把 2′-OH 上的氢离子吸过来而质子化;2′-OH 则成为烷氧离子去亲核攻击磷酸二酯键的 P 原子,与磷酸形成环形 2′,3′-磷酸酯;接着 His$_{119}$ 咪唑-N$_1$ 上的氢起酸催化作用,把质子给予下一个核苷酸单位的 5′-O 原子,使之离去,磷酸二酯键就此断裂。这一作用加速了 2′-烷氧离子对磷原子的攻击,形成环磷酸二酯。在打开环磷酸二酯的过程中,这些作用刚好相反,His$_{119}$ 咪唑-N$_1$ 起碱催化作用,吸引 H$_2$O 分子上一个 H$^+$,使 H$_2$O 中的-OH$^-$ 作为亲核剂,攻击环磷酸二酯的磷原子。这时 His$_{12}$-咪唑-N$_3$ 又起酸催化作用,把氢离子重新还给 2′-烷氧离子,恢复 2′-OH。就这样,两个 His 轮流起酸、碱催化作用,使 RNA 磷酸二酯键断裂。对于 Lys$_{41}$ 正电荷基团,可认为它起到稳定反应过程中过渡态五价磷的作用。

4.1.3　共价催化

按照酶对底物攻击的基团种类不同,共价催化可分为亲核和亲电催化两类。如果酶的攻击基团是富电子基团,在进行催化时,富电子基团首先攻击底物的亲电基团(缺电子),形成酶-底物共价中间物。反之,则是酶的缺电子基团攻击底物的富电子基团形成酶-底物共价中间物。在酶促反应中,前者较普遍,称为亲核催化;而后者较为少见,称为亲电催化。

4.1.3.1　亲核催化

酶蛋白的氨基酸侧链,有许多是富电子的亲核功能基,如 $RC\overset{O}{\diagdown}O^-$、R$\ddot{N}H_2$、Ar$\ddot{O}$H 和

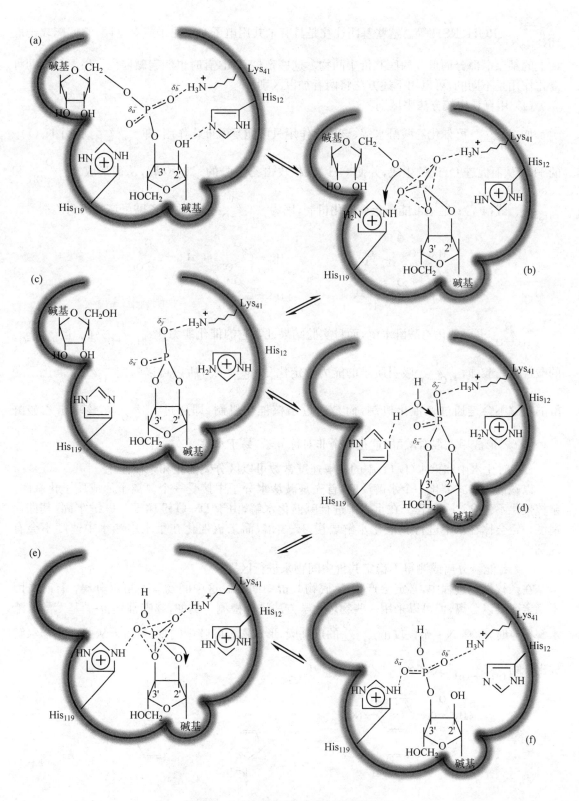

图 4-1 RNase 催化 RNA 水解过程示意图

$HN \diagdown N:$、ROH、RSH 等。这些基团往往是具有未共用电子对的原子或者基团,它们能攻击底物上的某亲电部分而形成酶底共价中间物。这些亲核基团,有时也能起碱催化作用。但这两种催化作用是不同的,可以用下述方法将两者加以区别。

(1)用直观比较方法来区别

如 $CH_3C(O)O^-$ 可催化乙酸酐水解,该催化作用只可能是碱催化作用,即 $CH_3C(O)O^-$ 吸引 H_2O 中的 H^+,从而促进 OH^- 的生成,并使 OH^- 亲核攻击乙酸酐的 $\diagup C=O$ 碳,从而形成 $CH_3C(O)OH$ 和 $CH_3C(O)O^-$ 式(4-7);绝不可能是亲核催化机制,因为 $CH_3C(O)O^-$ 亲核攻击乙酸酐产物仍为乙酸酐。

$$
\begin{array}{c}
H_3C-C(O)-O-C(O)-CH_3 \\
+ \\
H_3C-C(O)-O^- \cdots H-O-H
\end{array}
\longrightarrow
H_3C-C(O)-O^- + H_3C-C(O)-OH + H_3C-C(O)-OH
\tag{4-7}
$$

$HC(O)O^-$ 也可催化乙酸酐水解,而且实验结果证实它的催化能力比 $CH_3C(O)O^-$ 强。但 $HC(O)O^-$ 的酸性比乙酸强,$HC(O)O^-$ 吸引质子的能力一定比 $CH_3C(O)O^-$ 弱,所以可以断定 $HC(O)O^-$ 催化乙酸酐的水解不会是通过碱催化机制,而是通过亲核催化机制,即通过 $HC(O)O^-$ 亲核攻击乙酸酐 $\diagup C=O$ 碳,形成甲乙混合酸酐,这是一个非对称分子,易于水解。

(2)对比水中和重水(D_2O)中的水解速度常数可以区分碱催化和亲核催化

以碱催化方式催化一个水解反应,首先是碱从水分子中接受一个氢离子形成质子化基团。亲核催化不包含这一过程。在重水中进行碱催化水解,由于 D—O 键比 H—O 键牢固,其催化速度一定会比在水中进行碱催化水解要慢 2～3 倍,而亲核催化在重水中和水中速度不会有区别。

(3)看能否分离或测得不稳定共价中间物来进行区别

在亲核催化过程中,必定会产生酶-底物共价中间物。这中间物有时可以分离;有时虽因不稳定而难以分离,但可以采用一些物理化学方法进行检测。例如,咪唑催化 p-硝基苯酚乙酯水解反应时,咪唑-N:亲核攻击 $CH_3C(O)$ 的羰基碳,形成乙酰咪唑中间物,然后再从此中间物水解放出产物 $CH_3C(O)OH$ [式(4-8)]。

$$
\begin{array}{c}
CH_3C(O)-O-\text{(苯环)}-NO_2 \\
\nearrow \\
:N \diagdown NH
\end{array}
\longrightarrow
CH_3C(O)-N \diagdown N + HO-\text{(苯环)}-NO_2
$$
$$
\downarrow H_2O
$$
$$
CH_3C(O)OH + :N \diagdown NH
\tag{4-8}
$$

当咪唑浓度高时,可利用 245nm 处乙酰咪唑的特性光谱而检测出它的存在。后来有人用 p-硝基苯酚三甲基乙酯来代替 p-硝基苯酚乙酯作为胰凝乳蛋白酶的底物,酶上的丝氨酸烷氧基

对 $CH_3C(CH_3)(CH_3)-C=O$ 的羧基碳进行亲核攻击,生成了中间物 $CH_3C(CH_3)(CH_3)-C(=O)-O-$酶。这个中间物由于三个-$CH_3$

的空间阻碍和斥电子诱导效应,减慢了 H_2O 中 OH^- 对 $>C=O$ 的亲核攻击,在室温下这中间物的半衰期可达 200min,非常稳定并可结晶分离。如果用比 H_2O 更强的亲核试剂(如 NH_2OH)去攻击它,则可释放出三甲基乙酰羟肟酸;可加 Fe^{3+} 螯合呈紫色复合物而被检测出[式(4-9)]。

$$(4-9)$$

紫色螯合物

在酶促反应中常见的亲核催化反应有如下类型。

① 亲核取代反应　在酶促反应中的亲核取代反应大致有如下几种方式。

a. 酶亲核基团对底物饱和碳原子的亲核攻击,可用式(4-10)表示。蔗糖磷酸化酶催化蔗糖的磷酸解反应,就属于这种类型的亲核取代反应。首先是酶的亲核基团(—COO^-)从葡萄糖 C_1 的 β 方向亲核攻击 C_1 原子,果糖残基又被酶分子上另一侧链基团进行酸催化供给质子而离去,葡萄糖-酶共价中间物因而生成。其后是酶的共轭碱基团从磷酸上获得一个质子而恢复成共轭酸基团,使磷酸的氧原子从葡萄糖 C_1 的 α 方向亲核攻击葡萄糖-酶中间物生成 G-1-P[式(4-11)]。

$$酶-B: + \quad -\overset{|}{\underset{|}{C}}-Y \xrightarrow{H^+} 酶-B-\overset{|}{\underset{|}{C}}- + HY \tag{4-10}$$

$$(4-11)$$

在酶促反应中,还经常见到下面这类取代反应,由于酶分子中某些基团作用,使离去基团以负离子形式离去,在底物上形成正碳离子;酶分子上带负电的亲核基团暂时取代离去基团以稳

定正碳离子,直至另一底物的某亲核基团去攻击正碳离子时,酶的亲核基团小离开底物的正碳离子[式(4-12)]。

$$(4-12)$$

b. 酶亲核基团对 $>C=O$ 碳的取代反应,可用式(4-13)表示,式中 Y 可为 -OR、-SR、-NHR 等。此类例子很多,现介绍几例。

$$酶—B: + \overset{O}{\overset{\|}{C}}{-}Y \xrightarrow{H^+} 酶—B{-}\overset{O}{\overset{\|}{C}} + HY \qquad (4-13)$$

(a) 胰凝乳蛋白酶的 Ser_{195} 的烷氧基可攻击底物酯键或肽键的 $>C=O$ 而形成酰化酶。在胰凝乳蛋白酶中有一电荷接力系统,能使 $Ser—CH_2O^-$ 离子形成,并对 $>C=O$ 碳进行亲核攻击[式(4-14)],在高 pH 时可以看到酰化酶中间物累积。

$$(4-14)$$

(b) 木瓜蛋白酶的 Cys_{25}-SH 的硫负离子 Cys-S⁻,它作为亲核基团攻击肽键 $>C=O$ 形成酰化酶中间物。Cys-SH 的 $pK_a=8$,在生理 pH 下有相当多的 Cys-S⁻ 存在;又由于其电子层极化率的特点,Cys-S⁻ 比类似的正常含氧或含氮之碱显示高 $10\sim100$ 倍的亲核性能。它攻击肽键 $>C=O$ 形成酰化硫酯酶中间物。用硫代苯甲酰甘氨酸甲酯代替肽作为底物,从 305nm 附近有强的吸收证明了酰化硫酯酶中间物的存在[式(4-15)]。

$$C_6H_5-\overset{\overset{\text{O}}{\|}}{C}-\overset{H}{\underset{}{N}}-CH_2\overset{\overset{\text{S}}{\|}}{C}-OCH_3 + HS-Cys_{25}-酶 \xrightarrow{CH_3OH} C_6H_5-\overset{\overset{\text{O}}{\|}}{C}-\overset{H}{\underset{}{N}}-CH_2\overset{\overset{\text{S}}{\|}}{C}-S-Cys_{25}-酶 \qquad (4-15)$$

305nm有强吸收

（c）胃蛋白酶的 $Asp-\overset{O\cdots H}{\underset{O}{C}}$。胃蛋白酶的催化机制较为复杂,一系列研究显示,它包含酶的

一个 $Asp-\overset{OH}{\underset{O}{C}}$ 对肽键 $\rangle C=O$ 的亲核攻击形成酰化酶中间物;似乎也包含底物肽键 $-\overset{H}{\underset{:}{N}}-$ 对

酶 $-\overset{O}{\underset{}{C}}-OH$ 上 $\rangle C=O$ 碳的攻击形成氨基酶中间物。从 X 射线衍射结果了解到,有一种类胃蛋

白酶的酸性蛋白酶——青霉胃蛋白酶（penicillopepsin）,它具有两个 Asp-COOH,即 Asp_{32} 和

Asp_{215},紧紧相互接触,可能共享一个氢键。因此假定胃蛋白酶的催化中心有两个—COOH 起

催化作用。首先是两个—COOH 形成酸酐;当与底物肽作用时,酸酐的氧原子亲核攻击肽键

$\rangle C=O$,而肽键的 $-\overset{H}{\underset{:}{N}}-$ 则亲核攻击酸酐 $\rangle C=O$,形成酰化酶和氨基酶中间物;这时酰化酶基

团是以混合酸酐键结合,易于自动水解成自由 $-\overset{O}{\underset{}{C}}-O^-$,再去攻击氨基酶上的 $\rangle C=O$,释放产

物,酶恢复酸酐形式[式(4-16)]。

$$(4-16)$$

c. 酶亲核基团对磷酰基的亲核取代反应。即酶分子上的一个亲核基团亲核攻击底物磷酰

基的磷原子,形成酶-磷酰中间物;然后另一底物上的某基团再去亲核攻击酶-磷酰中间物上的

磷原子,酶复原,反应告终。兹举数例如下:

（a）碱性磷酸酯酶。该酶的 $Ser-CH_2OH$ 侧链是催化所必需的。酶活性中心还有一个锌离

子,其作用可能是螯合磷酸单酯上的两个氧负离子,以减少 $Ser-CH_2O^-$ 亲核攻击磷原子时所遭

到的斥力。从动力学研究知道酶磷酰中间物去磷酸作用是该酶促反应的限速步骤,有酶磷酰中

间物累积[式(4-17)]。

$$E-CH_2O^- + \overset{\overset{\text{O}}{\|}}{\underset{\underset{\text{O}}{|}}{O-P-O-R}} \xrightarrow{ROH} E-CH_2-O-\overset{\overset{\text{O}}{\|}}{\underset{\underset{\text{O}}{|}}{P}}-O^- \xrightarrow[\text{限速步骤}]{H_2O} E-CH_2O^- + HPO_4^{2-} \qquad (4-17)$$

酶磷酰中间物

(b) 葡萄糖-6-磷酸酯酶(G-6-P 酶)。20 世纪 70 年代初,从[^{32}P]-G-6-P 和含 G-6-P 酶的粗面内质网膜组分的混合物中,经分离得到一种含[^{32}P]的蛋白质。将此蛋白质快速浸入苯液中以保证 $E-O-\overset{\overset{O}{\|}}{\underset{O^-}{P}}-O^-$ 在水解前酶已经失活。将此变性酶磷酰中间物用碱水解,得一含[^{32}P]的 3-N-磷酰组氨酸。从而推知 G-6-P 酶活性中心有一 His,其 N$_3$ 可亲核攻击 G-6-P 的磷原子形成酶磷酰中间物和葡萄糖。反应第二步是水的-OH 亲核攻击酶磷酰中间物的磷原子,使咪唑基恢复原样[式(4-18)]。

$$(4\text{-}18)$$

该酶除了催化 G-6-P 水解外,也能催化磷酰基从其他磷酸化合物上转移到葡萄糖 6-位羟基上形成 G-6-P,如[式(4-19)]所示。

$$(4\text{-}19)$$

(c) ATP 酶。Na$^+$,K$^+$-ATPase 和 Ca^{2+}-ATPase 催化 ATP 的水解。已证实是 ATPase 的一个 Asp-COO$^-$ 作为亲核基团攻击 ATP 的 γ-P 原子形成酶磷酰中间物。已用[^{3}H]标记的 NaBH$_4$ 还原此中间物,得到[^{3}H]-同型丝氨酸或其内酯[式(4-20)]。

$$(4\text{-}20)$$

同型丝氨酸   同型丝氨酸内酯

② 亲核加成和消去反应:

a. 最简单的酶促亲核加成反应是碳酸酐酶所催化的 $CO_2 + H_2O \longrightarrow HO-\overset{\overset{O}{\|}}{\underset{O^-}{C}} + H^+$ 的反应。该酶三维结构已用 X 射线衍射法测定,其活性中心含有一个锌离子,位于中心底部,活性中心

有三个 His 与锌离子配位结合。用核磁共振谱获得的信息肯定有一个水分子或其-OH 占据了锌离子的第四个配位。推测该酶促反应机制，首先是酶活性中心的锌离子与水分子配位结合形成酶-Zn^{2+}-$(OH^-)_2$，然后可能有一个碱催化基团除去它上面一个氢离子而形成酶-Zn^{2+}-OH^-，最后氢氧根离子作为亲核基团攻击 CO_2 的 $\diagdown C=O$ 碳，形成 $HO-\overset{\overset{O}{\|}}{C}-O^-$，酶复原，反应告终（图 4-2）。

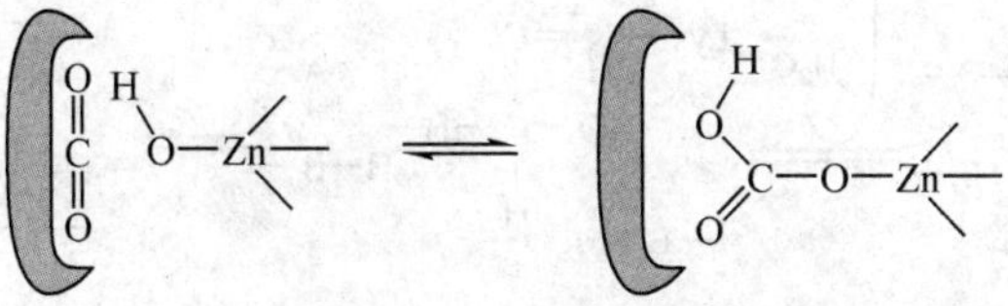

图 4-2 碳酸酐酶的催化机制简略图

b. 形成 Schiff 碱的酶。许多酶能与底物亲核加成形成 Schiff 碱中间物，这首先是酶分子上一侧链—NH_2 与底物 $\diagdown C=O$ 起亲核加成反应生成羟甲胺衍生物，然后经消去反应脱去一个水分子而形成 Schiff 碱。催化果糖-1,6-二磷酸分解和合成的醛缩酶的催化机制属于这一类型（图 4-3）。

图中 A、B 分别为酶分子上的氨基酸残基，充当广义的酸或碱：①果糖-1,6-二磷酸与酶结合并开环；②酶活性位点 Lys 的侧链—NH_2 攻击底物羰基，生成四面体羟甲胺衍生物，过程中残基 A 起到酸催化作用；③分子重排，质子化的 Schiff 碱生成；④质子化的 Schiff 碱为电子吸收剂，协助 C-C 键断裂，释放出第一个产物甘油醛-3-磷酸，此外残基 B 起到碱催化作用；⑤异构化，烯醇碳从 B 残基处夺取 H^+，形成亚胺离子，B 残基起到酸催化作用；⑥Schiff 碱水解，生成第二个产物磷酸二羟丙酮。

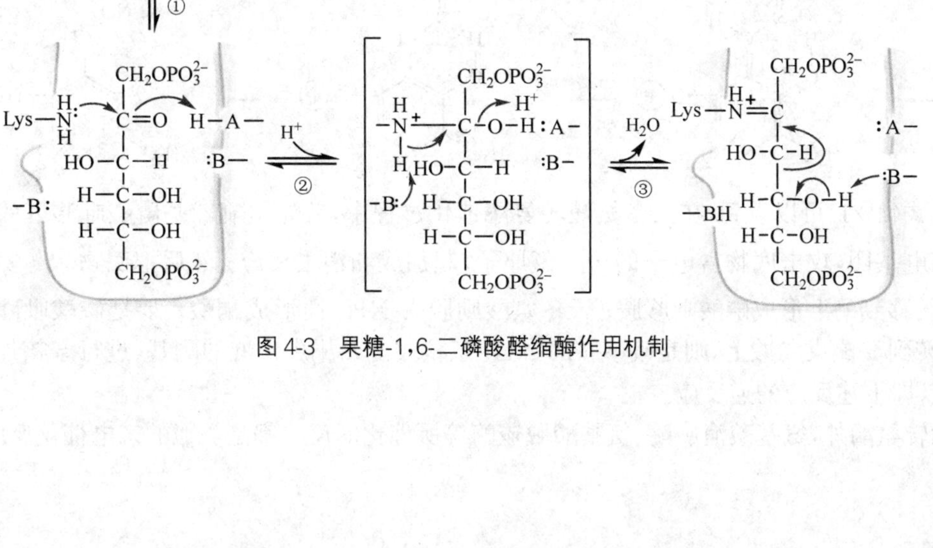

图 4-3 果糖-1,6-二磷酸醛缩酶作用机制

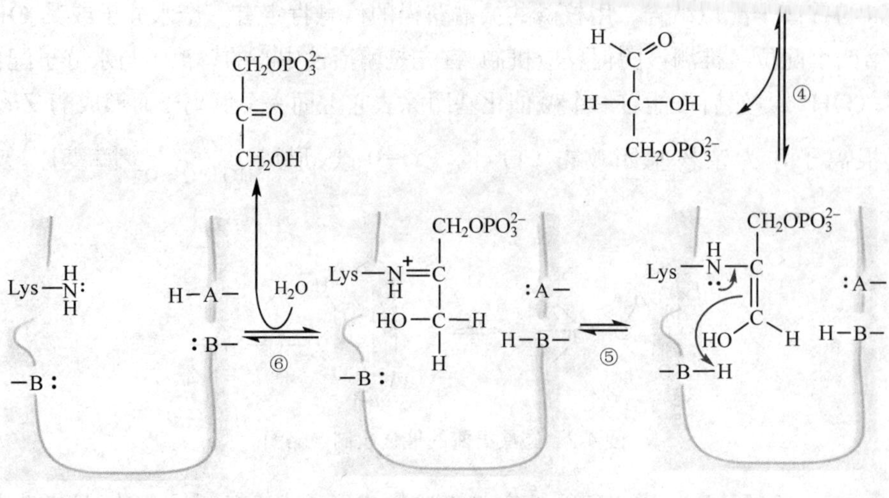

图 4-3 （续）

2. 亲电催化

亲电催化是指酶上的亲电基团攻击底物的富电子基团。这种催化方式在酶促反应中比较少见，兹举例如下。

天冬氨酸转氨酶催化反应[式(4-21)]：

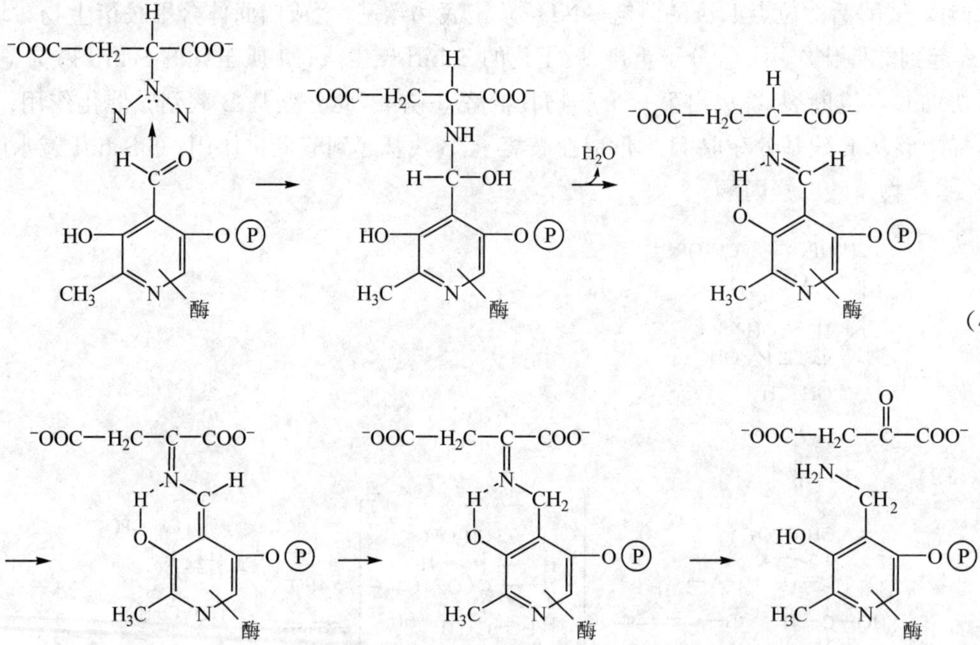

$$(4\text{-}21)$$

从式(4-21)可以看到，在天冬氨酸转氨酶催化过程中，首先是酶辅基磷酸吡哆醛的醛基碳作为亲电基团，攻击底物富电子的 -NH₂ 氮原子，起加成和消去反应；然后把底物天冬氨酸上的 -NH₂ 转移到酶上形成磷酸吡哆胺；天冬氨酸则脱去 -NH₂ 而形成酮酸。要把磷酸吡哆胺上的 -NH₂ 转到 α-酮戊二酸上，则是吡哆胺的 -NH₂ 亲核攻击 α-酮戊二酸的酮基，进行亲核加成和消去反应，即上述反应的逆反应。

除转氨酶外，氨基酸消旋酶、氨基酸脱羧酶等所催化的反应都是类似的亲电催化反应。

4.1.4 静电催化

一般酶的活性中心是疏水的环境,大多数由疏水氨基酸构成。但是,有些酶的活性中心除了疏水残基外,还有些酸性或碱性的氨基酸残基,如 Lys、Arg、Asp、和 Glu,这些氨基酸的侧链能解离,使其带正电或负电荷。这些电荷的存在,通常可以通过静电作用来稳定酶促反应过程中的过渡态结构。这种酶利用自身所带电荷与过渡态形成时所产生的相反电荷产生静电作用进行的催化,被称为静电催化。来源于利氏曼杆菌的亲环蛋白 A(cyclophilin A;CyPA)具有脯氨酰顺反异构酶活性,其活性中心的精氨酸残基 R_{147} 被突变成 A_{147} 或 D_{147} 后,其功能近乎丧失,表明在催化过程中,静电作用力至关重要;编者尚未发表的重组表达的人源 CyPA 也具有相似的特点。

4.1.5 金属离子催化

已知的酶中,有约 1/3 的催化活性需要金属离子的参与,根据金属离子与酶分子间结合方式的不同可分为金属酶和金属激活酶两种。前者金属离子与酶紧密结合,多数为过渡金属离子,如 Fe^{2+}、Fe^{3+}、Gu^{2+}、Mn^{2+}、Zn^{2+} 或 Co^{3+};后者需要的金属离子可以从溶液中吸收,结合松散,通常为碱或碱土金属,如 Na^+、K^+、Mg^{2+}、Ca^{2+}。

金属离子参与酶催化作用的方式多样,主要有以下几种:酶结合的金属和底物之间的离子相互作用可以帮助确定反应底物的方向;通过静电作用稳定带负电的反应过渡态;金属离子也可以通过可逆变化来介导氧化还原反应。例如所有的激酶都需要 Mg^{2+} 的参与,这是因为激酶的真正底物是 Mg^{2+}-ATP 复合物,而不是单纯的 ATP,Mg^{2+} 不仅能起到定向 ATP 的作用,还能屏蔽 ATP 分子磷酸基上的负电荷,使其不会排斥具有阴离子性质的电子对攻击亲核体。

4.1.6 扭曲变形和构象变化的催化效应

实验证实式(4-22)与式(4-23)两种反应的 $k_{\mathrm{I}}/k_{\mathrm{II}}=10^8$。因为环状反应物 Ⅰ 水解开环,环扭曲的能量大量释放可加速反应。这种扭曲和变形效应,在酶催化中也是加速反应的一个重要因素。当底物与酶蛋白接触时,酶蛋白三维结构发生改变,使酶从低活性形式转变成高活性形式,这是酶加速反应的一个原因。底物为了能和酶很好地结合,底物分子在酶的诱导下,靠它们相互结合所释放的能量,产生出各种类型的扭曲、变形和去稳定作用,这是酶加速反应的又一个原因。还有一个原因是当底物与酶结合时,底物的构象发生变化,变得更像过渡态结构,使反应活化能大大降低,因而加速反应。如脯氨酸消旋酶催化 $L\text{-Pro} \rightleftharpoons D\text{-Pro}$,当酶与脯氨酸接触时,脯氨酸的 α-碳原子从 sp^3 杂化变为平面性的 sp^3 杂化的几何图形,更像过渡态结构。具有 sp^3 杂化结构的吡咯-2-羧酸对该酶有强抑制作用,证明了这一事实。

$$(4\text{-}22)$$

$$(4\text{-}23)$$

扭曲、变形和构象改变的催化效应,实际上和酶促反应的诱导契合(induced fit)假设非常吻合。诱导契合假说认为:酶是有柔性的,当一个最适底物接近时,正确排列的底物基团,可诱导酶产生一种构象变化,使它从固有的低活性形式转变为高活性形式。而一个不适底物或抑制剂则不能诱导出那种构象,即酶的催化部位实际上不会形成。现举数例来说明这种催化效应。

(1) 己糖激酶。它催化式(4-24)反应。葡萄糖为最适底物;其 C-6-OH 专一性接受 ATP 的 γ-磷酰基形式 G-6-P。该酶也能催化 ATP 的 γ-磷酰基转移到水分子上,但催化效率很低($k=1$),与葡萄糖作底物时相比,相差 $5×10^6$ 倍。这充分说明葡萄糖能诱导出一种酶构象,使酶底充分结合,结合所释放的自由能用于支付反应所需能量。而水分子则不能诱导出这种构象。也有人认为酶结合葡萄糖时,可稳住一种能起反应的合适构象(conformer 或 rotamer),因而通过熵的贡献,提高反应速度。而水分子与酶的结合,$5×10^6$ 次中只有一次能起作用形成产物。

$$ATP^{4-} + \text{(葡萄糖)} \xrightarrow{k=5×10^6} ADP^{3-} + \text{(G-6-P)} \tag{4-24}$$

(2) 淀粉酶。猪胰淀粉酶上有五个辅助基团,每个能结合底物的一个葡萄糖残基,而需断裂的葡萄糖残基位于从还原端算起第二和第三个辅助基之间;如果需断裂的糖残基其 2,3 或 6-OH 被-O-CH$_2$CH$_3$ 取代,酶催化活性即被阻断,而其他葡萄糖残基的任何-OH 被取代并不影响酶的催化活性。后来又发现 4-葡萄糖苷基-葡萄糖酸内酯为该酶的强竞争性抑制剂。因此设想该酶与底物结合时,底物形成一个半椅式过渡态结构。在酶与底物结合过程中,底物的构象变化如图 4-4 所示。酶通过与需断裂的糖残基的 C-3 和 C-6 羟基以氢键相连,把该糖残基紧紧握住;然后通过充分地控制,逼使 C-2 和 C-3 键产生张力,并移动 C-2 羟基;质子化的氧正离子要求酶上有一羧基负离子位于其邻近位置,用来稳定这正离子;进一步使羧基负离子真正和 C-1 结合,使糖环进一步变构生成能量高的船式构象。

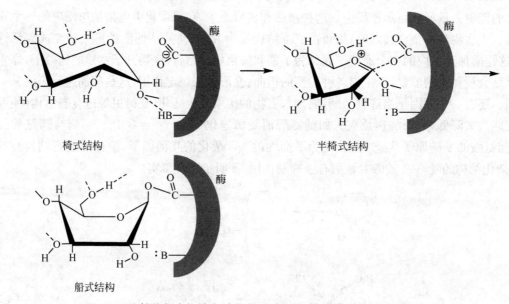

图 4-4 淀粉酶与底物结合过程中,需断裂的糖残基的构象改变过程

4.1.7　微环境效应

许多有机化学反应对其所存在的溶剂性质有高度的灵敏性。特别是偶极无质子溶剂,如二甲基亚砜和二甲基甲酰胺等不能使负离子溶剂化的溶剂,对亲核取代反应是极好的溶剂。如式(4-25)反应在二甲基亚砜中进行比在水中快 12000 倍以上。

$$N_3^- + F\!\!-\!\!\bigcirc\!\!-\!\!NO_2 \longrightarrow F^- + N_3\!\!-\!\!\bigcirc\!\!-\!\!NO_2 \tag{4-25}$$

X 射线衍射研究指出,酶能设置不寻常的反应环境。例如,溶菌酶分子上形成底物结合部位的裂隙中,排满了许多疏水氨基酸侧链,那分明是设置着一个与水显著不同的环境。此外,在其活性部位,有一安排在适当位置的离子态的 Asp_{52} 负电荷,以稳定过渡态的正离子。有人估计,这种静电稳定作用在低介电介质中会很强。它或许对增加酶促反应速度非常重要,可使酶促反应速度增加 3×10^6 倍。

4.1.8　多元催化与协同效应

多元催化与协同,顾名思义就是酶的催化过程中包含两个以上的基元催化反应,它们在一起协同催化作用。例如胰凝乳蛋白酶就包含酸碱催化和共价催化间的协同催化作用。又如核糖核酸酶在催化过程中,His_{12} 咪唑侧链起着碱催化作用,而 His_{119} 咪唑侧链则起着酸催化作用。这种多元催化协同作用是酶反应加速的重要因素。

4.2　酶催化机理的研究方法

研究酶催化机理的方法有很多,大致可分为实验方法和计算机模拟策略。其中实验方法主要有酶活性部位的测定、动力学方法、酶-底物复合物的研究、氨基酸侧链的化学修饰及定点突变法等。

4.2.1　酶活性部位的测定

酶活性部位的测定是研究酶催化机理的基础。测定酶活性部位的方法很多,概括起来大致可以分为酶分子侧链基团的化学修饰法、反应动力学法、X-射线晶体结构分析法及定点突变法等。有时一种方法难以确定,需要多种方法联合应用。

4.2.1.1　化学修饰法

化学修饰法是研究最早、应用最广泛的方法。理论上说,酶分子侧链上的各种基团,如羧基、羟基、巯基、氨基、胍基和咪唑基等均可由特定的化学试剂进行共价修饰。目前能用于修饰的试剂种类较多,但是专一性高的不多。为了验证修饰作用是否发生在酶的活性部位,可以借助酶的底物或竞争性抑制剂来判断,如果在底物或竞争性抑制剂存在下,修饰剂不能修饰酶蛋白,则一般认为该修饰剂作用的部位就是酶的活性部位。在选择时应遵循以下原则:修饰作用应尽可能不引起酶分子空间结构的变化,并且反应的专一性要高,比如只修饰羧基或氨基;修饰反应不能导致酶蛋白变性,被修饰的残基足够稳定,因此可以先对酶蛋白进行降解,之后对被修饰的残基进行分离和鉴定。

1. 非特异性共价修饰

此处的非特异性共价修饰指的是修饰剂只与一种氨基酸侧链基团反应,包括活性中心与非活性中心的该氨基酸。修饰后,如果酶活力没有变化,可以初步判断被修饰的基团为非必需基团。相反,如果修饰后引起酶活力的显著降低甚至丧失,则被修饰的基团可能是酶的必需基团。为了鉴定修饰剂到底有没有和酶活性中心的残基结合,通常可以通过两个标准来判断。一是如果酶活力丧失程度与修饰剂的浓度存在依赖关系,则可认为修饰剂与酶活性中心的相应残基结合;二是如果底物或底物类似物能保护酶的活力不降低,也能说明修饰作用发生在酶的活性中心。注意这种修饰方法只能推断酶活性中心包含什么基团,很难定位到具体位置。

2. 特异性共价修饰

此处的特异性共价修饰指的是修饰剂专一性地修饰酶活性部位的某一种氨基酸残基。通过水解作用分离到被修饰的肽段,然后进行序列分析,就可以得到被修饰的酶活性部位的氨基酸残基。例如,二异丙基氟磷酸(DFP)能专一性地与胰凝乳蛋白酶活性中心丝氨酸残基的羟基共价结合,形成二异丙基磷酰化酶(DIP-酶),使酶活力丧失。DFP 一般不与蛋白质反应,也不与胰凝乳蛋白酶原或变性的胰凝乳蛋白酶反应,更神奇的是,天然的胰凝乳蛋白酶明明有二十多个丝氨酸,但是 DFP 只选择了活性中心内唯一的一个,可见,这个丝氨酸所处的结构或环境很特殊,对 DFP 很敏感。由于 DFP 与 Ser-OH 形成了稳定的共价键,能经受 6 mol/L HCl 的水解处理。分离水解产物得到含有 DIP 基团的片段,分析该片段的氨基酸序列,并与天然的胰凝乳蛋白酶氨基酸顺序比对,就可推断出 DIP 标记在酶分子的 Ser_{195} 上。

3. 亲和修饰

为了进一步提高修饰的专一性,合成了一些与底物结构类似的共价修饰剂。这种修饰剂能与酶的活性部位结合,并具有活泼的化学基团易与活性部位的特定残基结合形成稳定的共价键。其作用机制是利用了酶对底物的特殊亲和力将酶进行修饰,因此称亲和修饰,也称亲和标记。胰凝乳蛋白酶和胰蛋白酶活性部位的亲和修饰是两个经典的案例。对甲苯磺酰-L-苯丙氨酸乙酯(TPE)是胰凝乳蛋白酶的底物,对甲苯磺酰-L-苯丙氨酰氯甲基酮(TPCK)是它的亲和修饰剂,二者结构高度相似(图 4-5)。TPCK 能与酶的活性部位共价结合,且具有计量关系。胰凝乳蛋白酶分子中有两个 His 残基,分别为 His_{40} 和 His_{57},与 TPCK 反应后,经分析其水解片段,发现 TPCK 只与 His_{57} 结合,说明 His57 是酶活性部位上的一个氨基酸残基。

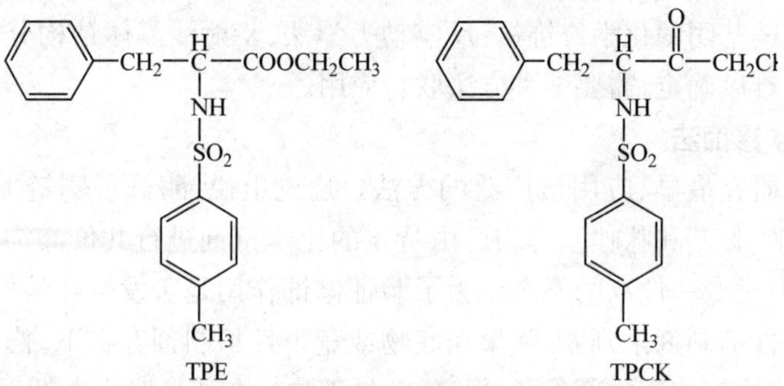

图 4-5 TPE 和 TPCK 的结构示意图

上述酶活性中心测定的方法都是定性的,只能判断哪些氨基酸是酶活性必需的。对此,邹承鲁先生研究了化学修饰与酶活性丧失的定量关系,并根据不同情况得出一系列公式。结合修饰的实验结果,可以得出酶分子必需基团的数目。

4.2.1.2 动力学分析法

酶蛋白是含有许多解离基团的两性电解质,pH 改变必然影响到解离基团的解离状态,处于活性中心基团的解离状态的改变必然影响到酶的活性。因此,通过研究酶活性与 pH 关系,可以推测到与催化直接相关的某些基团的 pK_a 值,通过与自由氨基酸或小肽侧链的 pK_a 值进行比对,可以推测出酶分子中相应的氨基酸残基。核糖核酸酶参与催化的氨基酸残基 His_{12} 和 His_{119} 就是通过这种方法推断出来的(见 4.1.2 节)。

4.2.1.3 X射线晶体学方法

X 射线晶体学方法可以直接解析出酶分子的三维结构,甚至酶与各种中间物形成的复合物也能通过结晶解析出结构。这些结构信息有助于了解活性部位氨基酸残基所处的相对位置,及与底物等其他各中间物结合时,周围氨基酸的排列情况。1965 年,Phillips 等人首次用 X 线晶体学方法解析了溶菌酶结合底物前后的晶体结构,通过比较底物结合前后周边氨基酸残基的排列变化,结合水解底物的糖苷键附近氨基酸残基的分析,确定了 Glu_{35} 和 Asp_{52} 为酶的活性位点。

4.2.1.4 定点突变法

利用基因定点突变(site-directed mutagenesis)技术,改变酶蛋白分子中编码特定氨基酸的DNA,表达出氨基酸残基被置换后的酶蛋白,再与突变前的酶活性作比较,就可以知道被置换的氨基酸是否为酶活性所必需。

采用定点突变技术需要有目标酶蛋白的基本结构信息,比如氨基酸排列顺序。然后采用同源模建(homology modeling)得到其空间结构模型,有时为了提高模型精度,需要对结构进行优化。有了三维结构就可以大致推测酶的活性部位了,因为酶的活性中心一般都位于酶分子表面的裂缝(crevice)或口袋(pocket)中,将口袋内及邻近的氨基酸逐个突变,就能分析出活性位点。当然,如果能结合同源酶进行序列比对,选取保守性强的氨基酸进行突变,则可大大减少工作量。如果待研究的酶蛋白已经有晶体结构或 NMR 结构信息,那么问题就变得更简单了,我们只需要通过比对同源酶序列,选取潜在的位点突变进行考察就行了。

4.2.2 酶动力学研究

如何设计一个酶促反应实验,并从实验数据引出主要概念和酶促反应动力学方程,已在前面章节做过详尽介绍。本处旨在说明动力学研究结果如何用来解释酶的催化机制。从动力学研究获得有关酶催化的有效信息列于表 4-3。

表4-3　从动力学研究可获酶催化机制信息的实验

实　　验	可获得的信息
底物浓度变化	反应中各复合物顺序,动力学机制
底物结构改变	负责结合和催化的酶结构特征
可逆抑制作用	竞争性抑制剂帮助阐明酶活性部位本质
pH 变化	从 pK 估计某特殊氨基酸侧链在酶催化中的作用
稳态前动力学	检测含酶复合物,并测定反应中一些基本步骤的速度

1. 底物浓度变化

研究底物浓度变化对酶促反应的影响,稳态动力学数据对单底物酶促反应的一个或多个酶-底物复合物可提供证据,但是不能根据这些数据给出各复合物的顺序。对双底物酶促反应,稳态动力学能区分顺序机制和乒乓机制。进一步研究产物抑制底物结合的影响和同位素交换等实验所获得的额外信息,可区分顺序机制是有序的还是随机的。

2. 底物结构改变

根据底物结构改变对酶促反应速度的影响来探测酶活性部位的特性已有大量研究资料。例如,根据酶催化不同氨基酸酰胺衍生物水解速度的比较,得出胰凝乳蛋白酶对芳香氨基酸或大的疏水 R 侧链氨基酸底物具有优先性,弹性蛋白酶则对小的 R 侧链氨基酸底物具有优先性,并推测出引起这些专一性的酶底结合部位的特征(见本章第 3 节)。

利用这一手段常可做出酶活性部位的略图。例如,Schechter 等人采用不同长度的短肽作为底物,通过改变短肽的氨基酸组成和构型,对木瓜蛋白酶的专一性进行研究,结果发现该酶具有较大尺度的活性口袋,约为 2.5Å,且具有 7 个亚部位,每个亚部位结合一个氨基酸残基,其中 S_2' 专门与 L-苯丙氨酸侧链相互作用,亚部位 S_1' 对 L-型氨基酸特别是 Leu 和 Trp 等疏水氨基酸呈现立体专一性。虽然关于酶-底物复合物间的精确相互作用结构特征需要应用其他手段来表征,比如X-射线晶体学方法,但该酶各部位可能的位置已通过这一研究结果估计出来(图 4-6)。

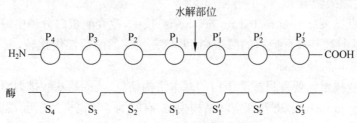

图 4-6　木瓜蛋白酶的酶底结合示意图

3. 可逆抑制作用动力学研究

通过底物和竞争性抑制剂结构的比较,可以推测出酶活性部位所包含的主要结构特征。例如,发现 Ala-Phe-Arg 三肽是木瓜蛋白酶的强竞争性抑制剂后,推知该三肽占据了酶分子上的 S_1、S_2 和 S_3 亚部位,所以不能被酶水解,相反却抑制了酶与正常底物的结合和水解。这种竞争性抑制剂与酶的复合物,在 X 射线晶体学工作中也是极有价值的研究工具,比如得到稳定的类似酶-底物复合物的晶体结构。

4. pH 变化的影响

许多酶的活性强烈地依赖于 pH,其中最主要的原因是 pH 影响酶催化机制中某些氨基酸侧链的解离作用。根据酶促反应速度对 pH 以及 pK_m 对 pH 作图,可导出解离侧链的 pK_a 值。通过比较这些值与游离氨基酸或小肽侧链的 pK_a 值,可以推知酶活性部位的侧链本质。需要注意的是,酶分子氨基酸侧链所处的环境常常使其 pK_a 值比游离氨基酸偏离 4 个 pH 单位以上。如果进一步参考溶剂极性对 pK_a 值的影响,可望对有关侧链本质做出更为肯定的推断。例如,核糖核酸酶催化机制中所包含的两个组氨酸咪唑侧链(见 4.1.2 节),就是通过这一手段预测出来的,后来又为 X 射线晶体学研究所证实。其他例子可参见本章第 3 节溶菌酶实例。

5. 稳态前动力学研究对酶催化机制的贡献

利用稳态前动力学方法检测酶促反应中酶底复合物及其形成和分解速度的原理和方法,前面章节已做过介绍。利用这一手段来研究酶的催化机制,实例很多。其中胰凝乳蛋白酶催化对硝基苯酚乙酸酯水解的机制就是来自稳态前动力学的经典应用。1954 年，Hartley 和 Kilby 在研究胰凝乳蛋白酶水解对硝基苯酚乙酸酯时发现，水解反应存在两个明显的阶段：首先，对硝基苯酚爆发式释放，即初速突变相，在经过一段时间的延迟后，才有产物乙酸缓慢释放。与之对应的是，此时对硝基苯酚的释放速率也明显减小（图 4-7）。

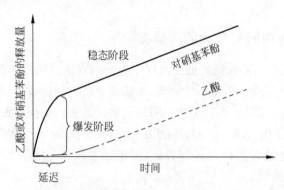

图 4-7　胰凝乳蛋白酶催化硝基苯酚乙酸酯水解的动力学曲线

通过外推对硝基苯酚的生成曲线到反应起始时间点（$t=0$），生成对硝基苯酚不等于零。推断出酶首先快速催化底物发生酰化反应，底物的酯键被裂解，对硝基苯酚快速释放出来；而底物乙酰基就以共价键与酶的 Ser_{195} 结合形成酰基酶中间体（图 4-8）。由于酰基酶中间体脱酰反应很慢，导致产物乙酸的释放明显滞后。同时游离酶的浓度也明显减少，导致对硝基苯酚的释放速率在经历了反应起始阶段爆发式后的减小（图 4-7）。这也表明，脱酰反应是整个反应过程的限速步骤。

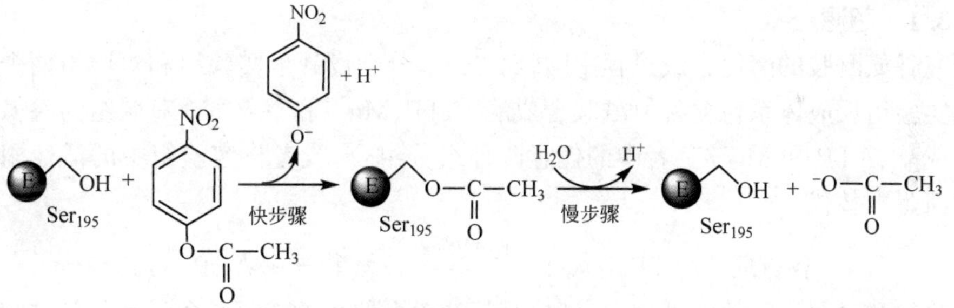

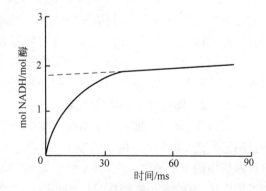

图 4-8　胰凝乳蛋白酶催化硝基苯酚乙酸酯水解的反应历程

很明显，关于酶催化机制更多的信息，可从测量早期反应的初速突变相而获得。马肝醇脱氢酶所催化的反应，就曾利用快速技术让酶与饱和浓度的乙醇和 NAD^+ 快速混合，观察到每个二聚体快速产生 2 摩尔 NADH；随后是慢的稳态速度（图 4-9）。

用荧光监测 NADH 的形成可区分自由 NADH 和酶结合的 NADH。在快速相的 NADH 是酶结合的 NADH，这说明从酶释放 NADH 是总反应的限速步骤（图 4-10）。

图 4-9　马肝醇脱氢酶催化乙醇和 NAD^+ 反应的停流法研究结果

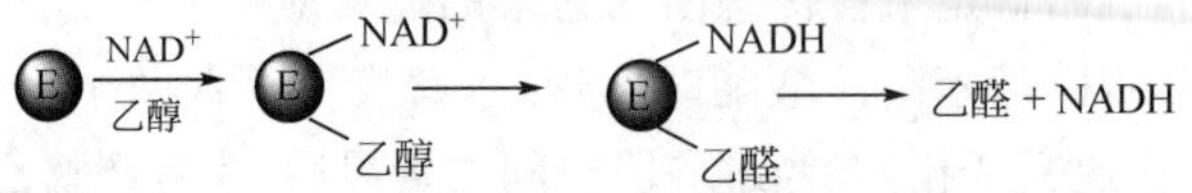

$$
\text{E} \xrightarrow[\text{乙醇}]{\text{NAD}^+} \text{E} \xrightarrow[\text{乙醇}]{\text{NAD}^+} \text{E} \xrightarrow[\text{乙醛}]{\text{NADH}} \text{乙醛} + \text{NADH}
$$

图 4-10　马肝醇脱氢酶催化乙醇和 NAD^+ 反应的历程

4.2.3　酶促反应中间复合物的"捕捉"

检测酶-底物中间复合物是获得酶催化过程中各种信息最直接的方法之一。如果中间复合物足够稳定,还可以分离定性。即使不能分离,也能通过各种间接或直接的方法,探测它们的存在。如稳态前动力学法研究得知的酰化酶中间物是胰凝乳蛋白酶催化酯水解时的中间物,而且发现它在酸性 pH 分解很慢,人们在酶与底物混合后,随即降低 pH,就曾分离并使这中间物结晶。利用这一晶体,已通过 X 射线晶体学方法,测出这中间物是酶的 $\text{Ser}_{195}\text{-CH}_2\text{OH}$ 侧链被底物酰化而成的酰化酶中间物。

有些酶-底物中间复合物的形成速度比分解速度慢,没有中间物积累,则可用捕获剂来证明它确实存在于该酶促反应中。例如,催化果糖 1,6-二磷酸生成的醛缩酶,其中间物 Schiff 碱就是通过 NaBH_4 作捕获剂,把 Schiff 碱还原而获得此中间物信息的。又例如,采用二甲基亚砜-水等混合溶剂,阻止水结冰,在低温进行反应,以降低中间物分解速度,也可获得稳定中间物。木瓜蛋白酶催化 p-硝基酰替苯胺水解所生成的四面体中间物,就是在低温(0℃以下)反应而获得的稳定中间物。

此外,通过各种光谱学方法、质谱法、凝胶过滤、定点突变法也能够检测到酶-底物复合物的存在。在此,主要介绍超滤法、串行飞秒晶体学法和质谱法检测酶-底物复合物的案例。

4.2.3.1　超滤法

在研究谷氨酰胺的酶促合成过程中[式(4-26)],分别设计了实验组和对照组两个不同的反应体系。实验组反应体系包含谷氨酰胺合成酶、ATP、Mg^{2+} 和谷氨酸;对照组为谷氨酸加上谷氨酰胺合成酶、ATP 和 Mg^{2+} 三者中的任意两种组分组合,或者将实验组中的活性酶被失活的酶或牛血清蛋白替代。

$$
\text{谷氨酸} + \text{ATP} + \text{NH}_3 \underset{}{\overset{\text{E, Mg}^{2+}}{\rightleftharpoons}} \text{谷氨酰胺} + \text{ADP} + \text{Pi} \tag{4-26}
$$

将实验组和对照组经超滤处理,分别检测超滤膜上留存的谷氨酸含量和谷氨酰胺合成酶活力,结果如图 4-11 所示。实验组显示,在一定浓度范围内,随着加入的酶量不断增加,超滤后存留的谷氨酸量也不断增多,与酶量成正比;当酶量增加到远大于谷氨酸量后,超滤膜上谷氨酸的存量近乎恒定。而对照组显示,不管酶量怎么增加,超滤膜上谷氨酸存量近乎为零。这表明,实验组中的谷氨酸与酶结合形成了酶-底物复合物,被超滤膜截留,且在形成酶-底物复合物的过程中,ATP、Mg^{2+} 及谷氨酰胺合成酶必须同时存在。

4.2.3.2　串行飞秒晶体学方法

一直以来,研究生物大分子精细三维结构的主要方法是 X 射线晶体学,目前蛋白质数据库中已测定的近 14 万个结构中约 90% 是通过此方法获得的,由此可见 X 射线晶体学在蛋白质结构解析中的重要地位。然而,X 射线晶体学实验过程中的射线对晶体中的大分子结构有一定的损伤作用,有时甚至能破坏晶体的晶格;同时,实验需要大的单晶,这使得成功地通过该法解析大分子结构很有挑战性。X 射线自由电子激光(X-ray free-electron lasers,XFEL)具有高亮

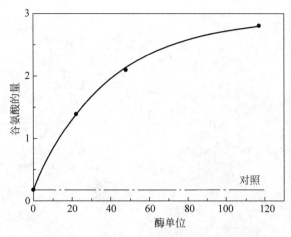

图 4-11　超滤法检测谷氨酸与酶的结合

度、全相干性以及飞秒脉冲时间结构的特点，被称为"第四代光源"的自由电子激光。它的出现开创了一种新的晶体结构研究手段：串行飞秒晶体学（serial femtosecond crystallography, SFX）。其中"串行"指的是试样中的大量微晶颗粒以串行的方式顺序地单独和 X 射线相遇、衍射、然后损坏。"飞秒"指所用光源是脉冲长度只有几个到几十个飞秒的硬 X 射线激光。"晶体学"指的是"X 射线晶体学"或者更确切地说，应该是"X 射线衍射分析"。串行晶体学有两个特点：①先衍射，后损伤；②用大量微晶试样产生一套单晶衍射数据。它们将会引发 X 射线晶体学的巨大变革，从而对相关的学科产生深刻的影响。近几年，利用该项技术已经得到较多的研究成果，如成功地检测到细菌紫红质蛋白三维结构的动态变化、光敏蛋黄蛋白三维结构顺反异构的动态变化、荧光蛋白 IrisFP 从无荧光照射到有荧光照射过程中的结构变化和光合系统 II 酶蛋白复合体在光合作用过程中的结构变化。

在此，详细地介绍近期一个基于此法捕捉酶-底物复合物的成功案例。Olmos 等利用混合注射串行晶体学方法（mix-and-inject serial crystallography, MISC）研究了 β-内酰胺酶（E）降解抗生素头孢曲松（CEF）过程中形成的复合物的结构变化。通过其他实验推测出的催化过程，包括酶-底物非共价结合，酶活性部位 Ser_{70} 对底物酰胺碳的亲核攻击，导致双键重排，最终引起 β-内酰胺环打开，脱掉离去基团二氧三嗪（R），同时 CEF 分子中内酰胺环打开（CFO），此时形成酶与 CFO 的共价中间复合物，最后在水分子的亲核进攻下，酶从中间复合物上解离下来，得到产物 CFO，完成整过催化过程（图 4-12）。

Olmos 等人的实验装置如彩图 4-13 所示。将酶晶体连同结晶母液和底物头孢曲松分别高速注入装置的内层管道和外层管道；在混合区，底物与酶晶体流混合，并扩散进入晶体；酶、底物混合后，进入延迟区并开始反应，在此反应的时长取决于内管的内径；随后流出延迟区，进入 X 射线衍射检测区进行衍射数据的收集。整个过程中，微晶体中的酶与天然底物在环境温度中反应，直到它们被单 X 射线脉冲探测到。由于脉冲非常短，以至于衍射数据收集完成后，酶晶体才被射线破坏，因此实验数据完整可信。

通过对实验数据的解析，得到彩图 4-14 显示的结果，在 30ms 时，可以观察到完整的 CEF 和酶的复合物；100ms 后，大量的完整 CEF 分子中有少许 CFO 分子出现，此时是酶与 CEF 共价结合的早期阶段；500ms 后，则是大量的酶与 CFO 复合物中夹杂着少量的 CEF。结合这些

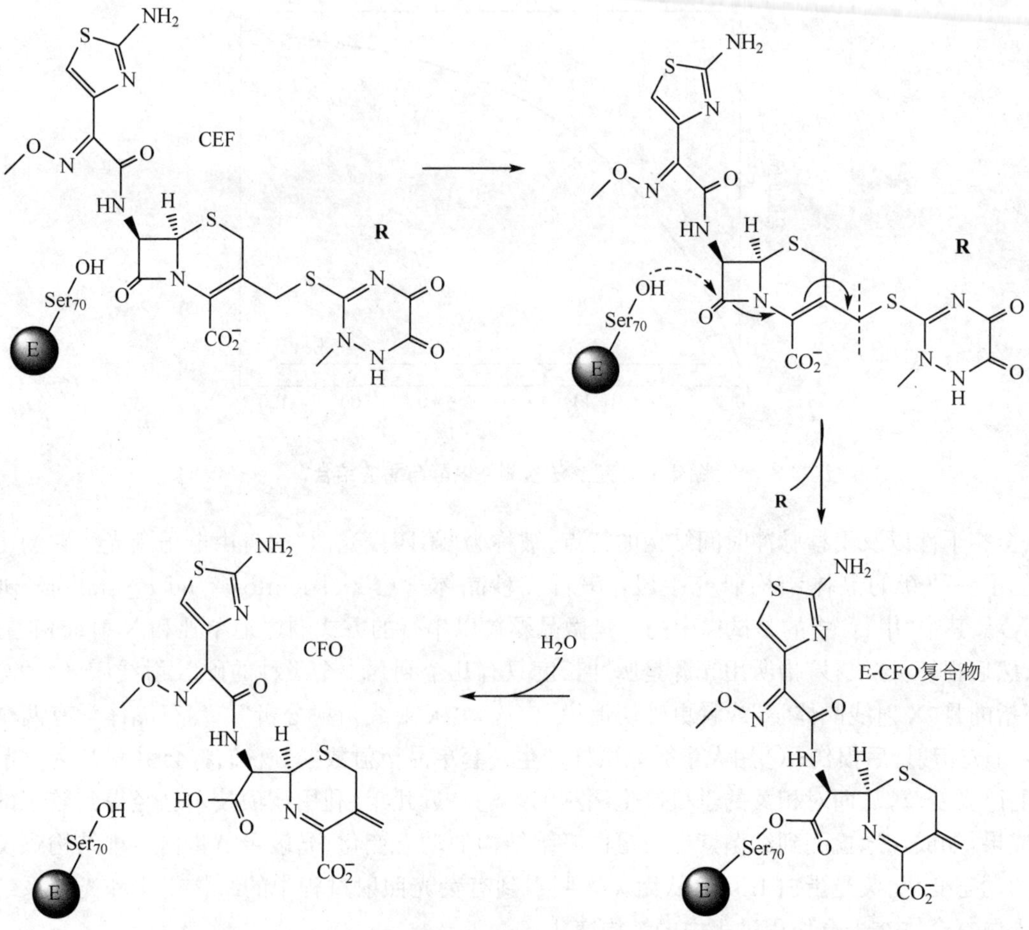

图 4-12　β-内酰胺酶(E)降解抗生素头孢曲松(CEF)过程

数据能推断出,随着反应的进行,酶活性部位 Ser_{70} 的羟基与底物酰胺碳的距离越来越近,最终发动亲核攻击,形成共价键,并引起 β-内酰胺环打开,脱掉离去基团二氧三嗪(R),反应过程与图 4-12 相吻合。

4.2.3.3　质谱法

X 晶体衍射和核磁共振方法被用于测定蛋白质的三维结构,可以提供详细的结构信息,但都很费时和复杂。X 晶体衍射只有在得到合适晶体的情况下才能应用,但单晶的培养是很不容易的。核磁共振分析所用样品量很大且不能分析相对分子质量很大的复合物(大于 40000)。

质谱分析能够将质荷比(m/z)不同的组分分开,得到它们的相对分子质量及含量,同时具有灵敏度高、样品用量少、分析速度快的优势,因此质谱法分析在生物学中的应用十分广泛。尤其是 20 世纪 80 年代以来,等离子体解吸(PD-MS)、快原子轰击(FAB)、电喷雾(ESI)和基质辅助激光解吸/电离(MALDI)等 4 种软电离技术的产生,使其在检测一些稳定性差或半衰期短的生物大分子方面显示了极强的应用潜力。它们是温和的离子化方法,不会产生分子碎片,能检测到依赖微弱作用力形成的复合物,具有灵敏度高和检测速度快的特点。利用质谱法分析酶催化反应中间物的例子很多,比如 Bruce 利用离子喷射质谱法成功检测到非共价结合的胞质受体 FKBP 与药物 FK506 配体复合物,David 等人利用质谱法检测到鸡蛋清溶菌酶在催化底物过程中形成的过渡态酶-底物共价复合物。甚至将停流装置与质谱联用,理论上可以检测酶与底物反应过程中形成的一切中间复合物。

下面重点介绍一个利用 ESI 技术检测反应过程中间复合物的案例。脱氧辛糖酸-8-磷酸合酶(KDO8PS)是 2-酮基-3-脱氧-D-甘露辛酮糖酸(CMP-KDO)合成途径中的一种关键酶,其基因表达及酶活性高低直接影响到革兰氏阴性菌细胞壁的合成,对于植物细胞壁合成同样重要,可对植物花粉管、芽的生长、伸长等有重要调控作用。KDO8PS 属于醛缩酶超家族蛋白,分布于革兰氏阴性菌及植物细胞,主要负责催化磷酸烯醇式丙酮酸(PEP)与 α-阿拉伯糖-5-磷酸产生 2-酮-3-脱氧辛糖 8 磷酸(KDO8P),并释放无机磷酸(Pi)。许多生物化学和结构生物学的研究表明,KDO8PS 的反应机制可能包括一个不稳定的磷酸半缩酮与酶形成的过渡态中间体(彩图 4-15),但是一直没有被直接观察到。这是由于事实上,所推断的磷酸半缩酮是化学不稳定的,并且无论是游离于溶液中还是与酶结合,其半衰期都非常短。

Li 等人利用电喷雾质谱技术直接检测到了该中间复合物的存在。通过监测不同反应时长的各中间物的信号强度发现,反应的起始阶段分别生成了酶与底物磷酸烯醇丙酮酸(PEP)、5-磷酸阿拉伯糖(A5P)及产物无机磷酸(Pi)和 KDO8P 的复合物。此外,还发现了相对分子质量为 31248 ± 2 的物质出现,与计算得到的酶与反应中间物形成的复合体(E·I)的相对分子质量吻合(表 4-4)。随着反应的继续进行,酶与产物的复合物 E·Pi 和 E·KDO8P 信号强度不断增强,而相应的酶与底物的复合物 E·PEP 不断减弱,直到底物之一的 A5P 消耗完为止(彩图 4-16)。同时,相对分子质量为 31248 ± 2 的物质信号不断衰减至完全消失,这与推测的反应中间物行为完全一致,即相对分子质量 31248 ± 2 的物质就是酶与磷酸半缩酮形成的中间物(E·I)。

表 4-4　酶复合物及相应的相对分子质量

酶与各反应中间物复合体及测量的质荷比(m/z)	测量的相对分子质量	计算的相对分子质量
$[E+15H]^{15+}$	2056.7 ± 0.2	30835 ± 3	30834.5
$[E·P_i+15H]^{15+}$	2063.1 ± 0.1	30931 ± 2	30932.5
$[E·PEP+15H]^{15+}$	2067.9 ± 0.1	31004 ± 2	31002.5
$[E·A5P+15H]^{15+}$	2072.0 ± 0.1	31065 ± 2	31064.6
$[E·KDO8P+15H]^{15+}$	2077.8 ± 0.2	31152 ± 2	31152.7
$[E·I+15H]^{15+}$	2084.2 ± 0.1	31248 ± 2	31250.7

(引自 Li Z L, Sau A K, Shen S D, et al. J Am Chem Soc, 2003, 125:9938-9939)

4.2.4　X 射线晶体衍射和核磁共振

生命体系中的化学反应大多借助于酶的催化来实现,参与这类反应的酶大多是蛋白质。从原子分辨率水平上阐述酶催化反应的相关信息对了解酶的具体催化机制有重要的意义。X 射线晶体衍射和核磁共振技术恰恰能够完成这项艰巨的任务。利用这些技术,我们可以获得酶蛋白或酶与底物形成的复合体的三维结构,甚至精确的原子坐标的位置信息。这些信息对认识酶的催化机制具有至关重要的作用。

应用 X 射线晶体学方法,已对许多酶的结构详情给出了有价值的信息。对探测酶催化机制中所含功能氨基酸在活性部位的定位,从而研究酶结合底物的模式是大有贡献的。X 射线晶体学方法对酶催化机制的研究虽是有力手段,但是它也存在诸多缺陷。比如酶分子在固态晶体中的结构信息可能与在溶液中有生物学活性状态时的情况有所不同;对设备的要求高,实验操作流程烦琐,数据分析要消耗大量计算时间;最关键的是如何得到稳定的酶底复合物并结晶出来,具有相当大的技术难度。为了实现这个目标,必须采用许多另外的手段来获得催化活泼的酶-底物复合物结构。

1. 单底物反应

反应平衡极端趋向一方,在这种情况下,有可能直接获得催化活泼的复合物。如磷酸丙糖异构酶所催化的反应,平衡极端趋于磷酸二羟丙酮。酶-磷酸二羟丙酮的晶体结构,已用X-射线晶体学方法获得。

2. 酶与不适底物或竞争性抑制剂可形成稳定复合物

这些物质的结构与底物类似,能以合适的方式结合于酶的活性部位;在实验期间,该复合物又能保持结合形态稳定不变。通过对它们的观察来研究酶的三维结构,就可推知正常底物是如何与酶结合并反应的。

3. 通过额外添加抗冻剂稳定酶-底物复合物

酶与底物的反应需要在一定的温度条件下才能进行。多数情况下,温度下降到一定程度,酶催化底物生成产物的速率会急剧下降,即酶-底物复合物变得相对足够稳定。如通过这种方法成功地获得了软骨素 AC 裂合酶与底物硫酸软骨素或透明质酸的复合物晶体。

核磁共振(nuclear magnetic resonance,NMR)技术相比 X 射线晶体衍射各有优劣。X 射线晶体衍射法只能测定晶体蛋白质的分子构象,并且只能测定蛋白质分子的静态构象;一般来讲,只要能够得到复合物的晶体结构,就能够通过 X 射线晶体衍射技术解析,关键是晶体的制备有时会非常困难;而核磁共振不需要复合物的晶体,可以在溶液中直接检测到蛋白质分子构象的动态变化过程,可以用来研究底物、抑制剂、辅基、效应物等与酶分子构象的相互作用以获得活性中心或结合部位的结构信息。需要注意的是,对于蛋白质这种生物大分子来说,需要制作多维 NMR 图谱才能得到精确的三维结构信息,并且太大的蛋白分子(相对分子质量大于40000)也不适用 NMR 来分析。一般待测物质的半衰期不能太短,浓度不能太低,否则不利于测量,此时需要采取一些特殊的方法。

比如,南开大学团队以金黄色葡萄球菌转肽酶 Sortase A 为目标蛋白,首先利用高分辨的核磁共振技术在溶液中通过改变反应条件观察到 Sortase A 与七肽底物 QALPETG 在反应过程中产生了微量的核磁信号。通过质谱分析发现这类新的信号就是 Sortase A 与七肽形成的硫酯中间体。由于硫酯中间体的寿命短并且含量低,生物核磁研究中通常的结构性约束条件很难在短时间内定量采集,因此测定该类中间体的三维结构具有较高的挑战。为了实现这个目标,该团队采用赝接触位移(pseudocontact shift,PCS)为结构限制性条件,成功地测定了硫酯中间体的三维结构。这种在非平衡态真实反应体系中测定酶的催化中间体无疑会对催化反应机制有更深刻的理解。

此外,利用 ^{1}H-NMR 谱、^{13}C-NMR 谱、^{31}P-NMR 谱及 ^{19}F-NMR 谱等不同类型的核磁共振波谱分析,可以得到相应原子的化学环境,得到结构与功能的信息。例如与 N、O、S 等原子相连的氢原子,在水溶液中常常发生质子交换。改变溶液的 pH,可以大大改变上述质子的交换速度,从而影响上述质子的化学位移 δ,以 δ 对 pH 作图,可以得到滴定曲线。从滴定曲线可以推知大分子中同一种氨基酸残基的不同解离状态。此外由于氢键的形成使质子交换变慢,从而使质子的化学位移增大。因而,可以利用 NMR 技术研究酶催化过程中氢键起到的作用。

4.2.5 氨基酸侧链的化学修饰

应用化学修饰技术研究酶的催化机制,其原理很简单。酶催化活性中心有关氨基酸侧链遭到破坏,酶就会失活。通过标准结构技术,如分离修饰肽并测序,就可确定哪个侧链在酶催化中起作用。

修饰技术设计和对修饰结果的解释却不那么简单,往往会遇到许多难题。例如,修饰实验必须达到高度专一,而有些试剂,如 1-氟-2,4-二硝基苯等,能与不同的侧链(Cys、Lys、His、Tyr)反应。如何改善修饰反应的专一性是一个重要的问题。

1. 利用化学原理选用修饰剂

如利用汞对硫有极强的亲和力,用汞试剂来高度专一地修饰 Cys 侧链[式(4-27)]。如利用芳环对亲电取代极强的敏感性,用 I_2 或四硝基甲烷来高度专一地修饰 Tyr 中的芳香环[式(4-28)]。

$$E\text{—}CH_2SH + Cl\text{—}Hg\text{—}\bigcirc\text{—}COO^- \longrightarrow E\text{—}CH_2S\text{—}Hg\text{—}\bigcirc\text{—}COO^- + Cl^- + H^+ \qquad (4\text{-}27)$$

$$E\text{—}CH_2\text{—}\bigcirc\text{—}OH + C(NO_2)_4 \longrightarrow E\text{—}CH_2\text{—}\bigcirc\text{—}OH + H^+ + C(NO_2)_3^- \qquad (4\text{-}28)$$

另外,注意观察自由氨基酸与各种修饰剂的反应活性次序,也可提供修饰剂的可用性信息。如根据表 4-5 中的信息,可合理地选择修饰剂。

表 4-5　各种修饰剂对各种氨基酸侧链的反应活性次序

修饰剂	氨基酸侧链反应活性次序
酰化剂(碘乙酰胺、碘乙酸)	Cys ＞ Tyr ＞ His ＞ Lys
烃基化剂(2,4,6-三硝基苯磺酸、1-氟-2,4-二硝基苯)	Cys ＞ Lys ＞ Tyr ＞ His

如烃基化剂 2,4,6-三硝基苯磺酸,用于修饰 Lys 侧链,比酰基化剂优越。根据这些原理,已列出一个对修饰特殊类型氨基酸侧链显示最优专一性的修饰剂表(表 4-6)。

表 4-6　各种氨基酸侧链的修饰剂

侧链类型	修饰剂
Cys	汞化物,如对-氯汞苯甲酸;二硫化物,如 5,5-二硫双(二硝基苯甲酸);碘乙酰胺
Lys	2,4,6-三硝基苯磺酸,磷酸吡哆醛
His	二乙基碳酸酯,光氧化
Arg	苯乙二醛,2,3-丁二酮
Tyr	四硝基甲烷,N-乙酰咪唑,碘
Trp	N-溴代琥珀酰亚胺
Asp 或 Glu	水溶性羰二亚胺

此外,还可通过 pH 的改变而改变某修饰剂的选择性。例如在 pH 7 以上,Cys 的侧链($pK_a \approx 8.0$)对碘乙酸反应非常活泼。因为在该条件下 Cys 有显著部分以解离形式($E\text{-}CH_2S^-$)存在,成为活泼的亲核基团。而在 pH6 以下,侧链-CH_2SH 只有极少解离;而这时 Met 的侧链($-CH_2CH_2SCH_3$)是一个更活泼的亲核基团。例如在 pH 5.6,猪心异柠檬酸脱氢酶中的一个

Met 侧链易被碘乙酸修饰,而在该条件下,Cys 侧链则不会发生任何修饰作用。

2. 超反应性侧链

酶分子中常有一特殊氨基酸侧链,由于其所处特殊环境,变得非常活泼,可意外地被某修饰剂专一性地修饰。如胰凝乳蛋白酶中的一个超反应性-SerCH$_2$OH,能被二异丙氟磷酸酯(DFP)修饰,但酶分子中其他 27 个 Ser 或自由 Ser 却都不能被 DFP 修饰。另一个超反应性侧链例子是牛肝谷氨酸脱氢酶中的 Lys。该酶每个亚基有 30 个 Lys,而只有其中的一个可被 2,4,6-三硝基苯磺酸修饰。这些超反应性基团一般都参与酶的催化作用。

3. 酶侧链的亲和标记

改善修饰剂专一性的另一方法是把一些零件掺入其中。这些零件能引导修饰剂专一性地结合到酶分子的特定部位上,如酶的活性部位。随后修饰剂的某反应性部分即与该部位邻近的某一氨基酸侧链发生反应,使酶遭受修饰。这种修饰剂称为亲和标记试剂,又称活性部位指示剂。如溴代磷酸羟丙酮与磷酸丙糖异构酶的底物磷酸二羟丙酮类似,可作为亲和标记试剂。它首先结合于该酶的活性部位,由于相邻羰基的极化作用而活化的 Br 原子能被酶上适当定位的亲核氨基酸侧链所取代,使酶遭受修饰。

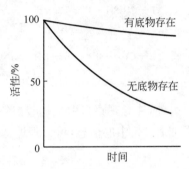

图 4-17　通过添加底物防止酶失活

对侧链化学修饰结果的解释应特别注意。如果修饰后导致酶失活,不一定就能说明被修饰的侧链确实包含于酶的催化机制中;因为修饰后使酶的构象改变也会导致酶的失活。要宣称被修饰侧链确实是位于酶的活性部位,那就必须满足两个标准:第一是酶的失活程度和修饰剂量之间必须有计量关系;第二是加底物或竞争性抑制剂对酶的失活有防护作用(图 4-17)。

4.2.6　定点突变法

在定点突变技术到来之前,酶分子中的活性位点推断主要依赖化学修饰和 X 射线晶体学方法。很多情况下这些方法做出的结论是推断性的,有时甚至逻辑性不够严密。如今,通过定点突变技术,大量酶的活性位点被直接验证。酶对底物的催化作用包括对底物的选择及催化,因此这里主要讲一下定点突变在酶的专一性和酶的催化机理研究两方面的应用。

1. 酶的专一性

正如前面所述,酶的活性中心通常由结合位点、催化位点和一些其他氨基酸残基组成的,具有独特外形的口袋结构。结合位点常常会对底物的专一性起到至关重要的作用。通过定点突变,将一些活性位点替换成其他氨基酸,再通过分析酶催化效率和米氏常数 K_m,就能探明这些氨基酸是否决定了对底物的专一性。1987 年,Kirsch 等人通过定点突变技术,将天冬氨酸转氨酶活性位点的 R$_{292}$ 突变为 D$_{292}$ 后,酶的最适底物由二羧酸氨基酸的天冬氨酸和谷氨酸,转变成二氨基氨基酸的赖氨酸和精氨酸。这是因为突变使在催化条件下带正电荷的残基转变成了带负电荷的残基,因此,就发生了底物选择性的反转。

2. 酶的催化机制

氢键、疏水作用力、静电作用、酸碱催化作用及亲核或亲电基团的攻击作用等构成了酶催化作用的动因。通过定点突变技术,很容易破坏这些作用力,或者改变这些作用力发生的位置,然后比较突变前后的酶活力,来确定这些作用力在酶催化过程中的作用。如碱性磷酸酶催化机理如图 4-18 所示。它的活性位点 Ser_{102} 是一个理想的亲核基团,通过定点突变得到一系列突变体 S102C,S102A,S102G 和 S102L,结果发现它们虽然比野生型酶活力都有不同程度下降($10^3 \sim 10^4$ 倍),但是 S102C 下降的幅度显著低于其他几个突变体。因为 Cys 的巯基也是一个活泼的亲核基团,因此这说明突变体 S102C 中半胱氨酸的巯基接替丝氨酸的羟基起到亲核攻击作用。研究同时发现,所有的突变体参与的反应都比无催化的反应要快 $10^5 \sim 10^7$ 倍以上,此外,晶体结构显示,S102G 和 S102A 在与野生型 S_{102} 相似的位置,存在一个 Zn^{2+},原来这个锌离子通过静电作用稳定了过渡态的结构,这恰恰解释了为什么这些突变体还保留了相当的催化能力。再如,碱性磷酸酶的突变体 R166Q、R166S 和 R166A 相比野生型而言,酶的转换数 k_{cat} 在有无机磷的存在下只有少许降低,但是在同样条件下,突变体结合底物的能力减小 50 倍以上。突变移除 R_{166} 后,发现对底物和无机磷的结合能力均显著减弱,说明 R_{166} 在起始底物结合和无机磷的释放过程中起到关键作用。

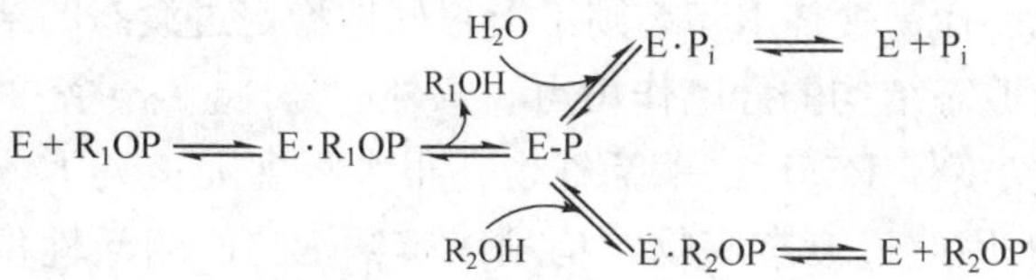

图 4-18 碱性磷酸酶的催化机理

4.2.7 分子动力学模拟

在酶与底物的反应体系中,催化全过程主要包括:①底物通过某通道结合到酶的活性位点;②酶催化底物发生化学反应,包括共价键的生成和断裂,并生成产物;③产物从反应区域的释放。所有的环节都对酶的催化有重大的影响。要想阐明酶的催化机制,我们必须弄明白这个过程具体是怎么进行的。这里面存在很多的细节,是我们用实验手段很难甚至无法获取的,比如研究催化反应的关键过渡态或反应中间体这类不稳定的物质。实验上,主要借助于 X 射线结晶技术和 NMR 光谱揭示了一些酶在原子水平的结构并猜测了酶的催化机制,同时利用动力学和同位素标记实验确定酶催化反应的一些特征。但是,一些酶的结构与其催化能力的相关性,很难通过这些实验得以解决。实验技术也很难捕获酶催化过程中的极度不稳定的中间复合物,而这些复合物对于理解酶的催化机制及其应用是至关重要的。随着量子力学(quantum mechanics,QM)和经典分子力学(molecular mechanics,MM)及大量算法的不断发展,一种通过计算机模拟生物体系反应的方法应运而生,那就是分子动力学模拟(molecular dynamics simulation)。它是一种研究原子和分子运动的理论计算方法,通过积分算法求解牛顿运动方程来获取体系在一定时间内的动态变化,不仅可以得到原子的运动轨迹,还可以观察到原子运动过程中的各种微观细节,是对理论计算和实验的有力补充。通过模拟,可以对酶催化反应中形成的过渡态、亚稳态中间物、酶-底物复合物、酶-产物复合物等的结构和性质进行预测,有力的弥补实验方法研究的局限性;而且可以在原子水平上提供更为精细的分子结构,并对反应的能量学进行精确的计算和分析,从而阐明不同的基团对催化反应的贡献。

Warshel 和 Levitt 是最早应用分子动力学模拟揭示酶的催化机制的,1976 年,他们第一次采用 QM/MM 的方法研究了溶菌酶的催化机制。MM 方法具有很高的计算效率,能研究的体系比较大,通常达到数以万计的原子,能够描述整个酶分子体系的结构和动力学信息。但是,由于无法考虑电子极化的局限性而不能用来研究酶催化反应会涉及的成键、断键及其他电子结构变化。相比之下,QM 方法能够精细地描述反应中涉及的电子结构变化。但是,由于量子化学计算需要大量的时间和计算资源,QM 方法的应用还只能局限于上百个原子的小型体系。因此,一个较为理想的解决办法是采用 QM 处理催化体系中涉及的反应基团,包括酶的活性位点和底物参与反应的局部区域,其他的区域采用 MM 来处理。这样既可以保证模拟必要的计算精度,又能够提高计算效率,因而是目前模拟生物体系中化学反应的最流行和有效的方法。Warshel 和 Levitt 正是采用 QM/MM 的模拟方法,发现稳定溶菌酶催化水解糖苷键的过程中形成的碳正离子的关键因素是静电作用力,而不是之前普遍认为的立体张力作用。

Li 等人利用分子模拟的方法对人亲环蛋白 A(CyPA)的催化机制做了研究,模拟计算发现,通过底物与 CyPA 的活性位点 Arg_{55}、Gln_{63} 和 Asn_{102} 之间的氢键作用,以及 Arg_{55} 与底物间的静电作用,使 CyPA 的活性位点在结构上非常稳定,并且使 Arg_{55} 能处于一个有利的位置催化底物向过渡态的转化。而突变体 R55A 则不能很好地稳定过渡态的结构,这是因为 Arg 突变成 Ala 后失去了稳定过渡态结构的静电作用力。意外的是,将 Arg 突变成 Lys 后,虽然 Lys 的性质与 Arg 相似,但是突变体 R55K 的酶活性也在很大程度上丧失了,这是因为 Lys 没有 Arg 中独特的胍基分叉结构,因此过渡态底物结构难以容纳 R55K 的活性位点 Lys,导致突变体不能够提供静电相互作用以稳定过渡态结构。张新潮的相关实验结果也支持了这一观点。此外,邹国林研究室也利用分子动力学模拟结合实验的方法研究了纳豆激酶(nattokinase, NK)的催化机制,并提出一种有别于经典的丝氨酸蛋白酶催化理论的新机理(见 4.3.1 节)。

4.3 酶反应机理的实例

4.3.1 丝氨酸蛋白酶

丝氨酸蛋白酶以一个特定的 Ser 残基作为酶活性中心的必需催化基团之一,这个家族包括胰蛋白酶、胰凝乳蛋白酶、弹性蛋白酶、枯草芽孢杆菌蛋白酶、凝血酶、纤溶酶、组织纤溶酶原激活剂和其他有关的酶类。其中前三种为动物体内的消化酶,最后三种为调节蛋白酶,主要参与血凝与溶栓相关的级联放大过程。

丝氨酸蛋白酶的催化机制包含共价催化和广义酸碱催化,3 个极性残基 His_{57}、Asp_{102} 和 Ser_{195} 构成的催化三联体(catalytic triad)(图 4-19)在催化过程中起到关键作用,其中任何一个残基一旦发生改变,酶活性均会丧失。

本文以胰凝乳蛋白酶为例,看看是如何通过实验方法阐明其反应机理。

1. 酶的结构及其作用的基本信息

经测定,胰凝乳蛋白酶的相对分子质量为 25000。成熟的胰凝乳蛋白酶含有三条肽链,它们之间由二硫键维系。刚从胰腺分泌出来时,无催化活性,称为酶原。酶原分三步活化最终形成成熟的胰凝乳蛋白酶。首先在胰蛋白酶的作用下,酶原 Arg_{15}-Ile_{16} 间的肽键断裂,获得一完全活泼的酶,称 π-胰凝乳蛋白酶;接着由其自身催化先切断 Leu_{13}-Ser_{14} 间的键,得到有活性的 δ-胰凝乳蛋白酶;继而切断 Asn_{148}-Ala_{149} 和 Tyr_{146}-Thr_{147} 间的键,生成最普遍的活性 α-胰凝乳蛋白酶(彩图 4-20)。

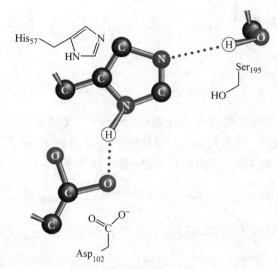

图 4-19　胰凝乳蛋白酶的催化三联体

　　通过酶的专一性研究发现，α-胰凝乳蛋白酶不仅能催化酰胺键水解，也能催化酯键水解。它对酯键水解的专一性小，而对酰胺键的氨基酸 R 侧链基团具有很强的专一性。它优先催化 Trp、Tyr、Phe 等芳香族氨基酸的羧基参与形成的酰胺键，其次催化 Leu 和 Met 等氨基酸的羧基参与形成的酰胺键。这些氨基酸的 R 基团均为大的疏水基团，即该酶对大的疏水 R 侧链显示专一性。

　　2. 氨基酸侧链的化学修饰

　　对胰凝乳蛋白酶的化学修饰获得了许多有用的信息，主要有以下几点。

　　(1) 用二异丙氟磷酸酯(DFP)修饰 Ser

　　酶分子中共有 28 个 Ser，但是只有一个被修饰，被修饰的为 Ser_{195}，它是酶活性中心的一个超反应性亲核基团。

　　(2) 亲核标记试剂对-甲苯磺酰-L-苯丙氨酰氯甲基酮(TPCK)的修饰作用

　　TPCK 与酶的最适底物对-甲苯磺酰-L-苯丙氨酸乙酯的结构相似[式(4-29)]。

$$(4-29)$$

对-甲苯磺酰-L-苯丙氨酸乙酯　　　　　　　　　　　　　TPCK

　　底物的酯键是酶催化水解的键。TPCK 无酯键，但有一活泼的氯甲酮基团。它可使胰凝乳蛋白酶发生不可逆失活，而且这失活作用可被底物保护。采用[^{14}C]标记 TPCK 后，发现它与酶的结合是化学计量的，一个活性部位只参与一个 ^{14}C 标记物. TPCK 不能与变性的酶结合，说明 TPCK 是共价地结合于酶的活性部位，预测酶活性部位有一个亲核基团取代了 TPCK 的氯原子。后来研究证明此亲核基团为 His_{57}。预测酶与 TPCK 的反应如式(4-30)所示。

$$(4-30)$$

Ser_{195} 和 His_{57} 同是酶活性部位的亲核基团,而 Ser_{195} 又是活性中心主要的亲核组分。为什么 TPCK 只与 His_{57} 反应,而不与 Ser_{195} 反应呢?这是因为 His_{57} 与 Ser_{195} 在酶活性中心有不同的定向,正是 Asp_{102} 对 His_{57} 的定向作用,使得 TPCK 只与 His_{57} 反应。当 TPCK 或底物与酶结合后,氯甲基酮基团 $—\overset{O}{\overset{\|}{C}}—CH_2Cl$ 和正常底物的 $—\overset{O}{\overset{\|}{C}}—NHR$ 或 $—\overset{O}{\overset{\|}{C}}—OR$ 基团在空间位置上是不同的,造成 Ser_{195} 易攻击底物,而 His_{57} 易攻击 TPCK 的 $—\overset{O}{\overset{\|}{C}}—CH_2Cl$。这种现象也在胰蛋白酶中见到。这进一步说明在丝氨酸蛋白酶中,Ser 起亲核攻击作用,而其活性中心的组氨酸则起到广义酸碱催化作用。

(3) 通过乙酸酐 $\left(CH_3\overset{O}{\overset{\|}{C}}\right)_2O$ 对 $—NH_2$ 的修饰证明 Ile_{16} 在酶催化中的作用。

这是通过一个双标记实验来完成的。首先利用乙酸酐使酶原中所有的 α 和 $\varepsilon\text{-}NH_2$ 都被 $CH_3\overset{O}{\overset{\|}{C}}$ 修饰而乙酸化,然后用胰蛋白酶切割,得到完全活泼的乙酰化 π-胰凝乳蛋白酶,它具有自由的 $Ile_{16}\text{-}NH_3^+$。再用 $[^{14}C]$-乙酸酐修饰 $Ile_{16}\text{-}NH_3^+$,使之乙酰化,发现酶活性的丧失与 ^{14}C 的掺入量成正比关系,说明 $Ile_{16}\text{-}NH_3^+$ 是酶呈现活性所必需的。关于 Ile_{16} 的确定作用,见 X-射线晶体学方法部分提供的信息。

3. X 射线晶体学方法研究胰凝乳蛋白酶的作用机制

对胰凝乳蛋白酶的 X 射线晶体学研究解决了 4 个主要问题。

(1) Ser_{195} 为什么是一个超反应性基团,对底物呈现出特别强烈的亲核攻击能力

X 射线晶体学研究证明,酶分子中有精确排列的 3 个侧链基团,分别是 Asp_{102}······His_{57}······Ser_{195},即我们所说的催化三联体。它们通过一个电荷接力机制(charge relay mechanism),使 Ser_{195} 离子化极大地增加了它的亲核性,成为一个超反应性基团,亲核攻击底物的 $>C{=}O$ 碳,经酶酰化中间物而达到催化目的。这种排列不仅存在于胰凝乳蛋白酶中,在迄今为止所研究过的丝氨酸蛋白酶中都存在。

(2) 底物是如何结合到酶上的

对不适底物或竞争性抑制剂与酶形成的复合物所做的 X 射线晶体学研究已有大量文献报告。抑制剂 N-甲酰色氨酸与酶结合,将其吲哚侧链正好装进 Ser_{195} 附近的非极性口袋中(图 4-21)。经分析可知,结合于酶“口袋”中的芳香侧链与酶的非极性侧链相互匹配。同时还观察到抑制剂的 $—\overset{O}{\overset{\|}{C}}—OH$ 相当于底物酰胺键的 $>C{=}O$,靠近 Ser_{195};且底物 $>C{=}O$ 中的氧又与 Ser_{195} 的肽键 $—\overset{H}{\overset{\|}{N}}—$ 和 Gly_{193} 的肽键 $—\overset{H}{\overset{\|}{N}}—$ 形成氢键,以增加 $>C{=}O$ 的极性,从而更有利于 Ser_{195} 对它的亲核攻击。

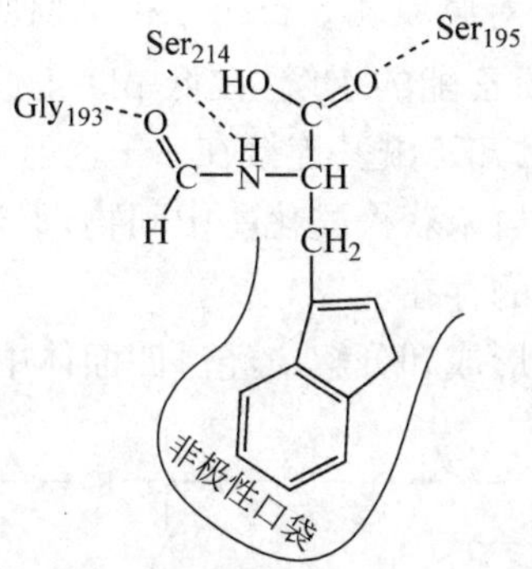

图 4-21 抑制剂 N-甲酰色氨酸与胰凝乳蛋白酶结合示意图

（3）X 射线晶体学信息说明了胰凝乳蛋白酶和其他丝氨酸蛋白酶专一性差别的原因

参与消化反应的各种丝氨酸蛋白酶都执行裂解肽键的反应,并且它们的结构和作用机制也很相似,但是专一性明显不同。都具有极相似的结构(彩图 4-20),但却具有不同的底物专一性。X 射线晶体学研究指出,这些专一性的差别与这些酶的底物结合口袋中氨基酸的种类不同有关,也就是由酶活性中心的立体化学结构决定的(图 4-22)。酶活性中心位于酶表面凹陷的口袋中。其中,胰蛋白酶具有很深的底物结合口袋,口袋的底部还有一个带负电荷的 Asp,因而特别适合结合长的带正电荷侧链的氨基酸；胰凝乳蛋白酶的底物结合口袋比胰蛋白酶的浅,但更宽,而且口袋中分布有疏水氨基酸,口袋底部的 Asp_{189} 被不带电荷的 Ser 所取代,因此特别适合与体积较大且疏水的芳香族氨基酸结合；弹性蛋白酶的底物结合口袋非常浅,并且在口袋的入口处,Gly_{216} 和 Gly_{226} 被具有较大侧链的 Val_{216} 和 Thr_{226} 所取代,因此最适合与侧链较小的氨基酸残基结合。

（4）X 射线晶体学方法说明酶原活化的机理

X 射线晶体学研究证明,在酶和酶原中,电荷接力系统 Asp_{102} ······His_{57} ······Ser_{195} 是完全相同的,只是在酶原中底物结合口袋没有适当形成,使底物不能精确地利用活泼的超反应性 $Ser_{195}\text{-}CH_2O^-$。在酶原活化过程中,酶切产生 $Ile_{16}\text{-}NH_3^+$ 正电荷。该正电荷与 Asp_{194} 侧链的负电荷深埋于酶分子内部低介电常数区,形成强的静电力,帮助酶分子其他部分移动。例如,已观察到 Arg_{145} 和 Met_{192} 移动了若干距离,因而使底物结合口袋适当形成。这与修饰实验证明的 Ile_{16} 对胰凝乳蛋白酶催化作用有贡献相吻合。

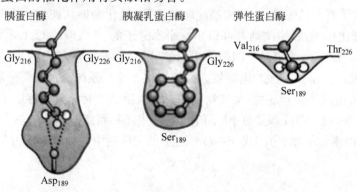

图 4-22 几种丝氨酸蛋白酶结合口袋的比较

4. 酶-底物中间复合物的检测对胰凝乳蛋白酶催化机制所提供的信息

胰凝乳蛋白酶催化对硝基苯酚乙酯的水解,在低 pH 下脱酯反应速度很慢,已分离得到酰化酶。通过酸水解、序列分析等,已知乙酰基连接在 Ser_{195} 上。

胰凝乳蛋白酶对酰胺的水解,虽未获得酰化酶中间物,但通过高浓度的强亲核剂,如丙氨酰胺或羟胺等,可间接推知该中间物的存在。

根据有机化学原理,酰化酶的形成和分解应经过四面体中间物[式(4-31)]。

$$
\begin{array}{c}
\text{E—CH}_2\text{OH} + \text{RC}{\overset{\displaystyle O}{\underset{\displaystyle X}{<}}} \xrightarrow{\text{H}^+} \text{E—}\overset{\displaystyle \text{H}_2}{\underset{\displaystyle X}{\text{C}}}\text{—O—}\overset{\displaystyle O^-}{\text{C}}\text{—R} \xrightarrow{\text{X}} \text{E—}\overset{\displaystyle \text{H}_2}{\text{C}}\text{—O—}\overset{\displaystyle O}{\text{C}}\text{—R} \\
\text{第一个四面体中间物} \qquad\qquad 酰化酶
\end{array}
$$

(4-31)

第二个四面体中间物

在胰凝乳蛋白酶催化反应中虽未直接获得四面体中间物,但已从有关丝氨酸蛋白酶催化反应中获得。例如,用停流法研究弹性蛋白酶催化对硝基酰替苯胺三肽衍生物水解时,第一个四面体中间物分解成酰化酶的反应是总反应的限速步骤,因此该四面体中间物可以被检测得到。胰蛋白酶抑制剂与胰蛋白酶形成的复合物,用 X 射线晶体学方法可观察到其关键性的酰胺键变了形,变成类似四面体中间物,这也间接地证实胰凝乳蛋白酶的作用机制。

5. 动力学研究对胰凝乳蛋白酶催化机制所提供的信息

从胰凝乳蛋白酶催化反应的动力学研究获得了以下信息:

(1)通过胰凝乳蛋白酶催化对硝基苯酚乙酯所产生的初速突变现象,证明了酰化酶的存在(已于上节详述)。

(2)通过动力学研究测定了不同酯或酰胺为底物时,胰凝乳蛋白酶所催化每步反应的反应速度常数。发现以酯为底物时,脱酰反应为总反应的限速步骤,所以有酰化酶积累。若以酰胺为底物时,酰化酶的形成速度小于分解速度,即总反应受酰化酶形成速度的控制,所以难以获得酰化酶中间物,一般只能间接证明其存在。

从以上五个方面的研究结果,可归纳出胰凝乳蛋白酶催化酰胺水解的机制(彩图 4-23)。胰凝乳蛋白酶的催化作用起始于 Ser_{195}-CH₂OH 对底物羰基的亲核攻击,从而形成第一个四面体复合物,而这样的攻击因 His_{57} 的碱催化作用变得更为顺利。随后 His_{57} 又起到酸催化作用,把N-3 的一个 H^+ 给予离去基团,以免形成高能胺负离子,酰化酶即从四面体中间物分解而产生。接着 His_{57} 起碱催化作用,吸引酶活性部位中一个水分子的 H^+,形成 OH^-;OH^- 作为亲核试剂去攻击酰化酶的羰基,形成第二个四面体中间物,随后释放出羧基产物。所以胰凝乳蛋白酶的整个催化系统是由三个氨基酸的电荷接力系统提供。这个系统通过电荷分散,以避免不稳定形式的产生。它可通过从酶到底物、从底物到酶以及从酶到产物流畅转移质子。这效应又是通过提高 pK_a 值的 Asp-COOH 和降低 pK_a 值的 His-咪唑基而获得。

图 4-23 所示的催化机制,可用式(4-32)来表示催化机制中各种因素所占位置。

$$
\begin{array}{c}
② \quad \text{X}^+ \\
\quad\quad \overset{\displaystyle O}{\overset{\displaystyle \|}{}} \quad \text{H} \\
① \text{—N:} \cdots \text{—C—N—} \cdots 底物 \\
\text{YH} \;③
\end{array}
$$

(4-32)

① 为亲核基团—N：攻击底物 C=O，以形成四面体中间物。

② 处于 C=O 氧邻近的正电荷基团，它不仅用以极化 C=O，以增加它对亲核攻击的敏感性，也能稳定四面体结构。

③ 一个质子供体 YH，使第一个产物以-NH$_2$ 形式顺利离去。

以上三个因素及其相对位置，在其他丝氨酸蛋白酶中也大致与胰凝乳蛋白酶相同。而其他蛋白酶，如羧肽酶，木瓜蛋白酶以及一些酸性蛋白酶，乍看起来似乎具有完全不同的催化机制，但仔细分析，上述通式对它们也是适用的。

纳豆激酶（NK）也是丝氨酸蛋白酶家族的成员之一，具有类似保守的催化三联体（D$_{32}$、H$_{64}$、S$_{221}$）和羟基阴离子洞（N$_{155}$）。邹国林研究室的郑忠亮通过分子对接和量子力学的方法对 NK 的催化机理进行了研究，提出了一个不同于经典教科书上的丝氨酸蛋白酶催化理论的新机理。该机理更强调微碱性环境中的 OH$^-$ 作为亲核试剂的可能性，而经典的理论强调 S$_{221}$ 作为亲核试剂水解肽键。

4.3.2 溶菌酶

溶菌酶（lysozyme）是一种天然的抗菌剂，作用的天然底物是某些细菌的细胞壁多糖。细胞壁多糖是 N-乙酰葡萄糖胺（NAG）-N-乙酰胞壁酸（NAM）的共聚物，其中 NAG 和 NAM 通过 β-1,4 糖苷键交替排列（图 4-24）。溶菌酶的作用机制也是了解得相当深入的，其中主要的信息来自化学修饰和 X 射线晶体学研究。

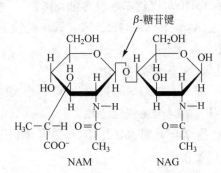

图 4-24　NAM 通过 β(1→4)糖苷键与 NAG 连接

1. 氨基酸侧链化学修饰提供的信息

从化学修饰实验找出了与酶-底物结合和催化相关的氨基酸有 Trp$_{62}$、Trp$_{108}$、Asp$_{52}$ 和 Glu$_{35}$ 等。

（1）NH$_2$CH$_2$SO$_3$H 对-COOH 的修饰

在 N-乙酰葡萄糖胺的三聚、四聚、五聚底物的混合物存在（＋S）和不存在（－S）时，用 NH$_2$CH$_2$SO$_3$H 修饰溶菌酶。结果表明：在＋S 实验中，有 56.5％的酶活性得以保持；而在－S 的实验中，酶则完全失活。经分析得知前者使 7.3 个-COOH 受到修饰，而后者则使 8.4 个 -COOH 受到修饰。＋S 试样经透析除去底物，再用[^{14}C]-NH$_2$CH$_2$SO$_3$H 修饰，则可掺入 1.4 个[^{14}C]-NH$_2$CH$_2$SO$_3$H，酶完全失活；而-S 试样只掺入 0.5 个[^{14}C]-NH$_2$CH$_2$SO$_3$H。这说明底物对 NH$_2$CH$_2$SO$_3$H 的修饰有保护作用。已透析除去底物的酶溶于 4mol/L 的盐酸胍，再用

$[^3H]$-$NH_2CH_2SO_3H$ 处理,则酶的 11 个-COOH 都被修饰。把在$+S$,$-S$实验中$[^{14}C]$和$[^3H]$标记的酶,经还原、水解、序列分析,找出每一步骤中被 $NH_2CH_2SO_3H$ 修饰的氨基酸侧链。实验结果表明:在第一步中,$+S$酶样除 Asp_{52} 和 Glu_{35} 的-COOH 外,几乎所有的-COOH 都被修饰,酶仍保持 50% 以上活性。因此可以说,$+S$实验中被修饰的-COOH 对酶的催化和底物的结合都不起主要作用。去底物后第二步反应,被修饰的-COOH 是 Asp_{52} 的-COOH,修饰后酶即完全失活;在$-S$实验中,Asp_{52} 的-COOH 第一步就被修饰致酶完全失活。这些实验充分证明 Asp_{52} 的-COOH 是酶催化所必需的。

(2) 用三乙基氟硼酸锌盐$(C_2H_5)_3O^+BF_4^-$在温和条件下选择性地攻击溶菌酶的-COOH,经作用后分离出两种酶-单酯衍生物[式(4-33)]。

$$(4\text{-}33)$$

一种是在 pH4.0,以高度选择性的酯化作用形成的一种不稳定酯。修饰酶对三-N-乙酰葡萄糖胺结合的有效性只有天然酶的 1/20,但保持酶对底物活性的 57%。酶分子中被酯化的-COOH,可能位于底物三-N-乙酰葡萄糖胺的强结合部位,而不是位于酶的催化部位。第二个被酯化的-COOH,是在 pH4.5 与$(C_2H_5)_3O^+BF_4^-$反应,酯化率很高。修饰酶对三-N-乙酰葡萄糖胺的结合只有天然酶的 1/10,但对底物基本没有催化活性。这表明该-COOH 对溶菌酶的催化作用至关重要,经鉴定它是 Asp_{52} 的-COOH。这一修饰实验为 Asp_{52} 的-COOH 在溶菌酶中的催化功能提出了直接证据。

(3) 用 2-硝基苯基亚磺酰氯(NPS)修饰溶菌酶

在 pH 3.5,溶菌酶有一个 Trp 可被 NPS 修饰成为 NPS-溶菌酶。这个修饰酶很稳定,经鉴定,被修饰的 Trp 为 Trp_{62}。NPS-酶完全无催化活性。Trp_{62} 在酶催化中的功能后来用 X 射线晶体学方法证实主要是在酶-底物结合上起重要作用,可能是 NPS 基团封闭酶底结合部位,或减弱酶、底物间的氢键或疏水相互作用。

(4) 用 I_3^- 氧化溶菌酶

用 I_3^- 氧化溶菌酶后,经检测是酶的 Trp_{108} 被氧化,形成了氧化吲哚溶菌酶。它对溶菌酶的专一性底物(细胞壁多糖或 N-乙酰葡萄糖胺聚合物)均无催化活性。后来经 2.5Å 分别率的 X 射线衍射分析,发现 I_3^- 氧化酶中 Glu_{35} 的-COOH 与天然酶相比,位置发生变化,而且这种变化在结构上非常专一。Glu_{35} 中-COOH 的新位置变得非常靠近 Trp_{108} 的 δ_1 碳原子,这个临近作用使 Glu_{35} 的-COOH 与 Trp_{108} 的 δ_1 碳原子间形成共价键。这是由于 I_3^- 首先攻击 Trp_{108} 吲哚环上的 γ 碳原子,使正电荷转移到 δ_1 碳原子上,Glu_{35} 的-COOH 可亲核攻击 δ_1 碳正离子形成内酯。在这种内酯衍生物中,观察到 Glu_{35} 在活性中心移动了 2Å。这个实验结果为 Glu_{35} 在溶菌酶中的催化功能提供了证据。

2. X 射线晶体学研究

溶菌酶的全部氨基酸序列及三维结构已通过 X 射线晶体学研究获得。对了解溶菌酶的作用机制,这一手段也起了决定性作用。除了与化学修饰法一起证实 Glu_{35} 中-COOH 的功能外,对酶与底物结合、酶的催化机制的许多有价值的信息都由此获得。

现主要介绍三-N-乙酰葡萄糖胺-溶菌酶复合物的高分辨率 X 射线衍射晶体学研究结果。该复合物可以稳定一周以上,所以这个三糖可看作酶的不适底物或竞争性抑制剂。它结合于酶表面的裂隙中,约占据裂隙的一半,三个糖环分别用 A、B、C 表示。研究观察到每个糖环与酶之间除极性接触外,非极性范德华力起主要作用。酶和 C 糖环之间作用力更多,而且更紧密。如 C 糖环乙酰氨基的 $>C=O$ 和-NH-与酶主链 Asn_{59} 和 Ala_{107} 的-NH-和 $>C=O$ 很好地形成氢键;而—CH_3 则和 Trp_{108} 吲哚环紧密接触;这些作用都是非常专一的,作用结果使吲哚环发生了短距离的位移。在 C 糖环上的 O-6 和 O-3 原子与酶的 Trp_{62} 和 Trp_{63} 之间也有专一性氢键形成,使 Trp_{62} 的吲哚环位移约 0.75Å,使之与糖环 A、B 形成良好的接触。关于 A、B 糖环与酶之间也都有一定的作用力存在,在此不一一介绍了。这些作用力及位移情况在几丁质与酶的复合物 X 射线衍射分析中也同样可以看到。由于三糖-酶复合物是稳定的,因此可以预测三糖与酶的结合没有包含酶的催化部位。从各种寡糖水解速度的数据看,寡糖链越长,越能被有效地水解,也证实三糖的结合只是酶与底物结合位置的一部分,并未包含催化部位。

通过建造模型来研究从三糖起,继续安装更多的糖残基进入酶裂隙中的可能性,发现第 4 个糖残基 D 糖环加到三糖末端,使之与酶上各原子作合理接触时,除了 C-6 和 O-6 原子与主链 Asp_{52} 的 $>C=O$ 之间的接触过于紧密外,Trp_{108} 和 C 糖环的 N-乙酰基的接触也太紧密,这样的过分拥挤,逼使 D 糖环从正常椅型构象扭曲成另一种构象,使 C-6 处于更轴向 $>C=O$ 位置,以减轻拥挤。这时 O-6 和 Asp_{52} 的 $>C=O$ 或 Glu_{35} 的 $>C=O$ 间可形成氢键。D 糖残基安装适当后,E 和 F 两个糖残基可以不费力地加上去,而且可以形成许多氢键和非极性作用。六个糖残基可填满酶裂隙全长。图 4-25 是溶菌酶结合六-N-乙酰葡萄糖胺后,酶与底物间的接触状况和酶与底物构象的变化。

细胞壁多糖是溶菌酶的天然底物,它与酶的结合应与六-N-乙酰葡萄糖胺相同。从 X 射线晶体学方法所观察到的 C 糖环结合部位的周围环境以及细胞壁多糖的结构来看,C 糖环 O-3 位置指向酶裂隙内部。酶的裂隙内部不能容纳像乳酰基那样大的基团,所以当细胞壁多糖与溶菌酶结合时,C 糖环绝不可能是 N-乙酰氨基葡萄糖乳酸(NAM)。从观察到的 E 糖环结合部位的环境,似乎也容纳不了像乳酰基那样的大基团。细胞壁多糖是 NAM 和 NAG 交替排列而成的多糖,所以在酶裂隙中的六糖只有 B、D、F 三个糖残基可能是 NAM。又因溶菌酶对细胞壁多糖的专一性切点是 NAM 和 NAG 之间的糖苷键,那么酶对裂隙中六糖的切割位置应在 B 和 C 或 D 和 E 之间的糖苷键上。而酶-三糖复合物可稳定一周以上,说明溶菌酶不切割 B 和 C 之间的糖苷键,只切 D 和 E 之间的糖苷键。

从 X 射线衍射分析得出,酶分子中 D-E 结合区具有许多重要特点。Glu_{35} 和 Asp_{52} 两个活性基团各位于该糖苷键的一侧。在原子模型中,Asp_{52} 的羧基氧原子离 D 糖环 C-1 和环上的氧原子约 3Å;Glu_{35} 羧基氧原子离糖苷键氧原子约 3Å。这两个—COOH 侧链处于不同的环境,Asp_{52} 处于极性的环境,在复杂的氢键网中可作为 H^+ 受体;而 Glu_{35} 处于非极性环境,与 Ala_{110}、Glu_{57} 的 β 碳和 γ 碳以及 Trp_{108} 的 $δ_1$ 碳相邻近。因此,在溶菌酶催化几丁寡糖水解的最适 pH5,Asp_{52} 可能以 Asp_{52}-COO^- 离子状态存在,而 Glu_{35}-COOH 仍然以质子化状态存在。

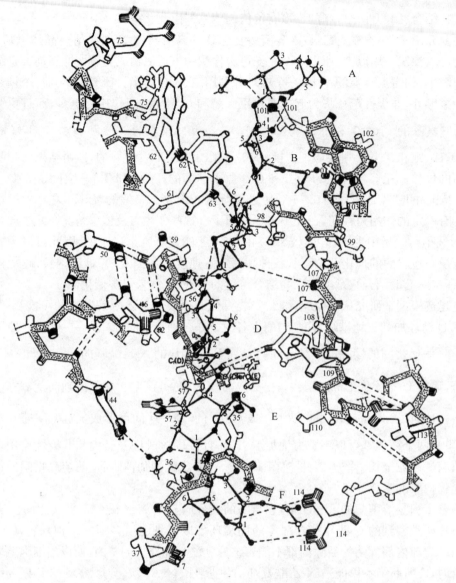

图 4-25　溶菌酶与六-*N*-乙酰葡萄糖胺结合的状况

3. 动力学研究对溶菌酶作用机制提供的信息

用各种低聚 *N*-乙酰葡萄糖胺,如(NAG)$_2$、(NAG)$_3$、(NAG)$_4$、(NAG)$_5$、(NAG)$_6$ 及 (NAG)$_8$ 等作底物,进行溶菌酶酶促反应动力学研究,酶促相对水解速率如表 4-7 所示。

表 4-7　溶菌酶对不同 NAG 寡聚体的水解

底物/(浓度为 10^{-4} mol/L)	相对水解速率
(NAG)$_2$	0
(NAG)$_3$	1
(NAG)$_4$	8
(NAG)$_5$	4000
(NAG)$_6$	30000
(NAG)$_8$	30000

从表 4-7 中可以看出,少于 5 个糖的寡聚体水解速度非常小,当寡糖数目由 4 增加到 5 时,水解速度猛增 500 倍,寡糖数目由 5 增加到 6 时,水解速率却只增加近 8 倍,这表明酶的专一性切点应位于 D-E 间的糖苷键;寡糖数目由 6 增加到 8 时,水解速率保持不变。这种情况与 X 射线晶体结构分析的结果一致,活性部位所在的裂隙正好被 6 个糖残基所填满。

酶切割 D-E 之间糖苷键的直接证据是采用 $H_2{}^{18}O$ 作溶剂,水解 $(NAG)_6$ 时观察到的,研究发现 ^{18}O 掺入进 D 糖环中。

溶菌酶催化糖苷键水解的催化机制可总结如下:

① 多糖以氢键或非极性疏水作用力附着在酶分子表面的裂隙中,裂隙可容纳 6 个糖环。

② Glu_{35} 的 -COOH 在 D-E 糖苷键的一侧,由于 D 糖环的扭曲,有利于正碳离子的形成,Asp_{52} 的 $-COO^-$ 位于糖苷键的另一侧,正好稳定所形成的 D 糖环 C-1 正碳离子。Glu_{35} 的 -COOH 把 H^+ 给予糖苷键氧原子起酸催化作用,使糖苷键断裂,E 糖环从糖苷键离去[式(4-34)]。

$$\tag{4-34}$$

③ Glu_{35} 失去 H^+,成为 $Glu_{35}\text{-}COO^-$ 后,又起碱催化作用,吸引 H_2O 分子的一个 H^+,从而质子化回复原状。H_2O 分子的 HO^- 亲核攻击 D 糖环 C-1 正碳离子,得到另一个产物[式(4-35)]。

$$\tag{4-35}$$

4.3.3 分支酸变位酶

分支酸变位酶(chorismate mutase)作用于微生物和植物中苯丙氨酸和酪氨酸的生物合成。它涉及一个单一的底物,并催化一个协调的分子内重排的分支酸制备预苯酸[式(4-36)]。在这个简单的反应中,一个碳氧键断裂,形成一个碳碳键。这是经典克莱森重排(Claisen rearrangement)的一个例子[式(4-37)]。分支酸变位酶是一个可用于理解酶催化高效性的很好的模型酶。我们都知道,直接比较酶催化反应和类似的非酶催化反应通常是困难的,主要是因为这几个问题:第一,许多反应在没有酶催化的情况下,反应速率过低以致难以测量。第二,许多酶催化反应涉及在酶和底物之间形成共价中间体。第三,发生在酶活性部位的反应可能会经历不同于相应非催化反应时的过渡态。然而,对于所有这些潜在的问题,分支酸变位酶是一个难得的例外。首先,虽然这种酶催化的反应速度比非酶催化反应的速度快一百万倍以上,但相应的非酶催化的反应速率可以方便地测量出来。其次,酶催化反应过程中不形成共价中间体。

（a）分支酸变位酶催化分支酸转化为预苯酸。

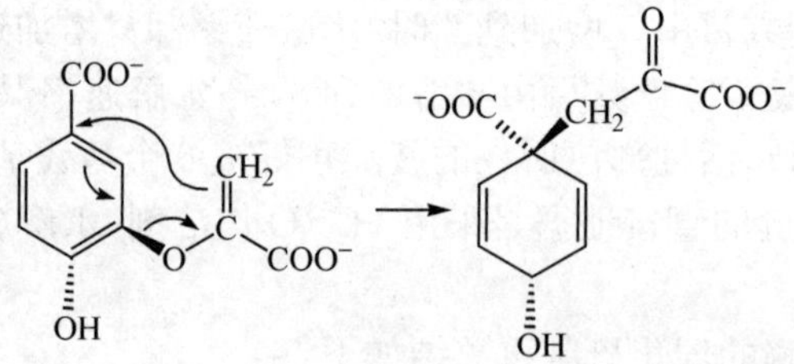

（4-36）

（b）经典克莱森重排。

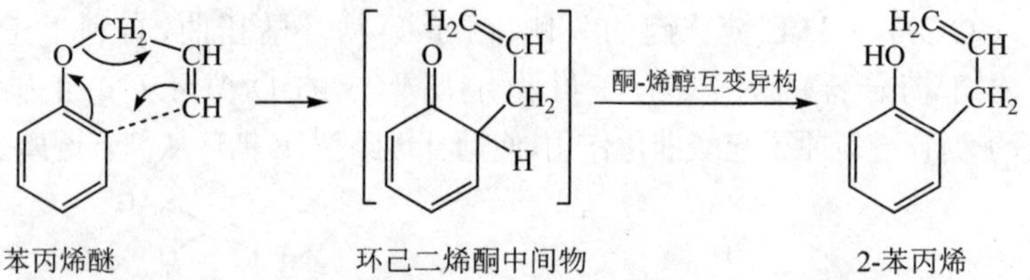

（4-37）

苯丙烯醚　　　　　　　　　环己二烯酮中间物　　　　　　　　2-苯丙烯

在分支酸向预苯酸转化的过程中，有两种可能的过渡态，一种涉及椅式构象，另一种涉及船式构象（图 4-26）。Jeremy Knowles 和他的同事已经证明，酶催化和非酶催化反应都是采用椅式构象的过渡态，并且这种过渡态的类似物已经得到表征（图 4-26）。

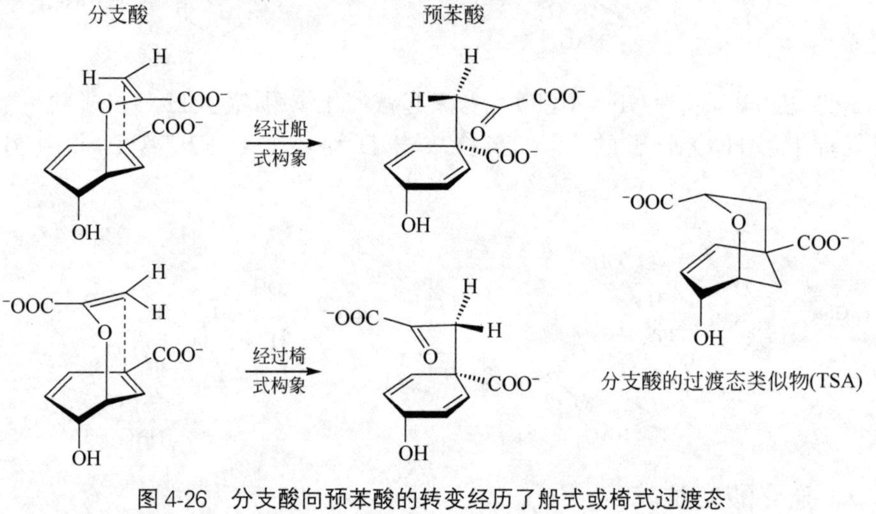

图 4-26　分支酸向预苯酸的转变经历了船式或椅式过渡态

分支酸变位酶的活性部位处在两个亚基的交界处。来自大肠杆菌的一种双功能酶 P 蛋白（P protein）在 N 末端部分（109 个残基）有分支酸变位酶活性，在 C 末端有预苯酸脱氢酶活性。将 P 蛋白的 N 末端单独克隆表达后仍然具有完全的分支酸变位酶活性。彩图 4-27（a）所示的结构是一个二聚体，每个单体包含 3 个 α 螺旋，中间由短的 loop 结构相连。这两个单体在二聚体结构上是燕尾形的，H1 螺旋成对，H3 螺旋明显重叠。分支酸变位酶二聚体包含两个等效的活性位点，每个活性位点由两个单体的部分组成。

彩图 4-27（b）所示的结构包含一个由多个静电和氢键相互作用（彩图 4-28）稳定的过渡类似物（图 4-26）。来自一个亚基的 Arg_{28} 和来自另一个亚基的 Arg_{11}^* 协调过渡态类似物的羧基，第三个精氨酸（Arg_{51}）协调水分子，水分子反过来协调过渡态类似物的两个羧基。此外，在它的周围还存在疏水残基，特别是一侧的 Val_{35} 和另一侧的 Ile_{81} 和 Val_{85}。

分支酸变位酶的反应机理要求底物分支酸的羧乙烯基发生扭曲,处于分支酸环面的上方,以一种特别的构型促进克莱森重排(图 4-29)。这表明在形成过渡态的过程中,底物采取了一种邻近攻击构象(near-attack conformation,NAC)。对于分支酸来说,NAC 要求 C_5 和 C_{16} 的距离在 3.7Å 以内,攻击角度在 30° 以内。Bruice 和他的同事已经对分支酸变位酶反应进行了大量的分子动力学模拟。计算结果表明,在相同的时间内,非酶催化反应中,反应所需的 NAC 在溶液中的比例只有 0.00007%;而在酶催化的反应中,酶活性部位的 NAC 占比高达 32%。

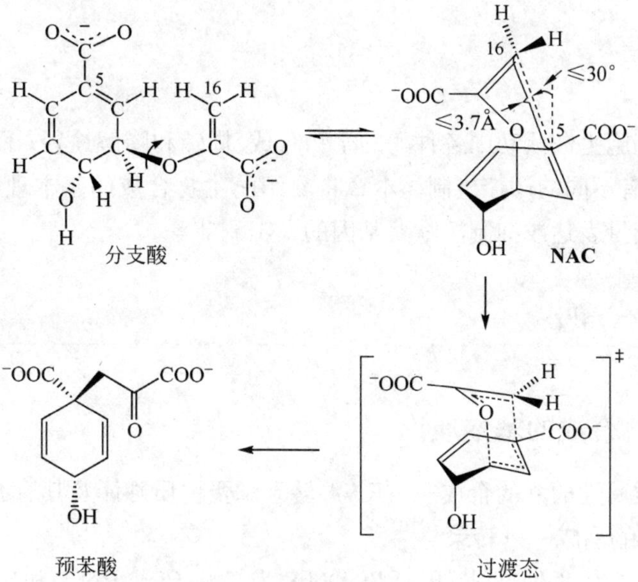

图 4-29　分支酸变位酶的反应机制

计算机模拟的分支酸变位酶活性位点(彩图 4-30)中的 NAC 在许多方面与分支酸变位酶-TSA 复合物中的相似,Arg_{28} 和 Arg_{11} 协调分支酸的两个羧基,从而使羧乙烯基处于过渡态形成所需的构象中。

这种构象也被 Val_{35} 和 Ile_{85} 稳定,这两种构象分别与乙烯基和氯乙烯酸环接触。因此,通过与活性位点残基的静电和疏水相互作用,促进了分支酸 NAC 的形成。

分支酸变位酶反应的能量学揭示了这一点。Bruice 和他的同事的计算机模拟表明,在没有酶催化的情况下形成 NAC 需要大量的能量,而在酶活性位点上形成 NAC 则要容易得多,只需要少量的能量。另外,从 NAC 到过渡态所需的能量对于溶液和酶反应来说是几乎是相同的。显然,分支酸变位酶的催化优势是在活性部位容易形成 NAC(彩图 4-31)。

酶代谢与调控

　　酶的代谢是指细胞生命活动中各种酶的生物合成、周转和降解途径；而其调控则受多种因素的影响，不同的酶有不同的调控机制。本章将介绍酶生物合成的基本理论和调节方式，以及利用基因工程技术超量表达或抑制沉默酶基因的人工调节等。

5.1　酶的代谢

5.1.1　酶生物合成的基本理论

这里介绍蛋白质属性的酶的合成——RNA 转录和蛋白质翻译及其后加工过程。

5.1.1.1　RNA 的合成——转录

　　RNA 的生物合成有两种方式，包括以 DNA 为模板合成 RNA 和以 RNA 为模板合成 RNA。贮存在 DNA 中的遗传信息只有通过转录和翻译，表达成蛋白质分子才能执行生物功能。绝大多数 RNA 通过转录方式合成，由 RNA 聚合酶催化在细胞内合成。虽然不同类型的生物或不同亚细胞内的 RNA 聚合酶的组织结构不同，但它们的催化特性具有许多共同点：需要 DNA 为模板，需要 4 种核糖核苷三磷酸（ATP、GTP、CTP 和 UTP）为底物，需要 Mg^{2+} 参与。RNA 聚合酶催化 RNA 合成时不需要引物。

　　Weiss 和 Hurwitz 在 1960 年分别从细菌和动物中分离得到 DNA 指导的 RNA 聚合酶。该酶以 DNA 为模板、4 种 NTPs 为底物催化合成 RNA。合成方向为 $5' \rightarrow 3'$，第一个核苷酸带有 3 个磷酸基，其后每加上一个核苷酸就脱去一个焦磷酸，形成磷酸二酯键。焦磷酸迅速水解的能量驱动反应趋于聚合：

$$
\begin{array}{c}
\left.
\begin{array}{c}
\text{ATP} \\
\text{GTP} \\
\text{CTP} \\
\text{UTP}
\end{array}
\right\}
\xrightarrow[\text{RNA聚合酶}]{\text{模板DNA}}
\text{RNA} + \text{PPi}
\xrightarrow{\text{H}_2\text{O}}
2\text{Pi}
\end{array}
$$

　　原核生物和真核生物的 RNA 聚合酶各有不同。原核生物只有一种 RNA 聚合酶，催化所有 RNA 的合成；而真核生物 RNA 聚合酶有 5 种，即分别催化 rRNA、mRNA 和 tRNA 合成的 3 种主要 RNA 聚合酶Ⅰ、Ⅱ、Ⅲ（表 5-1）以及分别催化线粒体 RNA、叶绿体 RNA 合成的线粒体 RNA 聚合酶、叶绿体 RNA 聚合酶。

表 5-1　3 种主要真核生物 RNA 聚合酶的特性

聚合酶种类	RNA 聚合酶 Ⅰ	RNA 聚合酶 Ⅱ	RNA 聚合酶 Ⅲ
别名	rRNA 聚合酶	核不均一 RNA 聚合酶	小分子 RNA 聚合酶
对抑制剂敏感性(α-鹅膏蕈碱)	不敏感	敏感	中等敏感
存在的位置	核仁	核质	核质
相对分子质量	550000	600000	600000
催化反应产物	45S rRNA 前体,加工产生 5.8S、18S、28S rRNA	所有编码蛋白基因产生 hnRNA,大多数核内小 RNA	tRNA、5S rRNA、U_6 snRNA、scRNA

大肠杆菌($E.coli$)RNA 聚合酶研究得较为清楚,可以催化合成细胞内 3 类主要的 RNA (tRNA、mRNA 和 rRNA)。它有全酶(holoenzyme)和核心酶(core enzyme)两种形式。核心酶由 2 个 α 亚基、一个 β 亚基、一个 β' 亚基和一个 ω 亚基组成(即 $\alpha_2\beta'\beta\omega$),相对分子质量约为 39000。核心酶与 σ 亚基组装成全酶($\alpha_2\beta'\beta\sigma\omega$),相对分子质量约为 46000。$\sigma$ 亚基是可变的,包括 σ^{70}、σ^{54}、σ^{32}、σ^S(或 σ^{38})等。大肠杆菌中以 σ^{70} 最常见,其相对分子质量约为 70000,它参与大肠杆菌绝大多数基因的转录。α 亚基由 rpoA 基因编码,为核心酶的必需组分,具有识别和结合启动子的功能。β 亚基和 β' 亚基分别由 rpoB 和 rpoC 基因编码,它们的结构与功能十分相似——共同提供催化部位。$E.coli$ RNA 聚合酶各亚基具有不同的功能(表 5-2)。

$E.coli$ 细胞中约有 7000 多个 RNA 聚合酶分子,催化核苷酸之间的 3′,5′-磷酸二酯键的形成。RNA 聚合酶催化反应的速度较快,在 37℃ 时 RNA 链的延伸可达 40-100 个核苷酸/秒(nt/s)。RNA 聚合酶催化的原核生物基因转录过程可分为 4 个阶段:模板的识别、转录起始、RNA 链的延伸和转录终止。真核生物与原核生物的转录过程大致相同,下面以大肠杆菌为例说明转录过程。

表 5-2　$E.coli$ RNA 聚合酶的结构和功能

亚基	基因	相对分子质量	每个酶分子中的数目	组分	可能的功能
α	rpoA	40000	2	核心酶	聚合酶的组装、转录的起始——决定哪些基因被转录,与调节蛋白相互作用
β	rpoB	151000	1	核心酶	转录的起始和延伸、聚合作用的催化位点、结合底物(核苷酸)、与转录全过程有关
β'	rpoC	160000	1	核心酶	结合 DNA 模板
ω		10000	1	核心酶	变性 RNA 聚合酶体外成功复性所必需
σ^{70}	rpoD	70000	1	σ 因子	辨认转录起始点、起始转录

1. 模板的识别与转录泡的形成

RNA 生物合成的起始位点在 DNA 的启动子区,其中原核生物启动子中重要的保守区有 −10 和 −35 区。启动子的识别由 RNA 聚合酶的 σ 亚基负责完成。当 RNA 聚合酶沿着 DNA 链滑行到 σ 亚基发现其识别位点时,全酶与启动子的 −35 区序列结合形成一个封闭的启动子复合物。足迹法证明此阶段聚合酶覆盖 −55 至 +5 区域。随后整个酶分子向 −10 区移动并与之牢固结合。—10 区到转录起始点附近富含 AT 碱基,在此处发生局部 DNA 解链(约 17bp),σ 亚基引导 RNA 聚合酶从封闭的启动子复合物转变形成全酶-启动子的开放性复合物,即形成起始转录泡。转录泡前沿有一个解旋点,其尾部为复旋点。两个旋点随着 RNA 聚合酶的移动而移动(彩图 5-1)。在转录泡中始终保持一段 DNA 解链区,整个 RNA 合成过程都在转录泡中完成。

2. 转录起始

结合在启动子上的 RNA 聚合酶缓慢进入到转录起始点,按照碱基配对规律选择与模板链碱基配对(A 配 U)的特定 NTP,占据开放性复合物中起始位点和延长位点(前两个 NTP 与酶活性中心结合),然后 β 亚基催化形成 RNA 的第一个磷酸二酯键,并释放 PPi。RNA 合成的第一个核苷酸几乎总是嘌呤核苷酸,而且 pppG 比 pppA 常见。这是由于 RNA 聚合酶的第 1 个 NTP 结合位点优先结合 ATP 和 GTP,K_m 约为 100mmol/L;而第 2 个 NTP 结合位点对 4 种 NTP 的亲和力相同(K_m 约为 10mmol/L)。形成第一个磷酸二酯键是极为关键的一步,其后的核苷酸都是依次添加而成。RNA 聚合酶全酶不断催化新的磷酸二酯键形成,通常在形成 6~10 个磷酸二酯键后,σ 因子从全酶解离下来,核心酶催化转录进入延伸阶段。而脱落的 σ 因子与另一个核心酶结合成全酶,全酶起始下一轮转录(彩图 5-2)。

3. RNA 链的延伸

σ 因子一旦解离,核心酶的构象即刻发生变化,与 DNA 模板的亲和力迅速下降,有利于聚合酶的快速移动。核心酶-DNA-新生 RNA 短链形成三元复合物负责 RNA 的延伸。在延伸阶段,RNA 合成速度平均为 50nt/s(37℃)。转录泡随聚合酶一起移动,聚合酶从 +1 进入编码区,其尾部离开-10 区,这样新生 RNA 链得以不断延伸。新生 RNA 分子的第一位核苷酸的 5′ 三磷酸基团并不分解释放 PPi,在转录过程中保持完整。在转录延伸阶段,新生 RNA 链的增长末端与 DNA 模板暂时形成一个短的杂合 DNA-RNA 双螺旋(长约 8bp,彩图 5-3)。该杂合双螺旋形成不久,RNA 脱落下来,DNA 重新形成双螺旋。转录泡内的解链区保持约 17bp 长度。随着新生 RNA 链的延伸,转录泡前沿的解旋 DNA 产生正超螺旋,转录泡后面的复旋产生负超螺旋。一旦第一个 RNA 聚合酶起始转录并离开启动子向 3′ 编码区移动,另一个 RNA 聚合酶随即结合上去。第一个 RNA 分子不断延伸,第二个 RNA 分子接踵而来,由此合成多个 RNA 链。

4. 转录的终止

转录起始后,一直延伸到基因或操纵子的 3′ 端特定 DNA 序列——终止子处终止。转录的终止有两种方式:一种是不依赖 *rho*(ρ)因子终止机制;另一种需要 ρ 因子终止转录。根据终止子的结构特点和其作用是否依赖辅因子(ρ)将 *E. coli* 终止子分为两类,即不依赖 ρ 因子的强终止子和依赖 ρ 因子的弱终止子。

(1) 不依赖于 ρ 因子的终止。这是原核生物转录终止的主要方式。*E. coli* 许多基因转录的终止顺序都能够被 RNA 聚合酶本身所识别,它们具有两个共同的结构特征:一个是有一连串的 A·T 碱基对(4~10 个),转录的 RNA 为连串的 UUU⋯,与模板链上连续的 AAA⋯对应[图 5-4(a)];另一个是有一段富含 G·C 的区域呈回文对称序列,该区域转录的 RNA 产物能自我互补形成"发夹"结构或称茎环结构[图 5-4(b)]。由于新生 RNA 中出现回文结构所形成的茎部具有较强的氢键,能有力阻挡 RNA 聚合酶的行进导致其暂停。一连串 U 序列提供终止信号并使 RNA 聚合酶脱离模板。由 rU-dA 组成的 RNA-DNA 杂交分子具有特别弱的碱基配对结构,当 RNA 聚合酶暂停时,RNA-DNA 杂交分子即在 rU-dA 弱键结合的末端区解开。最终导致转录物的释放和转录的终止。

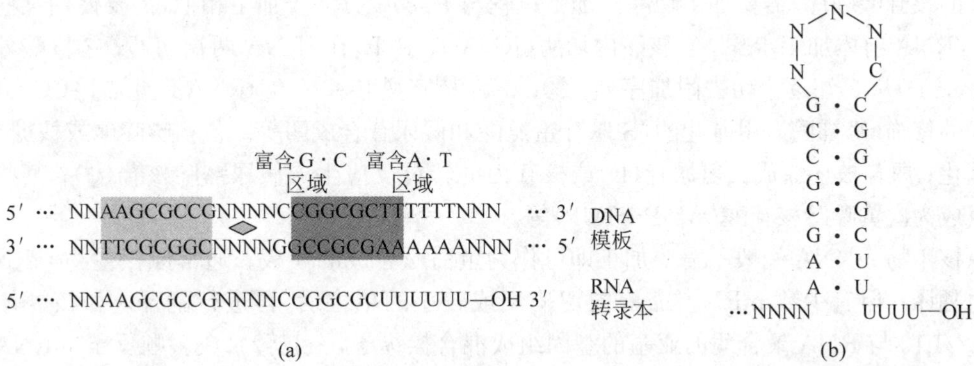

(a) 终止子 DNA 及其转录本 RNA 的序列;(b) 转录本 RNA 形成的茎环结构

图 5-4　不依赖于 ρ 因子的终止信号

细菌还有一种不依赖 ρ 因子的转录终止,即衰减(或弱化)。衰减作用并不在基因或操纵子的 3′末端终止,而是在基因的 5′端上游前导区。在特定的条件下其转录本所形成的茎环结构导致提前终止,起到弱化转录的作用。衰减作用可以看作是某些细菌、病毒辅助阻遏基因(或操纵子)表达的一种精细调节机制。

(2) 依赖 ρ 因子的转录终止。ρ 因子能识别 RNA 聚合酶本身不能识别的终止信号,这类终止子转录的回文对称序列中富含 C(约占 41%)和少量 G(约占 14%),其 3′端没有一连串 U 序列。它必须在 ρ 因子存在时才会终止转录。ρ 因子含有 6 个相同亚基(每个亚基含 419 个氨基酸),并具有解链酶和 ATP 酶活性。ρ 因子在 RNA 合成起始后附着到新生的 RNA 链上,水解 ATP 获得能量推动其沿着 RNA 链移动。RNA 聚合酶遇到终止子发生暂停,使 ρ 因子追上酶到达 RNA 的 3-OH 端取代暂停在终止位点上的 RNA 聚合酶,它的解链酶活性催化 DNA/RNA 和 RNA/RNA 双螺旋解链,使 RNA 和 RNA 聚合酶从终止部位解脱下来,完成转录过程。

5.1.1.2　RNA 转录后加工

新生 RNA 分子经过加工或酶促修饰而成熟的过程称 RNA 转录后加工。RNA 聚合酶催化合成的 RNA 分子通常不是最终产物,称为初级转录物。需要经过一系列加工修饰,包括链的裂解、3′和 5′端序列的部分切除、末端特殊结构的形成、某些特定核苷的修饰以及剪接和编辑等过程,才能转变为成熟的 RNA 分子。

1. 原核生物 RNA 的加工

原核生物由于细胞空间有限,其 rRNA 基因与某些 tRNA 基因通常组成混合操纵子,以提高效率和节省空间。其他的 tRNA 基因也成簇存在,并与蛋白质编码基因组成操纵子。它们在形成多顺反子转录物后,断裂成为 rRNA 和 tRNA 的前体,然后进一步加工成熟。细菌(如大肠杆菌)的各种 rRNA(16S、23S 和 5S)的基因排列在一个转录单位中,除 3 种主要的 rRNA 基因外,还包括某些 tRNA 基因。通常在 16S rRNA 和 23S rRNA 之间插入 1~2 个 tRNA 基因;或在 5S rRNA 基因后带有 1~2 个 tRNA 基因。在 E. coli 中检测出 7 个 rRNA 转录单位。转录和加工同时进行,不易分离到一个完整的前体。但是从缺失 RNase Ⅲ 的突变体中,可分离出它们的共同前体 30S rRNA(约含 6500nt,相对分子质量为 2.1×10^6,5′末端为 pppA)。E. coli

染色体含有大约 60 种 tRNA 基因,大多数成簇存在,有些与 rRNA 基因或与蛋白质基因组成混合转录单位。tRNA 最初的转录产物(含有多达 5 个相同的 tRNA)在分子的 3′端和 5′端含有额外的核苷酸顺序,需要加工切除。加工过程与 E.coli rRNA 加工相似,需要使用某些相同的酶。tRNA 前体加工步骤:①核酸内切酶(RNAase P、F)在 tRNA 两端切断;②核酸外切酶(RNAase D)从 3′端逐个切去附加序列;③tRNA 核苷酰转移酶在 tRNA3′端加上-CCA 序列;④核苷的修饰(修饰酶),甲基化酶/S-腺苷蛋氨酸和假尿苷合成酶等。包括嘌呤碱或核糖 C2′位的甲基化;尿苷被还原成二氢尿苷(D)或核苷内的转位反应生成假尿嘧啶核苷(ψ);某些腺苷酸脱氨成为次黄嘌呤核苷酸(AMP→IMP)等。

原核生物 mRNA 一般不需要加工即可作为蛋白质合成的模板。通常原核生物 mRNA 边转录边翻译。但有少数 mRNA 需要内切酶切成较小的单位后,再进行翻译。如核糖体蛋白 L10、L7/L12 与 RNA 聚合酶的亚基的基因组成混合操纵子,一起转录成多顺反子 mRNA。经 RNase Ⅲ 切开后各自进行翻译。细胞内 RNA 聚合酶合成水平低,而核糖体蛋白的合成水平高;将它们对应的 mRNA 切开,有利于各自的翻译调控。

2. 真核生物 RNA 的加工

真核生物 RNA 前体的加工过程比原核生物复杂得多,特别是 mRNA 前体的加工。但 tRNA 和 rRNA 前体的加工过程与原核生物有相似之处。真核生物基因大多含有内含子,必须在转录后加工中去除。这方面的相关研究进展极为迅速,生物化学课程中有详细阐述。

(1) 真核 rRNA 前体的加工

真核生物 rRNA 主要有 18S、28S、5S 和 5.8S rRNA(真核生物特有)。真核 rRNA 基因拷贝数较多,有几十至几千个不等。真核 rRNA 基因成簇排列在一起,18S、5.8S、28S rRNA 基因组成一个转录单位,彼此被间隔区分开,由 RNA 聚合酶 Ⅰ 转录生成 rRNA 前体。不同生物的前体大小不同。5S rRNA 基因也成簇排列,中间被不转录的间隔区分开,由 RNA 聚合酶 Ⅲ 转录经适当加工后参与核糖体大亚基的装配。真核生物的核仁是 rRNA 合成、加工和装配成核糖体的场所,大、小亚基分别组装后,通过核孔转移到胞质参与核糖体循环。

(2) 真核 tRNA 前体的加工修饰

真核生物 tRNA 基因的数目比原核生物多得多,tRNA 基因有几百个到几千个不等。如 E.coli 只有 60 个 tRNA 基因、而啤酒酵母有 250 个、果蝇有 850 个、爪蟾有 1150 个、人有 1300 多个。真核 tRNA 基因也成簇排列,被间隔区分开,由 RNA 聚合酶 Ⅲ 转录。许多 tRNA 的最初转录产物的 3′端和 5′端都含有额外的核苷酸顺序,在 tRNA 加工时必须将其除去。真核生物 tRNA 前体的加工修饰过程与原核相似,包括:①剪切和拼接;②甲基化修饰;③添加 3′-CCA 结构。但也有区别:一是增加了内含子剪接过程。许多真核生物 tRNA 前体含有内含子,需要在加工修饰中去除。二是真核生物 tRNA 都需要添加 3′-CCA 结构。因为真核生物的 tRNA 前体中没有 3′-CCA 结构,必须通过特殊的 tRNA 核苷酸基转移酶催化添加。

(3) 真核生物 mRNA 前体的加工

真核生物 mRNA 由 RNA 聚合酶 Ⅱ 催化转录生成相对分子质量很大的 mRNA 前体,称为核不均一 RNA(hnRNA),在核内加工过程中形成分子大小不等的中间产物。新生的 hnRNA 从开始形成到转录终止,逐步与蛋白质结合形成不均一核糖核蛋白(hnRNP)颗粒。hnRNA 分子大小极不均一,最大的沉降系数可达 100S 以上,一般为 30~40S;hnRNA 大小约为成熟 mRNA 的 4~5 倍,只有 25% 可转变为成熟 mRNA,其余 3/4 的 hnRNA 在核内降解。哺乳动物 hnRNA

平均链长 8000～10000nt,而细胞质 mRNA 平均链长只有 1800～2000nt。hnRNA 比细胞质中的 mRNA 更不稳定,半衰期很短,一般只有几分钟至 1h;而细胞质 mRNA 的半衰期为 1～10h;神经细胞 mRNA 半衰期最长,可达数年甚至终生。hnRNA 转变成 mRNA 的加工过程非常复杂,主要包括 5′-端加帽、3′-端加尾即多聚腺苷酸化 poly(A)、甲基化以及内含子的切除和外显子的拼接等,这样才能转变为成熟的 mRNA,其中内含子的切除和外显子的拼接最为重要。

大多数真核基因是由外显子和内含子构成的一种断裂基因,转录后必须通过剪接除去 hnRNA 的插入序列(内含子)并将多个编码区(外显子)连接,才能成为有活性的 mRNA 分子。Roberts 和 Sharp 研究小组在 1977 年分别发现了断裂基因,当用 RNA 与其转录的模板 DNA 分子杂交时形成 RNA/DNA 双链和 R-突环(R-loop)。这种 R-突环结构能在电子显微镜下观察到。他们由于发现了断裂基因以及随后的 RNA 剪接研究中的重大贡献而获得了 1993 年度诺贝尔生理学或医学奖。

内含子剪接是真核基因 mRNA 成熟的重要过程。如卵清蛋白基因长约 7700bp,由 7 个外显子和 7 个内含子组成。在切除内含子之前,hnRNA 可先加帽和 poly(A)尾。内含子的切除和外显子的拼接必须高度准确,内含子剪接机理十分复杂,这里仅作简单介绍。

3. RNA 剪接(内含子的切除)

内含子的切除有多种方式,大致可分为 4 类:Ⅰ型内含子自我剪接、Ⅱ型内含子自我剪接、核 mRNA 前体的剪接(即通过剪接体剪接)和核 tRNA 前体的剪接。只有 tRNA 前体内含子的剪接需要酶促催化,其余Ⅰ型、Ⅱ型自我剪接都不需要蛋白质酶的参与(图 5-5)。

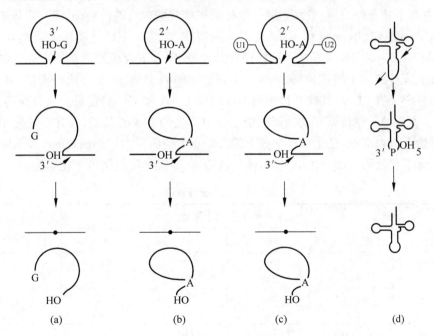

(a) Ⅰ型内含子自我剪接;(b) Ⅱ型内含子自我剪接;
(c) 核 mRNA 在剪接体中的剪接;(d) 核 tRNA 酶促剪接

图 5-5 RNA 剪接方式

5.1.1.3 酶的生物合成——翻译

蛋白质(包括酶)是大多数遗传信息表达的末端产物。细胞的生命活动需要数千种不同的蛋白质起作用。因此，细胞必须合成如此多的蛋白质才能满足细胞生命活动的需要。蛋白质的生物合成又称为翻译。它是将基因（一段 DNA 序列）转录合成的信使 mRNA 的核苷酸序列转变成蛋白质多肽链的氨基酸序列。翻译过程是机体新陈代谢中最复杂的过程，是由多种 RNA 和数以百计的蛋白质分子协同反应的结果。在蛋白质的生物合成中涉及许多生物大分子，包括 mRNA、tRNA、氨酰-tRNA 合成酶、核糖体以及各种蛋白质因子等。核糖体是蛋白质合成的场所，它是由蛋白质和 rRNA 装配而成的巨大的蛋白质-核酸复合体。这里主要介绍遗传密码、蛋白质生物合成的过程和后加工等。

1. 遗传密码

编码蛋白质的信息载体是基因，基因是一段 DNA 序列。DNA 存在于细胞核内，而蛋白质在细胞质中合成。因此，必定有一种中间载体来传递 DNA 上的编码蛋白质的信息。实验证明，mRNA 是基因信息的传递者，它是蛋白质生物合成中直接指令氨基酸掺入的模板。mRNA 的核苷酸排列顺序直接决定着蛋白质中氨基酸顺序。由于指导蛋白质合成的 mRNA 是编码该蛋白质基因转录的产物，因此基因的编码链和其转录产物 mRNA 的核苷酸序列与它的翻译产物蛋白质的氨基酸序列之间是一种共线型关系。

构成蛋白质的氨基酸有 20 种，而组成 mRNA 的核苷酸只有 4 种，那么 mRNA 的核苷酸序列是怎样编码蛋白的氨基酸序列的呢？如果一种核苷酸只编码一种氨基酸，那么 4 种核苷酸只能编码 4 种氨基酸；如果 2 个核苷酸为一组编码一种氨基酸也只能编码 $4^2＝16$ 种氨基酸；而 3 个核苷酸为一组，可以编码 $4^3＝64$ 种氨基酸。这是编码 20 种氨基酸最起码的数字。大量实验证明，由 3 个核苷酸编码一种氨基酸，这样的三核苷酸称为遗传密码，即三联体密码。

1961 年，Crick 和 Brennes 利用 T4 噬菌体的突变，证实了三联体密码的真实存在。随后，Nirenberg 和 Khorana 两位科学家利用核糖体结合技术、人工合成的含有特定顺序的多核苷酸作模板等技术成功破译了遗传密码。1966 年完整地阐明了全部 64 种遗传密码，其中编码 20 种氨基酸的密码子有 61 种，其他 3 种密码子（UAG、UAA 和 UGA）是蛋白质合成终止信号，即终止密码子（表 5-3）。遗传密码的破译阐明了蛋白质生物合成的基础，为分子遗传学的中心法则的确立提供了有力证据，是生命科学史上的又一重大突破。由于 Nirenberg 和 Khorana 两位科学家在破译遗传密码方面的杰出贡献，他们获得了 1968 年度的诺贝尔化学奖。

表 5-3　标准遗传密码

密码子第一个字母(5′)	密码子第二个字母				密码子第三个字母(3′)
	U	C	A	G	
U	Phe	Ser	Tyr	Cys	U
	Phe	Ser	Tyr	Cys	C
	Leu	Ser	终止	终止	A
	Leu	Ser	终止	Trp	G
C	Leu	Pro	His	Arg	U
	Leu	Pro	His	Arg	C
	Leu	Pro	Gln	Arg	A
	Leu	Pro	Gln	Arg	G

密码子第一个字母(5′)	密码子第二个字母				密码子第三个字母(3′)
	U	C	A	G	
A	Ile	Thr	Asn	Ser	U
	Ile	Thr	Asn	Ser	C
	Ile	Thr	Lys	Arg	A
	Met	Thr	Lys	Arg	G
G	Val	Ala	Asp	Gly	U
	Val	Ala	Asp	Gly	C
	Val	Ala	Glu	Gly	A
	Val	Ala	Glu	Gly	G

2. 密码子的性质

(1) 密码子的简并性(degeneracy)与兼职

生物体共有 64 种密码子,其中 3 种为终止密码子 UAG(opal codon,乳白型密码子)、UAA(amber codon,琥珀型密码子)和 UGA(ochre codon,赭石型密码子),剩余的 61 种为氨基酸密码子。但是标准氨基酸只有 20 种,这表明许多氨基酸的密码子不止一种。同一种氨基酸可由几种密码子编码的现象称为遗传密码的简并性。编码同种氨基酸的几种密码子称为同义密码子(synonyms)。20 种氨基酸中,只有甲硫氨酸(Met)和色氨酸(Trp)各有一种密码子,其余氨基酸都有多种密码子编码。如有 9 种氨基酸(Phe、Tyr、Asp、Asn、Glu、Gln、Cys、His、Lys)各有两个密码子;1 种氨基酸(Ile)有三个密码子;5 种氨基酸(Pro、Ala、Gly、Thr、Val)各有 4 个密码子;3 种氨基酸(Ser、Leu、Arg)各有 6 个密码子。密码子的简并多数是在第三位核苷酸有区别,例如 Ala 的密码子为 GCU、GCC、GCA、GCG;Gln 的密码子为 CAA、CAG。这样,两种生物的基因中碱基组成可以不相同,但是其编码的蛋白质中的氨基酸组成和功能相同。密码子的简并性使突变的机会大大减少。如变异引起密码子中的一个核苷酸改变,其结果可能只是变成了同一氨基酸的另一个密码子,合成出的蛋白质没有区别,从而维持了物种的稳定性。

在 61 种氨基酸密码子中,有些密码子具有兼职功能。如有 3 种密码子(AUG、GUG 和 UUG)除了代表特定的氨基酸以外,还具有起始密码的功能。其中 AUG 使用频率最高,在细菌基因组中 90% 以 AUG 为起始密码子;8% 以 GUG 为起始密码子;1% 以 UUG 为起始密码子。更为罕见的发现 AUU 也可作为起始密码子,大肠杆菌的起始因子 IF3 大概是唯一使用 AUU 为起始密码的蛋白质。近年来发现 3 个终止密码中有两个具有兼职功能。终止密码 UGA 在特定的序列中可以编码天然蛋白质的第 21 种氨基酸硒代半胱氨酸(Sec)。2002 年 5 月又从古细菌和真细菌中发现终止密码 UAG 编码天然蛋白质的第 22 种氨基酸吡咯赖氨酸(Pyl)。

(2) 密码子的通用性与例外

密码子的一个最重要的性质是其通用性。研究发现:无论原核生物还是真核生物都使用同一种遗传密码字典。正因为如此,我们才能利用 *E. coli*(原核生物)表达真核生物的蛋白(如人胰岛素)。但是 20 世纪 80 年代以来对真核生物(如人、牛和酵母等)线粒体基因和基因组结构的研究发现,密码子的通用性在线粒体蛋白质合成系统中有些例外。如哺乳动物(人和牛等)线粒体体系中,AUA 与 AUG 一样编码 Met 或作为起始密码,而不是编码 Ile;UGA 编码 Trp

而不是终止密码；AGA 和 AGG 变成终止密码。酵母线粒体基因卜 UGA 变成了 Trp 的密码子。植物线粒体中的例外较少，目前只发现玉米线粒体基因中 CGG 编码 Trp 而不是 Arg。往某些生物的细胞核基因组中也发现例外，大多与终止密码子有关。如某些纤毛虫(如草履虫)的基因内，终止密码 UAG 编码 Gln。到目前为止，唯一一个与终止密码子无关的例外是在非生孢子酵母菌中发现的，这些酵母菌将 CUG(正常为 Leu 的密码子)用作 Ser 的密码子。

（3）密码子的不重叠性

密码子的不重叠是指每个三联密码子独立地代表一种氨基酸，而密码子的重叠是指前一个密码子中的一个或两个核苷酸是相邻密码子的成员。实验证明所有生物体中的遗传密码子是不重叠的。采用亚硝酸处理烟草花叶病毒(TMV)的 RNA，分析其突变型的蛋白质发现，当一个核苷酸发生变化时，蛋白质中只有一个氨基酸发生改变。异常血红蛋白分子病人其编码 b 亚基的基因中一个核苷酸的改变导致 β-链中也只有一个氨基酸的变化，如 Hb S 是由正常的第 6 位 Glu→Val。到目前为止，尚未发现因一个密码子的突变而导致相邻两个氨基酸同时改变的例子。因此，遗传密码子具有不重叠性。

现已证明绝大多数生物的基因是不重叠的，但是少数病毒的基因可能是重叠的。密码子的不重叠和基因的重叠是不相同的。基因的重叠是由于识读起点不同即阅读框不同所造成的，即同一段核苷酸序列可以编码一种以上的蛋白质。例如噬菌体 φX174 基因 D 的 mRNA 转录本通过不同的阅读框可以编码几种蛋白质，研究表明 φX174 的 D、E、J 3 个基因是重叠的，但是各自的开放阅读框(open reading frame，ORF)仍然是以三联体密码方式连续读码。

（4）方向性和连续性

密码子的识读是有方向性的，即从 5′→3′方向阅读。如 UUG 和 GUU 是两种不同的密码子，前者代表 Leu，后者代表 Val；左侧为 5′端，右侧为 3′端。在翻译过程中，mRNA 分子中遗传信息具有方向性(从 5′→3′)，决定了多肽合成从 N 端向 C 端延伸。在一个阅读框的密码子范围内，首先要正确识别起始密码子，然后连续不断地一个密码子接一个密码子依次往下读，直到终止密码子出现为止。因此，各个密码子之间是连续的。

（5）同一氨基酸的不同密码子使用频率不同

不同生物对密码子的偏爱不同，使用频率低的密码子通常称为稀有密码子。如大肠杆菌编码核糖体蛋白的基因所使用的 1209 个密码子中，编码 Thr 的 4 个密码子的使用频率分别为 ACU 为 36 次，ACC 为 26 次，ACA 只有 3 次，而 ACG 则完全没有用。在其他生物也有类似情况。一种密码子的使用频率与其对应的 tRNA 的含量关系很大。一般来说，使用频率越高的密码子，其对应的 tRNA 的含量越高。机体通过这种方式调节某些基因的表达，如同样是持家基因，有的表达效率高，而有些含稀有密码子较多的则表达效率低。

3. 蛋白质生物合成过程

蛋白质生物合成是一个十分复杂的过程。采用同位素标记技术证实了多肽链合成是由 N-末端向 C-末端的方向进行的，这与 DNA 和 RNA 的多核苷酸链由 5′向 3′方向编码和合成是一致的。1961 年，Dintzis 等用 ^{3}H-Leu 做标记揭示了兔网织红细胞无细胞体系中血红蛋白生物合成的过程。采用胰蛋白酶降解不同合成时间的血红蛋白亚基，结合"指纹法"检测标记氨基酸在各肽段的分布，发现放射性氨基酸的含量在羧基端远远高于氨基端，其放射性从 N 端到 C 端逐渐增强。从而证明了血红蛋白合成方向是从 N 端开始向 C 端延伸的。蛋白质的生物合成在核糖体上进行，有关核糖体的结构与功能的研究对阐明蛋白质合成机理至关重要。2009 年，诺贝尔化学奖授予对"核糖体结构和功能的研究"做出杰出贡献的 3 位科学家——英国剑桥大学科学家 A. Ramakrishnan、美国科学家 T. A. Steiz 和以色列女科学家 A. Youath。

蛋白质生物合成过程包括氨基酸的活化、肽链合成起始、延伸、终止以及合成后加工等步骤。蛋白质合成不仅需要各种氨基酸、mRNA 模板、tRNA（包括起始 $tRNA_f^{fMet}$、参与延伸的 tRNA）和核糖体，还必须有一些可溶性蛋白因子（如起始因子、延伸因子、终止因子等）参与。E. coli 蛋白质生物合成各阶段所需要的各种组分如表 5-4 所示。原核生物和真核生物的肽链合成的起始阶段有所不同。下面以 E. coli 为例介绍原核细胞蛋白质生物合成过程。

表 5-4 E. coli 蛋白质合成各阶段所需组分和功能

阶段	组分	功能
1）氨基酸活化	20 种氨基酸	蛋白质合成单体
	20 种氨酰 tRNA 合成酶	专一性识别和活化氨基酸
	20 种或更多种 tRNA	转运氨基酸
	ATP、Mg^{2+}	供能
2）起始	mRNA	蛋白质合成模板
	N-fMet-$tRNA_f^{Met}$、起始密码 AUG	起始合成
	30S、50S 亚基	
	起始因子 IF-1	协助 IF-3 的作用
	IF-2	结合起始 tRNA，具有 GTPase 活性
	IF-3	使 30S 亚基从无活性 70S 核糖体释放，帮助 mRNA 结合于 30S 亚基上
	GTP、Mg^{2+}	供能
3）延伸	70S 核糖体	合成场所
	氨酰 tRNAs（由密码子决定）	
	延伸因子 EF-Tu	结合氨酰-tRNA 和 GTP，促进氨酰-tRNA 进入 A 部位
	EF-Ts	使 EF-Tu，GTP 再生，参与肽链延伸
	EF-G	结合 GTP 启动肽酰-tRNA 从 A 位移向 P 位
	GTP、Mg^{2+}	供能、改变 EF-Tu 的构象
4）终止	终止密码子	结合 RF
	释放因子 RF-1	识别 UAA 和 UAG 终止密码子
	RF-2	识别 UAA 和 UGA 终止密码子
	RF-3	本身不识别密码子，但促进 RF-1 和 RF-2 的结合
5）折叠与后加工	特异性的酶、辅酶	切除起始残基或信号肽的基本组分、末端修饰、磷酸化、甲基化、羧化、糖基化等

（1）氨基酸的活化

氨基酸不能直接掺入到蛋白质多肽链中，因为两个氨基酸结合形成肽键需要能量；此外，氨基酸本身不能识别专一的密码子。氨酰-tRNA 是氨基酸的激活形式，它是氨基酸与 tRNA 结合而成的产物。氨酰-tRNA 合成酶具有识别氨基酸和识别其对应的 tRNA 的功能，在 ATP 供能的情况下，催化氨酰-tRNA 的合成。催化氨基酸活化生成氨酰-tRNA 的过程包括两步反应：第一步氨酰-tRNA 合成酶识别它所催化的氨基酸与 ATP 反应，生成活化的氨酰腺苷酸；第二步是将氨基酸由氨酰腺苷酸转移给 tRNA 生成氨酰-tRNA：

$$氨基酸 \quad + \quad ATP \quad \longrightarrow \quad 氨酰 \sim AMP \quad + \quad PPi \quad ①$$

$$氨酰 \sim AMP + tRNA \quad \longrightarrow \quad 氨酰 \sim tRNA \quad + \quad AMP \quad ②$$

总反应为：氨基酸+ATP+ tRNA $\longrightarrow$ 氨酰 $\sim$ tRNA+AMP + PPi

反应①的平衡常数接近于1,自由能降低极少。ATP分子中焦磷酸键断裂释放的能量全部保留在氨酰$\sim$AMP分子中。反应②中,氨酰-tRNA合成酶通过反应①形成高能键,继续催化氨酰基转移到tRNA 3′-端(CCA_{OH})腺苷的 2′位或 3′位羟基上,形成氨酰$\sim$tRNA。尽管 2′-位或 3′-位羟基都可以接受氨酰基并生成酯键,但只有 3′-酯键形成的分子才能参与后续的转肽反应和肽键的形成。总反应虽然是可逆的,但随着焦磷酸PPi水解成无机磷酸,该反应趋于完全。

氨酰-tRNA合成酶种类较多,相对分子质量较大,多数为 85000$\sim$110000。20 种氨酰-tRNA 合成酶的大小、氨基酸序列、活性位点和三级结构各不相同,有的是单体,有些是二聚体或四聚体。根据氨酰-tRNA合成酶的多项特征,可将其分为两种类型,各有 10 种酶。Ⅰ类含有两个高度保守的序列,主要催化一些较大的氨基酸转移到 tRNA 3′-端的腺苷酸核糖的 2′-OH 上,然后通过酯交换反应转移到 3′-OH 上,如 Arg、Cys、Gln、Glu、Leu、Ile、Met、Trp、Tyr、Val 的氨酰-tRNA 合成酶。Ⅱ类酶分子含有 3 个高度保守的序列,其活性形式为二聚体或四聚体。催化一些相对较小的氨基酸(如 Ala、Asp、Asn、Gly、His、Lys、Phe、Pro、Ser、Thr)直接转移到 tRNA 3′端同一腺苷的 3′-OH 上。Ⅰ类合成酶能够识别相应 tRNA 的反密码子;而Ⅱ类酶有些不识别 tRNA 反密码子。

氨酰-tRNA合成酶还具有校对功能,通过酯化反应将正确的氨基酸与对应的 tRNA 分子相连接。催化反应的第一步(氨基酸的酰化)并不是严格专一的。如 E.coli 的缬氨酰-tRNA 合成酶能够催化苏氨酰$\sim$AMP 的合成;异亮氨酰-tRNA 合成酶能够催化亮氨酰$\sim$AMP 或缬氨酰$\sim$AMP 的合成等。但是氨酰-tRNA 合成酶催化的第二步酯化反应具有高度专一性。氨酰-tRNA 合成酶能够纠正酰化的错误,以很快的速度水解非正确组合的氨酰-tRNA,这种校对功能可确保 tRNA 结合的正确性,从而保证蛋白质合成的真实性。

E.coli 等原核生物肽链合成的起始氨基酸是甲酰甲硫氨酸(fMet),起始 tRNA 是 $tRNA_f^{Met}$;其活化形式 $fMet\text{-}tRNA_f^{Met}$ 是氨酰-tRNA 合成酶首先催化 Met 与 $tRNA_f^{Met}$ 结合后,再由甲酰转移酶催化甲酰化而成。真核生物蛋白质合成的起始氨基酸是 Met 而不是 fMet;起始 tRNA 为 $tRNA_i^{Met}$ 而不是 $tRNA_f^{Met}$;起始密码子只有 AUG。

(2) E.coli 蛋白质合成的起始

蛋白质合成的起始与小亚基密切相关。E.coli 的核糖体由 30S 和 50S 亚基组成,起始相关的主要是 30S 亚基。多肽链的合成都是以 Met 作为 N 端的起始氨基酸,但在翻译后加工时,有些被切除,有些被保留。E.coli 和其他细菌合成蛋白质的起始氨基酸是甲酰甲硫氨酸(fMet),但有时也用 GUG(偶尔用 UUG)为起始密码子。当 Met 与 $tRNA_f^{Met}$ 结合后被甲酰化生成 $fMet\text{-}tRNA_f^{Met}$。甲酰化的 $fMet\text{-}tRNA_f^{Met}$ 只能识别起始密码子 AUG,而不能识别阅读框内的 AUG。延长因子 EF-Tu 具有高度的选择性,它能识别除 $fMet\text{-}tRNA_f^{Met}$ 以外的所有氨酰-tRNA,这就保证了 $tRNA_f^{Met}$ 所携带的 fMet 不能进入肽链的内部。

蛋白质合成起始时,mRNA 并不能直接与核糖体结合,必须在起始因子的帮助下形成起始复合物(核糖体·mRNA·起始 tRNA)。原核生物的起始因子有 3 种 IF-1、IF-2 和 IF-3。在起始因子的帮助下,30S 小亚基、mRNA、fMet- $tRNA_f^{Met}$ 和 50S 大亚基依次结合,形成起始复合物。包括：①30S 起始复合物的形成。已经证明：在 E.coli 中,起始因子 IF-1、IF-2 和 IF-3 参与了 30S 起始复合物的形成。

$$30S \cdot IF\text{-}3 + IF\text{-}2 + IF\text{-}1 + mRNA + fMet\text{-}tRNA_f^{Met} + GTP \longrightarrow$$

$$[30S \cdot mRNA \cdot fMet\text{-}tRNA_f^{Met} \cdot GTP \cdot IF\text{-}2/1] + IF\text{-}3$$

小亚基 30S 由起始因子 IF3 介导附着于 mRNA 的起始信号部位,形成 IF-3-30S-mRNA 三元复合物。IF-3 还具有使核糖体的大小亚基解离的活性。IF-1 可以增加解离的速度。IF-2 在 GTP 参与下,专一地同 fMet-tRNA$_f^{Met}$ 结合;然后同 IF3-30S -mRNA 三元复合物结合形成 30S 起始复合物。IF-2 和 GTP 起到了保证 fMet-tRNA$_f^{Met}$ 同起始密码子 AUG 正确结合的作用。30S 起始复合物形成后,IF-3 立即释放。IF-3 的释放有利于 30S 起始复合物与 50S 亚基结合。②70S 起始复合物的形成。30S 起始复合物的形成为结合 50S 大亚基生成 70S 起始复合物创造了条件。50S 大亚基与上述的 30S 起始复合物结合,同时 IF-2,IF-1 脱落,形成 70S 起始复合物,即 30S · mRNA · 50S · fMet-tRNA$_f^{Met}$ 复合物。IF-2 水解 GTP 同时释放出 IF-1、IF-2、GDP 和 Pi。这样,就形成了 70S 起始复合物[70S · mRNA · fMet-tRNA$_f^{Met}$]。Met-tRNA$_f^{Met}$ 占据着核糖体 P 部位,以其反密码子与 mRNA 的密码子 AUG 相互识别;引进的氨酰-tRNA 则进入 A 位点。

(3) 肽链的延伸

70S 起始复合物形成后,就可进行肽链延伸反应。肽链的延伸需要延伸因子参加。原核生物的延伸因子主要有 3 种,即 EF-Tu、EF-Ts 和 EF-G。EF-G 具有依赖核糖体的 GTPase 活性,水解 GTP 为转移反应提供能量。EF-Tu 的功能是携带一个由 mRNA 上的密码子指导的氨酰-tRNA 进入核糖体的 A 部位;在 GTP 的存在下,EF-Tu 与 GTP 结合,形成 EF-Tu · GTP 活性状态,并专一性地识别和结合氨酰-tRNA 生成三元复合物(EF-Tu · GTP · 氨酰-tRNA)。该三元复合物是氨酰-tRNA 转移到 70S 起始复合物的 A 部位上的活性状态。同时,引起 GTP 的水解并伴随 EF-Tu · GDP 释放。GTP 的水解是 EF-Tu 释放所必需的。延长因子 EF-Ts 的作用是将 EF-Tu · GDP 再生成 EF-Tu · GTP,使其再参加肽链的延伸。

$$EF\text{-}Tu \cdot GDP + EF\text{-}Ts \longrightarrow EF\text{-}Tu \cdot EF\text{-}Ts + GDP$$

$$EF\text{-}Tu \cdot EF\text{-}Ts + GTP \longrightarrow EF\text{-}Tu \cdot GTP + EF\text{-}Ts$$

EF-Tu、EF-Ts 和 EF-G 这 3 种因子与 GTP (或 GDP)均有亲和性。EF-Tu 在细胞内含量相当丰富,其拷贝数相当于细胞内氨酰-tRNA 分子的数目。在 *E. coli* 细胞中 EF-Tu-复合物的稳定性很高,但没有直接活性,EF-Tu 只有与 GTP 形成 EF-Tu · GTP 复合物才能与氨酰-tRNA 结合。

肽链延伸过程包括氨酰-tRNA 与核糖体结合(进位)、转肽与肽键形成和移位 3 个步骤:①进位——氨酰-tRNA 进入到核糖体的 A 位。在 70S 起始复合物中,fMet-tRNA$_f^{Met}$ 占据着核糖体 P 部位,新的氨酰-tRNA 进入 50S 大亚基 A 位,并与 mRNA 分子上相应的密码子互补结合。当延长步骤循环两次以上时,在 P 位点则为肽酰-tRNA,新进入的氨酰-tRNA 则结合到大亚基的 A 位点,并与 mRNA 上起始密码子随后的密码子结合。该步骤需要 GTP、EF-Tu 及 Mg^{2+} 的参与。②肽键形成(转肽反应)。氨酰-tRNA 同 A 部位结合后,P 位的 tRNA 所携带的 fMet 残基(或肽基)被转移到 A 位上的氨酰-tRNA 的游离的 α-氨基上,并由肽基转移酶催化形成肽键。现已证明:催化肽基转移反应的组分是一种新的核酶——23S rRNA(构成 50S 亚基的组分)。该反应还需要 Mg^{2+} 及 K$^+$ 参与。③移位反应。在 EF-G(移位酶)和 GTP 的作用下,核糖体沿 mRNA 链(5′→3′)移动相当于一个密码子的距离,使 50S 亚基 P 位上无负载(脱去氨酰基)的 tRNA$_i^{Met}$(或其他 tRNA)从 P 位上释放出来,而肽酰-tRNA 转移到 P 位。当 GTP 被水解时,EF-G 便释放出来。空出来的 A 位又被另一个由 mRNA 密码子指导的氨酰-tRNA 占据,随后再依次按上述的进位、转肽和移位步骤开始新一轮循环。延长过程每重复一次,肽链就延伸一个氨基酸残基。多次重复,就使肽链不断地延长,直到增长到必要的长度(彩图 5-6)。实验证明: mRNA 上的信息的阅读是从多核苷酸链的 5′端向 3′端进行,而肽链的延伸是从 N 端开始。

(4)肽链合成的终止

肽链合成的终止不仅需要终止密码子,而且需要特殊的终止因子或肽链释放因子(releasing factors, RF)。在 mRNA 上存在 3 种终止密码子:UAG、UAA、UGA。终止密码子的识别需要终止因子的参与。在原核生物中,分离到 3 种与肽链合成终止有关的释放因子: RF-1、RF-2、RF-3。RF-1 能识别终止密码子 UAA 和 UAG;RF-2 识别 UAA 和 UGA;RF-3 是一种 GTP 结合蛋白,自身没有识别能力,但它与 GTP 结合后能促进 RF-1 和 RF-2 同核糖体结合。当 mRNA 上的终止密码子进入核糖体上的 A 位点,完整的多肽移位到 P 部位时,由于没有对应的氨酰 tRNA 能与终止密码子配对,肽链释放因子 RF 在 GTP 的存在下识别终止密码子,并结合到 A 部位,终止肽链合成(彩图 5-7)。

肽链释放因子 RF 诱导肽基转移酶的活性改变,使其具有水解酶活性。水解肽链和 tRNA 之间的酯键,从而释放出完整的肽链(肽链从结合在核糖体上的 tRNA 的-CCA 末端上水解下来)。释放因子 RF-3 具有依赖于核糖体的 GTPase 的活性,水解 GTP 引起 RF-1 或 RF-2 从核糖体上释放,随后 tRNA 和 mRNA 从核糖体上相继释放。mRNA 很不稳定,很快会被降解。核糖体的大小亚基随之解离,并可重新装配成 70S 起始复合物。参与另一条肽链的合成过程。

5.1.1.4 蛋白质合成后的加工与修饰

蛋白质合成后加工或修饰(posttranslational modifications)主要包括氨基末端和羧基末端的修饰、信号肽的切除和肽链的局部水解、氨基酸侧链修饰、二硫键的形成、辅基的加入、肽链的折叠和亚基的聚合等。这里仅简单介绍几种主要方式。

1. 氨基末端和羧基末端的修饰

几乎所有原核生物蛋白质合成都是从 N-甲酰甲硫氨酸开始,真核生物从甲硫氨酸开始。合成后多肽链 N-端的甲酰基、甲硫氨酸或多个氨基酸残基常常被酶催化水解切除。成熟的蛋白质分子 N-端没有甲酰基或甲硫氨酸,有些蛋白质分子氨基端要进行乙酰化修饰。有时在羧基端也要进行修饰。

2. 信号肽的切除和肽链的局部水解

膜蛋白和分泌蛋白的 N-端存在一段长 10~40 个残基的信号肽,它引导蛋白质穿越质膜(细菌)或内质网膜(真核生物)。信号肽穿膜后被信号肽酶切除。许多蛋白质最初合成的是无活性的前体蛋白质,需要经过蛋白酶的局部水解加工后才能成为有活性的蛋白。如酶和激素通常先合成无活性的酶原或蛋白原,由蛋白酶切除部分肽段后成为有活性的蛋白或酶。

3. 氨基酸侧链修饰

许多蛋白质可以进行不同类型化学基团的共价修饰,包括磷酸化、羟基化、甲基化、乙基化和糖基化等,分别由相关的酶催化完成。修饰后的蛋白质可以表现为激活状态或失活状态。磷酸化多发生在多肽链的 Ser、Thr 的羟基上,有时也发生在 Tyr 残基上。磷酸化过程由蛋白激酶催化,磷酸化的蛋白质可以增加或降低其活性。例如促进糖原分解的磷酸化酶,无活性的磷酸化酶 b 经磷酸化变为有活性的磷酸化酶 a;而有活性的糖原合成酶 I 磷酸化则变成无活性的糖原合成酶Ⅱ,共同调节糖原的分解与合成。乳液中酪蛋白的磷酸化可增加 Ca^{2+} 结合,有利于幼儿营养。羟基化通常发生在 Pro 和 Lys 残基上,如胶原蛋白前 a 链的 Pro 和 Lys 残基在内质网中受羟化酶、分子氧和维生素 C 作用生成 Hyp(羟脯氨酸)和 Hyl(羟赖氨酸),如果羟基化受阻胶原纤维不能交联,将极大地降低张力强度。肽链合成中或合成后可进行糖基化生成糖蛋白,如质膜蛋白和许多分泌性蛋白都具有糖基侧链,糖蛋白具有重要的生物学功能。糖基化位点可以在 Ser、Thr、Hyp、Hyl 的羟基上(O-糖苷键)或 Asn 的氨基上(N-糖苷键),少数在 Asp、Glu 和 Cys 残基上。

4. 二硫键的形成和辅基的加入

二硫键是多肽链折叠成天然构象后链内或链间的 Cys 的巯基氧化而成的,二硫键具有保护蛋白质天然构象的功能,对于许多酶和蛋白质的活性是必需的。有些蛋白必须与其辅基结合才能表现活性,如黄素蛋白的核黄素辅基、血红素蛋白的血红素、金属蛋白的金属离子等。这些辅基以共价键或配位键与蛋白结合。

5. 肽链的折叠

新合成的多肽链必须折叠形成正确的空间结构,才具有生物学功能。多肽链的氨基酸顺序(即一级结构)决定了其空间结构。近三十多年的研究证明:在许多情况下,肽链的正确折叠还需要分子伴侣和折叠酶的帮助。

6. 亚基的聚合

多亚基组成的寡聚蛋白(酶)需要在内质网上通过蛋白质-蛋白质间的相互作用,将各个亚基结合在一起,形成具有四级结构的空间构象。

5.1.2 酶生物合成的调节

生物体在一系列酶的催化下不断进行着新陈代谢。酶在生命活动中受到各种因素的影响,也在不断地变化(包括合成或降解)。机体为了保证代谢活动有条不紊地进行,必须对各种酶的生物合成进行调节和控制。酶生物合成的调节主要包括转录水平的调节、转录产物的加工调节、翻译水平的调节、翻译后加工和酶降解的调节等,其中转录水平的调节对酶的生物合成最为重要。

5.1.2.1 原核生物酶合成的调节

原核生物中酶的生物合成可以在转录、翻译以及 RNA 和蛋白质后加工等方面进行调节,但调控主要发生在转录水平。这里将着重介绍转录水平调节。

1. 原核生物基因调节

基因表达的控制主要是转录水平的控制,转录水平调节又称为基因调节。转录水平的调控是指从 DNA 模板上把信息转录到 RNA 上,在环境信号分子的影响下,在质、量和时间程序上对基因的表达进行的调节。在原核生物中翻译和加工的问题比较简单,转录水平的调控尤为突出。转录调控主要在起始和终止两个阶段。通过基因组的顺式作用元件与反式作用因子的相互作用,实现对靶基因表达的转录调控。转录起始调控可以避免产生不必要的转录本;而控制转录的终止可以阻止异常的通读产生不具功能的分子,让细菌 mRNA 一经合成就可用来翻译。

细菌酶的合成对环境的反应不同,可将其分为两种类型,即组成酶和适应酶。适应酶可分为诱导酶和阻遏酶。1961 年,法国科学家 Jacob 和 Monod 根据酶合成的诱导和阻遏的现象,提出了操纵子(operon)模型。操纵子是指编码一特定代谢途径酶的结构基因和控制这些基因转录的调控序列所构成的转录单位。它包括调节基因、启动子、操纵基因和结构基因。大多数原核生物基因表达都以操纵子的形式进行调节。操纵子是转录调节的基础，其基本的调节方式有两种类型：酶合成的诱导和酶合成的阻遏。如乳糖操纵子(lac operon)是酶诱导合成的典型代表；而色氨酸操纵子是酶合成阻遏的典型例子。

2. 酶合成的诱导——以乳糖操纵子为例

细胞内组成酶含量较稳定，受外界影响小；而诱导酶含量在诱导物的存在下显著提高。诱导物多为该酶底物类似物。如 E. coli 一般只利用葡萄糖，当培养基不含葡萄糖、只含有乳糖时，开始代谢速度缓慢；培养一定时间后，代谢速度慢慢提高，最后达到与含葡萄糖培养基一样的代谢速度。这是由于 E. coli 在乳糖的诱导下产生了半乳糖苷酶。酶合成的诱导机理可以用操纵子学说予以解释。

乳糖操纵子的基因组成和结构如彩图 5-8(a)所示。它包含 3 个相邻的结构基因：β-半乳糖苷酶基因(lacZ)，半乳糖苷透过酶基因(lacY)和硫代半乳糖苷乙酰基转移酶基因(lacA)；这 3 个结构基因的转录受控于 5′-端的调控基因和元件的精确调节(彩图 5-8)。

调节基因(lacI)位于乳糖操纵子的上游，它拥有自己的启动子，编码 lac 阻抑蛋白或阻遏物(repressor)。调节基因始终以低水平的方式进行自身的转录，控制 lac 结构基因的转录起始。lac 阻遏物是由 360 个氨基酸残基构成的单链蛋白，以同源四聚体的形式同操纵基因结合。操纵基因(operator, lacO)是阻遏蛋白结合部位，O_1 是乳糖操纵子主要操纵基因，O_2 和 O_3 是次要的操纵基因[彩图 5-8(b)]。lacO 实际上是一段操纵序列，含有双重对称的反向重复序列，它与阻遏物四聚体具有高度的亲和性。这种序列对称性是 lac 阻遏物结合的基础。lacO 结合了阻遏物四聚体后，就阻止了 RNA 聚合酶与启动子的结合，从而起到了关闭结构基因转录的作用。

启动基因或启动子(promoter, lacP)是 RNA 聚合酶结合的部位，直接启动对 3 个相邻结构基因(lacZ、lacY 和 lacA)的转录。它们的转录是同时发生的，即被转录成含 3 个基因共同编码的长链 RNA。lacP 与 lacO 在序列上有部分重叠，阻遏物与 lacO 的结合区实际上也包含了 RNA 聚合酶与 lacP 结合的部分位置，所以阻遏物的结合赋予它很强的阻止结构基因转录的能力。

在葡萄糖为碳源的培养基中培养 E. coli 时，调节基因 I 表达产物，阻遏蛋白(或阻遏物)，结合到操纵基因上，阻止 RNA 聚合酶对结构基因的转录，与乳糖利用有关的酶不能合成。这时合成代谢乳糖的酶是一种浪费。但在以乳糖为唯一碳源时，乳糖作为效应物，与阻遏蛋白结合，使阻遏蛋白构象发生改变，失去与操纵基因结合的能力，从而丧失抑制活性，解除了对结构基因转录的抑制[彩图 5-8(b)]。这里乳糖作为一种诱导物，诱导与乳糖代谢有关的酶的表达。

3. 酶合成的阻遏——以色氨酸操纵子为例

阻止酶合成的现象称为酶合成的阻遏(repression)。阻遏酶合成的物质称为阻遏物。如果阻遏物是被阻遏酶所催化生成的最终产物，这种阻遏现象称为反馈阻遏。如果阻遏物是其分解代谢产物，则称为分解代谢物阻遏。当 E. coli 在含有葡萄糖的培养基中生长时，培养基中即使含有乳糖，在葡萄糖被用完之前，不会产生与乳糖利用有关的酶。这种效应称为葡萄糖效应或分解代谢物阻遏。

最终产物的反馈阻遏往往发生在合成代谢途径。在合成代谢中，催化氨基酸或其他小分子最终产物合成的酶随时都需要，细胞中的这些酶经常在合成。所以，在这类操纵子中，调节基因的产物——阻遏蛋白是不活泼的，不能和操纵基因结合。当合成途径中的最终产物过量时，它就与阻遏蛋白结合,激活阻遏蛋白。激活后的阻遏蛋白就能结合到操纵基因上,阻止 RNA 聚合酶对结构基因的转录,与合成反应有关的酶也就不能被合成。最终产物或其衍生物称为辅阻遏物。$E. coli$ 和鼠伤寒沙门氏菌的色氨酸操纵子(trp operon)就是这样一种调节方式。

色氨酸操纵子的结构基因 A、B、C、D、E 分别编码从分支酸开始到色氨酸合成的五种酶(彩图 5-9)。$trp L$(前导区)编码一个前导肽。在 $trp L$ 中有一段序列称为弱化基因或衰减子(attenuator)。当培养基中含有丰富的 Trp 或者 Trp 合成过量时,Trp 作为一种辅阻遏物激活阻遏蛋白。激活后的阻遏蛋白即可结合到操纵基因上,阻止 RNA 聚合酶对结构基因的转录,从而停止与 Trp 合成有关的酶的合成。于是 Trp 合成停止(彩图 5-9)。当 Trp 水平低时,阻遏蛋白是无活性的,不能结合到色氨酸操纵子的操纵基因上,因而不可能对结构基因的转录造成抑制作用。

弱化基因存在于 $trp L$ 内(彩图 5-9),它的转录产物含有 4 个互补的片段[彩图 5-10(a)],这些片段能形成茎环结构,即 1,2-茎环、2,3-茎环或 3,4-茎环[彩图 5-10(b)]。当形成 1,2-茎环时,便不能形成 2,3-茎环;反过来也一样。在 Trp 缺乏下,导致核糖体停留在片段 1 上的两个色氨酸密码子上。由于核糖体很大,于是就阻止了 1,2-茎环的形成[彩图 5-11(a)]。此时只能形成 2,3-茎环,而不能形成 3,4-茎环,终止信号不复存在,转录不会停止。

当 Trp 很丰富时,核糖体不会停在色氨酸的两个密码子处,解除了 1,2-茎环形成的空间障碍[彩图 5-11(b)],同时阻止了 2,3-茎环的形成,而有利于 3,4-茎环的形成。在这种情况下,转录便会终止。

5.1.2.2 真核生物酶合成的调节

真核基因比原核基因复杂得多,其基因表达调控更加复杂。在真核生物中,酶合成的调控可在多个水平进行,包括转录水平的调控、转录后调控、RNA 转运调控、翻译水平的调控以及翻译后加工调控。此外,还有激素调节、mRNA 降解调控等,其中转录水平的调控最为主要。这里仅介绍几种重要的调控方式。

1. 转录水平的调节

真核基因的转录受到严格的多层次调控,可以在多个途径上进行。转录调控包括转录激活、转录起始调节、各种顺式调控和反式调控等。大多是通过顺式作用元件和反式作用因子复杂的相互作用而实现的。转录起始是最重要的环节,真核基因转录起始的激活需要多种因子和多种元件的协调控制,转录完成也需要特异的终止条件,以保证正确的基因转录。真核基因转录首先需要解除非组蛋白抑制因子的抑制作用,使核小体中的 DNA 解脱出来。有些启动子、增强子结合蛋白能够解除染色体介导的抑制作用,如有些转录激活因子可以改变核小体的结构,使起始因子顺利与模板结合而激活基因转录。

顺式作用元件是指那些与结构基因表达调控相关、能够被基因调控蛋白特异性识别和结合的特异 DNA 序列。它们参与基因的转录调控,即顺式调控。真核基因含有多种顺式作用元件,包括如前所述的启动子、上游启动子元件、增强子、沉默子、加尾信号和一些应答反应元件等。其中启动子和增强子是主要的顺式调控元件。反式作用因子是能直接或间接识别或结合在各类顺式作用元件核心序列上参与调节基因转录活性的蛋白因子。它们通过不同的途经发挥调控作用:蛋白质与 DNA 相互作用,蛋白质和配基结合,蛋白质之间的相互作用以及蛋白质的修饰。参与基因表达调控的蛋白因子与特异靶基因的顺式元件结合起作用。编码反式作用因子的基因与被反式作用因子调控的靶序列(基因)不在同一染色体上。反式作用因子大多参与基础转录调节又称为转录因子。

由激素调节的核受体(NR)超家族成员多属于转录激活因子，包括Ⅰ型NR：类固醇受体(雄激素受体、雌激素受体、糖皮质激素受体和妊娠酮体受体等)和Ⅱ型NR：维生素D受体、甲状腺激素受体、视黄酸受体等。这些激素受体多具有激活结构域、DNA结合结构域和配体结合区(彩图5-12)。通过其配体结合区与配体(激素)特异结合后，转入核内，与特异的激素应答反应元件结合，促进靶基因的转录。

2. 转录后的翻译调节

真核基因转录产物mRNA前体需要经过一系列加工、剪接等修饰过程才能成为成熟的mRNA。转录后的翻译水平调节主要是影响mRNA的稳定性、mRNA的运输和有选择地进行翻译。mRNA 5'端和3'端非编码序列对mRNA的稳定性和翻译效率起着重要的调控作用。

真核生物至少有4种主要的翻译调控机制：①蛋白质合成起始因子受到多种蛋白激酶的磷酸化影响；其磷酸化形式活性常常较低，导致细胞内的翻译普遍受抑制。②某些蛋白作为翻译抑制物，直接与mRNA结合抑制翻译。这些蛋白大多与3'非翻译区的特定位点结合，并与结合在mRNA上的其他翻译起始因子或40S亚基相互作用，从而抑制翻译的起始(彩图5-13)。③起始因子eIF4E是帽结合蛋白，其他有关的起始因子通过eIF4G而结合其上。在真核生物(从酵母到人类)中普遍存在着一类可结合eIF4E的结合蛋白(称为4E-BPs)，能够阻断起始因子eIF4E和eIF4G的相互作用。当细胞生长缓慢时，4E-BPs与eIF4E的结合阻止了其与eIF4G的反应而抑制翻译；在细胞正常生长时，受生长因子或其他刺激的诱导，4E-BP被蛋白激酶磷酸化而失活，eIF4E和eIF4G的相互作用起始翻译。④近年来还发现了RNA介导的基因表达调节。

网织红细胞的翻译调控机制研究得最为清楚，主要涉及起始因子eIF2。多种导致ATP缺乏的因素(如葡萄糖饥饿、缺氧和氧化磷酸化受抑制等)都能够诱导细胞产生翻译抑制物；同样，血红素的缺乏也能产生一种血红素控制的翻译抑制物。当网织红细胞缺失铁或亚铁血红素时，珠蛋白的mRNA的翻译就被抑制。一种称为血红素控制抑制物(HCR)的蛋白激酶选择性地催化eIF2 α亚基的Ser磷酸化；磷酸化的eIF2与eIF2B形成稳定的复合物而失去活性，不能参加翻译。有血红素存在时，eIF2不被磷酸化，具有起始翻译的活性。这样，网织红细胞就使亚铁血红素的浓度与珠蛋白的合成相互协调。此外真核生物发育过程中也存在多种翻译调控机制。

3. mRNA降解调节

mRNA不稳定，降解速率快。不同生物所处环境、生理条件不同，其基因表达的活性也不相同。细菌为了适应其快速生长或对环境变化做出灵敏反应，导致转录和翻译几乎同时进行，其mRNA半衰期极短，仅1~2min；而真核生物mRNA比较稳定，半衰期长达几小时或几天，有些甚至更长。有些mRNA进入细胞质30min即被降解，其降解作用与某些激素有关。

真核生物mRNA的3'poly(A)尾巴能保护mRNA免受核酸酶的降解。mRNA 3'端非翻译区富含AU序列时，也有防止核酸酶降解的功能。带有不依赖Rho因子的终止子的mRNA，其末端可以形成发夹结构保护mRNA不受核酸酶的降解。研究发现，大多数具有二级结构的mRNA不易被降解，很可能是由于那些敏感序列常被RNA二级结构所遮盖。真核生物mRNA降解途径首先是3'poly(A)尾巴缩短，去腺苷酸化能够诱发5'端脱去帽子结构，然后从5'→3'方向或直接由3'→5'方向降解mRNA。

4. 诱导与阻遏

真核生物细胞酶合成存在与原核生物类似的诱导和阻遏调节。如精氨酸能分别诱导和阻遏 Hela 细胞、KB 细胞和 L 细胞内精氨酸的合成和分解途径中的有关酶的合成。但是,真核生物诱导后酶水平与基本酶水平的差异小于原核生物诱导前后的差异。如 *E. coli* 的精氨酸酶诱导后比诱导前高 100 倍;而啤酒酵母中精氨酸酶诱导前后只有 10 倍的差异,这说明真核生物的诱导效果远远不如原核生物显著。

5. 激素调节

激素通过识别细胞的特定受体并与之结合,能够诱导 mRNA 和酶的合成。一般来讲,多肽类激素和儿茶酚胺类激素的受体大多在细胞表面,而甾体激素的受体大多在细胞质。如糖皮质激素能够促进肝细胞中酪氨酸转氨酶、酪胺氧化酶、甘油激酶等的合成。某些因素对肝细胞酶浓度的影响列于表 5-5。

表 5-5　某些因素对肝细胞酶浓度的影响

酶	$t_{1/2}/h$	糖皮质激素	cAMP	葡萄糖	胰岛素	周期律动
鸟氨酸脱羧酶(ODC)	0.18	+	+	ND*	+	+
酪氨酸转氨酶(TAT)	1.5~2	+	+	−	+	+
酪胺氧化酶(TO)	2.5	+	0		+	+
琥珀酸脱氢酶(SDH)	4.4	+	+	−	ND*	−
磷酸烯醇式丙酮酸激酶(PEPCK)	5.5	+	+	+		+
甘油激酶(GK)	12~18	(?)+	−	+	+	+

* ND 表示未检测。

5.1.3　酶的降解与周转

生物体内的各种酶都在不断合成与降解,新酶不断取代旧酶,这种不断更新形成了酶的周转。酶的合成是增加细胞内的酶量,而酶的降解则是减少细胞中酶的数量,因此,酶的周转参与了细胞内酶量的调节。

1. 酶周转动力学

不同类型的组织或细胞中,不同的酶周转的速率差异较大。如鼠肝中各种酶的半衰期在 20min 到一个星期不等。在正常情况下,细胞内的酶量保持恒态水平。研究发现:酶的降解速度服从一级动力学方程,即降解速度 $v_d = k_d[E]$。就是说酶的降解是一个任意过程,无论新合成的新酶,还是已经存在的旧酶都一样的被降解。酶合成的速度服从零级反应,与细胞内已有的酶浓度无关,即 $v_s = k_s$。这样,细胞内酶水平的变化速度为:$d[E]/dt = k_s - k_d[E]$。k_s 和 k_d 分别为酶合成和降解的速度常数。

在恒态条件下,$d[E]/dt = 0$,$k_s = k_d[E]$。当激素、营养和其他生理条件发生改变时,酶的合成和降解速度会随之发生相应的变化。那就要考虑接近新的恒态水平的表示方式。假设起始酶浓度为 $[E_0]$,酶合成和降解速度改变后在 t 时间的酶浓度为 $[E_t]$,k_s' 和 k_d' 分别为酶合成和降解的新速度常数,则:

$$d[E]/dt = k_s' - k_d'[E]; \quad dt = d[E]/(k_s' - k_d'[E])$$

积分得:

$$\ln(k_s' - k_d'[E]) = -k_d't + C \tag{5-1}$$

当 $t=0$,$[E]=[E_0]$,从式(5-1)得:$C = \ln(k_s' - k_d'[E_0])$

当 $t=t$，$[E]=[E_t]$，则

$$\ln(k_s'-k_d'[E_t])-\ln(k_s'-k_d'[E_0])=-k_d't \tag{5-2}$$

式(5-2)取反对数得

$$(k_s'-k_d'[E_t])/(k_s'-k_d'[E_0])=e^{-k_d't} \tag{5-3}$$

式(5-3)重排得 $[E_t]/[E_0]=k_s'/(k_d'[E_0])-[k_s'/(k_d'[E_0])-1]e^{-k_d't}$ (5-4)

酶的周转速度(或降解速度)通常用酶的半衰期 $t_{1/2}$ 表示，它比用速度常数更为常用。酶的降解速度 k_d 与半衰期 $t_{1/2}$ 的关系为

$$t_{1/2}=\ln2/k_d=0.69/k_d$$

酶降解速度不同，或半衰期 $t_{1/2}$ 不同，其应激外界环境刺激的速度也不同。如半衰期短的鸟氨酸脱羧酶($t_{1/2}$ 只有 0.3h)应答外界刺激而导致合成速度变化非常快，在 3h 内就达到新的稳态水平；除去刺激物又快速(约 3h)回到原来水平。与之相反，半衰期长的酶，如丙酮酸激酶($t_{1/2}=24h$)不仅应激合成速度慢，除去刺激物回复到原有稳态也慢；要使它达到 90% 的新稳态水平需要 70h 以上。通过一个酶的降解速度可以初步判断应答外界刺激而引起的酶量变化的快慢。半衰期越短，应答越快，对酶水平的调节越优越。

2. 酶周转的规律

研究酶的周转通常是在假定细胞总体积的变化忽略不计的情况下进行。研究发现酶的周转有以下规律：

(1) 酶的周转速度与其组成和结构有一定对应关系。①等电点较低的酶、含有大量疏水氨基酸的酶，或在体外容易被蛋白酶降解的酶，其半衰期一般较短。②由较大的亚基组成的酶，其半衰期一般较短；可能的原因是多肽链越长，对蛋白酶的敏感点越多，越容易被蛋白酶降解。③以蛋白质复合物形式存在的酶，在处于未装配状态时，对蛋白酶敏感。④酶蛋白发生突变或被化学修饰时，其半衰期比较短。如 *E. coli* 的 β-D-半乳糖苷酶的变种很容易被降解。

(2) 代谢途径中的第一个酶或限速酶的半衰期比较短。如鸟氨酸脱羧酶、酪氨酸氨基转移酶、丝氨酸脱水酶、δ-氨基戊酸合成酶等，其半衰期都很短。

(3) 同一组织中不同酶的周转速度差异很大，其半衰期从几十分钟到几天不等。如肝脏鸟氨酸脱羧酶半衰期只有 20min，而 6-磷酸果糖激酶的半衰期可达 7 天。半衰期越短的酶对外界应答越快，对酶水平的调节越快。

(4) 酶与底物、辅因子和竞争性抑制剂结合后，通常可以提高酶抵抗降解的能力。如从鼠肝、鼠肌肉以及酵母细胞纯化的蛋白酶作用于全酶的活性很低，但能使除去了磷酸吡哆醛的脱辅酶失活。又如鸟氨酸羰酸转氨酶(ornithine-oxo-acid transaminase)是由 4 个亚基组成的多亚基酶。当磷酸吡哆醛解离后，它就解聚成二聚体；同时伴有构象变化和某些氨基酸(如 Cys、Tyr、Trp 等)侧链基团的暴露。将其与丝氨酸蛋白酶保温时，全酶表现出一定的抵抗力，而脱辅酶则会发生部分降解。

3. 酶周转的机理

酶的周转或降解与其他蛋白质一样，也是通过蛋白酶的作用完成的。在溶酶体中，含有各种各样的内肽酶和外肽酶，如组织蛋白酶 B、D 等。在细胞质和线粒体内也有类似的蛋白酶。这些蛋白酶的专一性不高，能够降解各种各样的蛋白质和酶。很可能细胞内部存在一个可供随时应用的降解系统。在正常情况下，体内的蛋白质和酶具有较强的抵抗降解的能力。只有在某些情况下，如化学修饰，辅因子丢失，或其构象改变等，才会导致蛋白质和酶变得敏感或不稳定。

降解系统才能发挥降解作用。总之,酶的降解是一个多步骤的过程,包括引发、专一和非专一的蛋白酶水解等过程(图 5-14)。

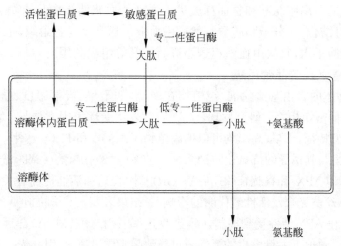

图 5-14　酶(蛋白质)的周转过程

5.2　酶的调控

代谢调控最普遍的方式就是通过调节酶的催化活性来实现。当受到外源信号刺激时,酶会被激活;当产物或中间代谢物积累时,就会反馈抑制酶活性。酶活性的调节还可以通过酶的共价修饰和酶的变构效应来实现。

5.2.1　外源信号刺激

生物对环境信号变化有极高的反应性。如细菌趋向于营养物的运动、视觉细胞的感光性、细胞因子诱导细胞增殖分化等都是典型实例。外源信号能够改变或激活不同的酶活性,以适应环境变化。如食物刺激可以诱导合成多种食物消化酶类;饥饿分泌的激素信号能够刺激机体动用储脂;干旱、低温等逆境信号能够诱导具有抗氧化、抗衰老生物学活性的超氧化物歧化酶(SOD)等。绝大多数参与信号转导系统的信号分子都是酶,如核苷酸环化酶、蛋白激酶、磷脂酶等。这里仅介绍几种常见的外源信号刺激调控酶活性的实例。

1. 酶与脂肪动员

机体在饥饿情形下动用储脂是通过分泌激素、激活多种酶包括脂肪酶来完成的。脂肪组织中的脂肪由脂肪酶催化逐步水解为游离脂肪酸和甘油,经血液运输到达其他组织细胞,以供氧化利用。该过程称为脂肪的动员(彩图 5-15)。在脂肪动员过程中,脂肪细胞内激素敏感的甘油三酯脂肪酶(hormone-sensitive triglyceride lipase,HSL)最为重要,它是脂肪分解代谢中控制脂肪降解速度的关键酶。HSL 的活性受多种激素调控。当禁食、饥饿或交感神经兴奋时,肾上腺素、胰高血糖素、去甲肾上腺素等激素分泌增加。这些激素与脂肪细胞膜上相应的受体作用后,激活腺苷酸环化酶,促进 cAMP 合成;从而激活依赖 cAMP 的蛋白激酶 A,后者促使无活性的 HSL 磷酸化而活化,从而使甘油三酯水解成甘油二酯和脂肪酸。这些能够促进脂肪动员的激素称为脂解激素,如肾上腺素、胰高血糖素,促肾上腺皮质激素(adrenocortico-tropic hormone，ACTH)及促甲状腺激素(thyroid stimulating hormone，TSH)等；而胰岛素、前列腺素 E2 等作用相反，能够抑制脂肪的动员，称为抗脂解激素。

脂肪降解产生的游离脂肪酸和甘油释放进入血液。血浆清蛋白具有结合游离脂肪酸的能力(每分子清蛋白可结合 10 分子脂肪酸)，然后由血液运送到全身各组织，主要供心、肝、骨骼肌等摄取利用。甘油溶于水，直接由血液运送至肝、肾、肠等组织利用。

2. 干旱、低温等逆境诱导抗逆酶

SOD 作为植物体内自由基清除剂，与植物在逆境，如干旱、极端温度、盐胁迫、水分胁迫等条件下的抗逆性高低密切相关。研究发现，SOD 活性表达受环境因素诱导。活性氧(ROS)是植物对胁迫反应的典型特征，干旱、高温均可以提高植物组织 O_2^- 和 H_2O_2 水平，且植物耐干旱和高温、清除 ROS 的能力与其诱导的抗氧化防护系统如 SOD、过氧化氢酶(CAT)、过氧化物酶(POD)、抗坏血酸过氧化物酶(APX)和谷胱苷肽还原酶(GR)基因表达和活性提高有关。孙侨南等人研究了"干旱胁迫对黄瓜幼苗光合及活性氧代谢的影响"。结果表明：干旱胁迫使光合速率下降，活性氧增加，SOD、POD 和 APX 活性受到抑制，O_2^- 产生速率及丙二醛(MDA)含量与净光合速率呈显著负相关。说明干旱胁迫下大量发生的活性氧可导致膜脂质过氧化，引起光合速率的下降。

刘瑞侠等人研究了"干旱高温协同胁迫对玉米幼苗抗氧化防护系统的影响"。发现随着处理时间的不断延长，干旱、高温和干旱高温协同胁迫均显著增强了玉米叶片中 SOD、CAT、GR 和 APX 的活性。高温和干旱引起的渗透胁迫常常对作物的生长发育造成严重影响。植物适应环境胁迫的早期是感知胁迫并激起包括胁迫基因表达在内的多种生理和代谢反应信号转导途径。但是在干旱高温协同胁迫条件下，植物体内如何调控抗氧化防护机理并不十分清楚。经干旱高温协同胁迫处理的玉米幼苗，叶与根的酶活性都高于干旱或高温单一胁迫因子处理的幼苗，这表明协同胁迫对幼苗的危害更大。因此，研究多个胁迫因子协同对作物的影响，探讨作物适应逆境的生理机制更具有实际意义。干旱和高温协同胁迫更能代表旱地农作物的环境条件，所以深入研究玉米耐干旱高温协同胁迫的生理生化代谢和分子机制，有助于解析其适应干旱高温协同胁迫的机理。将为通过转基因技术提高玉米胁迫忍耐力，培育产量高、品质优良、综合抗性突出、适应性广的优良玉米新品种提供理论依据。

5.2.2 底物循环机制

在生物体内，代谢途径中酶调节的特点是将起始信号放大，而底物循环和酶的互变循环是两种重要的代谢信号放大机制。

1. 底物循环

底物循环机制如图 5-16 所示。

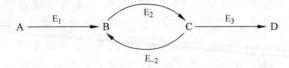

图 5-16 底物循环机制

底物 A 经 B、C 生成产物 D，其中 B→C 和 C→B 分别由两种不同的酶 E_2 和 E_{-2} 催化完成。当酶 E_2 和 E_{-2} 都有催化活性时，B 和 C 发生互变。机体代谢途径中，底物循环实例很多，如糖酵解途径中磷酸果糖激酶-1(phosphofructokinase-1，PFK-1)和 1,6-二磷酸果糖磷酸酶催化 6-

磷酸果糖和1,6-二磷酸果糖互变就是典型的底物循环[图5-17(a)]。如果PFK-1和1,6-二磷酸果糖磷酸酶同时有活性,那么,该途径的净结果是ATP水解生成ADP和H_3PO_4。

底物循环的重要意义在于两个酶的活性可以分开调节,这种调控比对单个酶的调控更加精确有效。例如AMP可以活化PFK-1,但同时抑制1,6-二磷酸果糖磷酸酶。这样,AMP一个很小的浓度改变就能够引起底物循环发生很大的净变化。肝脏中有葡萄糖和6-磷酸葡萄糖之间的底物循环调节[图5-17(b)]。葡萄糖激酶催化葡萄糖磷酸化生成6-磷酸葡萄糖;而6-磷酸葡萄糖磷酸酶则催化6-磷酸葡萄糖水解磷酸生成葡萄糖。这个底物循环调节对肝脏中葡萄糖代谢调节具有重要意义。

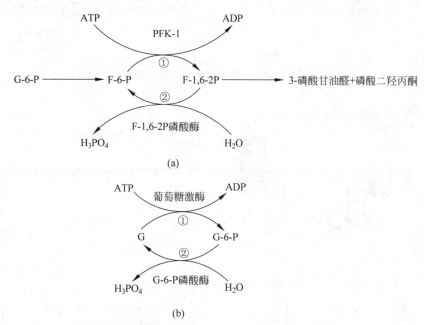

(a) 6-磷酸果糖和1,6-二磷酸果糖互变的底物循环;(b) 肝脏中葡萄糖和6-磷酸葡萄糖之间的底物循环

图5-17　2个典型底物循环实例

2. 酶的互变循环机制

有些酶能够通过可逆共价修饰的方式调节酶的活性。这些相互转变的酶形式循环能够对起始信号进一步放大。丙酮酸脱氢酶系就是一个典型的酶互变循环的实例,它的活性能因磷酸化和去磷酸化而改变(图5-18)。该酶系是一个多酶复合体,主要由丙酮酸脱氢酶(E_1)、乙酰基转移酶(E_2)和二氢硫辛酸脱氢酶(E_3)组成;催化丙酮酸脱氢和脱羧生成乙酰CoA,在连接糖酵解与三羧酸循环上占有关键地位。哺乳动物中,该酶系还包括丙酮酸激酶和丙酮酸磷酸酯酶;前者与复合物结合紧密,后者易与复合物解离。当体内$NADH/NAD^+$和/或乙酰CoA/CoA的比率高时,激酶活泼;这时丙酮酸脱氢酶会被磷酸化而失活,丙酮酸脱羧受抑制,因而丙酮酸进入三羧酸循环受阻。与此相反,磷酸酯酶的活性则受到高比率的$NADH/NAD^+$抑制。这些代谢物浓度的改变可以十分灵敏地调节丙酮酸脱氢酶的活化形式与无活性形式之间的平衡。

糖原磷酸化酶是另一个酶互变循环的实例。该酶是控制糖原分解代谢的关键酶,它有两种形式:磷酸化的活性形式磷酸化酶a和去磷酸化的无活性的磷酸化酶b。当磷酸化酶激酶受到外来影响而活化或失活时,这个循环就会极大地改变。如激素(肾上腺素)结合到细胞表面受体时,会按照图 5-19 的次序对糖原代谢进行迅速调节。检测结果表明:激素作用 2s 后,cAMP 浓度仅增加 1%,就会有 50% 的磷酸化酶 b 转变为磷酸化酶 a,从而导致糖原迅速分解。

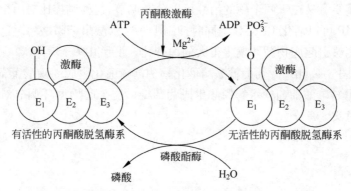

图 5-18　哺乳动物丙酮酸脱氢酶系可逆磷酸化互变循环

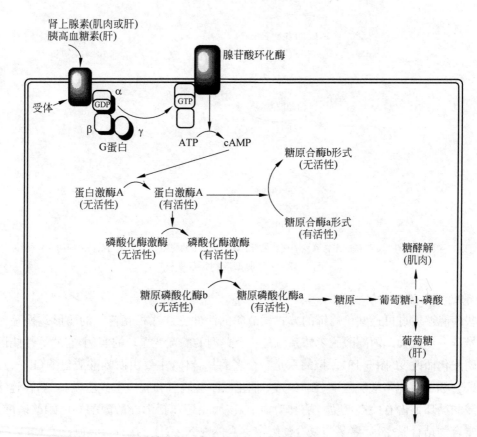

(引自张楚富《生物化学原理》高等教育出版社 2011)

图 5-19　酶磷酸化的互变循环与糖原分解代谢

5.2.3　产物反馈调节

反馈调节是代谢调节的基本方式。某一代谢途径的终产物(或某些中间产物)往往可以影响该代谢途径的关键酶(第一个酶或分支途径的第一个酶),这种影响称为反馈调节。这样可以避免中间产物不必要的积累,是一种最经济的调节方式。

1. 反馈调节类型

反馈调节的类型多种多样,其中反馈抑制(又称负反馈)是最普遍、最重要的形式。根据代谢途径的不同,反馈调节又可以分为线性反馈和分支代谢反馈。

线性代谢途径是指由一个代谢底物开始,一个反应接着一个反应,前一个反应的产物是后一个反应的底物,呈连续的线性代谢途径,直至终产物的生成。随着终产物的积累,对整个代谢途径产生直接的反馈抑制。如脂肪酸或胆固醇合成途径中,终产物脂肪酸(或脂酰 CoA)对关键酶乙酰 CoA 羧化酶的反馈抑制[图 5-20(a)];以及终产物胆固醇对关键酶羟甲基戊二酰 CoA 还原酶的反馈抑制就是属于直接线性反馈抑制的实例[图 5-20(b)]。

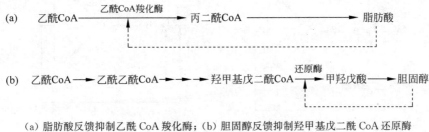

(a) 脂肪酸反馈抑制乙酰 CoA 羧化酶;(b) 胆固醇反馈抑制羟甲基戊二酰 CoA 还原酶

图 5-20　脂肪酸和胆固醇合成中的反馈抑制

在有些代谢途径中,终产物具有逐步反馈抑制或连续反馈抑制作用。如糖酵解途径的终产物之一 ATP,不是直接抑制第一个关键酶己糖激酶,而是先抑制磷酸果糖激酶,造成 6-磷酸葡萄糖的积累;后者再反馈抑制己糖激酶。这种方式称为逐步反馈抑制或连续反馈抑制(图 5-21)。

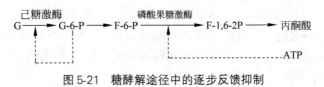

图 5-21　糖酵解途径中的逐步反馈抑制

分支代谢途径是指用相同的原料合成两种或多种终产物。特点是每一个分支途径的终产物常常控制分支点的第一个酶;同时每一种终产物对整个代谢途径的第一个酶有部分抑制。这种调节方式在原核生物普遍存在。不同生物中分支代谢途径的调节方式有所区别,常见的有如下几种(图 5-22)。

(1) 协同反馈抑制(concerted feedback inhibition)。在代谢途径中有两种或两种以上的最终产物,只有当它们同时过量时才抑制关键酶的活性,称为协同反馈抑制[图 5-22(a)]。

(2) 多价反馈抑制(multivalent feedback inhibition)。分支代谢途径中的几个终产物每一个单独过量时,不产生抑制作用,不影响整个代谢速度;只有几个终产物同时过量时才对关键酶产生抑制作用[图 5-22(b)]。与前述的协同反馈抑制类似,两者的区别在于:每个终产物单独过量时,在多价反馈抑制中不产生抑制作用;但是在协同反馈抑制中,可以抑制相应分支上的第一个酶,不影响其他分支代谢。

(3) 顺序反馈抑制(sequential feedback inhibition)。代谢途径中终产物过量时,先分别反馈抑制各分支途径的第一个酶,从而使中间产物积累,然后共同对代谢途径中的第一个酶产生反馈抑制或阻遏[图 5-22(c)]。

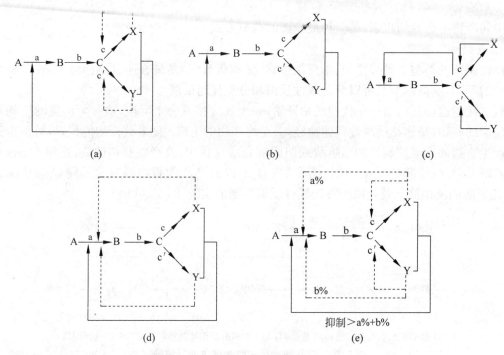

（a）协同反馈抑制；（b）多价反馈抑制；（c）顺序反馈抑制；（d）累积反馈抑制；（e）合作反馈抑制

图 5-22　分支代谢途径的反馈抑制类型

（4）累积反馈抑制（cumulative feedback inhibition）。代谢系统中有几个终产物，任何一个过量都能够单独地部分抑制共同途径中的关键酶。当它们同时过量，抑制效果达到最大；各种终产物的反馈抑制有累积作用，这种调节方式称为累积反馈抑制［图 5-22（d）］。

（5）合作反馈抑制（cooperative feedback inhibition）。代谢途径中任何一种终产物的浓度变化都能够产生部分抑制效应；当几个终产物同时过量时，可以引起强烈抑制，其抑制程度大于或超过各产物的累加抑制效应。这种调节又称为增效反馈调节［图 5-22（e）］。

2. 反馈调节实例

机体内各种物质代谢包括分解代谢和合成代谢途径都是由酶催化完成，其中酶的反馈调节十分重要。如氨基酸的生物合成中，就包含了多种分支代谢途径的反馈调节方式。在 *E. coli* 中，由天冬氨酸合成赖氨酸、蛋氨酸和苏氨酸的途径中存在协同反馈和多价反馈调节，只有这 3 种氨基酸同时过量时，才能抑制整个代谢途径中的第一个酶——天冬氨酸激酶（图 5-23）。在由天冬氨酸合成赖氨酸、蛋氨酸和异亮氨酸的途径中，赖氨酸和异亮氨酸表现出合作反馈调节的特征。当它们过量时能够分别抑制各自分支点的酶，也能反馈抑制起始步骤的酶。当两者同时过量时，对起始酶的反馈抑制作用大于两者单独作用之和。上述途径中，异亮氨酸抑制苏氨酸转变为 α-酮丁酸，引起苏氨酸积累；而苏氨酸的积累则抑制生成它的三个起始反应的底物（高丝氨酸、天冬氨酸半醛和天冬氨酸）的酶。表现出顺序反馈抑制调节（图 5-23）。

5.2.4　酶的共价调节

酶的共价调节是通过改变酶的共价结构来调节酶的活性（增加或降低）。它分为两类：一类是酶共价结构的改变基本上不可逆（如蛋白酶降解）；另一类是在提供能量或另一种酶或蛋白质的作用下，酶的共价结构的改变可逆（如酶的磷酸化）。

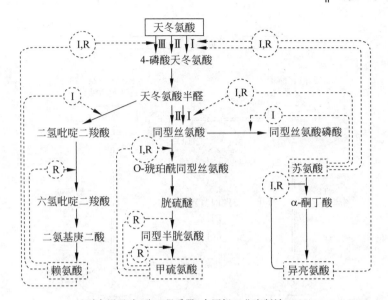

(引自居乃琥《酶工程手册》中国轻工业出版社 2011)

图 5-23　*E. coli* 中与天冬氨酸有关的几种氨基酸合成途径的反馈调节

1. 酶共价结构的可逆修饰调节酶活性

大部分酶通常以两种不同催化活性的形式存在,它们受另一些的酶的作用发生共价修饰而相互转变。可逆共价修饰有多种类型,包括 Ser、Thr 或 Tyr 残基的磷酸化,Tyr 残基的腺苷酸化和 Arg 或 Lys 残基的 ADP-核糖基化等。其中磷酸化最为普遍,构成已知的调节修饰酶的最大部分。有些是一个残基磷酸化,有些是几个甚至多个残基被磷酸化。酶可逆共价修饰特别是磷酸化修饰在控制代谢、细胞生长与繁殖、激素应答等方面具有重要作用。

最典型的可逆磷酸化调控酶活性的实例糖原磷酸化酶,它催化下列反应:

$$\text{糖原}(G_n) + Pi \longrightarrow \text{糖原}(G_{n-1}) + \text{葡萄糖 -1- 磷酸}$$

前已述及,该酶是控制糖原分解代谢的关键酶。它存在两种形式——有活性的磷酸化酶 a 和无活性(或低活性)的磷酸化酶 b。磷酸化酶 b 需要 AMP 或少量其他配体才显示活性;而磷酸化酶 a 则在没有 AMP 时显示活性。通过比较分析它们的共价结构,发现唯一的区别是磷酸化酶 a 第 14 位的 Ser 侧链被磷酸化;而磷酸化酶 b 中 Ser-OH 是自由的。比较分析两种酶的三维结构发现:它们 N-端 1-19 氨基酸肽段的构象明显不同。在 b 型酶中,该肽段是柔性易变的;在 a 型酶中,该肽段则是非常有序化的,其磷酸化的 Ser_{14} 侧链正好与带正电荷的 Arg_{69} 侧链相互作用。两种酶之间的相互转变过程如图 5-24 所示。

磷酸化酶由 b→a 的转变①需要 ATP 和 Mg^{2+},由磷酸化酶激酶催化完成;而由 a→b 的反应②则由磷酸化酶磷酸酶催化水解释放出磷酸。如果反应循环进行,总结果是 ATP 水解为 ADP 和 Pi。大部分酶的可逆共价修饰采用磷酸化-脱磷酸化循环。骨骼肌磷酸化酶由两个相同亚基组成,每个亚基含有 842 个氨基酸残基;每个亚基有一个活性部位、一个别构部位和一个调节性磷酸部位(即可磷酸化的 Ser_{14} 残基)。该酶可逆共价修饰调节如图 5-25 所示。

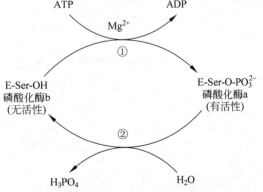

图 5-24　磷酸化酶 b 与磷酸化酶 a 的相互转变

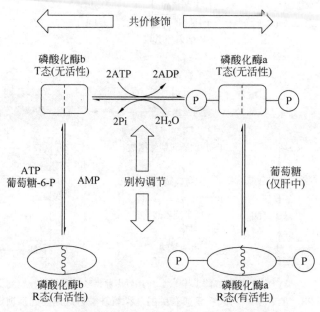

图 5-25　骨骼肌和肝中磷酸化酶的可逆共价修饰调节

　　除磷酸化-脱磷酸化修饰外,腺苷酸化-脱腺苷酸化也是常见的可逆共价修饰调节酶活性的方式。这种调节方式在细菌中较为常见。如 *E.coli* 谷氨酰胺合成酶(GS)含有 12 个亚基,有规则地排列成两层六面体。该酶存在两种形式:高活性的 GS 和经腺苷酸化的低活性的 GS。比较分析发现:两者区别在于低活性的 GS 的每个亚基中有一个 Tyr 侧链-OH 被 AMP 修饰而腺苷酸化[图 5-26(a)]。机体内在另一些酶的催化下,它们之间可以相互转变,转变过程如图 5-26(b)所示。

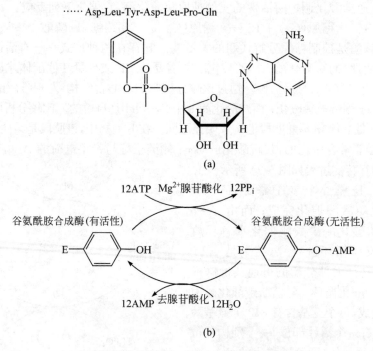

(a) GS 腺苷酸化修饰部位;(b) GS 修饰部位的相互转变

图 5-26　GS 腺苷酸化修饰部位和相互转变

　　GS的活性调节包括了两种不同但连锁的调节机制:反馈导致的变构调节和共价修饰调节。在腺苷酰转移酶(AT)催化下,高活性的GS在ATP存在下腺苷酰化修饰成为低活性的GS。该反应在一系列调节因子作用下是可逆的。有两种酶和两种蛋白参与调节该可逆反应的速度,包括尿苷酰转移酶(UT)、脱尿苷酰酶、调节蛋白P_{II}。调节蛋白P_{II}也存在尿苷酰化和脱尿苷酰两种形式。在UT催化下P_{II}被尿苷酰化生成P_{II}-UMP;后者在脱尿苷酰酶的作用下,脱去UMP生成自由的P_{II}蛋白。腺苷酰转移酶催化高活性的GS腺苷酰化需要调节蛋白P_{II};而低活性的GS脱腺苷酰化需要调节蛋白P_{II}-UMP和腺苷酰转移酶相互作用才能完成。这种酶活性的调节很复杂,不仅涉及体内谷氨酰胺、α-酮戊二酸、UTP、ATP以及Mg^{2+}等的调控(图5-27);而且GS的12个亚基可能部分或全部腺苷酰化的酶活性及对体内环境的敏感性等都不完全相同。

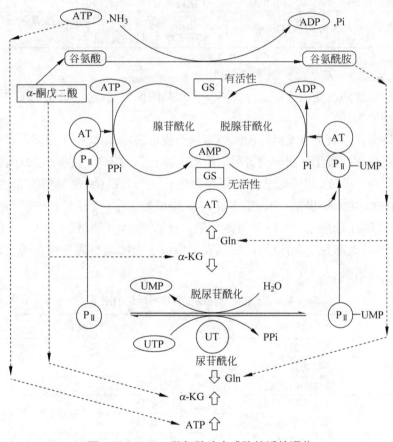

图5-27　*E. coli* 谷氨酰胺合成酶的活性调节

　　现已发现采用可逆共价修饰来调控生理活性的酶和蛋白有100多种,表5-6列出了一些常见的可逆共价修饰调节活性的酶。此外,还有甲基化、乙酰化和Tyr化等其他类型的共价修饰调节。

　　酶的可逆共价修饰调节具有重要的生理意义。其中有两点特别重要:①由于可逆共价修饰酶之间的互变是由酶催化的,因而活性酶数量迅速发生变化,导致反应起始信号逐级放大;②可逆共价修饰使酶的活性形式和非活性形式连续互变,对生物体代谢环境的变化能够及时地调控反应;其调节功能远远超过不可逆共价修饰调节酶。

表 5-6　常见可逆共价修饰调节活性的酶

酶	修饰类型	生物功能
磷酸化酶	磷酸化	糖原代谢
合成酶	磷酸化	糖原代谢
磷酸化酶激酶	磷酸化	糖原代谢
果糖-2,6-二磷酸酶 6-磷酸果糖激酶	磷酸化	调节糖原酵解
丙酮酸脱氢酶系	磷酸化	丙酮酸进入三羧酸循环
支链 α-酮酸脱氢酶复合物	磷酸化	Leu、Ile、Val 的降解
乙酰-CoA 羧化酶	磷酸化	脂肪酸合成
Gln 合成酶(哺乳动物)	ADP-核糖基化	蛋白质合成及氨的转运
Gln 合成酶(大肠杆菌)	腺苷酰化	蛋白质合成及氨的转运
RNA 核苷酸转移酶(大肠杆菌)	ADP-核糖基化	在 T4 噬菌体感染后,酶的 α-亚基 Arg 残基被修饰,关闭了宿主基因的转录

2. 酶共价结构的不可逆改变调节酶活性

不可逆共价结构的改变调节酶活性的典型实例是酶原激活,包括消化系统中的酶原激活和凝血系统中的酶原激活。

早已发现许多蛋白酶是以无活性的酶原形式合成出来,再由其他蛋白酶作用转变为活性形式。胰凝乳蛋白酶原的活化机制研究得最为清楚。该酶原没有活性的主要原因是酶原中没有形成合适的底物结合部位,其活化过程就包含着建立一个合适的、便于酶与底物结合的口袋。当酶原的 N 端被胰蛋白酶切除一个六肽 Val-Asp-Asp-Asp-Asp-Lys 后,立即形成了新的 Ile-N-端;该 N-端 α-氨基的正电荷($-NH_3^+$)与该酶第 194 位的 Asp 侧链的—COO^- 负电荷相互作用,导致酶分子的其他部分发生移动,从而形成了酶分子内部能与底物结合的疏水口袋。许多酶原多以这种方式活化(表 5-7)。

表 5-7　常见的经蛋白酶作用活化的酶

酶	酶前体	功能
胰蛋白酶	胰蛋白酶原	胰分泌物
胰凝乳蛋白酶	胰凝乳蛋白酶原	胰分泌物
弹性蛋白酶	弹性蛋白酶原	胰分泌物
羧肽酶	羧肽酶原	胰分泌物
磷脂酶 A_2	磷脂酶原 A_2	胰分泌物
胃蛋白酶	胃蛋白酶原	分泌到胃液内,在 pH 1～5 具有最大活性
凝血酶	凝血酶原	血凝系统的一部分
几丁质合成酶	几丁质合成酶原	与酵母细胞分裂时隔膜形成有关

表中前 4 种酶都是在胰腺细胞中以酶原形式合成,并储存于酶原颗粒。在激素的调节下,酶原从颗粒中释放进入十二指肠。这些激素主要有肠促胰酶肽-肠促胰酶素和胰泌素等。食物蛋白质的消化需要这些具有不同专一性的酶协同作用。而这些酶原的活化都是由胰蛋白酶催化完成(图 5-28)。那么,胰蛋白酶原的最初活化又是如何形成的呢? 现已证明:这个过程由肠肽酶(又称肠激酶)催化完成。它在小肠上皮细胞的刷状缘处合成,是一种专一性很强的酶,专

门催化进入十二指肠的胰蛋白酶原的活化。

酶原激活具有重要的生理意义。如果胰腺中一旦有蛋白酶原过早被活化,将产生严重的胰腺炎,这是一种致命性的病变。正常情况下,胰脏有3种保护机制:①蛋白酶以无活性的酶原形式合成;②酶原包装在蛋白颗粒中储存;③胰腺合成一种专一的胰蛋白酶抑制剂。这种抑制剂约为分泌物蛋白质含量的2%,能与酶原颗粒中存在的活性胰蛋白酶分子紧密结合,以保证只有在生理需要时才进行胰蛋白酶原的活化。

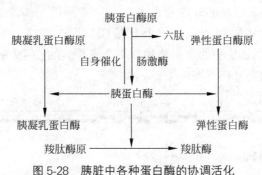

图5-28 胰脏中各种蛋白酶的协调活化

凝血系统中的酶原激活也是典型的不可逆共价修饰改变酶活性的实例。血液中存在一个至少含有12种凝血因子(I～XII)的凝血系统,而血液凝固则是极为复杂的生化过程。它涉及一系列酶原被激活形成一个庞大的级联放大系统,促使血液迅速凝集(彩图5-29)。在12种凝血因子中,有7种属于丝氨酸蛋白酶——激肽释放酶、XII_a、XI_a、IX_a、VII_a、X_a和凝血酶(凝血因子常用罗马字母编号,下标a表示其活化形式)。血液凝固存在两种途径:外部途径由创伤组织释放的因子III(组织因子)和VII引发;内部途径起始于凝血因子XII与损伤造成的异常表面的物理接触而被激活成XII_a。两种途径中酶促反应一个接一个,使起始信号逐级放大,最后激活凝血酶原生成活化的凝血酶。凝血酶催化快速产生足够量的血纤维蛋白,形成血凝块,阻止血液流失。生物体的凝血系统十分复杂,这里仅从酶原激活方面来了解酶的级联放大效应和不可逆共价结构的改变调节酶活性的过程。

5.2.5 酶的别构调节

酶的别构调节详见本书第3章3.4节别构酶及其动力学相关内容,此处不再赘述。

5.3 酶的人工调节方法

基因工程技术的迅猛发展,形成了多种人工调节基因工程酶活性的技术和方法。包括酶在细胞中的过表达(高效表达)和不表达(沉默)两方面。

5.3.1 酶在细胞中的过表达

将酶基因置于强启动子的控制下或插入增强子序列,并在核糖体结合位点和起始密码子之间插入一段间隔序列,能分别提高转录和翻译效率,促进酶基因的过量表达。目前研究最多的是 *E. coli* 的青霉素酰化酶(PAC),该基因的表达调控就是一个典型实例。PAC定位于周质空间,由α和β两个亚基组成;因其良好的催化酰化/去酰化特性受到了广泛关注。*E. coli* 中 *pac*

基因的转录效率通常很低,将 *pac* 基因置于强启动子的控制下,并在核糖体结合位点和起始密码子之间插入一段间隔序列能够分别提高转录和翻译效率,并最终提高 PAC 产量。但过表达的酶不一定有活性,有时以包涵体的形式聚集。*E.coli* 中,形成活性 PAC 的过程较为复杂,首先经转录和翻译形成带有信号肽 S、间隔肽 C、α 和 β 亚基的前蛋白酶原(preproPAC)。翻译后加工修饰过程包括:①在信号肽的引导和分子伴侣的作用下,preproPAC 转运至周质空间,通过质膜时由蛋白酶催化水解除去信号肽(26 个氨基酸)而形成酶原(proPAC);②从 β 亚基的 N 端切除连接肽产生成熟的 β 亚基(557 个氨基酸);③α 亚基进一步通过分子内或分子间的自催化作用从 C 端水解,同时切除间隔肽(54 个氨基酸)而成熟(209 个氨基酸,相对分子质量 24000),最终生成由 209 个氨基酸的 α 亚基和 557 个氨基酸的 β 亚基折叠成的活性酶。青霉素酰化酶基因表达及其后加工过程见图 5-30。

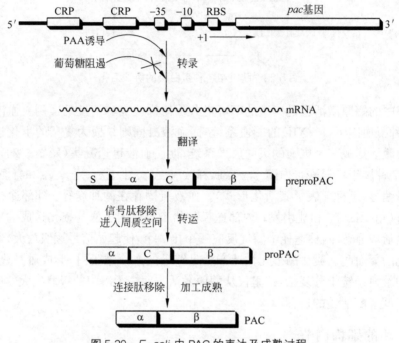

图 5-30　*E.coli* 中 PAC 的表达及成熟过程

因此,仅靠提高 *pac* 基因的转录和翻译效率来提高蛋白表达量远远不够。只有通过调控菌体生长的代谢过程和环境中的诸多因素,维持一个从转录、翻译到后翻译过程的蛋白合成流,才能最大限度减少包涵体的形成,提高活性 PAC 的产量。

5.3.2　酶在细胞中的沉默

基因沉默(gene silencing)是指生物体中特定基因由于种种原因不表达。20 世纪九十年代相继发现了多种基因沉默现象:1990 年,Jorgensen 在矮牵牛中发现了一种转基因同时抑制相应内源基因及自身表达的共抑制(co-suppression)现象;1994 年,Macino 与 Cogoni 在粗糙链孢霉中发现了基因压制(quelling)现象——转基因抑制自身和相应内源基因表达;1998 年,美国科学家 CraigMello 首次在秀丽线虫中发现了 RNA 干涉(RNA interference,RNAi)现象,即双链 RNA 能高效、特异阻断相应基因表达的现象。基因沉默主要包括两种类型:转录水平上的基因沉默（transcriptional gene silencing，TGS）和转录后水平上的基因沉默（post-transcriptional gene silencing，PTGS）。前者发生在核内，而后者发生在细胞质中。两者都与超甲基化（hypermethylated）有关，在 TGS 中，甲基化主要发生在启动子区域，基因的转录受到抑制；而在 PTGS 中，甲基化主要发生在基因的编码区，基因能够转录产生 mRNA，但 mRNA 在细胞质中被特异性地降解。

1. 转录水平的基因沉默

转录水平的基因沉默是由于 DNA 甲基化、异染色质化及位置效应等造成 DNA 无法被转录成 RNA，故表达受抑制。细胞核内的 dsRNA 被一种 RNase Ⅲ切割成大小约为 21nt 的小分子干扰 RNA（small interfering RNA，siRNA），引起与其同源的 DNA 序列甲基化，同时 siRNA 或 dsRNA 也可直接与同源的 DNA 配对，产生 RNA-DNA 复合物和单链 DNA 环或产生 RNA-DNA 多链结构，从而破坏了细胞核基因组的平衡及空间结构特征，这种破坏后的结构便成为宿主基因组防御系统识别的信号。这些不正常的结构被从头甲基化转移酶（de novo DNA methytransferase，DNMT）识别并使之甲基化，从而产生了转录水平上的基因沉默。

2. 转录后水平上的基因沉默

转录后水平的基因沉默表现为一种序列特异性的 RNA 降解过程，主要作用于同源性较高的转录产物，包括具有同源性的内源基因的转录产物。它广泛存在于各种生物中，是生物基因表达调控的重要方式之一。研究发现在植物中被称为共抑制、真菌中被称为压制（quelling）、动物中称为 RNA 干扰（RNAi）的现象以及转基因植物的病毒抗性、转座因子的转座失活等基因沉默现象均具有相同的分子机制，即转录后水平的基因沉默。

转录后水平基因沉默可能的机制：由于 RNA 病毒入侵、转座子转录、基因组中反向重复序列转录等原因，导致细胞中出现异常的 dsRNA 分子。这种 dsRNA 分子被细胞中一组特定的蛋白复合物识别，并启动相关蛋白质结合到 dsRNA 分子上；其中依赖 RNA 的 RNA 聚合酶（RNA-dependent RNA polymerase，RDRP）能够复制产生大量的 dsRNA。同时 dsRNA 在一种 RNAaseⅢ作用下，降解成 21~25nt 的双链小 RNA 分子（siRNA）。带有 siRNA 的蛋白复合物结合到 mRNA 分子上去，siRNA 识别 mRNA 序列：如果 mRNA 序列与之不能互补，则复合物很快从 mRNA 上脱落下来；若 mRNA 序列与之互补，则 siRNA 与单链 mRNA 之间发生链交换，在一种 RNAaseⅢ的作用下，将 mRNA 切断。如此重复，一条完整的 mRNA 就被降解成多个 21~25nt 的小片段，使该 mRNA 被完全降解，从而完全抑制了该基因的表达。细胞的这种抑制能力还能在细胞与细胞之间通过胞间连丝传递，甚至可以通过植物的维管组织在整个植物体中传递。siRNA 作为信号分子在植物中能与特定的运输蛋白特异结合，防止被核酸酶降解；它还可以通过胞间连丝和韧皮部筛管运送到植物体的各个部位，因而 PTGS 具系统持久性。

3. 基因沉默的生理学意义

基因沉默是生物体的本能反应，也是生物体在基因调控水平上的一种自我保护机制。它是基因表达调控的一种重要方式。因为无论是转基因、转座子还是病毒，对生物而言都是诱发突变的外来侵入的核酸。通过基因沉默，生物体可以限制这些外源核酸的入侵。因而，有人认为：基因沉默的本质是一种由 RNA 介导的、序列特异性的获得性免疫反应，而且与获得性免疫反应一样，基因沉默具有特异性、多样性、记忆性、可传递性等特征。此外，基因沉默还与生物的生长发育有关，它可能通过控制内源基因的表达来调控生长发育。

通过对基因沉默的深入研究，可以帮助人们进一步揭示生物体遗传表达调控的本质。在基因工程中克服基因沉默,使外源基因能更好地依人们的意愿进行表达;在疾病治疗方面,可以利用基因沉默这一机制使人们有意识地抑制某些有害基因的表达;在功能基因组方面,通过有选择地使某些基因沉默,可以测知这些基因在生物体基因组中的功能;通过抑制生物代谢过程中的某个环节,可以获得特定的代谢产物等。正是由于基因沉默具有巨大的潜在应用价值,因而有关基因沉默的研究进展很快。

5.3.3 关键酶的抑制与激活

生物机体代谢调控十分复杂,代谢类型主要有合成代谢和分解代谢两类。前者催化组成生物体结构物质的合成;后者通过水解、氧化和氧化磷酸化等分解有机分子。有些代谢途径位于代谢的交汇点,具有连接合成代谢和分解代谢的功能,如三羧酸循环等。各种代谢途径中的调控点和关键酶十分重要。这里仅介绍调控点的关键酶的抑制与激活。

调控点是指决定整个反应系统的速度和方向,并起调节作用的关键环节。调控关键环节的酶称为关键酶,包括一个或几个具有调节功能的酶。关键酶催化的反应速度是最慢的,又称为限速酶;其活性决定了整个代谢途径的总速度。因此,调节某些关键酶的活性是细胞代谢调节的重要方式。常见的一些重要代谢途径的关键酶列于表 5-8。

表 5-8　常见的一些重要代谢途径的关键酶

代谢途径	关键酶	代谢途径	关键酶
糖原降解	磷酸化酶	糖原合成	糖原合成酶
糖无氧酵解	己糖激酶	糖异生	6-磷酸葡糖磷酸酶
	磷酸果糖激酶		1,6-二磷酸果糖磷酸酶
	丙酮酸激酶		丙酮酸羧化酶
糖有氧氧化	柠檬酸合酶		磷酸烯醇式丙酮酸羧激酶
	α-酮戊二酸脱氢酶复合体	脂肪酸合成	乙酰辅酶 A 羧化酶
	异柠檬酸脱氢酶	胆固醇合成	HMG 辅酶 A 还原酶

这些关键酶催化的反应都处于代谢途径中的调控点。这类酶催化可逆反应中的单向反应,其活性决定整个代谢系统的方向。在各种代谢途径的中,有些可逆反应分别由两种不同的酶催化完成。如糖原的分解与合成分别由磷酸化酶催化糖原磷酸解生成 1-磷酸-葡萄糖,逆反应则由 UDPG 焦磷酸化酶催化;脂肪酸合成代谢中乙酰辅酶 A 羧化酶催化乙酰辅酶 A 羧化生成丙二酸单酰 CoA,逆反应则由丙二酸单酰 CoA 脱羧酶催化完成。机体内这类酶活性不仅受到底物的调控,而且还受代谢物或效应物的调节。

酶的生产

酶是细胞新陈代谢过程中的重要催化剂,细胞一直以来都是酶的主要来源,酶可以从许多生物组织、细胞或细胞分泌液中提取。

6.1 酶的生产方法

酶的生产是指通过人工操作获得所需目的酶的全部技术过程,包括酶的生物合成、分离、纯化等技术环节,主要途径有提取分离法(abstraction and separation)、生物合成法(biosynthesis)和化学合成法(chemosynthesis)3 种。提取分离法是最早被采用并沿用至今的方法,也是其他方法的基础,而生物合成法是 20 世纪 50 年代以来酶生产的主要方法。

6.1.1 提取分离法

该法是从自然界的微生物或动植物细胞中提取粗酶,再通过各种分离、纯化技术获得纯度较高的酶,最终制成商品酶制剂。

该法主要采用盐溶液、酸溶液、碱溶液或有机溶剂对酶进行提取。提取方法简单易行,但要求具有充足的原料,而且该法的提取效率较低,大量制备酶的时候局限性较大。

对于该法来说,获取含酶丰富的生物原料是基础。动物和植物的器官、组织、细胞以及微生物均可作为酶的生产提取材料,但取材需要依具体情况而定。通常,从动物的胰脏中提取分离胰蛋白酶、胰淀粉酶、胰脂肪酶或这些酶的混合物;从动物胃中提取胃蛋白酶;从动物小肠中提取碱性磷酸酶;从木瓜中提取木瓜蛋白酶、木瓜凝乳蛋白酶;从菠萝皮中提取菠萝蛋白酶;从柠檬酸发酵后得到的黑曲霉菌体中提取果胶酶等。由于该法常受制于生物资源、地理环境、气候条件等因素,导致其产量低,难以满足现实的需要,产品的价格也较高,因此该法主要适用于目前还难以通过合成方法获得的酶类。

6.1.2 生物合成法

该法是利用细胞的生命活动合成所需目的酶的过程。一般是经过预先设计,人为调控微生物、植物或动物细胞的生命活动,使其大量生产目的酶。

该法根据所使用的材料来源不同,可分为微生物发酵产酶、植物细胞培养产酶和动物细胞培养产酶三种方法,其中利用微生物发酵来生产酶是目前最主要的途径。

利用该法生产酶制剂大致包括产酶细胞的获取、人工控制发酵、分离提取这三大步骤。

产酶细胞的获取方法包括从自然界中筛选、动植物细胞或微生物的诱变等。微生物是地球上分布最广、物种最丰富的生物种群,为获得产酶菌提供巨大的资源库。从自然界中筛选优良的产酶菌是获得目的酶的重要环节,不过由于酶在生物体内主要起催化作用,不管是哪种酶,在菌体或动、植物细胞中的浓度都不会很高,即使进行发酵工艺优化有时也难以获得所需的产量。提高该法制备酶制剂效率的常用手段是基因工程技术,通过基因扩增与过量表达来建立高效表达特定酶的基因工程菌或基因工程细胞。

获得高效的产酶细胞后,通常采用发酵法来进行酶制剂的生产。发酵法是在人工控制条件的生物反应器中进行细胞培养,通过细胞内物质的新陈代谢作用,生产某种所需要的酶。如何提高酶的生物合成效率是实际生产中时常需要面对和解决的问题,可以通过优化发酵条件、控制产物和酶合成阻遏物的浓度、利用酶合成诱导物等手段来提高酶的生物合成效率。

发酵过程完成后,发酵液要经过分离提取才能获得初步的酶产品。分离提取的目的主要是从发酵基质中把目的酶抽提出来并进行精制以获得所需的酶制剂。酶的分离提取一般需要经过细胞破碎处理、含目的酶的发酵液离心回收、盐溶液/碱溶液/有机溶剂抽提、分子筛/离子交换/亲和层析法等一系列的处理工艺。由于酶对于温度、pH 等条件非常敏感,所以要尽可能避免酶活力的损失。

目前已有许多酶都采用生物合成法进行生产。例如,利用枯草芽孢杆菌生产淀粉酶、蛋白酶;利用黑曲霉生产糖化酶、果胶酶;利用大肠杆菌生产谷氨酸脱羧酶、多核苷酸聚合酶等。该法逐渐发展成为一个庞大而又复杂的技术体系,已发展和衍生出第二代酶(固定化酶)和第三代酶(包括辅因子再生系统在内的固定化多酶系统)的生产体系,在化工医药、轻工食品、环境保护等领域发挥着重要的作用。

6.1.3　化学合成法

该法是 20 世纪 60 年代末发展出来的一种酶生产方法。1969 年,昂萨格(Lars Onsager)成功地合成了由 124 个氨基酸残基组成的核糖核酸酶,这是世界上首个人工合成的酶。经过几十年的发展,人们开始利用合成仪进行酶的化学合成。此法具有明显的不足,如要求其原料——氨基酸单体达到很高的纯度,合成效率受肽链长度的限制,副产品较多,分离纯化难度较大,生产成本高等。尽管如此,该法仍具有重要的理论意义和发展前景。

6.2　微生物酶的生产

自 20 世纪 80 年代以来,酶生产的方法以微生物发酵法为主,其方式有固体发酵和液体发酵。此法生产酶制剂有以下优势:①微生物种类繁多,可以根据实际情况进行筛选优化,满足不同的生产需要;②微生物相对容易培养,所使用的培养基原料来源广、成本低;③繁殖速度快,周期短,产酶效率较高;④发酵工艺可实现自动化、连续化和规模化;⑤可通过基因突变等改造和优化微生物的产酶特性。目前自然界中发现的酶有数千种,但投入工业生产的仅有50～60 种,因此通过微生物发酵生产酶具有极大的发展前景。

6.2.1　酶生产菌

随着对自然界微生物资源的认知越来越广,微生物来源的酶数量也越来越多,其酶制剂产品已大约占到市场份额的 90％以上,被广泛使用产酶微生物有细菌、放线菌、霉菌、酵母等(表

6-1)。同一种微生物可用于不同酶的生产,不同微生物也可用于同一种酶的生产。大多数酶是由嗜中温微生物产生的,不过能够在极端条件下适用的酶越来越受到关注。筛选极端环境的微生物,并将它们的基因克隆到合适的嗜中温菌宿主体内,或将古菌体内的嗜热酶基因或嗜冷酶基因导入嗜中温菌的宿主体内,是研究难培养微生物产生酶的思路之一。

表 6-1　工业常用产酶菌及所产酶

微生物类别	菌名	产生的酶	用途
细菌	枯草芽孢杆菌	淀粉酶	制糖、酒精生产、香料加工等
	枯草芽孢杆菌	蛋白酶	酱油酿造
	异型乳酸杆菌	葡萄糖异构酶	葡萄糖制取果糖
	短小芽孢杆菌	碱性蛋白酶	皮革处理
	大肠杆菌中间体	支链淀粉酶	葡萄糖工业
	耐热解蛋白芽孢杆菌	中性蛋白酶	肉制品嫩化、面团改良等
酵母	解脂假丝酵母	脂肪酶	乳品增香等
霉菌	点青霉	葡萄糖氧化酶	蛋类食品脱糖保鲜、防止食品氧化
	橘青霉	5′-磷酸二酯酶	食品助鲜剂
	河内根霉	葡萄糖淀粉酶	酿酒工业
	日本根霉	葡萄糖淀粉酶	制取葡萄糖
	红曲霉	葡萄糖淀粉酶	制取葡萄糖
	黑曲霉	酸性蛋白酶	啤酒澄清
	黑曲霉	果胶酶	饮料、果酒等
放线菌	微白色放线菌转换变种	蛋白酶	皮革处理

可以用于酶生产的优良微生物通常具有以下的特点。

1. 生活周期短,繁殖速度快,酶的产量高

优良的产酶菌应具有高产、高效的特性,有时需要通过重复筛选、菌种诱变或基因突变等手段来获得高产菌株。经多代繁殖后,高产菌株可能会出现退化现象,应及时进行复壮处理,以保持菌株的高产特性。

2. 没有苛刻的培养要求,条件易于管理

优良的产酶菌对培养基和工艺条件应没有苛刻的要求,适合高密度发酵,适应性强,培养条件易于控制,便于管理。

3. 产酶稳定性好,目的酶活性高

优良的菌株不仅要求产酶量高,还要求其所产的酶活力高,在适宜的培养条件下,能够稳定地生产高活性的目标酶。

4. 微生物代谢背景明晰,安全可靠,无毒性

优良的产酶微生物及其代谢产物均要求安全无毒,不会对人体和环境等产生不良影响。

1978 年,联合国农业粮食组织(Food and Agriculture Organization of the United Nations, FAO)和世界卫生组织(World Health Organization,WHO)的食品添加剂专家联合委员会(Joint Expert Committee for Food Additives,JECFA)曾就有关酶的安全生产提出如下意见: 凡是从动植物可食部位或用于传统食品加工的微生物中产生的酶,可作为食品对待,无须进行毒物学的研究,只需建立有关酶化学和微生物学的详细说明;凡是由非致病性的一般食品污染微生物所制取的酶,需做短期的毒性试验;由非常见微生物制取的酶,应做广泛的毒性试验,包括慢性中毒试验在内。另外,酶制剂的安全问题除了来自酶本身之外,还可能来自酶分离纯化工艺过程,被其他致病菌或毒素污染,因此应通过安全性检查,安全检查指标如表 6-2 所示。

表 6-2　酶制剂的安全检查指标

项目	限量	项目	限量
重金属/(g/g)	小于 40×10^{-6}	大肠杆菌/(个/g)	不得检出
铅/(g/g)	小于 10×10^{-6}	霉菌/(个/g)	小于 100
砷/(g/g)	小于 10×10^{-6}	绿脓杆菌/(个/g)	不得检出
黄曲霉毒素	不得检出	沙门氏菌/(个/g)	不得检出
活菌计数/(个/g)	小于 5×10^{4}	大肠杆菌样菌/(个/g)	小于 30

6.2.2　微生物酶生产工艺流程

酶生产的工艺过程主要包括菌体活化、扩大培养、发酵和分离纯化等环节(图 6-1)。

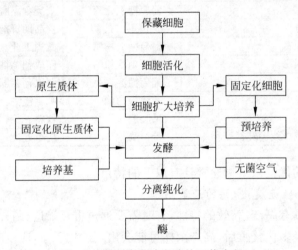

图 6-1　微生物发酵产酶的工艺流程

6.2.2.1　菌株活化与扩大培养

在用于发酵生产之前,砂土管或冷冻干燥管中处于休眠状态的保藏菌种必须接种于新鲜的固体培养基上,在一定的条件下进行培养,使菌体的生长能力得以恢复,这一过程称为活化。

扩大培养是指经活化的菌株在种子培养基中经过一级乃至数级的扩大培养,以获得足够数量菌体的过程。菌种扩大培养所使用的培养基和培养条件,应当是适合微生物生长、繁殖的最适条件,扩大培养的时间一般以培养到菌株对数生长期为宜。如果需要采用孢子接种,则要培养至孢子成熟期才能用于发酵。

菌种扩大培养的目的是获得活力旺盛的、接种数量足够多的培养物,对于不同发酵产品的菌种扩大培养,必须根据菌种生长繁殖速度快慢决定菌种扩大培养的级数。酶制剂发酵生产通常采用三级发酵。

6.2.2.2　产酶菌培养的基本要素

1. 碳源

碳源是微生物生命活动的基础,能够为产酶微生物提供碳水化合物的营养物质。微生物对碳源化合物的需求极为广泛,在配制培养基时,应根据产酶菌的营养需要选择不同的碳源。碳源物质可分为无机碳源物质和有机碳源物质。糖类是较好的碳源,尤其是部分单糖(葡萄糖、果糖)和双糖(蔗糖、麦芽糖、乳糖),绝大多数微生物都能利用。此外,简单的有机酸、氨基酸、醇类、醛、酚等含碳化合物也是良好碳源。淀粉、果胶、纤维素等有机物质除了在细胞内经分解代谢提供小分子碳源外,还产生供合成代谢所需的能量,所以部分碳源物质同时也可能是能源物质。另外,有些微生物还可以利用脂肪、石油、乙醇作为碳源。在工业生产过程中,为了降低成本,所使用的培养基也常利用玉米粉、米糠、麦麸、马铃薯、甘薯以及某种野生植物的淀粉作为碳源。

2. 氮源

氮源是向微生物提供氮元素的营养物质。微生物体内含氮 5%～13%,是蛋白质和核酸等的主要成分。微生物可利用的氮源物质有三种来源,一是空气中分子态氮,只有少数具有固氮能力的微生物(如自生固氮菌、根瘤菌)能利用;二是无机氮化合物,如铵态氮(NH_4^+)、硝态氮(NO_3^-)和简单的有机氮化物(如尿素),绝大多数微生物都可以利用。三是有机氮化合物,大多数寄生性微生物和一部分腐生性微生物需以有机氮化合物(蛋白质、氨基酸)为必需的氮源。实验室中常用的微生物氮源为铵盐、硝酸盐、牛肉膏、蛋白胨、酵母膏等。出于成本考虑,在大规模发酵生产时微生物氮源会考虑使用鱼粉、血粉、蝉蛹粉、豆饼粉、花生饼粉等廉价原料。

3. 无机盐

微生物在生长过程中常需要无机盐,比如氯化钠、磷酸二氢钾、硫酸氢二钾、硫酸亚铁、硫酸镁、碳酸钙、硫酸铵、硝酸钾等。无机盐的主要作用是提供微生物生命活动所必需的无机元素,同时调节微生物菌体内外的 pH、氧化还原电位和渗透压平衡。具体来说,氯化钠在培养过程中起调节渗透压的作用;硫酸镁中的 Mg^{2+} 是 EMP、TCA 途径及赖氨酸产生所需的重要激活剂;磷酸盐中的磷元素是合成蛋白质、核酸的重要原料,也是 ADP、ATP 的组成元素,用以产生微生物代谢过程所需的能量,另外磷也是细胞膜形成的重要元素;硫酸亚铁的铁离子是组成细胞色素、细胞色素氧化酶和过氧化氢酶活性中心的重要物质,是电子呼吸传递链的重要组成元素之一;碳酸钙和氨水在培养基中可以起调节发酵液 pH 的作用;磷酸二氢钾和磷酸氢二钾不仅是常用的缓冲液组分,其中的 K^+ 是某些酶(果糖激酶、磷酸丙酮酸转磷酸酶等)的辅因子,有时还负责维持培养过程中菌体内外的电位差和渗透压。

4. 生长因子

生长因子是微生物生长繁殖所必需的微量有机化合物,主要包括各种氨基酸、嘌呤、嘧啶、维生素等,是构成辅酶的必需物质。有些氨基酸还可以诱导或阻遏酶的合成,如在培养基中添加大豆的酒精抽提物,米曲霉的蛋白酶产量可提高约 2 倍。在酶的发酵生产中,一般在培养基中添加含有多种生长因子的天然原料的水解物,如酵母膏、玉米浆、麦芽汁、麸皮水解液等,以提供微生物所需的各种生长因素,也可以加入某种或某几种提纯的有机化合物,以满足微生物生长繁殖的需要。

6.2.2.3　发酵产酶的基本工艺

1. 培养基

培养基是人工配制的用于培养微生物的各种营养物质混合物。培养基多种多样,不同微生物所适用的培养基不尽相同。即使是相同的微生物,生产同一种酶,在不同地区、不同企业中采用的培养基也会有差别,必须根据具体情况进行选择和优化。下面介绍几种用于发酵产酶的培养基。

(1) 枯草芽孢杆菌 BF7658α 淀粉酶发酵培养基：玉米粉 8%，豆饼粉 4%，磷酸氢二钠 0.8%，硫酸铵 0.4%，氯化钙 0.2%，氯化铵 0.15%（自然 pH）。

(2) 枯草芽孢杆菌 AS1.398 中性蛋白酶发酵培养基：玉米粉 4%，豆饼粉 3%，麸皮 3.2%，糠 1%，磷酸氢二钠 0.4%，磷酸二氢钾 0.03%（自然 pH）。

(3) 枯草芽孢杆菌 WB600/pWB-pelG2521 碱性果胶酶发酵培养基：麸皮 30g/L，豆饼粉 35g/L，磷酸盐 0.05mol/L，NaCl 4g/L，FeSO₄ 0.005mol/L（pH 7.0）。

(4) 黑曲霉糖化酶发酵培养基：玉米粉 10%，豆饼粉 4%，麸皮 1%（pH 4.4～5.0）。

(5) 康宁木霉与米根霉混合发酵生产纤维素酶的培养基：麸皮粉 10%，Mandels 营养液 90%。Mandels 营养液组成为 0.75g 蛋白胨，0.25g 酵母膏，0.3g 尿素，1.4g $(NH_4)_2SO_4$，2.0g KH_2PO_4，0.4g $CaCl_2 \cdot H_2O$，0.5mg $FeSO_4 \cdot 7H_2O$，4.0mg $ZnSO_4 \cdot 7H_2O$，2.0mg $CoCl_2 \cdot 6H_2O$，水 1 升（pH 4.5～5.0）。

(6) 游动放线菌葡萄糖异构酶发酵培养基：糖蜜 2%，豆饼粉 2%，磷酸氢二钠 0.1%，硫酸镁 0.05%（pH 7.2）。

(7) 栓菌漆酶发酵培养基：山核桃蒲壳 40%，菜籽粕粉 8%，山核桃蒲壳、菜籽粕粉细度不低于 40 目（自然 pH）。

(8) 右旋糖酐酶发酵培养基：蛋白胨 0.2%～0.5%，K_2HPO_4 0.3%～0.5%，KCl 0.01%～0.02%，FeSO₄ 0.001%～0.002%，花生饼粉 0.2%～0.5%，右旋糖酐 2.5%～3.0%（自然 pH）。

2. 发酵产酶工艺的调节

(1) pH 的调节控制。培养基的 pH 对于微生物的生长繁殖及合成酶的过程至关重要，在发酵过程中通常需要对其进行调节和控制。需要注意的是，微生物产酶的最适 pH 与生长最适 pH 往往有所不同，微生物产酶的最适 pH 会比较接近于该酶催化反应的最适 pH。一般来讲，细菌与放线菌适于在 pH 7～7.5 范围内生长，酵母菌和霉菌通常在 pH 4.5～6 范围内生长。

不同微生物产酶所需的 pH 不同，而同一种微生物在不同 pH 下的产物也会不一样，如黑曲霉在中性时产 α-淀粉酶多于产糖化酶，偏酸时产糖化酶的量增加而产 α-淀粉酶的量减少。

有些微生物可以同时产生若干种酶，在发酵过程中，通过控制培养基的 pH，往往可以改变各种酶之间的产量比例。随着微生物的生长繁殖和酶量的积累，培养基的 pH 可能会发生变化，这种变化与微生物特性有关，也与培养基的组成以及发酵工艺条件密切相关。为了维持培养基 pH 的相对恒定，通常在培养基中加入 pH 缓冲剂，常用的缓冲剂是一氢和二氢磷酸盐（如 K_2HPO_4 和 KH_2PO_4）组成的混合物，但缓冲液只能在一定的 pH 范围内起调节作用。有些微生物，如乳酸菌能大量产酸，缓冲液就难以起到缓冲作用，此时可在培养基中添加难溶的碳酸盐（如 $CaCO_3$）来进行调节，$CaCO_3$ 难溶于水，不会使培养基 pH 过度升高，但它可以不断中和微生物产生的酸，同时释放出 CO_2，将培养基 pH 控制在一定范围内。在培养基中还存在一些天然的缓冲系统，如氨基酸、肽、蛋白质都属于两性电解质，也可起到缓冲的作用。

(2) 温度的调节控制。产酶菌的生长、繁殖和产酶需要一定的温度条件。在适合的温度范围内，微生物才能维持正常的新陈代谢。不同的产酶菌有不同的最适生长温度，枯草芽孢杆菌的最适生长温度为 34～37℃，黑曲霉的最适生长温度为 28～32℃。

有些微生物发酵产酶的最适温度与菌体生长最适温度有所不同，而且往往低于最适生长温度，这是由于在较低的温度条件下，可以提高酶所对应的 mRNA 的稳定性，增加酶生物合成的延续时间，从而提高酶的产量。例如采用酱油曲霉生产蛋白酶，40℃条件下霉菌的生长良好，在

28℃下其酶的产量为 40℃下的 2～4 倍,但生长却比较缓慢,所以在实际生产上,常常采用温度分段控制,在发酵初期采用适宜菌体生长的温度,提高生物量,然后将温度降至产酶适宜的水平,以提高酶产量及保持酶活力。

在微生物生长和产酶过程中,新陈代谢作用和热量的散失会使培养基的温度发生变化,所以必须经常及时地对温度进行调节控制,使培养基的温度维持在适宜的范围内。温度的调节一般采用热水升温、冷水降温的方法。为了及时地进行温度的调节控制,在发酵罐或其他生物反应器中,均设计有足够传热面积的热交换装置,如排管、蛇管、夹套、喷淋管等,并且随时备有冷水和热水,以满足温度调控的需要。

(3) 氧化还原电位的调节控制。一般来说,好氧性微生物在 F 值为＋0.1V 以上时可正常生长,一般以＋0.3～＋0.4V 为宜;厌氧性微生物只能在 F 值低于＋0.1V 条件下生长;兼性厌氧微生物在 F 值为＋0.1V 以上时进行好氧呼吸,在＋0.1V 以下时进行厌氧呼吸。F 值与氧分压和 pH 有关,也受某些微生物代谢产物的影响。在 pH 相对稳定的条件下,可通过增加通气量(如振荡培养、搅拌)提高培养基的氧分压,或加入氧化剂,从而增加 F 值,在培养基中加入抗坏血酸、硫化氢、半胱氨酸、谷胱甘肽、二硫苏糖醇等还原性物质可降低 F 值。

(4) 溶氧量的调节控制。产酶菌的生长、繁殖和酶的生物合成过程需要大量的能量。为了获得足够的能量,微生物必须获得充足的氧气,使从培养基中获得的能源物质(一般是指碳源)经过氧化还原反应而生成大量的 ATP,所以在产酶菌的发酵培养时应维持一定的溶氧量。不同类型的培养基溶氧量有很大的差异,固体培养基往往有相对较高的溶氧量,而液体培养基溶氧量相对较小,在实际生产中根据溶氧量的要求,应加以调节。

导致溶氧量变化的因素,一是菌体的代谢改变引起,二是发酵过程中出现异常问题,如(污染了好氧杂菌或烈性噬菌体)、设备故障、搅拌停止、温控失灵及空气管堵塞等,也会造成溶氧量的显著变化。

通常,发酵过程中溶氧量的调节控制,就是根据微生物对溶解氧的需求,连续不断地进行补充,使发酵过程中的溶氧速率和耗氧速率相等,满足微生物生长和发酵产酶的需要。溶氧量调控可通过调整供氧角度,如罐结构、搅拌、气体成分、通气速率、罐压等因素,以及调整耗氧角度,如基质浓度、温度、表面活性剂等因素来完成。调节溶解氧的方法主要有:

① 调节通气量。通气量是指单位时间内流经单位体积培养液的空气量,可以用每分钟通入的空气体积之比(V/V·min)表示。

② 调节氧的分压。提高氧的分压,可以增加氧的溶解度,从而提高溶氧速率。

③ 调节气液接触时间。气液两相的接触时间延长,可以使氧气有更多的时间溶解在培养基中,从而提高溶氧速率。

④ 调节气液接触面积。氧气溶解到培养液中是通过气液两相的界面进行的,增大接触面积可以提高溶氧速率。

⑤ 改变培养液的性质。培养液的性质对溶氧速率有明显影响,若培养液的黏度大,在气泡通过培养液时,尤其是在高速搅拌的条件下,会产生大量泡沫,影响氧的溶解。可以通过改变培养液的组分或浓度等方法,有效地降低培养液的黏度;设置消泡装置或添加适当的消泡剂,可以减少或消除泡沫的影响,以提高溶氧速率。

6.2.3　酶发酵动力学

发酵动力学是研究发酵过程中微生物生长速率、产物生成速率、基质消耗速率以及环境因素对这些速率的影响规律的学科。发酵动力学主要包括微生物生长动力学、产酶动力学和基质消耗动力学等。

6.2.3.1　生长动力学

生长动力学主要研究微生物生长速度以及外界环境因素对其生长速度影响的规律。产酶菌在培养基中生长的过程中,其生长速率受到菌体内外各种因素的影响,变化比较复杂,情况各不相同。然而菌体的生长都有其一定的规律性,只要掌握其生长规律,并根据具体情况进行优化控制,就可以根据需要,使微生物的生长速率维持在一定的范围内,以达到较为理想的效果。

1950 年,Monod 首先提出了表述微生物生长的动力学方程。他认为在培养过程中,微生物生长速率与菌体浓度成正比。

$$\frac{\mathrm{d}X}{\mathrm{d}t} = \mu X \tag{6-1}$$

式中: X 为菌体浓度, μ 为比生长速率。

假设培养基中只有一种限制性基质,而不存在其他生长限制因素时, μ 为这种限制性基质浓度的函数。

$$\mu = \mu_{\mathrm{m}} \frac{S}{K_{\mathrm{S}} + S} \tag{6-2}$$

式(6-2)称为莫诺德生长动力学模型,又称为莫诺德方程。式中: S 为限制性基质的浓度; μ_{m} 为最大比生长速率,即限制性底物浓度过量时的比生长速率,当 S 远远大于 K_{S} 时, $\mu = \mu_{\mathrm{m}}$; K_{S} 为 Monod 常数,是指比生长速率达到最大比生长速率一半时的限制性基质浓度,即 $\mu = 0.5\mu_{\mathrm{m}}$ 时, $S = K_{\mathrm{S}}$ 。

莫诺德方程是基本的微生物生长动力学方程,在发酵过程优化以及发酵过程控制方面具有重要的应用价值。莫诺德方程与酶反应动力学的米氏方程相似,其最大比生长速率 μ_{m} 和莫诺德常数也可以通过双倒数作图法求出。

将莫诺德方程改写为其双倒数性质,即

$$\frac{1}{\mu} = \frac{K_{\mathrm{s}}}{\mu_{\mathrm{m}} S} + \frac{1}{\mu_{\mathrm{m}}} \tag{6-3}$$

通过实验,在不同限制性基质浓度 $S_1, S_2, \cdots, S_n$ 的条件下,分别测出其对应的比生长速率 $\mu_1, \mu_2, \cdots, \mu_n$,然后以 $1/\mu$ 为纵坐标, $1/[S]$ 为横坐标作图(彩图 6-2),即可得到 μ_{m} 和 K_{S} 。

6.2.3.2　产酶动力学

产酶动力学主要研究微生物产酶速度以及各种因素对产酶速率的影响规律。产酶动力学可以从整个发酵系统着眼,研究群体微生物的产酶速度及其影响因素,称为宏观产酶动力学或非结构动力学;也可从微生物体内着眼,研究酶合成速率及其影响因素,谓之微观产酶动力学或称为结构动力学。在酶的发酵生产中,酶产量的高低是发酵系统中群体微生物产酶的集中体现,因此宏观产酶动力学对生产过程的影响更为显著。

生物合成产酶模式　微生物在一定条件下培养生长,其生长过程一般经历调整期(延滞期)、生长期(对数期)、平衡期(稳定期)和衰退期等 4 个阶段。通过分析比较微生物生长与酶产生的关系,可以把酶生物合成的模式分为 4 种类型,即同步合成型,延续合成型,中期合成型和滞后合成型(图 6-3)。

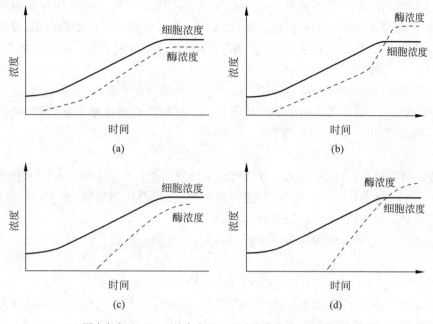

(a) 同步合成型;(b) 延续合成型;(c) 中期合成型;(d) 滞后合成型

图 6-3　酶的生物合成模式

同步合成型又称为生长偶联型,酶的生物合成与微生物生长同步进行,该类型酶的生物合成速度与微生物生长速度紧密联系。该合成型的酶,其生物合成伴随着微生物的生长而开始,在菌体进入旺盛生长期时,酶大量生成,当菌体生长进入平衡期后,酶的合成随之停止。大部分组成酶的生物合成属于同步合成型,有部分诱导酶也按照此种模式进行生物合成。

中期合成型的酶在微生物生长一段时间以后才开始合成,而在菌体生长进入平衡期以后,酶的生物合成也随着停止。例如,枯草芽孢杆菌碱性磷酸酶(EC 3.1.3.1)的合成受到无机磷酸的反馈阻遏,而磷又是微生物生长所必需的营养物质。在微生物生长的开始阶段,磷阻遏碱性磷酸酶的合成,当菌体生长一段时间,培养基中的磷几乎耗尽后,该酶才开始大量生成。碱性磷酸酶编码所对应的 mRNA 不稳定,寿命只有 30min 左右,所以当细胞进入平衡期后,酶的生物合成随之停止。

滞后合成型的酶是在微生物生长一段时间或进入平衡期以后才开始合成和积累的,又称为非生长偶联型。许多水解酶的生物合成都属于这一类型。受培养基中阻遏物的阻遏作用,随着菌体的生长,阻遏物几乎被耗尽而解除阻遏,酶才开始大量合成。

为了提高产酶量和缩短发酵周期,最理想的合成模式应是延续合成型。这种合成类型在发酵过程中没有生长期和产酶期的明显差别。菌体一开始生长就有酶产生,直至生长进入平衡期以后,酶还可以继续合成一段较长的时间。可以通过基因工程手段获得优良菌株,并通过工艺优化控制,使酶的合成模式接近于延续合成型。

产酶动力学模型及参数　宏观产酶动力学的研究表明,产酶速率与微生物比生长速率、菌体浓度以及产酶模式有关。产酶动力学模型或称产酶动力学方程可以表达为

$$R_E = dE/dt = (\alpha\mu + \beta)X \tag{6-4}$$

式(6-4)中,R_E 为产酶速率,以单位时间内生成的酶浓度表示[U/(L·h)];X 为菌体浓度,以每升发酵液所含的干菌重量表示(g/L);μ 为微生物比生长速率(1/h);α 为生长偶联的比产酶系数,以每克干菌产酶的单位数表示(U/g);β 为非生长偶联的产酶速率,以每小时每克干菌产酶的单位数表示[U/(h·g)];E 为酶浓度,以每升发酵液中所含的单位数表示(U/L);t 为时间(h)。

产酶模式不同,产酶速率与微生物生产速率的关系也会有所不同。

同步合成型的酶,其产酶与微生物生长偶联。在平衡期产酶速率为零,即非生长偶联的比产酶速率 $\beta = 0$,所以其产酶动力学方程为

$$dE/dt = \alpha\mu X \tag{6-5}$$

中期合成型的酶,其合成模式是一种特殊的生长偶联型。在培养液中有阻遏物存在时,$\alpha = 0$,无酶产生。在菌体生长一段时间后,阻遏物被利用完,阻遏作用解除,酶才开始合成,在此阶段的产酶动力学方程与同步合成型相同。

滞后合成型的酶,其合成模式为非生长偶联型,生长偶联的比产酶系数 $\alpha = 0$,其产酶动力学方程为

$$dE/dt = \beta X \tag{6-6}$$

延续合成型的酶,在微生物生长期和平衡期均可以产酶,产酶速率是生长偶联与非生长偶联产酶速率之和,其产酶动力学方程为

$$dE/dt = \alpha\mu X + \beta X \tag{6-7}$$

宏观产酶动力方程中的动力学参数包括生长偶联的比产酶系数 α、非生长偶联的比产酶速率 β 和微生物比生长速率 μ 等。这些参数是在实验的基础上,运用数学、物理方法,对大量实验数据进行分析和综合,然后通过线性化处理及尝试误差等方法进行估算而得出。由于试验中所观察到的现象以及所测量出的数据受到各种客观条件和主观因素的影响,呈现出随机性,必须经过缜密的分析和总结,找出其规律,才可能得到比较符合实际的参数值。

6.2.4　发酵生产设备概要

微生物发酵是一个复杂的过程,尤其是大规模工业发酵,要达到预定目标,需要采用各种不同式样的发酵技术。按照发酵培养基的相态,可分为液态发酵和固态发酵;而按发酵工艺过程的连续性可分为分批发酵、补料分批发酵和连续发酵。在实际的工业生产中,大都是将多种发酵方式结合进行的,这取决于菌种特性、原料特点、产物特色、设备状况、技术可行性、成本核算等。下面介绍几种常见的发酵方式及设备。

6.2.4.1　固体发酵

固体发酵由曲式培养发展而来。曲式培养利用麸皮、豆粕等为主要原料,添加谷壳等辅料,加水拌成半固体状态,供微生物生长和产酶用。固体发酵中,最简单的是浅盘培养,培养基的厚度一般不超过 5cm,其次是转鼓培养,培养基量大,培养过程中借助转鼓不停地转动,来翻动培养基,以利于通气。我国多采用通风式厚层培养系统,培养基的厚度可达 20~30cm,通过送风输氧,图 6-4 为通风制曲池发酵设备。

固体培养设备简单,环境污染少,特别适于霉菌类的培养,如曲霉和毛霉生产淀粉酶和蛋白酶、木霉生产纤维素酶等,因为菌丝在这种培养基中能较好地伸展生长,产酶率也比较高,至今

许多地方仍然采用这种固体培养产酶方式。但是固体发酵也存在明显的缺点,如劳动强度大,原料利用率低,提取精制较难,传质传热效率低,发酵条件不易控制,产酶不稳定,易染菌等。

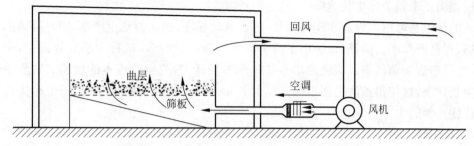

图 6-4 厚层通风制曲池

6.2.4.2 液体深层发酵

液体深层发酵,又称浸没式培养,菌体在液体培养基中处于悬浮状态,导入培养基中的空气通过气液界面传质进入液相,再扩散进入细胞内部的发酵方式。液体深层培养是在发酵罐中进行,是目前酶制剂和其他发酵产品的主要生产方式。它的优点有产酶纯度高,质量稳定;较易控制发酵条件,有利于自动化控制;机械化程度高,劳动强度小;设备利用率高等,但液体深层发酵相对于固体发酵在设备上的投资较大。图 6-5 为液体深层发酵机械搅拌罐示意图。

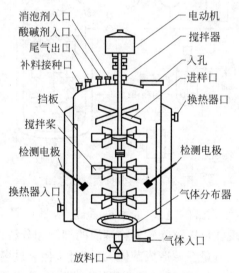

图 6-5 液体深层发酵机械搅拌罐

1. 分批发酵

该法是营养物和菌种一次加入进行培养,直到结束放出,中间除了空气进入和尾气排出,以及酸碱调节、消泡等措施外,与外部没有物料交换的发酵方式。传统的生物产品发酵多采用此模式,它除了控制温度、pH 及通气搅拌以外,不需要进行任何其他控制,操作简单。但从细胞所处的环境来看,则发生了明显变化,发酵初期营养物过多,可能抑制微生物的生长,而发酵的中后期可能又因为营养减少以及有害代谢产物的积累而降低培养效率。

2. 连续发酵

该法是以一定速度向发酵罐内添加新鲜培养基,同时以相同速度流出发酵液,从而使罐内的发酵液体积维持恒定,使微生物在稳定环境状态下培养。稳定状态即指微生物所处的环境条件,如营养物浓度、产物浓度、pH 等都保持恒定,菌体的浓度及其比生长速率也维持不变,甚至还可以根据需要来调节比生长速率。

该法的优点是可以有效地实现自动化,降低劳动强度,提高劳动生产率,同时打破酶合成的反馈阻遏,提高产酶率。但是,该法由于微生物生长繁殖次数多,菌种容易变异退化,而且发酵周期长,容易造成杂菌污染。该法的培养基利用率较低,造成生产成本的增加。发酵中细胞处于稳定生长状态,这使得该法适用于与菌体生长相偶联产物的发酵,而不适用于在生长后期合成次级代谢产物的生产。

3. 补料分批发酵

补料分批发酵又称半连续发酵,是在微生物发酵过程中以某种方式向培养系统补加一定物料的发酵方法,是介于分批发酵和连续发酵之间的一种发酵技术(图 6-6)。通过向培养系统中补充物料,可以使培养液中的营养物浓度较长时间地保持在一定范围内,既能保证微生物的生长需要,又能达到提高产率的目的。

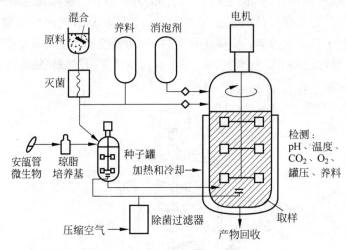

图 6-6 补料分批发酵示意图

该法作为分批发酵向连续发酵的过渡,兼有两者优点,且克服了两者的缺点。与传统的分批发酵相比,它的优越性体现在可以解除营养物基质的抑制和分解代谢物阻遏效应。对于好氧发酵,可以避免因一次性投入过量糖源造成菌体大量生长,耗氧过多。与连续发酵相比,该法可以减少菌体产率,提高产物的转化率,不易产生菌种退化和变异问题,易于控制杂菌的污染。目前,补料分批发酵技术是规模化工业发酵生产酶制剂的主要方法。

6.2.5 微生物酶发酵产量的优化与调控

正常微生物体内物质的代谢是处于平衡状态,对微生物合成酶来说,合成数量应该是适当的,既能满足其自身需要,又不至于过量合成造成浪费。为了获得酶的高产,必须人为打破微生物体内物质代谢的这种平衡,深入了解酶生物合成的调节机制,在此基础上进行合理的调控,可有效实现酶产量的提高。本小节内容请参阅本书第 5 章的相关部分。

6.3 动植物原料酶的生产

工业上有些酶需要利用动、植物原料进行生产,分别占常用酶制剂的 8% 和 4%。这是因为有些酶不一定能找到合适的生产菌种,而某些微生物来源的酶又不一定能完全符合应用的要求,特别是利用动、植物原料生产食品工业用酶和医药用酶,可以避免微生物产生抗生素、毒素和其他生理活性物质,安全性更加有保证。因此,动、植物酶制剂仍然受到人们的重视。

20 世纪 80 年代以来,细胞工程发展十分迅速,使得动、植物细胞大规模培养技术日趋成熟,人们可以像微生物发酵一样,在生物反应器中大量培养动、植物细胞来生产酶制剂。

6.3.1 原料选取

动、植物细胞中酶的种类很多。同一种酶在不同生物、不同组织中的含量常常差异很大,而且分离、纯化的难易程度也很不相同。例如,β-葡萄糖醛酸酶在 6 种动物的 3 种组织中的活力相差竟达几百倍之多。通常,人们选用富含某一种酶的动、植物材料来生产该酶,例如利用猪或牛的胰脏生产胰蛋白酶、利用菠萝和木瓜分别生产菠萝蛋白酶和木瓜蛋白酶等。有时某些动物脏器尽管富含人们所需要的目的酶,但同时含有能够妨碍目的酶纯化的其他酶。相对来说,人们更愿意选用目的酶含量较低但却容易提取的动物材料作为原料。例如动物的胰、脾、肝中虽然都富含磷酸单酯酶,但同时也含有大量的磷酸二酯酶,后者妨碍磷酸单酯酶的提纯;而前列腺中磷酸单酯酶含量虽然较低,却几乎不含磷酸二酯酶。因此,人们愿意选择前列腺作为磷酸单酯酶的提取材料。

6.3.2 取材的时宜

动、植物体内酶的含量常随生长阶段的不同和季节的变换而有很大差异,因此,应该选择合适的材料及取材时机。例如,要生产植酸酶,应该选择萌发期的黄豆芽;而要生产凝乳酶,则应该选择小牛的皱胃等。此外,动、植物体内的酶通常有一定的半衰期。有些酶寿命很长,有些酶寿命却相当短暂,那些参与代谢调节的酶的半衰期则更短,因此对于这类酶,掌握取材的时机显得尤为重要。

在获取合适的动、植物材料后必须立即进行处理,或采取冷冻等措施加以保存。这对动物材料特别重要,因为动物组织细胞一经破坏,溶酶体就会释放大量的组织蛋白酶分解其他蛋白质等。此外,对于动物材料而言,可先让其饥饿一段时间,减少糖原或脂类的摄入量,常有利于目的酶的分离。例如,从鸽肝提取乙酰化酶,就需要先做这种处理。

6.3.3 组织培养法生产酶制剂

近 20 多年来,尽管动植物细胞培养取得了不少进展,但仍处于发展阶段,要进入工业化生产尚有许多问题需要解决。产率低、周期长、易染菌、光照难控制(植物细胞培养)、放大难、成本高等缺点限制了动、植物细胞培养的进一步应用,仅适用于高价值产品的生产。

6.3.3.1 植物细胞培养法

植物细胞培养的工艺流程大致为外植体→细胞的获取→细胞培养→分离纯化→产物,如图 6-7 所示。

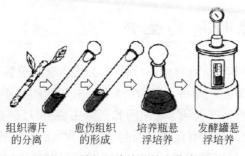

组织薄片　　愈伤组织　　培养瓶悬　　发酵罐悬
的分离　　　的形成　　　浮培养　　　浮培养

图 6-7　植物细胞培养的工艺流程

外植体是指从植物体的某个部位分离出组织薄片,经过预处理后用于细胞培养的植物组织片段或小块。外植体要选择无病虫害、生长力旺盛、生长有规则的植株。将外植体切成 0.5～1cm 左右的片段或小块,用 70％～75％乙醇溶液或者 5％次氯酸钠、10％漂白粉、0.1％升汞溶液等进行消毒处理,再用无菌水充分漂洗,以除去残留的消毒剂。

从外植体获取植物细胞的方法主要有直接分离法、愈伤组织诱导法和原生质体再生法,而分离植物细胞的方法一般为机械捣碎法和酶解法。机械捣碎法分离植物细胞是先将外植体轻轻捣碎,然后通过过滤和离心分离出细胞,该法获得的细胞没有经过酶的作用,不会受到伤害。酶解法分离细胞是利用果胶酶、纤维素酶等处理外植体,分离出具有代谢活性的细胞,此法不仅能降解中胶层,还能软化细胞壁。

植物细胞经诱导形成愈伤组织。愈伤组织是一种能迅速增殖的、无特定结构和功能的薄壁细胞团。可以用镊子或小刀分割得到植物细胞团,在无菌条件下,将愈伤组织转移到液体培养基中,加入经过灭菌处理的玻璃珠进行振荡培养,使愈伤组织分散成为小细胞团或单细胞,然后用适当孔径的不锈钢筛网过滤,除去大细胞团和残渣,得到单细胞悬浮液。

上述方法获得的植物细胞悬浮液在无菌条件下转入液体培养基,在生物反应器中进行细胞悬浮扩大培养以生产酶。细胞培养完成后,分离收集细胞或者培养液,再通过分离纯化的方法,从细胞或者培养液中将酶分离出来。

植物细胞培养过程要注意控制温度、pH、溶解氧和光照等条件。

培养的温度一般控制在室温范围(25℃左右)。温度稍高一些,对植物细胞的生长有利,温度偏低一些,则对酶的积累和保持活力有利,但通常不能低于 20℃,也不要高于 35℃。

培养的 pH 一般控制在微酸性范围,即 pH 5.0～6.0,通常在植物细胞培养过程中 pH 的变化不大。

植物细胞的生长和产酶需要一定的溶解氧,一般以通风和搅拌来供给。适当的通风、搅拌可以使细胞不至于凝集成较大的细胞团,以分散细胞,使其分布均匀,有利于细胞的生长和新陈代谢。不过,由于植物细胞代谢较慢,需氧量不多,过量的氧会造成不良影响,加上植物细胞体积大、较脆弱、对剪切力敏感,所以通风和搅拌不能太强烈,以免破坏细胞。

光照对植物细胞培养有重要影响。大多数植物细胞的生长以及酶的生产要求一定波长的光照射,对光照强度和光照时间也有要求,不过有些植物细胞中酶的合成却受到光的抑制,因此在植物细胞培养过程中,应当根据细胞的特性以及目标酶的种类不同,进行光照的调节控制,尤其是在大规模培养过程中如何满足植物细胞对光照的要求,是设计反应器和实际操作中要认真考虑并有待解决的问题。

6.3.3.2 动物细胞培养法

动物细胞培养的工艺过程主要包括将动物组织用胰蛋白酶消化处理,分散成悬浮细胞,再将悬浮细胞接种至适宜的培养液中,在反应器中进行细胞悬浮培养或者贴壁培养,收集培养液后分离纯化获得酶制剂(图 6-8)。

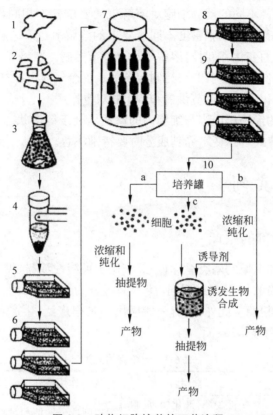

图 6-8 动物细胞培养的工艺流程

动物细胞体积大,无细胞壁保护,对剪切力敏感,所以在培养过程中,必须严格控制温度、pH、渗透压、通风搅拌等条件,以免破坏细胞。大多数动物细胞具有贴壁依赖性(也称锚地依赖性),适宜采用贴壁培养,常用的动物细胞系如 HeLa、Vero、BHK、CHO 等,都属于贴壁培养的细胞。部分细胞,如来自血液、淋巴组织的细胞等,可以采用悬浮培养。悬浮培养的细胞均匀地分散于培养液中,具有细胞生长环境均一、培养基中溶解氧和营养成分利用率高、采样分析准确且重现性好等特点。

动物细胞培养基成分较复杂,一般要添加血清或其代用品,产物的分离纯化过程较繁杂,成本较高,适用于高价值酶制剂的生产。

温度与动物细胞的生长和代谢有密切关系。一般控制在 36.5℃,温度允许波动范围在 0.25℃之内。温度的高低会影响培养基的 pH,因为在温度降低时,可以增加 CO_2 的溶解度而使 pH 降低。

培养基的 pH 对动物细胞的生长和新陈代谢有显著影响。通常控制在 pH 7.0~7.6 的微碱性范围内,在 pH 7.4 的条件下生长得最好。由于培养液的 pH 会随着新陈代谢的进行而发生变化,所以在培养过程中需要对 pH 进行监测和调节。为了维持培养过程中 pH 的稳定,通常在培养基中加入缓冲系统,如 CO_2 与 $NaHCO_3$ 系统、柠檬酸与柠檬酸盐系统等,其中应用最为广泛的缓冲系统是 HEPES(N'-2-hydroxy-ethylpiperazing-N'-ethanesulfonic acid)。为了监测动物细胞培养液中 pH 的变化,常用的指示剂为酚红。

溶解氧的供给对动物细胞的培养至关重要。供氧不足时,细胞生长会受到抑制;氧气过量时,也会对细胞产生毒害。不同的动物细胞对溶解氧的要求各不相同,同一种细胞在不同的生长阶段对氧的要求亦有所差别,细胞密度不同所要求的溶解氧也不一样,所以在动物细胞培养过程中,要根据具体情况的变化,随时对溶解氧加以调节控制。在培养过程中,一般通过调节进入反应器的混合气体的量及其比例调节、控制溶解氧。混合气体由空气、氧气、氮气和二氧化碳四种气体组成,其中二氧化碳兼有调节供氧和 pH 的双重作用。

动物细胞培养液中的渗透压应当与细胞内的渗透压处于等渗状态,一般控制在 $70\times10^4\sim$ $85\times10^4\,Pa$,在配制培养液或者改变培养基成分时要特别注意。

6.4 酶生产实例

6.4.1 淀粉酶制剂的生产

淀粉酶是水解淀粉和糖原的酶类总称,一般作用于可溶性淀粉、糖原等分子中的 α-1,4糖苷键。根据淀粉酶对淀粉的作用方式不同,淀粉酶可分为 4 种主要类型,即 α-淀粉酶、β-淀粉酶、糖化型淀粉酶和异淀粉酶。此外,还有一些应用不是很广泛、生产量不大的淀粉酶,如环糊精生成酶和 α-葡萄糖苷酶等(表 6-3)。

表 6-3　淀粉酶的分类

E.C 编号	系统名称	常用名	作用特性	分布
E.C. 3.2.1.1	α-1,4 葡聚糖- 4-葡聚糖水解酶	α-淀粉酶,液化酶,淀粉-1,4-糊精酶,内切型淀粉酶	不规则地分解淀粉糖原类物质的 α-1,4 糖苷键	唾液,胰脏,麦芽,霉菌,细菌
E.C. 3.2.1.2	α-1,4 葡聚糖- 4-麦芽糖水解酶	β-淀粉酶,淀粉-1,4-麦芽糖苷酶,外切型淀粉酶	从非还原性末端以麦芽糖为单位顺次分解淀粉,糖原类物质的 α-1,4 糖苷键	甘薯,大豆,大麦,麦芽等高等植物以及细菌等微生物
E.C. 3.2.1.3	α-1,4 葡聚糖葡萄糖水解酶	糖化型淀粉酶,糖化酶,葡萄糖淀粉酶,淀粉-1,4-葡萄糖苷酶,淀粉葡萄糖苷酶	从非还原性末端以葡萄糖为单位顺次分解淀粉,糖原类物质的 α-1,4 糖苷键	霉菌,细菌,酵母等
E.C. 3.2.1.9	支链淀粉 6-葡聚糖水解酶	异淀粉酶,淀粉-1,6-糊精酶,R-酶,普鲁兰酶,脱支酶	分解支链淀粉,糖原类物质的 α-1,6 糖苷键	植物,酵母,细菌

国内外工业上大规模生产 α-淀粉酶所采用的菌种主要有细菌和霉菌两大类,典型的是芽孢杆菌和米曲霉。米曲霉常用固态曲法培养,其产品主要用作消化剂,产量较小;芽孢杆菌则主要采用液体深层发酵培养法大规模地生产 α-淀粉酶。芽孢杆菌所产 α-淀粉酶分为液化型与糖化型两种,其中液化型酶应用更为广泛,因其发酵周期短,酶的活性和耐热性都较高。当然也可

以从植物和动物中提取 α-淀粉酶,满足特殊的需要,但由于成本高,产量低,目前还不能实现工业化生产。

为了使高活性的 α-淀粉酶储运方便,可通过硫酸铵盐析法或有机溶剂沉淀法将酶液制成粉状制剂。在 Ca^{2+} 存在下,浓缩发酵液并调节 pH 至 6 左右,加入硫酸铵至终浓度 40%(质量体积浓度)静置沉淀;倾去上清液后,加入硅藻土助滤剂,收集沉淀并于 40℃ 以下风干。为了加速干燥,减少失活,酶泥中可拌入大量硫酸钠,磨粉后加入淀粉、乳糖或 $CaCl_2$ 等作为稳定剂后即成为成品。若使用有机溶剂(酒精、丙酮等)沉淀时,为了减少酶的变性,宜在低温下(15℃ 左右)操作。在 $CaCl_2$、乳糖和糊精等存在下,加入冷却的有机溶剂至终浓度 70%(体积分数),静置一定时间后收集沉淀,40℃ 以下烘干。

以枯草芽孢杆菌 BF-7658 生产 α-淀粉酶为例,其工艺流程如图 6-9 所示。

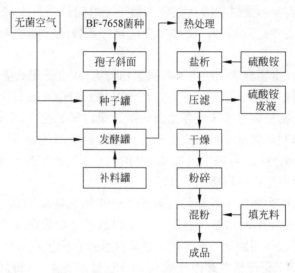

图 6-9　枯草芽孢杆菌 BF-7658 生产 α-淀粉酶的工艺流程

经过不断的选育改良,现在工业生产上所使用的菌种产生 α-淀粉酶的能力已是原始菌株的数倍乃至数十倍,例如淀粉液化芽孢杆菌 ATCC23844 的 α-淀粉酶活性,1ml 已达 456000U;地衣芽孢杆菌 ATCC9789 经过突变处理后,其耐热性 α-淀粉酶活性增加了 25 倍;用紫外线处理肉桂色曲霉,使其产耐酸性 α-淀粉酶的活性提高了 6 倍。

在微生物制备淀粉酶的过程中,有些酶的生产菌会产生一定量的蛋白酶。这些蛋白酶会引起淀粉酶失活。可在培养基中添加柠檬酸盐抑制生产菌分泌蛋白酶,亦可通过加热至 50~60℃ 处理而使蛋白酶失活,此外,细菌来源的 α-淀粉酶还可利用底物淀粉吸附,使其与蛋白酶分开。为了提高淀粉的吸附效果,要预先对淀粉进行膨胀处理,这样可以制备纯度极高的产品。

6.4.2　蛋白酶制剂的生产

蛋白酶是催化肽键水解的酶类总称,是酶学中研究最早也是最深入的酶之一。蛋白酶是重要的工业用酶,其商品种类有上百种,在全球酶制剂市场中,蛋白酶的销售份额达到了 60% 以上。生物体的生理活动和疾病的发生,如食物的消化吸收、血液的凝固、炎症、血压调节、细胞分化自溶、机体衰老、癌症转移等,均与蛋白酶有关。

蛋白酶可以利用多种微生物来进行发酵生产,而且同一种微生物还会因培养条件不同产生多种蛋白酶。芽孢杆菌大多数是好气性的、非致病性的,因其不产毒素、容易培养,被广泛用于中性和碱性蛋白酶的生产。用于蛋白酶生产的真菌主要有曲霉(米曲霉、黑曲霉)、根霉、毛霉和栗疫霉等。米曲霉可产中性、碱性和酸性蛋白酶;黑曲霉、根霉只产酸性蛋白酶;而栖土曲霉产中性和碱性蛋白酶;栗疫霉、毛霉产凝乳型的酶。

利用细菌生产蛋白酶的工艺中,碱性蛋白酶通常采用液体深层培养法。霉菌蛋白酶则更适于采用固体培养法生产,固体培养物经辐照或环氧乙烷灭菌处理,可直接作为粗酶来使用,以降低成本,例如用于饲料添加剂、制革工业等。

蛋白酶的生产与微生物的生长密切相关,如芽孢杆菌中性蛋白酶在对数生长期与细胞生长同步产生,而碱性蛋白酶则在对数生长期末芽孢形成时大量生成,芽孢形成起到产酶的触发作用。不能形成芽孢的突变株一般不能大量合成碱性蛋白酶,丧失蛋白酶合成能力的突变株不能形成芽孢。曲霉固体培养时,蛋白酶活性在分生孢子老熟时达到最大值;在液体培养中,当菌体衰老自溶时,蛋白酶活性达到高峰。菌种突变或培养条件变化能使产酶期或酶系组成发生变动。

蛋白酶是诱导酶,其生物合成受底物及其类似物的诱导,也受到氨基酸、铵盐等易利用氮源的阻遏,但某些黑曲霉例外,培养基中需添加 $1\%\sim3\%$ 的 NH_4Cl 或其他铵盐才能高产。蛋白胨或大豆粕的石灰水解物可促进液体培养黑曲霉酸性蛋白酶的生产,但在固体培养下,大豆粕等有机氮源反而严重抑制米曲霉或酱油曲霉中性和碱性蛋白酶的合成。钙离子对蛋白酶的生物合成和稳定都很重要,液体培养基中添加 0.5% 的 Ca^{2+},黑曲霉酸性蛋白酶可以增加 50%,短小芽孢杆菌碱性蛋白酶生产可以增加 35%。

微生物产蛋白酶的能力通过各种遗传育种手段已得到大幅度提高,雀巢公司的专利(Van Den Brock et al, USP 6,090,607)显示利用基因工程技术将米曲霉所产的肽酶和蛋白酶活性提高了两倍以上。潘延云等用原生质融合的方法将碱性蛋白酶生产菌 2709 与含有碱性蛋白酶基因克隆载体 PDW2 的工程菌枯草芽孢杆菌 BD105 进行细胞融合,得到一株高产蛋白酶工程菌 A16,摇瓶发酵的酶活性比菌株 2709 高 $50\%\sim100\%$,最高达 30000U/ml。

6.4.3 脂肪酶制剂的生产

脂肪酶(lipase,EC 3.1.1.3)即三酰基甘油酰基水解酶,是一种重要的工业用酶。它不仅在油脂深加工、皮革、纺织、造纸、洗涤剂等方面有广泛应用,而且在生物柴油、化妆品、可降解聚合物、光学纯化合物、脂肪酶传感器、环境修复等许多方面的应用也日益增多,尤其在医药和化工的手性中间体催化拆分中,更加凸显出它催化的优越性。

脂肪酶能够催化油脂水解生成脂肪酸、甘油和一酰甘油或者二酰甘油。脂肪酶催化的反应如下:

$$三酰甘油＋水\longrightarrow二酰甘油/一酰甘油/甘油/＋脂肪酸$$

该酶是一类具有多种催化能力的酶,可以催化醇解、酸解、酯化等反应。它来源广泛,普遍存在于动物、植物和微生物中。

工业生产脂肪酶的微生物包括酵母、真菌和细菌等,以霉菌和细菌来源为主。已报道的适用于脂肪酶生产的微生物有 33 种,其中 18 种为霉菌,7 种为细菌。一般来说,用于脂肪酶生产的微生物具有产物单一,生长周期短,与动植物来源的脂肪酶相比有更广泛的生长温度和 pH 适用范围等优点。

脂肪酶是胞外酶,可以采用固态培养和液态发酵方式生产。目前对于脂肪酶的发酵生产,多采用将产酶菌固定后再进行发酵。以聚氨酯为少根根霉固定化载体,固定化后细胞连续重复批次发酵,大大缩短了发酵时间,酶的产率也获得了大幅提高。

自然界中筛选到的产脂肪酶菌,其脂肪酶基因一般受宿主菌的严格调控,其表达量无法满足生产需求。提高脂肪酶的产量不仅要依靠发酵条件的优化,还要依赖于对菌种的改造。不同微生物产生的脂肪酶酶学性质(包括底物选择性、最适温度及温度耐受性、最适 pH 及 pH 耐受性、有机溶剂耐受性、金属离子等激活或抑制效果等)往往存在差异。野生菌株分泌的天然脂肪酶对其天然底物通常具有较好的催化活性和选择性,但在非天然底物和非自然环境的化学反应体系中,脂肪酶的反应活性、稳定性和选择性受到局限,因此运用蛋白质工程技术对天然脂肪酶进行修饰改良,以提高其对非天然底物和非自然环境的适应性,是工业催化的发展趋势之一。

脂肪酶基因的克隆与重组表达等基因工程技术为工业催化提供了新的途径。Novo.Nordisk 公司于 1994 年推出了首个商业化重组脂肪酶"Lipolase",随后很多酶制剂公司都相继推出了许多不同用途的商业化脂肪酶。

第7章

酶的分离与纯化

在研究或使用某种酶之前,通常需要先将其分离纯化出来。酶的分离纯化与鉴定是酶学研究的重要组成部分,亦是酶制剂生产的主要内容。

7.1 常用方法与技术

酶的化学本质是蛋白质,因此用于蛋白质的分离纯化方法通常都适用于酶的分离纯化。目前所使用的分离纯化方法都是根据被分离物质间不同的物理、化学和生物学性质的差异而设计出来的。用于酶分离纯化的主要方法如表 7-1 所示。

表 7-1 用于酶分离纯化的主要方法

组分间性质的差异	分离纯化方法
溶解度的差异	盐析法 PEG 沉淀法 有机溶剂沉淀法 等电点沉淀法
热稳定性的差异	热处理沉淀法
电荷性质的差异	离子交换层析法 电泳法
分子大小和形状的差异	凝胶过滤法 超滤法 透析法 离心法
亲和力的差异	亲和层析法
疏水作用的差异	疏水层析法
分配系数的差异	双水相系统萃取法

表 7-1 中所列的多数方法在其他生化技术书籍中已有较为详细的介绍,本章不多赘述,重点补充其他教材中未曾提及或很少提及的相关内容。

7.1.1 沉淀法

常用的沉淀法有盐析法、PEG 沉淀法、等电点沉淀法、有机溶剂沉淀法、热处理沉淀法等。

7.1.1.1 盐析

一般蛋白质在低离子强度介质中表现为盐溶(salted in),而在高离子强度介质中表现为盐析(salted out),不同的蛋白质盐析所需的离子强度不同。盐析法就是建立在此原理上的一种简便有效的分离方法。

盐析法中常用的盐有硫酸铵、硫酸钠、硫酸钾、硫酸镁、氯化钠和磷酸钠等。硫酸铵因具有高溶解度、稳定酶活性、分级沉淀效果好、价廉等特点而最为常用。盐析可采用以下方法:a. 加固体粉末盐;b. 加饱和盐溶液;c. 对浓盐溶液进行透析等方式。一般对于大体积样品采用 a,对于小体积样品采用 b 或 c。层析洗脱液蛋白质浓度低(0.01~0.1mg/ml),因而采用 c 方式沉淀蛋白质更方便。

硫酸铵沉淀的效果与蛋白质的浓度、介质的 pH、温度有关。蛋白质浓度越高,pH 越接近pI,温度越高,用的盐就越少。由于硫酸铵溶于水中的 pH 接近 5,所以添加硫酸铵的过程应考虑样品液 pH 的调整。分离某个酶所需的硫酸铵浓度,可根据预试验结果获得。一般选两个浓度,加低浓度盐除去杂蛋白,再加高浓度盐获得目的酶沉淀。应注意,约 3.8mol/L 的硫酸铵饱和溶液会从空气中吸收水分而改变浓度。

7.1.1.2　有机溶剂沉淀

该法是将一定量能够与水相混合的有机溶剂加入到蛋白质溶液中,随着有机溶剂的加入,介质的介电常数下降,使蛋白质分子间静电作用力增强。同时有机溶剂还可降低蛋白质分子表面的水合程度,从而导致蛋白质溶解度下降,直至最后沉淀下来。最常使用的有机溶剂是乙醇、丙酮等。由于有机溶剂能使酶变性,一般应在低温下操作。

如果同时加入适量中性盐,可降低蛋白质变性概率,并提高分级效果。某些蛋白质可与多价金属离子(如 Cu^{2+}、Zn^{2+} 等)结合而降低在有机溶剂中的溶解度,利用此特性可节省有机溶剂用量。使用有机溶剂沉淀法有两种方式:其一,如上所述,用乙醇或丙酮分级沉淀目的酶。其二,若目的酶在有机溶剂中稳定性强,可采用变性杂蛋白方式,使酶得到初步纯化。

7.1.1.3　PEG 沉淀

虽然不少有机高分子聚合物可沉淀蛋白质,但有实用价值的并不多。聚乙二醇(polyethyleneglycol,PEG)是水溶性非离子型聚合物,分子式为 $HO(CH_2CH_2O)_nH(n>4)$,常记作 PEG-XX,XX 表示平均相对分子质量。用 PEG 分离蛋白质与用硫酸铵一样有效,且 PEG对蛋白质的活性构象起稳定作用,所以被广泛用作蛋白质分离的有效沉淀剂。

所有型号的 PEG 都可沉淀蛋白质,相对分子质量越高的 PEG 用量越少。如沉淀20mg/mL 人血清白蛋白溶液中 95% 的蛋白质,分别需用 10% PEG-20000、12% PEG-6000、15% PEG-4000、24% PEG-1000、33% PEG-600 或 39% PEG-400。当 PEG 相对分子质量过高时,如 PEG-20000,其溶液黏度太大,操作不方便,而低相对分子质量 PEG 虽然在较高浓度下才能沉淀蛋白质,但其选择性更强。酶分离纯化的工作中常用 PEG-4000 和 PEG-6000。PEG 对蛋白质的沉淀作用,除与 PEG 的聚合度和浓度有关外,还与蛋白质的相对分子质量、浓度、介质的 pH、离子强度、温度有关。

PEG 不干扰离子交换层析,但会干扰某些其他后续分离方法,如可能会干扰分子筛层析。另外,从样品中除去 PEG 要比除去硫酸铵更困难,此时可利用凝胶过滤、超滤或盐析法将 PEG除去。例如在 Bio-Gel P-30 柱中 PEG-2000 与 RNA 酶($M_r=13\times10^3$)的洗脱体积相同,加入无机磷酸盐后,PEG 可与 RNA 酶分开成两相。又例如在 pH7 时,20% PEG-4000 与蛋白质(溶于 0.7mol/L 磷酸钾)的混合溶液分为两相,99% 的蛋白质在下层相中,而近 99% 的 PEG 在上层相中,可用离子交换层析、亲和层析等方法将蛋白质与 PEG 分开。

7.1.1.4　等电点沉淀

当介质的 pH 与某蛋白质的等电点(pI)相等,该蛋白质分子间的排斥力最小,其溶解度亦最小,易于沉淀,因此可通过调节介质 pH,把目的酶与杂蛋白分开。此种沉淀法亦受介质离子强度等因素的影响。由于蛋白质在 pI 附近一定范围的 pH 下都可发生沉淀,只是沉淀的程度不一样,另外很多不同蛋白质的 pI 比较接近,所以该法的分级效果和回收率均不理想,一般只用在酶的粗分离阶段。

7.1.1.5　热变性沉淀

这是一种条件相对剧烈的方法,因为多数蛋白质都易热变性。如果目的酶对热敏感,则不可使用。对于热稳定酶(如 CuZn-SOD、酵母醇脱氢酶等),则常利用这一特性,通过一定的温度控制处理,可使大量的杂蛋白变性沉淀而除去,提纯效果良好。另外,还可以采用添加酶的辅因子、底物等,使目的酶的热变性温度提高,既可保护目的酶,又可除去更多的杂蛋白。邹国林研究室从动、植物材料中制备 CuZn-SOD,在粗提液中加铜盐(使 Cu^{2+} 的终浓度为 0.03%),65℃下保温 15min,可除去大部分杂蛋白,使后续的纯化工作更方便。

热处理操作应十分小心,要搅拌良好,防止局部过热。一般用比变性温度高 10℃的水浴迅速升温,在变性温度下保持一定时间后,用冰迅速冷却。若目的酶对极端条件的 pH 或温度或有机溶剂具有不寻常的稳定性,在设计分离纯化工艺中应尽早利用这些特性,有利于迅速除去大多数杂蛋白,且酶的回收率亦较好。

7.1.2　层析法

酶纯化工作中常用的层析法有分子筛层析、离子交换层析、亲和层析、疏水层析、经典的吸附层析等,其中分子筛层析属于分配层析,后几种层析统属于吸附层析。高效液相层析在酶纯化工作中也非常有用,此处将简要介绍。

7.1.2.1　分子筛层析

该法是一项重要的纯化技术,又称为凝胶过滤层析(gel filtration chromatography)或体积排阻层析。它是利用有一定孔径范围的多孔凝胶作为固定相,根据分子大小和形状来对样品进行分离(图 7-1)。最常见的是柱层析法,主要应用于分离不同分子大小的生物样品;去除样品中的小分子物质,如盐、荧光素、游离的放射性同位素以及水解的蛋白质碎片;相对分子质量的测定等。此法具有条件温和,操作简便,层析柱可反复使用,无须再生处理等优点。

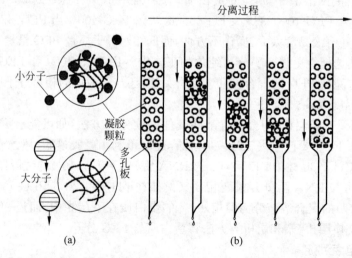

（a）表示球形分子和凝胶颗粒网状结构；（b）分子在排阻层析柱内的分离过程

图 7-1　凝胶过滤层析的框架示意图(其中空心圆圈代表凝胶,实心圈圈表示蛋白质)

可以用于分子筛层析的载体有很多种,如浮石、琼脂、琼脂糖、聚乙烯醇、聚丙烯酰胺、葡聚糖凝胶等(表 7-2),以葡聚糖凝胶应用最广。Sephadex 是瑞典 Pharmacia Fine Chemicals 公司生产的交联葡聚糖的商品名称,有多种型号。Sephacryl 是用 N, N-亚甲双丙烯酰胺交联的葡聚糖凝胶的商品名称,它比 Sephadex 的机械稳定性高,可承受更高的流体压力。这两种凝胶都含有游离的羧基,因此样品缓冲液中至少应含 0.02mol/L 的盐,以防止凝胶吸附蛋白质样品。这两种凝胶对芳香基团和金属离子 Cu^{2+} 和 Fe^{2+} 都具有亲和力。

表 7-2　可利用的商品化凝胶过滤载体

出品厂商	名称	凝胶类型	分离范围/10^3	流速 * /(cm/h)
Bio-Rad	Bio-Gel P-6DG	聚丙烯酰胺	1～6	15～20
	Bio-Gel P30	聚丙烯酰胺	25～40	6～13
	Bio-Gel P60	聚丙烯酰胺	3～60	3～6
	Bio-Gel P100	聚丙烯酰胺	5～100	3～6
	Bio-Gel A-5m	琼脂糖	10～5000	7～25
	Bio-Gel A-15m	琼脂糖	40～15000	7～25
	Bio-Gel A-50m	琼脂糖	100～50000	5～25
Pharmacia GE	Sephacryl S-100HR	X-链葡聚糖/双丙烯酰胺	1～100	20-39
	Sephacryl S-200HR	X-链葡聚糖/双丙烯酰胺	5～250	20～39
	Sephacryl S-300HR	X-链葡聚糖/双丙烯酰胺	10～1500	24～48
	Sephadex G-25	葡聚糖	1～5	2-5
	Sephadex G-50	葡聚糖	1.5～30	2-5
	Sepharose CL-6B	琼脂糖	10～4000	30
	Superdex G-75	葡聚糖	3～70	7～50
	Superdex G-200	葡聚糖	10～600	7～50
	Superase 6	交联琼脂糖	5～5000	30

表中所引用的流速 * 是推测值。

用作分子筛的聚丙烯酰胺凝胶的商品名称是 Bio-Gel。常用的 Bio-Gel P100 对相对分子质量在 $13×10^3 ～68×10^3$ 的蛋白质有最适分辨率,可分辨出相对分子质量只相差 5000 的蛋白质。

琼脂糖凝胶商品名称是 Sepharose,通常以湿的状态提供,不能干燥和重新溶胀,适用的 pH 范围是 4.5～9.0。Sepharose CL 是用 2,3-二溴丙醇交联 Sepharose 得到的,比 Sepharose 的温度和化学稳定性强,它可经高压灭菌而不丧失其层析特性。

Ultrogel 是在琼脂糖凝胶颗粒内部聚合丙烯酰胺制备而成,这两种成分相互独立,并未化学连接,这种凝胶机械稳定性好,但流速受一定限制。

Fractogel TSK 是一种合成的亲水乙烯基凝胶过滤材料,仅由 C、H、O 原子组成。这种凝胶孔径较大,机械稳定性高,对微生物的分解作用有高抗性,在 pH 1～14 范围内都具有化学稳定性。蛋白质变性剂,如脲、盐酸胍和 SDS 对其性能影响也很小。

色谱柱中的凝胶,特别是用天然材料制备的,应采用抗微生物试剂予以保存。可用的试剂有含 2.5% I_2 的半饱和 KI、0.01%～0.02% 的 $Cl_3C-C(OH)(CH_3)_2$、0.02% NaN_3 等。

7.1.2.2　离子交换层析

离子交换层析(ion exchange chromatography, IEC)是一种应用较为广泛的分离方法。酶是两性电解质,不同酶的 pI 值都有差异,在同一种 pH 介质中电离状况也会有差异,由于酶分子所带电荷的种类和数量上的不同,与离子交换剂的静电吸附能力亦不同。经上样吸附后,通过改变离子强度或 pH 解吸洗脱,可使蛋白质依据其静电吸附能力由弱到强的顺序而分离开。

离子交换层析的载体有葡聚糖凝胶、琼脂糖凝胶、纤维素、聚丙烯酰胺凝胶、合成树脂等,在酶纯化工作中前 3 种基质最常用。葡聚糖凝胶和琼脂糖凝胶比纤维素的交换容量大,且颗粒大小一致,而纤维素需洗涤除杂质,并除去小颗粒以保证有良好的流速。另外,以琼脂糖为载体的 Bio-Gel A 和 Sepharose CL 在层析过程中不会随 pH 或离子强度的改变而发生膨胀或收缩,性能更加稳定,但纤维素则会受这些因素的影响。

用于酶纯化的离子交换剂分为阳离子交换剂和阴离子交换剂两大类。一些常用于基质上的功能基团的结构和特点如图 7-2 所示。二乙基氨基乙基(diethylaminoethyl,DEAE)基团常用于分离中性或酸性蛋白质,当 pH 高于 9 时,需用三乙氨基乙基(triethylaminoethyl,TEAE)基团。中性或碱性蛋白质常用羧甲基(carboxymethyl,CM)纤维素层析分离,pH 低于 3 时,需用磺酸乙基(sulphoethyl,SE)或磺酸丙基(sulphopropyl,SP)基团。

层析柱大小一般应满足 1cm³ 柱体积/10mg 蛋白质,用约为 5 倍柱体积的洗脱液进行线性梯度洗脱。某些特殊情况下,使目的酶不吸附于柱上,而在上样时直接从柱中流出,可能更有利于除去杂蛋白。若目的酶与离子交换剂有强烈的吸附力,可将离子交换剂直接加入待分离样品中,轻轻搅拌至少 1h,静置使离子交换剂沉淀,倾去上清液,在滤器中对沉淀进行充分洗涤,再将沉淀装入层析柱,用含高浓度盐的缓冲液进行线性或阶梯式梯度洗脱。

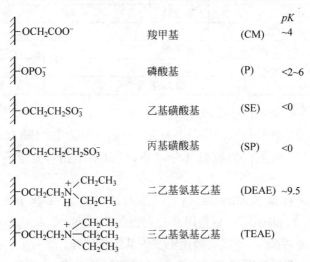

图 7-2　离子交换层析中常用的功能基团结构和 pK 值

从普通离子交换层析发展出聚焦层析(chromatofocusing),此法是利用蛋白质 pI 的差异,通过两性电解质溶液洗脱将其分离开。该法操作简便,不需外加电场,分辨率高,在分离不同 pI 的同工酶时尤其有用,但两性电解质价格高,限制了其广泛使用。

从离子交换层析还发展出一种叫亲和洗脱层析法(affinity elution chromatography)的方法。此法利用底物或酶的其他配体能改变酶与离子交换剂的结合力,从而达到将目的酶与其他蛋白质分离的目的。该法简便、经济、实用,在某些方面还优于亲和层析法。

7.1.2.3 亲和层析

亲和层析(affinity chromatography)是吸附层析的新发展。众所周知,酶可与底物、底物结构类似物、辅因子、抑制剂、变构效应剂等结合,抗原可与抗体结合,激素可与受体结合,植物外源性凝集素(lectin)可与红细胞、淋巴细胞表面抗原以及某些糖和多糖等结合,它们之间的结合是专一的和可逆的。这类能专一地、可逆地与生物大分子(如酶、抗体、受体等)结合的分子,统称为配体(ligand)。亲和层析就是将配体共价连接到基质上,用此种基质填充成层析柱,利用配体与对应的生物大分子(目的物)的专一亲和力,将目的物与其他杂质分离开。

亲和层析的载体有交联琼脂糖、琼脂糖、交联葡聚糖、聚丙烯酰胺凝胶、多孔玻璃等(表7-3)。理想的载体应符合以下几个要求:能充分功能化,具备和配体进行偶联反应的大量功能基团;有较好的理化稳定性和生物惰性,尽量减少非专一性吸附;有高度的水不溶性和亲水性,不会引起酶蛋白的变性失活;有多孔的立体网状结构,以便大分子自由通过;有一定的机械强度;能抵抗微生物等的作用。

表 7-3 部分商品化的亲和载体及其目标产物

亲和载体	配体	目标产物
Blue Sepharose CL-6B	Cibacron Blue F3G-A	NAD、ATP 相关酶,白蛋白,干扰素
Protein A-Sepharose CL-4B	Protein A	IgG,免疫复合体
Con A-Sepharose	Con A	糖蛋白,多糖
AMP-Sepharose	AMP	NAD 相关酶
Lysine Sepharose 4B	L-lysine	纤溶酶原,纤溶酶原激活剂
Heparin Sepharose CL-6B	Heparin	限制性核酸内切酶,脂蛋白,脂肪酶,凝固蛋白
Affi-Gel Blue	Cibacron Blue F3G-A	NAD,ATP 相关酶,白蛋白,干扰素
Affi-Gel Protein A	Protein A	IgG,免疫复合体
Affi-Prep Protein A	Protein A	IgG,免疫复合体
TSKgel Chelate-5PW	IDA	各种蛋白质
TSKgel Blue-5PW	Cibacron Blue	NAD,ATP 相关酶,白蛋白,干扰素
TSKgel ABA-5PW	p-氨基苄脒	胰蛋白酶,尿激酶

原则上,亲和层析可用于任何有专一性亲和力的物质,因此配体的种类是形形色色的。配体需具备两个基本条件:①与被纯化的物质有强的亲和力;②有与基质共价结合的基团。

常用亲和配体可分为两大类,即特异性配体(special ligand)(表7-4)和通用配体(general ligand)(表7-5)。一般来说,以特异性配体构成的亲和层析选择性最高,分离效果最好,如免疫亲和层析等;而以通用配体制备的亲和层析则可用于一类物质的分离提纯,如用 NADH 作脱氢酶类亲和层析的通用配体,用 ATP 作激酶类的通用配体等。染料配体亲和色谱,金属螯合亲和色谱用的是通用配体,应用范围广泛,其中不少已商品化,故应用方便。

表 7-4 亲和层析中常用的特异性配体

被亲和物	配　　体
酶	底物的类似物,抑制剂,辅因子
抗体	抗原,病毒,细胞
外源性凝集素	多糖,糖蛋白,细胞表面受体,细胞
核酸	互补的碱基顺序,组蛋白,核酸聚合物

续表

被亲和物	配　体
激素,维生素	受体
细胞	细胞表面特异性蛋白,外源性凝集素

表 7-5　通用配体亲和层析类型及应用范围

配体类型	应用范围
蛋白质 A-Sepharose CL-4B	IgG 及其分子的 Fc 末端区域
Con A-Sepharose	α-D-呋喃葡萄糖、α-D-呋喃甘露糖等
小扁豆外源性凝集素	与上述相仿,但对单糖亲和力低
小麦芽外源性凝集素	N-乙酰基-D-葡糖胺
poly(A)-Sepharose 4B	核酸及含有 poly(u)顺序,RNA-特异性蛋白寡核苷酸
lysine-Sepharose 4B	含有 NAD^+ 作为辅酶的和依赖 ATP 的激酶
2′, 5′-ADP-Sepharose 4B	含有 $NADP^+$ 作为辅酶的酶类

1. 染料配体亲和层析(dye-ligand affinity chromatography)

图 7-3 展示了 3 种染料的结构。这些染料分子具有柔性,能调整其芳香基团、极性基团和阴离子基团的方向,以便与酶的阴离子结合部位契合,但染料并不是与所有的酶都有强烈的亲和力,其结合专一性有限。例如,蓝色染料 Cibacron blue F3G-A 能对多种酶和蛋白质表现出亲和力,这个配体在纯化与核苷酸,包括环核苷酸、黄素核苷酸、多核苷酸等结合的酶时特别有效。对这一配体的专一性亲和力,是由于这些蛋白质具有称之为二核苷酸折叠(dinucleotide fold)的超二级结构,这种超二级结构形成了多种核苷酸类的底物、辅酶或配体的结合部位。同时,Cibacron blue F3G-A 是 NADH 强有力的竞争性抑制剂,因它与 NADH 的立体构造相似。例如,Cibacron blue F3G-A 的两个磺酸基团与 NADH 的两个磷酸基团的空间方向是一致的,这种配体可作用于脱氢酶 NADH 的结合部位、激酶的 ATP 结合部位、对核酸有高度亲和性的一类酶的多核苷酸结合部位等,因此这种配体不仅能用于纯化酶,也能用作酶分子中二核苷酸折叠结构的探针。

三吖嗪染料能与琼脂糖、葡聚糖、聚丙烯酰胺凝胶等偶联。这些基质中,以琼脂糖为最好。这种染料与琼脂糖偶联是不需要间隔臂(spacer arms)的,但比三吖嗪染料小的四碘荧光素则需要一个由 9 个原子组成的间隔臂,以便有效地发挥功能。

可用配体的竞争物或递增的盐梯度将酶从柱上洗脱。例如,脱氢酶和激酶可用 NADH(或 NADPH)和 ATP 洗脱,氨酰-tRNA 合成酶可用无机磷酸盐洗脱。

2. 生物配体亲和层析(bio-ligand affinity chromatography)

生物配体亲和层析是将生物配体共价连接到层析基质上对生物大分子进行分离的层析方法。例如,分离酶可选择底物、辅酶、抑制剂、变构效应剂等作为生物配体,分离抗原可选抗体,分离糖蛋白可选凝集素,分离结合珠蛋白(haptoglobin)可选血红蛋白,分离免疫球蛋白可选葡萄球菌蛋白 A,分离生物素标记蛋白可选抗生物素蛋白(avidin)。

对目前各种基质而言,琼脂糖和交联琼脂糖是较适用的,当洗脱用到强变性剂时,后者更适用。由于升高温度会降低配体与蛋白间的相互作用,所以常在 4℃ 左右上柱,在室温下洗脱。若配体带电荷,保持离子强度在 0.15mol/L 左右,以减小非特异性静电作用。非特异性的非极

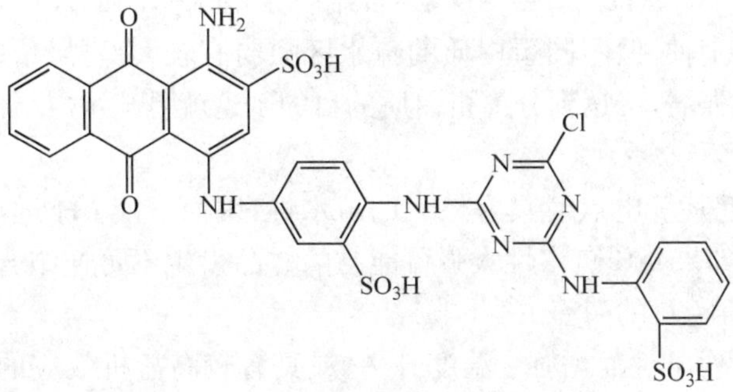

Cibacron blue F3G-A
Procion blue H-B
C.1. 61211

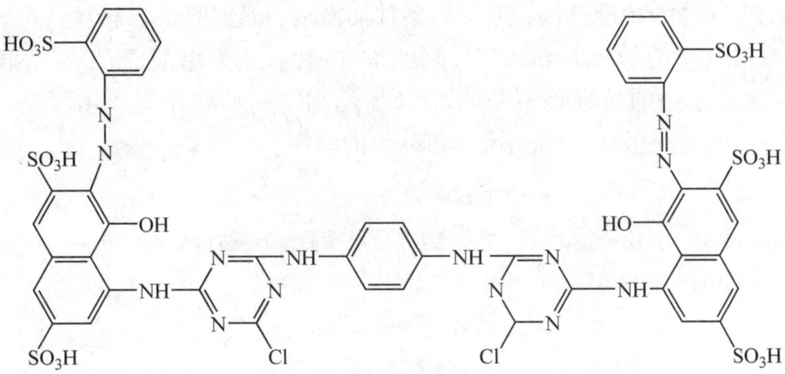

Procion-red HE-3B

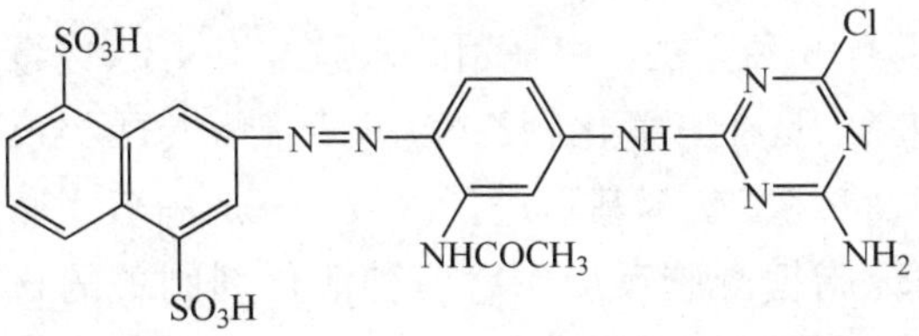

Cibacron yellow RA
Procion yellow H-A
C.1. 13245

图 7-3　3 种典型三嗪染料的结构

性相互作用可用低浓度有机溶剂(如乙二醇)降低。

　　亲和层析是专一的有生物学选择性的分离方法,然而实际应用时也会出现一些非特异性的吸附作用。这种非特异性的吸附作用可能来自被分离物质与亲和吸附剂中非配体的相互作用,也可能因使用间隔臂而引进的疏水作用、因偶联而引进的电荷(如溴化氰活化琼脂糖时引进了正电荷)等。因此,在使用亲和层析时,应尽可能地减少或消除各种非特异的效应。

　　亲和层析法的优点是分辨力高,收率亦高,有时只经亲和层析一步纯化过程就可从酶的粗提液中获得较高纯度的酶。例如邹国林研究室曾用一步肝素琼脂糖亲和层析法或一步 DNA 琼脂糖亲和层析法,从粗提液中将限制性核酸内切酶 Pst I 或 Bsp78I 等纯化到工具酶纯度。亲和层析可把具有活性的成分与其失活状态分开,亦能从较纯的样品中除去通常方法难以除去的少量杂质。

　　由亲和层析法发展出的金属亲和层析法是根据酶表面与金属离子结合的氨基酸残基(如咪唑基、巯基和吲哚基等)的含量和分布的差别分离纯化酶。该法适用范围广,无毒副作用,吸附容量高。

7.1.2.4　疏水层析

水溶液中的蛋白质分子表面有亮氨酸、异亮氨酸,缬氨酸、酪氨酸、苯丙氨酸等的非极性侧链,这些侧链聚集在一起形成了"疏水区"。Hofstee 发现,共价结合了疏水基团的琼脂糖凝胶可吸附 13 种任意选择的蛋白质中的 11 种,但不同蛋白质的疏水区强弱有较大差异,依据疏水吸附剂与蛋白质疏水区间相互作用的强弱,可达到分离蛋白质的目的。这就是疏水层析的基本原理。

进行疏水层析时需注意,酶在接近其等电点时具有最大的疏水性,因而溶液 pH 远离等电点时该酶样品的疏水结合力会降低;如果介质疏水性太强可能与酶样品发生不可逆结合,进行预试验有助于防止这样的事发生,以避免目的酶丢失。

非极性基团之间的相互作用随下列条件而增强:温度升高,或具有较高盐析效应的盐(如硫酸铵、磷酸钠)、甘油、PEG 等的浓度升高;随下列条件而减弱:温度降低,或硫酸铵、磷酸钠浓度降低,或具有较高减极效应的盐(如 NaSCN)、脲的浓度增高,或去垢剂、高于 30% 的乙二醇的加入。不同的盐对疏水作用的效果是不同的,图 7-4 给出了一些常用离子增强疏水作用(盐析效应)或降低疏水作用(减极效应,chaotropic effect)的级序。

←——增加盐析效应

阴离子PO_4^{3-}, SO_4^{2-}, CH_3COO^-, Cl^-, Br^-, NO_3^-, ClO_4^-, I^-, SCN^-

阳离子NH_4^+, Rb^+, K^+, Na^+, Cs^+, Li^+, Mg^{2+}, Ca^{2+}, Ba^{2+}

增加减极效应——→

图 7-4 疏水作用的离子效应

一般在琼脂糖凝胶上偶联非极性基团至少有 3 种方法:一是用疏水胺与 CNBr(或毒性较小的对硝基苯氰酸盐)活化琼脂糖凝胶的反应;二是在三氟化硼乙醚中,表氯醇与醇类反应制得相应的缩水甘油醚,再与琼脂糖凝胶反应,则将烷基或苯基引进了凝胶;三是用疏水胺与对甲苯磺酰氯(或对三氟甲基苯磺酰氯)活化的琼脂糖凝胶反应。后两种活化剂制备的材料比 CNBr 法制备的更稳定。表 7-6 列举了一些用疏水层析方法纯化的酶和蛋白质。

表 7-6 用疏水层析纯化的酶和蛋白质

酶	蛋白质
碱性磷酸酯酶	γ-球蛋白
天冬氨酸转氨甲酰酶	组氨酸结合蛋白 J
β-淀粉酶	免疫球蛋白 A
γ-糜蛋白酶	*N. crassa* 线粒体膜蛋白
β-半乳糖苷酶	卵清蛋白
谷氨酸脱氢酶	藻红蛋白
谷氨酰胺合成酶	血清白蛋白
糖原合成酶	血清蛋白
组氨酸脱羧酶	红细胞膜的唾液糖蛋白
硫辛酰胺脱氢酶	
磷酸化酶 b	

Pharmacia 公司提供的商品 Phenyl-Sepharose CL-4B 和 Octyl-Sepharose CL-4B 分别为苯基-和辛基-交联琼脂糖凝胶。某些公司还会提供备有 5 或 6 根小疏水层析柱的试剂盒,层析柱用后可用 1mol/L 氯化钠溶液、水和缓冲液依次洗脱,即获再生。

疏水层析吸附剂在内膜蛋白(如细胞色素 C 氧化酶等)的分离纯化工作中可作为去垢剂交换层析(detergent-exchange chromatography)材料,也可用作固相酶的载体。

7.1.2.5 吸附层析

吸附层析(adsorption chromatography)是以吸附剂为固定相,以缓冲液或有机溶剂为流动相的一种层析方法。可用的吸附剂有羟基磷灰石、硅胶、高岭土、纤维素、活性炭等,这些都是蛋白质层析的经典材料。注意选择吸附性好、稳定性强、表面积大、颗粒均匀、成本低廉的吸附剂。

在吸附剂表面存在许多随机分布的吸附位点,通过静电力、范德华力等与蛋白质分子结合,其结合力的大小与蛋白质的结构和吸附剂的性质密切相关。利用这种结合力的差异,通过层析可将蛋白质分离开来,这是一个吸附、解吸附、再吸附的连续过程。但由于其分离蛋白质的机制不很清楚,该技术缺乏一般性的指导原则,目前较少应用,已逐渐被新出现的各种层析技术所取代。

羧基磷灰石(hydroxylapatite, HA)是磷酸钙和氢氧化钙的复合物晶体$[Ca_{10}(PO_4)_6(OH)_2]$,因为它的吸附容量高,稳定性好(在 85℃ 以下,pH 5.5~10 范围内均可使用),所以在分离纯化工作中常用到。HA 晶体表面具有两种带电荷的基团——PO_4^{3-} 和 Ca^{2+},只要条件合适可吸附各种蛋白质,同时对核酸类物质也有很强的吸附力,因此 HA 吸附层析既可用作去除核酸,又可分离蛋白质。

吸附条件的选择很重要。样品的蛋白质浓度常控制在 1% 以下,以减少蛋白质间的相互作用,有利于吸附。低盐浓度有利于吸附,如样品离子强度过高,上柱前应对低离子强度的磷酸缓冲液(0.005~0.01mol/L)透析,要注意除去高价离子(如柠檬酸盐等),以免影响吸附。正吸附一般在较低 pH 下进行,负吸附可在较高 pH 及离子强度下进行。HA 商品的质量很不一致,应仔细选择和处理。所用的层析柱应适当选择短而粗的,以达到满意的流速和分离效果。

7.1.2.6 高效液相层析

高效液相层析(high performance liquid chromatography, HPLC)是一种高分辨率的层析系统(彩图 7-5)。现有的 HPLC 主要包括体积排阻层析、离子交换层析、反相层析、疏水层析、亲和层析等类型。其中,反相层析(reversed phase chromatography, RPC)是由非极性固定相和极性流动相所组成的体系,与由极性固定相和弱极性流动相所组成的体系相反。RPC 的典型固定相是十八烷基键合硅胶,典型的流动相是甲醇和乙腈,几乎可用于所有能溶于极性或弱极性溶剂中的有机物的分离。

HPLC 与普通液相层析比较具有以下优点:①分辨力高;②快速,整个分离过程仅几十分钟;③灵敏度高,分析样品量只需 ng 或 pg 水平;④同一根柱可分析几百甚至上千个样品,无须重新填装柱。

其理想的基质是:①至少对 1mm/s 的流动相流速有机械稳定性;②完全亲水;③交换容量高;④在较宽的 pH 范围有化学稳定性;⑤颗粒大小在 3~10μm;⑥孔径在 300~1000Å;⑦圆颗粒;⑧易堆积;⑨价格不昂贵,目前还没有哪种材料具备上述全部条件。由于多数基质是多孔硅胶,所以介质的 pH 最好不超过 8,以防止基质溶解。该层析的分辨力和交换容量受孔径影响,Regnier 指出 250~300Å 孔径的基质用途最广,因其交换容量大,对相对分子质量 $5×10^4$~$1×10^5$ 的蛋白质有较好的分辨力。

7.1.3 电泳法

电泳(electrophoresis)是带电物质在直流电场作用下向着与其电荷相反的电极移动的现

象。由于蛋白质分子表面电荷的差异,应用电泳法可将不同的蛋白质分子分离开来。电泳法不仅可用于酶的纯化工作,还常用于酶纯度鉴定及理化性质(如 pI、亚基相对分子质量等)测定,特别是在分离微克量蛋白质时优于上述许多方法。

电泳法种类繁多,原理都基本相同。在酶学研究工作中自由界面电泳很少应用,用得多的是区带电泳这一大类。区带电泳是样品溶液在一种惰性支持物(如聚丙烯酰胺凝胶、淀粉凝胶、琼脂糖凝胶、醋酸纤维薄膜、硅胶薄层、滤纸等)上进行电泳的过程。电泳后,不同的蛋白质组分被分离形成带状区间,故称区带电泳,亦称区域电泳。区带的位置可用专一的蛋白质染料(如考马斯亮蓝 R250 或 G250,氨基黑 10B 等)染色显示,有些也可采用伴有颜色变化的酶催化反应来显示。

区带电泳种类繁多,在酶分离纯化工作中最常用的有聚丙烯酰胺凝胶电泳(polyacrylamide gel electrophoresis),等电聚焦电泳(isoelectric focusing electrophoresis)等。聚丙烯酰胺凝胶还具有分子筛的效能,此种电泳分辨力较高,等电聚焦在排除蛋白质中的微观不均一性(microheterogeneity)时特别有用。

7.1.4 离心法

它是借助于离心机旋转所产生的离心力,使不同大小、不同密度的物质分离的技术过程。做圆周运动的任何物体都受到一个外向的离心力 F,这种力的大小取决于角速度(以弧度 ω 表示)和旋转半径 r(单位为 cm):$F = \omega^2 r$,F 常用地心引力,即重力加速度的倍数(数字 $\times g$)来表示,称之为相对离心力(RCF):

$$RCF = \frac{\omega^2 r}{980}$$

每分钟转数(r/min)是表示离心机转速的基本方式,它与 ω 之间可进行转换:

$$\omega = \frac{\pi(r/min)}{30}$$

因此,可根据每分钟转数和旋转半径由下式计算相对离心力。

$$RCF = \frac{\pi^2 \cdot (r/min)^2 \cdot r}{\frac{30^2}{980}} = (1.119 \times 10^{-5})(r/min)^2 \cdot r$$

因为转头的设计及结构有差异,离心管管口至管底的各点与旋转轴之间的距离是不同的,所以离心时管内各点所受的离心力是不同的。

离心法可分为离心过滤、离心沉淀、离心分离 3 种类型,所使用的设备有过滤式离心机、沉降式离心机和分离机。过滤式离心机一般可用于处理悬浮固体颗粒较大、固体含量较高的样品。沉降式离心机用于分离固体浓度较低的样品,如发酵液中的菌体、盐析法或有机溶剂处理过的蛋白质等。分离机用于分离两种互不相溶的、密度有微小差别的乳浊液或含微量固体微粒的乳浊液。生物大分子在离心时,其相对分子质量、分子密度、组成、形状等均会影响其沉降速率。

按速度来分,离心机有低速、高速和超速 3 种。低速离心机其转速一般在 5000r/min 以下,常用于分离收集快速沉降的物质(如红细胞、酵母细胞、粗大的沉淀物等),多在室温下运转,也有带制冷设备的。高速离心机是指转速可达到 20000r/min 左右的离心机,多数带有制冷设备,常用作大多数制备的手段,如用于分离收集各类细胞、大的细胞器、硫酸铵沉淀物以及免疫沉淀物等。但它们尚不能产生足够的离心力以有效地沉降病毒、小的细胞器（如核蛋白体）、单个生物大分子等。超速离心机的离心力能够达到 $500000 \times g(75000\text{r/min}, r=8\text{cm})$ 以上，因此它不仅能分离收集高速离心机所不能分离的各类物质，还可以用于分析工作，如测定生物大分子的相对分子质量、沉降系数等。

用离心技术分离纯化生物大分子或细胞器时常采用示差离心法和密度梯度离心法。示差离心法又称差速离心法，是利用不同强度的离心力使具有不同沉降速度的物质分批分离的方法。它适用于沉降速度差别在一到几个数量级的混合样品的分离。密度梯度离心法是一种在连续或不连续的密度梯度介质中将物质进行离心分离的方法，它可用来分离沉降系数很接近的物质。常使用的介质有氯化铯、蔗糖、甘油等。

密度梯度离心法又分为两种：①沉降速度离心法，亦称区带离心法，沉降样品在一个平缓的介质梯度中移动，介质的最大密度比沉降样品的最小密度小，沉降样品通过介质的速度由其沉降系数决定，控制转速和离心时间，在最前面的沉降物到达管底前停止离心。不同物质按沉降速度的大小，在离心管内形成不同的区带。采用穿刺法、虹吸法等进行分部收集，可得到不同组分。该法适用于相对分子质量大小有别而密度相似的样品，例如具有几乎相近密度而相对分子质量差 3 倍的两种蛋白质，用此法是容易分离开的，而相对分子质量大小几乎一样但密度不同的线粒体、溶酶体和过氧化物酶体，使用这种方法，则无法被完全分开。②等密度梯度离心法，亦称沉降平衡离心法。介质的密度梯度有适当的陡度，使介质的最大密度高于沉降组分的最大密度。经离心后，样品的各组分移动到与它们各自密度相同的位置，到此位置后各组分不会继续沉降，因它们分别浮在比其密度大的介质上。此法需要更高的转速和更长的离心时间，以使所有组分能到达平衡的密度区，常用于分离大小相近而密度不同的样品。由于大多数蛋白质具有相似的密度，所以该法在酶分离纯化工作中一般不用。

7.1.5   膜分离法

借助于一定孔径的高分子薄膜，将不同大小、不同形状和不同特性的物质颗粒或分子进行分离的技术称为膜分离技术。该法所使用的薄膜主要是由丙烯腈、醋酸纤维素、赛璐玢以及尼龙等高分子聚合物制成的膜，有时也可以采用动物膜等。膜分离过程中，薄膜的作用是选择性地让小于其孔径的物质颗粒或分子通过，而把大于其孔径的颗粒截留，膜的孔径通常有多种规格可供选择。该法不仅可分离相对分子质量差异显著的酶，还可用于样品的脱盐、浓缩。

7.1.5.1   超滤

该法是在静压作用下将溶液通过孔径非常小的滤膜，使溶液中相对分子质量较小的溶质透过薄膜，而大分子被截留于膜表面（彩图 7-6）。它常用于酶液的脱盐和浓缩，只要选择合适的超滤膜，也可对相对分子质量 1×10^{5} 以内的酶进行粗筛分。

大多数超滤膜是由一层非常薄的功能膜与较厚的支撑膜结合在一起而组成。功能膜决定了膜的孔径，而支撑膜提供机械强度以抵抗静压力。早期的膜是各向同性的均匀膜，近些年来研制出各向异性的不对称膜。膜的选择很重要，通常按相对分子质量截止值（大体上能被膜保留的最小相对分子质量数值）来衡量，一般相对分子质量相差 5～10 倍的酶用此法分离较有效。为了提高分离效果，可采用串联超滤的方法。选用的膜对样品的吸附作用应尽量地小。影响超滤的因素很多，除膜的性能外，还有流速、溶质的浓度、缓冲液等。

目前，超滤器大体可分为 4 种类型：静止态型、搅拌或震动型、错流湍动型和错流薄层层流型。超滤浓缩的优点是操作条件温和，无相变化，对生物活性物质没有破坏，无须耗费任何化学试剂,设备与运作费用较低廉。

7.1.5.2 透析

大分子的酶或蛋白质不能通过半透膜，利用这一特点将酶或蛋白质与其他小分子物质如无机盐、水等进行分离的方法称为透析(dialysis)法，是最简单的膜分离法。在酶分离纯化工作中，该法常用作脱盐、浓缩或与特定的缓冲液平衡的手段。透析时,将需要纯化的酶溶液装入半透膜的透析袋中,放入蒸馏水或缓冲液中,小分子物质借助扩散进入透析袋外的蒸馏水或缓冲液中。通过更换透析袋外的溶液，可以使透析袋内的小分子物质浓度降至最低。

透析速度与膜面积、溶质的浓度梯度成正比，与膜厚度成反比，还受温度的影响。酶样品一般在4℃左右透析,若酶稳定,室温下透析,速度会显著提高。常规透析法适用于一至数百毫升体积的样品。

目前，透析袋一般由再生纤维素制成，商品名Spectra/Por。它不带电荷，对绝大多数溶质无吸附作用，其截留相对分子质量(MWCO)为1000～50000,可依据需保留物质的相对分子质量大小来选择透析袋。不过MWCO值仅是一个参考值，实际工作中许多因素都会影响分子的通过。Spectra/Por1～4除含甘油外,还含有微量重金属和硫化物等杂质。如果这些杂质对实验结果有影响，则应在透析前用50%乙醇和10mmol/L碳酸氢钠各浸泡两次，然后用1mmol/L EDTA处理，再用蒸馏水冲洗。当然也可选用不含这些杂质的透析袋Spectra/Por7。在处理和使用时切忌透析袋变干，用过的透析袋清洗干净后，应放在加有防腐剂(如NaN$_3$等)的蒸馏水中,4℃贮存。装入样品后,封透析袋时必需留有足够的空间,以防止透析过程中,因体积膨胀导致透析袋的孔径发生改变,甚至破裂。

如样品体积超过数百毫升，用上述常规透析法就很困难，这时可采用对流透析。对流透析是使样品液沿透析膜一侧流动，而透析外液在膜另一侧按相反方向流动。

透析通常不单独作为纯化酶的一种方法，但它在酶的分离纯化过程中经常被使用，通过透析可除去酶液中的盐类、有机溶剂、水等小分子物质。此外，采用聚乙二醇、蔗糖反透析还可对少量酶进行浓缩，例如将装有酶液的透析袋埋在PEG(选用相对分子质量20000以上)或干的葡聚糖凝胶中，使溶剂被吸出，达到浓缩的目的。

7.1.6 双水相系统萃取法

该法是利用溶质在两相系统中分配系数的不同，经分批萃取或连续萃取，将溶质分离出来。一定百分比组成的两种水溶性高聚物的水溶液混合，或一种水溶性高聚物的水溶液和一种盐的水溶液混合，可形成双水相系统。常用的水溶性高聚物有PEG、葡聚糖等，常用的盐有磷酸钾、硫酸铵等。双水相系统的含水量均较高，与生物大分子有很好的相容性(compatibility)。

双水相萃取技术已广泛应用于蛋白质、酶等生物大分子的分离纯化。表7-7是利用双水相萃取技术纯化胞内酶的部分研究结果。

表7-7 利用双水相萃取从细胞匀浆中提取胞内酶的部分研究结果

酶	物种	双水相系统	收率/%	纯化倍数
过氧化氢酶	*Candida Boidinii*	PEG/Dx	81	—
甲醛脱氢酶		PEG/Dx	94	—

续表

酶	物种	双水相系统	收率/%	纯化倍数
甲酸脱氢酶		PEG/盐	94	1.5
异丙醇脱氢酶		PEG/盐	98	2.6
α-葡萄糖苷酶	S. cereuisiae	PEG/盐	95	3.2
葡萄糖-6-磷酸脱氢酶		PEG/盐	91	1.8
己糖激酶		PEG/盐	92	1.6
葡萄糖异构酶	Streptomyces sp.	PEG/盐	86	2.5
亮氨酸脱氢酶	Bacillus sp.	PEG/盐	98	1.3
丙氨酸脱氢酶		PEG/盐	98	2.6
葡萄糖脱氢酶		PEG/盐	95	2.3
β-葡萄糖苷酶	Lactobacilltis Species	PEG/盐	98	2.4
D-乳酸脱氢酶		PEG/盐	95	1.5
延胡索酸酶	Breuibacterium Species	PEG/盐	83	8.5
苯丙氨酸脱氢酶		PEG/盐	99	1.5
天冬氨酸酶	E. coli	PEG/盐	96	6.6
青霉素酰化酶		PEG/盐	90	8.2
β-半乳糖苷酶		PEG/盐	75	12

在双水相系统中,下列因素对蛋白质在两相间的分配有影响:蛋白质的相对分子质量、电荷和疏水性质;高聚物的相对分子质量、浓度;加入该系统的离子种类和不同离子的比例;pH及温度等,所有这些因素相互影响。目前尚无合适的理论可用来详细地分析和描述如此复杂的系统,合适的条件只能通过实验求得。将生物配体或染料配体共价结合到 PEG 或葡聚糖上,可使双水相系统萃取法获得重大改进,能与配体形成复合物的蛋白质会分配到含这种配体的相中。这种蛋白质-配体-高聚物复合物可通过凝胶过滤法或超滤法与其他蛋白质分离。

7.2 酶制备方案的设计

在进行酶制备工作之前,必须建立该酶的测活方法。因为对材料的选择,制备过程中对酶的追踪和对各种分离、纯化方法效果的鉴别等都要经常使用酶活力测定方法。在酶制备工作中,测定工作量相当大,同时又需要快速取得结果,因此在方法的选择上往往宁愿用一个准确性稍差,但比较快速、方便的方法以适应工作的需要。此外,选用的方法应有一定的专一性,因样品中常含有大量的杂酶。

一个完整的酶制备方案通常包括酶测活方法的建立、原料的选择、预处理、对酶性质的初步探索、制订酶的纯化程序、酶成品的保存等。

7.2.1 建立酶活力测定方法

在酶分离纯化过程中的每一步都必须追踪酶活性,即检测各部分的酶活力和蛋白质含量,监测酶的回收率和比活力,从而为选择或优化分离纯化方法和条件提供依据。一个好的分离纯化方法应使酶的纯度提高多倍,且活力回收率高,重复性好。

酶的测活系统,除了酶与其底物外,还要选择适当的缓冲液(包括 pH 和离子强度),有的还要添加辅因子、还原剂、螯合剂等。有些底物和产物不方便测量,则要采用偶联酶法或偶联反应法等。

一种酶往往有多种测活方法,如 DNase I 的测活方法有紫外吸收法、同位素法和荧光法等。紫外法简便,但灵敏度较低;同位素法灵敏度高,但实验条件要求高,且操作复杂;荧光法灵敏度较高,也简便,但影响因素较多。邹国林研究室建立了一种以固定化 DNA 为底物的微量紫外吸收法,它较简便,灵敏度也较高。

再如 SOD 的测活方法有近 20 种。其中,有的直接测 SOD 催化反应的底物消耗速度或产物生成速度,例如 EPR 法、脉冲射解法、超氧化钾法等;有的是直接测 SOD 的量,例如免疫类方法。上述方法因受仪器或试剂限制,一般实验室难于应用。还有一类间接测定法,其原理是有一个产生 O_2^- 的系统,其 O_2^- 再引起另一个可用于检测的反应,通过 SOD 对这个反应的抑制而间接定量 SOD 活力。这类方法简便,常用的有黄嘌呤氧化酶-NBT 法、改良的邻苯三酚自氧化法、经典的邻苯三酚自氧化法、NBT 光还原法、肾上腺素自氧化法等。邹国林研究室对这些方法的灵敏度进行了比较分析,结果表明 O_2^- 的生成速率对灵敏度有较大影响。他们还对邻苯三酚自氧化法进行了改进:测试波长由 420nm 改为 325nm,使灵敏度提高了 6.4 倍;试验了 9 种不同的缓冲液,结果表明不同的缓冲液对邻苯三酚自氧化速率有不同的影响,其中以 Tris-HCl 缓冲液为优,而凡是含硼酸的缓冲液则均不能使用。

同一个 SOD 样品,如果采用不同的测活方法,或即使采用同一种方法,但只要测试条件稍有变化,其测定结果就不一样。上述间接法有一个缺点,即酶量与抑制率之间是曲线关系。这类方法的酶活力单位定义一般都是:在一定反应条件下,单位体积内以达到 50％抑制率的酶量作为一个酶单位。因此严格讲,每次测量都要通过调整酶量使抑制率正好达 50％后,才可进行酶活力单位计算,但这样做工作量较大。如使用较大偏离 50％的抑制率来计算酶活力单位,会造成很大误差。为了减少工作量,又不产生较大误差,邹国林研究室规定抑制率达到 48％～52％才可使用,不然要调整酶量重测。要使抑制率为 48％～52％,不熟练者要反复测多次,即使熟练者一般也要测 3 次左右。这对于大样本(如几十、几百个样品)或酶动力学研究,工作量相当大。该研究室进行了 SOD 活力测定曲线的线性化研究,找到了 2 种数学处理方法,可将上述测活曲线关系变为直线关系,即先测 5～7 个梯度酶量的抑制率,得一测活曲线,然后用数学方法将其转换为直线,以后每个样品只要测一次即可(在此直线范围内)。该法不受 50％抑制率限制,亦不会引入较大误差。

7.2.2　材料的选择

制备酶,首先应考虑选择材料。如果目的是研究某一特定材料的酶,自然无选择材料可言。例如,邹国林研究室要研究冬虫夏草菌(*Cordyceps sinensis*)中的酶,就只得通过液体发酵获得该真菌的菌丝体作材料,经研究发现该菌中的两个新酶:一个是分泌型酶,具较强的溶纤活性,无细胞毒性,属丝氨酸蛋白酶家族,有望开发成新的溶栓药物;另一个是比较少见的酸性 DNase。如不限定材料,就得考虑选择的材料应具备酶含量丰富、材料易得、价廉等特点。

生物物种不同,其酶含量不同。即使同种生物,其不同器官和组织的酶含量亦不同。例如,有人测量过人和 9 种动物红细胞的 CuZn-SOD 含量(表 7-8),结果是鼠的最高,而鸡的最低。又例如有人测量了人的不同器官和组织的 SOD 含量(表 7-9),结果表明 CuZn-SOD 是肝脏含量最高,肥大组织含量最低,而 Mn-SOD 亦是肝脏含量最高。红细胞很特殊,不含 Mn-SOD。

表 7-8　人和 9 种动物红细胞 CuZn-SOD 含量比较

种类	含量/(U/ml)	样本个数
鼠	330±30	60
兔	316±30	10
牛	286±30	2
绵羊	284±50	2
鸭	240±20	2
马	230	1
猪	200±20	2
人	155±15	200
鸽	120±10	2
鸡	71±8	2

　　有时一种酶含量丰富的器官、组织或细胞可能比酶含量低的高上千倍甚至上万倍。在实际工作中，可采用代谢诱导的方法来提高生物材料中酶的含量，或采用 DNA 重组技术得到酶含量丰富的工程菌株。材料中的酶含量高，一般易于将酶纯化到所需程度，但如果采用含量低的材料制备酶，不仅难度高，工作量大，也不经济。酶制剂生产上更应慎重选材。

表 7-9　人的器官和组织中 SOD 含量比较

来源	CuZn-SOD/(U/g 湿重)	Mn-SOD/(U/g 湿重)
肝脏	120 000	2900
肾上腺	38 000	2000
红细胞	21 000	0
子宫	18 000	410
脾脏	14 000	510
心脏	13 000	2700
脑灰质	13 000	660
骨骼肌	11 000	380
甲状腺	10 000	380
胰脏	9600	1000
睾丸	9300	330
淋巴	9200	640
肺	8600	580
肥大组织	800	39

　　如果是制备 Ⅱ 型限制性核酸内切酶并把它当工具酶用，还可考虑选择含量较高的同序同切酶。关于同裂酶、同序同切酶、同序异切酶、同尾酶概念请见本书第 12 章相关部分。据统计在当时发现的 2531 种这类酶中，只存在 221 种不同的识别序列(其中 Ⅱ 型酶占 198 种，Ⅰ 型酶占19 种，Ⅲ 型酶占 4 种)，可见异源同裂现象在这类酶中是相当普遍的。例如，*Pst* Ⅰ 的同裂酶就有几十种之多，它们在来源菌中的含量各异。又例如，*Bsp*63 Ⅰ 的含量是 *Pst* Ⅰ 的几倍，*Bsp*R Ⅰ与 *Hae* Ⅲ 的含量竟相差 1000 倍左右。当然通过基因克隆构建高产菌株也是可行的办法，例如*Hha* Ⅱ、*Pst* Ⅰ、*Eco*R Ⅰ 等的基因均已克隆和表达成功，获得了带多拷贝质粒的高产菌株。

7.2.3 预处理

预处理对酶分离纯化的效果至关重要。酶提取时选用的材料不同,预处理的方法亦有差别。

7.2.3.1 破碎细胞

通常来说,胞外酶,即细菌分泌到培养基中的酶,或动植物体液(如肠胃中的消化液、血清、蛇毒、漆树汁等)中的酶,不存在破碎细胞的问题,但胞外酶种类很少,且一般多为水解酶类。绝大多数酶属于胞内酶,要制备酶首先就得破碎细胞,使酶从细胞内释放出来。

破碎细胞的方法很多,如研磨法、捣碎法、匀浆法、挤压法、超声波破碎法、自溶法、酶解法、渗透压法、冻融法、表面活性剂处理法等,有时这些方法可组合起来使用。例如,有些细菌对超声波有一定抗性,可先用溶菌酶降解处理,然后进行超声波处理,效果比单独使用一种方法要好得多。上述破碎细胞的方法各有特点,由于酶制备所采用的材料不同,且性质各异,在选择细胞破碎方法时需要谨慎考虑。

(1)血红细胞破碎可采用渗透压法,即将该细胞置于蒸馏水中,剧烈搅拌,使细胞膨胀、破裂。此方法适用于只有细胞膜并以单个细胞存在的细胞类型材料,但对于具有坚韧细胞壁的细胞(如细菌、酵母、植物)和虽无细胞壁但细胞粘连在一起形成的动物组织或器官是不适用的。

(2)细菌细胞破碎一般常采用超声波破碎法,或超声法与酶裂解法联用,亦可采用研磨法等,连续超声时间长则样品温度升高,需在冰浴中采取间歇式超声处理。

(3)与细菌相比,酵母比较难以破裂,一般常采用加压匀浆法、自溶法、冻融法等进行处理。具体操作方法参考如下:

加压匀浆法 将 454g 酵母饼粉碎并悬浮于缓冲液(5mmol/L Tris-HCl,10mmol/L MgCl$_2$,1mmol/L DTT,pH 8.1)中,加蛋白酶抑制剂,用匀浆器,在30℃,$5.4×10^7$Pa 压力下匀浆。经第一次匀浆有 62% 的蛋白释放,经第二次匀浆有 75% 的蛋白质释放,经过四次匀浆,95% 的蛋白质都可释放出来。当酵母细胞完全破裂时,从 1g 酵母饼中可得到近 100mg 蛋白质。

自溶法 把454g 酵母饼粉碎,与27mL 甲苯和 0.7mL 巯基乙醇混合,在37℃下间歇搅拌,直至酵母液化(大约需 90min),然后加入 5mmol/L 巯基乙醇、15mmol/L EDTA 溶液 265mL 和蛋白酶抑制剂,室温下搅拌过夜即可,该方法比以往单加甲苯的方法酶产率更高。

冻融法 将 454g 酵母饼粉碎并加入 1.5L 液氮中,每搅拌 4min 间隔 1min,然后将冰冻粉末悬浮在含巯基乙醇、蛋白酶抑制剂的磷酸钠缓冲液(20mmol/L,pH 7.5)中,搅拌 1h 解冻即可。如无液氮,用干冰亦可。

加压匀浆法迅速,但需特殊设备。自溶法不需要特殊设备,但所用时间长。冻融法迅速有效,但需液氮或干冰。这三种方法效果相似。

(4)动植物组织一般可采用组织捣碎器捣碎,有时可能还需要用匀浆器进一步匀浆,便可达到破碎细胞的目的。

7.2.3.2 细胞器中的酶

酶在细胞中是区域化(compartmentation)分布的,如果欲制备的酶是在某一细胞器内,最好的方法是先将此细胞器分离纯化,然后再从细胞器中提取酶,这可使酶得到富集并使酶的分离纯化工作变得简便。因此,须采用温和的细胞破碎方法,以防止细胞器破裂。细胞器的分离纯化一般采用离心法。

7.2.3.3 膜酶

细胞中有 20%～25% 的蛋白质是与生物膜相联系,称作膜蛋白(membrane protein),主要分为两类:外周蛋白质(peripheral protein)和内在蛋白质(intrinsic protein)(图 7-7)。

外周蛋白质一般与膜是通过范德华力和静电力相结合,易于分离。常用 1～5mmol/L EDTA、0.1～1mol/L NaCl 或 1%～10% 乙酸使外周蛋白质从膜上解离,且外周蛋白质几乎都溶于水,而内在蛋白质与膜结合主要靠疏水作用,它们有的部分嵌入脂双层中,有的全部埋于脂双层的疏水区,有的横跨全膜,这类蛋白质不易分离,且是水不溶性的。

图 7-7 生物膜外周蛋白质、内在蛋白质示意图

外周蛋白质与内在蛋白质的另一个区别在于,外周蛋白质不能与非离子型去垢剂微团(nonionic detergent micelles)结合,可以利用这一特点将外周蛋白质和内在蛋白质加以分离。将这两类蛋白质在 0℃时分散在 Triton X-114 中,温度逐渐上升到 20℃以上后,溶液将分为两相,外周蛋白质在水相,而内在蛋白质在去垢剂相。

溶解膜上的内在蛋白质需用去垢剂或有机溶剂,非离子型和两性离子型去垢剂不会干扰大多数酶的分离纯化。选用何种去垢剂最有效,应通过试验去寻找。大部分情况下,内在蛋白质用非离子型去垢剂从膜上溶解,这类去垢剂对破坏脂-脂和脂-蛋白相互作用很有效,且不损伤酶活性,pH 和离子强度对维持酶活性亦十分重要。另外,溶解膜脂双分子层中的内在蛋白质也常使用有机溶剂,最常用的有:氯仿-甲醇、75% 乙醇、丁醇、丁醇-甲醇、丁醇-甲醇-乙酸铵和吡啶。

纯化内在蛋白质的最佳方法是选择性地从膜中提取。首先添加 0.1mg(去垢剂)/mg(脂)进行提取,能够保持磷脂双分子层的完整,然后加入 2mg(去垢剂)/mg(脂)会形成可溶性的脂-蛋白质-去垢剂、蛋白质-去垢剂、脂去垢剂混合微团,若膜蛋白完全脱脂通常需添加 10mg(去垢剂)/mg(脂)。为了降低两种不同的蛋白质分子被包装在同一微团中的可能性,溶液应含有足够的去垢剂,达到 1.5 至 2 个微团/蛋白分子。应该注意,内在蛋白质是水不溶性的,从膜上分离下来后,如一旦除掉去垢剂或有机溶剂,它们会很容易聚合成不溶性的物质。常用于膜内在蛋白质分离工作中的一些去垢剂的特性见表 7-10。

表 7-10 分离内在蛋白常用的去垢剂

去垢剂	微团临界浓度[a] /(mmol/L)	每个微团单体数	微团相对分子质量/(×10⁻³)
Triton X-100	0.3	140	90
Tween 80	0.012	60	76
β-D-辛基葡萄糖苷	25	27	8
十二烷基麦芽糖苷	0.2	98	50
溶血卵磷脂	0.02～0.2	181	95
胆酸钠	3[b]	4.8[b]	2[b]

a. 这些值都是大致的,确切值取决于温度、离子强度和 pH。

b. 其微团临界浓度对 pH 特别敏感:在 pH 8～9,0.15mol/L 氯化钠溶液中,其微团临界浓度为 3mmol/L。

7.2.3.4 防止蛋白酶的水解作用

如果材料本身含有较多的蛋白酶,则必须想办法防止蛋白酶对目的酶的水解作用。例如酵母含有好几种蛋白酶,大多存在于液泡中,当破碎酵母细胞时,这些蛋白酶能释放出来,如不采取预防措施,它们将降解目的酶,所采取的预防措施是加入蛋白酶抑制剂。比如,苯甲基磺酰氟、二异丙基氟磷酸等常用于丝氨酸蛋白酶(serine proteinases)抑制剂,EDTA 和乙二醇四乙酸(EGTA)在降低金属蛋白酶(metalloproteinases)活力方面很有用,保持溶液在 pH 7 或更高可降低酸性蛋白酶(acid proteinases)活力。再比如,肝脏中亦含有大量的蛋白酶,大部分位于溶酶体中。除了组织蛋白酶 D(cathepsin D)是酸性蛋白酶外,一般都是巯基蛋白酶(thiol proteinases),除了可用蛋白酶的抑制剂(如对羟基苯甲酸汞等)外,在 60～65℃ 加热 5min 可破坏鼠肝中蛋白酶。

在使用蛋白酶抑制剂时需十分小心,因它们不仅能抑制蛋白酶,也会抑制一些其他酶。

7.2.3.5　除核酸

核酸可与许多蛋白质形成复合物,不易分离,会干扰纯化工作,因此在纯化工作开始前应除去核酸。可通过测 280nm 和 260nm 处的吸收值来确定核酸与蛋白质的比率。根据 Warburg 和 Christian 的实验,酵母核酸的 A_{280nm}/A_{260nm} 约为 0.5,而酵母磷酸丙酮酸水合酶的 A_{280nm}/A_{260nm} 为 1.75,因此比值接近 1 就意味着粗提液中有核酸污染。

一般微生物和植物的粗提液中往往有大量核酸污染。去除核酸污染可用沉淀法,例如加入鱼精蛋白硫酸盐(终浓度为 0.2%～0.4%)或链霉素硫酸盐(1%～2%)能将粗提液中的核酸沉淀下来,也可用 $MnCl_2$(50mmol/L)沉淀核酸,或使用聚乙烯亚胺、PEG、溶菌酶、6,9-二氨基-2-乙氧基吖啶等沉淀核酸。沉淀剂的选择需经试验确定。在试验中,有时可以通过提高离子强度来降低核酸-蛋白质相互作用,以提高分离效果,或者通过羟基磷灰石柱层析或凝胶过滤法来分离粗提液中的核酸,也可以用核酸酶来消化核酸。

在某些情况下,未事先去除核酸的粗提液也可直接上柱层析进行分离纯化。例如Ⅱ型限制性核酸内切酶的制备,较早的方法是在取得酶粗提液后,先去除核酸,然后采用硫酸铵分级盐析,再进行各种柱层析。1978 年,Greene 建立了一个方法,省去了除核酸和盐析这两步,将酶粗提液直接经过磷酸纤维素和羟基磷灰石两步层析柱,获得了工具酶。邹国林研究室建立了一步肝素琼脂糖亲和层析法等,只经一次层析就可将粗提液中的酶纯化到工具酶所需的纯度,并将此法与 Greene 法进行了比较,所得酶比活力相似,酶的质量相似,但酶的得率要高出 1 倍。

7.2.3.6　其他有害杂质的预处理

植物组织的粗提液经常会含有大量的酚类化合物,若不立即除去,这些化合物或它们的氧化产物会与蛋白质形成不溶性复合物。一般来说,可以利用含 2%聚乙烯吡咯烷酮的缓冲液抽提植物组织,亦可用酸沉淀法除去酚类化合物。

某些含脂肪的动物材料,要先将脂肪类物质剥离,再进行绞切、匀浆。含油脂多的植物材料,要进行脱油脂处理。含果胶类的材料,要先除去果胶。诸如此类,只有将这些有害杂质先处理掉,后续的分离纯化步骤才可以顺利进行。

7.2.4　对酶性质的初步探索

选定了材料,加入抽提缓冲液,进行细胞破碎,离心后取上清液,此上清液即为酶的粗提液。当粗提液中含有有害杂质时,如上所述,要先除去杂质及预防目的酶降解,接着需要对粗提液或经硫酸铵(或 PEG)分级沉淀后得到的粗酶性质进行初步探索,这将为选择不同的分离纯化方法提供主要的依据。

在制定纯化方法时主要考虑酶的以下几个方面：等电点、相对分子质量、稳定性（包括对 pH、温度、变性剂、螯合剂、巯基试剂等）、动力学常数（包括对底物、抑制剂、激活剂、辅助因子）等。

等电点为离子交换层析提供依据。若酶的相对分子质量很大或很小，纯化最好先采用凝胶过滤法或超滤法，因为多数蛋白质的相对分子质量在 $4\times10^4\sim3\times10^5$，一步分离除掉这个范围的蛋白质，就达到了相当程度的纯化。

了解酶在各种不同条件下的稳定性有两个目的。其一，确定纯化过程中保持酶活性应维持的条件；其二，若酶对极端温度、pH、有机溶剂或变性剂表现出不寻常的稳定性，则可利用这方面的性质，通过变性条件除去粗提液中的大量杂蛋白。

一般需要测定酶在下述条件下的稳定性：① pH $2\sim10$；② 1mmol/L、10mmol/L、50mmol/L 巯基乙醇；③ 1mmol/L、10mmol/L EDTA；④ 10%、25% 甘油；⑤ 1%、2%、5%、20% 乙醇；⑥ 0.05mol/L、0.1mol/L、0.2mol/L KCl 或 NaCl；⑦ 0.3mol/L、0.6mol/L、1mol/L、2mol/L KSCN 或 NaSCN；⑧ 4℃、常温、37℃、45℃、55℃、65℃。另外，还可以测定酶对底物的 K_m 值，对抑制剂的 K_m 值，对激活剂或辅助因子的 K_m 值，这些数据能够为选择亲和层析的专一配体提供参考。

酶制备工作中，必须注意使酶以稳定的活化状态存在，在制备过程的每一个步骤都应考虑到。选用的各种稳定条件是在稳定性初步测定的基础上来确定。

多数酶的制备是在较低的温度（一般是 4～8℃）下操作，但有的酶是冷失活酶，如鸟类肝脏的丙酮酸羧化酶、细菌谷氨酸脱羧酶等，它们在 25℃ 时稳定，而在低温（如 0℃）下很不稳定，还有的酶热稳定性强，如 CuZn-SOD、α 淀粉酶等，像这类酶的制备一般是在室温下操作，自然比低温下操作要方便得多。

如果酶在甘油中能够稳定则加入甘油，因它对多数的分离纯化方法并不造成干扰。若 EDTA 或巯基乙醇使酶失活，则该酶可能含有 Zn^{2+}，可以在所有缓冲液中维持 $10^{-5}\sim10^{-6}$mol/L 的 Zn^{2+} 浓度，以防止酶分子上 Zn^{2+} 的丢失。

一些酶含有活泼的巯基，如果巯基被氧化形成分子内或分子间二硫键，常导致酶丧失活性，因此需要添加防止巯基氧化的化合物，如巯基乙醇、二硫苏糖醇、半胱氨酸、还原型谷胱甘肽、巯基乙酸等。巯基可与铅、铁、铜等重金属离子起作用，这些离子可能来源于某些化学试剂、层析材料、膜材料等，在缓冲液中加入适量 EDTA 可将有害金属离子螯合掉。

酶催化反应的最适 pH 与酶呈最稳定状态的 pH 往往不同，甚至相差一个或数个 pH 单位。酶制备过程中所用缓冲液的 pH 通常需要调节到酶最稳定时的 pH。

测定粗提液中酶的某些性质，目的是为制订酶的纯化方案提供依据，至于这些性质的精确数据，特别是 pI、相对分子质量、K_m、K_i、K_a 等，应在获得纯酶后进一步测定，以确认或校正。

7.2.5　制定酶的纯化程序

在上述工作的基础上，需要解决的问题是如何用最少的步骤将酶纯化到所需的纯度，即建立一个有效的酶纯化程序。

一般来说，应考虑下述几点：① 利用酶在分离纯化上最有利的特性；② 尽早使用一种选择性好的方法；③ 选择交换能力高的层析技术作为第一步层析；④ 不要连续使用相同的纯化方法；⑤ 将各层析步骤连接起来，并使前一步得到的样品液适用于下一步层析；⑥ 在完成酶被稀释的步骤后面要进行酶的浓缩;⑦要使每步过程的分辨能力呈递增趋势,⑧每步纯化过程后,通过酶活力和蛋白质浓度测定,监测纯化的进程。

第一点前面已介绍过,例如对极端条件的不寻常稳定性,相对分子质量特大或特小等特性应尽早利用。

第二点,现在不少酶学研究者将亲和层析材料直接加入粗提液中,取代过去常用的硫酸铵或 PEG 分级沉淀,作为初始步骤。待亲和吸附完成后,抽滤,然后经清洗,再装入层析柱进行洗脱。

第三点,要求第一步层析的材料交换能力要大,这样所用层析材料体积小,洗脱体积亦小,利于后续的层析步骤。

第四点,若连续使用同一种纯化方法,难于提高纯化倍数,反而降低了回收率。同时,将不同的层析连起来,程序更为简便。例如,凝胶过滤柱的洗脱液可直接上离子交换柱,离子交换柱的洗脱液可直接上疏水层析柱。

第五点,前一步层析洗脱液的 pH、离子强度等,应符合后一步层析柱上样的要求,否则需要进行调整,而且前后层析步骤之间要连接起来,使之成为一个完整的工艺流程。

第六点,如果采用某一种纯化方法时使酶发生了稀释,应在后续步骤中接一个酶浓缩的方法,因为酶在稀溶液中比在浓溶液中更不稳定,且体积大不利于下步分离纯化。酶浓缩的方法很多,常用的有:超滤,盐析,有机溶剂沉淀,对 25% 的 PEG20000 或 3.8mol/L 硫酸铵反透析,用干的 PEG、纤维素、葡聚糖凝胶、浓缩棒(干的棒状聚丙烯酸盐,直接加入酶液,每克棒可吸收170mL 水和其他低相对分子质量物质)脱水,电泳,冰冻干燥等。可以根据不同的情况选用不同的浓缩方法,例如盐析和有机溶剂沉淀法适用于大体积的浓缩;反透析法和 PEG 等脱水法适用于小体积浓缩;超滤是广泛采用的方法,关键在于要有合适的超滤设备;冰冻干燥一般用于最后的成品酶浓缩。

第七点,不可以把分辨能力低的步骤放在分辨能力高的步骤后面,因为这样做毫无意义。

第八点是为检测和评价一个纯化程序是否合理有效而提供必要的数据。如不合理、效率低,则应对程序进行改进。

对酶的纯化过程及结果应做完整的记录,建议采用下表形式进行记录(表 7-11)。记录数据可以为改进酶的纯化程序提供依据,还可以为他人提供可借鉴的资料。

表 7-11　酶的提纯过程记录格式

步　　骤	总体积 /mL	蛋白浓度 /(mg/mL)	蛋白总量 /mg	酶浓度 /(U/mL)	比活力 /(U/mg)	总活力 /U	产率 /%	提纯 倍数
粗无细胞抽提液	1000	12	12 000	5	0.416	5000	100	1.00
50℃热变性除杂蛋白	1000	8	8000	4.8	0.6	4800	96	1.44
硫酸铵分级,30%～50%饱和度沉淀部分	250	3	750	11	3.67	2730	55	8.83
DEAE-凝胶层析,pH梯度第 50～60 管(5mL/管)经透析、浓缩	25	9	225	88	9.8	2 200	44	23.6

步　骤	总体积/mL	蛋白浓度/(mg/mL)	蛋白总量/mg	酶浓度/(U/mL)	比活力/(U/mg)	总活力/U	产率/%	提纯倍数
DEAE-纤维素离子交换层析，KCl 梯度第 21～31 管（2mL/管）经透析、浓缩	5	7	35	364	52	1820	36.4	125
葡聚糖凝胶 G-100 凝胶过滤，第 31～40 管（1mL/管）合并	10	0.92	9.2	170	185	1700	34	444
羟基磷灰石层析，磷酸盐梯度第 15～18 管（1mL/管）合并	4	0.75	3	375	500	1500	30	1200

7.2.6　酶的保存与成型

7.2.6.1　酶的保存

最后一步纯化过程得到的酶液，需经浓缩或结晶以及其他处理，以便于保存。在合适的条件下，酶一般可保存较长的时间。

在 4℃下，可将酶悬浮在浓硫酸铵或 PEG 溶液中保存，10mg/mL 的浓酶液可加入 25%～50%甘油保存，有时需要将酶液过滤除菌，以减少微生物降解作用。丝氨酸转羟甲基酶结合于 Cibacron blue F3G-A 染料配体亲和柱上，于 4℃保存，非常稳定，类似的方法可用于其他酶的保存。需还原性巯基维持催化活性的酶，可与 1mmol/L EDTA 和还原性硫基试剂一起在液氮中保存。

许多酶在冰冻状态下保存得很好，如小等分试样（1mL 或更少），加 25%～50%甘油，保存在液氮或−80℃下，对冷敏感的酶在液氮中也可保存得很好。将酶冰冻干燥，可长期保持稳定。但许多酶难于承受冰冻干燥这一过程，因此需经过尝试，摸索出合适的条件（特别是缓冲液条件），以尽可能减少冰冻干燥过程中酶的失活。

7.2.6.2　酶的成型

酶分离纯化后，还需要制备成酶制剂，才可以作为商品进行出售和应用于其他领域。酶制剂通常有 4 种剂型：液体酶制剂、固体酶制剂、纯酶制剂和固定化酶制剂。

液体酶制剂包括稀酶液和浓缩酶液。一般除去固体杂质后，不再纯化而直接制成，或加以浓缩而成。这种酶制剂不稳定，且成分复杂，但较经济，常为某些工业用户就近使用而生产。

固体酶制剂多为粉剂、颗粒酶等，是发酵液经杀菌后浓缩或喷雾干燥制成。有的加入淀粉等填充物，用于工业生产；有的经初步纯化后制成，用于洗涤剂、药物生产。用于加工或生产某些产品时，一定要除去起干扰作用的杂酶，这样才不会影响酶本身的质量。固体酶制剂适于运输和短期保存，成本也不高。

纯酶制剂是经过纯化后的制剂，通常是结晶酶，有时也制成液体制剂。一般用于分析试剂和医疗药物，要求有较高的纯度和一定的活力，常加甘油成剂。医用酶有液体口服剂、针剂（安瓿）、片剂、酶药剂、固定化微囊等商品。医用酶还要求必须除去热源。热源属于糖蛋白，相对分子质量在 10 万以上，是菌体被污染后所分解产生的类毒素。含有这类物质的制剂注射到体内后引起体温升高。热原耐热、耐酸但不耐碱,对氧化剂敏感,可以通过吸附、柔和层析等方法除去。

固定化酶制剂是将游离酶固定于水不溶性载体上,使之在一定的空间内仍然保持催化活性。固定化酶性质更稳定,可以反复使用,提高了酶的利用率。

在潮湿和高温情况下酶制剂容易丧失活性,污染杂菌。即使是喷雾酶粉,如果包装材料不合适,在保存期间也能吸潮、结块,乃至失活,尤其在雨季时更难保存。因此,酶制剂包装材料多采用高分子聚合物(如聚乙烯塑料)薄膜双层膜袋。封装后,对延长保存期,防止结块和失活有良好的效果。各种酶制剂保存都以低温、干燥为宜。

7.3 酶纯度鉴定

酶制剂的使用目的往往不同。例如,有的是作为研究对象,有的是作为实验或生产中的试剂,有的是作为某些产品的添加剂等,因此对酶纯度的要求也就不一样。作为药品的酶制剂,有的用于口服,有的用于静脉注射等,其纯度标准亦不同。一般对酶进行化学结构分析,则要求杂质含量低于分析方法的灵敏度;若是对酶进行物理化学性质研究,则要求杂质不影响结果的正确性。如果酶制剂是用于生物制品,则要求所含杂质在体内无毒副作用;若是作为工具酶使用,则要求排除有害杂酶。因此对酶制剂制定纯度指标、进行纯度鉴定是十分重要的。本节只介绍工具酶的纯度鉴定和酶均一性的鉴定。

7.3.1 工具酶的纯度鉴定

在生化研究和临床检测等工作中经常要使用酶。如基因工程工作中,要使用Ⅱ型限制性核酸内切酶、DNA 连接酶等,在质粒 DNA 的制备工作中会常用到核糖核酸酶。又比如,用乳酸脱氢酶测定乳酸,尿酸氧化酶(尿酸酶)测定尿酸,己糖激酶测定己糖的含量等。这些在科研或实际工作中被作为工具使用的酶统称为工具酶。

作为工具酶使用的酶制剂,要求其中不能存在有害杂酶。在实验中,某些杂酶可能有害,某些杂酶可能无害,只要杂酶不干扰实验结果,这样的酶制剂就可使用,而不必去使用纯度更高、价格更贵的酶制剂,因此对工具酶的纯度鉴定实质上是对有害杂酶的分析。例如,Ⅱ型限制性核酸内切酶作为 DNA 结构分析、基因工程等工作的工具酶,其纯度的关键指标是要求酶制剂中应无内切、外切脱氧核糖核酸酶和磷酸单酯酶的存在,常用下述几种方法检测。

1. 过量酶反应电泳检测

加入过量(一般为正常使用量的 20 倍左右)的待测酶液(有时还延长保温时间),对 DNA 底物进行酶切反应,然后进行电泳检验。如呈现该酶特征性图谱,且谱带狭窄、清晰,就表示样品中无其他内切、外切脱氧核糖核酸酶存在。

2. 酶切-连接-重切试验

选取合适的 DNA 底物,用待测酶切开,然后用 DNA 连接酶连接,连接后再用待测酶酶切。如果酶切片段能被连接酶连接,连接后并能再被待测酶切开,则表明酶切形成的黏性末端是完整的,也即表明待测酶液中无外切脱氧核糖核酸酶和磷酸单酯酶的存在。

一般上述两种方法同时使用,才能对工具酶的纯度鉴定得出比较全面的结论。有时为了使结论更可靠还需补充下述鉴定方法。

3. 放射性同位素法检测脱氧核糖核酸外切酶和磷酸单酯酶

取[³²P]DNA 作底物,加正常使用量约 50 倍的待测酶液进行酶切反应。反应后加等体积 7%的三氯乙酸,离心,取上清液检测放射强度,以每单位待测酶样品释放的酸溶性放射强度小于总放射强度的 0.01%为符合标准。

7.3.2　酶均一性鉴定

如果酶样品是供氨基酸序列分析、构象测定、理化性质研究等,则要求它达到很高的纯度,或称均一程度。

7.3.2.1　酶均一性

一个酶制剂怎样才算达到了纯的程度呢? 要提出一个绝对的标准是困难的。实际工作中是采用相对的纯度标准,即在目前使用的分析鉴定方法水平上看酶制剂是否达到均一程度。因此所得均一程度的酶制剂是指在现有的方法检测下,未发现其他蛋白质杂质存在。如果酶制剂中存在一些小分子物质(如无机盐等),则不能认为该酶制剂不均一,因这些小分子物质可用透析、超滤等方法很方便地除去。

酶还存在微不均一性(microheterogeneity)现象,如在同一种酶分子中有一部分的酶分子其一个侧链酰胺基变成了羧基,或配基糖相差一个单糖等。在分离纯化过程中,有时由于内源蛋白酶的水解作用,使一种本来是单一的酶分子变成了多种具有活性的酶分子及其片段。这样给分离纯化和均一性鉴定都带来了复杂性,因此需要在分离纯化过程中尽量避免。

7.3.2.2　鉴定酶均一性的方法

本章第一节介绍的许多分离纯化方法经改造均可作为酶均一性的鉴定方法,如各种分析用电泳法、层析法、离心法等。此外,酶均一性鉴定还有许多其他方法,概括起来大致有下述几类常用的方法。

(1) 根据酶分子的大小、形状进行检测,使用的方法有凝胶过滤法、SDS 聚丙烯酰胺凝胶电泳法、超离心沉降速度法、超离心沉降平衡法等。

(2) 根据酶分子的电荷或电荷与分子大小的性质进行检测,使用的方法有等电聚焦法、聚丙烯酰胺凝胶电泳法等。

(3) 根据酶分子的化学性质进行检测,使用的方法有末端氨基酸分析法等。

(4) 根据酶分子的免疫学性质进行检测,使用的是各种免疫学方法。

只用一种方法、一个条件来鉴定酶的均一性是不够的。细胞内蛋白质种类极多,它们之间某方面性质相似是在所难免的,因此一定要尽量利用酶的多种性质,采用多种方法,从不同角度检测,这样得出的结论才可靠。

例如,酶在电泳中的迁移率往往只与其表面电荷有关,所以用电泳法检测酶均一性,最好是在几个不同 pH、不同离子强度条件下进行,若都得出均一的结果,才可以认为该酶样品在电荷性质方面是均一的。又例如,对末端氨基酸的分析应与 SDS 聚丙烯酰胺凝胶电泳法测定的亚基相对分子质量及凝胶过滤法或超离心分析法测定的酶相对分子质量结合起来。

综上所述,酶的纯度问题比较复杂。首先,对酶纯度的要求因工作需要各异。其次,酶均一性纯度,看起来似乎是个很明确的概念,但其实它只是个相对的数值,其结果一是受所用检测方法分辨率的限制,二是世界上没有绝对纯的物质,所以对具体问题要具体分析,避免简单化。

第8章

固定化酶

8.1 概述

随着酶学研究的不断深入和酶工程的发展,工业化生产的酶越来越多,酶的应用越来越广泛。酶作为生物催化剂,具有高效、专一等优点。然而,天然酶常以游离酶形式催化各种化学反应,而酶蛋白的空间结构对环境十分敏感。所以,酶用于工业催化时,存在稳定性差、难以回收的明显缺陷。由于工农业、医药行业等对酶制剂提出了更高的应用要求,为了提高酶的稳定性并使其能够重复使用,科研人员开发了酶固定化技术。

8.1.1 固定化酶的含义

固定化酶(immobilized enzyme)是指经过物理或化学方法改造后将水溶性的酶固定到特定的载体上使之成为水不溶性,并能反复连续地进行有效催化反应的酶,它又称为固相酶。固定化酶的研究早在 20 世纪 50 年代就已开始,1953 年,德国的 Grubhofer 等首次制成固定化酶。1969 年,日本的 Tosa 等首次在工业生产上应用固定化氨基酰化酶从 *DL*-氨基酸连续生产*L*-氨基酸,实现了固定化酶成功应用于工业化生产。随后,固定化酶的研究在欧洲、日本和美国兴起,并得到了飞速发展,成为一门新兴的技术学科。1971 年,在美国召开了第一届国际酶工程会议,会议论文以固定化酶居多。会议对酶的分类、固定化酶的定义作了规定。建议正式采用"固定化酶"这一术语,废除此前曾使用过的水不溶性酶、固相酶和固着酶等名称。

8.1.1.1 固定化酶的优点

固定化酶与水溶性酶相比,具有明显的优点:

(1) 固定化酶可多次重复使用,酶的使用效率提高、成本降低,即单位酶的生产力高。

(2) 固定化酶极易与反应体系(底物、产物)分离,简化了提纯工艺,而且产品收率高、质量好,分离步骤简化,可以节省资源,减少污染。

(3) 酶稳定性得到改进。在多数情况下,酶固定化后其稳定性得到提高。

(4) 固定化酶的催化反应过程更易控制。固定化酶具有一定的机械强度,可以装柱连续反应,适宜自动化生产和操作。

(5) 与水溶性酶相比,固定化酶更适于多酶反应。不仅可利用多酶体系中的协同效应使酶催化反应速率大大提高,而且还可以控制反应按一定顺序进行。

(6) 辅因子固定化和辅因子再生技术将固定化酶和能量再生体系合并使用,从而扩大了固定化酶的应用范围。

8.1.1.2　固定化酶的缺点

与此同时,固定化酶也有一些缺点:

(1)酶活回收率较低。固定化可能造成酶的部分失活,酶活力有损失。胞内酶的固定化还会增加酶的分离成本。固定化酶在长期使用后,因载体降解、杂菌污染、酶的渗漏及其他错误操作,也会致使酶失活。

(2)固定化酶一般适用于水溶性的小分子底物;大分子底物常受载体阻拦,不易与酶接触,导致催化活力难以发挥。

(3)酶催化微环境的改变可能导致其反应动力学发生变化。

(4)与完整细胞相比,固定化酶不适宜需要辅因子参加的多酶反应。

虽然固定化酶有上述不足之处,但其具备的众多优点在酶工程中占有十分重要的地位。固定化酶具有广阔的发展前景,不仅在工业生产的连续化和自动化上有重要价值,而且在生物学研究中亦具有重大意义。

8.1.2　固定化酶的活力分析

酶活力是酶催化某些化学反应的能力。测定酶活力实际就是测定酶所催化的化学反应速度。游离酶经过固定化后,大部分酶活力都会下降。可能的原因包括:①酶活性中心的重要氨基酸残基与水不溶性载体相结合;②当酶固定化时,其结构发生了变化;③酶与不溶性载体结合后,虽不失活,但空间位阻影响酶与底物的相互作用,从而导致酶反应速度降低。

固定化酶所保留下来的酶活力与固定化前的酶活力之比,称为该酶活力回收率,也叫固定化效率。酶活力的变化通常采用“相对活力”表示,即以游离酶活力为100%,同样蛋白量的酶结合在固相载体后所显示的活力百分数。固定化酶活力回收率可以通过实验测定最大反应速度,由下式求得

$$F_{im} = \frac{v'_{max} B_{im}}{v_{max} B} \times 100\% \tag{8-1}$$

式中:F_{im} 为酶活力回收率(%);B 为固定化前游离酶溶液体积;B_{im} 为制备的固定化酶湿体积;v_{max} 为固定化前酶的最大反应速度;v'_{max} 为固定化酶测得的表观最大反应速度。

固定化酶活力回收率因固定化方法不同而异。F_{im} 值按下列固定化方法顺序递减:物理吸附法/离子结合法>凝胶包埋法>微型胶囊法>共价偶联法/交联法。固定化酶活力的下降程度与载体种类、制备方法、酶作用底物、酶的种类、酶量等有关。

8.1.2.1　固定化载体与固定化酶的相对活力

固定化酶的相对活力受载体结构的影响极为重要。选择适当载体对获得相对活力较高的固定化酶非常重要。采用溴化氰活化的多糖类载体制备固定化酶时发现,载体网状结构的交联程度显著影响固定化酶的活力。网状结构的孔径稀疏程度与它们偶联的固定化酶的相对活力的大小次序一致。如网眼大小顺序为琼脂糖>葡聚糖凝胶>纤维素,它们偶联的固定化酶的相对活力也是同样次序。当淀粉酶、转化酶、胃蛋白酶分别共价结合到颗粒大小不同的同一种载体上,则颗粒较小的固定化酶有较高的活力。

8.1.2.2　固定化酶底物与相对活力

作用于大分子底物的酶被固定化后,往往由于载体的空间位阻影响了大分子底物的接近,

使其催化活力大大降低。如固定化蛋白水解酶对大分子蛋白质底物的相对活力为小分子底物的相对活力的 1/5 或 1/10。有的甚至对大分子蛋白质底物几乎没有活力,而对小分子底物的活力则几乎保留 100%。糖化淀粉酶与 CM-纤维素经化学共价固定化后,对相对分子质量 8×10^3 的直链淀粉的催化活力下降 23%;而对于相对分子质量为 5×10^5 的直链淀粉的催化活性下降 85% 以上。核糖核酸酶 T1 与 CM-纤维素的叠氮衍生物固定化后,作用于核糖核酸的相对活力仅为 2%;而作用于鸟嘌呤环磷酸的相对活力为 5%～60%。

8.1.2.3 固定化酶的专一性与相对活力

酶的专一性不同,采用同样载体、同样方法所制得的固定化酶的相对活力也不一样。如 α-淀粉酶水解淀粉链内的糖苷键,固定化后极易受纤维素载体的空间位阻的影响;而 β-淀粉酶的水解作用则是从淀粉的非还原端开始的,所以固定化后,不会受载体的空间位阻的影响。实验表明,固定化的 β-淀粉酶的相对活力较高;而固定化 α-淀粉酶的相对活力仅是固定化前的 1/3。

与游离酶相比,尽管固定化酶活力总是有不同程度的下降,但可以通过选择适当的载体(如亲水性好、网状结构较稀疏的载体)以及适宜的条件,获得相对活力较高的酶制剂。如天冬氨酸酶在其底物(延胡索酸胺)或者产物 Asp 存在时,进行聚丙烯酰胺包埋,可得到高活力的固定化天冬氨酸酶。

8.1.3 研究固定化酶的理论意义

研究酶促反应机理是阐明生物体内各种复杂代谢过程及其调控的基础。生物细胞内大多数主要代谢酶都是定位在生物膜上或亚细胞结构中,它们这种在细胞中的结合状态构成了代谢过程乃至整个生命物质运动的严密有序性的基础。

现已证明,结合在细胞膜和亚微结构中的酶,在催化性质上与水溶状态下的酶存在明显差异。为了阐明生物体内的代谢规律,需要模拟真实的体系和方法来深入研讨。固定化酶可用作研究这种结合状态酶的理论和实验模型。固定化酶的研究,有助于了解生物体内膜或微环境对酶功能的影响。从某种意义上讲,可以说是一种生物模拟。

酶的固定化技术可以改变酶的性质。如固定化辅因子,使酶不再要求游离辅因子。在底物存在下进行固定化处理,使其构象"冻结",使酶处于高底物亲和力构象状态。在效应物存在下(保护酶)进行化学固定化处理,酶的构象"冻结",从而使酶不再受效应物的影响。酶的固定化技术可以调节酶的亚基固定化和重组酶,使一些难于解离为"天然"亚基的酶得以解离,从而确定这些酶的四级结构和亚基功能。固定化酶的动力学研究,还可以为农业化学和土壤化学中常遇到的类似体系,提供有益的启迪和借鉴。

固定化酶研究成果有力推动了细胞固定化技术的发展。固定化酶技术结合亲和层析技术,应用于分子生物学研究,为酶等生物化学制剂提供快速的分离纯化手段。将为植物次生物质的工业化生产提供技术支持。

总之,固定化酶是酶工程的重要组成部分,也是酶工程的一个重要发展阶段。酶工程通常分为化学酶工程(亦称初级酶工程)和生物酶工程(亦称高级酶工程)。固定化酶属于初级酶工程。通常称天然酶制剂为第一代酶,而固定化酶则是第二代酶。第三代酶是包括辅因子再生系统在内的固定化多酶反应器,正在迅速发展。

8.1.4 固定化酶制备的一般原则

酶的催化作用取决于它的高级结构和活性中心。因此在制备固定化酶时,必须使酶活性中心的氨基酸残基不发生变化,避免导致酶蛋白高级结构破坏的操作,如高温、强酸、强碱等。制备固定化酶需要根据酶的品种、应用目的和应用环境的不同来选择不同的固定化方法,而且一般应遵循以下几个基本原则:

(1) 制备所得固定化酶必须保持原有的专一性和高效催化能力,以及在常温常压下起催化作用的特点。因此,制备固定化酶时必须在温和的条件下(如低温、最适 pH 及水溶液中)进行;尽量避免导致酶蛋白空间结构的破坏。

(2) 固定化酶应能保持甚至超过原酶活性。为此,酶和载体结合的部位不应该是酶的活性中心或维持酶高级结构的必需基团,而应尽可能预先保护这些基团。

(3) 固定化酶应有最小的空间位阻。所选载体应不阻碍酶和底物的接近,从而提高产物的产量。

(4) 固定化酶应有最大的稳定性,所用载体不能与底物、产物或反应液发生化学反应。

(5) 酶与载体必须结合牢固,使固定化酶能回收、贮藏,利于反复使用。

(6) 固定化酶应有利于操作机械化和自动化。所用载体需要有一定的机械强度,不能因机械搅拌而破碎或脱落。固定化酶成本要低,有利于工业应用。

总之,根据以上原则,结合固定化酶的具体目的,选择相应的固定化方法。目前尚没有任何一种方法完全符合上述的固定化规则,也没有一种方法适合所有的酶。

8.2 酶及辅因子的固定化

8.2.1 酶的固定化方法

酶的固定化方法常见的有 4 种类型:吸附法、载体偶联法、交联法和包埋法。各类固定化方法的特点如表 8-1 所示。

表 8-1 各类固定化方法的特点

比较项目	吸附法		载体偶联法	交联法	包埋法
	物理吸附法	离子交换吸附法			
制备难易	易	易	难	较难	较难
固定化程度	弱	中等	强	强	强
操作稳定性	易流失	较易流失	稳定	较易流失	抗剪切力弱
活力回收率	较低	高	低	中等	高
再生	可能	可能	不可能	不可能	不可能
费用	低	低	高	中等	低
底物专一性	不变	不变	可变	可变	不变
适用性	酶源广泛	广泛	较广	较广	小分子底物、医用酶

8.2.1.1 吸附法

吸附法是通过载体表面和酶分子表面间的次级键如氢键、疏水作用和电子亲和力等的相互作用而将酶固定于不溶性载体的方法,包括物理吸附法和离子交换吸附法。

1. 物理吸附法

通过氢键、疏水作用将酶吸附于不溶性载体的一种固定化方法,称为物理吸附法。该法操作简单,反应条件温和,载体可以反复使用。目前糖化酶和木瓜蛋白酶的固定化采用此方法。常用的载体有无机吸附剂:活性氧化铝、活性炭、高岭土、皂土、硅胶、磷酸钙胶、微孔玻璃等;以及有机吸附剂:淀粉、纤维素、胶原、赛璐玢、火棉胶等。物理吸附法使用的各种载体都有巨大的表面积,存在巨大的表面剩余能,能够有效吸附其他物质,包括酶;但吸附容量有差异。一般来说,无机吸附剂的吸附容量很低,常小于 1mg 蛋白/g 吸附剂。少数例外,如氧化钛包被的不锈钢粒(直径 $100 \sim 200 \mu m$)吸附 β 半乳糖苷酶可达 17mg 蛋白/g 吸附剂。有机吸附剂的吸附容量通常高一些,如火棉胶膜吸附木瓜蛋白酶、碱性磷酸酯酶以及葡萄糖-6-磷酸脱氢酶的吸附容量可达 70mg 蛋白/cm² 膜。无机吸附剂另一缺点是固定化后常引起某些酶发生吸附变性,而有机吸附剂一般不会产生这种情况。

2. 离子交换吸附法

离子交换吸附法是一种电性吸附,是酶的侧链基团通过离子键与具有离子交换基团的不溶性载体结合的一种固定化方法。常用的载体有 CM-纤维素、DEAE-纤维素、DEAE-葡聚糖凝胶,还有 TEAE-纤维素、Amberlite IRA-93、纤维素-柠檬酸盐、IR-50、Dowex-50 等。这类载体一般每克可吸收 $50 \sim 500mg$ 蛋白。中国科学院微生物研究所固定化酶组采用 DEAE-Sephadex A-50 吸附葡萄糖淀粉酶,固定化酶的表观活力为 1400U/g,活力回收率 86%～92%,果糖转化率 42%。

制备方法实例:氨基酰化酶可用于拆分 DL-型化学合成的氨基酸(如甲硫氨酸、苯丙氨酸等)。由于上述反应生成物的水溶性不同,所以简易离心法分离即得。工业生产上采用 DEAE-葡聚糖凝胶固定化氨基酰化酶,其制备方法如下:将 100L DEAE-Sephadex A-25(预先用 0.1mol/L pH 7.0 的磷酸缓冲液洗涤)与 1100～1170L 氨基酰化酶(33400 万单位)水溶液混合。35℃搅拌 10h,过滤;所得 DEAE-Sephadex-氨基酰化酶复合物用水和 0.2mol/L 乙酰-DL-甲硫氨酸溶液洗涤,即得固定化酶,它的活力为 167000～200000IU/L,活力回收率达 50%～60%。

8.2.1.2 载体偶联法

载体偶联法又称为共价结合法,此法是将酶分子的非必需基团经共价键与载体结合的方法。归纳起来有两类:一类是活化载体的有关基团,然后与酶蛋白的有关基团偶联;另一类是在载体上先接上一个双功能基团,再将酶偶联上去。就酶蛋白而言,可供反应的非必需侧链基团有:-NH₂、-OH、-SH₂、-COOH、酚环、咪唑基、吲哚基等。对载体来说,常用的载体有多羟基聚合物,如纤维素、琼脂糖、葡聚糖凝胶等;还有多氨基聚合物,如多聚氨基酸和聚丙烯酰胺凝胶;此外,还有一些其他的载体如尼龙、聚苯乙烯、多孔玻璃等。这些载体的功能基团有:羟基、羧基、羧甲基、氨基和芳香氨基等。

共价结合法与离子交换吸附法相比,优点是酶与载体结合牢固,稳定性好,利于连续使用。但是酶分子侧链与载体功能团之间,往往不能直接反应,因而反应前必须事先将载体功能基团加以活化,然后再与酶分子反应而固定。活化和偶联反应多种多样,这里简要介绍几种。

1. 重氮化法

适用于多糖类的芳香族氨基衍生物、聚苯乙烯、聚丙烯酰胺、氨基酸共聚物、乙烯二马来酸共聚物和多孔玻璃等载体。载体先用硝酸盐处理,生成重氮盐衍生物,然后在温和条件下与酶分子的氨基、咪唑基或酚羟基反应而成键。例如,多糖的芳香氨基衍生物重氮化法。我国著名酶学家邹承鲁先生曾率先将一种活性染料前体双功能试剂对-β-硫酸酯乙砜基苯胺(SESA)用于固定化酶的制备。随后其他学者运用此法研制了固定化糖化酶和核糖核酸酶(RNase P$_1$)等。其中 RNase P$_1$ 固定化酶是我国第一个用于工业生产的固定化酶。此法的固定化酶制备过程如图 8-1 所示。

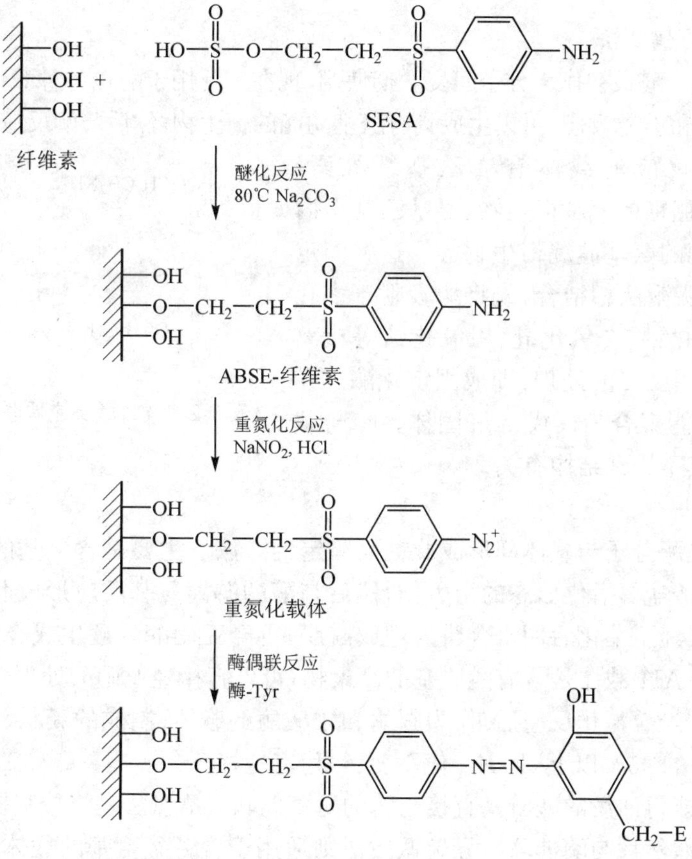

图 8-1 重氮化法制备固定化酶

此外,常用的还有聚丙烯酰胺衍生物重氮化法和多孔玻璃的氨基硅烷衍生物重氮化法。聚丙烯酰胺衍生物的商品名为 Bio-gel。多孔玻璃不易受微生物污染,机械性能好,表面积大,使用寿命长,是一类优良载体;但必须加以改造,才能使用。多孔玻璃在丙酮中与 γ-氨基丙基三乙氧基硅烷回流和加热,生成硅烷氨基衍生物;然后用对硝基苯酰氯处理,再经还原转变为芳基衍生物;最后重氮化后与酶反应(步骤同前)。

2. 芳香烃基化法

在碱性条件下,含烃基载体与均三氯三嗪等反应,导入活泼的卤素基,然后与酶的氨基、酚羟基或疏水基等偶联。均三氯三嗪的反应选择性差,三嗪环核取代基增加时,剩下的氯原子反应性能降低。双功能团试剂—氨基-4,6-二氯三嗪,极易大量制备,而且偶联于多糖载体后,产物带正电荷;因而有利于中性或碱性的酶偶联固定,其表现活力也较高。此法常用于制备酶纸、酶布,有利于工业化生产。将几种不同的酶布叠加组合成"多酶反应器"可以完成复杂的反应。

3. 溴化氢-亚胺碳酸基法

含羟基的载体在碱性条件下与溴化氢反应,生成强活性的亚胺碳酸基,然后与酶的氨基反应,生成共价结合的固定化酶。这种固定化的酶,相对活力较高,且相当稳定,制备操作简便,是最常用的方法。李慧贤等用 BrCN 活化 Sepharose 4B 偶联乳酸脱氢酶 LDH,使酶的热稳定性显著提高。

4. 戊二醛反应偶联法

双功能试剂戊二醛最初作为分子间交联剂使用,现在广泛用于酶在各种载体上的固定化。戊二醛与含伯胺基的聚合物反应,可以生成具有醛基功能的衍生物,然后与酶反应偶联(图 8-2)。

适用于这种反应的载体有二乙基纤维素、DEAE-纤维素、琼脂糖的氨基衍生物、氨基乙基聚丙烯酰胺和多孔玻璃的氨基硅烷衍生物等。这种固定化方法,还可以与吸附法相结合,先将酶吸附于多孔物质如玻璃珠、氧化铝、二氧化硅、二氧化钛等或离子交换剂上,然后用戊二醛处理,即成固定化酶。在反应中,戊二醛可能聚合为聚戊二醛固体。酶与载体的反应可能与其不饱和结构有关。

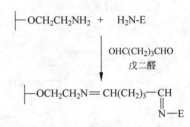

图 8-2　戊二醛反应偶联法制备固定化酶

5. 肽键结合法

肽键结合法是酶分子与载体间形成肽键而固定的方法。主要是含羧基的载体转变为酰基叠氮氯化物、异氰酸盐等活化形态的衍生物,然后与酶的游离氨基反应形成肽键。如采用叠氮法将羧甲基纤维素经甲酯化后用水合肼处理成酰肼,再经亚硝酸处理生成叠氮化合物,然后与酶偶联。Enzacryl AH 载体是含有酰肼基的高聚物,可以直接经亚硝酸处理叠氮化后再与酶偶联。聚甲基谷氨酸经叠氮化反应后,作为脲酶和尿酸酶的载体,制成的膜状、球状、线状固定化酶;可保留酶活力的 95% 以上,且 K_m 值不变、热稳定性好。

此外,酸酐法能将活泼的酸酐基直接与酶的氨基偶联。酰氯法是将羧基树脂用氯化亚砜处理生成酰氯衍生物,然后与酶偶联。异硫氰酸法则适用于含芳香氨基的载体,先用硫芥子气处理,生成异硫氰酸盐衍生物,其产物极易在温和条件下与酶的氨基反应。

8.2.1.3　交联法

利用双功能或多功能试剂使酶分子之间或酶蛋白与其他惰性蛋白之间发生交联,凝集成网状结构而成固定化酶,称为交联法。此法与共价结合法一样也是利用共价键固定酶,所不同的是它不使用载体。参与交联反应的酶蛋白的功能团有 N 末端的 $\alpha-NH_2$、Lys 的 $\epsilon-NH_2$、Cys-SH、Tyr-OH 和 His 的咪唑基等。由于酶蛋白的这些功能团参与此反应,所以酶的活性中心结构可能受到影响,从而导致酶活性显著降低或失活。采用交联法成功制备的固定化酶有糖化酶、溶菌酶、羧肽酶、核糖核酸酶、木瓜蛋白酶、胰蛋白酶等。

作为交联剂的试剂很多,如戊二醛、二重氮联苯胺-2,2'-二磺酸、4,4'-二氯-3,3'-二硝基二苯砜等为"同型"双(多)功能试剂;功能基团不相同的"杂型"双(多)功能试剂有 1,5-二氟-2,4-二硝基苯、三氯-O-三吖嗪、甲苯-2-异氰酸-4-异硫氰酸盐等。最常用的是戊二醛,它与酶的游离氨基反应,形成 Schiff 碱而使酶分子交联。

　　交联法反应条件一般比较激烈,固定化酶活回收率较低,降低交联剂浓度和缩短时间将有利于提高固定化酶比活力。交联法单用时,所得固定化酶颗粒小、机械性能差、酶活性低;通常与吸附法或包埋法联合使用。如使用明胶(蛋白质)包埋,再用戊二醛交联,或先用尼龙(聚酰胺类)膜或碳、三氧化二铁等吸附后再交联。又如吉鑫松等采用明胶戊二醛法制备了脲酶固定化酶。李晓阳、王厚行报道了常用的医用材料 GJ 型丙烯酸酯法制备固定化酶的方法,认为是一种很有前途的固定化酶的方法。只需将酶溶液与载体(单体)溶液混合即成,而且容易成型,可用于不同的目的。几分钟到几十分钟即可固定成型,付诸使用。此法制备的固定化脲酶,在pH 8.5 的缓冲溶液及底物中连续浸泡近 250h,仍保持相当高的酶活力。壳聚糖及聚电解质(如聚乙烯基吡啶与聚甲基丙烯酸复合物)、淀粉衍生物等作为载体的研究报道不少。

8.2.1.4　包埋法

　　该法是将聚合物的单体与酶溶液混合,再借助于聚合促进剂的作用进行聚合,酶被包埋在聚合物中以达到固定化。包埋法一般很少改变酶的空间构象,因为它不需要与酶蛋白的氨基酸残基结合。因此,酶活回收率较高,可应用于许多酶的固定化。但是此法只适用于小分子底物和产物的酶催化反应,因为只有小分子反应底物或产物,才可以通过高分子聚合物进行扩散。常见的包埋法有以下两类。

　　1. 格子型包埋法

　　以聚丙烯酰胺(PAG)包埋法为例,包埋酶的制备与 PAGE 凝胶制备类同。即将 1mL 溶于适当缓冲液的酶液,加于 3mL 含 750mg 丙烯酰胺单体和 40mg N, N'-甲叉双丙烯酰胺的溶液中,再加 0.5mL 5%的二甲氨基丙腈和 1%的过硫酸钾,作为加速剂和引发剂,混匀保温(23℃)10min,即成含酶凝胶。此胶孔径 1.0～4.0nm,底物和产物可进出凝胶网眼,而酶分子不透出。PAG 的包埋容量在 10～100mg(蛋白)·g^{-1}(单体)之间。如王厚行等人研制的脲酶电极,制作十分方便;只需将适量脲酶溶于 PVC(聚氯乙烯)制成胶液,将电极浸入,取出干燥后即涂上了酶膜。

　　2. 微囊型包埋法

　　该法以超滤用的半透膜包裹含酶的液滴而成。它大多用于医疗,如天冬酰胺酶可以做成囊型酶使用。按制作特征微囊型包埋法可分为 4 种:液体干燥法、界面聚合法、分相法和液膜(脂质体)法。

　　(1)液体干燥法是将一种聚合物溶于一种沸点低于水,且不与之混合的溶剂中,加入酶的水溶液并用油溶性表面活性剂为乳化剂,制成乳化液。把它分散于含有明胶(或丙烯醇)和表面活性剂的水溶液中,不断搅拌下真空干燥,即成含酶微囊。常用的聚合材料为乙基纤维素、聚苯乙烯、氯橡胶等。常以苯、环己烷和氯仿为溶剂。微囊制备的酶几乎不失活。此法曾成功制备了过氧化氢酶、脂肪酶等的乙基纤维素和聚丙乙烯微囊。

　　(2)界面聚合法是将疏水和亲水单体在界面进行聚合,使酶包被其中而成。具体方法:用一种与水不混合的有机溶剂将酶的水溶液和亲水单体混合做成乳化液;再将溶于同一有机溶剂的疏水单体溶液,在搅拌下加入上述乳化液中。这样,在乳化液中的水相和有机溶剂相之间的界面发生聚合反应;水相中的酶即被包被于聚合膜内。如将亲水单体乙二醇或多酚与疏水单体多异氰酸酯结合而成聚脲膜。采用聚脲成功制备了天冬酰胺酶、脲酶等微囊。

　　(3)分相法又称界面凝聚法,是利用某些高聚物在水相和有机相界面上有极低溶解度,因而易形成皮膜将酶包被的方法。如将含酶水溶液在含有硝酸纤维素的乙醚溶液中乳化分散,然后一边搅拌,一边滴加能和乙醚互溶但不能溶解硝酸纤维素的另一有机溶剂苯甲酸丁酯。这时乳化液滴周围的硝酸纤维素凝聚成膜囊,而将酶的水溶液包围其中。如乙基纤维素可用四氯化碳溶解,而用石油醚使乳滴凝聚成微囊。

(4)液膜法或脂质体(Liposome)法,这是由表面活性剂和卵磷脂等形成脂质囊包埋酶液的方法。此法的最大特征是底物或产物穿过液膜时,与膜的孔径无关,而与其对膜组分的溶解度有关。

脂质体包埋法的过程为:先将磷脂酰乙醇胺、胆碱-丝氨酸和卵磷脂-胆固醇以一定的比例混合,然后直接喷入酶溶液,或者先在转瓶内壁分散成薄膜再加入酶溶液。当两相迅速混合时,就会自发形成脂质体囊泡结构,酶分子或分布于脂质双层结构中,或附着于脂质体表面。脂质体的特点是具有一定的机械性能;能专一地将酶携带到体内特定部位如网状内皮系统,再将酶释放;脂质体还可和某些物质如抗体结合赋予其定向运转特性,因此颇受重视。如 Li 等通过醛基偶联将纤维素酶固定到脂质体膜的外围,获得脂质体修饰的纤维素酶活性明显高于直接采用脂质体包埋的纤维素酶。他们还将修饰后的纤维素酶共价固定到壳聚糖凝胶微球上,制备的这种固定化酶可以水解任何可溶性或不溶性纤维素,其催化效率都高于常规方法制备的固定化纤维素酶(图 8-3)。

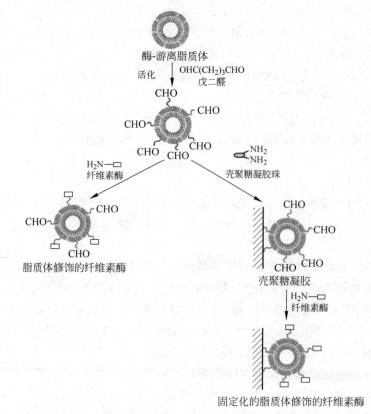

图 8-3　脂质体修饰的纤维素酶和固定化的脂质体修饰的纤维素酶

综上所述,4 种酶固定化方法各有所长,其中包埋法是相对较好的一种。通常几种方法联用,往往效果更好。无论采用何种方法,固定化酶的稳定性是首要考虑的因素。此外,酶、载体及试剂的费用、操作难易等与工业化有关的因素也必须加以考虑。包埋法制备固定化酶除包埋水溶性酶外,还常包埋细胞制成固定化细胞。例如可用明胶及戊二醛包埋具有青霉素酰化酶活力的菌体,可连续水解青霉素前体,工业生产 6-氨基青霉烷酸。

8.2.2　辅因子及偶联酶系的固定化

8.2.2.1　辅因子固定化的意义

辅因子类物质是一些全酶的组成成分,参与催化反应。辅因子有以下几个特点:①辅因子和相应脱辅酶有一定的亲和性;②脱辅酶需要有相应的辅因子才表现出活性;③辅因子本身也有很弱的催化活性,而且它们一旦与特定的高分子物质相结合时催化效力会大大升高。因此将其固定化,一方面是固定化酶的必需;另一方面,固定化辅因子可以提供酶的亲和吸附剂。还可能为研制“人工酶”提供实验模型,甚至可以将某些酶的催化性质改变,如改变其底物特异性和热稳定性。

8.2.2.2　辅因子固定化方法

辅因子固定化一般采用共价偶联法,或将其进行适当的化学修饰后进行包埋。NAD、NADP 等吡啶核苷酸类以及 ADP、ATP 等辅因子都含有腺嘌呤核苷。当固定化时,腺嘌呤分子中的 $6-NH_2$、C6、C8 可以先加以化学修饰(如 BrCN 联结法、重氮盐法等)后,再以葡聚糖凝胶、可溶性右旋糖酐为载体进行包埋固定化。核苷的 $2'-OH$、$6-NH_2$、C8 位又是可供直接偶联的反应部位(图 8-4)。磷酸吡哆醛(PLP)是一个效应剂,也有固定化的报道。

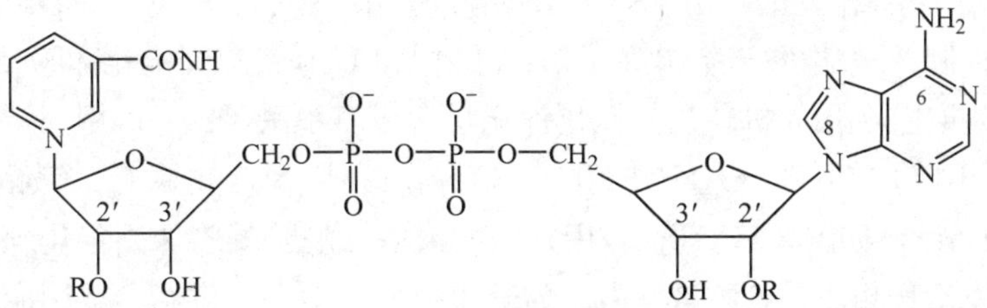

图 8-4　NAD(P^+)可供偶联反应的部位

辅因子常用的固定化载体,有琼脂糖、纤维素、合成高分子材料及微孔玻璃等不溶性物质;还有海藻酸以及葡聚糖、聚氨基酸或聚乙烯胺等不溶性材料。固定化反应常用重氮化、卤代烷基化和 BrCN 反应等,分别与吡哆醛的 C-6、N-1 或 3-OH 发生偶联;或与腺苷的 $2'-OH$、$6-NH_2$ 反应;腺嘌呤 C-8 位偶联产物,常以硫醇衍生物形式制备。固定化辅因子可作为亲和色谱的固定化配基,用于分离纯化需要这些辅因子的酶。

8.2.2.3　亲和固定需辅因子的全酶

需要辅因子的全酶其脱辅酶和辅因子之间有较强的亲和力。因此这类酶的固定化,可以用溴化氰活化法或重氮化或烷基化法,直接将脱辅酶共价结合于载体。为维持正常的催化作用,必须不断向反应系统补充辅因子。另一种方法是将辅因子固定化,然后将脱辅酶亲和吸附上去。但是这种吸附亲和力很弱,不足以达到固定化目的。因此,需要适当的方法将其加固,而加固措施又会丧失活性中心或必需基团。由此可见,这种亲和固定化法仅适用于多亚基(多活性中心)的酶,固定化用去其中的一个活性中心,还有其他亚基可行使催化功能。例如色氨酸酶(Trpase)有 4 个亚基、4 个活性中心;酪氨酸酶(Tyrase)也是 4 亚基,但只有 2 个活性中心。它们都以 PLP 为辅酶。有人将 PLP 偶联于琼脂糖上,然后利用它的 4 位醛基(这是催化功能基团)与脱辅酶的 $\varepsilon-NH_2$ 形成 Schiff 碱而固定化。同时,用 $NaHB_4$ 将 Schiff 碱还原而加固。

随着辅因子固定化研究获得成功,固定化酶的应用范围进一步扩展。如利用固定化的脱氢酶可将固定化 NADH 再生为固定化 NAD。利用半透膜能将固定化 NAD 保留在反应器内。这样,在反应过程中,固定化 NAD 不断变成固定化 NADH,又不断再生为固定化 NAD,以满足反应的需要。近年来,科学家成功地用亮氨酸脱氢酶将酮基异己酸转变为亮氨酸;同时使固定在 PEG-2000 上的 NADH 氧化为 NAD,再利用甲酸脱氢酶在以 Amiconym 5 超滤膜制作的反应器内连续反应 2 个月,酶系统效率不降低,辅因子可利用 80 000 次。

8.2.3　固定化多酶反应系统

上述都是固定化单一的酶反应。对于需辅酶的酶,即使将辅因子固定化,减少了昂贵的辅因子流失;但辅因子参与反应后,发生了氢或其他基团的转移,如不能再生,还需补充。有些产品的生物合成,往往需要多步酶促反应才能完成。因此,当务之急需要制备固定化多酶反应系统。作为机体代谢调控的理论研究,也需要固定化多酶反应系统进行模型研究。经过多年的研究,已经取得了很大进展。如辅酶再生系统,有醇脱氢酶-NAD-乳酸脱氢酶固定化反应系统、葡萄糖-6-磷酸脱氢酶-NAD-苹果酸脱氢酶(MDH)或谷氨酸脱氢酶固定化反应系统、心肌黄酶-NAD-乙醇脱氢酶固定化反应系统、苹果酸脱氢酶-乳酸脱氢酶-柠檬酸缩合酶(CS)-NAD 反应系统等。后者如图 8-5(a)所示。这个反应系统不仅是 NAD 再生系统,而且因 MDH 和 CS 固定化于同一载体,MDH 催化反应的产物草酰乙酸再由 CS 催化,迅速与乙酰 CoA 反应生成柠檬酸,克服了草酰乙酸对 MDH 的产物抑制,使柠檬酸产率提高 1 倍;再加上 LDH,三酶固定化体系使柠檬酸增加了 3 倍。又如 ATP 的再生,利用无机磷酸与氰化钾化学合成氨甲酰磷酸;再用固定化氨甲酰磷酸激酶催化 ADP+NH$_2$CO-PO$_3$H$_2$→ATP+NH$_3$+CO$_2$,而利用固定化腺苷酸激酶和乙酸激酶,使 ATP 再生则更为巧妙。如图 8-5(b)所示,用含铁的聚丙烯酰胺凝胶珠固定化腺苷酸激酶(E$_1$)和乙酸激酶(E$_2$),使 ATP 再生。乙酰磷酸由乙烯酮和磷酸化学合成供给。美国麻省理工学院用这种再生系统,以其相应的酶系,完成了酶法合成短杆菌肽 S(一种环状十肽)的研究。他们设计的 ATP 再生酶反应器由三部分组成。第一部分固定化两个酶系,组成一个反应器,底物氨基酸在此经过这两个酶系催化合成短杆菌肽 S。每合成一分子环状短杆菌肽 S,需消耗 10 分子 ATP,同时产生 10 分子 AMP 及 10 分子磷酸,所产生的 AMP 可经过第二部分生成 ATP 再返回使用。第二部分主要是通过固定化两种酶(腺苷酸激酶和乙酸激酶)来达到再生的目的。所需要的乙酰磷酸由第三部分供给,第一部分产生的磷酸在第三部分与乙烯酮进行化学反应生成乙酰磷酸。

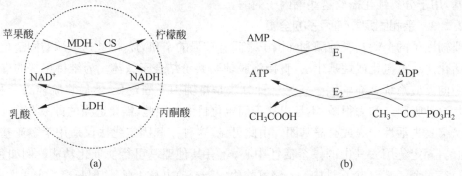

(a) 辅酶再生系统:MDH—苹果酸脱氢酶;LDH—乳酸脱氢酶;CS—柠檬酸缩合酶;

(b) ATP 再生系统:E$_1$—腺苷酸激酶;E$_2$—乙酸激酶

图 8-5　辅酶再生与 ATP 再生的多酶系统

随着科学技术的发展,人们可能将多种酶固定化后制成多酶反应器来模拟微生物细胞的多酶系统,进行多种酶的顺序反应来合成各种产物。此技术已经呈现出良好的应用前景。固定化技术的发展,使酶可像无机催化剂一样被反复使用,可进行顺序的连续反应,完全可以代替微生物发酵来生产发酵产品。

8.3　固定化酶的性质

酶从游离状态到固定化状态后,由于受到载体等的影响,酶的活力及其他性质均与游离酶有很大不同。固定化过程中,由于酶与载体相互作用,引起酶分子构象发生某种扭曲,从而导致酶与底物的结合能力或催化能力发生改变。在大多数情况下,固定化致使酶活性不同程度下降;在共价结合法和吸附法制备固定化酶时,表现尤为突出。不仅酶分子本身,而且酶反应的环境和条件也发生改变。因而,固定化酶的性质与溶液酶大相径庭。酶反应的微环境改变,导致与微环境密切相关的分配效应和扩散限制也发生改变。这些效应具体表现在酶的动力学性质、酶促反应影响因素、酶的稳定性以及酶的底物专一性等方面。下面就固定化酶反应条件的变化、固定化酶的动力性质和稳定性等作简要介绍。

8.3.1　固定化酶反应条件的变化

游离酶经过固定化以后,其催化反应特征变化相当大。具体表现主要有以下几方面。

8.3.1.1　固定化酶活力变化

游离酶固定化后,酶活力往往下降。例如李增吉等(1993)采用 DEAE-纤维素直接吸附天冬氨酸酶,其酶活力回收达 90%;以聚乙烯基吡啶与聚甲基丙烯酸复合物包埋同一酶;当加酶量为每克复合物 8.4mg 和 16.8mg 时,酶活力回收分别可达 87% 和 94%。姜涌明等同年用壳聚糖作载体,戊二醛作偶联剂,分别对木瓜蛋白酶、AS. 1.398 中性蛋白酶、胰蛋白酶和胃蛋白酶进行固定化,在最佳条件下,固定化酶的活力回收率分别为 47%、74%、50% 和 55%。

8.3.1.2　固定化酶催化最适条件的变化

酶固定化后,最适反应条件包括最适 pH 和最适温度都会发生变化。许多实验证明酶固定化后,由于酶蛋白或水不溶性载体的电荷发生变化,其最适 pH 和 pH-酶活性曲线会发生偏移。如天冬氨酸酶固定于疏水载体 N-烷基琼脂糖珠后,酶的最适反应 pH 与游离酶相比,提高了 0.4 个 pH 单位,为 pH 8.9。胰蛋白酶经戊二醛固定化于脱乙酰壳多糖载体后,最适 pH 范围加宽,由原来的 pH 8.0 变为 pH 7.0~9.0。另外有实验证明固定化酶最适 pH 移向酸侧。如 DEAB 纤维素固定化的蔗糖酶、ATP 脱氢酶,其最适 pH 比固定化前向酸性一侧移动 2 个 pH 单位。可能的原因:当酶结合到聚合阳离子载体上,酶蛋白质的阳离子数增多,从而造成固定化酶反应区域 pH 比外部溶液的 pH 偏碱。

固定化酶的最适反应温度一般来说都会提高。如汤亚杰等以交联法用壳聚糖固定胰蛋白酶,其最适温度为 80℃,比固定化前提高了 30℃。用离子键合法使氨基酰化酶与 DEAB 纤维素结合后,最适温度为 67℃,比游离酶提高了 7℃;若用离子键合法与 DEAE-葡聚糖凝胶结合后,其最适温度高达 72℃,比游离酶提高了 12℃。固定化天冬氨酸酶最适反应温度为 50℃,提高了 5℃;CM-纤维素叠氮衍生物固定化胰蛋白酶和胰凝乳蛋白酶的最适温度则比游离酶高 5~15℃。有的酶固定化后最适温度不发生改变,如壳聚糖固定化胃蛋白酶。

8.3.1.3 固定化酶米氏常数和最大反应速度的变化

固定化酶米氏常数的变化是考察酶与底物的反应性能的重要参数。表 8-2 列出了一些固定化酶 K'_m 值与游离酶 K_m 值的比值。

表 8-2 一些固定化酶米氏常数的变化

酶	载体	固定化方法	底物	K'_m/K_m
无花果酶	CM-纤维素	肽键结合法	苯甲酰将氨酸乙酯	0.9
肌酸激酶	CM-纤维素	肽键结合法	ATP、肌酸	10
	对氨基苯纤维素	肽键结合法	ATP	1.2
天冬氨酸转氨甲酰酶	尼龙或聚脲	微囊	Asn	100
木瓜蛋白酶	火棉胶	酶膜(470μm)	苯甲酰精氨酰胺	4.8
		酶膜(155μm)		1.8
		酶膜(49μm)		1.1
	Phe-Leu 共聚物	肽键结合法		1.0
碱性磷酸酯酶	火棉胶	酶膜(8.8μm)	P-硝基苯磷酸	306
		酶膜(2.6μm)		89
		酶膜(1.6μm)		54

从表 8-2 中可以看出：不同载体、不同固定方法可以使米氏常数发生不同程度的改变；不同的酶用相同的载体、相同的固定化方法固定化，米氏常数也有不同的变化。一般来说，酶固定化后，K_m 值都表现为增大，即 K'_m/K_m 大于 1。前述壳多糖固定化木瓜蛋白酶、中性蛋白酶和胰蛋白酶的 K'_m/K_m 均约为 2；陈尊等报道用淀粉接枝丙烯腈和丙烯酰胺载体偶联法固定糖化酶，K'_m/K_m 亦为 2。但是也有例外，如 CM-纤维素固定化无花果蛋白酶 $K'_m < K_m$。K_m 值的变化有各种解释，但主要从载体电荷性质与底物电荷性质的异同来推测。如 CM-纤维素为多价阴离子载体，无花果酶的底物苯甲-L-精氨酸乙酯带正电荷，故静电引力作用有助于底物向酶分子移动，表观 K_m 值减少。微囊固定化酶多表现为 K_m 值增大现象，推测因底物进入微囊的障碍所造成的浓度低于游离酶的底物浓度可能是重要原因。

固定化酶的最大反应速度(v'_{max})与游离酶的 v_{max} 值大多基本相同，少数例外。如用多孔玻璃的重氮化结合法制备的固定化转化酶的 v_{max} 没有变化，而用聚丙烯酰胺凝胶包埋的同一种酶的 v_{max} 值则降低了 1/10。用二氯-S-三嗪纤维素的烷基化作用固定 β-半乳糖苷酶的 v_{max} 则比溶液酶的 v_{max} 值增大了 30 倍。

总之，固定化酶的反应特征与溶液酶相比，总会在某些方面有所不同，引起这种变化的机理值得深入探讨。

8.3.2 固定化酶的动力学性质

固定化酶的动力学性质，已有一些定量讨论。这里不引述繁杂的数学推导，仅简要介绍分配效应和扩散效应对动力学参数的影响。

8.3.2.1 分配效应的影响

分配效应的影响通常用分配系数(ρ)来描述：

$$\rho = [S_i]/[S] \tag{8-2}$$

式中[S$_i$]和[S]分别表示底物或其他效应物在微环境中的局部浓度和宏观体系中的总体浓度。对最简单的固定化酶而言,其动力学特性一般服从米氏方程。当反应系统进行充分搅拌,消除外扩散限制影响,只考虑分配效应的影响,则反应速度可表示如下:

$$v = \frac{v_{max}[S_i]}{K_m + [S_i]} = \frac{v_{max}[S]\rho}{K_m + [S]\rho} \tag{8-3}$$

分子分母同时除以 ρ,则为

$$v = \frac{v_{max}[S]}{\dfrac{K_m}{\rho} + [S]} = \frac{v_{max}[S]}{K'_m + [S]} \tag{8-4}$$

这里 $K'_m = K_m/\rho$;这表明分配系数的影响改变了 K_m。K'_m 是分配效应影响下的表观米氏常数。由式 8-2 和 8-4,可以看出[S$_i$]<[S],则 $\rho<1$,$K'_m>K_m$,表明固定化作用降低酶对底物的亲和力。

通过载体和底物电荷性质、离子强度和 pH 对分配效应的影响讨论,可以得出如下一般性规律:①载体与底物带相同电荷时,相互排斥。[S$_i$]<[S],$K'_m>K_m$,产物和其他效应物的情况也类似。②当载体带正电荷时,局部 H$^+$ 浓度低于总体浓度,[S$_i$]变大,K'_m 变小,即酶活力—pH 曲线向酸性方向偏移;反之,离子载体将向碱性方向偏移。通过提高反应系统的离子强度,可以减弱或消除上述效应。当离子强度等于载体电荷基团浓度时,$K'_m=K_m$。③采用疏水性载体时,如底物为极性物质,则[S$_i$]小,$K'_m>K_m$;如底物为疏水性物质,则 $K'_m<K_m$。其他效应物亦然。

8.3.2.2 扩散限制效应

扩散包括外扩散和内扩散两方面。这与离子交换色谱相似,只不过离子交换色谱的交换过程是酶分子向交换剂颗粒表面及网眼内部移动;固定化酶发生移动的物质是底物分子向固定化酶颗粒表面和内部移动的过程。酶固定化后,由于扩散限制,使得酶往往不能得到宏观体系相同水平的底物,因而观测的实效反应速度,常低于理论预期水平。对于这种影响,通常引用实效系数 η^0 进行定量讨论。

$$v = \eta^0 v_p \quad \text{或者} \quad \eta^0 = \frac{v}{v_p} \tag{8-5}$$

式中 v 为实效反应速度,v_p 为理论预期反应速度,即由溶液酶的米氏方程确定的速度。于是由 $v_p = \dfrac{v_{max}[S]}{K_m + [S]}$ 得式(8-6)。

$$v = \eta^0 \frac{v_{max}[S]}{K_m + [S]} \tag{8-6}$$

外扩散实际上包括分子扩散和对流扩散两部分。动力学分析指出,外扩散限制效应影响下,酶反应实效速度一般低于酶促转化动力学规定的速度。因此,这种扩散限制可以看作是一种抑制效应,可称为扩散抑制。内扩散限制对酶反应动力学的影响比外扩散限制更重要。动力学理论分析所得出的一些主要结论有以下 3 点:

(1) 底物和其他效应物的相对分子质量对扩散速率的影响分析表明,固定化酶作用于相对分子质量高的底物比低的底物实效反应速度下降程度比溶液酶更大。

(2) 载体结构的影响分析表明,内扩散限制取决于载体的孔隙率、孔隙半径、孔隙曲折程度。即底物的内扩散系数与载体孔隙率成正比,与底物在宏观体系中固有的扩散系数成正比,与载体孔隙的曲折系数成反比,与载体膜厚度或载体颗粒半径的平方成反比。

(3) 内扩散限制与酶反应固有速度有关。即固有反应速度 v_p 大,酶反应的底物转移系数也大,当 $[S]$ 小于 $0.1K_m$ 时,η^0 大,则酶反应速度也大。关于固定化酶动力学性质的数学推导,可以参阅有关专著。

8.3.3 固定化酶稳定性

稳定性是关系到固定化酶能否实际应用的关键。固定化酶的稳定性一般比游离酶的好,这非常有利于工业生产。大多数酶固定化后,其稳定性增强、使用寿命延长;但是如果固定化过程使酶活性构象的敏感区受到牵连,也可能导致稳定性下降。

8.3.3.1 固定化酶稳定性的影响因素

1. 固定化酶的热稳定性

热稳定性对工业应用非常重要。酶和普通化学催化剂一样,温度越高,反应速度越快。但是酶是蛋白质,一般对热不稳定。大多数酶经固定化后,热稳定性提高。如胰蛋白酶、脲酶、乳酸脱氢酶、氨基酰化酶等固定化后,热稳定性都比游离酶高。以氨基酰化酶为例,天然的游离酶溶液在 70℃加热 15min,其活力全部丧失;当它固定于 DEAE 纤维素后,在相同条件下却可保存 60%的活力;而固定于 DEAE 葡聚糖后则可保存 80%的活力。但是,也有固定化后耐热性反而下降的例子。如 DEAE-纤维素离子交换结合的转化酶,40℃加热 30min,其剩余活力仅为4%;而游离酶在相同情况下其活力为 100%。同时,酶固定化增强了对蛋白酶的抵抗力。例如采用尼龙或聚脲膜或聚丙烯酰胺包埋的天冬酰胺酶,对蛋白酶极为稳定;而游离酶在同样条件下,几乎全部失活。

2. 固定化酶对化学试剂的稳定性

大多数情况下,酶固定化都增强了对化学试剂的耐受力。如游离酶经固定化后,在尿素、有机溶剂和盐酸胍等蛋白质变性剂的作用下,仍可保留较高的酶活力。如 CMC 偶联的胰蛋白酶,在 3mol/L 脲中的保存活力为 120%;游离酶只有 60%。采用 DEAE-葡聚糖交换吸附法制备的固定化氨基酰化酶,在 6mol/L 尿素、4mol/L 丙醇、2mol/L 盐酸胍中,保存活力分别为146%、138%和117%;而游离酶在相应条件下,保存活力仅为 9%、55%和 49%。尿素、盐酸胍这样的蛋白质变性剂,不仅没有损失固定化酶的活性,反而提高酶活性的现象,这可能与酶的柔顺性增加有关。个别酶如葡萄糖淀粉酶固定化后,对某些抑制剂更为敏感。

3. 固定化酶的操作稳定性和贮藏稳定性

大多数酶固定化后,操作稳定性和贮藏稳定性都明显提高。这种稳定性通常以半衰期表示,它是固定化酶的一个重要特性参数。一般说来,半衰期在一个月以上,才有工业应用价值。例如三醋酸纤维素包埋的转化酶,在 25℃操作 5300 天,活力仅丧失一半。但重氮化结合于多孔玻璃的葡萄糖异构酶,60℃下的半寿期只有 14 天。还有贮藏稳定性下降的例子,如游离核苷酶 4℃下保存一周,活力不减;而共价固定化酶(载体苯乙烯马来酐)则丧失 50%活力。固定化方法不同,所制得的固定化酶的操作稳定性也有差异。固定化酶制成后,最好立即使用,如长期保藏,活力会下降。但如果保藏方法得当,也可以较长时间保持酶活力。如固定化胰蛋白酶20℃可保存数月,活力尚不损失。

8.3.3.2 提高固定化酶稳定性的途径

探讨固定化过程增强酶稳定性的机制,从中寻求提高固定化酶稳定性途径日益受到关注。

不少研究者作了有益探索,主要有以下几点。

1. 化学修饰法

化学修饰增加了酶分子与载体相反的电荷。例如乙酰酐和琥珀酰酐作为酶的酰化剂,酶经酰化后与阴离子交换剂 DEAE-纤维素结合。此法制备的固定化葡萄糖淀粉酶在 55℃条件下可糖化可溶性淀粉,经过 7.5h,酶活力保留 71%;而未经酰化的固定化酶活力只保留了 17%。同时,增强了载体凝胶多孔性和结构有序性。在研究角叉菜胶(卡拉胶)的结构与其包埋的异构酶热稳定性的关系时,发现含硫酸根多的角叉菜胶,具有较好的孔隙性和结构上的有序性。这种有序性与酶对底物的亲和力呈正相关。在制备固定化酶时,添加氨基葡萄糖,可提高胶的结构有序性,同时得到了理想的酶稳定性。

2. 固定化酶与生物大分子作用改变微环境

固定化酶与大分子核酸或惰性蛋白形成复合物能够有效提高稳定性。在研究固定化核苷酸磷酸化酶微环境对酶稳定性的作用时,证明固定化酶与其反应产物大分子核酸形成的复合物,对酶的稳定性起重要作用。同时,研究固定化葡萄糖氧化酶的稳定性指出,在固定化过程中,添加惰性蛋白质,以 1:10(酶:Hb)的比例添加血红蛋白,提高酶活性效果最为明显。这可能是惰性蛋白质提供了对酶更为有利的微环境。

3. 联合固定化消除产物抑制

葡萄糖氧化酶氧化葡萄糖的产物之一为过氧化氢,易使该酶钝化;如果同时固定化葡萄糖氧化酶(GOD)和过氧化氢酶(CAT),当 CAT/GOD 为 27 时,固定化双酶使葡萄糖氧化酶半寿期延长了 12 倍。25℃连续使用 36h 活力不变,半寿期达 1155h(约为 48 天)。研究表明,在底物中添加还原剂可以提高葡萄糖氧化酶的稳定性;其中维生素 C 效果最为显著。此外,制备固定化酶时,在包埋胶中添加 CMC 或纤维素,适当的高温处理包埋胶,使包埋胶球形化,都是增强机械强度的有效途径。

8.3.4　固定化酶反应器的类型

酶反应器(enzyme reactor)的种类很多,分类方式多种多样。根据酶应用形式的不同,可分为游离酶反应器和固定化酶反应器;根据几何形状或结构可分为罐型、管型、膜型 3 类;按其功能结构可分为膜反应器、液固反应器及气液固三相反应器 3 类。根据进料和出料方式,可以概括为两种类型:分批搅拌式反应器(BSTR)与连续流式反应器(CFR)。后者又有两种主要形式:连续流搅拌桶(罐)反应器(CSTR)和填充床反应器(PFR);还有一些衍生形式:连续流搅拌桶-超滤器组合式反应器(CSTR/UFR)、循环反应器(RCR)和流化床反应器(FBR)等。这里只简要介绍几种主要的酶反应器。

8.3.4.1　连续搅拌罐式反应器

连续搅拌罐式反应器是批量式反应器的衍生形式。它们都装有搅拌系统,反应器中的组成成分能充分混合,均一分布。故通常采用颗粒状固定化酶或酶片。连续搅拌罐式反应器只适用于固定化酶的催化反应。将固定化酶置于罐内,底物溶液连续从进口进入,同时,反应液从出口连续流出。在反应器的出口处安装筛网或其他过滤介质,以防止固定化酶的流失。连续搅拌罐式反应器结构简单、操作简便,反应条件容易控制,底物与固定化酶接触较好,传质阻力较低,是一种常用的固定化酶反应器。

8.3.4.2 床式反应器

床式反应器包括填充床式反应器、流化床式反应器和鼓泡式床式反应器3种。填充床式反应器是将颗粒状或片状的固定化酶填充在柱形的固定床中所构成的固定化酶反应器[图 8-6(a)]。填充床反应器中的固定化酶堆叠在一起,底物溶液按照一定的方向以一定的速度流过反应床,通过底物溶液的流动,实现物质的传递和混合。流化床式反应器是一种适用于较小颗粒固定化酶进行连续催化反应的反应器。它先将颗粒状固定化酶置于反应器中,底物溶液以一定的流速从反应器的底部连续流入,反应液同时从反应器的顶部连续排出,依靠流体的作用在保持悬浮翻动状态下进行催化反应[图 8-6(b)]。鼓泡式床式反应器是一种无搅拌装置的反应器,利用从反应器底部通入的气体产生的大量气泡促使反应底物与酶混合[图 8-6(c)]。

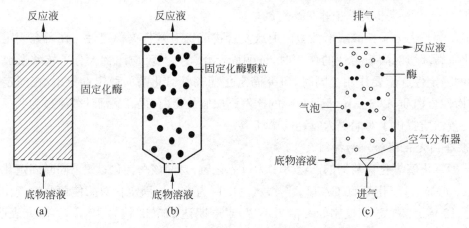

(a) 填充床式反应器;(b) 流化床式反应器;(c) 鼓泡式床式反应器

图 8-6 3 种床式反应器

这3种床式反应器各有优缺点:填充床式反应器的最大优点是单位体积中所含酶的量较多,因此催化效率较高。目前工业上固定化酶的应用多采用此类反应器,但它也存在一些局限性和缺点:只适用于可溶性底物,胶态底物和不溶性底物则不能使用该反应器;而且难以控制反应条件如温度和 pH 等。流化床式反应器的反应体系混合均匀,调节控制温度和 pH 比较容易。但由于固定化酶不断处于悬浮翻动,流体剪切力会使固定化酶颗粒受到破坏。鼓泡式床式反应器的最大特点:借助气体的鼓泡作用既可以达到混合效果,也可以提供酶催化反应所需的气体底物,如氧化酶需要的 O_2,羧化酶需要的 CO_2 等;还可以降低或消除挥发性产物对酶的抑制作用。另外,鼓泡式床式反应器的结构简单,操作容易,剪切力小,物质与热量的传递效率高。Liu 等利用鼓泡填充柱酶反应器进行假丝酵母脂肪酶的纯化和固定化,研究了外消旋酮布洛芬的动力学拆分。鼓泡式床式反应器可以用于游离酶的催化反应,也可以用于固定化酶的催化反应;既可以用于连续反应,也可以用于分批反应。

8.3.4.3 连续搅拌桶-超滤反应器

连续搅拌桶-超滤反应器是由连续搅拌桶反应器与超滤装置组合而成。它有利于高分子底物与小分子产物的分离,而且底物转化彻底。反应器中的酶(游离酶或固定化酶)可以反复多次使用。但是,由于反复超滤,酶容易失效。直接将酶偶联于板状或中空纤维滤膜上,是一种有效的改进措施。

8.3.4.4 酶膜反应器

酶膜反应器是将酶催化反应与半透膜的分离作用组合而成的反应器,即利用酶的催化功能和膜的分离功能,同时完成生化反应和分离过程的反应器,也称作膜式反应器。可用于游离酶或固定化酶的催化反应。固定化酶催化反应的膜反应器是将酶直接固定在膜分离装置的各种多孔薄膜上或将平板状固定化酶置于相应的容器中装备而成。固定化酶膜可以制成平板型、螺旋型、管型、中空纤维型、转盘型等多种形式。

酶膜反应器是膜和生物化学反应相结合的系统或操作单元,依靠酶的专一性、催化性及膜特有的功能,集生物反应与反应产物的原位分离、浓缩和酶的回收利用于一体的一种新型的酶反应器。酶膜反应器适用的操作方式是连续的(图 8-7)。

与其他酶反应器相比较,酶膜反应器具有以下优点:

(1) 可以连续操作,能极大限度地利用酶,因此,可以提高产量并节约成本。

(2) 酶膜反应器能及时将产物从反应媒介中分离,这对于可逆反应能使化学平衡向有利于产物生成的方向发生移动。

(3) 能改变反应过程、控制反应进程,从而实现减少副产物的生成、提高产品收率等目的。

(4) 在连续反应中,如果膜对某种产物具有选择性,那么这种产物可以选择性地渗透通过膜,在酶膜反应器的出口便可以富集该产物。

(5) 对于大分子化合物的水解反应,根据膜的截留性能,可以达到控制水解产物相对分子质量大小的目的;相对分子质量低的水解产物能通过渗透膜,相对分子质量较大的产物被截留。

(6) 在膜反应器内可以进行两相反应,而且不存在乳化问题。由于膜反应器在构造及传质等方面的特点,同其他固定床及流动床反应器相比较,在膜反应器中可以实现产物在线连续分离,这一点对于产物抑制酶催化的反应尤其重要;而且出现在传统反应器中的一些不利因素(如孔堵塞、操作过程呈现非均相流动等现象),在膜反应器中则不会发生。

虽然酶膜反应器具有压降小、酶容易更换、可承受较大的压力等特点。但使用时间过长,酶和其他杂质易吸附在膜上,造成酶的损失,同时影响膜的分离性能;而且制造成本相对较高。酶膜反应器的主要缺点集中在操作过程中,由于催化剂的失活及传质效率下降而导致反应器的效率降低。膜反应器中酶的稳定性还要受到其他因素的影响。例如,酶的泄漏导致催化活性下降;微量的酶活化剂(金属离子、辅酶等)的流失,也有可能导致反应器的效率下

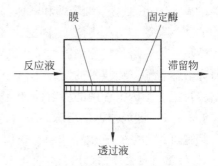

图 8-7 酶膜反应器原理示意图

降。因此,反应过程中组分的添加是必需的。酶与膜相接触时,有时尽管酶的结构没有发生任何变化,但也可能导致酶的中毒,即膜的形态可能影响到酶的稳定性。

8.3.4.5 微型酶反应器

酶反应器的应用越来越广泛,应用形式也在逐渐演变发展。在生物学研究中,微型酶反应器逐步应用于蛋白质组学研究。Thomsen 等报道了使用耐热 β-糖苷水解酶在微流体反应器中连续转化乳糖。扫描电镜分析显示酶联结在一些聚集簇上,每平方米显微结构有 1600 活力单位。酶通过一种树状有机结构共价连接到微通道壁上,这种固定化酶微反应器能够在 80℃连

续转化 100mmol/L 的乳糖,5 天内底物转化率达 60%。Ma 等报道了胰蛋白酶在一种新型固定化两相硅胶整体柱反应器中的使用。在聚合物中加入十六烷基溴化胺,使用溶胶法将混合硅胶填充到 100μm 直径的毛细管中;四乙氧基硅烷为前体物,柱子用戊二醛激活,胰蛋白酶被共价固定到上面。通过一个十肽反应,计算出固定化胰蛋白酶活力比游离状态高 6600 倍。有关固定化酶的更多应用参见本书 12.4 节固定化酶的应用与前景。

8.4 固定化细胞和固定化细胞器

在发展固定化酶的技术基础上,固定化细胞和固定化细胞器技术正在迅速发展。下面着重介绍固定化细胞,有关固定化细胞器仅作简单介绍。

8.4.1 固定化细胞

固定化细胞(immobilized cell)是在酶固定化基础上发展起来的一项技术,是酶工程的主要研究内容之一。固定化细胞研究起步较晚,但发展很快。1973 年,日本千畑一郎首次在工业上成功应用固定化微生物细胞连续生产 L-天冬氨酸。固定化细胞有效利用了细胞的完整酶系统和细胞膜的选择通透性;同时利用了酶的固定化技术,兼具二者优点,而且制备容易,所以在工业生产和科学研究中广泛应用。与固定化酶相比,固定化细胞有许多优点。例如,不必破碎细胞和分离提纯酶,生产成本较低,酶活力损失较小;保持酶的原始状态,酶稳定性好等。固定化细胞应用范围较广,特别是对于多酶系统的利用,需要辅因子的氧化还原反应以及合成反应等,固定化细胞具有明显的优势,而且不需要辅因子再生。发酵生产中用固定化细胞,其优越性更加显著:①固定化细胞的密度大、可增殖,从而缩短了发酵生产周期,提高了生产能力;②发酵稳定性好,可以较长时间反复使用进行连续生产;③发酵液中含菌体较少,有利于产品分离纯化、提高产品质量等。

当然,固定化细胞也存在一些缺点,例如必须使用胞内酶,而细胞内多种酶的存在会形成不需要的副产物;细胞膜、细胞壁和载体都存在扩散限制作用;载体形成的孔隙大小影响高分子底物的通透性等。工业生产上,固定化细胞还存在如何供氧等问题。但这些缺点并不影响它的实用价值。为克服固定化细胞的某些缺点,正在积极开展固定化原生质体、固定化细胞器技术的研究。随着酶工程技术的发展,固定化细胞技术也应用于基因工程菌。将基因工程菌固定化后培养可提高基因工程菌的稳定性、生物量和克隆基因产物的产量。

8.4.1.1 细胞固定化方法

细胞固定化的方法很多,归纳起来有 3 种:物理固定化方法、包埋法和化学固定化(交联法)。

1. 物理固定化方法(吸附法)

吸附法是通过静电引力、表面张力和黏着力的作用将细胞直接吸附在水不溶性载体上。这是广泛分布于自然界中的最简单最普通的固定细胞的方法,常用的载体有活性炭、硅藻土等。吸附法制备固定化细胞,不与损害细胞的化学物质接触,不会造成细胞损伤;操作简单,反应条件温和,对细胞活性影响小,载体可以重复使用。但载体和细胞间结合力较弱,固定不牢,易于游离出来;在连续生产过程中,细胞自溶,细胞中的酶逸出,所以操作稳定性差。这些缺点可以通过研制一些新型吸附剂加以克服。例如磨碎的硅酸盐材料、各种树脂等。王孔星等利用多孔硅酸盐和多孔陶珠作为吸附材料,固定混合脱色菌处理印染废水,其脱色率可达 75%。球形微载体 Cytodex 是一种细胞固定化的合成微载体,曾用于南洋金花的原生质体吸附固定化。泡沫塑料有使组织培养物聚焦稳定的作用,可用于细胞固定化。白蛋白和伴刀豆球蛋白 A 的交联物,也曾用于原生质体的吸附固定化。

电吸附法是新开发的一种方便的方法。将载体层放在直流电场下,使固体材料极化,然后使微生物细胞悬浮液通过载体层。这样,细胞就截留在载体上层了。当去极化时可以很容易地除去细胞,进行更换。

2. 包埋法

将微生物细胞包埋在各种凝胶或薄膜之中是应用最广的方法。最常用的包埋材料有聚丙烯酰胺、聚乙烯醇(PVA)、角叉菜胶、琼脂、海藻酸钙、胶原和纤维素等。该法操作较简单,理论上讲细胞和载体间没有束缚,固定化后可保持高活力。显然包埋法在固定化活细胞、增殖细胞时,具有明显优势。聚丙烯酰胺凝胶是应用较早的一种包埋材料,但包埋效果受到很多因素的影响。采用卡拉胶、海藻酸钙等材料效果会更好。我国和日本学者报道了采用海藻酸钙和角叉菜胶(卡拉胶)包埋各种生产菌,生产啤酒、L-天冬氨酸、醋酸、蜜蜂酒、L-丙氨酸、葡萄糖等。由于这类生物凝胶无毒,固定化操作简单;细胞在凝胶中能繁殖,并能保持很高的酶活力和稳定性,因而具有广泛应用前景。周定等用海藻酸钙凝胶固定热带假丝酵母连续处理含酚废水,其容积负荷比悬浮生物法提高 1 倍以上,污泥量减少 90%。刘志培等利用 PVA 固定混合细胞对印染废水进行脱色处理,脱色率均可维持在 70%~80%。刘智敏等采用 PVA 固定枯草芽孢杆菌用于生产 α-淀粉酶,发现 10% 的 PVA 加 3% 的硼酸,包埋菌量为 4%~8% 时 PVA 凝胶机械强度大,产酶能力高。

单一制备方法所得到的固定化细胞在实际应用中存在诸多缺陷和不足,如包埋法的缺点是机械强度较差。为获得高效的固定化细胞,通常采用吸附-包埋结合或包埋-交联结合的改进方法。先将细胞吸附在载体上,再用高聚物进行包埋固定;或者先包埋固定后再用交联剂处理。两种方法结合既可以加速反应体系的传质过程,又克服了吸附法结合力弱和交联剂毒性强而影响细胞活性的缺点。吕晓猛在海藻酸钙珠体中添加硅藻土,固定化小球处理含酚废水降解率从原来的 88.3% 提高到 91.8%,其机械强度也有所增加。雷乐成用己二胺和戊二醛对海藻酸钙凝胶进行表面处理,在不影响细胞酶活力的前提下,固定化细胞强度和稳定性明显增强。

相对菌体细胞而言,动、植物细胞十分娇嫩,需要温和的固定化方法。只有吸附法和包埋法对一些动、植物细胞固定化比较合适,但固定化技术还不成熟。有报道指出:将动物细胞包埋在半透膜中,膜内表面及其包含的小牛皮胶胶原,可作为细胞附着的支持物。将包埋胶团悬浮于细胞生长培养液中,动物细胞(如成纤维细胞等)可以进行减数分裂繁殖(成纤维细胞、上皮细胞等必须固定才能分裂)。利用微胶囊包埋的杂交瘤细胞已用于生产单克隆抗体。此外,应用包埋法固定化细胞器,如线粒体、微粒体等已取得进展。

3. 化学固定化(交联法)

交联法是利用双功能或多功能试剂如戊二醛、甲苯二异氰酸酯等将细胞与载体共价耦合,或在细胞间进行交联的方法。由于细胞不可避免地要接触某些有毒试剂,或多或少会损害细胞的活性,因而应用较少。通过控制交联剂浓度、交联时间等,尽量减少交联剂对细胞活性的影响。已有报道采用氯化铬、氯化钛活化的硅胶与细胞共价偶联,固定化细胞的活性和游离细胞活性相比,毫不逊色。钛和锆的水合物,也有用于细胞的化学固定的报道。利用藻酸钙或 xanthan 存在下,将长春花、烟草、胡萝卜细胞固定化于聚丙烯酰胺的网状凝胶上,可使细胞活力保存 90%。将茄属植物细胞固定于经戊二醛活化的多苯氧化物珠上,细胞未失活性,这为植物细胞固定化提供了有益经验。

采用聚集-交联法可以明显改善交联剂对细胞的毒性。该法使用凝聚剂将菌体细胞形成细胞聚集体,再利用双功能或多功能交联剂与细胞表面的活性基团发生反应,使细胞彼此交联形成稳定的立体网状结构。这样,菌体不易流失,生物浓度高,而提高了催化效果。

4. 无载体固定化

无载体固定化细胞是靠菌体自身的絮凝作用、加入助凝剂或选择性热变性等使菌体细胞固定化的方法。早在 20 世纪 80 年代初,Esser K. 等率先提出:利用某些具有强自身絮凝能力的菌株形成颗粒,并以此作为一种固定化细胞的方法。该法不同于酶固定化方法,而是利用细胞的絮凝能力。如用柠檬酸处理链霉菌细胞,使葡萄糖异构酶保留于细胞内;然后加壳聚糖絮凝剂,取菌体沉淀、干燥,即得固定化细胞。近年来,微生物絮凝研究日益受到重视。菌种良好的絮凝性不仅可以加快发酵液澄清速度,提高细胞分离的性能;而且可以防止细胞自溶。因此,细胞絮凝性成为评价菌种优劣的一个重要指标。

固定化完整细胞的方法虽有多种,但还没有一种理想的通用方法,每种方法都有其优缺点。价格低廉、操作简便,且能保持高的活力是评价它的先决条件。

8.4.1.2 细胞固定化载体

细胞固定化载体的选择是固定化细胞技术的关键。理想的固定化载体应具备以下特性:对细胞无毒性、传质性能好、性质稳定、使用寿命长、价格低廉等。目前常用的固定化载体材料主要有 3 类:无机载体、有机高分子载体和复合载体。

无机载体大多具有多孔结构(如活性炭、陶珠、沙粒等),利用吸附和电荷效应固定细胞,具有机械强度大、对细胞无毒性、不易生物分解、耐酸碱、成本低等特性;且制作简单易行,只需把载体放入含有一定浓度的细胞溶液中浸泡一段时间即可。

有机高分子载体又可分为天然高分子和合成高分子凝胶载体(如琼脂、海藻酸钙、角叉胶、聚丙烯酰胺、聚乙烯醇、光硬化树脂等)。天然高分子凝胶载体一般对生物无毒性,传质性能好;但强度较差,厌氧条件下易被微生物分解,寿命短。合成高分子凝胶载体一般强度较大,但传质性能较差;细胞固定时对活性有影响。例如聚丙烯酰胺凝胶在包埋细胞时,由于单体试剂的毒性以及聚合过程中的放热,常使细胞失活。PVA 凝胶强度较高,价格低廉,对细胞毒性小,但固定条件复杂。天然高分子凝胶中琼脂强度最差;角叉胶在分离出影响其强度的 λ-角叉莱胶成分后,强度和稳定性提高,但价格较高;海藻酸钙凝胶价格低廉,固定条件温和,应用较为广泛;但抗盐性差,在高浓度磷酸盐溶液及 Mg^{2+}、K^+、Na^+ 等离子存在下,凝胶容易破碎和溶解。

复合载体由无机和有机载体材料结合而成,使两类材料在许多性能上互补。如闵航等使用以聚乙烯醇为主要包埋材料的混合载体,其成分为聚乙烯醇、0~15% 的海藻酸钠、2% 的铁粉、0.3% 的碳酸钙、4% 二氧化硅粉末。研究结果表明,复合载体可有效解决固定化细胞应用于废水处理所面临的成球难、易破碎、活性丧失大等问题。常用固定化细胞载体的主要性能比较如表 8-3 所示。

表 8-3　几种固定化细胞有机载体材料的性能比较

指标	载体材料				
	琼脂	海藻酸钙	角叉莱胶	聚丙烯醇-硼酸	聚丙烯酰胺
压缩强度	0.5	0.8	0.8	2.75	1.4
耐曝气强度	差	一般	一般	好	好

指标	载体材料				
	琼脂	海藻酸钙	角叉莱胶	聚丙烯醇-硼酸	聚丙烯酰胺
耐生物分解性	差	一般	一般	好	好
对生物毒性	无	无	无	一般	较难
扩散系数/($\times 10^{-6}$ cm^2/s)	—	6.8	3.73	3.42	5.44~6.67
有效系数	75	68	58	—	60
成本	便宜	较便宜	贵	便宜	贵
固定化难易程度	易	易	易	较易	难

注：基质为葡萄糖；

$$有效系数 = \frac{固定化细胞的氧利用速度(mg/h)}{将固定化细胞破碎时的氧利用速度(mg/h)} \times 100.$$

8.4.1.3 固定化对细胞生命活动的影响

细胞固定后，无论是它们的形态还是生理特性，都发生了改变。变化情况因固定化方法不同而异。如吸附固定法的吸附剂有助于提高细胞的存活率；但是吸附作用可能影响固定化细胞的形态学、酶活性及繁殖速度。化学固定法往往会损害细胞壁。因为常用的双功能试剂（如戊二醛）是高毒性物质，因此，固定化细胞活性常急剧下降、细胞的增殖时间迅速缩短。下面仅作简要介绍。

1. 凝胶聚合过程的影响

合成聚丙烯酰胺的原料丙烯酰胺和加速剂 N，N，N′，N′-四甲基乙二胺对某些细胞是有毒的。如产黄霉素细胞接触这类试剂，细胞活性下降90％以上。聚合温度提高，时间延长，则球形节杆菌的某些脱氢酶活性急剧下降。

2. 包埋影响及细胞的形态学变化

有些细胞不受包埋影响，有些细胞会发生形态学变化。如凝胶中生长的酵母细胞群，能较长时间保持其完整。乳酸链球菌 Mry 株细胞固定后，起初几天细胞保持自然状态，3个月后开始溶解。然而谢氏丙酸杆菌细胞在聚丙烯酰胺凝胶中存在7个月后严重膨胀，具有凹陷和零散的末端；一些细胞深度溶解，内含物丧失，但完整细胞仍具有典型的结构特征。此外，包埋细胞培养过程繁殖和细胞分布均发生变化。许多研究表明，在角叉菜聚糖凝胶、藻酸盐胶、胶原蛋白和光敏感的多聚物中，微生物细胞能够繁殖。包埋初期细胞分布的密度与游离细胞一样均匀，经培养后细胞繁殖，似乎以近表层约 1/3 的部分增长较快，颗粒中央不生长。凝胶上层菌体增加，致使凝胶颗粒体积增大。

3. 固定化细胞培养条件改变对代谢特性的影响

在营养缺乏型培养基中培养产丙酸细菌时，其固定化细胞可以分泌核苷酸及其衍生物；在营养完全的培养基中，则合成丙酮酸；利用葡萄糖和淀粉作为营养的碳源，则合成丙酸和醋酸。利用固定化芽孢杆菌细胞合成短杆菌肽，这种抗生素产量在 12h 内迅速提高，从 28U/mL 提高到 86U/mL；但随着包埋凝胶颗粒表层菌落增长快，密度越来越大，培养 50h 后，抗生素产量急剧下降。这显然是表层细菌耗氧量和营养消耗量增加，使内层细胞得不到充足供应所造成。

8.4.2 固定化细胞器

细胞器是具有专一功能的反应器，与活细胞相比，副反应少；其产物较为单一，分离提取效率更高。细胞器经固定化处理后,可以除去其膜而不使其中的酶稀释,这有利于对细胞器的生化功能研究;并可在连续反应条件下,研究它们的生化功能。细胞器的固定化研究于 20 世纪 80 年代开始,由于细胞器分离较困难,且不稳定,所以进展较为缓慢。多年的研究,已在采用包埋法进行固定化研究原生质体、线粒体以及微粒体、叶绿体等方面取得了一些进展。例如酵母的线粒体和过氧化物酶体、大白鼠肝脏的线粒体和微粒体、鳄梨的线粒体、菠菜和大豆的叶绿体等都有成功进行固定化研究的报道。这些研究中采用的固定化方法主要是海藻酸钙包埋和聚丙烯酰胺凝胶包埋法。也有用中空纤维包埋、光敏树脂、白蛋白包埋、戊二醛交联和烷基硅烷化玻璃吸附法的报道,但几乎都是以生化反应性能研究为宗旨。细胞器固定化研究还有一些问题需要解决。主要包括:①细胞器分离技术;②细胞器的载体及固定化技术;③固定化细胞器的稳定性;④固定化细胞器的最适工艺条件。随着研究的深入,固定化细胞器的实际应用会日益广阔。

非水相酶催化

　　酶作为生物催化剂,在医药、工农业、能源、环保等领域的应用大多数是在水溶液中进行的。因此传统观点认为,酶是水溶性生物大分子,只能在水介质中进行催化反应,而有机介质会使酶变性失活。随着酶工程的发展,酶反应的应用范围不断扩大,许多在水中溶解度低的有机化合物的酶促反应显得越来越重要。酶非水相催化应运而生,已成为酶工程的一个新的研究领域。本章将重点介绍酶在有机介质中的催化反应,并简要介绍其他几种非水介质中的酶催化反应。

9.1　非水相酶催化概述

　　酶的非水相催化是指酶在非水介质中进行的催化作用。20世纪80年代以来,越来越多的研究结果表明,许多酶在非水相中不仅不会失活,而且其活力与在水相中相当。1984年Klibanov等在《科学》(Science)杂志上综述了酶在有机介质中的催化条件和特点。证明酶不仅能够在水-有机溶剂互溶体系或者水与有机溶剂组成的双相体系,甚至在仅含微量水或几乎无水的有机溶剂中表现出催化活性。这一引人注目的突破性研究成果无疑是对酶只能在水相中表现出其催化功能这一传统思想的挑战,从而开辟了生物化学和有机合成研究的新领域,形成了一个新的酶学分支学科——非水酶学(nonaqueous enzymology)。

9.1.1　非水相酶催化的发展历史

　　非水相酶催化的研究历史并不长,虽然酶在有机介质中的应用实例早在100多年前就有报道,但其广泛研究和应用只是最近30多年的事。20世纪初,Bourquelot等人曾将乙醇、丙酮类的有机溶剂加到酶的水溶液中,进行非水相酶催化的尝试。他们发现需要保持很高的含水量,酶才具有一定的催化活性,而且比水溶液中的酶活力低很多。这应该是最早开展的非水相酶催化研究。1966年,Dostoli和Siegel等分别报道胰凝乳蛋白酶和辣根过氧化物酶在几种非极性有机溶剂中具有催化活力。1977年,Klibanov等报道脂肪酶能在"水-氯仿"组成的双相体系中催化 N-乙酰基-L-色氨酸与乙醇的酯化反应,并用方程模拟了该反应状态。结果发现在没有有机溶剂的体系中酯合成收率只有 0.01%,而在水-有机溶剂双相体系中,酯化反应达到100%。后来有些科学家进行了微生物细胞、游离酶和固定化酶在有机介质中合成酯和类固醇及甾醇转化的探索,但这些年非水相酶催化的研究进展十分缓慢。

　　直到1984年Klibanov等报道:在仅含微量水的有机介质中成功地酶促合成了酯、肽、手性醇等多种有机化合物。他们发现酶在微水或几乎无水的不同有机溶剂中表现出不同的立体选择性和热稳定性,明确指出酶可以在水与有机溶剂的互溶体系中进行催化反应。随后,非水相酶催化研究发展迅猛,并取得了突破性研究成果。现已发现有几十种酶都具有在有机介质中高效催化的能力,包括水解酶类(如脂肪酶、酯酶、蛋白酶、淀粉酶、纤维素酶等)和氧化还原酶类(如过氧化氢酶、过氧化物酶、醇脱氢酶、多酚氧化酶、胆固醇氧化酶、细胞色素氧化酶等)以及转移酶类的醛缩酶等。

酶在非水相介质中催化作用的研究除了有机介质中的酶催化应用外,还在理论上进行了非水介质(包括有机溶剂介质、超临界流体介质、气相介质、离子液介质等)中酶的结构与功能、酶的作用机制和酶催化作用动力学等方面的研究,并进行了非水介质中酶催化作用的应用研究,取得了显著成果。

9.1.2 非水相酶催化的优缺点

非水相酶催化具有水溶液中酶反应不具备的独特优点。主要体现在以下几方面:

(1) 有利于疏水性底物的反应。绝大多数有机化合物在非水介质中溶解度高,因而大大拓展了酶作用底物的范围。

(2) 可提高酶的热稳定性,提高反应温度,加速反应。如脂肪酶和溶菌酶可以在 100 ℃ 的有机介质中保存数小时不失活。酶的热稳定性提高使反应速度加快。

(3) 扩大酶反应类型与介质条件,能催化在水中不能进行的反应。如催化水解反应的酯酶、蛋白酶在有机介质中能够很好地催化酯合成。

(4) 调节反应平衡移动的方向,向着人们期望的方向进行。

(5) 控制底物专一性。酶在有机介质中"刚性"增加,其底物专一性大大提高,从而有可能对酶的催化选择性进行调控。同一种酶在不同的有机溶剂中表现出不同的立体选择性。

(6) 可防止由水引起的副反应,能抑制依赖于水的某些不利反应(如酸酐和卤化物的水解及醌的聚合等)。由于有机溶剂的存在,含水量减少,大大降低了许多水参与的副反应。

(7) 可扩大反应 pH 的适应性。

(8) 酶易于实现固定化。由于酶不溶于有机溶剂,酶的重复利用更加方便。

(9) 酶和产物易于回收,从非水介质分离纯化产物比较容易。

(10) 在非水介质中,酶反应可避免微生物污染。

非水相酶催化也存在不足之处。主要有以下几点:

(1) 酶源限制。不是所有的酶都能在非水介质中发挥催化作用,能够用于非水相催化的酶源有限。与酶在水相催化的活性相比,酶在有机溶剂中催化活性常常会降低。

(2) 非水介质成本较高。相对水介质而言,非水介质的成本高许多倍。

(3) 酶改造技术难度较高。

9.1.3 非水相酶催化条件

非水相酶催化的基本条件包括维持酶催化活性的必需水含量,选择合适的酶种类和酶形式,选择合适的溶剂和反应体系,选择最佳的 pH 等方面。

9.1.3.1 必需水

必需水是指与酶分子表面牢固结合的一层水分子,是维持酶催化活性所必需的最低水量,亦称结合水或束缚水。一般来说,水是酶催化反应的必需条件,酶催化活性所必需的构象是由水分子直接或间接地通过氢键等非共价作用来维持。因此只有与酶分子紧密结合的一单层水分子(必需水),对酶的催化活性才是至关重要的。猪胰脂肪酶催化甘油三丁酸酯和正庚醇的转酯反应与反应体系中含水量之间的关系如图 9-1 所示。体系中含水量即使降低到 0.015%，酶仍具有催化活性。酶的活性由必需水决定，而与溶剂里的水含量无关。只要必需水不丢失，其他大部分水都被有机溶剂取代，酶仍然保持其催化活性。

酶的必需水含量因酶和溶剂而异。不同的酶必需水数量不同。脂肪酶只需要几个水分子；胰凝乳蛋白酶在辛烷中约需 50 个水分子，在某些其他溶剂中需水更少；而乙醇脱氢酶、酪氨酸酶、醇氧化酶等则需要几百个水分子才显示催化活性；辣根过氧化物酶和多酚氧化酶所需水分子数高达 10^7。很可能酶分子表面的带电基团和部分极性基团的水合是酶催化的先决条件。真正的酶催化反应可能发生在酶表面的必需水层中，底物分子必须先从有机相进入水相，才能与酶分子发生作用。同一种酶在不同有机溶剂中需水量也不同。溶剂疏水性越强，需水量则越

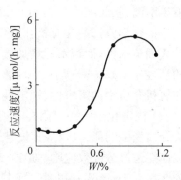

图 9-1　胰脂肪酶活性与含水量的关系

少。如胰凝乳蛋白酶在二异丙醚、二氯乙烷或氯仿中，1% 含水量活力最高；在更疏水的甲苯中，只要 0.5% 的水量就可达到最大活力；在较亲水的乙酸乙酯中则要求更高的含水量。一般认为：酶要与有机溶剂互相竞争水分以维持必要的水合状态。

9.1.3.2　酶的选择

1. 酶种类的选择

酶要在有机介质中行使催化功能，应具有对抗有机介质变性的潜在能力，在有机介质中能保持其催化活性构象。事实上，有些酶能直接溶于无水的有机溶剂并发挥催化作用。如具有超氧化物歧化酶活性的血球铜蛋白溶解于二甲亚砜或二甲基甲酰胺中的吸收光谱和 ESR 谱与其在水介质中十分类似。

由于酶组成及构象的多样性，不能肯定所有的酶都能在有机介质中进行催化反应。根据已有的研究，可以认为大多数酶一般能在有机介质中进行催化反应，但它们在有机介质中的稳定性会有差异。已报道能在有机介质中成功进行催化反应的酶类有：脂肪酶、蛋白酶、次黄嘌呤氧化酶、过氧化氢酶、过氧化物酶、醛缩酶、多酚氧化酶、醇脱氢酶、细胞色素氧化酶、ATP 酶、胆固醇氧化酶等。这些酶中，有些属于膜酶，在水溶液中反而不稳定。酶是否适于在有机介质中工作，除与酶的性质有关外，还取决于酶-底物、产物-溶剂之间的关系。如何对不同来源的酶进行选择，目前主要靠实验进行筛选。

2. 酶形式的选择

为了提高酶在有机介质中的溶解性、稳定性和活性，对酶形式的选择很重要。常见的酶形式有酶粉、化学修饰酶和固定化酶等。

（1）酶粉。许多酶在有机介质中几乎不溶解。在低水有机溶剂反应体系，为了使酶与底物充分接触，可将酶制成冻干粉，并在有机介质中剧烈搅拌或超声波处理，使酶颗粒变小并悬浮于介质中。酶量控制亦很重要。研究发现：α-胰凝乳蛋白酶在酒精中转酯反应，其催化活性随反应体系中酶量的减少而显著增加。很可能酶活性决定于酶聚体表面那部分酶分子。

（2）化学修饰酶。有些酶尽管在有机介质中有活性，但操作稳定性差；通过化学修饰可改变酶的理化性质，使其溶解于有机介质，且稳定性和活性提高。化学修饰方法很多，其中聚乙二醇（PEG）修饰较为常见。如 PEG 修饰过氧化氢酶使其在有机介质中活性显著提高。国内学者

邹国林等采用谷氨酸、十二醇、葡萄糖酸内酯合成了糖脂,并用糖脂修饰超氧化物歧化酶(SOD)。所得到的 SOD-糖脂复合物变成不溶于水的脂溶性修饰酶。SOD-糖脂复合物在有机介质中活性高于在水中的活性,且对温度、pH、蛋白酶水解的稳定性均高于天然 SOD。他们还用聚磷酸酯、脂肪酸等修饰 SOD,得到适用于有机介质中进行催化反应的化学修饰 SOD。通过研究不同化学修饰酶在有机介质中的表现,发现化学修饰(如脱糖基化、PEG 修饰等)能够增加酶的表面疏水性,而疏水性增加提高了酶在有机介质中的溶解性和活力。PEG 修饰酶在甲苯中的活性比未修饰酶高 16 倍。通过酶蛋白甲基化作用或疏水分子对酶蛋白的修饰,均可提高酶在有机介质中的溶解性、稳定性和活性。

(3) 固定化酶。酶吸附在不溶性载体上(如硅胶、硅藻土、玻璃珠等)制成固定化酶,其对抗有机介质变性的能力、反应速度、热稳定性等都可提高。不溶性载体对酶的影响有下述几方面:①载体能通过分配效应剧烈地改变酶微环境中底物和产物的局部浓度。如水溶液中,底物肉桂醇浓度在 0.1mmol/L 以上可强烈抑制马肝醇脱氢酶;但在乙酸丁酯中使用亲水载体固定化酶,底物浓度高达 50mmol/L 也不会发生抑制作用。曹淑桂等人研究了几种不同载体的固定化脂肪酶的特性,结果发现:疏水性琼脂珠载体的固定化效果最好,其固定化脂肪酶在有机介质中的活性比对应酶粉高 46.5%。②载体影响酶分子上的结合水。亲水性高的载体会从溶剂和酶中夺取大量的水,造成酶部分失水而降低酶活性;亲水性低的载体不足以夺取酶的必需水,能保持高酶活性。③通过载体与酶之间形成的多点结合,可稳定酶的催化活性构象。如 α-胰凝乳蛋白酶与聚丙烯酰胺凝胶共价结合后,在乙醇中的稳定性明显提高;并对有机溶剂的抗性随酶与载体间共价键数量的增加而增强。④载体还影响酶的动力学,影响一个酶同时催化的两个反应的相对速度。如在低水活度下,将胰凝乳蛋白酶固定在聚酰胺载体上,水解反应被抑制而有利于醇解反应进行。一般来说,载体要选择疏水性基质,具有高氧渗透性的硅聚合物较好。

9.1.3.3　pH 的选择

酶分子活性中心的必需基团,需在特定的 pH 条件下,取得酶催化反应所需的最佳离子化状态。研究表明,在有机介质中,酶反应的 pH 靠酶分子周围的必需水维持,而必需水的最适 pH 与水溶液中反应时的最适 pH 一致。所以酶应从具有最适 pH 的缓冲液中冻干或沉淀出来,以保证有机介质中酶的微环境具有最适 pH。

此外,酶催化反应溶剂和反应体系的选择也非常重要。下面介绍非水相酶催化的介质系统。

9.2　非水相酶催化的介质系统

酶催化任何反应都离不开反应介质。一般而言,酶催化反应介质有水介质和非水介质两大类。水介质是酶催化反应最常用的介质;非水介质包括有机介质、气态反应介质、超临界流体和离子液体介质等。本节重点介绍各种有机介质系统及其对酶性质的影响,而对一些新型介质系统仅作简单介绍。

9.2.1　有机介质系统

有机介质体系可归纳为 4 种:①水-有机溶剂单相系统;②水-有机溶剂两相系统;③乳状液或微乳液系统,即低水有机溶剂体系;④微水有机溶剂单相系统等。下面分别进行介绍。

9.2.1.1　水-有机溶剂单相系统

水与水溶性有机溶剂组成的均一体系,酶、底物和产物都能溶于该体系。常用的有机溶剂有二甲基亚砜(DMSO)、二甲基甲酰胺(DMF)、四氢呋喃、二噁烷、丙酮和低碳醇等。通常为了增加亲脂性底物溶解度,就是向反应混合物中加入与水互溶的有机溶剂。如通过适当添加少量的 DMF,脂肪酶催化布洛芬与正丁醇酯化反应产物的得率从 51% 提高到 91%,且反应活性也有所提高。一般来讲,该系统中有机溶剂的含量可达总体积的 10%,在一些特殊的条件下,可高达 50%~70%。由于极性大的有机溶剂对大多数酶的催化活性影响较大,所以能在此反应系统进行催化反应的酶较少。只有少数稳定性很高的酶,如南极假丝酵母脂肪酶,只要在水互溶有机溶剂中有极少量的水,就能保持它们的催化活性。有些酶(如酯酶和蛋白酶)在水-有机溶剂均相系统中的反应选择性会增加。

9.2.1.2　水-有机溶剂两相系统

水-有机溶剂两相系统是指由水相和非极性有机溶剂相(如烷烃、醚、酯等)组成的非均相反应系统;两相体积比可以在很宽的范围内变动。底物和产物则主要溶于有机相中;酶溶解于水相中,这样可使酶与有机溶剂在空间上相分离,以保证酶处在有利的水环境中,而不直接与有机溶剂相接触。催化反应通常在两相的界面上进行。一般来说,产物疏水性高于底物时,有利于反应平衡向产物生成方向移动。增加搅拌可以提高酶催化反应的速度,但不恰当的搅拌会产生机械和化学张力而导致酶失活。常用的疏水性有机溶剂有己烷、庚烷、环己烷、十六烷、醚类等。水-有机溶剂两相系统已成功用于强疏水性底物(如甾体、脂类、烯烃类和环氧化合物等)的生物转化。

9.2.1.3　乳状液或微乳液系统

该系统为水、疏水性有机溶剂和双亲性表面活性剂组成的体系。当水多时,可以形成“水包油”的正胶束;当水少时,可形成“油包水”的反胶束。特定条件下可形成各种过渡状态(图 9-2)。在一些疏水性底物的生物转化反应中,经常使用表面活性剂稳定的乳状液系统。如脂肪酶催化拆分酮基布洛芬酯的水解反应中,添加适量的非离子表面活性剂吐温-80,不但有助于难溶底物酯的分散,使酶反应的速度提高了 13 倍;而且酶反应的对映选择性也大幅度提高,可提高两个数量级。在环氧水解酶催化的反应中,发现添加乳化剂 Tween-80 比添加助溶剂 DMSO 效果要好,不仅改善了酶的活性和选择性,而且提高了酶的稳定性。

反胶束系统利用表面活性剂的两亲性将水和有机溶剂组合形成三元系统,因为三成分比例不同,可形成图 9-2 所示的各种微团或片层结构。表面活性剂分子由疏水性尾部和亲水性头部两部分组成,在含水有机溶剂中,它们的疏水性基团与有机溶剂接触,而亲水性头部形成极性内核,其疏水尾部朝外,从而组成许多个反胶束[图 9-2(b)]。将酶加入含水/表面活性剂/有机溶剂组成的系统中,只要三者比例合适,经摇动混合即能自发形成含酶的反向微团。水分子聚集在反胶束内核中形成“微水池”,里面容纳了酶分子,这样酶被限制在含水的微环境中,而底物和产物可以自由进出胶束。该体系能够较好地模拟酶的天然环境,大多数酶能够保持催化活性和稳定性,甚至表现出“超活性”。常用的表面活性剂有丁二酸二(2-乙基)己酯磺酸钠、十六烷基三甲基溴化铵、卵磷脂和吐温等。

反胶束系统作为反应介质具有如下优点:

(1)组成的灵活性。大量不同类型的表面活性剂、有机溶剂都可以构建适宜于酶反应的反胶束系统。

(2)热力学稳定性和光学透明性。反胶束是自发形成的,有利于规模放大;其光学透明性便于利用 UV、NMR 等方法跟踪反应过程,研究酶动力学和反应机理。

(3)反胶束有非常高的比界面积,对底物和产物在相间的转移极为有利。

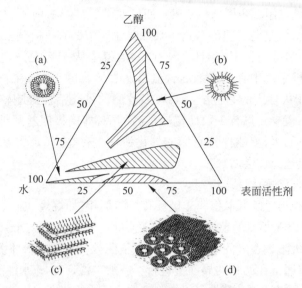

(a) 正向胶束；(b) 反向胶束；(c)、(d) 居间中介相

图 9-2　十六烷基三甲基铵溴化物/水/乙醇形成的三元系统

（4）反胶束的相特性随温度而变化，有利于简化产物和酶的分离纯化。

9.2.1.4　微水有机溶剂单相系统

该系统是用于水不互溶的有机溶剂取代所有的溶剂水（>98%），形成固相酶分散在有机溶剂中的非均相反应体系。处于这种体系中的酶，其表面必须有残余的结合水，才能保证其催化活性。一般有机溶剂中含有小于 2% 的微量水。常用的与水不互溶的有机溶剂有烃类、醚、芳香族化合物、卤代烃等。一般来说，酶在微水有机溶剂单相系统中稳定性较好，但是催化活力要比水相中低很多。部分原因是酶在有机相不溶，酶分子聚结成团，影响了颗粒内部酶的催化效率。酶可以游离酶形式直接使用，也可以先固定在固相载体上再使用。但两者都必须使酶处于最适合的离子化状态。因此必须在制备酶粉或固定化颗粒之前将溶液的 pH 调到最佳值。

9.2.1.5　有机溶剂对酶催化的影响

有机溶剂可通过 3 种方式影响酶催化：

（1）有机溶剂通过影响底物、产物在水相和有机相中的分配，从而影响它们在酶必需水层中的浓度来改变酶催化反应速度。

（2）有机溶剂直接与酶必需水作用。强极性有机溶剂可溶解大量水，有夺走必需水的趋势，导致酶失活。一般疏水性有机溶剂不易夺取酶分子周围的必需水，对酶活性影响小。如胰凝乳蛋白酶在辛烷中反应速度比在吡啶中快 10^4 倍，其活性随溶剂的疏水性增强而增大。

（3）有机溶剂对酶的直接影响。主要包括：①有机溶剂使酶-底物复合物能级升高，增大酶反应活化能来降低酶反应速度；②有机溶剂分子进入酶活性中心，降低活性中心内部极性并加强底物与酶之间形成的氢键，使酶活性下降；③有机溶剂侵入会造成酶的三级结构变化，间接改变酶活性中心结构来影响酶活性。酶在有机溶剂中的不同使用方式如图 9-3 所示。

选择有机溶剂还必须考虑以下几种因素：

（1）溶剂与反应的相容性。如酶催化糖修饰反应，必须在亲水性的有机溶剂（如 DMF 等）中进行。若使用疏水性有机溶剂，底物不溶解，酶促反应不能发生。

（2）溶剂对主反应应该是惰性的。

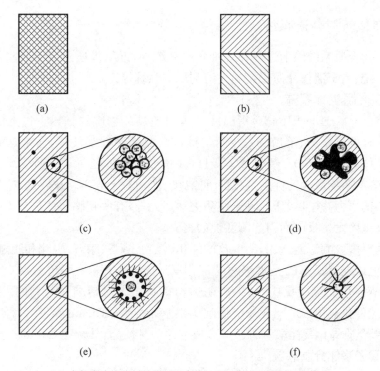

（a）水与水溶性溶剂的均相混合物；（b）水-有机溶剂两相体系；
（c）悬浮于溶剂中的酶粉；（d）悬浮于溶剂中的载体固定化酶；
（e）酶增溶于水-有机溶剂-表面活性剂组成的微乳状液；（f）可溶于有机溶剂的共价修饰酶

图9-3　酶在有机溶剂中的不同使用方式示意图

（3）溶剂的密度、黏度、表面张力、毒性、废物的处理和成本等。有研究报道，最佳溶剂因底物而异。

普遍公认的溶剂参数是 $\lg P$，即一种溶剂在辛醇/水两相间分配系数的常用对数值，它能直接反映溶剂的疏水性（图9-4）。溶剂的疏水性越强，其夺取酶分子必需水的能力越弱。在加入等量水的情况下，溶剂的 $\lg P$ 值越高，酶活性越大。要达到酶最佳活性，不同的溶剂需水量不同。溶剂的 $\lg P$ 值越高，所需最佳水量越少。

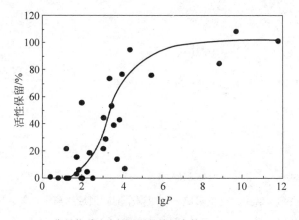

$\lg P$：衡量物质疏水性强弱的特征参数；$P = c_{正辛醇}/c_{水}$

图9-4　有机溶剂的选择原则——$\lg P$ 规则

9.2.2　其他新型介质系统

非水相酶催化介质系统除上述各种有机介质系统外，近年来还出现了一些新型介质系统，如超临界流体系统、离子液体介质系统和无溶剂反应系统等。

9.2.2.1　超临界流体系统

超临界流体(supercritical fluids)指温度和压力超过某物质的临界点以上的高密度流体。它具有和液体同样的凝聚力、溶解力；然而其扩散系数又接近于气体，通常是液体的近百倍。常用的超临界流体有 CO_2、SO_2、氟利昂(CF_3H)、烷烃类(甲烷、乙烯、丙烷)或无机化合物(SF_6、N_2O)等。这种溶剂系统最大的优点是无毒、低黏度、产物易于分离。缺点是需要有高压容器能耐受几十个兆帕的压力，并且减压时易于使酶失活。此外，有些超临界流体如 CO_2 可能会与酶分子表面的活泼基团发生反应而引起酶活性的丧失。

超临界流体对多数酶都能适用，酶催化的酯化、转酯、醇解、水解、羟化和脱氢等反应都可在此系统中进行，但研究得最多的是水解酶的催化反应。Killer 等采用超临界 CO_2 作为反应介质，研究了脂肪酶催化酯交换反应，结果表明适当提高压力对转酯是有利的。在超临界 CO_2 中，多酚氧化酶能催化对甲酚的氧化反应得到 4-甲基儿茶酚。Dhake 等(2011)使用固定化脂肪酶在 CO_2 超临界介质催化月桂酸和香茅醇合成香茅醇月桂酯，其转酯效率高达 99%。

9.2.2.2　离子液体介质系统

离子液体(ionic liquids，ILs)是近十几年发展起来的一种新型的反应介质，被用于各种类型的反应，并常常产生显著的效果。它由有机阳离子与有机或无机阴离子构成，在室温下呈液态的低熔点(m. p. <100℃)盐类，如 1-烷基-3-甲基咪唑与氟硼酸(PF_6 或 BF_4)形成的盐(图 9-5)。离子液体作为一类极性溶剂，能溶解许多有机化合物。离子液体对热稳定、不可燃、不挥发、不氧化、低毒性，是一种对环境友好、工业生产相对安全的"绿色溶剂"。它们与许多有机溶剂互不相溶，可以形成有机溶剂-离子液体两相系统或者有机溶剂-水-离子液体三相系统，从而为溶剂工程在生物催化反应中的应用提供了新的可能。一般来讲，离子液体通常有 3 种方式应用于生物催化过程：①作为单一的溶剂；②作为共溶剂添加于水相系统中；③与水形成两相系统。酶在离子液体中的催化作用具有良好的稳定性和区域选择性、立体选择性、化学键选择性等显著特点。

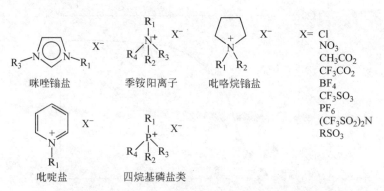

图 9-5　常见的有机阳离子和阴离子配对形成的离子液体系统

9.2.2.3 雾点系统

当一种非离子表面活性剂的水相胶束溶液温度达到其雾点以上,或者在存在某些添加剂的情况下,会导致相分离,形成一个表面活性剂稀少相(水包油乳液)和一个表面活性剂富集相(油包水乳液);后者又称凝聚相,其中包含许多大的水泡,可容纳细胞或溶解的酶分子。这样的系统被称为雾点系统(cloud-point system),它曾被用于分离技术中,即雾点萃取。

9.2.2.4 无溶剂反应系统

无溶剂反应系统(solvent-free system)又称为低共熔混合物体系。在许多情况下,反应系统的最佳选择可能是根本不用溶剂或者只用很少量的溶剂。在至少有一种反应物为液体的情况下,反应物之间的质量传递可以通过流体相进行。无溶剂反应系统的实质是酶反应的底物兼作反应介质。如用脂肪酶催化各种手性醇的对映体选择性转酯化反应中,使用过量的乙酸乙酯或乙酸异丙烯酯作为酰基载体,同时兼作反应介质(无须外加溶剂),反应效果非常好,已在工业规模广泛应用。

9.3 非水相催化的酶结构与性质

非水介质如有机溶剂的极性与水有很大差别,对酶分子的表面结构、活性中心的结合部位和底物性质都会产生一定的影响,进而影响酶的催化活性、稳定性、底物专一性等酶学性质。因此,酶在有机介质中表现出不同的催化特性。

9.3.1 非水相催化的酶结构特征

酶分子不能直接溶于有机溶剂和其他非水介质,非水介质中酶的存在状态有多种形式,主要有两大类:一类是固态酶,包括冻干的酶粉、固定化酶和交联酶结晶,它们以固体形式存在有机溶剂中;另一类是可溶解酶,主要包括微乳液中的酶、水溶性大分子共价修饰酶、非共价修饰的高分子-酶复合物和表面活性剂-酶复合物等。无论是固态酶还是可溶解酶,在非水介质中能否保持其正确的天然结构是其发挥功能的基础。

9.3.1.1 非水相酶结构——刚性与柔性

酶分子只有本身具有一定的空间构象时才能表现出催化活性。蛋白质分子即使为晶体时也处于不断的运动状态中,整个分子有相对刚性(rigidity)和柔性(flexibility)两个部分。根据酶与底物的诱导契合原理,其活性部位保持一定的柔性是酶表现其催化活性所必需的。许多研究者采用 X 射线晶体衍射法和傅里叶变换红外光谱(FTIR)法测定枯草芽孢杆菌蛋白酶在水和有机溶剂中的二级结构,发现在各种脱水有机溶剂如正辛烷、乙腈、环己烷等 10 种不同有机溶剂中枯草芽孢杆菌蛋白酶的 α 螺旋和 β 折叠并无变化。可见有机溶剂对酶的二级结构没有大的影响。Carlsberg 等采用 X 射线晶体衍射分析了枯草芽孢杆菌蛋白酶的晶体结构,研究结果表明,该酶的三维晶体结构无论是水里还是在有机溶剂(乙腈和二氧六环)中都基本相同。己烷中胰凝乳蛋白酶、乙腈中的弹性蛋白酶和溶菌酶的晶体结构研究也得出了相同的结论。

不同介质中酶的结构差别不大,而酶分子结构的动态变化可能是引起酶活性变化的主要因素。酶在水溶液中以一定构象的三级结构状态存在。这种结构和构象是酶发挥催化功能所必需的紧密而又有柔性的状态。紧密状态主要取决于蛋白质分子内的氢键,溶液中水分子与蛋白质分子之间所形成的氢键使蛋白质分子内氢键受到一定程度的破坏,蛋白质结构变得松散,呈一种开启状态。酶分子这种紧密和开启状态处于一种动态的平衡中,表现出一定的柔性(图 9-6)。因此,酶分子在水溶液中以其紧密的空间结构和一定的柔性发挥催化功能。当酶悬浮于含微量水(小于 1%)的有机溶剂中时,与蛋白质分子形成分子间氢键的水分子极少,蛋白质分子内氢键起主导作用。导致蛋白质结构变得刚硬,活动的自由度变小,限制了疏水环境下的蛋白质构象向热力学稳定状态转化,能够维持和水溶液中同样的结构与构象。

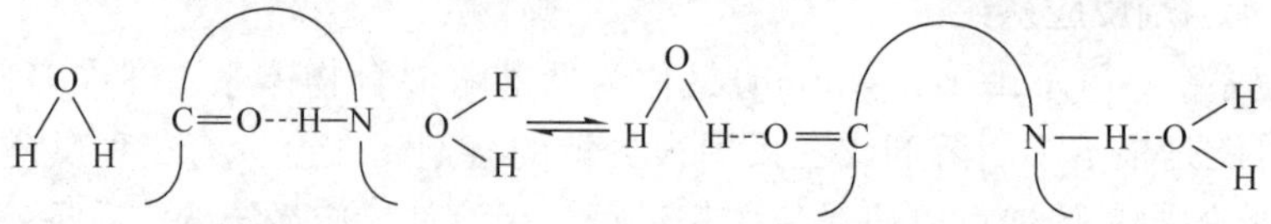

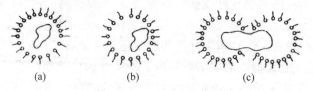

蛋白质分子内氢键   蛋白质分子间氢键

--- 表示氢键

图 9-6 蛋白质分子内氢键和分子间氢键

事实上,酶与底物结合的诱导契合过程中,相互作用使酶和底物发生微小的构象变化。由于酶分子的构象主要由静电作用力、范德华力、疏水作用以及氢键等来维持,正是水分子直接或间接地参与这些非共价作用力的形成或维持,其作用类似于润滑剂和增塑剂。所以,一方面酶必须有一定的"柔性",使酶能趋向于最佳催化状态所需的构象变化;另一方面,在有机溶剂中,由于溶剂无法提供形成多种氢键的能力,介电常数一般较低的有机溶剂还会使酶蛋白带电基团之间静电作用加强,就会使酶蛋白的"刚性"增加,使酶在脱水溶剂中比在水溶液中的活性低。在含水量过高时,酶结构的柔性过大也会引起酶结构的变化和酶的失活。随着对悬浮在有机溶剂中酶的动态结构与酶活性的关系、酶结构和活性与溶剂性质(极性、疏水性、介电常数、偶极矩、黏度等)之间相关性的研究,非水介质中酶的结构和功能研究将越来越深入。当有机溶剂中含有微量水时,这些水分子使酶分子保持紧密甚至刚硬的结构,但又具有一定的柔性。因此在含有微量水的有机溶剂中,酶仍然具有催化活性。

9.3.1.2 反相胶束中的酶结构

自 1997 年首次报道酶在反相胶束中具有催化活性以来,已发现 40 多种酶在反相胶束中能够保持活性。在反相胶束中研究得较多的有水溶性酶,包括单体酶和多聚体酶;一些膜结合酶,如细胞色素氧化酶、亚线粒体 ATPase、肌浆网状体 Ca-ATPase 等;以及附着于膜表面或两膜表面间的酶,如细胞色素 C、髓磷脂碱性蛋白等。这 3 类酶在反相胶束中如何排列尚不清楚,但可用以下几种模型表示(图 9-7)。

(a) 可溶性酶;(b) 附着膜表面的酶;(c) 膜整合蛋白

图 9-7 不同类型的酶在反相胶束中的排布模型

酶包埋在反相胶束中,能够模拟体内环境条件,研究酶的结构和动力学性质。由于反相胶束是一种热力学稳定、光学透明的介质体系,因此,光谱学可作为探测反相胶束中酶的结构、稳定性和动力学行为的灵敏技术。吸收光谱通常对生色团周围的变化并不敏感,但能实际用于反相胶束中酶活力的测定；圆二色谱可以给出反相胶束中酶的二级结构信息；三态光谱能够方便地测定反相胶束间的交换速率。

9.3.2 非水介质中的酶学性质

非水相酶催化反应与酶在非水介质中的特性有关。酶在有机介质中要保持其整体结构和酶活性中心结构的完整，才能发挥催化功能。由于受到非水介质的影响，改变了底物存在的状态以及酶与底物结合的自由能，这些都会影响到非水介质中酶的某些主要性质，如热稳定性、酶活性和底物特异性，包括立体选择性、区域选择性和化学键选择性等。一般来讲，在非水介质中酶的活性都会降低，但是酶在非水介质中的独特优势极大地丰富了非水相酶学研究的内涵，更加具有应用价值。

9.3.2.1 酶稳定性

酶的热稳定性对酶催化来讲是非常重要的特征之一。导致酶的热不稳定性有两种情况：一是酶在高温下，随时间延长逐步发生的不可逆失活；二是由热诱导产生的酶分子整体伸展失活，通常为瞬时可逆的失活。过去认为酶在有机介质中不稳定，但研究发现大多数酶在低水有机介质中比在水介质中更稳定。有机溶剂中酶的热稳定性和储存稳定性都比水溶液中的高。在水介质中，酶蛋白活性构象的柔性易于改变，而在非水介质中酶具有刚性结构，因此减小了由热诱导产生的酶分子伸展失活。

许多文献报道了在非水相中酶的热稳定性得到了改善和提高（表 9-1）。猪胰脂肪酶、胰凝乳蛋白酶和枯草芽孢杆菌蛋白酶等在有机溶剂中具有较高的热稳定性；在同样温度下，有机溶剂中的半衰期远大于水溶液中的半衰期。如胰凝乳蛋白酶 20℃时在水中半衰期只有几天；而在辛烷中可放置 6 个月仍能保留全部活性。猪胰脂肪酶、核糖核酸酶、α-胰凝乳蛋白酶在 100℃条件下，在水溶液中几秒钟就完全失去活性，而在有机溶剂中的半衰期为几小时，并随着水含量的增加半衰期会迅速下降。同样，悬浮在无水壬烷中牛胰核糖核酸酶的热失活温度是 124℃，但在水中只有 61℃。随着酶中水含量增加，酶对热失活的抗性也会降低。

表 9-1 非水介质和水介质中酶的稳定性比较

酶	环境	热稳定性
猪胰脂肪酶	三丁酸甘油酯	$t_{1/2} < 26h$
	水相	$t_{1/2} < 2min$
酵母脂肪酶	三丁酸甘油酯/庚醇	$t_{1/2} = 1.5h$
	水相	$t_{1/2} < 2min$
胰凝乳蛋白酶	正辛烷,100℃	$t_{1/2} = 80min$
	水相,pH8.0,55℃	$t_{1/2} = 15min$
枯草芽孢杆菌蛋白酶	正辛烷,100℃	$t_{1/2} = 80min$
溶菌酶	环己烷,110℃	$t_{1/2} = 140min$
	水相	$t_{1/2} = 10min$
核糖核酸酶	壬烷,110℃,6h	剩余 95% 活力
	水相,pH8.0,90℃	$t_{1/2} < 10min$
F1-ATP 酶	甲苯,70℃	$t_{1/2} > 24h$
	水相,70℃	$t_{1/2} < 10min$
醇脱氢酶	正庚烷,55℃	$t_{1/2} > 50d$

续表

酶	环境	热稳定性
酸性磷酸酯酶	正十六烷,80℃	$t_{1/2}=80\text{min}$
	水相,70℃	$t_{1/2}=1\text{min}$
细胞色素氧化酶	甲苯,0.3%水	$t_{1/2}=4\text{h}$
	甲苯,1.3%水	$t_{1/2}=1.7\text{min}$
限制性核酸内切酶 *Hind* Ⅲ	正庚烷,55℃,30d	活力不降低
β-葡萄糖苷酶	2-丙醇,50℃,30h	活力剩余80%

注:$t_{1/2}$ 表示酶的半衰期。

这些研究结果表明:酶在有机溶剂中具有非常好的热稳定性。可能的原因是有机溶剂中缺少使酶热失活的水分子,因此由水引起的酶分子中天冬酰胺、谷氨酰胺的脱氨基作用和天冬氨酸肽键的水解、二硫键的破坏、半胱氨酸的氧化及脯氨酸和甘氨酸的异构化等蛋白质热失活的过程难以进行。值得注意的是在有机溶剂中酶的稳定性得到了增强,但在水-有机溶剂混溶的单相体系中,酶的稳定性比水中要低许多,这可能是因为在水-有机溶剂混溶体系中有两种失活因素,并趋向于水解肽键造成失活。

9.3.2.2 酶活性与 lg*P* 值

在非水介质中的酶活性比在水介质中通常低几个数量级。如 α-胰凝乳蛋白酶和枯草芽孢杆菌蛋白酶在无水辛烷中的活性只有在水中活性的 $1/10^5\sim1/10^4$。这是一个普遍现象,从而限制了酶在工业界的广泛应用。导致酶活性降低的可能原因列于表 9-2。

表 9-2 酶在有机溶剂中活力低的原因

原因	说明	解决办法
扩散限制		增加搅拌速率,降低酶粒大小
封闭活性中心	导致酶活力降低几倍	用结晶酶替代
构象改变	冻干过程及其他脱水过程造成	使用冻干保护剂
底物脱离溶剂束缚的能力差	疏水性底物严重,可导致酶活力降低至少 100 倍	选择溶剂以获得有利的底物-溶剂相互作用
过渡态不稳定化	当过渡态至少充分暴露于溶剂时才发生	选择溶剂以期获得与过渡态有利的相互作用
构象柔性降低	无水的亲水溶剂尤为显著,会夺取酶分子上必需的结合水,从而导致酶活降低至少 100 倍	使水活度(a_w)最适化;使用疏水溶剂;使用防水和变性共溶的添加剂
偏离最适 pH	导致至少 100 倍的酶活力降低	从酶的最适 pH 水溶液中脱水,使用有机相缓冲液

有机溶剂对酶的影响体现在对酶蛋白的结构、分子柔性以及活性中心的作用。尽管酶在有机溶剂中整体结构以及活性中心的结构都保持完整,但极性溶剂(如 DMSO、DMF)通过夺取酶分子表面的水并争夺蛋白质结构内部的氢键,破坏酶的结构,从而导致酶变性。

在水-有机溶剂单相体系中,有机溶剂对酶活性影响有两种情况:一是有机溶剂直接作用于酶,破坏维持酶活性构象的氢键和疏水作用,或破坏酶周围水化层,使酶变性或失活。如不少酶的活性随有机溶剂浓度升高而降低。二是有些酶的活性会随某些有机溶剂浓度升高而增大,在某一最适浓度达到最大值;若有机溶剂浓度再升高,则活性下降。如胰蛋白酶在 1,4-丁二醇中最适浓度为 80%；猪心线粒体 ATP 酶在乙醇中最适浓度为 10%；限制性核酸内切酶 $EcoR$ I 在甘油中最适浓度为 20%。

在低水-有机溶剂两相体系中，某些酶活性亦发生变化。如采用沉积在玻璃球上的胆固醇氧化酶和辣根过氧化物酶在有机溶剂中测定胆固醇，其反应速度只有水中同样条件下的 10%～25%。用酵母醇脱氢酶在含 1% 水的醋酸丁酯中催化肉桂醇氧化，酶活力约为水中的 60%。有人对吸附在不同载体上的胰凝乳蛋白酶或乙醇脱氢酶在各种水活度下的酶活性研究表明，酶活性随水活度大小而变化，而在一定水活度下，酶活性随载体不同而变化。

在反相胶束体系中，胶束的微团效应使某些酶活性增加。以反相胶束中漆酶（lacase）与水中漆酶催化邻苯二酚氧化最大速率相比较，酶活性至少增大了 100 倍。反相胶束中酶催化的一个重要特点是酶活力依赖微团的水化程度，即取决于水与表面活性剂的摩尔比（R）。如反相胶束脂肪酶的最适水化程度 R 值为 9.8。有些酶如酸性磷酸酶、过氧化物酶等，在反相胶束中的活性比在水中高成千上万倍。为了表示和水溶液中所得酶活性结果相区别，将凡是高于水溶液中所得酶活性值的活性称为超活性（super-activity）。

酶在不同的有机溶剂中活性差别很大，酶活性与溶剂的极性参数 $\lg P$ 之间存在定量关系（表 9-3）。$\lg P < 2$ 的极性溶剂不适于作非水介质中酶促反应的介质，因为溶剂极性强易夺取酶分子表面水层，导致酶活性较低。$\lg P > 4$ 的非极性有机溶剂是较理想的非水反应介质，在这类溶剂中酶具有较高活性。酶在 $2 < \lg P < 4$ 的溶剂中一般可表现出中等活性。如胰凝乳蛋白酶的活性随溶剂的疏水性减弱而明显降低，它在辛烷中的反应速率比在吡啶中快 10^4 倍。

表 9-3 常用有机溶剂的物理参数

溶剂	摩尔质量 $M/(\text{g/mol})$	介电常数 ε	$\lg P$
甲基叔丁基醚	88.15	4.5	1.15
丙酮	58.08	20.7	−0.23
甲醇	32.04	32.63	−0.76
四氢呋喃	72.10	7.58	0.49
正己烷	86.17	1.89	3.5
二异丙醚	102.17	2.23	1.9
乙酸乙酯	88.10	6.02	0.68
乙醇	46.07	24.3	−0.24
环己烷	84.16	2.02	3.2
甲苯	92.13	2.38	2.5
N,N-二甲基甲酰胺	73.09	36.7	−1.0

9.3.2.3 酶专一性

酶对底物具有高度专一性是传统水溶液体系中酶催化反应的显著特点，但在有机溶剂中酶的这种专一性发生了改变，包括底物专一性、对映体选择性、潜手性选择性、位置选择性和化学键选择性。

1. 底物专一性

底物专一性是指酶具有区分两个结构相似的不同底物的能力，专一性地作用其中的一个；它取决于底物疏水性能的差异。许多蛋白酶（如 α-胰凝乳蛋白酶和枯草芽孢杆菌蛋白酶）与底物的结合能力是氨基酸底物侧链与酶的活性中心之间的疏水作用；由于疏水底物与酶的结合能力大,这样疏水底物要比亲水的底物容易反应。但在有机相中有机溶剂取代水以后的情况就大不相同,因为底物与酶之间的疏水作用不重要了。如在水相中胰凝乳蛋白酶催化疏水底物乙酰-L-苯丙氨酸乙酯的水解反应速度比催化亲水底物 N-乙酰-L-丝氨酸乙酯的反应速度快50000多倍;但在辛烷中,催化转酯反应时,苯丙氨酸底物的反应速度要比丝氨酸底物慢3倍多。另外,在二氯甲烷中,枯草芽孢杆菌蛋白酶与 N-乙酰-L-苯丙氨酸乙酯反应的速度比与 N-乙酰-L-丝氨酸乙酯的反应快8倍;但在另一种有机溶剂 t-丁酰胺中,情况正好相反。溶剂的改变会引起底物在水与有机溶剂两相分配系数的改变,从而导致在有机溶剂中底物专一性的改变。

当底物从传统的水相转移到有机相,或者在不同有机溶剂中转换时,酶催化反应的底物专一性会发生改变。枯草芽孢杆菌蛋白酶 Carlsberg 催化 N-乙酰-L-苯丙氨酸乙酯和 N-乙酰-L-丝氨酸乙酯与丙醇的酯交换反应,在20多种有机溶剂中疏水性较强的 N-乙酰-L-苯丙氨酸乙酯与亲水性强的 N-乙酰-L-丝氨酸乙酯的相对专一性随溶剂的不同而不同(表9-4)。两种底物在各种溶剂与水两相体系中的分配系数不同可以解释上述现象。从热力学角度看,底物专一性改变的原因是由于溶剂的改变导致底物在有机溶剂与酶的活性中心之间的分配系数发生了改变。

表 9-4　有机溶剂中枯草芽孢杆菌蛋白酶 Carlsberg 的底物专一性$(k_{cat}/K_m)_{ser}/(k_{cat}/K_m)_{phe}$

溶剂	$(k_{cat}/k_m)_{ser}/(k_{cat}/k_m)_{phe}$	溶剂	$(k_{cat}/k_m)_{ser}/(k_{cat}/k_m)_{phe}$
二氯甲烷	8.2	甲基叔丁基醚	2.5
氯仿	5.5	辛烷	2.5
甲苯	4.8	乙酸异丙酯	2.2
苯	4.4	乙腈	1.7
N,N-二甲基甲酰胺	4.3	1,4-二氧六环	1.2
乙酸叔丁酯	3.7	丙酮	1.1
N-甲基乙酰胺	3.4	吡啶	0.53
乙醚	3.2	叔戊醇	0.27
四氯化碳	3.2	叔丁醇	0.19
乙酸乙酯	2.6	叔丁胺	0.12

2. 立体选择性

酶的立体选择性(enantioselectivity)又称对映体选择性,是指酶识别外消旋化合物中某种构象对映体的能力。从有机合成的角度来讲,最有价值的酶特异性就是立体选择性,尤其是对映体选择性和潜手性选择性。酶的立体选择性强弱常用立体选择系数(K_{LD})表示,与酶的催化常数 k_{cat} 和米氏常数 K_m 有关,即$(k_{cat}/K_m)_L/(k_{cat}/K_m)_D$。$(k_{cat}/K_m)_L$ 为酶对 L 型异构体的 k_{cat} 与 K_m 的比值;$(k_{cat}/K_m)_D$ 则为酶对 D 型异构体的 k_{cat} 与 K_m 的比值。有机溶剂中,酶对底物的对映体选择性因介质的亲(疏)水性的变化而发生改变。如胰凝乳蛋白酶、胰蛋白酶、枯草芽孢杆菌蛋白酶、弹性蛋白酶等蛋白水解酶对底物 N-乙酰基丙氨酸氯乙酯的立体选择系数$(k_{cat}/K_m)_L/(k_{cat}/K_m)_D$ 在有机溶剂中<10,而在水中为 $10^3\sim10^4$ 数量级;因此,某些蛋白水解酶在有机溶剂中可以合成 D 型氨基酸的肽,而在水溶液中酶只选择 L 型的氨基酸。

甲基-3-羟基-2-苯基丙酸酯是重要的医药化合物,当用丙醇与其转酯反应时,通过变换有机溶剂使 α-胰凝乳蛋白酶的对映体特异性提高了20倍;在有些有机溶剂中酶特异选择 S 型对映体,而另一些溶剂中特异选择 R 型。Klibanov 为此提出新的模型解释,认为在酶的活性中心底物结合部位有大、小两个口袋,反应慢的异构体是由于它的大基团与小口袋之间存在较大的空间障碍,而反应快的异构体则基团与口袋之间非常吻合,没有空间的障碍(详细可参见 9.3.3.3 图 9-15)。潜手性特异性是指酶作用于潜手性化合物产生某种构象的对映体的能力。在二异丙醚或环己烷中,胰凝乳蛋白酶催化潜手性底物 2-(3,5-二甲氧苯)-1,3-丙二醇的乙酰化反应的主产物是 S 单酯;而在乙酸甲酯或乙腈中主产物为 R 型对映体。尽管这些特异性规律的普遍性还不十分清楚,但至少在某些实例中可以合理地定性解释。采用酶结合 pro-S(前手性向 S 对映异构体转化的中间体)和 pro-R(前手性向 R 对映异构体转化的中间体)转变(过渡)态中的底物脱溶剂的能量不同就可以合理地解释由溶剂诱导造成胰凝乳蛋白酶的潜手性选择性改变的原因。对心血管药物硝苯地平的研究发现,在假单胞菌脂肪酶(Amano AH)催化的亚甲氧基丙酰基或叔戊酰基二酯的水解反应中,不仅对映体过量值明显不同,而且几乎专一性完全逆转(图 9-8)。当溶剂从水饱和的环己烷变成水饱和的异丙基醚时,产物由 R 型单酯(89% e.e.)转变成 S 型单酯(>99% e.e.)。

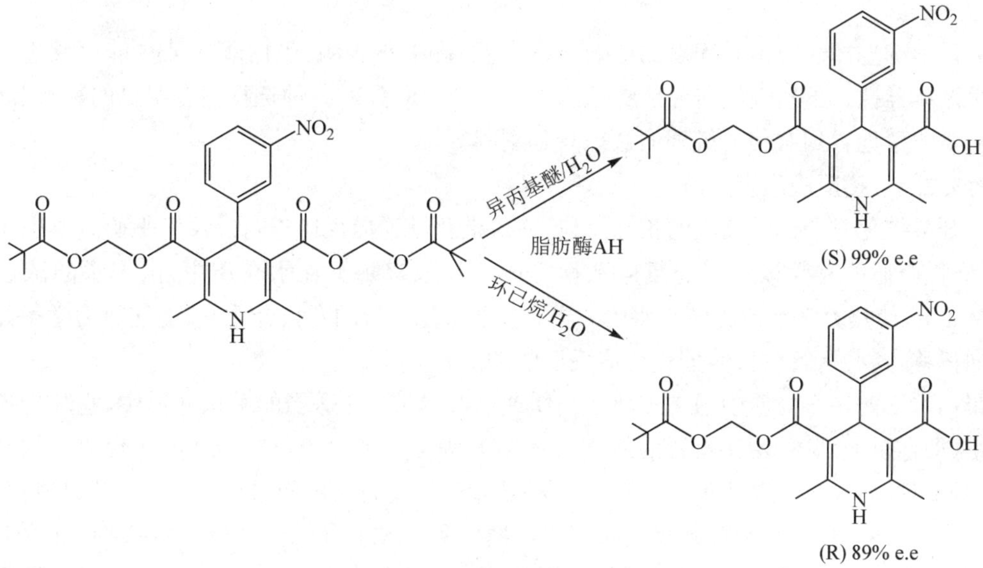

图 9-8　不同溶剂中脂肪酶 AH 催化前手性双酯水解的立体选择性

3. 位置选择性和化学键选择性

有机介质中的酶催化还具有位置选择性,即酶能够选择性地催化底物中某个区域的基团发生反应。有机相中酶的位置特异性能够通过溶剂来控制。Klibanov 等在研究假单胞菌脂肪酶催化芳香化合物的两个不同的酯基团和催化糖上的羟基时,发现溶剂能够调节这种基团上的差异。在不同溶剂系统中假单胞菌催化二氢吡啶二羧酸基酯类衍生物选择性水解酯键,在环己烷中生成 R 型对映体,在异丙醚中产生 S 型对映体(图 9-9)。

化学键选择性是指酶选择性地催化底物分子中不同功能基团中某个基团的反应特性,与传统的化学催化所不同的是这种选择性可以在没有基团保护条件下进行催化反应。如黑曲霉(*Aspergillus ninger*)脂肪酶催化 6-氨基-1-己醇的酰化反应时,羟基的酰化占绝对优势。这样,可以在不需基团保护的情况下合成氨基醇的酯。Klibanov 研究小组发现反应介质对氨基醇丁

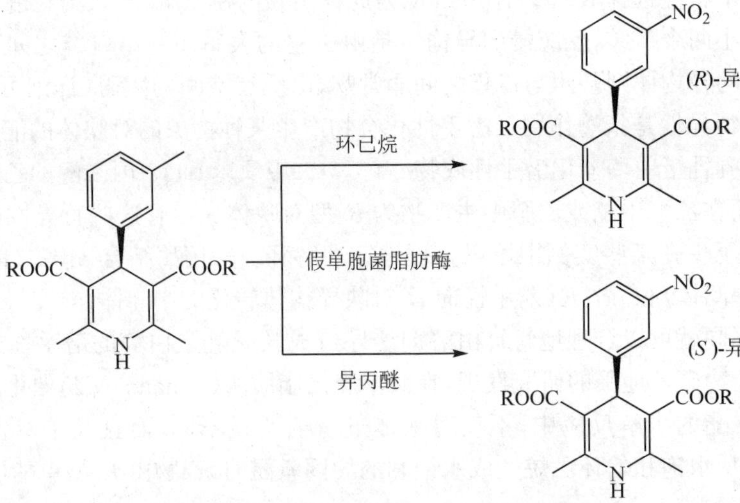

图 9-9　非水介质对酶位置选择性的影响

酰化的化学键选择性有不同程度的影响。事实上,许多脂肪酶、蛋白酶在某些催化反应中都存在化学键特异性。虽然大量研究已经证明了反应介质对酶的各种选择性有明显的影响和作用,但是需要清楚地看到对相关机理的认识只是刚刚开始。

9.3.2.4　酶反应平衡方向

酶既可催化一个化学反应的正向反应,亦可催化其逆向反应进行。反应平衡点取决于反应条件,有机介质能改变某些酶的反应平衡方向。如水解酶类在水介质中,由于水的浓度高达 55.5mol/L,使热力学平衡趋向于水解方向;在含水量极低的有机介质中,能使热力学平衡向合成方向偏移,这些水解酶行使催化合成反应的功能。

蛋白水解酶在水介质中通常催化蛋白质或多肽水解;在适当的有机介质中,它却能催化合成肽键(即逆反应)。如用胰蛋白酶催化 Boc-X(X 为 Lys 或 Arg)与 Val-OBut 合成二肽 Boc-X-Val-OBut 时,加入 50% 的 DMF 可使产率提高到 80% 左右。甲醇、DMSO 等也有类似作用,但效果不如 DMF。枯草芽孢杆菌蛋白酶催化核糖核酸酶 S 重合成核糖核酸酶 A 时,在水介质中只有 4.3% 的产率;当加入甘油的量逐渐增加到 90%,合成产率也相应地不断增加,最后可达到 50%。肽键合成中所需的能量主要是用来阻止质子从羧基转移到氨基上。加入有机溶剂,对底物氨基的 pK 值影响不大,但能明显提高底物羧基的 pK 值,从而促进了合成肽键的反应。因此加入有机溶剂可使平衡移向合成反应。

除了在上述单相共溶体系合成肽外,亦在两相体系合成了肽,采用的有机溶剂包括二氯甲烷、二氯乙烷、三氯乙烯、四氯化碳、硝基甲烷、乙酸乙酯等。近年来利用蛋白酶逆反应的研究取得了较大进展,有的已达到工业化程度,如甜味二肽和脑啡肽的合成。有机介质不仅可改变反应的平衡点,而且不需要多肽合成时必需的基团保护。Kimura 等在研究吗啡样多肽合成时,发现酶促合成时不需要侧链的保护;Paul 等在合成甜味二肽时也证明了这一点。一些在有机介质中酶促合成多肽和蛋白质的实例列于表 9-5。脂肪酶在水介质中一般是催化酯水解,但将 1,2 丁二醇溶于乙酸乙酯(它既是溶剂,又是酰化剂),利用脂肪酶催化,只需几小时,97% 的丁二醇都在 1 位羟基上酰基化形成甲酯。

表 9-5　有机介质中酶促合成多肽和蛋白质的实例

酶	合成产物	有机溶剂	使用浓度/%	合成收率/%
枯草芽孢杆菌蛋白酶	核糖核酸酶	甘油	90	50
无色杆菌蛋白酶	人胰岛素	DMF 和乙醇	30,30	80
羧肽酶 Y	牛胰核糖核酸酶	甘油	90	50
凝血酶	人生长激素	甘油	80	20
嗜热杆菌蛋白酶	天冬甜味素	乙酸乙酯		93
胰凝乳蛋白酶	脑啡肽	乙醇或 DMF		

9.3.2.5　分子印迹和 pH 记忆

1. 分子印迹

酶分子具有对配体的记忆功能。根据分子识别理论,酶通过配体的诱导、相互作用改变酶分子的构象。这种新构象在除去配体后在无水有机溶剂中仍可保持,并且能特异地结合该配体,从而获得与配体类似物结合的能力。这种由配体诱导产生的酶分子记忆的方法称为分子印迹。酶在冻干前可用配体为酶作印迹,Klibanov 等将枯草芽孢杆菌蛋白酶从含有竞争性抑制剂(N-Ac-Tyr-NH$_2$)的水溶液中冻干后,再将抑制剂除去;该酶在辛烷中催化酯化反应的速度比不含抑制剂的水溶液中冻干的酶活性高 100 倍。研究还发现,通过 N-Ac-Tyr-NH$_2$ 的诱导作用,枯草芽孢杆菌蛋白酶具有独特的底物特异性和稳定性。这种酶的分子记忆在酶重新溶解在水相时又会消失。这可能是竞争性抑制剂诱导酶活性中心构象发生变化,形成一种高活性的构象形式,而此种构象形式在除去抑制剂后,因酶在有机介质中的高度刚性而得到保持。

采用正丙醇沉淀 α-胰凝乳蛋白酶和 N-乙酰-D-Trp 间的酶-抑制剂复合物,经干燥后再放入环己烷中,它可催化合成 N-乙酰-D-Trp 乙酯。D 型氨基酸酯化速度为 7.5nmol/(L·mg·h)。然而,它在水中即失去对 D 型氨基酸的专一性。因为在有机溶剂沉淀时,该酶分子接受 D 型氨基酸的构象被冻结,并在有机溶剂中仍能保持;但在水中酶则又回到它的天然构象,只能催化 L 型氨基酸酯化。酶与配体相互作用,诱导产生酶活性位点的过程见彩图 9-10。因为经过配体诱导的酶的结构不同于其没有印记过的酶,所以两者的催化特性也有差异。

2. pH 记忆

当酶从具有最适 pH 的缓冲液中冻干或沉淀出来,酶分子上有关基团的电离状态可以在有机溶剂中保持,即有机溶剂中的酶能够“记忆”制备前所在缓冲液中的 pH。这种现象称为 pH 记忆(pH memory)。水溶液中 pH 和离子对酶活力有重要的影响,因该 pH 决定了酶分子上有关基团的电离状态,这种状态在冻干过程和分散到有机介质中之后仍得到保持。一方面因为有机溶剂不会改变酶蛋白带电基团的离子化状态,因此酶在有机溶剂中的化学状态与提取该酶的水溶液中的化学状态保持相同;另一方面酶在有机溶剂中结构刚性的增加保持了之前水溶液中带电官能团正确的离子化状态,对酶的活性和稳定性都十分重要。因此,从实际应用角度看,水溶液中 pH 的选择对酶在有机溶剂中的活性和稳定性的有效应用至关重要。一般来讲,在制备有机介质体系酶制剂时,将 pH 调至反应的最适 pH 以获得最大的酶活性。

9.3.3　酶非水相催化动力学

非水相中酶催化反应动力学的研究是当今一个令人尤为感兴趣的研究方向。但由于各种原因,研究进展十分缓慢。这里仅介绍有机溶剂酶催化动力学和反胶束体系酶催化动力学;同时,对非水相中酶催化的调控作简单介绍。

9.3.3.1 有机溶剂酶催化动力学

在有机介质中,酶的不可溶性使得详细研究酶动力学变得十分困难甚至不可能。在水相中酶促反应动力学可以忽略的因素(如水活度、扩散限制等)在研究有机相中酶促反应动力学时却变得十分重要。扩散限制有内、外两种:内扩散限制是底物越过酶、盐和水的组成部分,与酶活性中心接触时所受到的限制。它与酶的活性颗粒的形态、大小和底物的性质有关。外扩散限制是底物通过有机溶剂和酶分子周围"必需水"层的界面到达酶颗粒表面时所受的限制。一般来讲,内扩散限制难以克服;外扩散限制可以通过加快搅拌速度来减少或克服。所以,研究有机相中酶促反应动力学时,首先要考虑扩散限制对酶催化反应的影响,只有不存在扩散限制,才可能得到真实的动力学数据。如研究环己烷中脂肪酶催化外消旋 2-辛醇与辛酸的不对称酯化合成反应动力学时发现,振荡频率高于 150r/min 时,反应基本上不受扩散限制的影响。在没有外扩散限制的条件下,测定酶浓度对反应初速度的影响,以考察内扩散限制的影响;酶浓度为 $0 \sim 6.0$ mg/mL,它与反应初速度呈现较好的线性关系;表明在该实验条件下不受扩散限制的影响,仅受动力学控制。在酶浓度为 4.0mg/mL、振荡频率为 150r/min 的条件下,测定底物浓度对反应初速度的影响和表观动力学常数;固定不同辛酸浓度,改变外消旋 2-辛醇的浓度,分别测定(R)-2-辛醇和(S)-2-辛醇两种异构体的酯化初速度,并进行双倒数作图[图 9-11 (a)和(b)]。

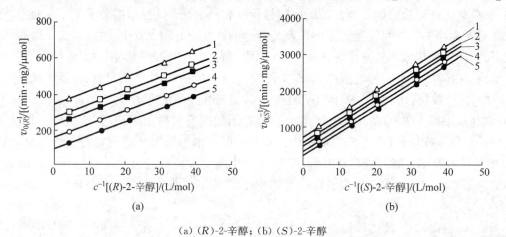

(a) (R)-2-辛醇; (b) (S)-2-辛醇

图 9-11 2-辛醇两种异构体(R)和(S)的浓度与各自酯化反应初速度的双倒数图

根据双倒数作图特征——两组平行线表明,2-辛醇的两种异构体与辛酸的酯化反应都遵守米氏动力学方程,符合乒乓反应机制。脂肪酶催化酯化反应的机制如图 9-12 所示:

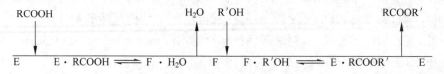

E:脂肪酶;RCOOH:辛酸;F:酰基-酶中间体;R'OH:(R)-2-辛醇或(S)-2-辛醇

图 9-12 脂肪酶催化酯化反应的乒乓反应机制

对(R)或(S)-2-辛醇酯化反应的初速度可分别表示为反应式(9-1)和式(9-2)。

$$v_{(R)} = \frac{v_{\max(R)}}{1 + K_{mA}[A] + K_{mB(R)}/[B_{(R)}]} \tag{9-1}$$

$$v_{(S)} = \frac{v_{\max(S)}}{1 + K_{mA}[A] + K_{mB(S)}/[B_{(S)}]} \tag{9-2}$$

式中 $v_{(R)}$ 和 $v_{(S)}$ 分别为(R)或(S)-2-辛醇酯化反应的初速度；$v_{\max(R)}$ 和 $v_{\max(S)}$ 分别为(R)或(S)-2-辛醇酯化反应的最大反应速度；K_{mA} 为辛酸的米氏常数；$K_{mB(R)}$ 和 $K_{mB(S)}$ 分别为(R)-2-辛醇与(S)-2-辛醇的米氏常数；[A]为辛酸浓度；$[B_{(R)}]$ 和 $[B_{(S)}]$ 分别为(R)或(S)-2-辛醇的浓度。

分别以图 9-11(a)和(b)中的横轴截距(即 K_{mB} 的倒数)或纵轴截距(即 $v_{\max}$ 的倒数)对辛酸浓度的倒数作图得到图 9-13(a)和(b)。由图 9-13(a)可以求出 K_{mA}、$v_{\max(R)}$ 和 $v_{\max(S)}$；由图 9-13(b)可以求出 $K_{mB(R)}$ 和 $K_{mB(S)}$。由这些动力学参数可以方便地计算出酶对 2-辛醇两种异构体的立体选择性系数。

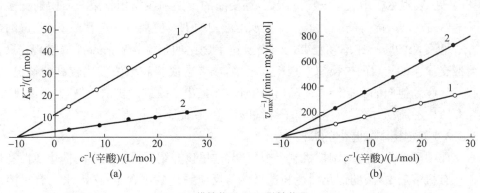

(a) 横轴截距；(b) 纵轴截距

图 9-13　以图 9-11 中的横轴截距和纵轴截距分别对辛酸浓度的倒数作图

在非水酶学中，测定酶的动力学常数与溶剂的性质常数相关联，可以得到许多有关酶结构与功能的重要信息，以及溶剂与酶相互作用方面的重要信息。由于不同溶剂中酶活力具有不可预见性，至今未能对有机溶剂中的酶动力学进行深入研究。但实际上测定有机介质中真实动力学常数比较困难，通常得到的是表观动力学常数；而且酶-底物复合物的中间过渡态的稳定性，以及底物溶剂化都会极大影响酶动力学，在此不一一叙述。

9.3.3.2　反胶束体系酶催化动力学

反胶束体系酶催化动力学可以用两类模型予以解释，即扩散模型和非扩散模型。非扩散模型假设动力学参数 K_m 和 K_{cat} 的变化是酶蛋白在反相胶束中结构变化的结果，其扩散因子不包括在动力学方程中。该模型不占主导地位，在此不予介绍。这里重点介绍扩散模型。

扩散模型认为：胶束间的扩散是酶活性的决定因素。该模型假定酶进入反胶束后，并不改变酶固有的动力学参数，因此酶催化反应速度的变化只能解释为胶团之间的扩散(交换反应)的结果。反应分两步：首先是含有底物的胶束和含有酶的胶束之间碰撞、融合、水池中内容物的交换；然后是酶催化反应。荷兰科学家 Veeger 小组提出了一种扩散模型用于解释反胶束体系中一种高度亲水底物的酶催化反应。该模型解释的酶催化反应遵守米氏动力学。

假设产物进出胶束的交换速率 ε_i^P 为 0，用 King 和 Altman 方法可以推出反应初速度为式(9-3)。式中 $[S'_{im}]$ 为胶团内底物的平均浓度；[M]为胶束浓度；$[K_{ex}]$ 为胶束的交换速率；ε 为溶质和产物分别进入和离开含酶胶束时，在胶束内的交换速率(ε_i^S，ε_i^P 和 ε_o^S，ε_o^P)。

$$v = \frac{K_2[E_0]}{1 + \dfrac{[(\varepsilon_0^S/\varepsilon_i^S)+1]K_m}{[S_m^p]} + \dfrac{K_2}{K_{ex}+[M]}\left(\dfrac{1}{\varepsilon_i^S} + \dfrac{1}{\varepsilon_0^P}\right)} \tag{9-3}$$

假设①底物浓度很小时,即$[S_{ov}] \ll [M]$,式(9-3)可变换为式(9-4);

②当$[S_{ov}] \gg [M]$,所有的反相胶束都含1个或多个底物分子,式(9-3)可变换为式(9-5)。

$$v = \frac{K_2[E_0]}{1 + \dfrac{[\theta K_m + (2K_2/K_{ex})]}{[S_{OV}]} + \dfrac{\theta K_m}{[M]} + \dfrac{2K_2}{K_{ex}[M]}} \tag{9-4}$$

$$v = \frac{K_2[E_0]}{1 + \dfrac{\theta K_m}{[S_{OV}]} + \dfrac{3K_2}{K_{ex}[M]}} \tag{9-5}$$

从式(9-4)可见,表观K_m不仅受θ项的限制,还受酶的转换和在反相胶束介质中的交换速率的限制。从式(9-5)可见,测得的表观K_m等于水溶液中的K_m值乘以一个常数θ;测得的最大反应速度v_{max}也受酶的转换速率和胶束之间交换速率之比的限制。Verhaert 等发现:只有当反相胶束溶液交换速率与酶的转换速率相比高很多,或者含底物胶束浓度比较高的情况下,此模型才能很好地解释他们的实验结果。随后,Verhaert 提出了改进的扩散模型,并对浓度的定义、反应物在介质中的流动、酶反应速度作了详细的讨论,在此不做介绍。

9.3.3.3　非水相中酶催化的调控

非水介质中酶催化反应的调控机制十分复杂,这里仅介绍有机溶剂中酶催化活性和选择性的调控。在有机溶剂中,酶的催化活性和选择性与反应系统的水含量(必需水)、有机溶剂的性质、酶的使用形式(固定化酶、游离酶、化学修饰酶、酶冻干前缓冲液的 pH 和离子强度)等因素密切相关。这里着重介绍有机溶剂对酶催化活力的影响。有关必需水和酶的使用形式可参见9.1.3节。

有机溶剂对酶催化活力的影响是非水酶学的重要因素,溶剂不仅能够直接或间接影响酶活力和稳定性,而且能够改变酶的特异性。一般来说,有机溶剂通过与水、酶、底物和产物的相互作用来影响酶的性质。

1. 有机溶剂对酶结合水的影响

大多数有机溶剂对酶的结合水影响较小,但有些相对亲水的有机溶剂能够夺取酶表面的结合水,导致酶失活。Dordick 等研究发现:所有的酶在有机溶剂中都会不同程度地发生水脱附现象;酶的失水程度与溶剂的极性参数$(1/e)$和疏水性参数$(\lg P)$有关。由于酶与溶剂竞争水分子,体系的最适含水量与酶的用量及底物浓度也有关系。Stevenson 小组在研究木瓜蛋白酶催化的酯合成反应时,发现最适含水量与溶剂的$\lg P$有良好的线性关系。此外,增大压力会更多地夺取酶分子的结合水,导致酶活性降低。从而进一步证明了有机介质中酶活力主要取决于酶的结合水与有机溶剂的相互作用。

2. 有机溶剂对酶的影响

有机溶剂对酶的影响包括对酶分子的动态移动性、酶结构和酶活性中心的影响等。有机溶剂通过改变酶分子的动态移动性及构象来影响酶的活力。分子动力学模拟 α-胰凝乳蛋白酶在不同有机溶剂中的动力学状态显示,随着溶剂的介电常数降低,酶分子活性中心区域的活动性也降低。这与蛋白质上带电残基的静电作用变化相一致。Burke 等用固态 NMR 研究了溶菌酶的酪氨酰环对溶剂的依赖性,发现蛋白质的活动性、酶的活性和溶剂介电常数三者之间没有明显的联系。如溶菌酶活性在叔丁基甲基醚中与在二氧六环中几乎一样;而在这两种溶剂中,酶表现出完全不同的动态水平:在二氧六环和乙腈中,酶的酪氨酰环运动速率相似,而酶活性相差58倍以上。

有机溶剂能够影响酶结构和酶的活性中心。虽然酶在有机溶剂中整体结构以及活性中心的结构都保持完整,但是酶分子本身的动态结构及表面结构却发生了不可忽视的变化。如过氧化物酶内部 Trp 的荧光在有二氧六环存在时与游离的 L-Trp 在二氧六环中的荧光相似,说明酶在二氧六环中部分失活。由于酶分子与溶剂的直接接触,酶分子的表面结构将有所变化。如在乙腈溶剂中,枯草芽孢杆菌蛋白酶晶体原有的 119 个与酶结合的水分子中有 20 个被脱去;12 个乙腈分子结合到了酶蛋白分子上,其中 4 个取代了原来水分子的位置,而其余 8 个处在原来没有水结合的位点。另外,三个钙结合位点只剩下了一个。然而,Yennawar 在研究 γ-胰凝乳蛋白酶在己烷中的晶体结构时,发现有 7 个己烷分子结合到了酶分子表面,同时在酶分子表面增加了 33 个水分子。由此可见,虽然酶分子的骨架结构没有改变,但一些侧链却发生了显著的重排,特别是在正己烷附近的侧链。

酶的活性中心是酶发挥催化功能的主要部位,任何对活性中心的微扰都将导致酶的催化活性改变。Affleck 等发现:酶活性中心柔性的改变将导致酶活性的变化。溶剂对酶的活性中心的影响主要是减少整个活性中心的数量。如在水溶液中 α 胰凝乳蛋白酶的活性中心浓度并不受有机溶剂的影响,但当悬浮在辛烷中,可催化的活性中心数量只剩下 2/3。随后的研究结果证明,活性中心数目的减少并不完全是由于有机溶剂造成的。固态 NMR 的结果表明,冻干过程所造成的活性中心的丧失约占整个活性中心损失的 42%,而溶剂则造成另外 0~52% 的丧失。活性中心数目丧失的多少取决于溶剂的疏水性大小。如辛烷与二氧六环造成酶活性中心的丧失率分别为 0 和 29%。这种由于溶剂而导致的酶活力的丧失的原因可能是由于酶脱水或蛋白质去折叠造成的。这可以用来解释为什么在有机溶剂中酶活力要低于水中的酶活力,但目前仍不清楚酶活力的丧失是否是由于蛋白质分子的运动性降低造成的。溶剂对酶分子活性中心影响的另一种方式是与底物竞争酶的活性中心结合位点,当溶剂是非极性时,这种影响会更明显;而且溶剂分子能渗透到酶的活性中心,降低活性中心的极性,从而增加酶与底物的静电斥力,因而降低了底物的结合能力。这种竞争抑制能够解释当底物与酶一起在有机溶剂(如二氧六环和乙腈)中时 K_m 值的增加。

酶在不同的有机溶剂中活性差别很大,酶活性与溶剂的属性之间可能存在某种定量的关系。目前研究得最多的是酶活性与溶剂的极性参数 $\lg P$ 之间的关系。除了溶剂的物化性质以外,溶剂的几何形状也影响非水介质中酶的活性。Ottolina 曾报道对于一种手性溶剂香芹酮,在 S 构型中脂肪酶的最大酯交换活力是 R 构型的 2 倍,而 K_m 值却相同。多酚氧化酶在 S 型溶剂中活力高于在 R 型溶剂中的活力。但枯草芽孢杆菌蛋白酶在 R 构型中的转酯活力则高于 S 构型中的活力。Van Erp 等提出了一种理论模型定量描述水含量和溶剂性质与有机相中酶功能的关系。Khmelmsky 建立了一个关于有机溶剂使酶失活的临界浓度的热力学模型,这个模型与溶剂的疏水性、溶剂化能力及分子形状有关。他提出用“失活容量”(denaturation capacity)定量地描述某种溶剂使酶失活的能力,此模型也能成功地预测某些酶失活的临界溶剂浓度值。单一参数(如 $\lg P$)或更复杂一点的(如失活容量)一般都不能准确地预测出溶剂对酶的影响。Ghatorae 等的研究结果表明,还有许多其他的影响。如脂肪酶在疏水性溶剂中稳定性高,而胰凝乳蛋白酶在疏水性小一些的溶剂中稳定性高。

3. 溶剂对底物和产物的影响

溶剂能直接或间接地与底物和产物相互作用,影响酶的活力。溶剂能改变酶分子必需水层中底物或产物的浓度,而底物必须渗入必需水层,产物必须移出此水层,才能使反应进行下去。Yang 等对这种影响进行了较为深入的研究,他们发现溶剂对底物和产物的影响主要体现在底物和产物的溶剂化上,这种溶剂化作用会直接影响到反应的动力学和热力学平衡。吉林大学罗贵民等在脂肪酶催化酯合成中发现:酶在 $2.0 \leqslant \lg P \leqslant 3.5$ 范围内的溶剂中活力较高。在十二烷($\lg P$ 为 6.6)中,该酶活力只有苯($\lg P$ 为 2.0)中酶活力的 57.5%,这并不完全符合上述 Laane 等提出的酶活性与 $\lg P$ 之间的规律。可能的原因是由于溶剂的疏水性强,使疏水底物不容易从溶剂中扩散到酶分子周围,导致酶活性降低。

4. 溶剂对酶活性和选择性的调控(溶剂工程,solvent engineering)

选择性曾被看成是酶的一个固有特性,要改变其选择性,就要改变酶分子自身,如定点突变等技术。只要酶是在水中发挥作用,或者说当反应介质固定不变时,这一概念是正确的。但许多研究发现:当从一种溶剂换到另一种溶剂中时,酶的各种选择性(包括底物选择性、化学选择性、区域选择性、对映体选择性和潜手性选择性等)都会发生变化。底物选择性是酶辨别两种结构相似底物的能力,常常是基于两种底物之间疏水性的差异。许多蛋白酶(如枯草芽孢杆菌蛋白酶和胰凝乳蛋白酶)与底物结合的主要驱动力来自于氨基酸底物的侧链与酶活性中心之间的疏水作用。因此,疏水性的底物比亲水性的底物反应性更强,因为疏水性底物的驱动力更大。但当水被一种有机溶剂代替时(疏水作用不再存在),上述情形将发生显著的变化。酶的区域选择性和化学选择性也受到溶剂的控制。如许多脂肪酶和蛋白酶在催化氨基醇的酰化反应时,对羟基和对氨基的优先选择性也在很大程度上取决于溶剂的选择。酶的几种选择性类型中应用价值最大的是立体选择性,尤其是对映体选择性和潜手性选择性。科学家们发现溶剂可以显著影响甚至逆转酶的对映体选择性和潜手性选择性。

综合考虑溶剂对酶的影响、溶剂对底物和产物的扩散及分配的影响,Laane 等提出了选择溶剂使其最优化的规律:即 $[\lg P_j - \lg P_s]$ 和 $[\lg P_{oph} - \lg P_p]$ 绝对值最小;并使 $[\lg P_{oph} - \lg P_s]$ 和 $[\lg P_j - \lg P_p]$ 的绝对值最大。其中 $\lg P_j$ 为酶的微环境的极性,$\lg P_{oph}$ 为有机溶剂的极性,$\lg P_s$ 和 $\lg P_p$ 分别代表底物和产物的极性。当纯酶在几乎无水的有机溶剂中时,$\lg P_j$ 和 $\lg P_{oph}$ 相等,因此反应介质可以用 $\lg P_s$ 和 $\lg P$ 进行最优化的选择。Reslow 等还对极性有机溶剂的极性参数提出了修正:$\lg P_{修正} = (1 + \chi) \lg P_{溶剂} + \chi \lg P_{水}$,其中 χ 为水在有机溶剂中的物质的量,修正后的极性参数较好地解释某些酶在吡啶、DMF 中具有较高活性的现象。溶剂性质还能影响酶的底物选择性、位置选择性和立体选择性。枯草芽孢杆菌蛋白酶催化外消旋苯乙醇酯交换反应时,对映体选择性与溶剂的介电常数有线性关系;而该酶催化外消旋酰胺化反应时,对映体选择性与溶剂有关,但与介电常数没有线性关系。曹淑桂等研究了脂肪酶催化外消旋 2-辛醇酯化反应中酶的对映体选择性与溶剂的偶极矩、介电常数、极性参数及溶解度的关系。发现对映体选择性(E 值)与溶剂的介电常数及偶极矩之间有较好的相关性(图 9-14)。

动力学研究进一步表明,随着溶剂介电常数的增大,原来反应慢的底物[(S)-异构体]反应活性提高,而反应快的底物[(R)-异构体]反应活性降低。如用 DMF 代替环己烷,酶的对映体选择性 $(v_{max}/K_m)_R / (v_{max}/K_m)_S$ 的比值由 8.1 降到 1.4。此结果可用图 9-15 模型作如下解释:酰基脂肪酶供亲核基团结合的部位存在两个大小不同的"口袋",(R)-2-辛醇若以图 9-15(a)方

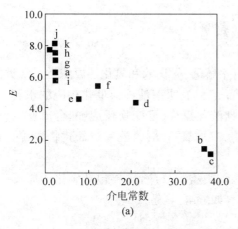 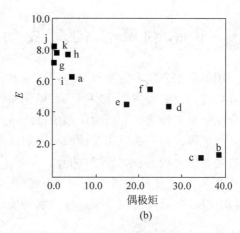

（a）溶剂介电常数与选择性常数 E 的关系；（b）偶极矩与选择性常数 E 的关系

a—1,4-二氧六环；b—二甲基甲酰胺；c—乙腈；d—丙酮；e—四氢呋喃；

f—吡啶；g—苯；h—甲苯；i—四氯甲烷；j—环己烷；k—己烷

图 9-14　溶剂的不同物性参数与脂肪酶选择性常数 E 的关系

式与酶结合，恰好己基进入大"口袋"，甲基进入小"口袋"，这种结合方式有利于(R)-2-辛醇的羟基进攻酰基酶中间体的羰基；相反，(S)-2-辛醇的羟基若进攻羰基，需要以图 9-15(b)方式与酶结合，这种方式己基必须克服一定的空间障碍。因此 2-辛醇的 R 型比 S 型异构体容易反应，酶催化表现出一定的对映体选择性。在不同介电常数的有机溶剂中，酶分子结构刚性程度不同，即酶在低介电常数有机溶剂（如环己烷）中刚性比在高介电常数溶剂（如 DMF）中高。当酶处于高介电常数的有机溶剂中时，酶分子柔性提高，S 异构体所遇到的空间障碍随之减小，反应活性增大，导致酶的对映体选择性减小。

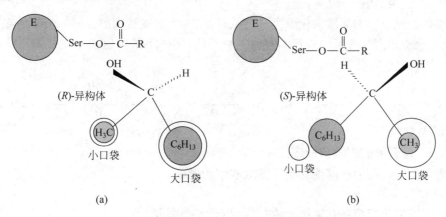

（a）(R)-2-辛醇与酶结合方式；（b）(S)-2-辛醇与酶结合方式

图 9-15　脂肪酶立体选择性的大小不同的"口袋"学说

　　目前尽管溶剂对酶活性和选择性的影响规律和机制并不十分清楚，但是大量实验结果表明，通过改变溶剂可以调节酶的活性和选择性，改变酶的动力学特性和稳定性等酶学性质。Klibanov 称这种技术为"溶剂工程"，并认为它有可能发展成蛋白质工程的一种辅助方法，不必改变蛋白质本身，而只要改变反应介质就可以改变酶的特性。

9.4 非水相酶催化反应的类型

目前用于非水介质中的酶有 20 多种,主要有水解酶、异构酶和氧化还原酶类。常见的水解酶包括脂肪酶、酯酶、蛋白酶、酰基化酶、糖化酶等;它们在水溶液中只催化相应的水解反应,而在非水介质中可以催化多种其他类型的反应,包括酯化反应、酯交换反应、酯合成反应、氨解反应和醇解反应等。常用的氧化还原酶有单加氧酶、双加氧酶、脱氢酶和过氧化物酶等。常见的异构酶有葡萄糖异构酶、木糖异构酶等。

酶在非水相(主要是有机介质)中可以催化多种类型的反应,主要包括氧化还原反应、裂合反应、异构化反应、合成反应、转移反应、水解反应(如醇解、氨解反应)等。

9.4.1 水解反应

在水溶液中催化水解反应的酶类,在有机介质中,其催化特性会有所改变。由于反应体系中水含量很少,有些酶借助醇解、氨解或磷酸解等方式水解底物。

9.4.1.1 酸酐水解——醇解

有些酶在有机介质中可以催化一些醇解反应。如假单胞菌脂肪酶能够在二异丙醚介质中催化酸酐醇解生成二酸单酯化合物[式(9-6)]。

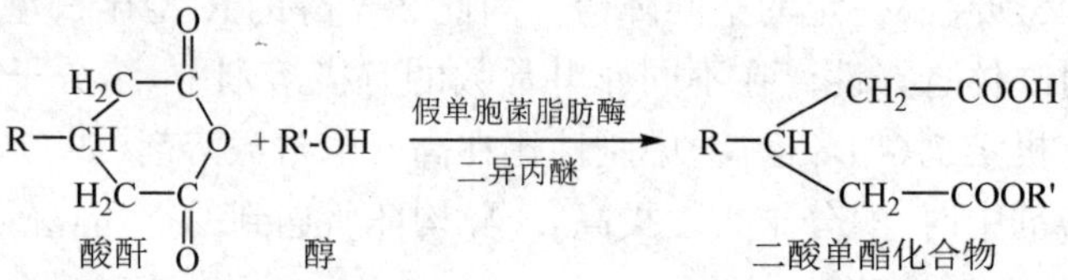

$$
\begin{array}{c}
\text{酸酐} \quad + \quad \text{醇} \quad \xrightarrow[\text{二异丙醚}]{\text{假单胞菌脂肪酶}} \quad \text{二酸单酯化合物}
\end{array}
\tag{9-6}
$$

9.4.1.2 酯类氨解

有些酶在有机介质中能够催化酯类进行氨解反应,生成酰胺和醇。例如脂肪酶在叔丁醇介质中,催化外消旋苯丙氨酸甲酯进行不对称氨解反应,将(R)-苯丙氨酸甲酯氨解生成(R)-苯丙氨酰胺和甲醇[式(9-7)]。

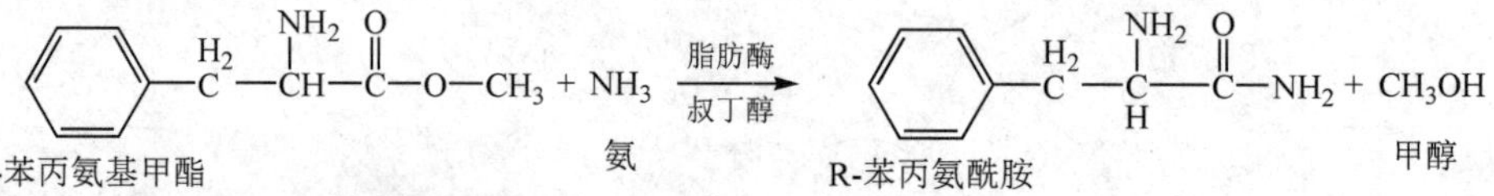

$$
\text{R-苯丙氨基甲酯} + NH_3 \xrightarrow[\text{叔丁醇}]{\text{脂肪酶}} \text{R-苯丙氨酰胺} + CH_3OH
\tag{9-7}
$$

9.4.1.3 糖苷键的水解与形成

有些酶在有机介质中能够催化糖苷键的水解和形成。

1. 糖苷键的醇解

糖苷酶能够催化葡萄糖苷醇解生成葡萄糖脂[式(9-8)]。

$$
\text{葡萄糖苷(G-X)} + R\text{-OH} \xrightarrow{\text{糖苷酶}} \text{葡萄糖脂(G-OR)} + H\text{-X}
$$

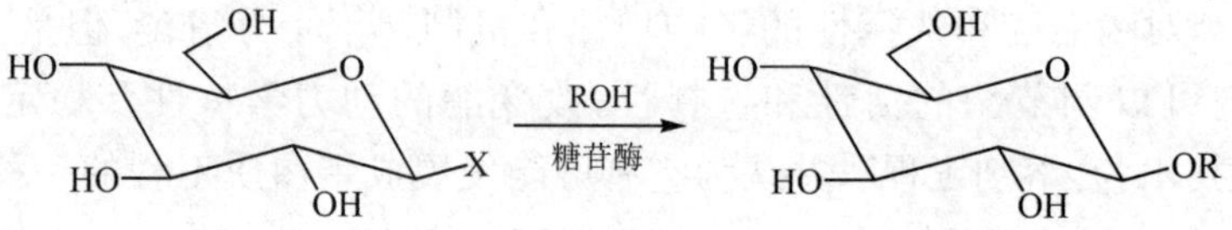

$$
\xrightarrow[\text{糖苷酶}]{ROH}
\tag{9-8}
$$

2. 糖的焦磷酸化和糖的异构化

UDP 葡萄糖焦磷酸化酶能够催化磷酸葡萄糖与 UDP 作用生成 UDPG[式(9-9)];UDPG

差向异构酶能催化(D)-葡萄糖-UDP 异构化生成(L)-葡萄糖-UDP[式(9-10)]；葡萄糖转移酶进一步催化生成糖脂(式 9-11)。

$$磷酸-葡萄糖+UDP \xrightarrow{\text{UDP 葡萄糖焦磷酸化酶}} UDPG+Pi \tag{9-9}$$

$$(D)-葡萄糖-UDP \xrightarrow{\text{UDPG 差向异构酶}} (L)-葡萄糖-UDP \tag{9-10}$$

$$(L)-葡萄糖-UDP + R-OH \xrightarrow{\text{葡萄糖转移酶}} G-OR+UDP \tag{9-11}$$

9.4.2 氧化还原反应

有些氧化还原酶类能够在有机介质中催化氧化反应和还原反应。

9.4.2.1 氧化反应

有些加氧酶类能在一定的有机介质中催化底物氧化。如单加氧酶催化二甲基苯酚与分子氧反应生成二甲基二羟基苯[式(9-12)]；双加氧酶能够催化二羟基苯与分子氧反应生成己二烯二酸[式(9-13)]。

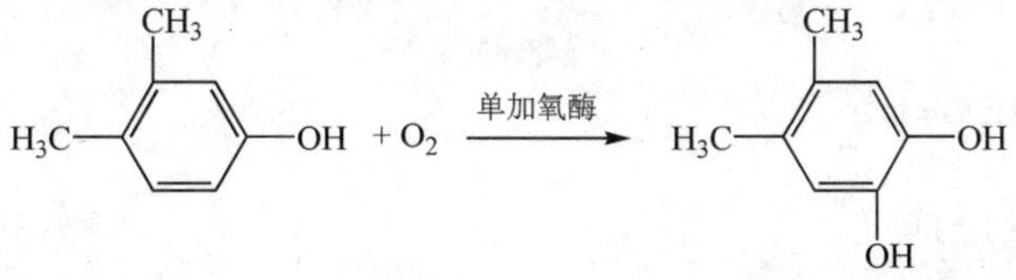

$$(9-12)$$

二甲基苯酚　　氧　　　　　　二甲基二羟基苯

$$(9-13)$$

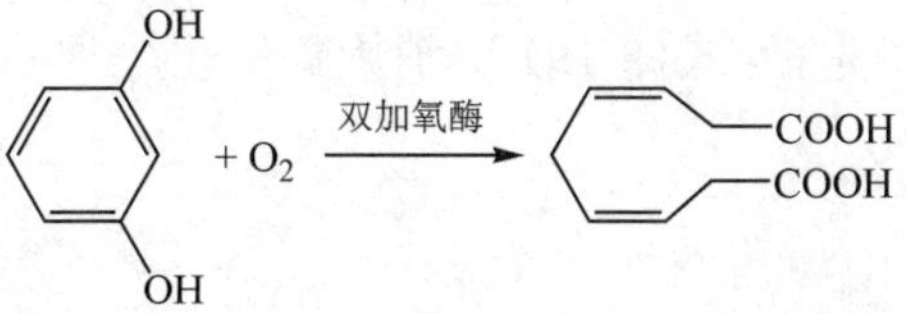

二羟基苯　　氧　　　　　　己二烯二酸

9.4.2.2 还原反应

有些脱氢酶类在有机介质中能够催化醛酮类化合物还原,生成相应的醇类。如醇脱氢酶催化醛还原成为醇[式(9-14)]；马肝醇脱氢酶催化多种环氧酮(包括甲基、乙基等取代的环氧酮)还原生成相应的环氧醇[式(9-15)]。

$$R-CHO+NADH+H^{+} \xrightarrow{\text{醇脱氢酶}} R-CH_2-OH+NAD^{+} \tag{9-14}$$
醛　　　　　　　　　　　　　　　　醇

d.e.(非对映体过量值)
63%~89%
e.e.>98%

$$(9-15)$$

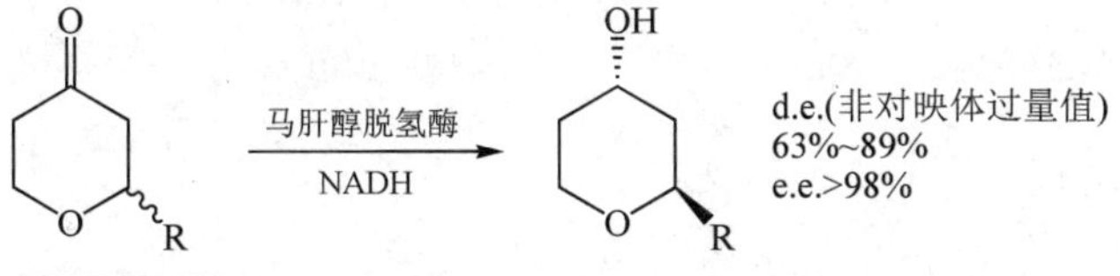

R=Me,Et,Pr,Ph

9.4.3 裂/缩合反应

有些酶在有机介质中可以催化裂合反应和缩合反应。如醇腈酶催化氢氰酸反应生成醇腈衍生物[式(9-16)]；醛缩酶催化羟醛缩合或酮醇缩合反应[式(9-17a)和式(9-17b)]；硫解酶催化酯酰辅酶 A 与乙酰辅酶 A 的缩合反应等[式(9-18)]。

$$R-CHO + HCN \xrightleftharpoons{\text{醇腈酶}} R-CH(OH)-CN$$

醛　氢氰酸　氰醇　(9-16)

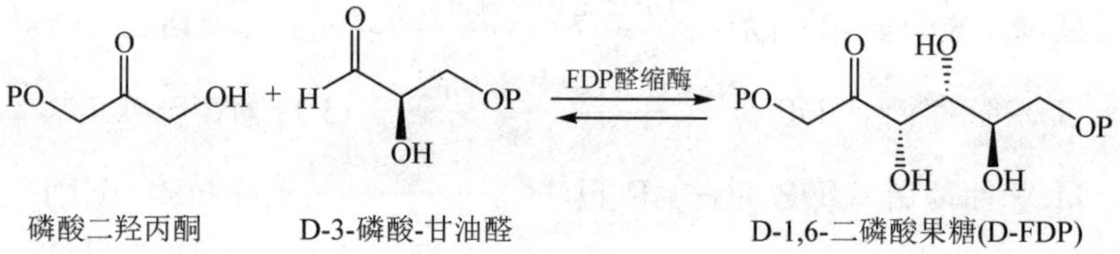
FDP醛缩酶
磷酸二羟丙酮
D-3-磷酸-甘油醛
D-1,6-二磷酸果糖(D-FDP)

(9-17a)

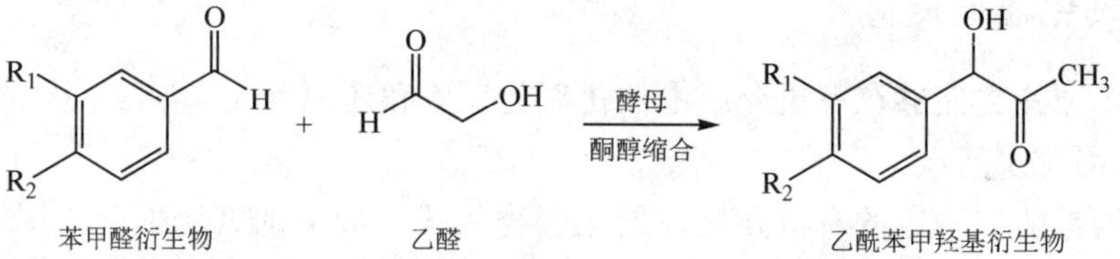
酵母
酮醇缩合
苯甲醛衍生物
乙醛
乙酰苯甲羟基衍生物

(9-17b)

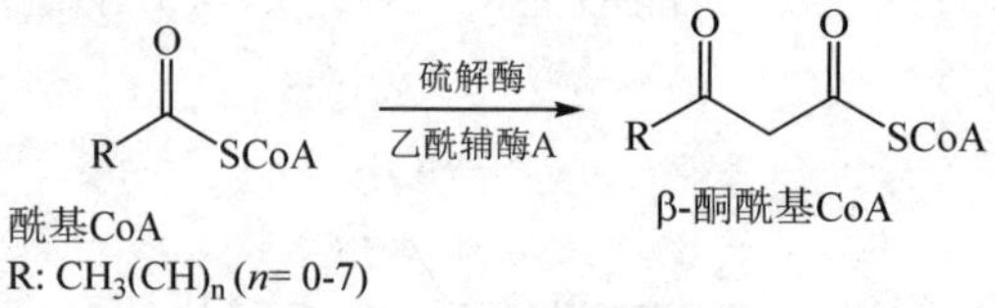
硫解酶
乙酰辅酶A
酰基CoA
R: CH3(CH)n (n= 0-7)
β-酮酰基CoA

(9-18)

9.4.4 异构化反应

有些异构酶在有机介质中能够催化异构反应，将一种异构体转化成另一种异构体。如(D)木糖异构酶能催化木糖异构生成(L)木糖[式(9-19)]；消旋酶催化一种异构体转化成另一种异构体，生成外消旋的化合物[式(9-20)]。

(D)异构体 $\xleftrightarrow{\text{异构酶}}$ (L)异构体：

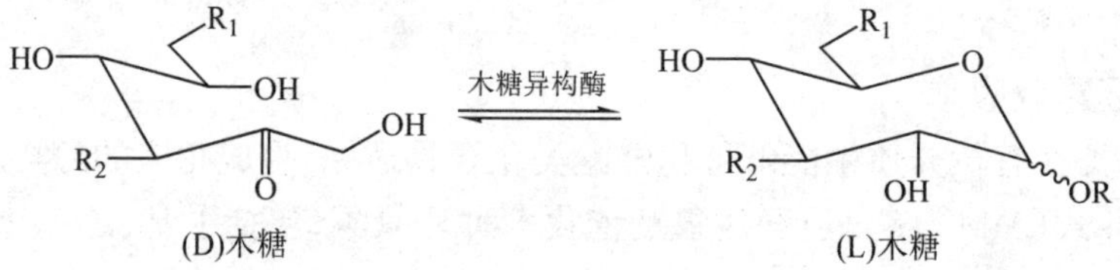
木糖异构酶
(D)木糖
(L)木糖

(9-19)

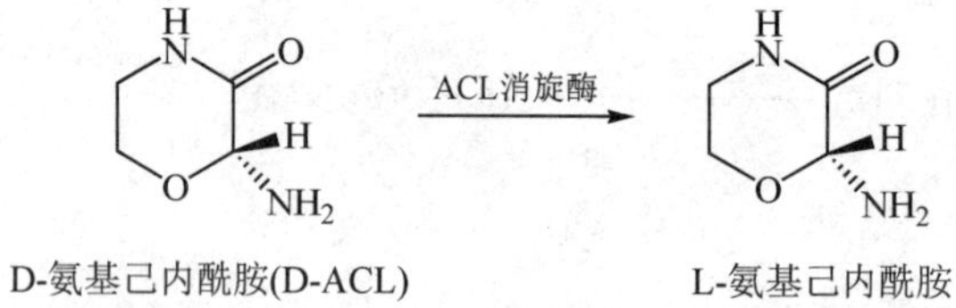
ACL消旋酶
D-氨基己内酰胺(D-ACL)
L-氨基己内酰胺

(9-20)

9.4.5 其他反应

酶在非水相催化反应除了上述的反应类型外，还有一些其他反应。如转移反应、合成反应、卤化反应等。

9.4.5.1 转移反应

有些酶在有机介质中能够催化基团转移反应。如脂肪酶能催化转酯反应，催化一种酯与一种有机酸反应生成另一种新的酯和有机酸[式(9-21)]。

$$R\!-\!COOR_1 + R_2\!-\!COOH \xrightarrow{\text{脂肪酶}} R\!-\!COOR_2 + R_1\!-\!COOH \tag{9-21}$$

酯　　　　有机酸　　　　　　　　酯　　　　有机酸

9.4.5.2　合成反应

有些水解酶如酯酶、蛋白酶等在有机介质中能够催化合成反应。例如酯酶催化酯合成［式(9-22)］；蛋白酶催化氨基酸合成多肽［式(9-23)］。

$$R_1COOH + R_2OH \xrightarrow{\text{酯酶或脂肪酶}} R_1COOR_2 + H_2O \tag{9-22}$$

有机酸　　　醇　　　　　　　　　酯　　水

$$\underset{\text{氨基酸1}}{R_1\!-\!\overset{NH_2}{\underset{\ }{\overset{|}{C}}}\!-\!COOH} + \underset{\text{氨基酸2}}{R_2\!-\!\overset{NH_2}{\underset{\ }{\overset{|}{CH}}}\!-\!COOH} \xrightarrow{\text{蛋白酶}} \underset{\text{肽}}{H_2N\!-\!\overset{R_1}{\underset{\ }{\overset{|}{CH}}}\!-\!\overset{O}{\overset{\|}{C}}\!-\!\overset{H}{\underset{\ }{\overset{|}{N}}}\!-\!\overset{R_2}{\underset{\ }{\overset{|}{CH}}}CHCOOH} + \underset{\text{水}}{H_2O} \tag{9-23}$$

9.4.5.3　卤化反应

有些酶在有机介质中能够催化卤化反应。如过氧化物酶能够催化烯烃、炔烃和卤化芳香族化合物的卤化；丙烯碘化生成碘代丙烷,苯乙炔溴化生成溴代苯乙酮等。

1. 烯烃卤化［式(9-24)］

$$\underset{\text{丙烯}}{H_3C\!-\!\overset{H}{\underset{\ }{\overset{|}{C}}}\!=\!CH_2} + \underset{\text{碘}}{I^-} + \underset{\text{过氧化氢}}{H_2O_2} \xrightarrow{\text{过氧化物酶}} \underset{\text{异丙醇}}{H_3C\!-\!\overset{H}{\underset{OH}{\overset{|}{C}}}\!-\!CH_3} + \underset{\text{碘代丙烷}}{H_3C\!-\!\overset{H}{\underset{I}{\overset{|}{C}}}\!-\!CH_3} \tag{9-24}$$

2. 炔烃卤化［式(9-25)］

苯乙炔　　　　　　溴　过氧化氢　　　　苯乙酮　　　　溴代苯乙酮 (9-25)

3. 芳香族化合物的卤化［式(9-26)］

对氯苯胺　　　　　　　　　　2-溴-4-氯-苯胺 (9-26)

9.5　非水相酶催化应用实例

近年来的大量研究结果表明,非水相酶催化反应具有十分重要的应用价值。借助酶的非水介质催化作用,可以制备一些具有特殊性质和功能的产物,在医药、食品、化工、能源、环保等领域广泛应用。如非水相酶催化用于手性药物的拆分、手性高分子聚合物的制备、酚树脂的合成、导电有机聚合物的合成、发光有机聚合物的合成、食品添加剂的生产、多肽的合成、甾体转化及生物能源等(表9-6)。

表 9-6　常见的有机介质中酶催化的应用

酶	催化反应	应用
脂肪酶	肽合成	青霉素 G 前体肽合成
	酯合成	醇与有机酸合成酯类

酶	催化反应	应用
脂肪酶	转酯	各种酯类生产
	聚合	二酯的选择性聚合
	酰基化	甘醇的酰基化
蛋白酶	肽合成	合成多肽
	酰基化	糖类酰基化
羟基化酶	氧化	甾体转化
过氧化物酶	聚合	酚类、胺类化合物的聚合
多酚氧化酶	氧化	芳香化合物的羟基化
胆固醇氧化酶	氧化	胆固醇测定
醇脱氢酶	酯化	有机硅醇的酯化

9.5.1 外消旋体的光学拆分

许多生物分子都是手性分子,如组成蛋白质的氨基酸都是 L-氨基酸(少数细菌蛋白除外);多糖和核酸中的糖都是 D-型。由于酶催化具有高度的立体选择性,通过酶催化反应可以拆分外消旋的醇、酸等化合物,得到高纯度的光学异构体;特别是手性药物的拆分具有重要应用价值。目前世界上化学合成的 2000 多种药物中约 40% 为手性药物,但实际上只有 10% 左右以单一对映体药物出售,而大多数仍然以外消旋体(两种对映体的等量混合物)形式出售。两种对映体的化学组成相同,但药理作用不同,其药效也有很大差别。表 9-7 列举了一些常见的临床手性药物两种对映体的药理作用。

表 9-7　一些常见的临床手性药物两种对映体的药理作用

药物名称	有效对映体的作用	另一种对映体的作用
普萘洛尔(Propranolol)	S 构型,治疗心脏病、β-受体阻断剂	R 构型,钠通道阻滞剂
萘普生(Neproxen)	S 构型,消炎、解热、镇痛	R 构型,疗效很弱
青霉素胺(Penicillamine)	S 构型,抗关节炎	R 构型,突变剂
羟基苯哌嗪(Dropropizine)	S 构型,镇咳	R 构型,有神经毒性
反应停(Thalidomide)	S 构型,镇静剂	R 构型,致畸胎
酮基布洛芬(Ketoprofen)	S 构型,消炎	R 构型,防治牙周病
喘速宁(Trtoquinol)	S 构型,扩张支气管	R 构型,抑制血小板凝集
乙胺丁醇(Ethambutol)	S 构型,抗结核病	R 构型,致失明
萘必洛尔(Kebivolol)	右旋体,治疗高血压、β-受体阻断剂	左旋体,舒张血管

手性药物两种对映体的药效差异表现有以下 5 种类型:①一种对映体有显著疗效,另一种疗效弱或无效;②一种有显著疗效,另一种有毒副作用;③两种对映体的药效相反;④两种对映体具有各自不同的药效;⑤两种消旋体的作用具有互补性。因此,手性药物受到世界各国药物管理部门的高度重视。1992 年,美国 FDA 明确要求对于具有手性特性的化学药物,都必须说明其两个对映体在体内的不同生理活性、药理作用以及药物代谢动力学情况。许多国家和地区都制定了有关手性药物的政策和法规。这大大推动了手性药物拆分的研究和生产应用。目前提出注册申请和正在开发的手性药物中,单一对映体药物占绝大多数。手性分子的光学拆分具有十分重要的意义。由于化学拆分成本高,且造成环境污染;利用酶在有机介质中催化手性

化合物拆分具有高效无污染等独特优势,受到生物化工界的高度重视。手性化合物拆分应用实例如下:

9.5.1.1 苯丙氨酸甲酯的拆分

苯丙氨酸的单一对映体及其衍生物是半合成 β-内酰胺抗生素如头孢氨苄、氨苄青霉素等的重要侧链。脂肪酶在有机介质中能够将外消旋苯丙氨酸拆分为单一的对映体。采用乙酰化酶作为酶促拆分剂,对外消旋 *DL*-苯丙氨酸及其衍生物进行手性拆分,得到需要的 *L*-型产物。如青霉素酰化酶能催化青霉素 G 的侧链水解生成 6-氨基青霉素酸(6-APA)和 *L*-苯丙氨酸[式(9-27)],就是利用其对底物专一性及对映体的选择性进行光学异构体的合成与拆分。

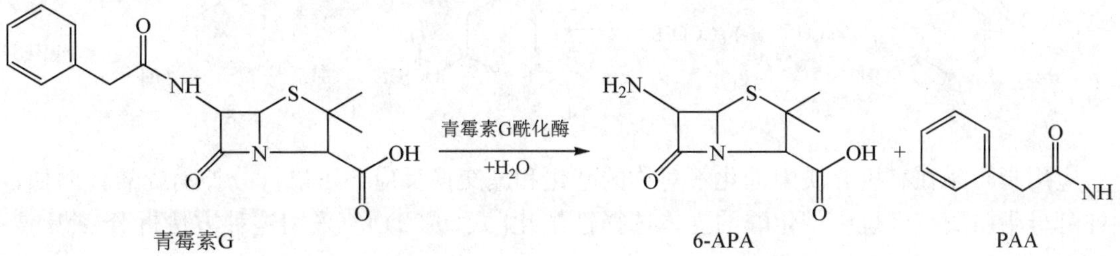

$$\text{(9-27)}$$

9.5.1.2 环氧丙醇衍生物的拆分

2,3-环氧丙醇单一对映体的衍生物是一种多功能的手性中间体,可用于合成抗艾滋病毒(HIV)蛋白酶抑制剂、抗病毒药物、β-受体阻断剂等多种手性药物。Vantol 等人利用猪胰脂肪酶在有机介质中对环氧丙醇衍生物(2,3-环氧丙醇的丁酸酯)的消旋体进行拆分,成功获得了单一对映体,即 *S*-构型的活性成分[式(9-28),* 为手性碳位置]。

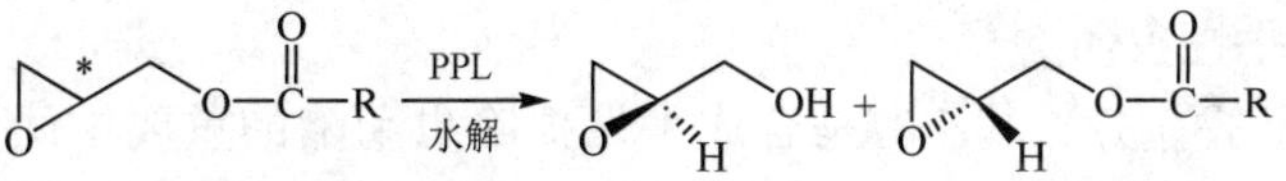

$$\text{(9-28)}$$

9.5.1.3 不饱和酯消旋化合物的拆分

在有机介质中,脂肪酶(PSL)催化酯化反应用于 γ-羟基-α,β-不饱和酯的拆分;可以避免副反应的发生[式(9-29)]。

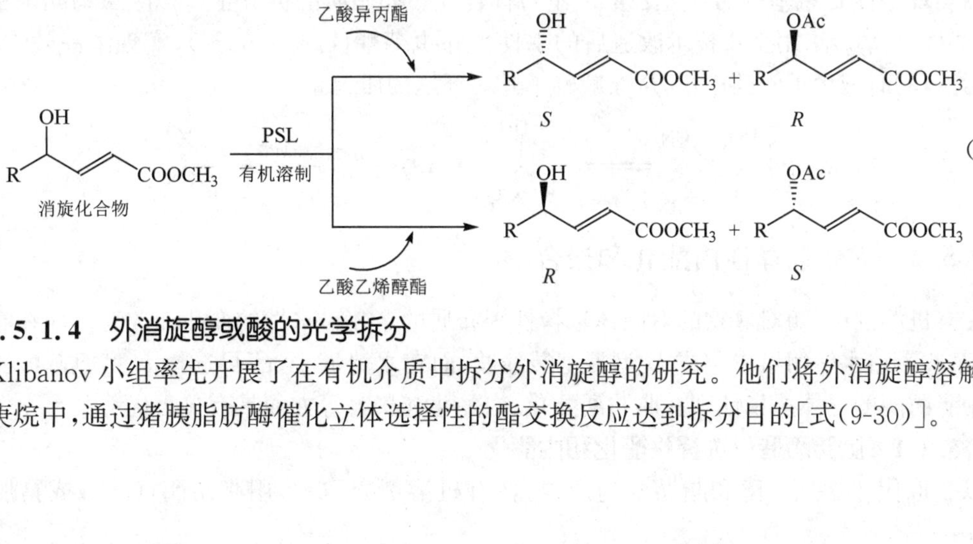

$$\text{(9-29)}$$

9.5.1.4 外消旋醇或酸的光学拆分

Klibanov 小组率先开展了在有机介质中拆分外消旋醇的研究。他们将外消旋醇溶解在乙醚或庚烷中,通过猪胰脂肪酶催化立体选择性的酯交换反应达到拆分目的[式(9-30)]。

$$\underset{R,S}{\overset{X}{\underset{\text{OH}}{\bigvee}}} + CH_3CH_2CH_2COOCH_2CCl_3 \xrightarrow{\text{脂肪酶}} \underset{S}{\overset{X}{\underset{\text{OH}}{\bigvee}}} + \underset{R}{\overset{X}{\underset{\text{OOCCH}_2CH_2CH_3}{\bigvee}}} + Cl_3CCH_2OH \qquad (9\text{-}30)$$

X 为己基，$C_{10}H_{21}$-，$C_{14}H_{29}$-，苯基等

外消旋醇还可以通过酶催化不对称酯化来拆分。Langrand 等人用该法拆分了一系列脂环仲醇。如利用近圆柱酵母脂肪酶在己烷中催化薄荷醇拆分，所得 L 薄荷醇光学纯度达 90％以上[式(9-31)]。

$$+ CH_3(CH_2)_{10}COOH \xrightarrow{\text{脂肪酶}} \qquad + \qquad (9\text{-}31)$$

应用脂肪酶在有机介质中催化不对称的酯化和酯交换反应还可以拆分外消旋酸。例如，近圆柱酵母脂肪酶在己烷中催化酸的立体选择性酯化[式(9-32)]。采用这种方法拆分 α-溴或 α-氯丙酸已达到 100kg 的制备规模。

$$\underset{X}{\overset{Y}{\underset{\text{COOH}}{\bigvee}}} + BuOH \xrightarrow{\text{己烷}} \underset{X}{\overset{Y}{\underset{\text{COOH}}{\bigvee}}} + \underset{X}{\overset{Y}{\underset{\text{COOBu}}{\bigvee}}} \qquad (9\text{-}32)$$

其中：X=Br, Cl, p-ClC$_6$H$_4$O; Y=CH$_3$, CH$_3$(CH$_2$)$_3$, Ph

酶在有机介质中还可催化其他外消旋化合物的光学拆分。如在环己烷或异丙乙醚中，荧光单孢菌脂肪酶催化消旋的过氧化物的拆分；在 3-甲基-3-戊醇中，枯草芽孢杆菌蛋白酶能够催化外消旋胺的拆分等。

9.5.1.5　生产手性农药

手性化合物 α-氰基-3-芳氧基乙醇是合成手性拟除虫菊酯的重要中间体，主要用于系列手性拟除虫菊酯如手性氯氰菊酯、手性溴氰菊酯、手性氰戊菊酯、手性功夫菊酯等的合成。这些农药产品年销售额都超过 1 亿美元，世界年总销售额已超过 14 亿美元。将脂肪酶生物催化反应与化学催化的转氰基化反应、化学催化无效对映体的消旋化反应等过程进行偶合，能够在同一反应器实现手性 α-氰基-3-芳氧基乙醇的不对称合成。如脂肪酶拆分生产拟除虫菊酯杀虫剂中间体[式(9-33)]。采用生物技术改造后的手性拟除虫菊酯(e. e. ≥95％)，实现了高效、高生物杀虫活性，同时减少了农药用量，从而减轻了其对环境的压力。

$$RCHO + \underset{}{\overset{HO\quad CN}{\bigvee}} \rightleftharpoons \underset{R}{\overset{OH}{\underset{CN}{\bigvee}}} + AcO\text{—} \xrightarrow{\text{脂肪酶}} \underset{R}{\overset{OAc}{\underset{CN}{\bigvee}}} \qquad (9\text{-}33)$$

9.5.2　立体选择性内酯化和聚合

在有机溶剂中，酶对底物的对映体选择性因介质的亲(疏)水性的变化而改变。如在有机溶剂中，某些蛋白水解酶可以合成 D 型氨基酸的肽，而在水溶液中，酶只选择 L 型氨基酸。有机介质中脂肪酶的立体选择性则在脂肪酸酯化、内酯化和聚合等方面具有显著优势。

9.5.2.1　脂肪酶催化选择性酯化和内酯化

以 2-取代-1,3-丙二醇和脂肪酸为原料，在有机溶剂介质中，用脂肪酶(CCL)或猪肝酯酶

（PLE）催化酯化反应,可得到较高光学纯度的 R- 或 S-酯［式（9-34）］。

$$（9-34）$$

Yamada 小组和 Gutman 小组报道用猪胰脂肪酶在乙醚中催化分子内酯交换制备有光学活性的 γ-甲基或 γ-苯基丙酸内酯［式（9-35）］。

X=CH₃-, C₆H₅-

$$（9-35）$$

Shi 等人报道有机介质中酶催化羟基酸或二元酸与二元醇的分子间酯化制备大环内酯。如用假单孢菌脂肪酶在异辛烷中催化羟基酸的立体选择性酯化［式（9-36）］。

$$（9-36）$$

在脂肪酶催化下,ω-羟基脂肪酸或相应的酯发生分子内环化作用得到内酯化合物［式（9-37）］;生成的内酯可继续反应形成开链寡聚物。内酯化产物形式主要取决于羟基脂肪酸的长度外,也取决于脂肪酶的类型、溶剂及温度等。

$$（9-37）$$

4a.R = H   7a.R = H
4b.R = C₂H₅   7b.R = C₂H₅
4c.R = CH(CH₃)₂ 7c.R = CH(CH₃)₂
4d.R = CH₂C₆H₅   7d.R = CH₂C₆H₅

9.5.2.2 脂肪酶催化酯类聚合

在有机介质中,脂肪酶能够催化二元酯与二元醇的酯交换得到高相对分子质量的光学活性聚酯。在甲苯、四氢呋喃、乙腈等有机介质中,脂肪酶能够催化有机酸和醇的单体聚合,得到可生物降解的聚酯。如猪胰脂肪酶在甲苯介质中,催化己二酸氯乙酯与 2,4-戊二醇反应,聚合生成可生物降解的聚酯［式（9-38）］。

$$ClCH_2CH_2OOC(CH_2)_4COOCH_2CH_2Cl + CH_3CH(OH)CH_2CH(OH)CH_3$$

$$\xrightarrow{\text{猪胰脂肪酶}} \text{聚酯}$$

$$（9-38）$$

9.5.3 糖和甾体的选择性酰化

多功能团化合物的区域选择性修饰对合成工作非常重要,有机介质中酶催化区域选择性转化提供了一条很好的途径。糖类和甾体的选择性酰化就是很好的应用实例。

9.5.3.1 糖和醇的选择性酰化

Cesti 等最早在乙酸乙酯(既作为溶剂,又作为酰化剂)中,用猪胰脂肪酶使二元醇选择性酰化。如许多伯、仲二元醇与乙酸乙酯反应得到 98%~100% 的单酯。假丝酵母脂肪酶催化烯糖(glycal)与乙烯酯的单酯化反应也得到类似结果。

糖类分子中羟基很多,其选择性酰化非常困难。糖类只在少数亲水性较强的溶剂(如吡啶、二甲基甲酰胺等)中溶解,而这些溶剂对酶不利。但是许多脂肪酶和蛋白酶仍能催化糖类的区域选择性酰化。如在吡啶中,猪胰脂肪酶可催化单糖的伯羟基单酯化;枯草芽孢杆菌蛋白酶在吡啶或二甲基甲酰胺中,能够催化单糖或寡聚糖的伯羟基单酯化,区域选择性可达 90%[式(9-39)]。

$$\tag{9-39}$$

9.5.3.2 甾体的选择性酰化

酶在有机介质中的催化区域选择性对甾族化合物中不同羟基的选择性保护非常合适。如甾族化合物在丙酮中以丁酸三氟乙酯为酰化剂进行的酰化[式(9-40)]。

$$\tag{9-40}$$

如式(9-40)所示,紫色色杆菌(*Chromobacterium violaceum*)脂肪酶及枯草芽孢杆菌蛋白酶在反应中呈现完全不同的选择性,前者仅对 C-3 羟基酰化显示活性,而后者仅对 C-17 羟基呈催化作用。在苯中,酶还可以催化许多甾体类化合物的区域选择性酰化。

在酶催化的甾体转化过程中,由于甾体在水中的溶解度低,反应转化率极低。在有机介质和水组成的两相系统中,能够极大地提高甾体转化率。如可的松转化为氢化可的松的酶催化反应,在水-乙酸丁酯或水-乙酸乙酯组成的体系中,转化率分别达到 100% 和 90%。

9.5.4 酶法生产生物柴油

生物柴油是利用生物油脂(如菜籽油、豆油、蓖麻油、棉籽油、废弃食用油等)生产的有机燃料;由动植物或微生物油脂与小分子醇类经过酯交换反应而得到的脂肪酸酯类物质。在有机介质中,脂肪酶能够催化油脂与小分子醇类的酯交换反应,生成小分子的酯类混合物。如脂肪酶催化植物油与甲醇反应生成脂肪酸甲酯和甘油,主要反应式如式(9-41)所示。

$$\tag{9-41}$$

清华大学李俐林等人发明了"有机介质反应体系中脂肪酶转化油脂生产生物柴油新工艺"。该工艺是以短链醇 ROH 作为反应酰基受体,用一些对酶反应活性影响较小的且相对亲水的有机溶剂作为反应介质,利用生物酶催化油脂原料进行转酯反应合成生物柴油。酶法生产生物柴油是一种极具发展潜力的生物柴油生产新方法,详见 12.5.5 酶在新能源领域中的应用。

9.5.5 酶非水相催化的其他应用实例

在有机介质中,酶促反应的应用实例还有很多。如辣根过氧化物酶在二氧六环中催化酚类的聚合,可得到分子量分布窄、耐热性能高的聚苯酚;利用蛋白酶或脂肪酶在有机介质中能够合成肽;扁桃腈裂解酶在乙酸乙酯中催化氰氢酸对醛的不对称加成反应的产物为单一 R 构型的氰醇。在水溶液中,多酚氧化酶不能使对位取代酚氧化得到邻位醌,因邻位醌在水中极不稳定,会迅速多聚化而使酶失活。但蘑菇多酚氧化酶在氯仿中可选择性地催化氧化对位取代酚。Klibanov 等人用该酶成功制备了多巴的衍生物 N-乙酰氨基-3,4-二羟基苯丙氨酸乙酯[式(9-42)]。

$$\text{AcNH-}\overset{\overset{\text{COOEt}}{|}}{\text{CH}}\text{-CH}_2\text{-}\underset{}{\bigcirc}\text{-OH} \xrightarrow[\text{CHCl}_3]{\text{多酚氧化酶}} \text{AcNH-}\overset{\overset{\text{COOEt}}{|}}{\text{CH}}\text{-CH}_2\text{-}\underset{\text{O}}{\bigcirc}\text{-OH}$$

(9-42)

$$\xrightarrow{\text{抗坏血酸}} \text{AcNH-}\overset{\overset{\text{COOEt}}{|}}{\text{CH}}\text{-CH}_2\text{-}\underset{\text{OH}}{\bigcirc}\text{-OH}$$

有些酶能在低水和有机溶剂组成的两相体系中发挥独特的催化功能。表 9-8 列出了一些常见酶在低水溶剂体系中代表性应用的实例。

表 9-8 一些常见酶在低水溶剂体系中的代表性应用实例

反应类型		应用实例	实际用酶
有机合成	氧化	芳香族的羟基化	多酚氧化酶
		脂肪族的羟基化	脂肪酶
		甾族化合物的氧化	甾醇氧化还原酶
		环氧化	环氧化酶
	光学活性物质的合成	醇、酮	乙醇脱氢酶
		羧酸及其酯	脂肪酶
		氰醇	苯乙醇氰裂解酶
	油和脂肪的精制	棕榈油转化为可可油	脂肪酶
		脂肪水解	脂肪酶
	肽的合成	青霉素 G 前体肽的合成	脂肪酶
		甜蜜素双肽的合成	蛋白酶
		肽链中插入 D-氨基酸	枯草芽孢杆菌蛋白酶
		由 X-Ala-Phe-OMe 和 Leu-NH₂ 在己烷中(反应物、产物均不溶)合成肽	胰凝乳蛋白酶
	其他的专一性合成	甘醇的酰基化	脂肪酶
		糖在无水 DMF 中酰基化	枯草芽孢杆菌蛋白酶
		醇、甘油衍生物、糖和有机金属化合物合成	脂肪酶

续表

反应类型	应用实例	实际用酶
化学分析	胆固醇的测定	胆固醇氧化酶-过氧化物酶
	酚的测定	多酚氧化酶(酶电极)
聚合	酚的聚合	过氧化物酶
	二酯和二醇的选择性聚合	脂肪酶
解聚	木质素解聚	过氧化物酶
外消旋混合物的分离	酸的外消旋混合物	脂肪酶
	醇的外消旋混合物	羧酸酯酶、脂肪酶
	胺的外消旋混合物	枯草芽孢杆菌蛋白酶

综上所述,酶的非水相催化已成功用于许多生产实践中。它的应用将推动有机化学、药物化学等学科的快速发展,将为药物、食品、新材料、化妆品以及环境保护等方面的应用开辟新途径,应用前景十分广阔。

第10章

酶分子改造

10.1 生物信息学与蛋白质工程简介

生物信息学是生物学、数学、物理学、化学、计算机科学和现代信息科学等多学科交叉结合形成的一门新学科。它正在越来越深地渗透到蛋白质工程的方方面面,如蛋白质结构的可视化、分析与预测,功能位点的分析与预测等,成为改造蛋白质的有力手段。

10.1.1 生物信息学简介

生物信息学(bioinformatics)一词是由林华安博士于1987年首次提出的,并指出生物信息学是一门收集、分析遗传数据以及分发给研究机构的新学科。生物信息学的发展主要经历了三个阶段:

(1)前基因组时代(20世纪90年代之前),这一阶段主要是各种序列比较算法的建立、蛋白质序列和结构以及核酸序列数据库的建立、DNA和蛋白质序列分析方法的建立以及检索工具的开发等;

(2)基因组时代(20世纪90年代后至2001年),这一阶段主要是包括人类和各种模式生物如细菌、线虫、酵母、拟南芥及水稻等大规模的基因组测序,网络数据库系统的建立,各种算法及交互界面工具的开发等;

(3)后基因组时代(2001年至今),随着大量生物体基因组测序的完成,生物科学的发展已经进入了后基因组时代,基因组学研究的重心由基因组的结构向基因的功能转移。前基因组时代,受当时技术及观念的影响,生物信息学的发展还比较缓慢。直到世纪大工程人类基因组计划(Human Genome Project, HGP)的启动,生物信息学开始受到越来越多人的关注,随着分子结构测定技术的突破、各种数据库的建立及互联网的普及,生物信息学更是得到飞速的发展。诺贝尔奖获得者W. Gilbert在1991年曾经指出:"传统生物学解决问题的方式是实验的。现在,基于全部基因都将知晓,并以电子可操作的方式驻留在数据库中,新的生物学研究模式的出发点应是理论的。一个科学家将从理论推测出发,然后再回到实验中去,追踪或验证这些理论假设"。这意味着今后生物学的发展将极大地受到生物信息学的影响。

生物信息学作为一门独立的学科在经历三十余年的发展后,已经从前期的数据库建立和核酸序列分析为主的阶段,转移到以比较基因组学、功能基因组学和整合基因组学为中心的新阶段,主要研究内容大致包括以下几个方面:

（1）生物信息的收集、存储、管理与提供。包括继续建立国际化的生物信息数据库、充实各种已有数据库的信息量、进一步深入生物信息数据库相关的理论研究。大量生物信息分门别类地储存于相应的数据库并对全球研究工作者共享，极大地促进了生物信息学本身的发展。目前常用的储存核酸序列的数据库主要有美国的 GenBank、欧洲的 EMBL 和日本的 DDBJ；常用的蛋白质序列数据库主要有欧洲的 SWISS-PROT 和美国的 PIR；另外 PDB 数据库收集了大量蛋白质的三维结构信息。日本的 KEGG 数据库更是把已经完整测序的基因组中得到的基因目录与更高级别的细胞、物种和生态系统水平的系统功能关联起来，成为最常用的数据库之一。

（2）生物大分子结构模拟。包括蛋白质和核酸的结构模拟与分子设计。常用的分子动力学模拟软件有 Amber、NAMD 和 Gromacs，常用的蛋白质折叠结构的模拟及预测软件有 Rosetta 等。同源模建则可以在无法得到目标蛋白质三维结构的情况下，以蛋白质数据库中与目标蛋白质氨基酸序列同源性高的蛋白质作为模板，构建目标蛋白质的三维结构，常用的软件有 INSIGHT II 和 Modeller 等。

（3）药物设计的新方法与新技术。基于生物大分子结构的药物设计是生物信息学中极为重要的研究领域。传统的新药开发是相对盲目地大量合成化合物，或直接从大量的天然产物中进行筛选，因此新药的开发相当困难，周期漫长。随着生物信息学的发展，大量生物大分子的结构被精确测定并被储存共享，使得研究者可以基于蛋白质三维结构与药物分子之间的互补原理，高效地设计药物分子的结构。

（4）生物信息分析的技术与方法及应用这些技术与方法进行各种生物信息的分析。包括各种测序与作图软件、序列比对分析工具、图形显示工具以及各种算法等。如序列分析软件 BioEdit、多功能软件 Vector NTISuite、序列搜索和对比工具软件 BLAST 和 FASTA、序列多重对齐软件 ClustalW、引物设计软 Oligo、蛋白质三维分子结构显示软件 RasMol 等优秀的软件和工具，因其强大的功能和友好的界面广受使用者的青睐。

10.1.2　蛋白质工程简介

通过基因工程能够将自然界中微量存在的各种蛋白质和酶大规模生产出来。然而在试图将基因工程生产出来的产品应用到工农业生产、医疗保健和环境治理等领域的过程中，人们遗憾地发现，原来在生物体中高效工作的酶，有的不能适应高温、高压和极端 pH 条件，有的不能在非水相体系中工作，有的由于底物专一性不强而对人体产生毒副作用。为了解决这些问题，许多研究者开始通过各种方法对酶蛋白进行改造。1983 年厄尔默首先提出了"蛋白质工程"的概念，它是指以蛋白质结构与功能关系的知识为基础，通过精细的分子设计，然后通过基因工程改造出合乎人类需要的新的蛋白质。

蛋白质工程的诞生和发展是生物化学、分子生物学、计算机科学、工程学等多学科融合的结果，更是基因工程发展的延伸，因此有人称蛋白质工程为第二代基因工程。值得指出的是，近十几年来，随着蛋白质空间结构计算机图像显示技术、蛋白质折叠和三维结构的预测及模型构建技术、分子对接技术和分子动力学模拟技术的蓬勃发展，蛋白质工程又将进入一个快速发展时期。

10.1.3　生物信息学在蛋白质工程中的应用举例

生物信息学在蛋白质工程中的应用主要体现在蛋白质序列分析、蛋白质结构预测、蛋白质功能预测以及蛋白质分子设计。通过多基因的序列比对，人们能够找到决定一些同源蛋白质稳定性和功能的共有序列。高度保守的残基通常都与酶的稳定性和催化活性以及底物选择性息息相关；共有序列则通常和酶催化机理的多样化有关。这一看似简单的方法已经成功用于提高各种工业化用酶的稳定性。如 Eduardo 等通过对共有序列和保守残基的比对分析，结合一些经验常识对一些氨基酸进行替换突变，一共得到 24 个突变体，其中 11 个突变体热稳定性相比天然酶有明显提高，突变成功率达到 46%。提高最显著的一个突变体在 65℃时的半衰期达到 3.5 天，比天然酶在 25℃时的 20min 足足提高了 10^6 倍。另一项研究中，Dror A 等结合同源蛋白质共有序列的分析和定点饱和突变技术，成功地使嗜热脂肪芽孢杆菌脂肪酶 T6 对甲醇的稳定性提高了 66 倍。

由于蛋白质结构在整个进化过程中比蛋白序列更保守，因此，仅仅通过序列比对有时可能无法识别出同源蛋白质。例如有的酶从序列上比对仅仅只有 20%的相同，但是它们却具有近乎相同的三维结构和一致的催化三联体。好在随着计算能力的不断提高和算法的改进，研究者现在已经可以对亲缘关系相距甚远的蛋白质进行空间结构比对。除前面涉及的如 BLAST 和 FASTA 等序列比对工具软件外，我们还可以用网页版的序列比对工具，比如 Dali 服务器。通过这个服务器，可以比较不同的蛋白质或酶的折叠结构，从而判断它们之间的同源关系。对同源蛋白质进行比较研究往往对改善酶的特性起到意想不到的作用。比如，通过检索数据库并进行结构比对，发现不同物种的酶蛋白 PA2260，从蛋白质序列上看相差甚远，几乎没有同源性。但是从三维结构看却有明显的同源性，那么此时这个亲缘关系较远的酶可能会成为我们改进目标酶特性的很好的参考，尤其是扩大酶的底物谱。

定向进化的最初实现通常是通过对包含成千上万个突变体的突变体库进行筛选，最终只能得到几种满意的突变体。随着筛选方法的改进，现在人们能够分析更大的库。例如，对超过 10^6 个唐菖蒲伯克霍尔德菌突变体克隆表达的头孢菌素酯酶进行分析，但仍然只有 11 个突变体的热稳定性增强。这些实验提醒我们，完全随机的突变方法会产生高频率的不利突变，而有益突变的频率非常低。为了增加突变的成功概率并减少突变体的数目，提高工作效率，基于序列和结构的生物信息学分析开始与蛋白质工程结合，并被应用于酶的改性。例如，研究者开始利用基于蛋白质序列-活性关联法（protein sequence-activity relationship approach；ProSAR）来对酶进行优化。ProSAR 包含对突变体库进行筛选和统计分析的迭代过程。通过对突变体库中序列与活性之间的关联数据进行偏最小二乘法分析，揭示有益的突变，这些被识别出的有益突变被挑选出来作为亲本模板进入下一轮突变体库的构建和筛选。当生成的突变体的特性满足预先的设计标准时，程序终止。Fox R. J. 等利用这一技术，对总共 $6×10^4$ 个放射形土壤杆菌卤醇脱卤酶的突变体进行 18 次迭代筛选后，得到了一个至少包含 35 处替代突变（共 254 个氨基酸替代）的突变酶，极大地改善了酶的活性和稳定性，其中活性更是提高了 4000 倍。

枯草芽孢杆菌蛋白酶（subtilisin）是丝氨酸蛋白酶超家族中的一族。纳豆激酶（nattokinase，NK）属枯草芽孢杆菌蛋白酶族，因其纤溶活性强且安全无毒，具有成为溶栓药的前景。邹国林研究室的研究人员对 NK 进行了系列研究：郑忠亮利用生物信息学技术分析了 NK 的 *apr*N 基因，发现 NK 由信号肽、前导肽和成熟肽序列构成；预测了它的二、三级结构，并构建了其三维空间结构模型。该模型通过了立体化学、残基能量分布和残基包装等特性评估。结果表明 NK 成熟肽主要由 12 个折叠片和 6 个螺旋组成，其内部结构域主要由 6 个折叠片组成的折叠桶和 2 个螺旋构成；发现 NK 对其最适底物的结合位点是 5 个（G_{102}、Y_{104}、I_{107}、G_{127} 和

E_{156});提出了一个不同于教科书上的丝氨酸蛋白酶经典催化理论的新机理;发现在 NK 活性中心周围有 4 个位点(S_{33}、D_{60}、S_{62} 和 T_{220})是非常重要的,通过定点突变、酶动力学分析、自由能扰动计算、分子动力学模拟等方法证明,它们对酶活性中心的稳定和催化作用非常重要。蔡永君利用 DNA 重排技术(DNA shuffling)对 NK 的基因进行重组突变,建立了脱脂牛奶平板初筛和小量表达上清纤维蛋白平板复筛的策略,最终得到了纤溶活力比天然酶提高 2.1 倍的进化酶。并利用生物信息学和同源模建构建了该酶的三维空间结构模型,确定了各个突变位点在酶蛋白中的空向分布,推测了其结构与功能的关系。翁美芝对 NK 的 31 位氨基酸残基进行定点突变,由 Ile 变为 Leu,获得的突变酶活力提高 2 倍多,并通过分子动力学模拟的结果论证了活力提高的分子机制;并获得 3 个抗氧化性提高的突变酶。贾焱证明了 NK 在自然折叠和体外复性过程中,其前导肽发挥分子内分子伴侣(intramolecular chaperone,IMC)的作用,帮助完成 NK 的折叠;找到了发挥 IMC 功能的最主要的几个氨基酸残基;并建立了一种表达 NK 的新方法,克服了枯草芽孢杆菌蛋白酶表达后必须对其形成的包涵体进行复性的问题,可直接得到可溶的 NK;建立了 NK 的成熟肽与前导肽复合体的结构模型,通过它可直观分析相互作用并计算相关的结构数据和热力学数据。

10.2　酶化学修饰

酶作为一种生物催化剂,它的高效性和专一性是由其空间结构决定的。通过在酶特定部位的残基引入或消除一些化学基团对酶的结构进行微调,可以达到改善酶学特性的目的。比如提高稳定性以适应工业生产需要;扩大酶作用的底物谱范围或增强酶对底物的选择性以提高酶的适应性、工作效率或减少副产物;降低免疫原性以达到医学上治疗用酶的要求。此外,酶的化学修饰也常常用于探查酶的活性中心、确定酶分子中特定残基的功能或数目等。

10.2.1　酶化学修饰的原理

已探明的酶蛋白的空间结构表明,绝大多数的疏水氨基酸残基内埋于酶分子的折叠中心,而绝大多数的亲水氨基酸残基位于酶分子的表面。同时分子表面从外形看并不规则,甚至有裂缝、空穴存在,极性也相差很大,加上相邻残基之间的相互作用,使酶分子局部形成了一种微区。酶的功能区即活性中心就是位于这样的微区中,微区的极性是影响活性中心残基解离状态的关键因素之一,同时也会影响化学修饰剂的解离状态,从而影响整个修饰过程。此外,氢键效应、静电效应和位阻效应等也会对酶的物理和化学性质产生影响,同时也影响修饰剂对酶的修饰作用。

化学修饰剂通过与酶分子功能区的残基侧链共价结合修饰,破坏酶分子被修饰残基的反应特性或引入修饰剂新的化学特性,从而对酶分子微区的微环境施加影响,起到改造分子结构,改善酶学特性的目的。

在进行酶的化学修饰之前,一定要先弄清楚酶的一些基本性质,比如酶的活性中心域和酶的活性位点、稳定条件和侧链基团等,在此基础上选择合适的化学修饰剂。选择修饰剂的时候应注意修饰剂一般不应直接与活性部位的残基形成共价作用;不能引入空间位阻,使底物不能正常进入活性部位;如果涉及食品或医药用酶,还应注意修饰剂应是无毒性的。

10.2.2 影响酶化学修饰的主要因素

化学修饰过程中有两个反应主体，即酶分子参与反应的功能基团和修饰剂参与反应的功能基团。这两个主体的反应活性共同决定了化学修饰的进程。

10.2.2.1 影响酶分子功能基团反应活性的因素

1. 酶分子中氨基酸残基的解离(pK)

酶分子功能基团的解离状态直接影响其反应活性。影响功能基团解离的因素主要有三个，即酶分子微区的极性、氢键效应和静电效应。

酶分子微区的极性是决定基团解离状态的关键因素之一，而基团的解离状态直接决定了其反应性。化学基团的反应性和化学反应速率在非极性介质和水溶液中差别显著。比如，醋酸的羧基在乙醇中的解离常数比在水中要高很多，其反应性自然与在水中的不一样。

氢键是维系酶分子结构稳定性的重要因素之一，同时也是影响基团解离的一个因素。Lin等人对胃蛋白酶和根霉胃蛋白酶进行定点突变，移除了突变之前与酶活性位点天冬氨酸形成的氢键，比较了天然酶和突变酶的表观 pK 值。结果发现，突变后虽然活性位点的氢键消除了，但是对活性位点的表观 pK 值没有明显影响；同时还发现天冬氨酸蛋白酶活性位点上的氢键有助于维系酶活性区结构一定的刚性。

酶分子表面的可解离基团与大量的溶剂分子接触，形成盐桥或离子对，对酶分子结构的静电稳定起到至关重要的作用。大量的实验和理论计算表明这些静电相互作用对酶分子表面解离基团的 pK 值影响较小($<$2 个单位)。然而静电作用对酶活性中心解离基团的 pK 值影响很大($>$2 个单位)。

2. 位阻效应

位阻效应又称立体效应，主要是指分子中某些原子或基团彼此接近而引起的空间阻碍作用用。处于酶分子表面的功能基团一般来说较难出现位阻效应，易于与修饰剂反应。但是，如果邻近有分子尺寸较大的基团紧靠功能基团，如亮氨酸、异亮氨酸或芳香族氨基酸等，那么此时也可能出现位阻效应，使修饰剂难以接近酶分子表面的功能基团，修饰作用不能进行。当功能基团处于活性位点区，则出现位阻效应的概率往往高得多。

10.2.2.2 影响修饰剂反应活性的因素

与酶分子功能基团相似，修饰剂的反应性也受到如反应条件、静电相互作用、位阻等因素的影响。

1. 反应条件

包括反应体系的 pH、温度、溶剂成分、浓度等因素都会影响修饰剂的修饰反应。不同的pH 会影响修饰剂及酶蛋白功能基团的解离及电荷情况，从而引起修饰剂的修饰效率及修饰专一性的改变。又如，磷酸盐是某些酶的竞争性抑制剂，因而对酶的活性中心起到封闭作用，使修饰剂难以修饰特定位点。

2. 静电相互作用

带电荷的修饰剂能通过静电相互作用被吸附到蛋白质表面的特定部位。待修饰部位可以通过静电相互作用对修饰剂起到富集作用，提高修饰的专一性。如一些碱性或酸性氨基酸的侧链在特定的 pH 条件下会带不同的电荷。碘乙酸和碘乙酰胺对酶蛋白进行修饰时，它们烷基化的速度和部位均不相同，这就是受静电作用影响造成的。

3. 位阻影响

酶蛋白待修饰的功能基团如果受到空间上邻近基团的位阻影响,则修饰剂会因为难以接近修饰部位而起不到修饰作用。同理,底物和抑制剂等也会因为与酶结合引入空间位阻,阻止修饰剂与功能基团的正常反应。

10.2.3　设计化学修饰酶的注意事项

对酶分子进行化学修饰时,要想得到满意的修饰结果,首先应尽可能多地了解拟修饰的酶分子性质。比如酶的活性部位信息、稳定性、酶反应的最适条件等。接着要明确修饰的目的,是要探究酶的活性位点,还是要提高酶的稳定性,或是降低酶的免疫原性等。明确目的之后,接着就要选择合适的修饰剂和修饰条件,并建立合适的方法对修饰反应的过程进行追踪,得到有关修饰反应的数据。最后根据数据对修饰反应进行评价及解释。

10.2.3.1　对酶分子结构信息的了解

得到酶分子结构信息的方法不外乎查阅相关文献,或通过实验积累数据,分析得到相应信息;有时也可以辅以蛋白质分子三维视图软件加深对相关信息的理解。如从 PDB 数据库下载拟修饰酶分子的晶体结构数据,通过视图软件观察酶的活性空腔、功能基团在酶分子上的分布情况等;有的软件甚至能给出酶分子表面区域的极性信息。这些信息虽然不一定与现实完全相符,但是仍然具有参考价值。获得的信息越全面越有助于修饰剂的选择以及修饰条件的控制。

10.2.3.2　对酶分子催化机制的了解

酶分子是以怎样的机理催化底物转化,哪些氨基酸是活性位点,活性中心的微环境如何,酶是在什么样的条件下催化反应的,包括 pH、温度、溶剂等,这些都是在进行酶化学修饰之前需要掌握的。

10.2.3.3　对修饰反应专一性的控制

如果对酶蛋白活性中心的催化位点、底物结合位点以及维持酶蛋白构象的氨基酸都不清楚,那就只能通过不断的实验去了解。此时,修饰剂及修饰反应条件的选择非常重要,它们会直接影响修饰反应的专一性。

一般来讲,不同的实验目的对应的专一性要求也不一样,因此选择的修饰剂也不相同。例如,对氨基的修饰就存在多种情况:对所有氨基进行修饰、对反应性高的氨基进行修饰、对 α-氨基进行修饰等。修饰的部位和程度通常可以通过修饰剂的选择及反应条件的控制来达到。修饰剂的选择通常要满足以下要求:对氨基酸的选择性高、修饰反应不能使酶蛋白变性、修饰后易于鉴定、修饰反应的程度易于测定和控制。

在反应条件选择方面也需要注意以下几点:能使修饰反应顺利进行、不能造成酶蛋白不可逆的变性、配合修饰剂对氨基酸进行专一性修饰。为此,要小心控制反应的 pH、温度、反应介质、缓冲液成分及浓度等。例如用溴代乙酸对酶蛋白进行修饰,当 pH 为 6 时,专一性地修饰组氨酸的咪唑基;而当 pH 为 3 时,则专一性修饰甲硫氨酸侧链。

10.2.4　酶化学修饰的主要方法

酶蛋白化学修饰的方法很多,介绍如下。

10. 2. 4. 1 酶侧链基团的化学修饰

酶蛋白分子侧链上的功能基团主要有氨基、羧基、巯基、胍基、酚基、咪唑基、吲哚基和甲硫基等。酶侧链基团的化学修饰就是通过特定的化学试剂与酶的这些侧链功能基团进行共价反应修饰,从而到达改变酶特性的目的。根据化学修饰剂与酶蛋白分子中的功能基团之间反应性质的不同,可将修饰反应大体分为烷基化反应、酰化反应、芳基化反应和氧化还原反应等类型。

1. 氨基的化学修饰

酶分子中的赖氨酸残基含有伯胺,尽管它们的侧链在生理 pH 下以质子化形式存在,但它们仍然可以作为亲核试剂反应。例如,N-羟基琥珀酰亚胺(NHS)酯能够不可逆地与赖氨酸的侧链伯胺形成酰胺化合物,同时 NHS 也从酯上释放下来[图 10-1(a)]。

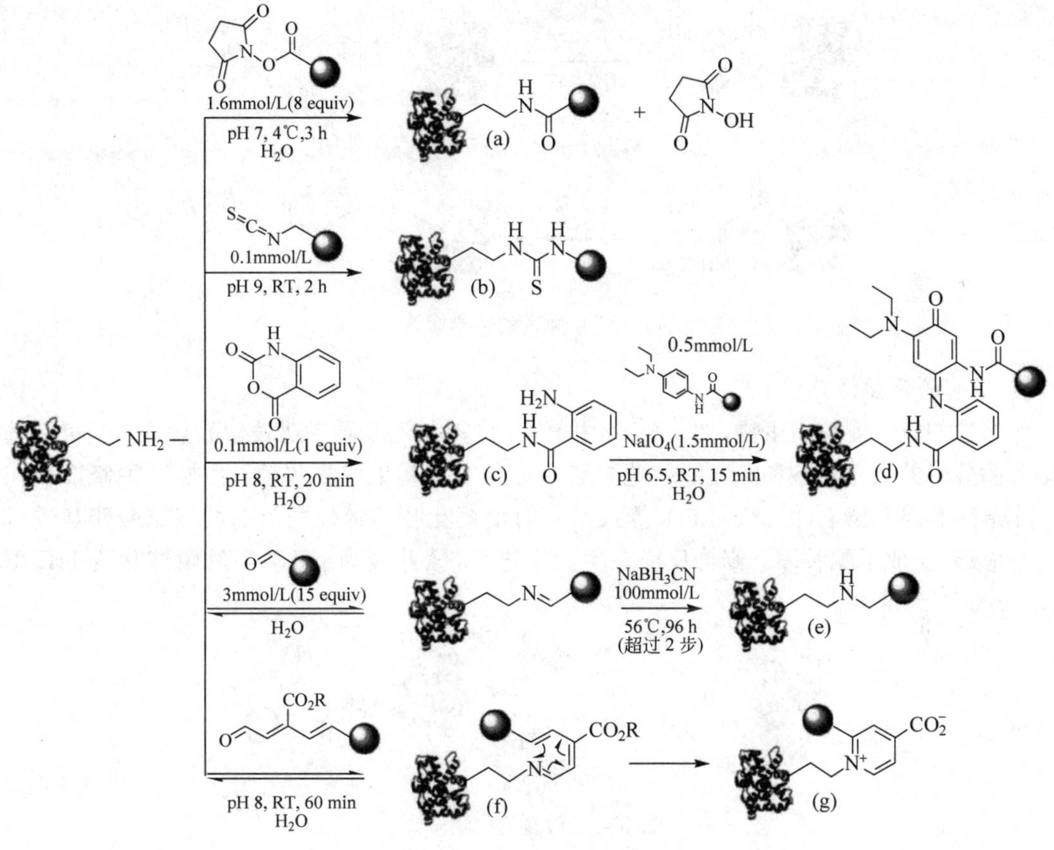

图 10-1 氨基的化学修饰

目前很多 NHS 衍生物已经用于制备商业用途的荧光探针及亲和试剂。尤其是一些 NHS酯的磺化衍生物,因为它们在生理条件下具有更好的水溶性。这些 NHS 衍生品可以直接用于酶分子的体外标记。与 NHS 酯类衍生物类似,异硫氰酸酯也能与赖氨酸的侧链伯胺发生反应,并对硫脲进行定量测定[图 10-1(b)]。然而,异硫氰酸酯反应的最佳 pH(9~9.5)高于NHS 酯(8~9),这可能不适合修饰碱性敏感酶蛋白。作为亲核试剂,赖氨酸氨基还能被 1H-3,1-苯并噁嗪-2,4-二酮不可逆地修饰生成邻氨基苯甲酰胺[图 10-1(c)]。这些改性酶蛋白可以通过高碘酸盐和二烃基酰基对苯二胺的氧化进一步功能化修饰[图 10-1(d)]。另一种修饰方法依赖于醛类修饰剂的还原胺化。也就是说,醛类修饰剂首先快速地与赖氨酸或 N 末端的伯胺反应形成亚胺或希夫碱,这个反应是可逆的。在第二步中,用氰基硼氢化钠(NaBH₃CN)[图 10-1(e)]等水溶性的氢化物将亚胺还原为仲胺。通过这种方法还可以使牛血清白蛋白与糖形成糖蛋白。另一种方法也能克服醛类修饰剂与伯胺反应的可逆性,当酶分子与醛类修饰剂反应后,修饰分子经过 6π 氮杂环化[图 10-1(f)]反应不可逆的生成相应的兼性离子[图 10-1(g)]。

2. 精氨酸胍基的化学修饰

具有两个邻位羰基的化合物能与酶分子中精氨酸残基的胍基侧链形成稳定的杂环产物。常用的试剂有丙酮醛类、乙二醛类衍生物等,其反应如图 10-2 所示。虽然巯基和胺基也能与这类试剂反应,但在近中性条件下,其反应速度远比胍基慢。

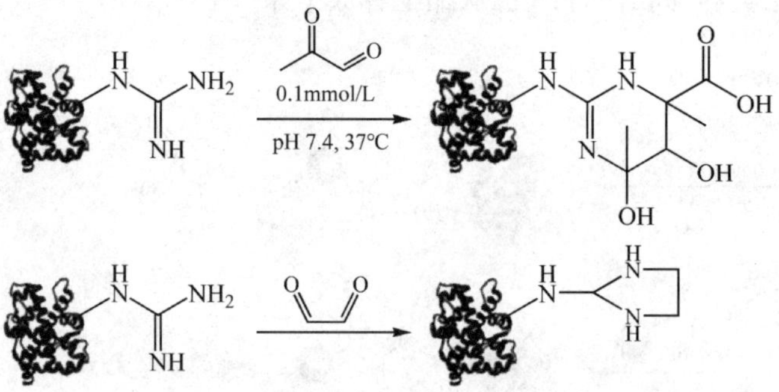

图 10-2　胍基的化学修饰

3. 羧基的化学修饰

水溶性的碳二亚胺衍生物,如 1-(3-二甲氨基丙基)-3-乙基碳二亚胺盐酸盐(EDC)可以选择性地和酶分子的天冬氨酸和谷氨酸侧链羧基或 C 末端羧基生成酰胺键。虽然这种修饰剂在所有 pH 条件下都不稳定,但是 Schlick 等人用其对烟草花叶病毒外壳蛋白的谷氨酸残基进行了专一性修饰,生成了酰胺键。修饰反应在室温下进行,缓冲液为 pH 7.4 的磷酸盐或 HEPES,见图 10-3。

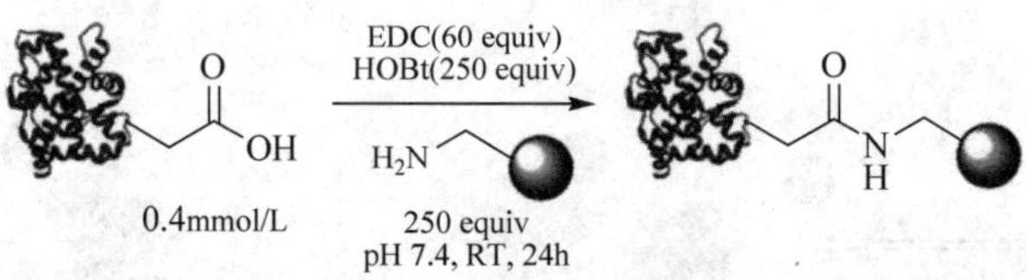

图 10-3　羧基的化学修饰

然而,采用 EDC 修饰的过程中由于中间物的分子重排会生成副产物 N-酰基脲,通过添加过量羟基苯并三唑(HOBt)可以有效抑制副反应。

4. 半胱氨酸巯基的化学修饰

半胱氨酸残基还原性强易被氧化,因此通常在酶分子中具有十分重要的地位。为了研究半胱氨酸对酶分子的作用或定量测定半胱氨酸残基的数目,针对半胱氨酸侧链巯基的强反应性,很多试剂被开发用来对巯基进行修饰。由于在酶分子中游离的巯基相对较少,它们多以二硫键的形式出现,因此需要巯基乙醇或二硫苏糖醇等还原剂打开二硫键,暴露出巯基。

马来酰亚胺及其衍生物对巯基的修饰具有选择性和化学计量关系[图 10-4(a)]。反应的产物在生理环境下稳定,因此这类修饰剂被广泛用于半胱氨酸残基的修饰。此外,很多烷化剂修

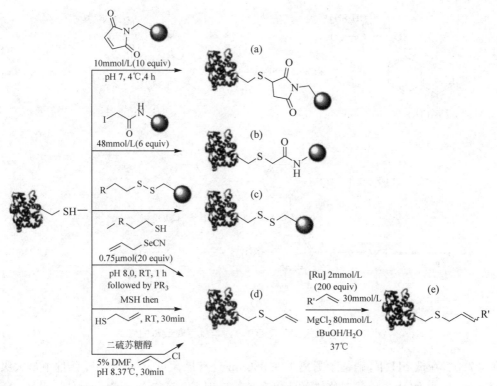

图 10-4　半胱氨酸巯基的化学修饰

饰酶分子后的产物也十分稳定,便于分析。此类试剂还能与甲硫氨酸、赖氨酸和组氨酸反应。碘乙酰胺就是一种常用的烷化剂[图 10-4(b)],修饰反应生成硫醚的类似物。由于羰基的存在使这种烷化剂比普通的烷基碘化物具有更强的亲核攻击能力。

　　由于半胱氨酸的巯基容易形成二硫键,因此可以通过引入含有巯基或二硫键的修饰剂对酶分子中的巯基进行修饰,修饰后一般会产生二硫键[图 10-4(c)]。这种反应对半胱氨酸巯基的修饰具有专一性,而且非常温和,但是易被巯基乙醇或二硫苏糖醇打开。Crich 等人采用了由 Sharpless 和 Baldwin 开发的化学方法,通过烯丙基硒代氰酸盐、烯丙基硫醇和烯丙基氯来对酶分子的巯基进行修饰得到更稳定的修饰酶[图 10-4(d)],生成的烯丙基硫化物可通过烯烃取代催化,从而实现糖基化或聚乙二醇化修饰[图 10-4(e)]。

　　有机汞试剂也经常用于酶分子巯基的修饰,并且这类试剂修饰的专一性最强。常用的有对氯汞苯甲酸,它与巯基形成的衍生物在 250nm 处有最大吸收,可允许低浓度酶分子的光谱定量分析。此外 S-汞-N-5-二甲氨基萘磺酰半胱氨酸也经常用于巯基的修饰[图 10-5(a)]。

　　5,5′-二硫双硝基苯甲酸(DTNB)也常用于修饰酶分子的巯基,且专一性强。它与半胱氨酸形成混合二硫化物,同时释放出 2-硝基-5-硫代苯甲酸阴离子[图 10-5(b)]。该阴离子在 412nm 处有最大吸收,可用光度计定量测定,并换算成巯基的数目。经 DTNB 修饰的酶经二硫苏糖醇或巯基乙醇处理后又可再生。

　　5. 酪氨酸残基和脂肪族羟基的修饰

　　酪氨酸残基的修饰包括酚羟基的修饰和芳香环上的取代修饰。四硝基甲烷在温和条件下可高度专一地硝化修饰酪氨酸的酚环,产生可电离的发色基团 3-硝基酪氨酸[图 10-6(a)],其

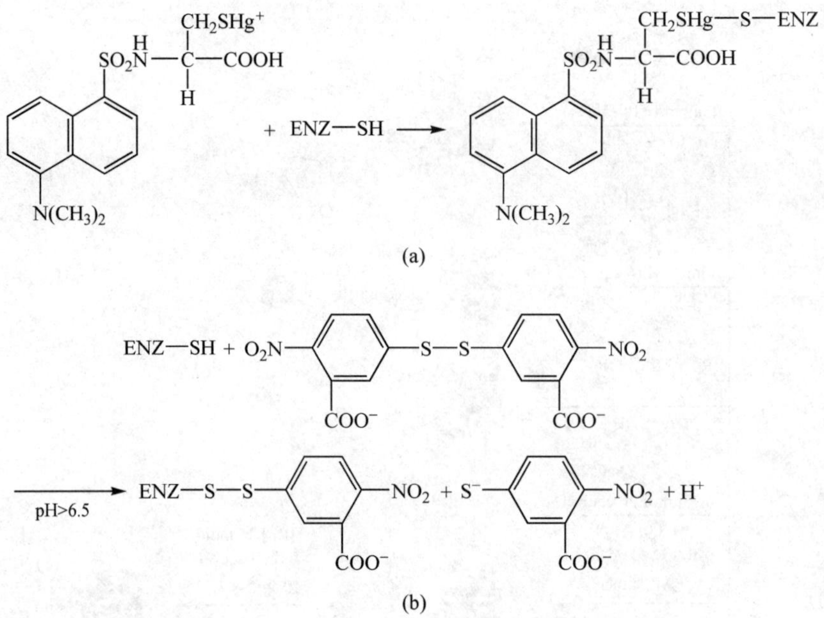

(a)

(b)

图 10-5　有机汞试剂及 DTNB 对半胱氨酸巯基的修饰

pK 值为 7.0。在低 pH 下,硝基苯酚离子在 360nm 处有最大吸收,在高 pH 条件下最大吸收波长移至 428nm 处,可用光谱法对修饰的程度和修饰残基的 pK 值进行定量测定。此外,N-乙酰咪唑能对酪氨酸的酚羟基进行修饰,生成酰基化合物[图 10-6(b)]。

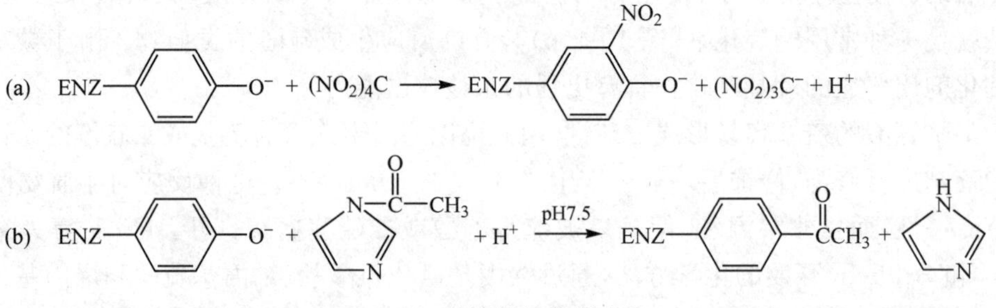

图 10-6　酚羟基的化学修饰

脂肪族羟基如丝氨酸和苏氨酸的侧链羟基现在还缺乏专一性的修饰剂。丝氨酸蛋白酶家族中所有的酶分子活性中心都包含丝氨酸残基,丝氨酸的侧链羟基对酰化剂具有高度的反应性,如二异丙基氟磷酸(DIPF)和甲苯磺酰氟(PMSF)等。在硒氢化钠存在下,甲苯磺酰氟能将酶分子中的丝氨酸转变成硒代半胱氨酸(图 10-7),使蛋白水解酶的活性丧失,转而具有谷胱甘肽过氧化物酶的活性,且和天然的谷胱甘肽过氧化物酶催化机理一致。

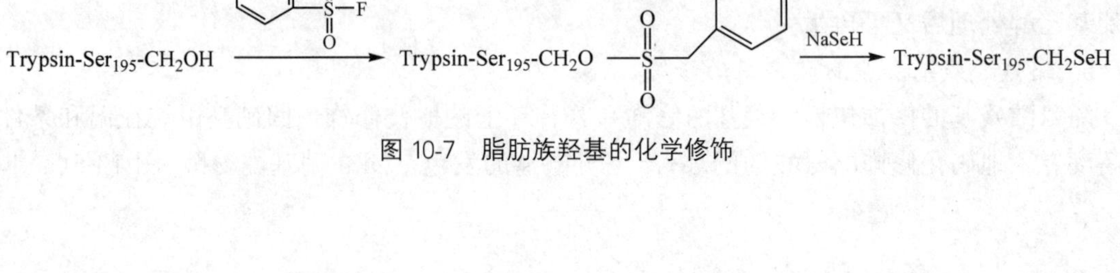

图 10-7　脂肪族羟基的化学修饰

6. 组氨酸咪唑基的修饰

常用的组氨酸咪唑基的修饰剂是焦碳酸二乙酯和碘乙酸。用碘乙酸烷化组氨酸后能得到咪唑环 N_1 或 N_3 的单取代或双取代的修饰物[图 10-8(a)]。如果将 N_1 取代和 N_3 取代的衍生物分开,则可以考察不同 N 原子被修饰后对酶活性的影响。

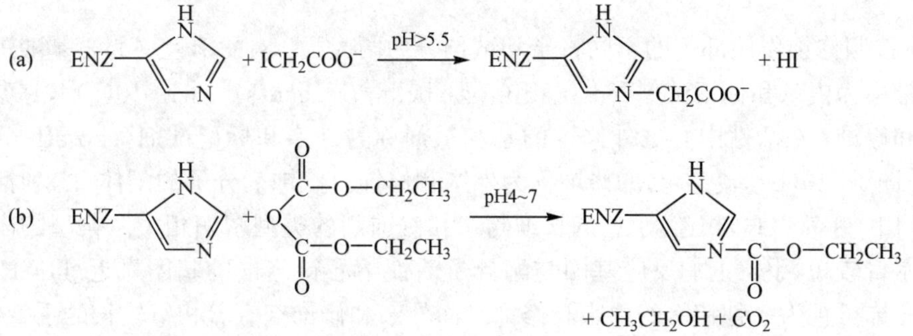

图 10-8　组氨酸咪唑基的化学修饰

用焦碳酸二乙酯修饰组氨酸时,N_1 取代的组氨酸要比 N_3 取代的修饰物更稳定,而且该试剂对 N_1 取代的专一性更强[图 10-8(b)]。Paola Dominici 等成功地利用焦碳酸二乙酯修饰了猪肾二羟基苯丙氨酸脱羧酶,修饰后的酶活性减小甚至完全丧失,但是在羟胺的作用下,酶活性得以恢复。

7. 色氨酸吲哚基的修饰

N-溴琥珀酰亚胺(NBS)常用来修饰色氨酸。它氧化吲哚基成为羟吲哚衍生物,导致色氨酸残基在 280nm 处的光吸收降低,因此可以通过测定 280nm 处光吸收追踪色氨酸残基被修饰的程度。此外还应注意酪氨酸也能与 NBS 作用,并干扰光谱的测定。

各种苄基卤化物能使吲哚环烷基化,最常用的是 2-羟基-5-硝基苄基溴(图 10-9),由于溶解度的问题,常用它的类似物二甲基(2-羟基-5-硝基苄基)锍盐。由于该修饰剂也能与巯基反应,故在修饰吲哚基时应注意对巯基进行封闭保护。

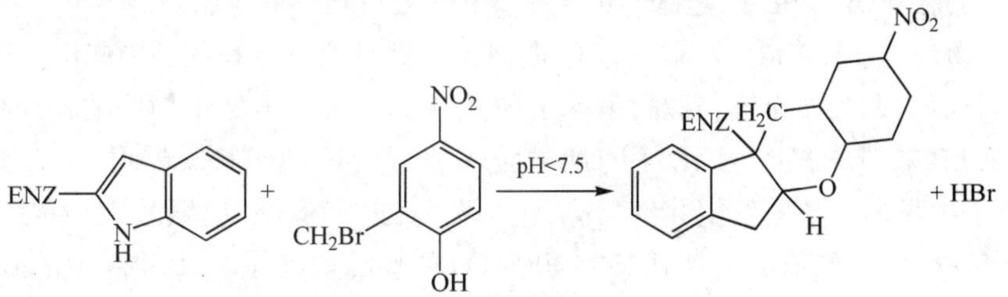

图 10-9　色氨酸吲哚基的化学修饰

8. 甲硫氨酸甲硫基的修饰

甲硫氨酸虽然极性低,但由于硫醚硫的亲核性,可对甲硫氨酸进行修饰。在温和条件下修饰很难获得选择性,但用过氧化氢溶液和甲酸可将甲硫氨酸氧化成甲硫氨酸亚砜,用碘乙酸烷化甲硫氨酸残基,能形成正甲硫盐。

10.2.4.2　酶的亲和修饰

酶特性的表征中一项关键的工作是确定酶的活性位点。结合化学修饰与酶活性分析是确定活性位点的重要方法。然而,一般的化学修饰专一性较差,常常是一种修饰剂能同时对多个不同的靶点残基进行修饰,亲和修饰就是为了克服这一缺点而出现的一种特殊的修饰方法。它利用了酶与底物的高度亲和性,使用酶的底物类似物作为亲和修饰剂的配体,专一且可逆地与酶分子的活性中心非共价结合;随后,修饰剂分子的另一关键部分,即活性修饰基团,快速地对酶分子活性中心的氨基酸或中心之外的氨基酸进行共价修饰,这一修饰过程常常是不可逆的。

Baker 按照修饰作用部位的不同将亲和试剂分为两大类:对酶活性中心氨基酸进行修饰的亲和试剂常称为内亲和标记试剂(endo affinity labeling reagents)[图 10-10(a)],它参与的修饰称为内亲和修饰;在活性中心之外修饰的亲和试剂称为外亲和标记试剂(exo affinity labeling reagents)[图 10-10(b)],它参与的修饰称为外亲和修饰。修饰剂分子的配体(L)和活性修饰基团(M)之间由"手臂"(H)相连,手臂的长度与亲和修饰剂的类型密切相关。典型的内亲和修饰剂的连接手臂较短,手臂上的反应基团与酶分子活性中心待修饰的基团靠近 TPCK 对胰凝乳蛋白酶的修饰可视为一种特殊的内亲和修饰。而外亲和修饰剂有着相对较长的手臂,这利于手臂上的反应基团与一些远离酶活性中心待修饰的残基发生共价修饰反应。

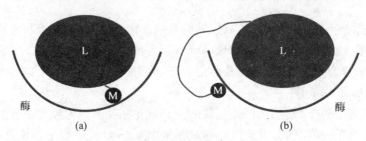

(a) 内亲和修饰;(b) 外亲和修饰

图 10-10　酶亲和修饰示意图

1. 内亲和修饰剂

常用的内亲和修饰剂主要有核苷的氟磺酰苯甲酰衍生物[图 10-11(a)]。如修饰剂 a 为 5′-对氟磺酰苯甲酰腺苷(5′-FSBA),由对-氟磺酰苯甲酰氯与腺苷反应制备。

这种化合物是 ADP、ATP 或 NADH 的类似物。除了腺嘌呤和核糖,在邻近 5′位置有一个羧基,结构上类似于天然嘌呤核苷酸的第一个磷酸基。如果分子处于伸展的构象中,氟磺酰的位置类似于 ATP 末端磷酸或 NADH 的烟酰胺环邻近的核糖。氟磺酰可以作为一种亲电试剂,能与酶分子中很多氨基酸发生共价反应,包括酪氨酸、赖氨酸、组氨酸、丝氨酸和半胱氨酸。在结构 b 中,5′-对氟磺酰苯甲酰鸟苷(5′-FSBG),鸟嘌呤取代了 5′-FSBA 中的腺嘌呤。这种嘌呤核苷酸烷基化剂将专门针对酶分子中的 GTP 结合位点。化合物 c 为荧光化合物 5′-对氟磺酰苯甲酰-1,N-6-亚乙烯基腺苷(5′-FSBεA)。这种核苷酸类似物在 412nm 处有一个荧光发射最大值,因此可以利用它在酶分子的核苷酸结合位点引入共价结合的荧光探针。化合物 d 是一种双功能亲和修饰剂,5′-对氟磺酰基苯甲酰- 8-叠氮腺苷(5′-FSBAzA),含有亲电子的氟磺酰和一个光激活的叠氮基。常用于获取酶分子核苷酸结合位点区间的三维结构信息。

2. 外亲和修饰剂

同样基于核苷为母体,通过改造可以得到外亲和修饰剂。比如在腺嘌呤的 N-6 连接卤代烷基衍生物得到 N-6-对-溴乙酰胺-苄基-ADP[图 10-12(b)]。其中的 Br 为亲电的反应性修饰基团,与酶分子的亲核基团形成共价键,腺苷相当于修饰剂的配体,结合酶分子的活性区,中间由较长的手臂相连。

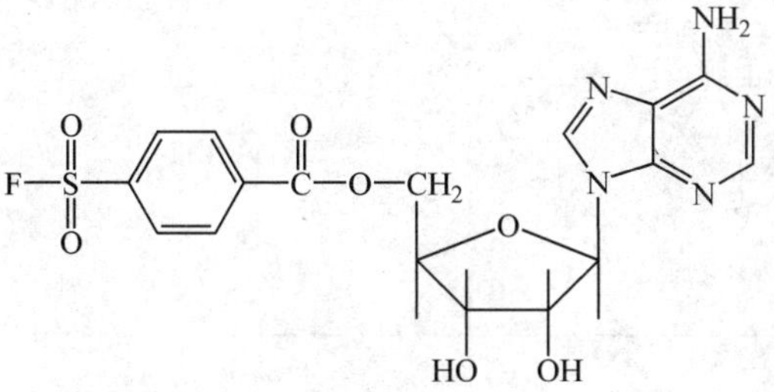

(a) 5'-FSBA

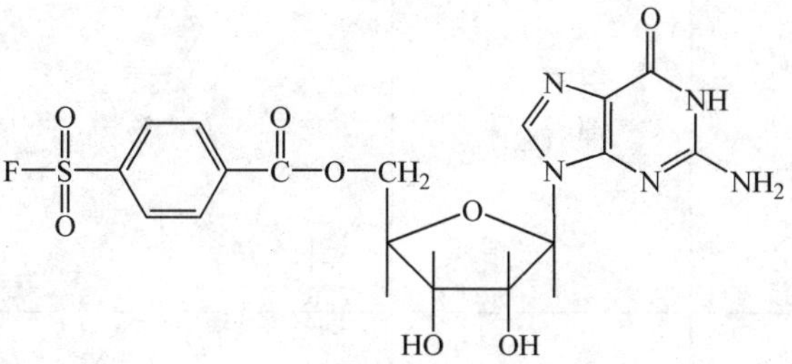

(b) 5'-FSBG

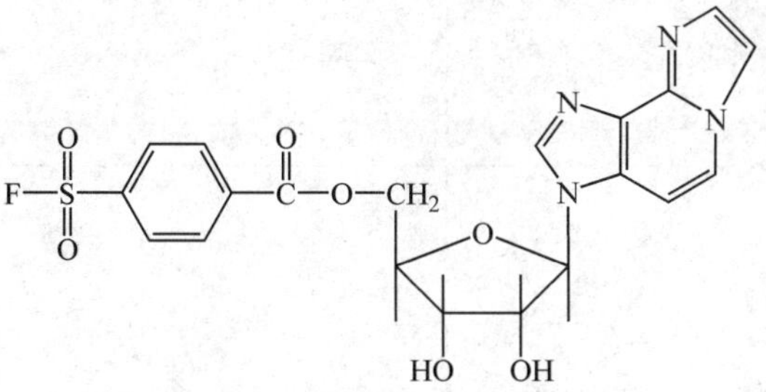

(c) 5'FSBεA

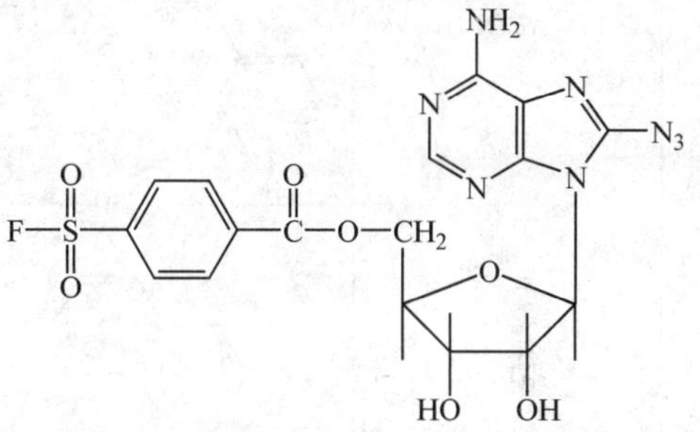

(d) 5'-FSBAzA

图 10-11　常见的内亲和修饰剂

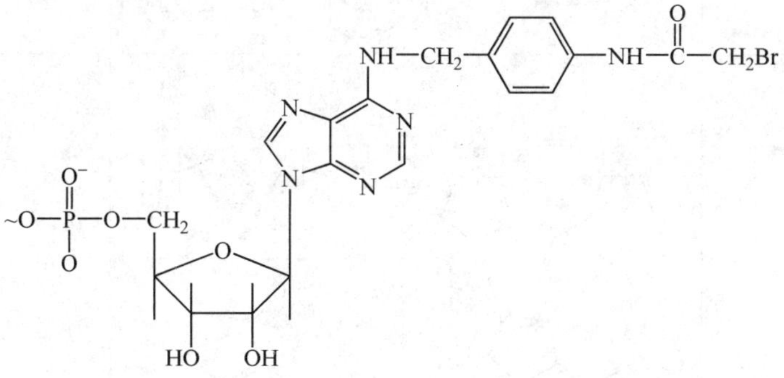

图 10-12　外亲和修饰剂 N-6-对-溴乙酰胺-苄基-ADP 结构

3. 光亲和修饰

有些光亲和修饰剂是内亲和修饰剂,但大部分光亲和修饰剂可以归为外亲和修饰剂一类。不同于前面所述的亲和修饰,光亲和修饰能进行可逆修饰。目前这一领域正在受到越来越多人的关注,成为酶分子化学亲和修饰的研究热点。在修饰剂与酶分子活性中心结合的配体和具有修饰作用的活性基团之间插入一个分子开关(也称"光控开关")就能实现光亲和修饰的可逆性,从而实现酶功能的可逆调节。光调控的亲和标记(photoswitchable affinity label,PAL)试剂中关键的化学分子开关近来发展很快,已经形成了很多产品(表 10-1)。

表 10-1　常用的光控开关

	光控开关	异构化	λ_1/λ_2
A	偶氮苯类		UV/VIS
B	芪类		UV/UV
C	螺吡喃类		UV/VIS 或 VIS/UV
D	二芳基乙烯类		UV/VIS
E	噻吩俘精酸酐类		UV/VIS
F	硫靛类		VIS/VIS

　　尤其是偶氮苯类,已经发展得相当成熟,并且与复杂的生物系统具有较好的兼容性。光调控的亲和修饰剂通常包括配体及具有修饰作用的活性基团,中间由包含光控开关的手臂相连(图 10-13)。亲和修饰剂的配体与酶分子的活性中心或别构调节区结合后,在光控开关打开时,手臂处于伸展的状态下(反式构型),修饰剂的亲电基团在其可及的范围内与酶分子上特定的亲核基团靠近,之后两者共价结合,使修饰剂的配体锚定在酶分子的活性中心区或调节区,从而使酶被抑制或激活。当光控开关关闭时,修饰剂的手臂从伸展状态转变成收缩状态(顺式构型)后,配体就从酶分子的结合部位收回,修饰作用得以解除(图 10-13)。因此,当修饰剂分子开关在不同波长的光照下切换,会引起修饰剂有效配体浓度的变化,从而可以调节酶分子的修饰程度或实现可逆修饰。目前,已有大量工作成功地实现了光亲和修饰的可控调节,如 Kim 等人和 Westmark 等人分别以偶氮苯为光控开关设计亲和修饰剂成功地对凝血酶和木瓜蛋白酶活性进行可逆修饰调节。Pearson 和 Harvey 等人对 α-胰凝乳蛋白酶进行了可控的光亲和修饰。

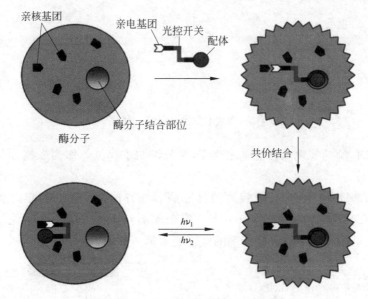

图 10-13　色氨酸吲哚基的化学修饰

　　下面我们简要介绍一下 Jessica 等人利用光亲和可逆修饰碳酸酐酶的工作。他们以偶氮苯作为光控开光,以环氧化物作为亲电基团,以碳酸酐酶的典型抑制剂(结合在酶的活性中心)对氨基苯磺酰胺[图 10-14(a)]为配体,合成了一系列手臂长度不一的衍生物[图 10-14(b)~(e)]。当修饰剂的配体与酶分子活性中心的结合部位非共价结合后,手臂长度不一的修饰剂能和酶分子活性中心附近不同位置的亲核基团发生共价修饰反应。化合物 f 由于缺少亲电基团故不能共价修饰酶分子,被视为对照物。碳酸酐酶水解对硝基苯乙酸的活性用光谱法分析测定。

　　实验结果显示,碳酸酐酶和修饰剂在黑暗中孵育后,酶活力显著下降。LC-MS 分析表明,以修饰剂 c 作用后,酶活力下降 $65\%\sim85\%$。MALDI-TOF MS/MS 分析表明共价修饰的位点为酶分子的 His_2 或是 His_3。

　　经 380nm 紫外光照后,对硝基苯乙酸的水解速率增加了两倍(从 $6.9\times10^{-8}\pm3.3\times10^{-9}$ M/s 到 $1.3\times10^{-7}\pm3.8\times10^{-10}$ M/s),这是因为光照后,引起偶氮苯发生异构变化,使结合在酶活性中心的配体收回,从而导致酶的活性增加(图 10-15)。有趣的是,当入射光的波长在 380nm 和

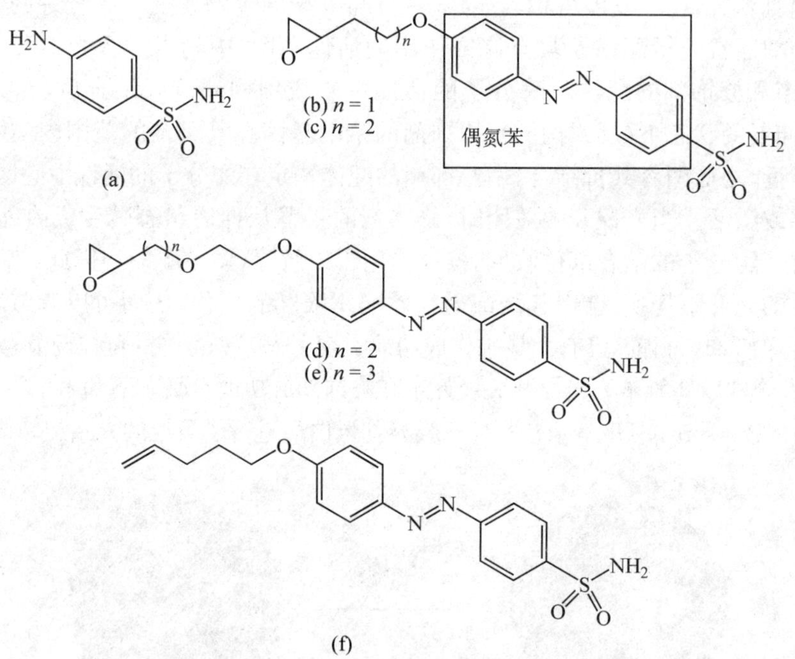

（图示：碳酸酐酶的光控亲和修饰试剂的各种化学结构式，标注 (a)、(b) n=1、(c) n=2、偶氮苯、(d) n=2、(e) n=3、(f)）

图 10-14　碳酸酐酶的光控亲和修饰试剂

460nm 之间切换时，酶的催化活性能随之改变，充分说明了偶氮苯作为光控开关具有可调节的特性（图 10-16）。

此外还发现，修饰剂"手臂"长度较短的修饰剂 b 和修饰剂 f 修饰碳酸酐酶的能力相对较低；然而"手臂"长于修饰剂 c 的修饰剂 d 和 e 完全起不到修饰作用。这些现象表明修饰剂的"手臂"长度、亲电基团和配体对于修饰剂的修饰能力都非常重要。

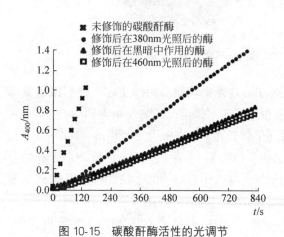

图 10-15　碳酸酐酶活性的光调节

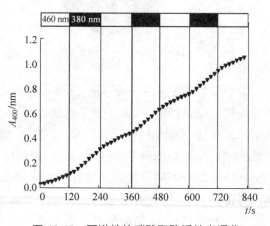

图 10-16　可逆性的碳酸酐酶活性光调节

10.2.4.3　有机大分子对酶的修饰

有机大分子物质如聚乙二醇（polyethylene glycol；PEG）、葡聚糖、环糊精、聚氨基酸、羧甲基纤维素、唾液酸和肝素等通过共价键连接到酶分子的表面，使之在酶的表面形成包被或覆盖层，从而使酶的性质发生极大的改变。尤其是聚乙二醇，得益于其分子的柔性、亲水性、分子尺寸的可调节性以及低毒甚至无毒性，并被美国食品和药物管理局（FDA）核准为公认无毒的添加剂，因此常常被用于治疗用酶的修饰，以延长酶在体内的半衰期和降低免疫原性等。有机大分子物质修饰酶的策略见图 10-17 所示。

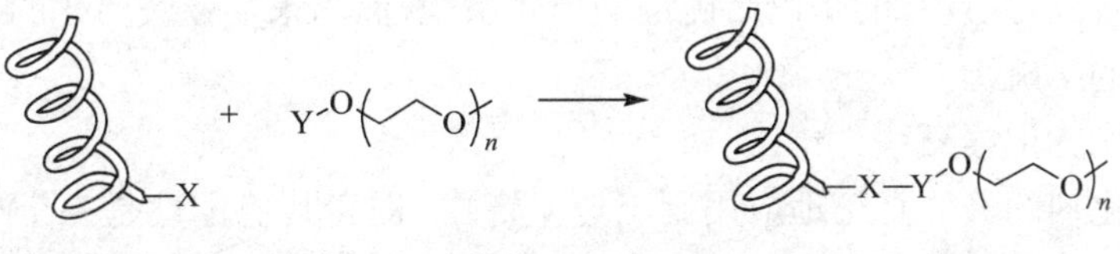

X—酶分子的功能基团；Y—聚合物大分子如聚乙二醇分子上的活性基团
图 10-17　有机大分子修饰酶的策略

　　此处主要给大家介绍聚乙二醇对酶的修饰。PEG 既可以直接对酶分子进行修饰，也能经其他修饰基团如氨基、羧基、巯基、马来酰亚胺、琥珀酰亚胺碳酸酯或琥珀酰亚胺乙酸酯等活化后再对酶进行修饰；既可以对酶分子进行非定点修饰，也能对酶分子进行定点修饰。PEG 对酶分子的修饰通常也称为酶分子的 PEG 化。

　　如 PEG 经三聚氯氰或对硝基氯甲酸苯酯活化后，对酶侧链或末端氨基的修饰，见图 10-18。其中三聚氯氰活化时，可以通过控制不同反应条件分别制得 PEG 取代度不同的活化产物，从而产生不同的修饰效果，这种修饰相对而言选择性较差。

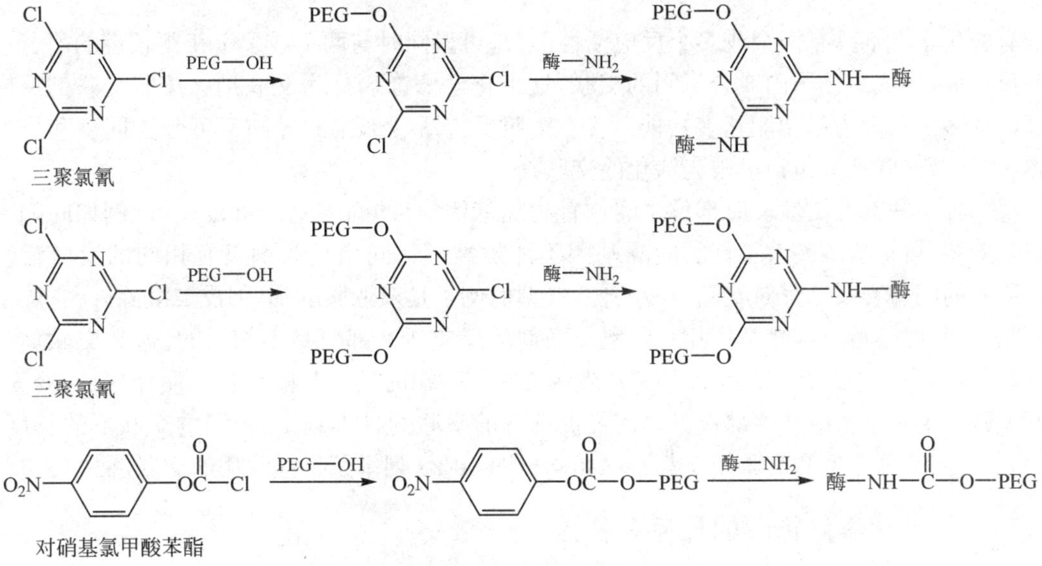

图 10-18　PEG 经三聚氯氰或对硝基氯甲酸苯酯活化后对酶的修饰

　　PEG 经氨基化后，由反应活性更强的氨基取代了羟基，形成氨基-PEG。氨基-PEG 在谷氨酰胺转移酶的作用下，能对酶分子中赖氨酸残基的 ε 氨基或柔性环上的谷氨酰胺残基的侧链酰胺进行专一性替换修饰（彩图 10-19）。

　　唾液酸在胞苷—磷酸的活化下生成胞苷—磷酸-唾液酸，在特定条件下经胞苷—磷酸-唾液酸活化后的 PEG 分子能够对糖基化的酶蛋白分子中的 N-乙酰半乳糖胺进行专一性修饰，该反应需要唾液酸转移酶进行催化（彩图 10-20）。反应中经胞苷—磷酸-唾液酸活化后的 PEG 充当了唾液酸转移酶的底物。

最常用的 PEG 定点修饰酶蛋白分子的方法是：首先通过基因操作把想要 PEG 修饰的残基位点突变成半胱氨酸，再用经马来酰亚胺活化的 PEG 对半胱氨酸的巯基进行专一性修饰（彩图 10-21）。这个方法之所以能够对酶分子的特定位点实现专一性修饰，是因为很多酶分子中半胱氨酸的含量较少，并且有的是以二硫键的形式出现，而马来酰亚胺活化的 PEG 并不能作用于半胱氨酸形成的二硫键。

10.2.4.4 酶的化学交联

作为生物催化剂的酶要真正地应用到工业生产中，提高其稳定性是一个很大的挑战，尤其是在非水相中的应用。酶的化学交联最开始就是为了解决这些问题而开发的修饰方法。最早的酶化学交联是 Quiocho 等人进行的（图 10-22），他们用戊二醛对羧肽酶交联修饰，交联剂与酶分子中赖氨酸残基的 ε-氨基结合形成酶分子内和分子间交联。反应成功地提高了酶的稳定性，获得酶的晶体用于 X 射线衍射测定结构。

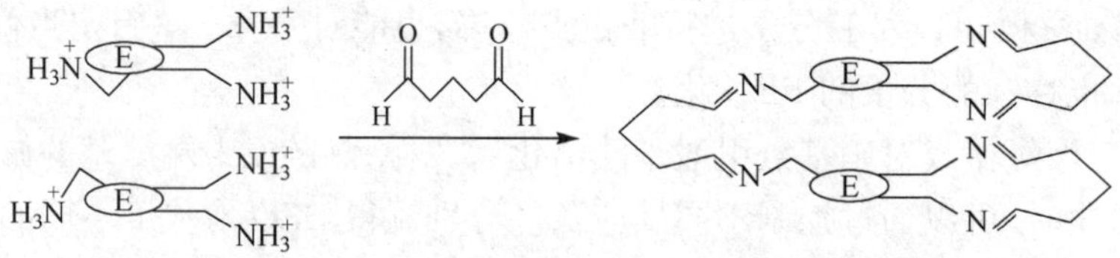

图 10-22　戊二醛与赖氨酸残基的 ε-氨基的交联

有的化学试剂具有两个或多个反应活性部位，可以同时与两个或多个相距较近的酶分子发生共价反应，形成酶分子内或分子间的交联，这个化学修饰剂称为交联剂。按照交联剂反应活性部位的多少可分为双功能和多功能两类；按照反应活性部位的异同又可分为同型和异型两类，其中异型交联剂又包括可被光活化的交联剂。

每一种交联剂的活性反应部位之间均有间隔基团，有的间隔基团可被裂解，例如间隔基团含有二硫桥，可被硫醇裂解；有的间隔基团不能被裂解。同型交联剂具有相同的反应活性部位。所有的同型交联剂都对氨基有专一性，典型的例子是双亚胺酸酯，但戊二醛除外，它除了能与氨基作用外，还可以与羟基作用；异型交联剂的反应活性部位是不相同的，这类交联剂一端与氨基作用，另一端通常与巯基作用；光激活交联剂一端的反应基团与蛋白质作用后，经光照，另一端则产生一个反应活性部位。目前可供选择的交联剂种类繁多，不同的交联剂的长度、反应的专一性、交联速度和交联效率都不尽相同。图 10-23 列举了一些常用的交联剂。

10.2.5　化学修饰酶的性质和特点

采用合适的化学修饰剂对酶进行修饰后，酶的性质会发生很大的变化。比如酶的稳定性得到提高、专一性改变甚至创造出新的酶活性等。

化学修饰尤其是交联剂对酶的修饰通常能提高其稳定性，包括热稳定性和抗蛋白酶水解性等。酶分子间或分子内的交联，原则上可减少酶结构的柔性从而增加酶分子的构象稳定性；或者由于修饰剂的作用引入了空间位阻，使蛋白酶等具有水解作用的大分子不能接近酶分子的作用位点，从而提高酶分子的抗水解稳定性。例如，丝氨酸蛋白酶家族的胰蛋白酶通过戊二醛交联作用后，再对反应过程中生成的醛亚胺进行还原处理，得到的交联修饰酶的热稳定性从 45℃提高到 76℃。青霉素 G 酰化酶是一种商业用酶，主要用于水解青霉素 G 和头孢菌素 G 生成一些抗生素药物的前体，通过葡聚糖交联修饰作用后，青霉素 G 酰化酶在 55℃ 处理下的半衰期

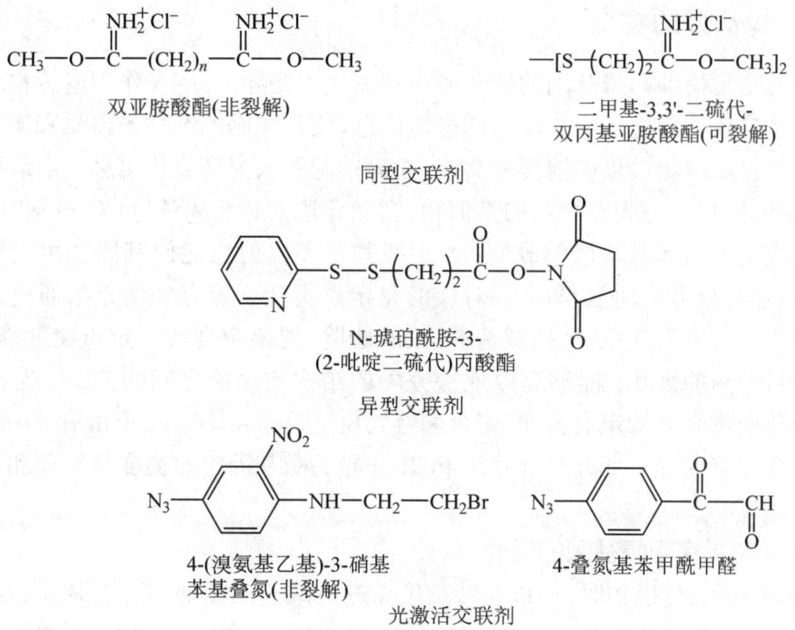

$$CH_3-O-\overset{\overset{\textstyle NH_2^+Cl^-}{\|}}{C}-(CH_2)_n-\overset{\overset{\textstyle NH_2^+Cl^-}{\|}}{C}-O-CH_3$$

双亚胺酸酯(非裂解)

$$-[S-(CH_2)_2-\overset{\overset{\textstyle NH_2^+Cl^-}{\|}}{C}-O-CH_3]_2$$

二甲基-3,3'-二硫代-
双丙基亚胺酸酯(可裂解)

同型交联剂

N-琥珀酰胺-3-
(2-吡啶二硫代)丙酸酯

异型交联剂

4-(溴氨基乙基)-3-硝基
苯基叠氮(非裂解)

4-叠氮基苯甲酰甲醛

光激活交联剂

图 10-23 一些常见的交联剂

相比修饰前提高了 9 倍,同时最大酶促反应速率 v_{max} 并没有受到影响。枯草芽孢杆菌蛋白酶用 18-冠醚-6 交联并冻干处理后,其在有机溶剂中的酶活性增加了 13 倍。通过 1-乙基-3-(3-二乙基胺丙基)碳二酰亚胺(EDCI)引入环糊精对胰蛋白酶进行修饰后,胰蛋白酶抵抗自发水解的能力提高了 5~8 倍。

经化学修饰后,酶还会改变对底物的专一性。如木瓜蛋白酶的半胱氨酸经黄素的溴酰衍生物共价修饰后,使原本具有的蛋白水解酶活性转变成具有氧化还原活性的黄素木瓜蛋白酶。

化学修饰虽能改进酶的特性,但这种修饰通常只能在含特殊功能基团的氨基酸侧链上进行,酶中不含特殊功能基团的氨基酸难以被修饰,这使化学修饰具有严重的局限性。另外,现有的化学修饰剂很难对某一氨基酸侧链进行绝对专一性修饰,同一试剂对不同的酶的修饰结果也不相同,难以预测,因此化学修饰具有不确定性。化学修饰同时会引起酶蛋白的构象变化,这种变化反过来又会影响对修饰结果的解释。因此总的来讲,酶的化学修饰相对遗传修饰来讲具有较为明显的劣势。

10.3 基因工程修饰酶

自从于 20 世纪 70 年代基因工程问世以来,酶学进入了一个飞速发展的时期。人们在很大程度上摆脱了对天然酶的依赖,可以相对自由地对酶进行人为设计与改进,尤其是在蛋白质工程和生物信息学(包括计算生物学技术)的促进下,酶的基础研究和应用领域发生了革命性的变化。我们知道,绝大多数酶的化学本质是蛋白质,而蛋白质的一级序列是由编码它的基因序列决定的;同时蛋白质的一级结构决定了其空间结构,也决定了它最终的生物学功能。直接对蛋白质进行改造难度较大,但基因操作可以改变编码蛋白质的基因序列,从而对酶的一级结构进行突变修饰,有利于改进酶的特性与功能。

10.3.1　酶基因的突变

酶基因的突变是指编码酶基因的核苷酸序列发生了变异。DNA 作为遗传物质的功能之一就是通过变异在自然选择过程中获得新的遗传信息，使其编码的产物蛋白质和酶在这一过程中不断进化。相比自然进化过程中缓慢的突变，人为控制引入突变要快得多。引起酶基因突变的方法很多，如 5-溴尿嘧啶是胸腺嘧啶的类似物，它能导致 AT 碱基对与 GC 碱基对之间互变；脱氨基试剂和羟胺也能引起碱基对的改变；X 射线和电离辐射也能使基因发生突变。这些方式产生的突变分布随机，可控性差，与之相对应的是定点突变。定点突变是指通过某种方法向酶的基因特定位点引入所需变化，包括碱基的添加、删除、置换突变等。定点突变能迅速、高效地优化所表达的目的酶的性状；能够高效地探究酶的结构与功能之间的关系。常用的定点突变方法有寡核苷酸引物介导的定点突变、聚合酶链式反应（polymerase chain reaction，PCR）介导的定点突变及盒式突变等。此处简要介绍 PCR 介导的酶基因定点突变的原理和一些常用的突变方法。

10.3.1.1　PCR 突变酶基因的原理

依据 DNA 模板设计引物时，通过在特点位点进行碱基的添加、删除、替换，当引物以 DNA 为模板进行延伸后，突变就被引入。它是基因研究工作中一种非常有用的手段。

10.3.1.2　酶基因突变的方法

基因突变的方法有很多，在此仅介绍重叠延伸、反向 PCR 及盒式突变等几种常用的突变技术，关于随机突变的内容详见 10.4.2.1 节。

1. 重叠延伸

重叠延伸 PCR 技术（gene splicing by overlap extension PCR，SOE PCR），是采用具有互补末端的引物，使 PCR 产物形成重叠链，从而在随后的扩增反应中通过重叠链的延伸，将不同来源的扩增片段重叠拼接起来的技术。

重叠延伸 PCR 技术可以在 DNA 片段的任意部位引入定点突变。在需要突变的位点合成一对带有突变碱基的互补引物（如彩图 10-24 中引物 b 和引物 c），然后分别与 5′引物和 3′引物（如彩图 10-24 中引物 a 和引物 d）进行 PCR 反应，这样得到的两个 PCR 产物 AB 和 CD 分别带有突变碱基，并且彼此重叠。在重叠部位经重组 PCR 就能得到突变的 PCR 产物。任何基因，只要两端及需要变异的部位的序列已知，就可用重叠延伸法改造基因的序列。方法简便易行，结果准确、高效，因此已成为最常用的定点突变方法之一。

2. 反向 PCR

反向 PCR 的目的在于扩增一段已知序列旁侧的 DNA，也就是说这一反应体系不是在一对引物之间而是在引物外侧合成 DNA。反向 PCR 原理见彩图 10-25。通过引物设计，在特定位通过点引入突变碱基，经反向 PCR 延伸扩增出带定点突变的线性 DNA 链，经 T4 DNA 连接酶作用后连接成环。由于质粒 DNA 模板被甲基化，可被 *Dpn* I 内切酶降解。而新生的 DNA 环没有被甲基化，故不能被降解。这样一来，经 *Dpn* I 酶作用后，反向 PCR 体系中只保留了新生 DNA。

3. 盒式突变

盒式突变的要点是利用目标基因中所具有的适当的限制性内切酶位点，用人工合成的具有突变序列的寡核苷酸片段，来取代目标基因中的相应序列。这种用于突变的片段可以是任意大小、任何序列,通常片段的大小与所取代片段的大小相同。利用盒式突变可以在基因的特定部位,产生各种特异性的突变,甚至能达到饱和突变的效果,这为研究蛋白质特定结构区域与功能之间的联系,提供了一个切实可行的方法。

进行盒式突变时,在目标基因序列中要有适当的限制性内切酶识别位点,以便盒式突变序列插入替换掉需要突变的天然 DNA 序列。然而对于一个天然蛋白质基因而言,其所含的可供利用的限制性内切酶位点相当少,影响盒式突变的操作。为了在目标基因的特定位置产生合适的酶切位点,可以利用遗传密码的简并性,在不改变氨基酸序列的前提下,通过改变某些核苷酸的序列,产生合适的限制性内切酶位点。

盒式突变的操作流程如彩图 10-26 所示。

10.3.2　重组酶的表达

重组酶基因需要在特定的宿主系统中才能得以翻译表达,产生有生物学活性的酶蛋白。常用的表达系统包括原核和真核表达系统。其中原核表达系统以大肠杆菌和枯草芽孢杆菌最为常见,应用最多;真核表达系统以酵母、霉菌、昆虫细胞、植物细胞和动物细胞为代表。由于原核表达系统缺乏对翻译后的蛋白质进行加工修饰的能力,因此这种表达系统通常用来表达原核生物基因,或者一些不需要经过翻译后修饰的真核生物的酶蛋白也可以采用这个系统表达;一些来源于真核生物,具有诸如糖基化、磷酸化、酰基化、二硫键等修饰的异源酶蛋白通常采用真核系统来表达。

10.3.2.1　原核表达系统

1977 年,Itakura K. 和 Boyer H. 等成功地在大肠杆菌中表达了下丘脑激素 14 肽生长素释放抑制激素,首次实现了异源蛋白质在原核细胞中的表达。到目前为止,原核表达系统,尤其是大肠杆菌表达系统已经成为表达基因工程产物最成熟和应用最广泛的系统。随着基因工程的发展,诸如枯草芽孢杆菌、乳酸菌和假单胞杆菌等也常常被用作异源基因的表达宿主。

1. 原核表达系统的特点

首先,以大肠杆菌为代表的原核表达体系具有遗传背景清楚的优点。到目前为止,已经完成了一大批模式生物的全基因组测序,其中原核生物中就包括大肠杆菌、枯草芽孢杆菌和乳酸菌等。因此,研究者可以更方便地利用其遗传特点、调控及代谢网络,高效地表达异源蛋白质。

原核生物一般对营养的要求较低,培养条件简单;同时由于倍增时间短,因此培养周期短,培养费用也低,适于工业化应用。目前已有大量异源蛋白质在大肠杆菌中成功表达,如胰岛素原、人生长素、人干扰素等。

原核生物的 mRNA 具有多顺反子结构,多个基因可以共用一个启动子实现共同表达,这使利用一个表达宿主同时表达多个酶成为可能。

原核生物缺乏真核基因转录后加工的能力,不能切除真核基因转录后产生的 mRNA 前体中的内含子。因此,异源基因不能直接来自于真核生物的基因组,而是来自其 cDNA,这可以通过真核生物 mRNA 的反转录得到。原核生物同时还缺乏真核基因翻译后加工的功能,表达后的蛋白质难以进行酰胺化、磷酸化或糖基化等修饰,也难以形成正确的二硫键和空间结构。

原核生物表达异源蛋白质时容易形成包涵体。包涵体是一种水不溶性的,无生物学活性的蛋白质聚集体,常见于原核生物表达异源蛋白质。一般认为产生包涵体的原因主要是原核生物缺乏真核基因翻译后加工所需的酶类;另外,高速的过表达也是导致包涵体形成的重要原因。

通过降低表达速度可以缓解甚至避免包涵体的形成，比如降低表达温度。

2. 原核基因表达载体

要使异源基因能够在宿主细胞中表达，必须将其克隆到包含基因表达所需的所有顺式元件的载体之中，这些载体通常称为表达载体，也称质粒（plasmid）。原核基因表达载体常用的有pET 和 pGEX 等系列的质粒。理想的质粒系统应该满足如下要求：

（1）具有多克隆位点，便于目标基因插入到合适的位置。

（2）具有筛选标记，以赋予宿主细胞不同的表型，便于从大量的菌落中筛选出含有表达载体的宿主细胞。常用的有抗生素抗性基因，如氨苄或卡那霉素抗性。

（3）具有可控的强启动子。质粒最好为可诱导的，能够通过诱导剂控制转录的开始，允许细胞生长和诱导表达，防止毒性蛋白质的积累；同时启动子应对 RNA 聚合酶有很高的亲和力，能指导合成大量的 mRNA。常用的启动子有 T7、*lac* 和 *trp* 等。

（4）具有翻译起始区，有合适的核糖体结合位点和翻译起始密码子编码序列 ATG。

（5）具有终止子，能够提供强有效的转录终止信号，终止 RNA 聚合酶对 DNA 的转录。

（6）此外，有的表达载体含有融合标签。这些标签通常有助于提高可溶性异源蛋白质的表达量和稳定性，如 Nus 标签和 Trx 标签等；有的有助于表达产物的检测和分离纯化，如 GST 标签和 His 标签等。

10.3.2.2　真核表达系统

虽然原核表达系统具有很多优点，但是并不是所有的基因都适于在大肠杆菌或其他原核细胞中表达，尤其是表达一些来源于真核生物且具有特殊结构修饰的酶，如糖基化、酰胺化、磷酸化以及二硫键等。此时，真核表达系统就具有不可比拟的优越性。近年来，真核表达系统发展很快，以酵母菌、霉菌、昆虫细胞、植物细胞和哺乳动物细胞作为目标基因的表达宿主被广泛研究并应用，同时开发了大批相应的表达载体。

1. 真核表达系统的特点

（1）真核表达系统都具有翻译后加工修饰的能力。相对而言，哺乳动物细胞表达出来的目的蛋白最接近天然蛋白；酵母表达体系虽然也能对翻译后的蛋白质进行加工，但是加工修饰后的蛋白与天然蛋白可能会存在一些差别。比如糖基化程度与天然蛋白不一致，加工而成的糖蛋白通常具有大小不一的多糖，这也是造成异源基因在酵母中表达时出现产物蛋白不均一性的原因之一。

（2）真核表达系统中，酵母、霉菌等低等微生物与原核生物一样具有繁殖快，培养基价格低，培养简单等优点；而植物细胞和哺乳动物细胞通常生长缓慢，培养操作相对复杂，并且培养基价格高。

（3）就表达水平而言，真核生物整体低于原核生物，尤其是哺乳动物细胞。但是通过选择合适的表达载体，真核生物表达的目的蛋白质通常可以分泌到胞外，而且分泌的杂蛋白相对较少，有利于目标蛋白的分离纯化。

2. 常用的真核基因表达载体

研究者针对不同的宿主细胞开发了不同的真核基因表达载体。常用的有针对酵母菌的pPIC、pYC、pYES2 系列载体，针对昆虫细胞的 pBAC、pFastBac 和 pMelBac 系列载体，针对植物细胞的 Ti 载体，针对哺乳动物的 pcDNA、pCMV 和 pTK 系列载体。不管什么真核表达载体，它们一般至少具备如下要素：

（1）原核生物的复制起始区和能用于在细菌中筛选克隆的抗性标记基因。

（2）具备在真核细胞中复制和表达所需的元件，包括真核的起始复制区、启动子、增强子、转录终止子以及供异源基因插入的多克隆位点等。

10.3.2.3 异源基因表达的策略

重组酶的表达一般需要经过的步骤包括：异源基因或目标基因的获取，通过目的基因与表达载体的连接得到重组体，重组体导入到特定的表达宿主细胞，筛选得到含有目标重组体的细胞，培养细胞、诱导表达异源蛋白质。

1. 目标基因的获取

要表达重组酶，首先要获取相应的基因。获得基因的方法一般有以下几种：①人工合成，如果目标基因较小并且序列已知，则可以直接合成；如果目标基因较大，则可分段合成，再将其连接起来。②PCR，如果有目标基因模板，则可设计引物，通过 PCR 技术合成大量目标基因。③使用限制性内切酶将目的基因从其他的载体上切割下来，再用琼脂糖凝胶电泳回收。利用此法必需事先知道目标基因两端的限制性酶切位点。④利用反转录，先获得重组酶的 mRNA，再通过反转录得到相应的 cDNA。

获取目的基因以后，有时还要依据使用的表达宿主对密码子进行优化。比如大肠杆菌和毕赤酵母对密码子的偏好性就不一样，优化成宿主菌偏好的密码子后有时能提高目的蛋白的表达量。

2. 目的基因与表达载体的重组

将目的基因插入表达载体的多克隆位点，这个步骤是通过限制性内切酶和 DNA 连接酶实现的。根据末端性质的不同，目标基因与表达载体的连接方式主要有三种。一种是目标基因与载体均有相同的黏性末端的连接；一种是两者均为平末端的连接；还有一种是载体和目的基因各有一个黏性末端和一个平末端的连接。其中黏性末端的连接效率最高，使用也最广泛。如果载体上的多克隆位点含有与目的基因两端相同的限制性内切酶位点，则可使用相同的限制性内切酶分别消化目的基因和载体，经分离纯化得到具有相同黏性末端的基因和载体，再将它们按照合适的比例混合，在合适的反应条件下经 DNA 连接酶催化，目的基因和载体就会"黏"在一起。如果目标基因两端没有与多克隆位点相同的酶切位点，则可以通过设计引物，在目标基因两端引入与多克隆位点相同的限制性酶切位点。不管通过什么方式进行酶切连接，一定要注意使用的酶不能破坏基因的结构。

3. 将重组基因转入宿主细胞

宿主细胞的选择与表达载体的选择一样重要。合适的宿主细胞可以保持质粒的稳定性，能够提高转化率。重组基因转入宿主细胞的方法主要有 $CaCl_2$ 诱导转化法、电转化法、原生质体转化法和基因枪法等。其中 $CaCl_2$ 诱导转化法是最常用的原核生物基因转化法。如大肠杆菌经冰冷的 $CaCl_2$ 溶液处理后，其表面通透性增加，变得更容易接受异源基因，因此被称作感受态细胞。此时加入重组质粒，在冰水上反应 30min 后，迅速由 4℃转入 42℃做短时间的热激处理后又快速移至冰水中冷却，质粒就能顺利进入细菌细胞。

4. 目标重组体的筛选

异源基因与表达载体连接后，通常未经纯化就用于转化，由于重组率和转化率都不可能达到百分之百，如果不采取一定的筛选措施，最终生长出来的细胞可能只有很少一部分是含有异源基因的重组体。把目的基因重组体从众多的细胞群落中筛选出来才等于获得目的克隆，因此,筛选是必不可少的关键一环。筛选的方法有很多,常用的有抗生素筛选、营养缺陷型筛选等。

5. 异源基因的表达

利用不同的表达载体构建而成的重组体在表达异源基因时方法不一样。比如用大肠杆菌表达异源基因时,大多数情况下是需要用诱导剂诱导的。比如以 T7 为启动子的表达载体通常用 IPTG 来诱导;有些情况下也可以通过自诱导或非诱导方式表达。如毕赤酵母表达体系,采用 pPIC9K 质粒时需要用甲醇诱导,采用 pGAPZ 系列的质粒时却不需要诱导就能表达异源蛋白。同样的,昆虫表达体系、植物表达体系和哺乳动物细胞表达体系在表达异源基因的时候也与体系构建方式有关,有的需要诱导,有的不需要。

目前基因工程表达为了获得高产率的基因表达产物,人们通过综合考虑控制转录、翻译、蛋白质稳定性及向胞外分泌等诸多方面的因素,设计出了许多具有不同特点的表达载体,以满足表达不同性质、不同要求的目的基因的需要。

10.3.3 基因工程修饰酶的应用

基因工程修饰酶的应用非常广泛,包括工业、农业以及医疗健康等。其中在医疗健康方面的应用一直以来都是人们关注的热点。

蛋白水解酶在调控一些重要的生物反应过程中起到关键的作用,大约有 2% 的人类基因组是用来编码蛋白酶,这些蛋白酶有很多是已经开发成功的靶向药物的靶标分子。越来越多的研究者利用蛋白水解酶作为治疗酶。相关的疾病包括白血病,玻璃体粘连,心血管疾病和多种神经退行性疾病等。本节主要介绍基因工程修饰的蛋白水解酶类在医疗方面的应用。

10.3.3.1 在神经退行性疾病中的作用

研究者已试验了治疗用的蛋白水解酶在处置多种神经退行性疾病过程中的作用,比如阿尔茨海默病。该疾病的显著特征是患者脑部有 β-淀粉样蛋白斑块聚集,然而疾病的具体分子基础目前了解得还不够充分。许多先进的临床试验治疗策略是试图以 β-淀粉样蛋白斑块为靶标,通过免疫疗法或抑制淀粉样前体蛋白的分泌来达到控制或消除这些 β-淀粉样蛋白斑块。另一种策略是利用蛋白水解酶来分解 β-淀粉样蛋白斑块,可以通过上调内源的蛋白水解酶活性,或者通过基于基因疗法增加 β-淀粉样蛋白斑块降解酶的表达来达到这个目的。然而,一个重要的问题是许多蛋白水解酶由于专一性不强,能够作用的底物多,因此作为治疗药物一旦脱靶就容易产生毒性。为此,许多蛋白水解酶工程的首要目标就是提高底物的专一性。比如肾胰岛素残基溶酶,它是一种锌金属蛋白酶,具有降解 β-淀粉样蛋白斑块的能力。通过对该酶的活性位点和溶剂可及的残基进行定点突变后,筛选得到了一些有用的单点突变体,它们降解 β-淀粉样蛋白斑块的活性得到了提高,同时对 8 种天然多肽底物的降解活性降低。接着把这些单点突变进行随机组合得到一系列双重突变或多重突变体,经筛选后得到一个双突变体 G399V/G174K。该突变体相对天然的肾胰岛素残基溶酶的活力提高了 20 倍,同时对一些天然多肽底物的降解能力降低了 2.6～3200 倍。这为肾胰岛素残基溶酶的药用提供了很好的实验基础。另一个例子是人激肽释放酶 7(hk7),这个酶已经被证明可以切割 β-淀粉样蛋白的核心肽。研究者构建了一个容量为 10^7 的突变体文库,并成功地筛选到一个对 β-淀粉样蛋白的水解活性相对天然酶 hk7 提高了 10～30 倍的突变体,达到了降低该酶作为药物对人体毒性的目的。

10.3.3.2　在心血管病治疗方面的应用

利用蛋白水解酶治疗心血管疾病是这类酶最成熟的治疗用途。尿激酶型纤维蛋白溶酶原激活物(u-PA)是 FDA 1978 年批准上市的第一个治疗用酶,它不仅宣告了蛋白水解酶可以作为溶栓剂药物,同时也表明酶作为药物极具商业价值。u-PA 具有蛋白水解酶活性,它能通过切割血纤维蛋白溶酶原使其成为有活性的纤溶酶,从而达到溶解血管中血栓的作用。在基于蛋白水解治疗上,u-PA 无疑是一个重大的进展。另一种酶是组织型纤维蛋白溶酶原活化物(t-PA),它也能使纤维蛋白溶酶原激活成有活性的纤溶酶从而起到溶栓作用,并且相对 u-PA 而言,t-PA 具有更高的专一性。它能优先激活与纤维蛋白结合的纤维蛋白溶酶原,形成的活性纤溶酶降解局部的纤维蛋白。1984 年首次用于人体试验并被批准用于治疗心肌梗死和中风,现在得到更广泛的应用。然而,t-PA 很容易被内源的抑制剂失活,并且最重要的抑制剂之一纤溶酶原激活物抑制物 I(PA1-I),它是阻止纤维蛋白溶解的关键成分;此外,重组得到的 t-PA 经注入人体后的生物学半衰期只有 6min。为了克服这些不足,研究者利用基因工程突变的技术对 t-PA 进行修饰。2000 年,FDA 批准了基因泰克公司的第二代 t-PA 药物 TNKase®,这一代的 t-PA 相对天然酶有三处修饰。第一处修饰是用丙氨酸替代了天然酶 t-PA 序列中 296-299 号位的氨基酸残基,这个突变显著地降低了 PA1-I 对 t-PA 的抑制作用,同时极大地提高了突变体与结合在纤维蛋白上的纤维蛋白溶酶原的亲和力和激活能力。另外两处修饰分别是用天冬酰胺替换了 103 号位的苏氨酸(T103N)和用谷氨酰胺替换了 117 号位的天冬酰胺(N117Q)。这些修饰使 t-PA 在诊疗实验中的半衰期从 6min 提高到了 18min。

10.4　酶分子定向进化

自 20 世纪后半叶以来,随着分子生物学和蛋白质分离纯化技术的进步,蛋白质在生物技术、工业生产、医药食品、基因治疗和环境保护等领域扮演了越来越重要的角色。但作为生物催化剂,天然酶存在诸如立体/区域选择性差、底物谱窄、催化效率低、稳定性差及产物抑制等问题,严重限制了天然酶的广泛应用。这是因为自然界中存在的天然酶参与的催化反应,绝大多数是在温和的条件下进行的,比如生理 pH、温度和离子强度等。此外,它们自身是极度脆弱的,常常会因为反应条件的一些细微的改变而变得不稳定;且一般都难以催化非天然的底物和非水媒介的反应。然而,现实中合成、诊断和治疗等应用领域对酶的要求越来越高,很多超出了天然酶的性能极限。

虽然从一些生活在极端环境中的微生物可以分离得到功能特殊的酶类,它们有的能在高温,高压,高盐或极端 pH 条件下稳定存在;有的能够催化的底物范围相比常温酶明显扩大,甚至能催化一些非天然的底物。但是这些功能特殊的酶需要成千上万年甚至更长时间的进化,仅靠自然界中的这点资源远远不能满足社会的需要。因此,对天然酶进行改造并开发出远超天然酶,具有优异性能的新酶变得越来越迫切。

第一个在分子水平上定向改造单一分子的实验是 Sol Spiegelman 于 20 世纪 60 年代进行的。他的目的是为了证明达尔文的自然选择也可以发生在非细胞体。1981 年,Hall 等通过酶的定向进化改变了大肠杆菌 K12 中的第二半乳糖苷酶的底物专一性,开发出了对几种糖苷键有水解能力的酶,从此揭开了利用定向进化开发出具有工业应用价值酶的篇章。直到 1993 年,美国科学家 Arnold 首次提出酶的定向进化概念并用于天然酶的改造或构建新的非天然酶。经过二十多年的发展,科学家们使酶的定向进化技术不断发展完善,并使这一技术不断地应用于工业、农业、医疗等领域。2018 年,Arnold 更是因为在酶的定向进化领域做出了杰出的贡献而荣获诺贝尔化学奖。

10.4.1　酶分子定向进化的原理和目的

酶分子定向进化(enzyme molecular directed evolution)指的是在实验室环境中模拟酶的自然进化历程,建立突变基因文库,并在人为控制的特定条件下采用高通量筛选方法,得到比天然酶稳定性更高,活力更强,底物选择性更专一或底物谱更广的新酶,从而大大缩短酶的进化时间。酶分子的定向进化属于酶的非理性设计。它不需要事先了解酶的氨基酸序列或空间结构,也不需要掌握其催化的机理;只需要人为地创造特殊的进化条件,模拟自然进化的机制,对酶的基因进行快速的改造,生成数量庞大的突变体库;然后依据期望中酶的特性,设定相应的高通量筛选方法将突变体筛分为中性或有害突变、潜在有益突变及有益突变。其中中性或有害突变直接丢弃,潜在有益突变体再次进入筛选程序,有益突变可进入下一轮定向进化,直到完全满足要求(彩图 10-27)。在整个定向进化过程中,突变体库构建的质量和容量是成功的基础,而高灵敏度、高通量、低成本的快捷筛选方法的确立是成功的关键。

10.4.2　酶分子定向进化的常用策略

定向进化的过程包括随机突变体库的构建和高通量定向筛选两个部分,两个部分对定向进化来讲都非常关键。突变体库中突变基因的多样性决定了是否能够使酶进化到理想的程度,但是库容量过大又会给筛选增加更大的负担;如果没有高通量的筛选方法,即使构建了高质量突变体库,也难以成功地筛选到期望的突变酶。

10.4.2.1　酶基因的体外随机突变策略

一般来讲,用于酶基因体外随机突变构建突变体库的技术很多,主要包括易错 PCR(error-prone PCR,ep-PCR)、DNA 混编(DNA shuffling)、交错延伸(staggered extension process,StEP)、过渡模板随机嵌合生长(random chimera genesis on transient templates,RACHITT)、渐增切割法产生杂合酶(incremental truncation for the creation of hybrid enzymes,ITCHY)、不依赖序列同源性的蛋白质重组(sequence homology-independent protein recombination,SHIPREC)等技术。下面对一些常用的策略做简单介绍。

1. ep-PCR

ep-PCR 的工作原理是在体外扩增基因时,采取一系列能降低基因扩增过程中对于模板的忠实性,提高其突变率的方法,如使用低保真度的 Taq 酶,改变反应体系中 4 种 dNTP 的浓度比例,增加 Mg^{2+} 浓度或加入 Mn^{2+} 等,也可以同时改变多个条件,增大碱基误配的概率。生成突变体库后,再结合特定的目的和需要,选用合适的筛选方法得到期望的突变体菌株。该技术由 Leung 研究组于 1989 年首次设计并报道,在使用的过程中不断被改进完善,是最早出现并实际应用的构建突变文库的方法,获得期望突变体的概率随着突变体库的容量增大而提高。该法技术成熟,操作简单,突变位点在目标基因上随机分布,能得到在目标基因上不同位点同时发生突变的突变体,直到现在仍被广泛应用。但其一般只适用较小的基因片段,且突变碱基中转换高于颠换;PCR 所用到的聚合酶具有碱基的偏好性(更偏好 A 和 G);此外,密码子具有简并性,很多突变后的结果相同。这些缺陷使得特定位点的氨基酸平均只有近 5.7 个突变,导致突变体的多样性受到限制。此外，采用 ep-PCR 技术进行随机突变所得的正突变基因比例较小，大多为负突变或中性突变，这为突变后的筛选增大了压力，而且经过一次 ep-PCR 往往难以达到预期的结果。在采用 ep-PCR 进行基因突变时，要对基因的突变率进行适当控制。如果突变率过高，形成的突变文库过于庞大，且由于其中的正突变比例低，这不仅会显著增加筛选的工作量，还会使一些优良的正向突变被有害突变屏蔽，从而错失这些优良突变；突变率过低，又会导致突变文库过小，难以获得理想的正向突变体。因此，一般每个目标基因突变后的错配碱基数目控制在 2~5 个。

2. DNA 混编

DNA 混编是用重组的方法将两种以上同源基因序列重新排布而引起基因突变的进化技术，由 Stemmer 等人于 1994 年首次提出并成功运用此法对 β-内酰胺酶进行定向进化，获得远优于盒式突变和 ep-PCR 等方法所得的结果。此后，在此基础上一系列的重组方法得以建立，如 StEP 技术及 RACHITT 技术等。DNA 混编技术是对某一目的序列进行 DNA 酶随机片段化，然后对这些短片段进行基因重组，最后对这些重组的片段进行筛选，得到有意义的正向重组子。重组工作可以往复进行，直到进化出满意的重组子。重组过程中不需要引物，不仅可加速有益突变的积累，还能将两个或多个父本基因的优良性状加以组合，从而构建出更多样性的突变文库，得到高比例的优良子代嵌合酶，相比 ep-PCR 具有质的飞跃。原理示意图见彩图 10-28(a)。需要注意的是，DNA 混编及其衍生的重组技术，均要求待融合的核酸序列具有较高的相似度(≥60%)，这在一定程度上限制了它的适用性。

3. StEP

StEP 技术是一种简化的 DNA 混编技术。在 PCR 过程中，引物先与模板结合进行部分延伸，生成一小段新生链，随后进行多次的变性和短时间的退火与延伸反应循环，在每一次变性与退火的循环中，延伸片段从之前的模板上脱落而与新的模板结合，再进行延伸。通过反复地在不同的模板上进行交替延伸，直至获得全长基因，此时基因中就包含了来自不同模板上的 DNA 信息[彩图 10-28(b)]。

4. ITCHY

上述的 DNA 混编及其衍生技术都是建立在相似度较高的同源 DNA 的基础之上。而自然界大多数不同来源的 DNA 序列的相似性非常低，为了解决相似度低的 DNA 序列重组问题，1999 年，Ostermeier 等人开发了一种新的不依赖于同源 DNA 的重组技术-ITCHY。该技术的基本原理是控制核酸外切酶Ⅲ的切割速度，间隔很短时间连续取样后终止反应，从而获得一组依次有一个碱基缺失的片段库；然后将两组随机长度的 5′片段与 3′片段随机融合产生杂合基因文库[彩图 10-28(c)]。

利用 ITCHY 方法能融合不同物种间的优良基因，不要求这些基因之间具有同源性，在很多时候，能产生比 DNA 混编更加多样性的基因融合产物。

10.4.2.2 酶突变基因的高通量筛选策略

通过随机突变技术构建的突变体库容量庞大，而且这些突变基因中的绝大多数为负突变或中性突变，只有极少数为正突变，要想从庞大的突变体库中筛选出极少数感兴趣的正向突变是一项极富挑战且极其关键的工作。因此，必须采用通量大，效率高，能在较短时间内快速简便地把优良的正向突变体从突变体库中筛选出来的方法才能达到进化的目的。下面简要介绍一些常用的高通量筛选策略。

1. 平板筛选法

平板筛选是利用菌体在特定固体培养基平板上的生理生化反应,将肉眼观察不到的正向进化转化成可见的"形态"变化。平板筛选具体的方法有纸片培养显色法、透明圈法、变色圈法、生长圈法和抑制圈法等,这些方法可以将复杂而费时的化学测定转变为平皿上可见的显色反应,大幅度地减少工作量。这些方法较为粗放,一般只能用作定性或半定量,常用于初筛,但它们可以大大提高筛选的效率。

(1) 透明圈法。

在固体培养基中添加一些溶解性较差,但可被特定酶降解的成分,如淀粉、纤维素等,这样就会在平板培养基上形成混浊、不透明的背景。假设微生物合成某种酶可以降解这些溶解性较差的成分,则会在其菌落周围形成透明圈,透明圈与菌落直径的比值越大,表明酶的活性越强。要通过定向进化提高这种酶的活性,可以将重组子接种到相应的培养基上,通过比较透明圈与菌落直径比值的大小,找到酶活性正向突变的菌株。经过多轮的突变和筛选循环,则可筛选到活性大幅提高的突变酶。如在平板培养基中添加淀粉用于高活性淀粉酶定向进化的筛选,添加纤维素用于高活性纤维素酶定向进化的筛选。

(2) 变色圈法。

在平板培养基中加入 pH 指示剂或显色剂,接种重组子后,如果重组子中合成的目标酶能与培养基中的某种添加物反应生成有颜色的产物,或者酶催化反应后生成的产物能与指示剂或显色剂反应生成有颜色的物质,则在重组子的菌落周边会形成变色圈。通过比较变色圈与菌落直径比值的大小,则可判断酶的活性强弱。如在含淀粉的平板上接种重组子,待培养形成单菌落后,喷上稀碘液发生显色反应,在平板培养基会形成蓝色的背景,而一些菌落由于细胞内淀粉酶的作用使淀粉降解,从而在其周围形成有别于背景颜色的变色圈。变色圈与菌落直径的比值越大,说明该菌落产淀粉酶的能力越强。又如在磷酸酯酶的定向进化过程中,将含有磷酸酯酶突变体的重组子接种到添加了对硝基酚磷酸的平板培养基中,培养一段时间后,在一些重组子周围会出现深浅不一的黄色圈,这是因为磷酸酯酶分解对硝基酚磷酸形成的产物对硝基酚所致。黄色越深,表明磷酸酯酶的活性越强,从而起到筛选的作用。再如用 pH 指示剂检测酯酶的活性,在平板培养基中添加酯类底物,以酚红为指示剂,随着酯酶催化酯类水解产生酸,通过体系中 pH 改变导致的颜色变化,就可以初步测定酶的活性,达到筛选的目的。

平板筛选法简单易行,成本低,不需要特需设备;但它的最大问题在于准确性不高,由于变色圈或透明圈的大小不仅与酶活力有关,还和酶的表达量甚至菌落大小都密切相关,所以做不到准确定量,难以区分差别不大的酶活力。

2. 微孔板悬浮法

将重组子分别接种到微孔板的不同小孔中培养一段时间后,加入相应的显色底物或 pH 指示剂,然后利用酶标仪进行检测,依据反应后生成的生色物质在特定波长下的光吸收值来筛选突变体。或者先将微孔板中的培养物用微孔板离心机离心,再从各孔取相同体积的酶上清液转移到另一个微孔板对应的小孔中与底物反应并测定光吸收值。如果需要进化的酶不被分泌到细胞外,则需要先用裂解液将细胞裂解释放出目标酶,再进行后面的操作。

微孔板的孔数已从 96 孔扩展到 384 孔,甚至 1536 孔,这使微孔板悬浮法具有较高的筛选效率;并且结合酶标仪进行检测能对酶活性准确定量,便于筛选出酶活提高相对较小的突变体,提高了筛选的灵敏度;此外,由于该法操作流程基本固定,较易实现自动化,能够在一定程度上减少人力成本的投入。不过由于该方法筛选的周期较长,筛选通量相对较小,难以满足库容量巨大的突变体筛选。

3. 表面展示技术

表面展示技术主要包括噬菌体表面展示技术、细胞表面展示技术、核糖体表面展示技术等。基本原理是利用 DNA 重组技术,将目标蛋白质富集在噬菌体、细胞、核糖体等表面,其应用主要体现在筛选蛋白与蛋白间的相互作用,但是也有一些展示技术成功应用到酶定向进化的报道。本书将重点介绍噬菌体展示技术,对细胞表面展示、核糖体表面展示和 mRNA 展示技术作简要介绍。此外,对荧光激活细胞分选与展示技术的联用及体外区隔化展示的应用也做了一些介绍。

(1) 噬菌体表面展示。

噬菌体表面展示中最常用的载体是丝状细菌噬菌体,如 M13、fd、f1 等。这种噬菌体是非裂解性噬菌体,它们在增殖和释放的过程中均不裂解宿主菌,宿主菌可以正常的生长增殖。丝状噬菌体的外形像一个长的圆柱体,圆柱体的外表面由五种衣壳蛋白(g3p、g6p、g7p、g8p 和 g9p)组成,里面包裹着其遗传物质单链 DNA。衣壳蛋白中主要的成分是基因Ⅷ的产物 g8p 蛋白,正是 g8p 蛋白构成了丝状噬菌体的圆柱体外形。与展示酶相连的衣壳蛋白通常有 g3p、g6p 和 g8p,其中最常见的是 g3p。基因Ⅲ的产物 g3p 一般有 3~5 个拷贝,展示酶分别通过一段连接肽与之相连,展示到噬菌体的表面。连接肽常常含有蛋白酶的特异性水解位点,在需要的时候,可以通过特定的蛋白酶将展示的酶分子切割下来。由于展示的蛋白质必须穿过质膜,并经由噬菌体蛋白 g4p 组成的外膜通道泌出,细胞质酶和分子尺寸较大的酶蛋白或许不能成功泌出。为了克服这些限制,研究者们又开发了 λ、T4 等裂解性噬菌体作为展示载体。例如,β-内酰胺酶和 β-半乳糖苷酶与 λ 噬菌体的衣壳蛋白 gPD 或 gPV 融合并进行了成功的展示。

从突变体库中,利用噬菌体展示技术根据其催化活性选择特定的酶突变体比选择与特定靶分子结合的蛋白质突变体要求高得多。事实上,有必要找到一种方法,将酶催化底物转化的能力与酶和底物的亲和结合能力关联起来。基于这一思想,已经有一些成功的例子被报道出来。下面作简要介绍。

a. 基于底物类似物、产物类似物或底物过渡态类似物的筛选。

在噬菌体展示技术中,最初用于酶的筛选策略是基于酶与底物类似物或产物类似物的结合,这种筛选方式的工作原理如彩图 10-29 所示。通过基因设计,在展示的酶与噬菌体蛋白 g3p 之间连接一段带有蛋白酶酶切位点的小肽,并将底物类似物与固体基质共价连接固定,然后将展示的酶与固定化的底物类似物孵育,使它们发生亲和结合。接着用高浓度的游离底物类似物洗脱掉与固定化底物类似物亲和度不高,结合得不够紧密的展示酶,从而使与底物类似物亲和度不同的展示酶得到分离。最后通过蛋白酶水解收集与底物类似物亲和度高的展示酶,并进行酶基因分析等后续操作。Pedersen 等基于此法成功地在混杂着大量无活性的葡萄球菌核酸酶的突变体库中,仅仅通过一轮筛选便使活性核酸酶浓度提高 100 倍。如 Lerner 等利用噬菌体展示技术,以含鸟苷或胸腺嘧啶核苷的底物类似物作为靶分子,对葡萄球菌核酸酶突变体库进行了筛选,最终得到了一个包含 9 个位点突变的核酸酶,对底物 DNA 的转换数 k_{cat} 减少了 2/3,但是催化效率 k_{cat}/K_m 提高了 2 倍。

理论上讲,酶能够催化反应进行是因为它们与过渡态底物的结构互补性高于基态底物,因此采用过渡态底物作为靶分子筛选突变酶应该会更高效。但是遗憾的是这一策略被成功应用的例子还很少,有时甚至会得出相互冲突的结论。如在一个例子中,筛选得到的酶突变体,虽然与过渡态类似物的亲和力远高于天然酶,但是催化活力却不及天然酶;另一个例子中,和天然酶相比,与过渡态类似物亲和力更高的酶突变体也具有比天然酶更高的催化活力。

b. 基于自杀性底物的筛选。

自杀性底物由非活性的状态被酶催化活化后变成高度活性的状态,从而对酶起到抑制作用。由于自杀性底物本身也是酶的底物,能与酶结合发生类似于底物的变化,因此也有人将其称为基于反应机理的抑制剂。

Soumillion 等分别将天然活性 β-半乳糖苷酶和无活性的突变体与丝状噬菌体的基因Ⅲ融合表达展示在噬菌体表面,并将展示的噬菌体与生物素化的 β-半乳糖苷酶的自杀性底物孵育。此时,活性的 β-半乳糖苷酶会优先与自杀性底物结合反应并被生物素标记。孵育一段时间后,用过量的没有生物素化的自杀性底物终止所有的标记反应。然后用链霉亲和素包被的固体基质对被生物素标记的噬菌体进行亲和吸附,从而实现了活性 β-半乳糖苷酶的富集。Vanwetswinkel 等做了相似的工作,他们将天然 β-半乳糖苷酶和 4 个酶活性显著降低的突变体酶分别展示,然后将展示不同酶蛋白的噬菌体按一定比例混合,其中展示天然酶的噬菌体只占比约 2%。采用与 Soumillion 等一样的筛选方法后,最终得到的富集物中展示天然酶的噬菌体占比显著提高,达到了近 70%。这些案例表明通过酶的自杀性底物来筛选高活性酶具有可行性。

用自杀性底物的确能从酶突变体库中筛选到感兴趣的突变酶,但这种策略也存在不少限制。首先,并不是所有的酶都有对应的自杀性底物;再次,就算有些酶有自杀性底物,但是自杀性底物也不一定适合用来筛选想要的酶。比如,几乎所有抑制蛋白水解酶的自杀性底物的活化都是由分子中类内酯键的水解引起的。因此,自杀性底物在整个作用过程中根本不需要蛋白水解酶来裂解酰胺键,只需要裂解脂键,那么用这种自杀性底物自然就难以筛选到期望的蛋白水解酶了。

c. 基于底物的筛选。

鉴于自杀性底物筛选方法的潜在局限性,人们致力于开发直接基于底物的筛选技术。在这里重点介绍一种针对含金属辅因子酶的底物筛选策略。

这个筛选方案一般包括三个步骤(彩图 10-30):①首先移除噬菌体展示酶中的金属辅因子,使酶失活;②利用底物包被的磁珠吸附噬菌体展示的酶;③最后添加金属辅因子,使酶恢复活性,催化底物转化为产物,由于产物与酶的亲和力较低,因此展示高活性酶的噬菌体被优先选择性地洗脱下来。这种方法要求脱金属辅因子的酶(脱辅酶)仍然能够结合它们的底物。利用这一策略,Ponsard 等人以金属 β-内酰胺酶为靶酶,成功地从高活性的天然酶和低活性的突变体酶的混合物中筛选到天然酶;此外,通过两轮筛选,成功地使突变体库中酶的整体活性提高了 60 倍。

(2) 细胞表面展示。

细胞表面展示主要包括酵母和细菌细胞表面展示。它们都是以锚定在细胞表面的特定蛋白质为"桥梁",通过融合表达外源蛋白与特定的"桥梁"蛋白质,从而实现外源蛋白在细胞表面的展示。如酵母细胞通常以凝聚素蛋白(或絮凝素蛋白)作为"桥梁"蛋白;而细菌中的革兰氏阴性菌常以外膜蛋白 Lam B、Omp A 和 Pho E 作为"桥梁"蛋白,革兰氏阳性菌的抗原蛋白和某些表面受体蛋白充当"桥梁"蛋白。

（3）核糖体表面展示。

噬菌体表面展示和细胞表面展示都需要借助活细胞才能完成整个展示过程,因此不可避免地存在一些缺点。如受转染效率的限制,这类文库的库容一般小于 10^9；难以适应不同于细胞环境条件下的选择；以及不适于具有细胞毒性蛋白质的筛选等。而核糖体表面展示则是一种活体外的展示技术,不受这些因素的限制。核糖体表面展示是将编码目标蛋白质的 DNA 在体外进行转录和翻译,由于人为修饰使转录得到的 mRNA 缺失终止密码子,因此当多肽链翻译到 mRNA 的末端时,mRNA 和翻译的多肽链不能从核糖体中释放,从而形成目标蛋白-mRNA-核糖体的三元复合体,实现目标蛋白在核糖体表面的展示(图 10-31)。

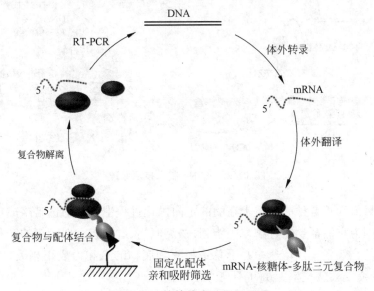

图 10-31　核糖体表面展示原理

核糖体展示的流程与前面讲到的噬菌体展示法类似,首先将酶蛋白分子的突变 DNA 文库在体外进行转录和翻译,由于在蛋白质编码区缺乏终止密码子,释放因子 RF 因不能与核糖体结合,释放翻译的肽链,最终形成"酶蛋白-核糖体-mRNA"三元复合物,然后用相应的底物对此核糖体展示的蛋白质文库进行亲和筛选并通过逆转录 PCR(RT-PCR)获得下一轮展示的 DNA 模板,进入下一轮富集。Amstutz 等人仅仅通过一轮核糖体展示筛选就成功地使活性的 β-内酰胺酶相对无活性的 β-内酰胺酶富集超过 100 倍。

（4）mRNA 展示技术。

mRNA 展示技术由 Wilson、Keefee 和 Szostak 等发明,与核糖体一样,也是一种不需要活细胞参与的体外展示技术。编码蛋白质的 DNA 文库首先进行体外转录形成 mRNA 文库,然后通过末端带有嘌呤霉素的寡聚核苷酸连接子上的 DNA 间隔区与 mRNA 的 3′端保守序列进行杂交将两者连接在一起。当 3′-端带有嘌呤霉素连接子的 mRNA 在体外翻译时,由于嘌呤霉素是一种相对分子质量小、化学性质稳定的氨酰 tRNA 类似物,可进入核糖体的 A 位点,在新生肽链和嘌呤霉素的 O-甲基酪氨酸之间形成稳定的酰胺键,使 mRNA 的 3′-端与多肽的羧基端共价结合起来后形成稳定的 mRNA-多肽复合物。将 mRNA-蛋白质融合体纯化出来,经 RT-PCR 形成 cDNA-蛋白质融合体,亲和筛选出与配体结合的 cDNA-蛋白质融合体,经 PCR 扩增后得到下一轮筛选 DNA 文库(图 10-32)。2000 年,Kurz 改用 5′末端带有补骨脂素

（psoralen）、3′末端连接嘌呤霉素的 DNA 短链作为连接子，首先使 DNA 的 5′端部分与 mRNA 互补杂交，接着通过光交联反应使 DNA5′末端与 mRNA3′末端共价交联，这使 mRNA-多肽融合体形成率得到了极大的提高。

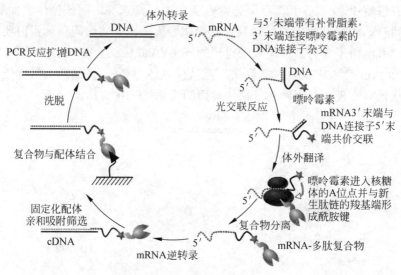

图 10-32　mRNA 展示技术原理

综上所述，目前为止各种展示技术在酶的定向进化过程中作为筛选策略成功应用的并不是很多，这主要是因为它们都是通过酶与底物、底物类似物、过渡态类似物等的亲和吸附来实现筛选的，然而酶的催化效率或催化速率并不总是与酶和底物的亲和力成正相关，因此据此筛选出催化效率提高的突变酶从概率上讲并不高。

（5）荧光激活细胞分选。

荧光激活细胞分选（Fluorescence-activated cell sorting，FACS）利用流式细胞仪作为筛选工具，能在 24 小时内对库容量达到 10^8 的突变体进行分选，因此也被称为超高通量筛选方法。通过建立宿主细胞荧光信号强度与酶活性之间的联系，FACS 最终可以依据细胞荧光信号的强弱对细胞进行筛选，从而得到相应的目标酶。FACS 以其强大的筛选能力不断扩大应用范围，目前已经可用 FACS 筛选的酶有细菌表面蛋白酶、细菌表面酯酶、辣根过氧化物酶、RNA 重组酶、tRNA 合成酶等。应用 FACS 方法的关键在于实现荧光信号的强度与目标酶活力的偶联。目前已有多种方法能够实现这一目标，在此分别依据荧光物质富集在细胞内和细胞表面来介绍相应的工作原理。

a. 荧光富集在细胞内。

通过设计合适的底物使其能够通过细胞膜，进入胞内与酶发生反应，并生成无法通透细胞膜的荧光产物，从而实现酶活力与荧光强度的偶联，如彩图 10-33 所示。

底物到产物的通透性改变，一般是由产物相对底物在相对分子质量大小、极性和其他物化性质的改变造成。Aharoni 等在 2007 年成功地应用这个方法从库容量为 10^6 的唾液酸转移酶突变体库中筛选到了一株酶活力提高 400 倍的突变体。在大肠杆菌细胞膜表面乳糖转运蛋白的协助下，荧光底物进入细胞内，在唾液酸转移酶的催化作用下，生成的产物在分子大小和电荷上与底物相比都发生了改变，因此无法再被转运蛋白识别转运出细胞，从而在细胞内聚集，通过流式细胞仪筛选荧光强度高的菌株即可得到相应的高活性唾液酸转移酶突变体。

b. 荧光展示在细胞表面。

将酶蛋白表达在细胞表面对于 FACS 的应用来说带来了不少便利,这样就不要求底物能够进入细胞内,而是直接在细胞表面和酶蛋白进行反应。然而,如果生成的带有荧光的产物扩散到反应体系中了,那就不能建立产物荧光强度与结合在细胞表面的酶蛋白活性之间的联系。因此,如何将带有荧光的反应产物偶联在细胞表面成为荧光表面展示的关键。到目前为止,至少有三种方法可以实现荧光产物结合在细胞表面。如彩图 10-34 所示,反应 A 中荧光底物自由扩散,在酶蛋白的作用下,生成荧光产物,并通过共价或非共价的方式结合在细胞表面;反应 B 中不带荧光的底物本来就结合在细胞的表面,在酶蛋白催化下,生成荧光产物并依然结合在细胞表面;反应 C 中,加入荧光底物过渡态类似物,使其与酶蛋白亲和结合从而偶联在细胞表面。

2000 年,Olsen 等人以 FACS 对表达在大肠杆菌表面的丝氨酸蛋白酶 OmpT 突变体库进行了筛选,使 OmpT 对于非天然作用位点 Arg-Val 的水解活力成功地提高 60 倍。验证了将荧光产物固定在细胞膜上的可行性。研究人员巧妙地设计了一段 OmpT 的多肽底物,这段多肽底物的一端带 3 个单位正电荷,这使它可以与带负电荷的大肠杆菌细胞膜相结合,多肽底物还包含两个荧光基团 FI 和 Q,它们之间能产生荧光共振能量转移(fluorescence resonance energy transfer,FRET),其中 FI 位于带正电荷的区域,在 FI 和 Q 之间有一个 OmpT 水解作用的位点。这意味着荧光基团 Q 被切割去掉的同时,荧光基团 FI 仍然被吸附在细胞的表面。如果 OmpT 活性微弱甚至无活性,则激活荧光基团 FI 后,由于能量共振转移使荧光基团 Q 在 585nm 处有特征荧光峰;如果 OmpT 有活性,则荧光基团 Q 被水解去除,FI 被激活后在 530nm 处有特征荧光峰。据此,可以通过大肠杆菌表面 530nm 处的荧光强度来筛选高活性的 OmpT 突变体。

FACS 的强大之处在于,它不仅筛选通量超高,筛选效率高,最关键的是它能对突变体库中的每个突变体进行定量分析,这是绝大多数高通量筛选方法不具备的。然而 FACS 对筛选设备的要求高,费用大,而且需要针对不同的酶设计复杂的荧光偶联策略,这些成为制约 FACS 广泛使用的主要因素。

(6) 基于体外区隔化的展示。

体外区隔化(in vitro compartmentalization,IVC)是由 Tawfik 和 Griffiths 于 1998 年建立的一种展示技术。通过制备油包水(water-in-oil,w/o)的乳液微滴,使编码酶的基因、相应的 RNA、底物等在一个个的小液滴中相互隔离开来形成 IVC,以此来模拟天然细胞中的反应。IVC 中的微滴直径可以小到 $1\mu m$,因此 $50\ \mu L$ 的反应体系分散到 1mL 的油中能形成 10^{10} 个以上的微滴。相比大体系的反应液,诸如转录、翻译以及酶催化反应能够更高效地在如此细小的微滴中进行。因此,IVC 在一只小小的 Eppendorf 管中就能实现对大容量的蛋白质库和相应基因的筛选。Tawfik 和 Griffiths 等利用 IVC 展示法成功地实现了 DNA 甲基转移酶进化过程的筛选。他们将 DNA 甲基化酶的底物与编码酶的基因偶联在一起,并制备基因文库,制备 IVC 微滴,使每个微滴都包含一个偶联了底物的基因以及转录与翻译所需的支持系统。转录和翻译均在微滴中进行,当翻译出的酶有活性,则在相应的编码 DNA 偶联的底物上进行甲基化;如果酶无活性,则不能甲基化底物。随后在限制性内切酶作用下,没有甲基化的酶编码 DNA 被消化,甲基化了的保留下来,进入第二轮进化。基于此原理,IVC 展示法还成功地应用到 DNA 限制性内切酶及 DNA 聚合酶的体外进化。

IVC的另一种应用方式是和FACS联用，也称荧光激活液滴分选（fluorescence activated droplet sorting，FADS）。该法需要制作水包油包水（water-in-oil-in-water，w/o/w）双重乳液微滴，酶基因在微滴中转录并翻译出酶蛋白，催化底物转化成荧光产物[彩图10-35（a）]，然后利用FACS进行筛选。Mastrobattista等利用此策略对β-半乳糖苷酶进行进化，得到的突变酶比天然酶的催化效率提高了300倍。或者直接利用前面讲过的噬菌体展示或细胞展示技术，使展示的酶在微滴中催化底物转化成荧光产物[彩图10-35（b）]，然后利用FACS进行筛选。血清对氧磷酶PON1是哺乳动物体内的一种酶，它能水解同型半胱氨酸硫代内脂，因而具有脱毒的能力。但是由于PON1的催化效率低[$k_{cat}/K_m = 75mol/(L \cdot s)$]，加上硫代内酯高自发水解背景的干扰，会使酶PON1在微滴中的催化信号变得很弱。为了提高信噪比，Aharoni等使PON1展示在细胞表面，并将细胞用w/o/w双重乳液微滴分隔开，这使10fl体积的微滴中能容纳下超过10^4个PON1酶分子，一举将酶浓度提高到远超过$1\mu mmol/L$，从而大大地提高了信号强度，便于检测。结合FACS技术，Aharoni等从一个容量大于10^7的PON1突变体库中筛选到催化活性提高100倍的突变体。这两种策略都不需要复杂的设计使荧光产物结合到细胞的表面，或者使荧光底物进入细胞内。而且前一种策略中酶蛋白是在体外翻译出来的，因此还能够用于对细胞有毒性的酶的筛选。

10.4.3 酶分子定向进化的应用及展望

定向进化是酶蛋白改造的重要手段，它能够高效地对酶在使用过程中存在的缺陷进行改进，甚至能够引入新的功能，使其朝人们希望的方向改进。到目前为止，已有大量成功的酶定向进化案例报道，有的更是利用定向进化后的酶生产出商用产品，如著名的抗2-型糖尿病药物"西他列汀"。这些成功的案例主要体现在提高酶分子的催化活力、提高稳定性、拓展底物谱、提高立体选择性等方面。

10.4.3.1 提高酶分子的催化活力

邹国林研究室在酶定向进化方面开展了一些工作。例如左振宇为构建供L-丝氨酸生产的高效酶——丝氨酸羟甲基转移酶（serine hydroxy methyl transferase，SHMT），先采用PCR等技术构建了一个基因工程菌，其酶活力相对原始出发菌株提高了41倍。接着通过ep-PCR在该酶基因中引入随机突变，然后使用DNA shuffling技术富集正向突变，最后通过一种改进的基因互补筛选方法对突变的重组子进行高通量筛选。在连续进行了3轮ep-PCR和DNA shuffling操作后，筛选得到重组子3E7，其表达的酶催化活力比工程菌又提高了8倍，而且酶的高温稳定性也得到提高。

10.4.3.2 提高酶蛋白的稳定性

1. 提高酶在有机溶剂中的稳定性

在一些非常规的环境中，例如极性强、浓度高的有机溶剂中，酶的稳定性往往会受到破坏性的影响，甚至变性失活；有时就算酶分子的结构保持稳定，但是活性也会急剧下降。然而在很多工业化生产的案例中，酶分子恰恰又需要在有机溶剂中才能发挥催化作用。为了使自然界中存在的天然酶满足这样的生产要求，必须对酶分子进行改造，提高酶在有机溶剂中的稳定性，甚至提高其催化活性。例如，丝氨酸蛋白酶是有机合成及制备一些特殊有机聚合物的高效催化剂，由于这些反应中的有机底物在水溶液中的溶解性不好，所以通常选择在有机溶剂中进行催化反应，遗憾的是很多酶蛋白在高浓度的有机溶剂中并不稳定，甚至容易丧失活性。枯草芽孢杆菌蛋白酶在有机溶剂 N,N-二甲基甲酰胺(DMF)中的稳定性极差,当溶液中 DMF 的含量达到 60%时,催化活性不足水溶液中的 0.5%。Chen 等在枯草芽孢杆菌蛋白酶的基因中引入随机突变,得到表达相应突变体酶的菌落,利用酪蛋白平板快速筛选得到了在浓度为 85%的 DMF 溶液中酶活性比天然酶高 38 倍的三重突变体(D60N+Q103R+N218S)。在此基础上,先后通过定点突变和结合定向选择的多轮 ep-PCR 突变,分别得到了一个四重突变体(D60N+Q103R+N218S+D97G)和一个包含 10 个位点突变的酶蛋白 PC3,其中酶 PC3 在 60%DMF 溶液中的催化效率比天然酶提高了 256 倍,几乎与天然酶在水溶液中的活性相当(图 10-36)。

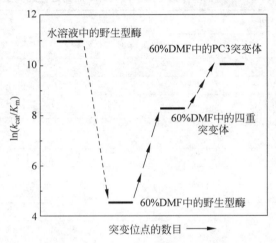

图 10-36 随机突变法提高枯草芽孢杆菌蛋白酶在 DMF 溶液中催化活性的进化路径

2. 提高酶的热稳定性

通过随机突变和饱和突变的联用,对嗜冷枯草芽孢杆菌蛋白酶 S41 进行定向改造以提高热稳定性。1999 年,Kentaro Miyazaki 等人首先利用随机突变构建了 S41 的突变体库,并从库中一共筛选了 864 个突变体克隆,每个突变体在 60℃处理 15min 后,于 25℃测定酶活性。另外挑取了 96 个天然酶克隆,采用与突变体克隆相同的方法处理后测定酶活性,结果如图 10-37 所示。

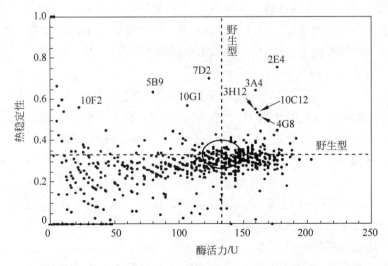

引自 Miyazaki K,Arnold F H. J Mol Evol,1999,49:716-720。略作改动

图 10-37 突变后的枯草芽孢杆菌蛋白酶 S41 的酶活力与热稳定性

其中椭圆形中的数据点为天然酶蛋白(该酶的 211 号位和 212 号位对应的氨基酸分别是 Lys 和 Arg),圈外为突变体。选取图中热稳定性显著高于天然酶的 9 个突变体(2E4、3A4、3H12、4G8、5B9、7D2、10C12、10F2、10G1)测定序列,发现热稳定性显著提升的突变体 2E4 和 7D2 均包含 211 号位氨基酸突变,突变体 5B9 在 212 号位发生突变(表 10-2)。基于影响酶蛋白特性的氨基酸残基大部分集中在酶活性部位附近的思想,于是选取 211 和 212 号位氨基酸进行饱和突变,希望找到热稳定性和酶活力更优的突变体。

表 10-2　提高枯草芽孢杆菌蛋白酶 S41 热稳定性的突变体

突变酶	突变体
随机突变	
2E4	K211E
3A4	S145I
3H12	S295T
4G8	K221E
5B9	R212C
7D2	F60L/K211E
10C12	S175T
10F2	S138T/K211N
10G1	N15D
饱和突变	
2E1	K211W/R212S
8F1	K211P/R212V
9H9	K211L/R212V
14A7	R211W/R212A

研究者一共从饱和突变体库中筛选了 1536 个克隆进行酶活力测定,发现只有 105 个突变体与天然酶相当,其他的酶活力都有不同程度的减弱。对这 105 个突变体在 60℃ 热处理后测定酶活力,发现绝大部分突变体的热稳定性优于天然酶(图 10-38),且经比较发现,饱和突变产生的 4 个热稳定性最好的突变体 2E1、8F1、9H9、和 14A7 明显优于随机突变体库的突变体。尤其是突变体 14A7 在 60℃ 的半衰期达到 84min,随机突变体只有 27～30min,而天然酶仅 8min。

3. 提高酶分子的 pH 稳定性

Mchunu 等采用 ep-PCR 对嗜热真菌木聚糖酶基因进行突变,将重组子接种到含有木聚糖的不同 pH 缓冲液配制的琼脂糖平板中,通过菌落周围的透明圈大小筛选到碱耐受性极大提高的突变体 NC38。用 pH10、温度为 60℃ 的极端条件处理 90min 后,仍能保持 84% 的活性,而野生型在 60min 后只能保持 22% 的活性。Liu 等人采用 ep-PCR 对地衣芽孢杆菌 α-淀粉酶(BLA),进行了定向进化,得到一个包含 T353I 和 H400R 两个点突变的突变酶,该突变酶在 pH4.5 条件下的催化效率与天然酶 BLA 在其最适 pH 6.5 条件下的催化效率几乎相同,显著提高了酶在酸性条件下的催化效率。

10.4.3.3　拓展酶作用的底物谱

如本书前面章节所述,生物体内的酶通常只能催化个别底物的特定反应,这也就是所谓的酶的底物特异性(specificity)。然而,酶分子有时候也能对结构上与天然底物具有相似性的非

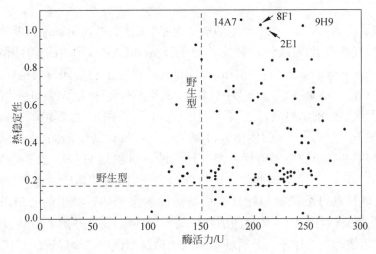

引自 Miyazaki K，Arnold F H．J Mol Evol，1999，49：716-720。略作改动

图 10-38 氨基酸残基位点 211 和 212 饱和突变后的酶活力与热稳定性

天然底物起到催化作用，这就是酶的混乱性（promiscuity）。但是对非天然底物的催化活性，往往远低于对天然底物的催化。而定向进化则可以利用酶的混乱性这一性质，使得酶的底物适用范围得到极大的扩展。综合大量关于酶分子底物谱的拓展或新功能研究的文献发现，其实引起自然界酶蛋白产生新功能的突变位点数量往往很少，而且大部分集中在酶活性部位的附近；此外，新功能的产生通常并不是一步到位的过程，而是需要几种中间功能逐渐过渡。

如彩图 10-39 所示，当酶对非天然底物表现出非常低的活性之后，定向进化可以得到突变体，对该非天然底物表现出相当高的活性。虽然这样的进化往往需要非天然底物与天然底物在结构上具有相似性，但是基于新的突变体，又可以对新的底物进行定向进化，周而复始，使得酶的底物范围得到大规模的扩展，这一过程称之为底物攀行（substrate walking）。

不对称氢化技术正越来越多地用于精细化学品和药品的商业化生产。氢化方法通常有两种，即化学催化和生物酶催化。前者一般需要高压氢、并使用贵金属或有毒过渡金属进行催化，催化完成后还需要除去这些催化物，催化过程相对漫长，催化产物常伴有较多不同对映体杂质，需要通过其他方法进一步提高对映体纯度。生物酶催化剂虽然没有化学催化剂的这些问题，但它也面临着其他诸如低转化率、在苛刻条件下的不稳定性等问题。2010 年，Merck 公司在《科学》杂志发表了转氨酶的定向进化在绿色合成抗 2 型糖尿病药物西他列汀（sitagliptin）中的应用情况，下面以此为例说说定向进化在拓展酶底物谱的应用。

传统的西他列汀化学催化合成是利用铑基手性催化剂在高压下（250psi）对烯胺进行不对称氢化。由于铑基手性催化剂的立体选择性较差，并且产品受铑的污染影响，因此需要额外的纯化步骤才能使产品达到质量要求。转氨酶（transaminase）是催化氨基酸与酮酸之间氨基转移的一类酶，同所有生物酶一样，转氨酶也只能催化特定类型的底物。一般认为，转氨酶的活性中心包含大小两个结合"口袋"，"小口袋"只能结合分子尺寸不大于甲基的取代基，如苯乙酮结构所示［彩图 10-40（a）］。正是如此，因为前体格列汀酮在紧邻酮基两端的取代基都比甲基大很多［彩图 10-40（b）］，所以之前的各种商用转氨酶都不能作用于前体格列汀酮。Christopher 等结合计算机模拟设计和定向进化手段对转氨酶进行改造，最终使该酶高效作用于前体格列汀酮，并成功实现商用。需要指出的是，案例中对酶的进化策略的设计是以深入理解酶催化机理为前提的。

首先选取转氨酶 ATA-117 作为改造的初始天然酶,该酶能以甲基酮及其多种衍生物为底物催化转氨反应,且具有 R 对映体选择性。为了评估 ATA-117 作用于前体格列汀酮的可能性,利用 MOE(molecular operating environment)软件建立了它的同源结构模型,并用前体格列汀酮与其模拟对接。结果表明,由于"小口袋"中的空间位阻干扰和"大口袋"中潜在的不利的相互作用,酶将无法结合前体格列汀酮[彩图 10-40(c)]。按照前述底物攀行的思想,首先使用截短的底物[彩图 10-40(d)]——前体格列汀酮的类似物设计转氨酶的"大口袋"。通过 MOE 软件对接分析,与甲基酮类似物大取代基潜在作用的位点包括 H_{62}、G_{136}、E_{137}、W_{192}、L_{195}、V_{199}、E_{208}、A_{209}、S_{223}、G_{224}、F_{225}、T_{282},对这些位点进行饱和突变,构建了相应的饱和突变体库,筛选得到了一系列对前体格列汀酮的截短物具有更高活性的突变体。其中的一个最佳突变体包含 S223P 突变,对前体格列汀酮的截短物的活性提高了 11 倍。在此基础上,开始着手构建对前体格列汀酮有催化活性的突变体库。分析转氨酶的结构模型得出,"小口袋"中与前体格列汀酮中酮基上的小取代基三氟苯基具有潜在作用的残基包括 V_{69}、F_{122}、T_{283} 和 A_{284},对这些残基逐个进行单个位点的饱和突变。此外,还构建了 V69GA(V69G 和 V69A)、F122AVLIG、T283GAS 和 A284GF 的组合突变体库,这些突变体取代残基的选择依据是可能会扩大"小口袋"的尺寸,以便适应三氟苯酚这个比甲基更大的取代基。最终一个四重突变体(V65A、V69G、F122I 和 S223P,其中 V65A 是随机突变所得,位于"小口袋",其他是软件分析指导后的饱和突变所得)被检测到对前体格列汀酮有催化活性,对接研究表明,这些突变可以减轻"小口袋"中的空间干扰[彩图 10-40(e)]。有趣的是,所有的单一位点突变体均没有检测到活性。至此,转氨酶完成了从只能催化甲基酮类似物到能够催化前体格列汀酮的转变。紧接着,研究者又选取了第一轮进化中对前体格列汀酮催化活性最高的突变体作为亲本酶进行第二轮进化。并将"小口袋"的突变组合文库和"大口袋"饱和突变文库中的所有有益突变组合成一个新文库。对该文库进行筛选得到一个包含 12 个突变(Y26H、H62T、V65A、V69G、F122I、G136Y、E137I、V199I、A209L、S223P、T282S、A284G)的突变体酶,催化前体格列汀酮的活性比第一轮进化得到的酶活性提高了 75 倍。研究者继续进行了另外 9 轮进化,最终得了对前体格列汀酮催化活性比第一轮提高了 10^4 倍转氨酶,并且能耐受的催化条件比第一轮进化得到的酶恶劣得多,从而成功地实现了商业化应用。与铑催化法相比,生物催化法立体选择性高,西他列汀的纯度高达99.95%,总收率提高 10% 至 13%,生产率提高 53%(kg/l/天),废物总量减少 19%,重金属全部消除,总制造成本大幅降低。

为自然界未知的反应创造高效的酶催化剂是化学家和生物化学家长久以来的梦想,现在正逐渐成为现实。对天然酶的活性、底物选择性及稳定性等进行有效改进在一定程度上缓解了工业、农业及医疗健康用酶的困境。

然而,定向进化仍然是一项费时费力的工作。将酶蛋白催化效率提高几个数量级动辄需要数月甚至数年的时间。因此,还需要进一步开发新方法,以使其实现更快、更高效,并且能够适应更复杂和更具挑战性的系统。如进一步革新基因合成和测序的技术,这将有望影响我们设计和分析文库的方式。一些新型的超高通量筛选方法的建立和完善也将进一步加快酶定向进化的速度。

此外,酶的理性设计方法为一些随机突变无法进入的区域提供了一种可选的方法来探索酶蛋白的序列空间。随着计算方法的改进,这些方法之间的协同作用会进一步加强,这也是定向进化发展值得期待的一个方向。

10.5 酶蛋白分子设计

随着基因操作技术和蛋白质工程的不断发展与成熟,以及生物信息学和计算生物学的迅猛发展与渗透,按照人类的现实需求对酶分子的设计与改进正在变得切实可行,这些研究已经成为当下的热点方向。

酶蛋白分子的设计分为理性设计和非理性设计。其中,非理性设计前面已经详细讲述,即酶的定向进化。迄今为止,利用定向进化策略在提高酶活性、稳定性、拓展底物范围、创造新功能酶等方面正在不断获得成效。这种方法不需事先了解酶的空间结构和催化机理,而是通过模拟自然进化过程以改善酶的性质。但是定向进化同时也有很多劣势,比如:①随机突变生成的突变体库容量过大,增加了筛选的负担;②随机突变生成的绝大部分是负突变或中性突变,容易掩盖一些少量的正突变;③ep-PCR 突变时,由于码子具有简并性,突变一个氨基酸有时需要同时突变 3 个碱基,这使得特定位点的氨基酸平均只有近 5.7 个突变,导致突变体的多样性受到限制。

与之不同,理性设计需要对酶的空间结构和催化机理有非常充分的了解,在此基础上对酶的结构进行精确的调整,从而获得具有所需催化活性的新酶。与定向进化相比,理性设计目的性更强,更为高效和快捷。随着计算生物学、分子生物学、结构生物学及各种辅助检测技术的发展,分子改造正慢慢经历从定向进化到计算机辅助改造的演变过程。计算机辅助蛋白结构预测以及新功能酶设计策略得到前所未有的重视和发展,成为生物学最为热门的研究领域之一。

下面主要介绍酶蛋白分子的理性设计,包括基于天然酶结构的分子设计、全新酶蛋白的分子设计。

10.5.1 酶蛋白分子设计原理

酶蛋白分子的设计是建立在生物信息学、基因工程及蛋白质工程等多学科及技术融合基础之上的。通过生物化学、光谱学、晶体学等方法对已有的酶进行研究,获取酶蛋白分子的序列信息、空间结构信息及催化机理等信息。在此基础上,利用生物信息学技术对酶蛋白分子的结构与功能进行分析,并指导人们对已有的酶分子主链进行"裁剪",或对活性中心的残基进行替换,最终达到改造酶分子的目的。有时甚至能基于酶的催化机理从头合成一种满足要求的新酶。我们把这种酶的改造方法或设计方法统称为酶的理性设计。

目前酶的理性设计方法主要分为基于天然酶结构的分子设计和新酶的从头设计。前者主要针对活性中心进行人为改造,已经取得可喜的成就,如洗衣粉中添加的某些酶蛋白以及用于淀粉液化的耐高温淀粉酶等;随着计算机技术的兴起和飞速发展,计算机辅助的新酶从头设计也慢慢发展成酶理性设计的一个重要方向,尤其以 David Baker 为代表的研究团队取得了一系列重要进展。例如,通过从头合成成功设计出可以通过诱导构象改变来调节其功能的开关蛋白质。这是蛋白从头设计领域的又一个里程碑,为合成生物学和细胞工程的发展开辟了新的道路。

10.5.2 基于天然酶结构的分子设计

20 世纪 70 年代后,得益于 X-ray 和 NMR 技术的使用,大量的蛋白质空间结构得到解析。

人们发现有些同源蛋白质虽然在氨基酸序列上差别较大,但是它们都具有相似的空间结构。基于这个发现,80年代中期,人们开发了同源模建或比较建模的方法,用来预测酶蛋白的空间结构。一般认为目标序列与模板酶蛋白序列相似度达到30%即可以模板酶蛋白的空间结构作为模板对目标酶蛋白的结构进行建模。由于高度的可塑性,较低序列相似度的同源蛋白也可能具有高度相似的空间结构。这意味着我们可以在酶蛋白分子的表面甚至内核区进行氨基酸残基的替换,从而达到改变酶蛋白性质的目的。值得注意的是,我们在对酶蛋白进行改造设计的过程中通常遵循一个原则,即增加酶分子结构的焓值并降低其熵值。

下面简要介绍如何基于天然酶结构进行分子设计,改造酶的特性。

10.5.2.1 预测酶蛋白的空间结构

如果我们已经有了酶蛋白的晶体结构,或通过其他方式确定了其空间结构,那么这一步就可以省略。否则,我们需要对目标酶的空间结构进行预测。结构预测可以在线进行,比如可在该网页上进行,http://predictioncenter.org/casp8/;也可以通过同源建模的方式进行,如在线的同源建模(https://swissmodel.expasy.org/)或modeller等建模软件进行。

10.5.2.2 预测酶蛋白的稳定性和溶解性

预测酶蛋白质的稳定性与溶解性时,如果把其结构信息考虑进去,会大大提高预测质量。一般认为,影响蛋白质稳定性的因素众多,包括疏水相互作用、氢键、静电作用、二硫键、金属离子和蛋白质去折叠的构象熵等。目前,很多的策略已经被引入蛋白质稳定性的设计中,如优化蛋白质表面的静电作用,改善蛋白质的折叠核心(即疏水内核),通过在酶蛋白表面的loop结构或β-转角中引入脯氨酸残基,合理替换甘氨酸残基,或者在合适部位引入二硫键的方法来固化蛋白质的结构,提高其稳定性。此外,蛋白质一级结构的同源比对也是常用的方法。比如中温酶与其同家族的嗜热酶之间往往具有较高的同源性。因此,可以通过与热稳定性高的同源蛋白质进行序列比对,找出与热稳定性相关的氨基酸位点,然后对其进行突变,进而提高中温酶的热稳定性。通过将酶蛋白表面远离活性中心的疏水氨基酸突变成适当的亲水氨基酸来增加其溶解性。需要注意的是,这些策略的运用在提高酶蛋白稳定性或溶解性的同时,可能会影响其活性和底物选择性。

10.5.2.3 预测酶的底物专一性

酶的底物专一性取决于酶分子对底物分子的识别能力。因此,通过分子对接的方法模拟酶分子与底物形成的复合物,可以研究酶催化底物专一性的分子基础。酶活性部位的结构特点与理化性质以及底物结合位点是酶与过渡态底物特异性作用的主要驱动力。此外,越来越多的证据表明,酶分子特定部位的柔性对于底物识别至关重要。一些微小的结构调整往往会对识别底物与形成复合物产生重大的影响。因此,通过X-ray和NMR或者同源建模的技术获取酶分子在相应条件下(如催化反应时所处的体系环境)的结构信息,对于成功进行酶分子和底物分子间的对接是十分重要的。

对接已经被广泛应用于预测酶的底物特异性和调节底物结合的活性位点。在此过程中,替换掉一些与目标底物在构象上有冲突的氨基酸后,酶蛋白的活性通常会增强。

能处理酶与底物对接模拟的软件有很多,常用的免费软件如Autodock等,收费软件如Discovery Studio等。一般而言,免费软件对接可能不如收费软件精细,但是很多情况下,免费软件的处理速度更有优势。

10.5.2.4 分子动力学模拟及量子化学计算

通过分子动力学(molecular dynamics，MD)模拟进行几何优化是探索酶底复合物的构象空间和推导出热力学性质(如密度、焓或熵)的通用方法。虽然理论上讲对模拟体系的尺寸或复杂性并没有限制，但由于计算资源的限制，酶-溶剂系统的粒子数最好不超过百万。随着计算机硬件和模拟软件的不断演进，对于一些较小的体系，模拟的时间尺度达到了毫秒，这和底物与酶结合并转化成产物的时间尺度相近。有时我们甚至能通过动力学模拟看到底物是如何进入酶的活性中心，产物又是如何从活性中心离开的，这为酶的设计改造提供了极大的方便。常用的生物大分子模拟软件主要有 Amber、Gromacs 和 NAMD。它们各有自己的特点，为生物大分子的动力学模拟做出了重要的贡献。

基于分子力学(molecular mechanics，MM)和量子力学(quantum mechanics，QM)的 QM/MM 组合方法被认为是研究酶催化机理最可靠的计算模拟方法之一，特别是结合分子动力学模拟后，QM/MM MD 模拟能从原子、电子层面深入理解酶反应过程涉及的一系列结构和能量演变等关键信息。在酶催化底物转化的过程中，把酶分子与底物分子的作用简化为酶活性中心的部分氨基酸、金属离子或辅酶与底物之间的局部相互作用，这样就极大地缩小了系统的尺寸，降低了计算量，有利于采用最高效和最精确的方法来确定反应路径和最相关的过渡态，并相对精确地计算出相应的能垒。通过 QM/MM 计算分析，即利用量子化学分析酶的活性位点，用分子力学来分析酶与环境体系的作用，既可以提高计算的运行效率，又能保证关键数据信息的精确度，是一种普遍采用的分析方法。

10.5.3 全新酶蛋白的分子设计

虽然 Pauling 在 60 多年前提出了酶分子设计的基本要求，但是现实中人工设计的酶很难特异性地结合并稳定化学反应的过渡态。由于蛋白质序列空间广泛，对酶结构与功能关系不完全理解，这一设计策略难以实施。

通过计算和模拟对酶进行设计代表了一种开发全新酶蛋白潜在的更普遍适用的方法，本书中全新酶蛋白的分子设计特指酶的从头设计。强大的计算机程序，如 David Baker 实验室开发的 Rosetta 软件套件，可以使蛋白质序列空间的搜索变得相对简单。尽管酶的从头设计应用时间并不长，但它有望解决很多其他设计技术的局限性。近年来在酶的从头设计方面，David Baker 实验室取得了一系列重大突破，成功设计出了可以催化 Diels-Alder 反应、Kemp 消除反应和 Retro-Aldol 反应的新酶。

全新酶的从头设计需要根据催化机理设计过渡态模型，在此基础上精确模拟出酶活性中心的结构，并将得到的活性中心引入合适的蛋白质骨架形成新酶，使其具有目标酶的活性(彩图 10-41)。

在介绍利用 Rosetta 软件设计新酶的方案之前，先给大家简单说明一下 theozyme 这个词。这个概念是 Houk 等人首先提出的，意在强调这种酶源自于理论计算，有时也称为 compuzyme，用以表示通过理论计算后预测的由一系列特定功能基团排列而成的特定结构，这种结构能够起到稳定底物过渡态结构的作用。这些功能基团构成了新酶的活性中心，我们可以参考大量类似的酶活性中心的特点，或者是化学知识的经验，或是二者的结合，并通过量子化学计算来确定这些新酶活性中心基团的种类和结构。需要注意的是，此时 theozyme 的这些功能基团还仅仅是氨基酸残基的侧链或侧链的一部分。

酶从头设计的流程如图 10-42 所示,下面以 Rosetta 软件为例作简单介绍。

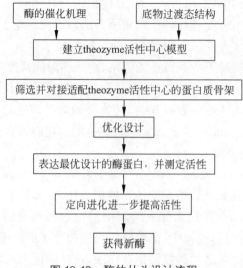

图 10-42　酶的从头设计流程

1. theozyme 的生成

首先通过 QM 计算生成有利于稳定目的反应中过渡态结构的最适功能基团及其空间排布。这些功能基团也就是新酶活性位点上残基的侧链,通常包含诸如氢键形成过程中的氢受体或供体,或通过侧链基团的电荷作用稳定反应的过渡态等。值得注意的是,此时的活性位点残基所有的侧链都具有有利于催化的最优取向,但是缺少可以固定其位置的蛋白质主链骨架。此时得到的酶活性位点是理论推测的,即 theozyme。

2. 将 theozyme 对接并入蛋白质主链支架

在这一步,RosettaMatch 模块会自动搜索已知的天然酶的活性中心结构,看看哪些酶的活性中心结构与 theozyme 的相似,寻找可以匹配 theozyme 结构的天然酶的骨架。一旦 theozyme 和天然酶的骨架相容,软件就会输出对接匹配成功的信息。所谓匹配成功,就是 theozyme 被嫁接到天然酶的骨架中了,theozyme 的氨基酸残基侧链与骨架的主链相连, theozyme 作为配体对接到骨架的空腔中,骨架主链与 theozyme 的侧链之间没有几何构象上的位阻障碍,并且在此过程中 theozyme 中的活性位点在空间上的位置及取向均保持不变。

3. 酶活性位点的优化设计

找到可以匹配 theozyme 的合适蛋白质骨架后,就可以调用 RosettaDesign 模块来进行活性位点的优化设计了。首先,固定催化残基,即 theozyme 中直接与过渡态结合的基团的结构和空间取向,同时生成活性中心其他的非催化残基的结构,并判断出哪些非催化残基需要进行优化。通常,如果合适的蛋白质骨架比较少,建议结合经验常识确定哪些活性中心的残基需要重新设计,哪些可以保留;当然,如果可供融合的蛋白质骨架很多,则可以让模块自动完成哪些残基需要重新设计的决定。对于需要改进设计的非催化位点,采用氨基酸替代生成新的酶序列,利用标准的蒙地卡罗算法找到能量更低的替换氨基酸。非催化残基的优化设计完成后,再对整个酶分子的结构进行能量最小化。最后,解除对催化残基的空间取向限制,进一步对酶分子进行能量最小化优化,从而完成优化设计。

4. 对设计的新酶进行打分、评估

通过上述第 3 步操作,通常会生成成百上千的优化结构,如何从中选取少数有价值的结构进入下一步实验验证是很重要的步骤。Rosetta 采用给生成的各种序列和结构打分的方式进行选拔,一些评分高的进入实验验证环节。评分的依据主要是基于一些经验标准,如氢键、活性位点的几何结构及各种能量大小的比较,如 theozyme 与蛋白质骨架的结合能。而对酶设计的质量评估主要依赖于手动检视优化后的几何结构及分子动力学模拟。

5. 实验验证及定向进化改进

通过重组基因表达,对进入此环节的新酶进行酶催化特性的鉴定。通常来说,设计成功的新酶活性较低。可以通过本章第四节所述的定向进化策略对其进行多轮优化,直到满足设计的需要。

10.5.4 酶分子设计的应用

酶分子的理性设计在一些技术方面可能还没有定向进化那么成熟,有待算法和软件的进一步优化和计算机硬件的提升,但是理性设计的成功案例正不断得到扩充。下面做简要介绍。

10.5.4.1 改变底物特异性

4-羟基戊酸(4-hydroxyvalerate,4HV)能用于制备可生物降解的聚合物材料,4HV 转化成 γ-戊内酯后可用于制备液体燃料,具有重大的商用价值。来源于产碱杆菌的 3-羟丁酸脱氢酶(3-hydroxybutyrate dehydrogenase,3HBDH)的天然底物是乙酰乙酸,反应后的产物为 3-羟基丁酸,如果乙酰丙酸能发生类似的酶催化反应,则可生成产物 4HV(图 10-43),但遗憾的是 3HBDH 几乎不能作用于乙酰丙酸 $[k_{cat}/K_m = 7.68 \pm 1.12 \text{mol/(L·s)}]$。为了解决这个问题,Yeon 等人通过分析 3HBDH 和天然底物乙酰乙酸的结合特点,选取了 3HBDH 活性空腔中与底物有氢键作用和疏水相互作用的 6 个氨基酸进行突变(Q94N、H144L、K152A、Q196N、W187F 和 W257F)。突变的主要依据是乙酰丙酸和 4HV 比乙酰乙酸和 3-羟基丁酸的分子尺寸大,因此需要增大活性空腔的体积,以便容纳分子尺寸更大的乙酰丙酸和 4HV,同时尽可能保持原有的氢键作用及疏水相互作用不变,而且在此过程中要保持活性位点的氨基酸不变(Ser_{142}、Tyr_{155})。通过分析天然酶 3HBDH 的催化机理发现,NADH 的 C4 与乙酰乙酸的 C3 距离 d_1 为 3.8Å,活性位点氨基酸 Tyr_{155} 的 O 原子与乙酰乙酸的酮基 O 原子的距离 d_2 为 3.1Å。而分析 6 个不同的突变体发现突变体 H144L 的 d_1 为 3.4Å 和 d_2 为 3.0Å,与天然酶最接近。实验结果证明确实只有突变体 H144L 对乙酰丙酸的催化能力得到提高,约为天然酶的 8.6 倍 $[k_{cat}/K_m = 65.94 \pm 8.42 \text{mol/(L·s)}]$。对 6 个突变位点进行两两组合的双重突变进行分析后,只有 His144Leu/Trp187Phe 的相应 d_1 和 d_2 与天然酶近似,最终表达出的突变酶活性相比天然酶提高了 33.4 倍 $[k_{cat}/K_m = 256.54 \pm 30.34 \text{mol/(L·s)}]$。

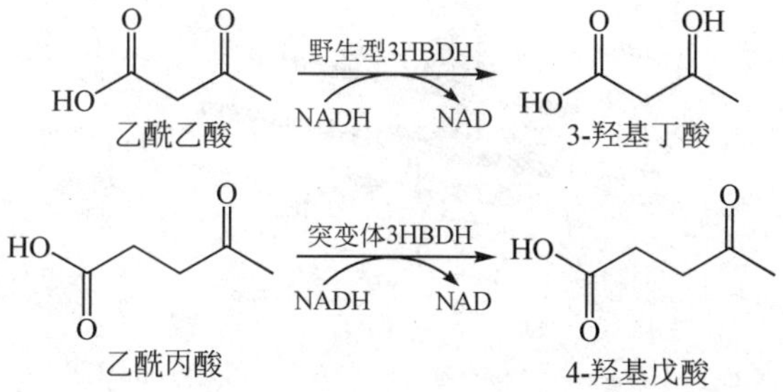

图 10-43 乙酰乙酸和乙酰丙酸为底物的酶催化反应

10.5.4.2 提高对映选择性

对映选择性(enantioselectivity)是指反应优先生成一对对映异构体中的某一种,或者是反应优先消耗对映异构体反应物中的某一对映体。对映体超量(enantiomeric excess, ee)意指在手性合成中,生成目标产物(某一种特定的立体异构体)的百分含量减去副产物(另一种异构体)的百分含量。对映选择性对催化反应极其重要,因为一对对映体中往往存在一种对映体是有益的而另一种是有害的情况。此处以柠檬烯环氧化物水解酶催化(1R,2S)1, 2-环氧环戊烷的反应来简要介绍如何设计酶的对映选择性。

天然的柠檬烯环氧化物水解酶(limonene epoxide hydrolase,LEH)催化底物(1R,2S)1, 2-环氧环戊烷的反应中,由于水分子攻击不同位点,不对称地合成了 R, R-环戊烯-1, 2-二醇和 S, S-环戊烯-1, 2-二醇两个对映体。为了提高催化过程中的对映选择性,首先将底物 1,2-环氧环戊烷置于 LEH 的活性中心,并使其处于期望的对映选择性转化所需的取向,例如按 pro-SS(催化底物转化成对映体 S, S-二元醇)或 pro-RR(催化底物转化成对映体 R, R-二元醇)取向(图 10-44),利用 Rosetta Design 程序重新设计并优化酶的活性位点,并在几何外形上与底物互补,使其与基态底物或过渡态底物结合,据此设计出包含 236 个 Pro-SS 和 230 个 Pro-RR 取向的酶突变体小型文库。

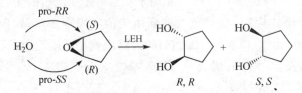

图 10-44 对映体的取向与产物间的关系

利用高通量的 MD 模拟预测酶的活性及对映选择性,分析发现这些突变体的确能够催化反应,但是没有体现出明显的对映选择性。进一步分析 MD 的分子运动轨迹发现,这些突变体酶的活性空腔空间过大,使底物在其中既能 pro-SS 取向又能 pro-RR 取向,这是导致对映选择性差的关键原因。为了解决这个问题,在活性位点附近引入一些尺寸较大的氨基酸,如苯丙氨酸、色氨酸或酪氨酸等,从而造成空间位阻,阻止不希望的底物取向,最后成功地设计出突变体 pro-RR-8 和突变体 pro-SS-16。其中 pro-RR-8 催化反应得到的 R, R 产物的对映体 ee 为 85%,而 pro-SS-16 催化得到的 S, S 产物的 ee 为 90%。两个突变体的对映选择性均远超天然酶 LEH(图 10-45)。

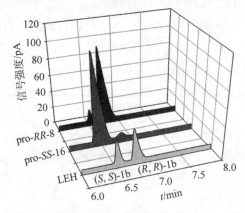

(引自 Wijma H J, Floor R J, Bjelic S, et al. Angew Chem Int Ed, 2015, 54:1-6)

图 10-45 LEH 与突变体的对映选择性的比较

10.5.4.3 提高酶的稳定性

理性设计提高酶稳定性的方法有很多,如同源序列比对、引入外源作用力、基于计算模拟的设计及基于蛋白质构象设计等。在此,对各种策略的应用作简要介绍。

1. 同源比对

芽孢杆菌 *Bacillus* sp. US149 产生的麦芽糖淀粉酶(MAUS149)的最适催化温度为 40℃,而 *Thermus* sp. IM6501、*Bacillus* sp. WPD616 和嗜热脂肪土芽孢杆菌产生的麦芽糖淀粉酶最适反应温度分别为 60℃、55℃和 50℃。为了提高 MAUS149 的热稳定性,Mabrouk 等人通过比对四种来源不同的麦芽糖淀粉酶的氨基酸序列,发现 MAUS149 的 Gly_{312} 和 Lys_{436} 是潜在的有益突变位点。由于 Gly_{312} 位于 MAUS149 的桶状结构 $(\beta/\alpha)_8$ 第 5 个 α-螺旋的中间部位,另外 3 个不同来源的酶在该位置的氨基酸为 Ala。根据在 α-螺旋中将 Gly 替换为 Ala 可降低螺旋的柔性并增加螺旋稳定性的经验,将 Gly_{312} 突变成 Ala_{312}。相对 MAUS149 的 Lys_{436},另外 3 个酶为 Arg_{436},结合 Arg 相较 Lys 更能产生静电作用或引入盐键的经验,因此将 Lys_{436} 突变成 Arg_{436}。据此设计的二重突变体 G312A/K436R 经实验检测,其最适反应温度提高到 45℃,在 55℃条件下的半衰期从 15min 提高到 25min,同时催化效率与天然酶相比基本没有变化。

2. 引入二硫键

二硫键对于维持大部分蛋白质的功能和稳定性起着重要的作用,因此,在酶分子合适的位置引入二硫键通常能提高其热稳定性。Yin 等人通过在线软件工具对来自一种曲霉的阿魏酸酯酶进行空间结构搜索,以寻找有可能形成二硫键的位置,并结合这些位置氨基酸本身的生化特性最终确定潜在形成二硫键的氨基酸对。通过软件将它们突变成半胱氨酸,从而引入二硫键。然后用 MD 分别对天然酶和突变体进行模拟,分析结果显示双重突变 A126C 和 N152C 形成二硫键后,突变体的热稳定性得到提升。表达突变体并经实验测定证实突变体 A126C/N152C 的最适反应温度比天然酶提高了 6℃。Wang 等人对来自丝状嗜热菌 *Thermomyces lanuginosus* GH11 的木聚糖酶的 Gln_1 和 Gln_{24} 进行突变,引入二硫键 Q1C-Q24C 后,突变酶在 pH6.5 下的最适反应温度提高了 10℃,在 pH8 和 70℃并有底物存在条件下的半衰期提高了 20 倍。

二硫键的形成对两个半胱氨酸之间的距离(一般要求两个半胱氨酸的 β-碳原子距离约为 5.5Å)和二面角(接近 90°)都有限制性要求,对于两个相距较远甚至位于两个不同结构域或亚基的半胱氨酸来说,要使它们之间形成二硫键,则有必要在它们之间搭一座较长的"桥"。正是基于这个思路,Liu 等人设计了遗传编码的非标准氨基酸,这个氨基酸有一个长侧链的巯基,它能与距离较远的半胱氨酸甚至不同结构域的半胱氨酸形成二硫键,引入二硫键后,相对于天然酶,其热稳定性得到明显提升。

3. 引入脯氨酸

向酶分子中引入刚性较强的氨基酸也可以提高其稳定性,其中最常见的是引入脯氨酸。最常用的引入方式是将甘氨酸替换为脯氨酸。这是因为甘氨酸没有 β 碳原子,在 20 个天然氨基酸中具有最大的构象熵;而脯氨酸由于自身吡咯烷环的束缚,构象自由度小,是 20 个天然氨基酸中构象熵最小的一个,同时在脯氨酸的限制下,相邻的氨基酸只有有限的构象空间。这说明脯氨酸的引入可以降低蛋白质去折叠时的构象熵,即增加蛋白质的刚性。因此在酶分子柔性区域引入脯氨酸提高酶稳定性,是理性改造提高酶分子稳定性的一种手段。Tian 等人对甲基对硫磷水解酶进行 MD 模拟后发现,186～193 号位氨基酸形成的 loop 结构构象波动较大,选择将紧邻的甘氨酸突变成脯氨酸后的突变体 G194P 热稳定性得到了一定程度提高。Goihberg 等人在对来自嗜温、嗜热和极端嗜热微生物的乙醇脱氢酶进行序列比对和二级结构分析后发现，在 93~97 号位形成了 α-螺旋，而极端嗜热微生物产生的乙醇脱氢酶在紧邻的 100 号位为脯氨酸，另两种酶则不是。将它们突变成脯氨酸后，热稳定性都得到了明显提高。然而由于蛋白质的稳定性受诸多因素的影响，因此并非所有位置的脯氨酸置换都能改善酶蛋白的稳定性，只有在合适的位点进行置换才能起到作用。

4. 基于温度因子的设计

温度因子（B-factor）是晶体研究中的一个术语，主要是用来描述晶体中原子构象状态的一种"模糊度"。这个"模糊度"实际上反映了蛋白质分子在晶体中的构象状态。温度因子越高，"模糊度"越大，相应部位的构象柔性越强，越不稳定。

为了提高来自米曲霉的嗜温性木聚糖酶 AoXyn11A 的热稳定性，Wu 等人通过 Gromacs 4.0 软件分别对 AoXyn11A 和其同源嗜热酶 EvXyn11^TS 的三维结构进行了 MD 模拟，并用 B-FITTER 计算得到温度因子。通过比较两者全氨基酸序列的温度因子发现，AoXyn11A 的 N 端前 37 个氨基酸的温度因子明显高于 EvXyn11^TS 的。于是将 AoXyn11A 的 N 端从 Ser1 到 Gln37 的一段序列替换为 EvXyn11^TS 的相应序列。通过 MD 模拟得到改造后的 AoXyn11A 能量从 $-611.2\text{kJ} \cdot \text{mmol}^{-1}$ 减少到了 $-663.2\text{kJ} \cdot \text{mmol}^{-1}$，表明其构象更加稳定。最终实验结果表明改造后的 AoXyn11A 在 70℃ 的酶活提高了 197 倍。

虽然酶分子理性设计相比于定向进化有很多优势，并不断地取得令人惊喜的成就，但是我们也应该认识到还有大量的挑战需要克服：

（1）酶的理性设计仍然受限于对酶分子催化机理的理解和空间结构的整体把握，一旦出现偏差，就很难获得理想的改造酶，这导致目前设计成功的案例还比较有限。

（2）由于设计过程中计算的准确性不高，因此相对于天然酶，理性设计的酶仍然存在酶活性低、成功率低等缺点，需要后续大量的改进。

（3）在引入自由能计算后，计算量庞大，速度较慢，无法逐一对所有单个突变位点的双重甚至多重组合进行计算分析，而一些特性优良的酶恰恰是需要多重突变才能获得。

（4）仍然需要人工排查结构不合理的改造酶，并且这项工作通常需要经验丰富的操作人员完成。

（5）目前的 DNA 合成方法几乎接近了合成效率的极限，虽然少量合成费用并不贵，但是要大规模合成数千的酶蛋白基因，费用就很昂贵了，因此开发新型的 DNA 合成技术显得尤为必要。

相信随着蛋白质数据库的不断丰富、计算机科学的快速发展、各种算法的不断改进甚至新算法的出现以及 DNA 合成技术的不断革新，酶的理性设计将会获得更大的发展空间。而且随着理性设计与非理性方法的融合与发展，其在新酶设计领域中将会有更光明的前景。

第11章
核酶、脱氧核酶、抗体酶、模拟酶

11.1 核酶与脱氧核酶

11.1.1 核酶的发现和研究进展

核酶是具有催化功能的 RNA 分子,是生物催化剂。核酶的功能很多,有些能够切割 RNA,有些能够切割 DNA,有些还具有 RNA 连接酶、磷酸酶等活性。

从 20 世纪 80 年代初起,具有催化功能的 RNA 在自然界不断被发现,包括不同来源、含不同内含子的 RNA 自体剪接(self-splicing),类病毒和拟病毒中发现的 RNA 自体剪切(self-cleavage)等。1982 年,T. Cech 发现在鸟苷(G)或其衍生物存在下,四膜虫 rRNA 前体具有自体剪接的特性,这种特性属于分子内催化反应。1984 年,S. Altman 等发现大肠杆菌 RNase P 中的 RNA 在较高 Mg^{2+} 浓度下具有类似全酶的催化活性。1986 年,研究人员发现四膜虫 rRNA 前体的内含子能催化分子间反应。1986—1988 年,研究人员用体外转录方法得到一批具有催化活性的 RNA,并测定了它们的相应动力学常数。这一系列研究成果均证明 RNA 具有催化活性。核酶的发现对于"所有生物催化剂都是蛋白质"的传统观念提出了挑战。1989 年,核酶的发现者 T. Cech 和 S. Altman 获得了诺贝尔化学奖。

由于核酶本身具有一些优点,其结构与功能及反应动力学研究逐渐成为分子工程学和新药研发的热点。核酶在基因功能研究、核酸突变分析、生物传感器等方面已成为新型的工具酶,在生物技术领域具有良好的应用前景。

11.1.2 核酶的催化机制和性质

大多数核酶通过催化转磷酸酯和磷酸二酯键水解反应参与 RNA 自体剪切、加工过程。与蛋白质酶*相比,核酶的催化效率较低。

核酶的具体作用主要有:①核苷酸转移作用;②水解反应,即磷酸二酯酶作用;③磷酸转移反应,类似磷酸转移酶作用;④脱磷酸作用,即酸性磷酸酶作用。

天然核酶按作用方式可分为剪切型(把 RNA 前体的多余部分切除)和剪接型(把 RNA 前

---

* 蛋白质酶是有催化功能的蛋白质分子;蛋白酶是降解蛋白质的酶。酶是活细胞产生的具有催化作用的有机物,其中绝大多数酶是蛋白质,少数酶是 RNA(核酶)和人工合成的 DNA。

体的内含子切除,并把不连续的外显子连接起来);而根据所作用的底物不同,又可分成自体催化和异体催化两类。下面介绍几种常见的核酶及其催化机制。

11.1.2.1 锤头状核酶

锤头状核酶是结构最简单的核酶,其晶体结构和作用机制已被解析和表征。R. Symons 等在比较了一些植物类病毒、拟病毒和卫星病毒 RNA 自体剪切规律后提出锤头状二级结构模型,它是由 13 个保守核苷酸残基和 3 个螺旋结构域构成的(图 11-1)。

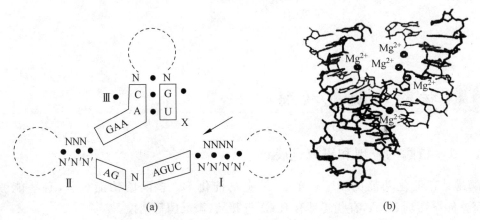

(a) 中 N,N′代表任意核苷酸;X 可以是 A、U 或者 C,但不能是 G;Ⅰ、Ⅱ和Ⅲ是锤头结构中的双螺旋区;箭头指向切割位点。(b) 是锤头状核酶的立体结构模型

图 11-1　锤头状核酶的二级结构和空间立体结构示意图

锤头状核酶属于金属酶,催化磷酸二酯的异构化反应。William B. Lott 等提出了锤头状核酶催化反应的两种可能的化学机制,"单金属氢氧化物离子模型"[图 11-2(a)]和"双金属离子模型"[图 11-2(b)]。图 11-2a 中金属氢氧化物作为广义碱从 2′-羟基获得一个质子,这个被活化的 2′-羟基作为亲核基团攻击切割位点的磷酸。图 11-2(b)中位点 A 的金属离子 Lewis 酸接收 2′-羟基的电子,这个过程极化并减弱了 O-H 键,使 2′-羟基中的质子更容易离去。位点 B 的金属离子也作为 Lewis 酸接受 5′-羟基的电子,极化并减弱 O-P 键,使 O 成为更容易离去的基团。张礼和等的研究表明,切割位点 5′离去基团的脱离无论是在核酶催化还是在无酶催化下,都是天然 RNA 底物切割反应的限速步骤。通过用 Mn^{2+} 替代 Mg^{2+} 作为辅因子,发现催化不同底物 RNA 的切割速率都有不同程度的提高,量化分析的结果与双金属离子机制相符。

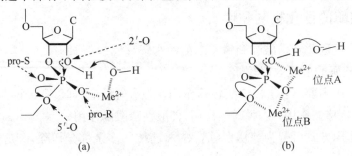

(a) 单金属氢氧化物离子模型;(b) 双金属离子模型

图 11-2　锤头状核酶的两种可能的催化机制

11.1.2.2　发夹状核酶

1989 年发现的发夹状核酶是烟草环斑病毒（tobacco ringspot virus，TRV）中卫星 RNA 的一部分，长 359nt，具有自体切割活性。目前发现的天然发夹状核酶几乎都来自于植物病毒卫星 RNA。

发夹状核酶二级结构包含两个结构域（结构域 A 和结构域 B）（图 11-3），每个结构域都包含由一个突环连接的两个短的螺旋，两个结构域通过连接螺旋 2 和螺旋 3 的磷酸二酯键共价结合，其中底物及底物识别区位于结构域 A（螺旋 1-突环 A-螺旋 2），而结构域 B（螺旋 3-突环 B-螺旋 4）则包含了发夹状核酶基本的催化活性部位，在组成上结构域 B 要大于结构域 A。

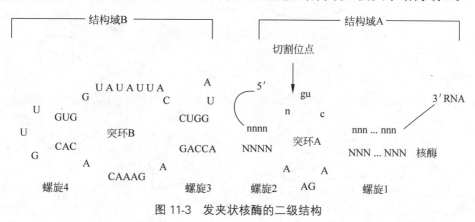

图 11-3　发夹状核酶的二级结构

发夹状核酶的识别序列是（G/C/U）NGUC，其中 N 代表任何一种核苷酸，此序列位于螺旋 1 和 2 之间的底物 RNA 链上，切割反应发生在 N 和 G 之间，而 G 是活性部位的关键残基，它通过形成氢键参与催化反应。发夹状核酶的晶体结构已经解析，两个结构域同轴堆积的螺旋之间同时反向平行旋转，以使突环 A 和 B 充分靠近、连接，有利于催化反应的进行。

11.1.2.3　Ⅰ类内含子

四膜虫的前体 26S rRNA 既是Ⅰ类内含子，也是最早被发现的内含子核酶。Comparative RNA 数据库（http://www.rna.icmb.uteas.edu）收录了大量的Ⅰ类内含子的序列信息。Ⅰ类内含子的催化能力各异，不同的Ⅰ类内含子长度差别很大，在 140～4200nt 不等，分析表明Ⅰ类内含子序列保守性很小。Ⅰ类内含子的剪接反应很复杂，包括 5′和 3′两个位点连续的切割和连接反应，其中 5′剪接需要外源 G 的参与，3′剪接反应需要 WG 帮助定位剪接位点，而环化反应则需要 W 的 3′羟基参与[图 11-4（a）]。现已证明 G 结合位点是外源 G 与 WG 共同的结合位置。除了剪接之外，Ⅰ类内含子还可催化各种分子间反应，包括剪切 RNA 和 DNA、RNA 聚合、核苷酰转移、模板 RNA 连接、氨酰基酯解等。

11.1.2.4　Ⅱ类内含子

Ⅱ类内含子的序列保守性也不高，但在二级结构上采取高度保守。在体外，Ⅱ类内含子的剪接是经过两个转酯化反应来实现的，无蛋白质参与，这些特点与Ⅰ类内含子都是相似的。Ⅰ类和Ⅱ类内含子的主要差别是第一步反应的化学机制。在Ⅰ类内含子中，外部鸟苷的 3′-羟基作为进攻基团，而在Ⅱ类内含子中是内部腺苷的 2′-OH 作为进攻基团[图 11-4（b）]。这个反应的结果是形成一个带突环的内含子和 3′外显子，其中第一个核苷酸经由 2′，5′-磷酸二酯键与内含子相连。在第二步反应中,5′外显子的 3′-羟基进攻内含子和 3′外显子连接点,结果是两个外显子相连,并释放出带有突环的内含子。

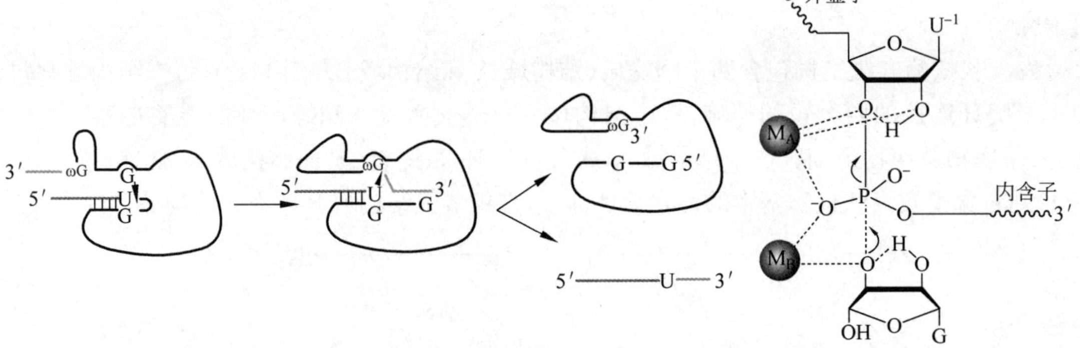

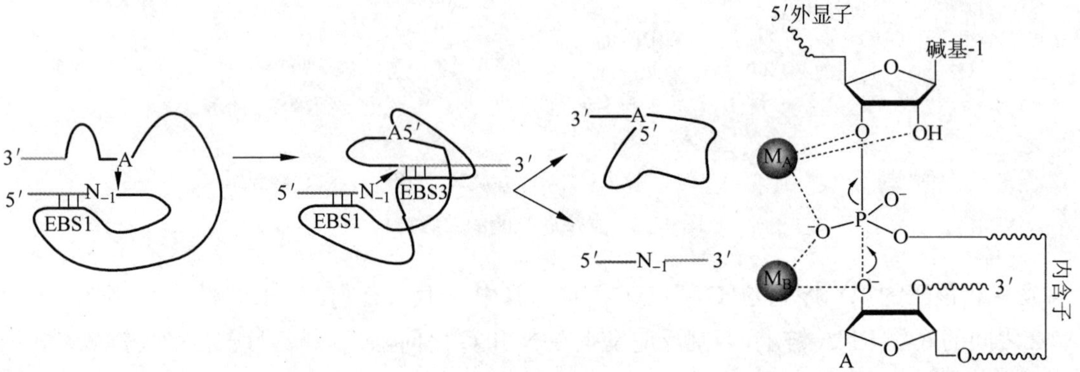

(a)

(b)

(a) Ⅰ型内含子的自剪接反应(左)和第一步催化的中间态(右);

(b) Ⅱ型内含子的自剪接反应(左)和第一步催化的中间态(右)

图 11-4　Ⅰ类内含子和Ⅱ类内含子的剪切机制

11. 1. 2. 5　HDV 核酶

丁型肝炎病毒(hepatitis delta virus,HDV)是一种共价闭合环状单链 RNA 病毒,长约 1680nt,其中 70％的碱基可相互配对,折叠成一种无分支的杆状结构,具有核酶活性,能够催化自体切割和自体连接。HDV 核酶分为基因组型和反基因组型两种,它们具有相似的二级结构,在病毒基因组中高度自身互补,对于病毒基因组复制是必需的。HDV 核酶是唯一在人体细胞具有天然切割活性的核酶类型,也是催化效率较高的核酶,它的活性发生在丁型肝炎病毒基因组复制的中间环节。HDV 核酶的基本结构是由 5 个螺旋组成的两个平行堆积结构,其二级结构如图 11-5 所示。

11. 1. 2. 6　VS 核酶

Collins 等发现天然分离的脉胞菌 *Neurospra* 线粒体的转录物(VS RNA)能够通过转酯反应自剪切,其切割产物与前述的锤头状核酶、发夹状核酶和 HDV 核酶的切割产物一样,含 2′,3′-环磷酸和 5′-羟基末端。VS 核酶(varkud satellite ribozyme)是包含于 VS RNA 序列中的最小自剪切序列,长约 150nt,具有自体切割和连接活性,暂未发现与其他核酶有同源序列。研究

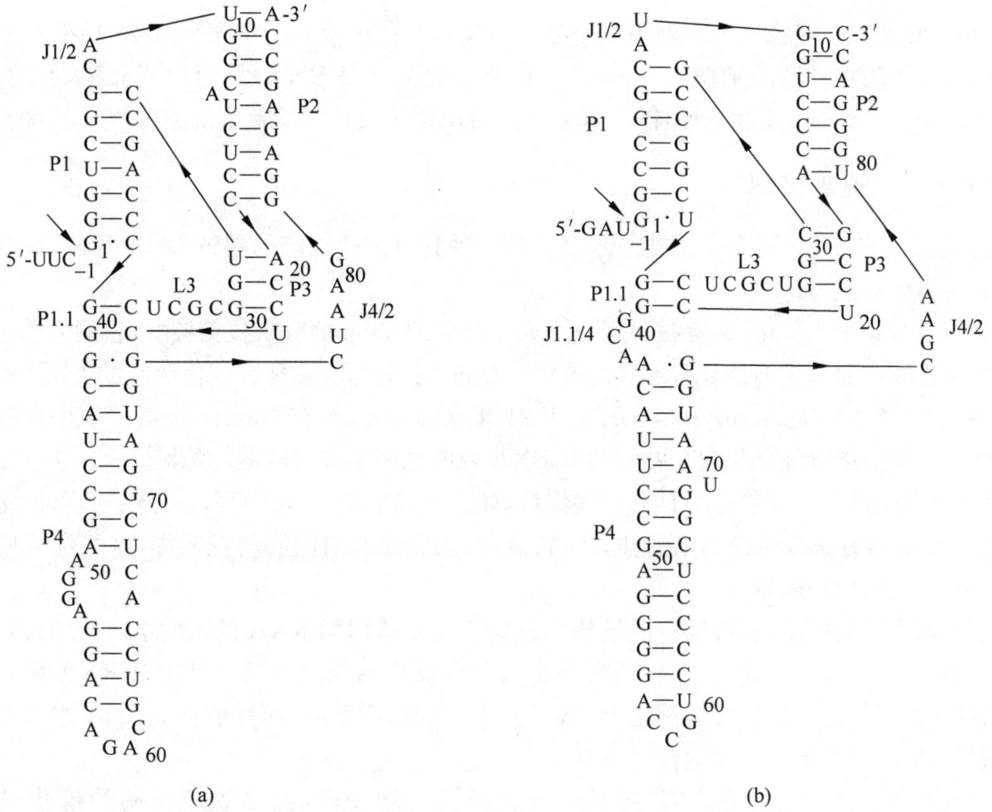

图中数字是 5′到 3′，以分裂位点紧靠下游定为核苷酸 1，箭头表示分裂位点；a 基因组 HDV 核酶；b 反基因组
HDV 核酶；P，基因组；L，突环区；J，接合区

图 11-5　HDV 核酶的二级结构

已证明，VS 核酶的结构组装和催化机制与发夹核酶相似。

11.1.2.7　RNase P

RNase P 广泛存在于古细菌、真菌及真核生物中。RNase P 是一种核糖核蛋白颗粒（ribonucleoproteins，RNP），由一种单一的 RNA 和至少一种蛋白质成分组成。不同的 RNase P 的蛋白质成分差别很大，蛋白质的种类和数量与 RNase P 执行的催化功能相关，催化的反应越复杂，所需要的蛋白质的种类和数量越多。RNase P 可以特异性地切割 tRNA 前体的磷酸二酯键，产生成熟的 5′端 tRNA，也可以加工其他的 RNA 底物。不同的原核细胞 RNase P 中的 RNA 具有相似的三维结构，同源性较高，表明 RNA 亚基有共同的进化起源。

11.1.2.8　核开关核酶

2002 年，Breaker 等在研究细菌中作为一种基于 RNA 的胞内传感器时发现了核开关（riboswitch）。核开关作为 mRNA 中的一段序列，是一种典型的转录后的调节机制，作为适体的核开关可以特异性结合代谢物（配体），通过构象变化，在转录或翻译水平上调节基因表达。

适体是指与特定的目标分子结合的寡聚核酸或是肽链。适体常常从大量的随机序列被挑选出来，但核开关核酶的适体是天然存在的。在适体的目标分子存在的情况下，适体能与核酶结合并进行自体切割。

核开关核酶参与的反应不需要任何蛋白质的参与。与常见的经由蛋白质的调控方式相比，核开关核酶响应更迅速，对细胞内代谢物的变化更加敏感。

glmS 核酶是近年发现的天然催化小分子 RNA,是一种核开关核酶。glmS 核酶在催化反应中依赖于代谢物 6-磷酸葡糖胺(GlcN6P)作为活化剂切割 RNA,从而调节 mRNA 的表达。由于 glmS 调控多种微生物病原体的基因,因此可以用于设计开发新型抗菌药物或基因治疗。

11.1.3 脱氧核酶

脱氧核酶是利用体外分子进化技术合成的一种具有催化功能的单链 DNA 片段,具有催化活性和结构识别能力。

1994 年,Gerald F. Joyce 等报道了一个人工合成的 35bp 的脱氧核糖核酸,它能够催化特定的核糖核苷酸或脱氧核糖核苷酸形成的磷酸二酯键,于是将这一具有催化活性的 DNA 称为脱氧核酶或 DNA 酶(DNA enzyme, DE)。1995 年,Cuenoud 等在 Nature 报道了一个具有连接酶活性的 DNA,能够催化与它互补的两个 DNA 片断之间形成的磷酸二酯键。

相对于核酶而言,脱氧核酶具有一些优势,如合成成本低,稳定性高,选择性强,可催化的化学反应广泛;具有一般药物相似的动力学特点,作用程序和时间容易控制等,这些优势使脱氧核酶具有广泛的应用前景。

根据催化功能的不同,可以将脱氧核酶分为 5 类:即切割 RNA 的、切割 DNA 的、具有激酶活力的、具有连接酶功能的、催化卟啉环金属螯合反应的脱氧核酶。其中对 RNA 切割活性的脱氧核酶更引人注意,不仅能催化 RNA 特定部位的切割反应,而且能从 mRNA 水平对基因进行灭活,从而调控蛋白的表达。

与核酶和许多蛋白质酶均需辅因子来表现其功能一样,大多脱氧核酶的催化也需要 Mg^{2+}、Zn^{2+}、Cu^{2+}、Pb^{2+}、Ca^{2+} 等二价金属离子辅助发挥催化作用。这些离子主要有以下作用: ①中和 DNA 单链上的负电荷,增加单链 DNA 的刚性,刚性结构对催化分子精确定位、发挥功能是必需的; ②利用金属离子的螯合作用发挥空间诱导效应,使脱氧核酶和底物形成复杂的空间结构; ③产生 H^+,诱导并参与体系的电子或质子传递,催化体系发生氧化还原反应。三价金属离子也可以作为辅因子,如镧系元素中的钆、铈、铽等,特别是铕、铽离子,当与核酸结合时发光性增强,这个特性对研究脱氧核酶的催化机制是十分有帮助的。有人发现当把切割位点 5′端的核苷酸换为脱氧核苷酸时,铕、铽离子的发光性减弱,这说明切割位点 5′端核苷酸的 2′-羟基参与了与金属离子的结合。

11.1.3.1 切割 RNA 的脱氧核酶

1994 年,Joyce 等在体外选择脱氧核酶的第 8 轮实验中得到的第 17 个克隆,经验证具有切割 RNA 磷酸酯键的酶活性,即 8-17 脱氧核酶。它是一个发现较早、研究较为透彻的经典脱氧核酶。它的一级结构简单,其催化结构域是由 14nt 左右的碱基构成的,作为结合结构域的两臂通过碱基配对结合底物序列。由于结合臂的非保守性,8-17 脱氧核酶显示出对底物选择的灵活性,这一点与后述的 10-23 脱氧核酶是相同的。

8-17 脱氧核酶与底物接合的下游有"rG-Dt"摆动配对,它与底物结合时形成三相结合体,其核心催化结构域典型的特征是 3bp 茎突环结构和 4～5nt 单股扭转区,其中 A6/G7/C13/G14 的 4 个碱基是绝对保守的(图 11-6)。

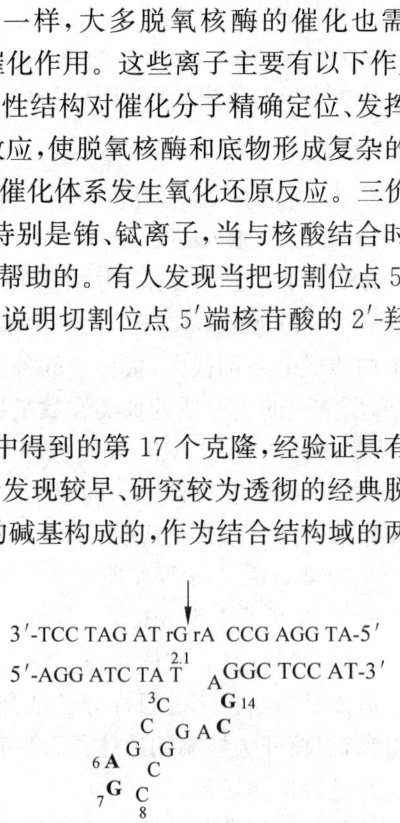

图 11-6　8-17 脱氧核酶的碱基序列

　　此外,研究者还对 8-17 脱氧核酶进行了系统的突变研究,获得了多个具有催化活性的 8-17 脱氧核酶的突变型(图 11-7)。

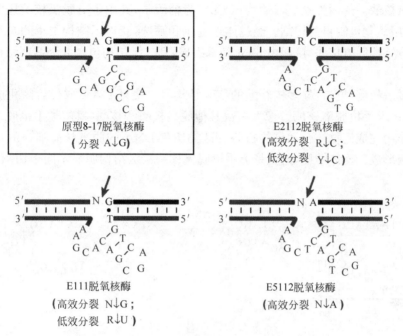

图 11-7　8-17 脱氧核酶的突变型

　　早期获得的另一个与 8-17 得名相似的具有切割 RNA 活性的脱氧核酶是 10-23 脱氧核酶。它在模拟的生理条件($2mmol/L\ MgCl_2$,$150mmol/L\ KCl$,pH7.5,37℃)下,能够以多转换率切割靶 RNA。与 8-17 脱氧核酶相似,它的二级结构同样较为简单(图 11-8),催化结构域由 15nt 碱基组成,作为结合结构域的两臂通过碱基配对结合底物序列,切割位点位于未配对的嘌呤(A,G)和配对的嘧啶(C,T)残基之间。在最佳反应条件下,10-23 脱氧核酶的催化速率常数(k_{cat})大于 $10mmol/min$,k_{cat}/K_m 值为 104。10-23 脱氧核酶分子小,催化效率和底物专一性高,靶序列可以多样化设计。

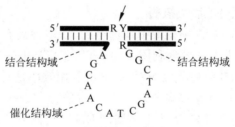

图 11-8　10-23 脱氧核酶的顺序和二级结构

　　底物 RNA 中靶部位是任一嘌呤和嘧啶对(R 和 Y)。催化基序由 15-核苷酸组成。底物 RNA 中核苷酸 R 未配对。

　　除了经典的 8-17 脱氧核酶和 10-23 脱氧核酶以外,研究人员通过体外选择技术还获得了组氨酸作为辅因子的 DH2 脱氧核酶等。

11.1.3.2 切割 DNA 的脱氧核酶

1996 年,Breaker 等通过体外选择获得了两类不同的切割 DNA 的脱氧核酶:Ⅰ类脱氧核酶与Ⅱ类脱氧核酶。这两类脱氧核酶均以 Cu^{2+} 为辅因子,其中Ⅰ类脱氧核酶还需要维生素 C 参与反应,采用氧化机制自身切割。经过体外进化和筛选,获得了结构很小的自身切割脱氧核酶——类手枪结构脱氧核酶,该酶由 69nt 碱基组成,其二级结构包含 2 个茎环结构和 3 个单链区(图 11-9)。

类手枪脱氧核酶"枪口"处多核苷酸的茎环结构以三突环 GAA 取代后简化成一活性相当的更小的 46nt 类手枪脱氧核酶。像大多数其他脱氧核酶和核酶一样,类手枪脱氧核酶利用碱基配对相互作用完成底物结合和结构折叠。这类切割 DNA 的脱氧核酶唯一的特征是利用茎与底物结构域形成三连体结构,这也是类手枪脱氧核酶二级结构明显不同于切割 RNA 的脱氧核酶之处。

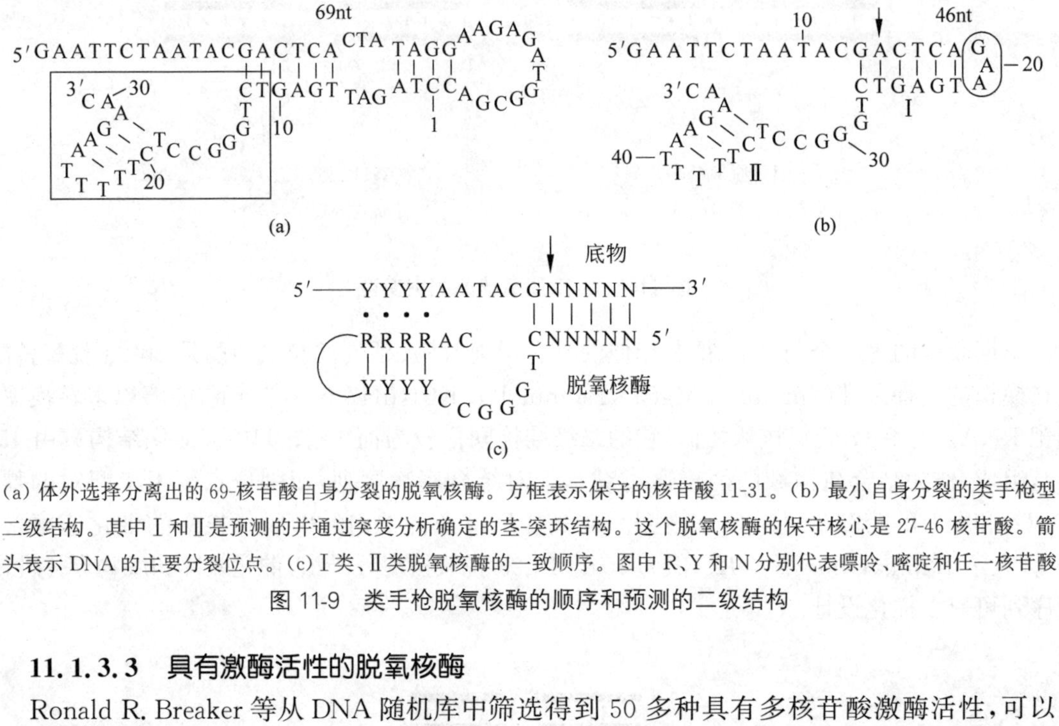

(a) 体外选择分离出的 69-核苷酸自身分裂的脱氧核酶。方框表示保守的核苷酸 11-31。(b) 最小自身分裂的类手枪型二级结构。其中Ⅰ和Ⅱ是预测的并通过突变分析确定的茎-突环结构。这个脱氧核酶的保守核心是 27-46 核苷酸。箭头表示 DNA 的主要分裂位点。(c)Ⅰ类、Ⅱ类脱氧核酶的一致顺序。图中 R、Y 和 N 分别代表嘌呤、嘧啶和任一核苷酸

图 11-9　类手枪脱氧核酶的顺序和预测的二级结构

11.1.3.3 具有激酶活性的脱氧核酶

Ronald R. Breaker 等从 DNA 随机库中筛选得到 50 多种具有多核苷酸激酶活性,可以自身磷酸化的 DNA 分子。这些脱氧核酶利用 8 种 NTP/dNTP 中的一种或几种作为活化磷酸基团的供体,其中一个 ATP 依赖型脱氧核酶对 ATP 的利用效率是对 CTP、GTP、UTP 等的利用率的 4 万倍以上,ATP 的水解速率提高了近 1.3×10^6 倍。

脱氧核酶催化的反应类型很多,除了上述切割 RNA、切割 DNA 和具有磷酸化激酶活性的脱氧核酶外,连接 RNA、连接 DNA、催化卟啉环金属螯合、具有光解酶活性、催化 Diels-Alder 反应的脱氧核酶也已陆续获得。

随着对核酶和脱氧核酶研究的深入,它们有望成为基因功能研究、核酸突变分析的新型工具酶和治疗肿瘤、对抗病毒的有效药物。尽管到目前为止,还未发现自然界中存在天然的脱氧核酶,但脱氧核酶的构建及研究同样具有重要的学术意义。

11.2　抗体酶

抗体酶又称催化抗体(catalytic antibody)，是一种具有酶活性的抗体。20 世纪 80 年代中期抗体酶技术取得了突破性进展，其理论根据是酶的催化原理。

11.2.1　抗体酶的发现和研究进展

1946 年，Pauling 用过渡态理论阐明了酶催化的实质，即酶之所以具有催化活力是因为它能特异性结合并稳定化学反应的过渡态(底物激态)，从而降低反应能级。1969 年，Jencks 在过渡态理论的基础上猜想：若抗体能结合反应的过渡态，理论上它就能够获得催化性质。1975 年，Kohler 和 Milstein 制备出具有历史意义的单克隆抗体，为抗体酶的研究奠定了基础。

1984 年 Lerner 进一步推测：以过渡态类似物作为半抗原，则其诱发出的抗体即与该类似物有着互补的构象，这种抗体与底物结合后，即可诱导底物进入过渡态构象，从而引起催化作用。根据这个猜想 Lerner 和 P. C. Schultz 分别领导各自的研究小组独立地证明了针对羧酸酯水解的过渡态类似物产生的抗体能催化相应的羧酸酯和碳酸酯的水解反应。1986 年他们的研究成果同时在《科学》上发表，并将这类具催化能力的免疫球蛋白称为抗体酶或催化抗体。

此后，抗体酶的研究进展日新月异，迄今已成功地开发出天然酶所催化的六种酶促反应和数十种类型的常规反应的抗体酶，包括酯、羧酸和酰胺键的水解，光诱导裂解和聚合，酯交换、内酯化，克莱森重排，氧化还原，肽键形成，过氧化和周环反应等，其中研究最深入的是酯水解反应。人们用与某些酯类水解反应的过渡态结构相似的化合物作为半抗原来生产单克隆抗体。设想这种抗体的结合位点应当契合该水解反应的过渡态结构，使其稳定在过渡态，进而催化其水解。按这种设想所得到的抗体不仅使酯的水解速度增加了 $10^3 \sim 10^4$ 倍，而且还具备专一性、pH 依赖性及抑制剂抑制等酶的基本特性。虽然抗体酶的催化活性有时仍比天然酶低，但可按人的意愿来设计和生产具有已知结合专一性的蛋白质，在理论上和实践上均有重要意义。

11.2.2　抗体酶的催化反应类型和机制

11.2.2.1　抗体酶的结构和特点

抗体酶主要来自 IgG 抗体分子。对抗体结构分析表明，IgG 抗体和酶一样是大分子蛋白质，结构分为轻链和重链两部分(彩图 11-10)。轻链由 VL(可变区)和 CL(不变区)组成，重链由 VH(可变区)和 CH(不变区)组成。重链和重链及重链和轻链之间通过二硫键相连，此外重链之间还有一个连接枢纽。

抗体的结合部位由 6 个超变区组成。同类型抗体中 CL 和 CH 区的部分氨基酸序列相同，然而 VL 和 VH 区氨基酸序列差异则较大。可变区大约由 110 个氨基酸组成，至少可产生 10^8 个不同抗体，它是抗体多样性的基础。Fab 片段由轻链和重链 VH 及 CH1 组成。

将抗体转变为抗体酶主要通过诱导法、引入法、拷贝法 3 种途径。诱导法是利用反应过渡态类似物为半抗原制作单克隆抗体，筛选出具高催化活性的单抗即抗体酶。引入法则借助基因工程和蛋白质工程技术将催化基因引入到特异抗体的抗原结合位点上，使其获得催化功能。拷贝法主要根据抗体生成过程中抗原-抗体互补性来设计的。

与天然酶的催化特性相比，抗体酶具有自己的特点：

（1）能催化一些天然酶不能催化的反应。这种利用抗原-抗体识别功能，把催化活性引入免疫球蛋白结合位点的技术，或许可能成为构建某种具有定向特异性和催化活性的生物催化剂的一般方法。

（2）抗体酶具有更高的专一性和稳定性。抗体酶作为一种具有酶和抗体双重功能的新型生物大分子，不仅可用作分子识别元件，而且具有优于酶和抗体的突出特点。因为配体底物与抗体酶的活性部位结合后，会立即发生催化反应，释放产物，所以每一次分子反应后，抗体的分子识别部位都可以再生，这就使抗体酶能够作为一种可以连续反复使用的可逆性的酶分子。

（3）两者的催化机制有所不同。酶催化的作用机制是"锁匙学说"及"诱导契合学说"，而抗体酶的催化机制还不完全明晰。

11.2.2.2　抗体酶的催化作用机制

过渡态理论是解释酶催化原理的经典理论，也是抗体酶催化作用遵循的机制。在任何化学反应体系中，反应物最终变成产物的每一瞬间，都必须获得高于反应物初态时的活化能，获得活化能的多少与反应的速度成正比。根据这一理论，如果使抗原最大限度地接近某一特定反应的过渡态，就可能使诱导的抗体在与之结合时发挥催化作用。

目前认为，抗体酶催化大概有 3 种重要的反应机制：

（1）水解作用机制。水解反应是抗体酶催化作用研究中最早的反应类型之一。在中性 pH 中非活化酰胺键断裂的发生需要几年，如果在亲核、酸-碱或者金属离子协助的协同作用下利用水解酶可以提高酰胺键水解反应速率约 1×10^9 倍，而由半抗原诱导的 43C9 抗体酶将酰胺键的水解速率提高了约 1×10^6 倍。研究显示，酰胺和酯水解经历过渡态、抗体酶结合中间体等多步过程，利用定位诱变技术可以确定中间体是乙酰-抗体酶。

（2）基团转移。一般而言，基团转移反应的催化作用有两种类型：抗体酶同时结合给体和受体的直接基团转移，以及通过先形成共价结合的抗体酶-给体中间体的间接基团转移。

（3）连续反应机制。由诱导的抗体酶催化，经过中间体形成产物，其催化反应的专一性可以达到甚至超过天然酶的专一性。

11.2.2.3　抗体酶的催化反应类型

抗体酶表现出典型的酶促反应特征，具有与天然酶相近的米氏动力学特征及 pH 依赖性等。抗体酶催化的反应类型很多，现举例如下。

（1）转酰基反应。生物体内的蛋白质合成是一个复杂的过程。氨基酸在掺入肽链之前必须进行活化以获得额外的能量，这一活化过程即是一个转酰基反应（acyl-transferation）。因此转酰基抗体酶的研制有助于改进蛋白质人工合成的方法。1986 年，Tramonatano 等研制成功首例转酰基抗体酶，1992 年，Jacobson 等设计了一个中性磷酸二酯作为反应过渡态的稳定类似物，得到的抗体酶可以催化带丙氨酰酯的胸腺嘧啶 $3'$-OH 基团的酰化反应，反应速度为 $5.4 \times 10^4 \, mol/min$，提高了 10^8 倍。

（2）磷酸酯水解反应。Janda 等利用稳定的五配位氧代铼（V）配合物 A 模拟 RNA 水解时形成的环形氧代正磷中间体，产生的抗体酶 2G12 可以催化水解磷酸二酯，催化速度常数为 $k_{cat}=1.53 \times 10^3 \, mol/s$，$K_m=240 \mu mol/L$；$k_{cat}/K_m=312$。

（3）芳基磺酸酯闭环反应。Lerner 小组利用脒基离子化合物（一种阳离子过渡态类似物）作为半抗原，产生的抗体酶（18G7）可以催化芳基磺酸酯（B）的闭环反应，使 B 转化为 C（1,6-二甲基环己烯）和 D（2-甲烯-1-甲基环己烷）的混合物。

（4）Claisen 重排反应。它是有机化合物异构化的一种重要形式，分支酸盐转化为预苯酸盐是细菌、真菌、植物体内芳香族氨基酸生物合成的关键一步。Hilvert 等设计了一个椅式构象的氧杂双环化合物为反应的过渡态类似物，制备出了可催化分支酸生产预苯酸这样一个 Claisen 重排反应的抗体酶，诱导的抗体酶比原反应速度快 $10^2 \sim 10^4$ 倍，而且还观察到抗体酶表现出高度的立体专一性，它只催化（－）分支酸为底物的反应，而对（＋）分支酸无作用。

（5）氧化还原反应。在溶液中，氧化态黄素与还原态黄素的电位差是 -206mV。Shokat 认为，可以根据氧化态和还原态在形状上的不同（氧化态为平面状，还原态为曲面状），制备出能与氧化态结合的抗体酶，通过特异性结合，使氧化态稳定，从而使标准还原电位差扩大。据此设想，Shokat 获得了对氧化态结合 $K_m = 8\text{mmol/L}$，对还原态结合时 $K_m = 300\text{mmol/L}$ 的抗体酶，使标准电位差变为 -342mV。由此，黄素还原态的还原范围相应扩大，一些原来无法还原的物质得以还原。这意味着抗体酶可以催化原本热力学上不能发生的氧化还原反应，使之得以进行。

11.2.3 抗体酶应用

11.2.3.1 抗体酶在有机合成中的应用

各类精细化工产品和合成材料的工业生产需要具有精确底物专一性和立体专一性的催化剂，而这正是抗体酶所具备的突出特点。

有些抗体酶能够催化天然酶不能催化的反应，由抗体酶催化的 Diels-Alder 反应是一个很好的例子。此反应是有机化学中最有用的形成 C—C 键的反应，但却没有相应的天然酶可催化这个反应，人工设计的抗体酶解决了这个问题。底物和抗体酶的结合能够减少反应的平动及旋转等运动，抗体酶可作为一种"熵陷阱"，催化一些反应的发生。这种情况在周环反应加 Claisen 重排和 Diels-Alder 反应中得到证实。Schultz 等根据此原理和酶的邻近效应，以环己烷衍生物为半抗原，模拟 Cope 重排高度有序的椅式过渡态，诱导产生的抗体酶能催化重排反应。此反应和 Diels-Alder 反应一样，在自然反应中未见发生，但可通过设计抗体酶来完成天然酶无法催化的反应。

抗体酶还可以催化能量不利的反应。抗体酶的一个重要方面是能选择性地稳定相对于普通化学反应来说能量上不利的高能过渡态，因而能够催化不利的化学反应。抗体酶还可以催化立体专一性的反应，能区分外消旋混合物，专一催化内消旋底物合成相同手性（homo-chiral）的产物。另外，抗体酶能够以反相胶团和固定化形式在有机溶剂中起作用，这为抗体酶的商业应用开辟了良好的前景。

11.2.3.2 抗体酶在天然产物合成中的应用

复杂天然产物的合成一直是有机合成中的热点之一。Sinha 等第一次把抗体酶用于天然产物的合成，所合成的产物含有四个不对称中心（1S、2R、4R、5S）。抗体酶 14D9 能对映选择性地水解烯醇醚生成含有绝对构型（S）的酮，成功合成关键性的第一步。所有 4 个不对称中心都来源于抗体酶催化烯醇醚的反应，并且尚未发现天然酶能催化此反应。最近，抗体酶也成功地用于其他天然产物的合成，如小蠹性信息素（brevocomins）和埃博霉素（epothilones）的合成。

11.2.3.3 抗体酶在新药开发中的应用

在新药开发方面，可以设计抗体酶杀死特殊的病原体，也可用抗体酶活化处于靶部位的药物前体（predrug），以降低药物毒性，增加其在体内的稳定性。

抗体酶 38C2 是根据 I 型缩醛酶的烯胺机制，通过免疫方法得到的。通过位于底物结合部位疏水口袋的活性赖氨酸残基,抗体酶 38C2 可催化醇醛缩合、逆醇醛和逆 Michael 反应,以及接受宽范围的底物,因而可作为药物前体的激活剂。为了避免抗体酶在识别和催化修饰部分时对药物本身的影响,基于抗体酶结合部位具有催化活性的赖氨酸残基的空间结构考虑,药物前体修饰部分的长度应适宜,以便能发生串联的逆醇醛缩合和逆 Michael 反应;同时,药物部分应保持在抗体酶活性部位的外面。考虑到以上因素,Shabat 等设计了一种全新的释放系统,利用有次序的逆醇醛缩合和逆 Michael 反应可除去药物前体中的保护基,释放出活性药物。这种策略已成功地用于喜树碱、阿霉素、依托泊苷等抗肿瘤药以及降血糖药胰岛素的设计。例如,抗体酶 38C2 催化串联喜树碱的逆醇醛缩合和逆 Michael 反应,随后自发成环(图 11-11)。

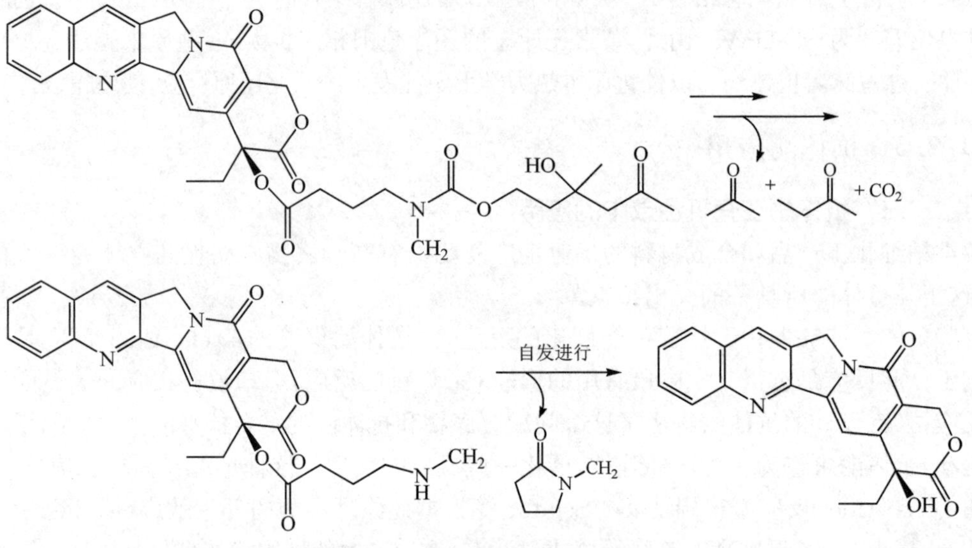

图 11-11　喜树碱前药激活过程

　　甲状腺激素是维持正常代谢和生长发育所必需的激素。甲状腺激素有两种含碘氨基酸——甲状腺素(T4)、三碘甲状腺原氨酸(T3)。T3 是主要的活性物质,而 T4 要转变为 T3 才起作用,这个转变主要由含硒的碘甲状腺原氨酸脱碘酶同源家族来完成。其中Ⅰ型碘甲状腺原氨酸脱碘酶(DI)起主要作用,缺乏 DI 将导致严重的甲状腺疾病。倪嘉瓒等以 T4 为半抗原,利用杂交瘤技术制备了一种单克隆抗体 4C5,用硒半胱氨酸替换 4C5 结合口袋中的丝氨酸残基,得到抗体酶 Se2-4C5。通过对 Se2-4C5 所催化的反应进行研究,结果表明,和 DI 一样,其作用机制也是二底物乒乓机制,并且至少涉及一个共价的酶中间体。硒半胱氨酸残基和 T4 结合口袋是 Se2-4C5 催化活性的两个关键因素。Se2-4C5 与鼠肝脏匀浆中的 DI 相比,具有更高的专一性,催化 T4 生成 T3 显示出很高的脱碘酶活性,因而对治疗甲状腺疾病有很高的应用价值。

　　抗体酶制备技术的开发预示着可以人为生产适应各种用途的,特别是自然界不存在的高效生物催化剂,在生物学、医学、化学和生物工程领域中会展现出广泛和令人鼓舞的应用前景。

11.3　模拟酶

　　20 世纪 70 年代以来,由于蛋白质结晶、X 射线衍射及光谱技术的发展,人们对许多酶的结构及其作用机理有了较深入的了解。动力学方法的发展以及对酶的活性中心、酶抑制剂复合物和催化反应过渡态等结构的描述,促进了酶作用机制的研究,为人工模拟酶的发展注入了新的动力。由于人工模拟酶在解析酶的结构和催化机制方面具有重要作用及其潜在的应用价值,人工模拟酶成为化学、生命科学以及信息科学等多学科及其交叉研究领域共同关注的焦点。

11.3.1 模拟酶的基本概念

模拟酶(model enzyme)又称酶模型。由于酶的种类繁多,模拟的途径、方法、原理和目的各不相同,因此对模拟酶至今没有一个公认的定义。一般来说,模拟酶的研究就是利用有机化学、生物化学等方法设计和合成一些较天然酶更简单的分子,以这些分子作为模型来模拟酶对其作用底物的结合和催化过程,即模拟酶是在分子水平上模拟酶活性部位的形状、大小及其微环境等结构特征,以及酶的作用机制和立体化学等特性。

(1) 模拟酶的金属辅基。有一类复合酶,除蛋白质外,还有含金属的有机小分子物质或简单的金属,称为辅酶或辅基。辅基在催化反应中起着重要的作用。

(2) 模拟酶的活性功能基。酶分子中直接与催化反应有关的部分称活性中心,通常由几个活性功能基组成。例如,牛胰核糖核酸酶的催化中心是肽链序列中第 12 位和第 119 位的两个组氨酸。

(3) 模拟酶的高分子作用方式。人们利用高分子化合物作为模型化合物的骨架,引入活性功能基来模拟酶的高分子作用方式。例如,用相对分子质量为 $40000\sim60000kDa$ 的聚亚乙基亚胺作为模型化合物的骨架,引入物质的量比例分别为 10% 的十二烷基和 15% 的咪唑基,合成了一个硫酸酯酶模型(图 11-12)。用这个模型聚合物催化苯酚硫酸酯类化合物的水解,其活性比天然的 Ⅱ 型芳基硫酸脂酶高 100 倍。

(4) 模拟酶与底物的作用。酶分子与底物的作用在构型上有较严格的匹配关系。为了模拟酶的结合功能,近年来人们合成了许多冠醚化合物来模拟酶。随着冠醚空穴尺寸的不同,其对底物的选择性也不一样。

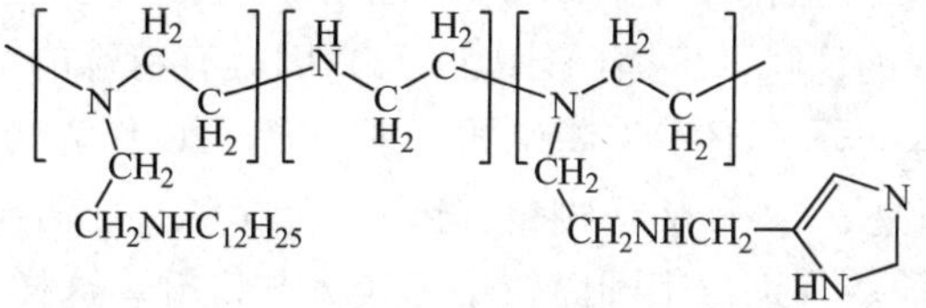

图 11-12 硫酸脂酶模型

(5) 模拟酶的性状。在水溶液中,酶形成一个大型的胶束,构成分子内的疏水和亲水微环境。模拟酶在这种微环境中的特殊反应性质,是一个重要性状。有人利用组氨酸的衍生物十四酰组氨酸与十六酰烷基-三甲基溴化铵组成两种分子的混合微胶束,来催化乙酸对硝基苯酯的水解。

理想的模拟酶应该具有以下特点:①能为底物提供良好的结合部位,并以非共价键维持模拟酶的柔性与专一性;②提供与底物形成离子键、氢键的可能性,以利于它以适当方式同底物结合;③催化基团必须与底物的被催化部位接近,以促进反应定向发生;④应具有足够的水溶性,并在接近生理条件下保持催化活性。

从 20 世纪 60 年代发展至今,模拟酶按照合成原理和组成分子可以分为多种类型,主要的分类有小分子模拟酶体系和大分子模拟酶体系。目前,较为理想的小分子模拟酶体系有环糊精、冠醚、环番、环芳烃和卟啉等大环化合物等；大分子模拟酶体系主要有聚合物酶模型,分子印迹酶模型和胶束酶模型等。

11.3.2 小分子仿酶体系模拟酶

它是目前研究较多的模拟酶类型,主要包括有冠醚、环糊精、环番、环芳烃、卟啉、酞菁等。

11.3.2.1 冠醚模拟酶

1967 年,Pederson 首次合成冠醚,并报道了这类化合物具有和金属离子、铵离子及有机伯铵离子形成稳定络合物的独特性质。随后人们合成了各种各样具有不同络合性能的所谓"主体分子",并提出"主客体络合物化学"的新概念,主体-客体之间的这种非共价络合作用是生物过程中酶-底物、抗原-抗体、激素-受体等许多手性识别的基础。研究表明,手性冠醚主体分子在络合氨基酸酯时对客体分子的对映具有很高的选择性,这种手性识别为模拟酶的活性部位提供了一个良好的基础。

Matsui 等曾设计合成了含冠醚环和 SH 基的水解酶模拟物的主体分子。分子中冠醚环为结合部位,含醚侧臂或亚甲基为主体识别部位,侧臂末端为催化部位(图 11-13)。

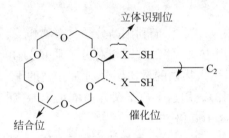

图 11-13　冠醚水解酶模拟物结构示意图

11.3.2.2 环糊精模拟酶

环糊精(cyclodextrin, CD)也称作环聚葡萄糖,是由 6 个或 6 个以上的 D-吡喃葡萄糖单元通过 α-1,4-糖苷键互相结合构成的环状低聚糖(彩图 11-14),因具有特殊的"内疏水、外亲水"的分子结构,能够络合多种无机和有机分子,还具有特殊的识别功能,可以作为构建模拟酶的主体成分。

最常见的 3 种环糊精是 α-、β- 及 γ-环糊精,分别含有 6、7、8 个葡萄糖单元,它们均是略呈锥形的圆筒,其伯羟基和仲羟基分别位于圆筒较小和较大开口端。这样,分子外侧是亲水的,其羟基可与多种客体形成氢键,内侧是 C_3、C_5 上的糖苷氧原子组成的空腔,具有疏水性,能结合多种客体分子,以范德华力和疏水作用与底物分子作用,类似酶对底物的识别。

环糊精及其衍生物一直是主-客体化学的重要研究对象,被广泛应用于酶模型的设计。目前,已对多种酶的催化作用进行了模拟,例如转氨酶、水解酶、核糖核酸酶、氧化还原酶、碳酸酐酶、硫胺素酶和羟醛缩合酶等。吉林大学李祥秋等利用超分子化学方法和原理构建了具有别构位点的水解酶模型体系。该模型利用环糊精的疏水空腔作为底物识别部位,在其边缘引入小分子别构位点胍基,利用胍基与金属离子的弱相互作用对酶的结构进行了调整,获得了催化活性比较理想的酶模型。

11.3.2.3 环蕃模拟酶

环蕃是一类含苯的芳香环,以亚甲基和杂原子作为骨架桥的环状分子(图 11-15)。通常,根据环蕃空腔的大小分为小环蕃和大环蕃。小环蕃张力较大,导致环蕃中的芳环变形,表现出许多特别的性质,如跨环电子效应和环加成等。大环蕃中芳香环的平面性、π 电子性以及反应活性虽与一般的芳烃区别不大,但大环蕃的疏水性空腔能够利用疏水作用、氢键、范德华力、静电力等非共价键作用选择性识别、包结客体分子。根据需要,人们能够设计不同类型的环蕃,或对环蕃进行修饰,进一步调节环蕃的疏水性、亲水性,或改变其包结和识别底物的能力。

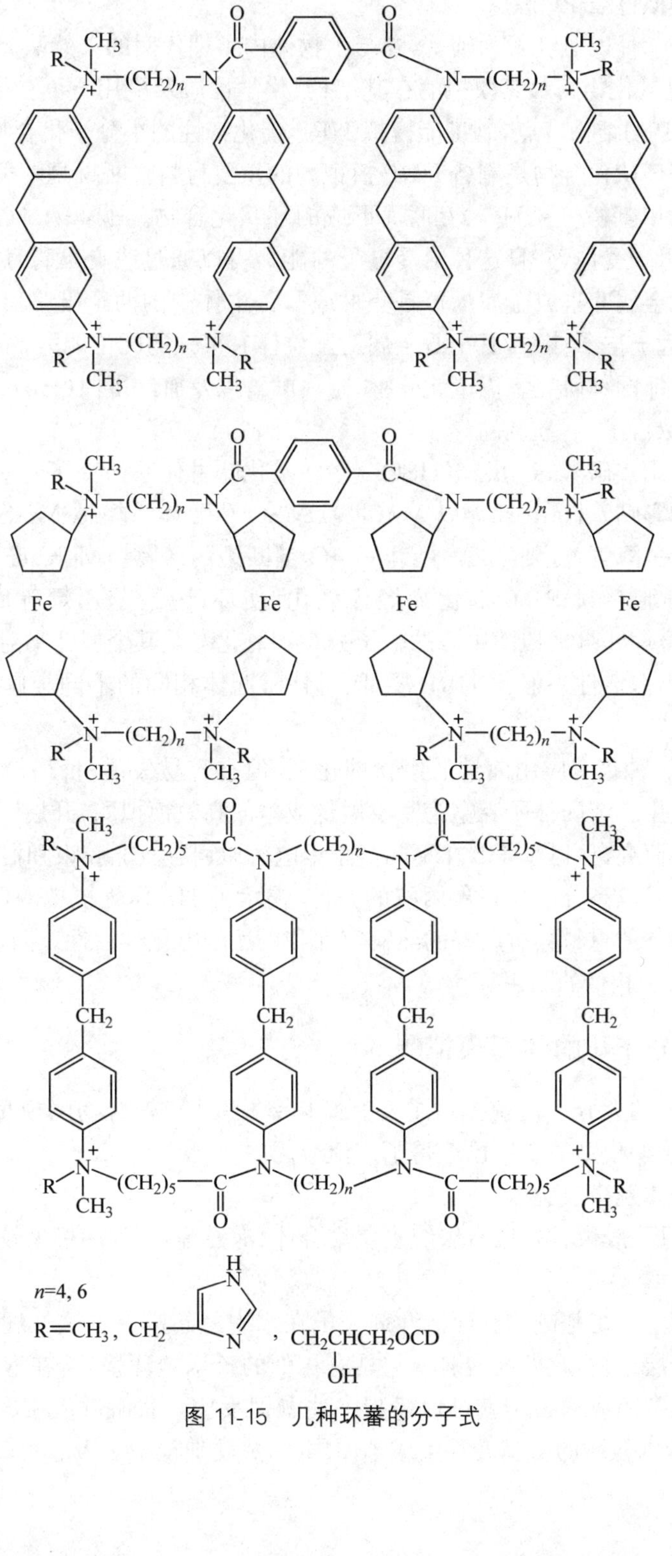

图 11-15　几种环蕃的分子式

Diederich 利用环蕃酶模型构建了丙酮酸氧化酶模拟物。丙酮酸氧化酶是通过维生素 B_1 和维生素 B_2 作为辅基完成丙酮酸的脱氢反应和脱羧反应。Diederich 的丙酮酸氧化酶模拟物具有底物结合部位,维生素 B_1 和维生素 B_2 两个辅基通过共价键结合在底物结合部位上,进行了丙酮酸氧化酶的模拟,高效完成了丙酮酸的氧化反应。

11.3.2.4　模拟过氧化物酶

过氧化物酶是一种以血红素为辅基,参与生物体内生理代谢的天然酶。以辣根过氧化物酶(HRP)为代表的过氧化物酶及其模拟酶在其结构、化学性质及应用方面的研究报道较多,其研究主要是根据 HRP 的结构特点,制备能模拟 HRP 催化特性的小分子化合物模拟物。

卟啉和酞菁等环状化合物是制备 HRP 模拟酶的重要材料。卟啉是一类由 4 个吡咯类亚基的 α-碳原子通过次甲基桥($=CH-$)互联而形成的环状化合物。酞菁有 4 个苯环,它不仅是电子给体,而且也是电子受体,并且这种给受电子的能力可以通过改变酞菁环周边的取代基和金属离子进行调节。金属卟啉或金属酞菁是卟啉或酞菁主体中的两个吡咯质子被取代后的化合物,由于含有共轭大 π 电子体系,其中心金属对配位体有很强的配位能力,可以模拟以金属离子为辅基的天然酶。邹国林研究室以金属卟啉、金属酞菁以及血红蛋白(Hb)、肌红蛋白为酶模型进行了系列研究,取得了一些进展。

Defrance 等采用焦磷酸锰(II)$KHSO_4$ 铁-磺基化卟啉体系研究了它对生成 $Mn(III)$ 的作用和对催化反应的影响。Hattori 等以 $Mn(III)DMSO$ 草酸体系模拟 Mn-SOD,对一些非酚类木质素二聚物进行了降解,得到了 C—C 和 C—O 键断裂的产物。Mohajer 等用 Mn-四苯基卟啉模拟单加氧酶细胞色素 P450 催化烯烃环氧化,使环己烯、苯乙烯等底物的转化率达到 100%。研究表明金属卟啉模拟酶中心的电子分布和氧化态及其金属卟啉对额外配位体的亲和力决定着酶的活性,但活性一般比 HRP 要低。另外,配体相同的不同金属元素对模拟酶的活性也有较大的影响。

尽管 HRP 是一种很有应用前景的生物催化剂,但它容易失活、价格昂贵等问题大大限制了其在工业上的应用。邹国林研究室为了发展低成本的高效模拟酶,开展了基于 Hb 催化苯胺聚合反应的模拟酶研究,探讨了 Hb 在不同类型聚电解质、胶束、非胶束和混合胶束等模板体系中催化制备水溶性导电高分子材料聚丙胺的条件,揭示了 Hb 作为模拟酶催化的反应机理,并证明由该模拟酶制备的材料具有较好的热稳定性和可逆的电化学活性。同时,他们用四磺基铁酞菁取代 Hb,获得了相似的结果。

11.3.3　大分子仿酶体系模拟酶

目前,研究较多的大分子仿酶体系主要有膜体系模拟酶、聚合物酶模型、分子印迹酶模型等。其中,分子印迹酶模型的研究已获得了广泛应用。

11.3.3.1　膜体系模拟酶

膜体系包括单层、胶束、微乳、有组织多层集合体、泡囊等,作为酶模型较好的主体有泡囊和胶束。

磷脂或具有两个长烷基链的表面活性剂分子在水中经超声等方法处理后可得到与天然生物膜类似的双分子层结构,此即为泡囊。它具有相似的疏水微环境,若在泡囊的不同区域选择性地引入一些活性基团或辅因子就可以模拟一些酶促反应。将吡哆醛引入泡囊中,Cu^{2+} 存在时能有效催化 L-苯丙氨酸的氨基转移生成苯丙酮酸,成功地模拟了 V_{B6} 为辅酶的转氨酶作用。

　　胶束模拟酶是近年来比较活跃的领域之一。它不仅涉及简单的胶束体系,而且对功能化胶束、混合胶束、聚合物胶束等体系也进行了深入的研究。表面活性剂分子在水溶液中超过一定浓度可聚集成胶束。胶束在水溶液中提供了疏水微环境,可对底物进行包络,类似于酶结合部位。若再将一些催化基团,如咪唑、硫醇、羟基和一些辅因子共价或非共价地连接或附着在胶束上,相当于酶活性中心,就构成具有催化活性的胶束模拟酶。

　　在胶束模拟酶中常用氧肟酸和肟代替羟基研究氧负离子的亲核反应。它们催化对硝基苯酚乙酸酯(4-nitrophenyl acetate,PNPA)的水解反应,其速度参数比在非胶束中提高近万倍。氧肟酸负离子更适合于碱催化的反应,如用氧肟酸与十六烷基三甲基溴化铵(hexadecyl trimethyl ammonium Bromide,CTAB)一起催化酮醇去质子反应,其催化速度提高 3000～20000 倍,是 OH-催化反应的 60～300 倍。此外,含巯基的胶束也可作为亲核试剂催化反应,如硫代胆碱类表面活性剂 $C_{15}H_{33}N^+(CH_3)_2CH_2CH_2SH$ 催化 PNPA 水解,比 C_2H_5SH 约提高 5000 倍,已成为最强的一种亲核试剂。

11.3.3.2　聚合物酶模型

　　除了以天然大分子作为模拟酶的合适骨架之外,合成高分子已成为构筑酶活性中心的有效支撑物。近年来,以合成大分子为骨架模拟酶的催化功能受到关注。同天然大分子相比,合成大分子可以在分子层面上模拟底物识别和有效催化等方面的信息,具备酶活性中心的柔性和诱导契合等特性。在这一研究领域中首尔大学 Suh 领导的研究小组合成了一系列高效的蛋白水解酶、核酸水解酶等模拟酶。

　　1998 年,Suh 首次报道了聚合物蛋白水解酶模型。以聚乙二胺(polyethylenimine,PEI)为骨架,将 3 个水杨酸分子固定在邻近位置,水杨酸与铁离子结合。由于 3 个水杨酸分子的协同作用,大大促进了其对蛋白质的水解能力,将催化蛋白质水解的半衰期降到 1h,而将水杨酸无规连接在 PEI 上则仅表现出微弱的催化活性。

　　通常在中性 pH 值和室温下肽键水解的半衰期为 500～1000 年,他们将具有催化活力的咪唑基团连接在聚氯甲基苯乙烯和二乙烯基苯交联的聚合物微球表面,合成的聚合物模拟酶在中性 pH 和室温下将肽键水解催化能力提高到半衰期仅为 20min,如聚合物模拟酶中咪唑基的含量只有原来的 22.73%,则催化活力只有原来的 4.17%,说明咪唑基的协同性在酶催化中起关键作用。

　　多金属活性中心是金属酶的主要特征,活性中心金属离子的协同性促进酶的催化,比较有趣的例子是以聚合物为基础的三核金属离子活性中心的构筑。将多胺三铜复合物与氯甲基苯乙烯反应,制得苯乙烯修饰的复合物,以 NaH 还原获得了三核铜催化中心,研究表明此模拟酶催化水解的能力超过相应的抗体酶。

11.3.3.3　分子印迹酶模型

　　分子印迹技术是一种人工直接干预酶-底物识别的技术,可显著提升催化的专一性和高效性,尤其可大幅提升在有机相的催化性能,拓宽其应用领域。

　　分子印迹酶模型具有类似于酶活性中心的空腔,对底物产生有效的结合作用,并在结合部位的空腔内诱导产生催化基团,与底物定向排列。分子印迹模拟酶与天然酶一样,其催化活力依赖于 k_{cat}/K_m,即酶催化反应的二级反应速度常数。当 k_{cat} 值大,而 K_m 值小,即底物与酶的亲和性增大,可获较大的二级反应速度常数值,使酶反应速度增加。

　　制备具有酶活性的分子印迹酶模型过程中,选择合适的印迹分子是至关重要的。目前,所选择的印迹分子主要有底物、底物类似物、酶抑制剂、过渡态类似物以及产物等。根据印迹位置的不同,分子印迹方式可分为主体印迹(bulk imprinting)和表面印迹(surface imprinting)。

主体印迹是相应模板直接加入到单体中混合,其印迹空穴不仅存在于聚合材料的表面,而且大量存在于材料的内部(彩图 11-16),这种印迹法可以产生大量的印迹空穴。此外,当作用于诸如蛋白、细胞和微生物等大模板时,因大模板难以通过扩散进入聚合材料内部,主体印迹往往不能产生适合的识别位点。为克服这一缺点,科研人员提出了表面印迹法,该印迹主要以二氧化硅为固体基质,通过其表面嫁接的官能团固定蛋白质,再加入单体聚合,去除蛋白质模板后,聚合物表面形成可与模板蛋白高度吻合的印迹空穴(彩图 11-17)。

分子印迹酶模型要求的交联度很高(70%～90%),使用最广泛的聚合单体是羧酸类(丙烯酸、甲基丙烯酸、乙烯基苯甲酸)、磺酸类以及杂环弱碱类(乙烯基吡啶、乙烯基咪唑),其中最常用的体系为聚丙烯酸和聚丙烯酰胺体系。若要产生对金属的配合作用则应用氨基二乙酸衍生物,其他可能的体系为聚硅氧烷类。

分子印迹技术因其制备过程简单、易操作和印迹分子耐热、耐酸、耐碱、选择范围广等优点,已经成为设计新型模拟酶材料的有效手段之一。应用此技术已成功地制备出具有水解、转氨、脱羧、酯合成、氧化还原等活性的分子印迹酶模型。此类酶模型在提高有机相催化活性方面起到了重要作用,且该酶模型还常用于手性分子的合成。

第12章
酶及固定化酶的应用

12.1 酶应用概述

人类应用酶的历史久远,但"知酶而用"还是近百年的事情。随着酶工程技术的发展,发现的酶种类越来越多,酶应用的范围也在迅速扩大。截至 2010 年 10 月 5 日,NC-IUBMB 公布的现有酶为 4367 种(NC-IUBMB http://www.chem.qmul.ac.uk/iubmb/enzyme/index.html;http://www.expasy.ch/enzyme;http://www.brenda-enzymes.org/)。随后不断补充每年发现的新酶,最近的更新日期为 2020 年 11 月 24 日。在酶的命名分类中,基因工程中常用的限制性内切酶只有一个位置,而现有的限制性内切酶超过 3800 种(单独的命名系统)。酶在工业、农业、医药、环境保护、能源开发以及科学研究等方面的应用日益广泛,酶已成为国民经济不可或缺的一部分,人们的衣、食、住、行都离不开酶。酶是一类特殊的催化剂,在机体内几乎参与生命活动的一切化学过程,而且受机体严密调控。酶离开机体后,只要保持其催化活性结构不被破坏,在接近生物体生存的温度、压力、pH 等条件下,仍表现出巨大的催化效率。如 1g 结晶的细菌 α-淀粉酶,在 60℃条件下 15min 内能够将 2t 淀粉完全转化成糊精;1 张葡萄糖氧化酶制作的酶试纸,在 1min 内可以测定尿液中的葡萄糖含量,可见其催化效率之高。

从动植物原料中分离淀粉酶、胃蛋白酶、胰蛋白酶、胰脂肪酶等,在 19 世纪初就有记载,但用微生物发酵制取酶,并使其商品化,则是接近 20 世纪的事情。1894 年,高峰让吉成为第一个获得酶制剂专利权的学者。他用麸皮接种米曲霉,经过发酵后酒精沉淀,提取发酵产物,制备了"高峰淀粉酶"制剂,用作助消化的药物。这可以看作酶制剂开发应用的开端。

20 世纪以来,随着酶学理论的发展和酶分离纯化技术的进步,微生物发酵工艺不断更新,发酵和酶合成调节理论逐步深化,酶制剂研究工作迅速发展,先后开发出了枯草芽孢杆菌淀粉酶制剂、细菌转化酶、蛋白酶制剂、纤维素酶、果胶酶、糖化酶、葡萄糖异构酶等,动物胰蛋白酶、胃蛋白酶、尿激酶,植物木瓜蛋白酶、菠萝蛋白酶等不同生物来源的不同剂型酶制剂,并已广泛应用于食品、药品、纺织、制革等各工业生产领域,农业、牧业、水产品加工领域以及医药卫生领域等。酶的应用,内容众多,本章仅从以下几个方面做一些简要介绍。

12.2 工具酶

工具酶是一类广泛用于生物技术和分析技术的具有特殊用途的酶。包括基因工程中的各种工具酶、生物大分子(如蛋白质、核酸、糖等)序列分析中用到的各种酶类,以及医学上的诊断用酶和治疗用酶(见本章 12.2.3 节)。特别是基因工程用到的工具酶种类繁多、功能特异。有的是"手术刀",专供切割之用;有的是"缝纫针",具有连接之功。正是由于这些奇特的工具酶的应用,才使得基因工程成为现实。

12.2.1 基因工程常用工具酶

限制性内切酶和连接酶的发现促进了基因工程的诞生和发展。外源基因在体外重组包括目的基因片段的获取、重组 DNA 分子的连接转化、重组质粒的酶切鉴定、基因测序等操作都必须在酶的催化下才能完成。在基因工程中需要一些工具酶进行基因操作,常用的工具酶包括核酸酶(主要是 DNA 限制性内切酶)、连接酶、聚合酶、修饰酶等。

1. DNA 限制性内切酶

在重组 DNA 技术中,限制性核酸内切酶具有特别重要的意义。它是一类在特定的位点识别和切割双链 DNA 分子催化双链 DNA 水解的磷酸二酯酶。1968 年,Meselson 和 Yuan 发现第一个 DNA 限制性内切酶以来,至今已发现的限制性核酸内切酶有 3800 多种,已成为基因工程中必不可缺的常用工具酶。在基因工程中的主要用途是从双链 DNA 分子中切取所需的基因,并用同一种酶将待重组的 DNA 切开,实现 DNA 的体外重组。

限制性核酸内切酶分为Ⅰ、Ⅱ和Ⅲ型。各型内切酶主要特征列于表 12-1。Ⅰ型酶结合于特定识别位点,但酶切位点不十分固定;Ⅲ型在其识别位点上切割 DNA 后易从底物上解离下来。由于Ⅰ和Ⅲ型识别和切割位点不一致,在基因工程中应用非常有限。在基因工程中广泛应用的是Ⅱ型限制-修饰酶系统,包括限制性内切酶和独立的甲基化酶(它们修饰限制性内切酶识别的序列)。

表 12-1 不同类型限制性内切酶的主要特征

类型	Ⅰ型	Ⅱ型	Ⅲ型
限制与修饰活性	多功能酶	分开的核酸内切酶和甲基化酶	具两个亚基的双功能酶
酶的蛋白质结构	3 种不同的亚基	单一多肽链	2 种不同的亚基
所需的辅助因子	ATP、Mg^{2+}、S-腺苷甲硫氨酸	Mg^{2+}	ATP、Mg^{2+}、S-腺苷甲硫氨酸
特异性识别序列	EcoB: TGAN$_8$TGCT EcoK: AACN$_6$GTGC	4-6bp 回文序列	EcoP$_1$: AGACC EcoP$_{15}$: CAGCAG
切割位点	离特异性识别位点至少 1000bp 处随机切割	特异性识别位点内或其附近	距特异性识别位点 3'-端 24-26bp 处
酶催化转换	不能	能	能
DNA 易位作用	能	不能	不能
甲基化位点	寄主特异性位点	寄主特异性位点	寄主特异性位点

续表

类型	Ⅰ 型	Ⅱ 型	Ⅲ 型
识别未甲基化的序列并切割	能	能	能
特异性切割	不是	是	是
基因工程中用途	不用	十分有用	用处不大

　　Ⅱ型限制性内切酶是最重要的一类限制酶,它们能够识别和切割特定的 DNA 序列,在基因工程中具有非常重要的意义。不同的限制性内切酶识别序列不同(表 12-2),切割产生的 DNA 片段大小也不同。如 $EcoR$ Ⅰ、Bam H Ⅰ识别序列为 6 碱基对(bp),在平均 4^6(即 4096)个 bp 中就有 1 个切点(https://www.thermofisher.com/cn/zh/home/life-science/cloning/restriction-enzyme-digestion-and-ligation/restriction-enzyme-cloning.html)。Ⅱ型限制性内切酶具有如下特点:① 碱基识别序列呈回文结构,大多数为 4 或 6 个特异核苷酸序列,但有少数Ⅱ型酶识别更长的序列。②具有特定酶切位点,在其特定的识别位点切割;可产生特殊的平端和黏性末端,可以通过碱基配对连接。如 $EcoR$ Ⅰ能切割产生 5′黏性末端;Pst Ⅰ切割产生 3′黏性末端;Sma Ⅰ可产生平末端。限制性内切酶应用时,应考虑多种因素的影响包括 DNA 纯度、DNA 甲基化程度、反应温度等。

　　2. DNA 连接酶

　　DNA 连接酶是 1967 年发现的能使双链 DNA 的缺口封闭的酶。它催化 DNA 片断的 5′-磷酸基与另一 DNA 片断的 3′-OH 生成磷酸二酯键。在基因工程中最常用的连接酶是 T_4-DNA 连接酶、$E. coli$ DNA 连接酶和 T4 RNA 连接酶,其中以 T4 DNA 连接酶最重要。该酶由 T_4-噬菌体感染大肠杆菌细胞后产生,是一条相对分子质量为 68000 的单链多肽;催化 DNA 5′端磷酸基与 3′端羟基之间形成磷酸二酯键(图 12-1)。T4 DNA 连接酶可用于连接带有匹配黏性末端的 DNA 分子。DNA 重组时,常优先选择黏性末端连接。如获得的 DNA 片段不是黏性末端,可采用加接头的衔接体技术、接合体技术等方法将其变为黏性末端,再进行连接以提高反应效率。T4 DNA 连接酶也可以用于带有平末端的两个 DNA 片段的连接。该酶是基因工程中最常用的工具酶之一,能够将由同一种限制性内切酶切割的载体 DNA 和目的基因连接成为重组 DNA 分子。

　　3. DNA 聚合酶

　　DNA 聚合酶是催化 DNA 合成或修复的酶类。它以 DNA 或 RNA 为模板催化合成互补新链,需要相应的引物引起聚合反应。目前主要应用的 DNA 聚合酶有 4 种:大肠杆菌 DNA 聚合酶Ⅰ,Klenow 酶、T_4 DNA 聚合酶和反转录酶。DNA 聚合酶Ⅰ具有 3 种酶活性:5′→3′聚合反应、5′→3′外切和 3′→5′外切酶活性。Klenow 酶是 DNA 聚合酶Ⅰ的大片段,具有 5′→3′聚合酶活性和 3′→5′外切酶活性。Klenow 酶和 T_4 DNA 聚合酶都没有 5′→3′外切酶活性。反转录酶又称依赖于 RNA 的 DNA 聚合酶,它以 DNA 或 RNA 为模板,以脱氧核苷三磷酸为底物合成 DNA。反转录酶在基因工程中广泛应用于从 mRNA 反转录生成互补的 DNA(cDNA)以获得所需的基因;或利用真核 mRNA 为模板反转录合成 cDNA 构建 cDNA 文库,筛选分离编码特定蛋白质的基因。近年来,利用 mRNA 反转录和 PCR 技术结合的反转录 PCR (RT-PCR)技术,使真核基因分离更加高效。

表 12-2　常见限制性核酸内切酶的主要特征

酶名	微生物来源	盐	反应温度	识别序列	同裂酶	同尾酶	切割位点数目					
							λ	Ad_2	SV_{40}	ΦX_{174}	$M_{13}mp7$	pBR_{322}
Acc I	*Acinetobacter calcoaceticus*（乙酸钙不动杆菌）	中	37℃	GT↓(AG/CT)AC		*Acy* I *Cla* II *Asu* II *Hpa* II *Taq* II	9	17	1	2	2	2
Acy I	*Anabaena cylindrica*		37℃	G(A/G)↓CG(T/C)C		*Acc* I *Cla* II *Asu* II *Hpa* II *Taq* II	40	44	0	7	1	6
Apy I	*Arthobacter pyridimolis*		37℃	CC↓(A/T)GG	*Atu* I *Eco*R II	平端	71	136	17	2	7	6
Ava I	*Anabaena variabilis*（变链蓝藻球菌）	中	37℃	C↓(T/C)CG(A/G)G		*Sal* I *Xho* I *Xma* I	8	40	0	1	1	1
Bam H I	*Bacillus* *amyloliquefaciens*（淀粉液化芽孢杆菌）	中	37℃	G↓GATCC	*Bst* I	*Bcl* I *Bgl* II *Mbo* I *Sau*3A *Xho* II	5	3	0	0	2	1
Bcl I	*Bacillus caldolyticus*	中	60℃	T↓GATCA		*Bam* H I *Bgl* II *Mbo* I *Sau*3A *Xho* II	8	5	1	0	0	0

续表

酶名	微生物来源	盐	反应温度	识别序列	同裂酶	同尾酶	切割位点数目					
							λ	Ad₂	SV₄₀	ΦX₁₇₄	M₁₃mp7	pBR₃₂₂
Bgl II	Bacillus globigii（球芽孢杆菌）	低	37℃	A↓GATCT		BamH I Bcl I Mbo I Sau3A Xho II	6	11	0	0	1	0
BstE II	Bacillus stearother-mophilus（嗜热脂肪芽孢杆菌）	中	60℃	G↓GTNACC			13	10	0	0	0	0
Cla I	Caryophanon latum（阔显核菌）		37℃	AT↓CGAT		Acc I Acy I Asy II Hpa II Taq I	15	2	0	0	2	1
EcoR I	Escherichia coli RY13（大肠杆菌）	高	37℃	G↓AA*TTC			5	5	1	0	2	1
EcoR II	Escherichia coli R245（大肠杆菌）	高	37℃	↓CC(A/T)GG	Atu I Apy I		71	136	17	2	7	6
Hae III	Haemophilus aegyptius（埃及嗜血菌）	中	37℃	GG↓C*C	BspR I BsuR I		149	216	18	11	15	22
Hga I	Haemophilus gallinarum（鸡嗜血菌）	中	37℃	GACGCN₅↓ CTGCGN₁₀↓		平端	102	87	0	14	7	11
Hha I	Haemophilus haemophilus（溶血嗜血菌）	中	37℃	G*CG↓C	FnuD III HinP I		215	375	2	18	25	31
Hinc II	Haemophilus influenzaeRc（流感嗜血菌）	中	37℃	GT(T/C)↓(A/G)AC	Hind II		35	25	7	13	2	2

续表

酶名	微生物来源	盐	反应温度	识别序列	同裂酶	同尾酶	切割位点数目					
							λ	Ad₂	SV₄₀	ΦX₁₇₄	M₁₃mp7	pBR₃₂₂
Hind II	*Haemophilus influenzae* Rd(流感嗜血菌)	中	37℃	GT(T/C)↓(A/G)AC	*HinC* II *HinC* I		35	25	7	13	2	2
Hind III	*Haemophilus influenzae*(流感嗜血菌)	中	37~55℃	A*↓AGCTT	*Hsu* I		6	12	6	0	0	1
Hinf I	*Haemophilus influenzae* Rf(流感嗜血菌)	中	37℃	G↓ANTC	*FunA* I		148	72	10	21	26	10
Hpa I	*Haemophilus pardinfluenzae*(副流感嗜血菌)	低	37℃	GTT↓AAC			14	6	4	3	0	0
Hpa II	*Haemophilus parainfluenzae*(副流感嗜血菌)	低	37℃	C↓C*GG	*Hap* II *Mno* I	*Acc* I *Acy* I *Asu* II *Cla* I *Taq* I	328	171	1	5	19	26
Hph I	*Haemophilus parahaemolyticus*(副溶血嗜血菌)	低	37℃	GGTGAN₆ ↑CCACTN₇			168	99	4	9	18	12
Kpn I	*Klebsiella pneumoniae* OK8(肺炎克雷伯氏菌)	低	37℃	GGTAC↓C			2	8	1	0	0	0
Mbo I	*Moraxella bovis*(牛莫拉氏菌)	高	37℃	↓GATC	*Dpn* I *Sau*3A	*Bam*H I *Bcl* I *Bgl* II *Xho* II	116	87	8	0	8	22
Pst I	*Providencia stuartii* 164(普罗威登斯菌)	中	21~37℃	CTGCA↓G	*Salp* I *Sfl* I		28	30	2	1	1	1

续表

酶名	微生物来源	盐	反应温度	识别序列	同裂酶	同尾酶	λ	Ad₂	SV₄₀	ΦX₁₇₄	M₁₃mp7	pBR₃₂₂
							切割位点数目					
Pvu II	*Protus vulgaris*（普通变形菌）	中	37℃	CAG↓CTG			15	24	3	0	3	1
Sac II	*Streptomyces achromogenes*（不产色链霉菌）	低	37℃	CCGC↓GG	*Csc* I / *Sst* II		4	33	0	1	0	0
Sal I	*Streptomyces albus*（白色链霉菌）	高	37℃	G↓TCGAC	*HgiC* III / *HgiD* II	*Ava* I / *Xho* I	2	3	0	0	2	1
Sau3A	*Stophylococcus avreus* 3A（金黄色葡萄球菌）	中	37℃	↓GATC	*Mbo* I	*Bam*H I / *Bcl* I / *Bgl* II / *Xho* II / *Mbo* I	116	87	8	0	8	22
Sma I	*Serratia marceseens*（黏质沙雷氏菌）		37℃	CCC↓GGG	*Xma* I		3	12	0	0	0	0
Sst I	*Streptomyces stanford*（斯坦福链霉菌）	低	37℃	GAGCT↓C	*Sac* I		2	16	0	0	0	0
Xba I	*Xanthomonas badrii*（巴氏黄单胞菌）	高	37℃	T↓CTAGA			1	5	0	0	0	0
Xho I	*Xanthomonas holcicola*（绒毛草黄单胞菌）	高	37℃	C↓TCGAG	*Blu* I / *PaeR* I	*Ava* I / *Sal* I	1	6	0	1	0	0
Xma I	*Xanthomonas malvacearum*（锦葵黄单胞菌）	低	37℃	C↓CCGGG	*Sma* I	*Ava* I	3	12	0	0	0	0

* 表示甲基化修饰的碱基。

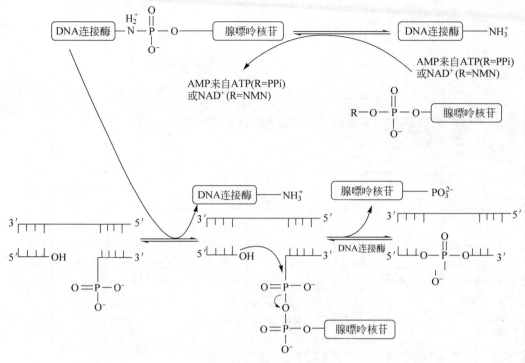

图 12-1　连接酶作用原理

在 PCR 技术的发展过程中,发现了一些新酶。PCR 是体外酶促合成、扩增特定 DNA 片段的一种方法。PCR 原理早在 1985 年就已经提出,但是直至耐热性 Taq DNA 聚合酶发现后,PCR 技术才迅速发展。Taq DNA 聚合酶最初从极度嗜热菌($Thermus\ aquaticus$)分离纯化而来,现已广泛用于基因工程。它是一种耐热的依赖 DNA 的 DNA 聚合酶,最适作用温度 75～80℃,在特定 DNA 变性的高温下仍保持活性。所以 PCR 扩增时,只需一次性加入,不必在每次高温变性处理后再添加酶。现已发现多种用于 PCR 技术的 DNA 聚合酶,如 Taq DNA 聚合酶、Pwo DNA 聚合酶、Tth DNA 聚合酶和 $C.\ therm$ 聚合酶等。

4. 用于基因工程的其他工具酶

DNA 外切酶是从 DNA 分子末端开始逐个除去末端核苷酸的酶。常用的核酸外切酶有核酸外切酶Ⅲ和核酸外切酶 T7。在基因工程中用于载体或基因片段的切割加工。

碱性磷酸酶可除去 DNA 或 RNA 链中的 5′-磷酸。在基因工程中主要用于防止质粒 DNA 的自我环化而除去 5′-磷酸,或用于 ^{32}P 对 DNA 或 RNA 进行 5′-末端标记前除去 5′-磷酸。

核酸酶 S_1 是一种高度的单链特异的核酸内切酶,作用于单链 DNA 或 RNA。在基因工程中的主要用途是用于证明基因内部的间隔序列。当一条 DNA 链与它的 mRNA 杂交时,如果在杂交分子中有单链 DNA 环存在,核酸酶 S_1 能够切割这个 DNA 环,这是 DNA 中含有间隔序列的直接证据。在以 mRNA 为模板合成 cDNA 时,常常产生"发夹环",核酸酶 S_1 可以除去这些"发夹环"。由于核酸酶 S_1 能从具有单链末端的 DNA 分子中除去单链尾巴而产生平末端的双链 DNA,因而在质粒的构建和 DNA 重组中被广泛使用。

末端脱氧核苷酸转移酶具有向 DNA 的 3′-OH 末端转移脱氧核苷酸的作用。在基因工程中利用该酶给 DNA 片段加上一段同聚体,形成附加末端。采用 ^{32}P 或者荧光标记的脱氧核苷酸进行 3′-末端标记,以便于 DNA 的分离检测。

自我剪切酶是一类催化本身 RNA 分子进行剪切反应的核酶,也能够催化其他 RNA 分子进行剪切反应。如核糖核酸酶 P(RNase P)中的核酸组分 M1 RNA 能够催化 tRNA 前体的剪切反应而产生成熟的 tRNA 分子。

12.2.2　生物化学分析中的工具酶

1. 多肽链序列分析用工具酶

多肽链氨基酸顺序分析技术近年来有了长足进步,气相氨基酸顺序测定仪的出现,色谱-质谱-计算机系统在多肽链分析中的成功应用,分子克隆技术的飞速发展,使得过去旷日持久的苦战状况有了根本的改善。长达 1000 以上氨基酸残基的蛋白质的顺序分析成果已经见诸文献。但是,蛋白质和核酸序列分析技术之间差距仍然很大,缺乏像核酸序列分析那样的工具酶是未能根本改变的重要原因。目前,在多肽链一级结构测定中,常用的蛋白酶、肽酶专一性都不够理想。例如,肽链水解常用的蛋白酶有金黄色葡萄球菌蛋白酶、胰凝乳蛋白酶、胃蛋白酶、弹性蛋白酶、嗜热杆菌蛋白酶、木瓜蛋白酶及枯草芽孢杆菌蛋白酶等,其专一性大致按此顺序渐减。

多肽链末端分析中所用的工具酶,主要是 C-末端分析用的羧肽酶类 A、B、C 和 Y 四种；N-末端分析用的亮氨酸氨肽酶和氨肽酶 M 两种。值得注意的是,末端分析用的肽酶往往希望它专一性不强,非特异性催化。这对末端顺序逐个水解和排序较为有利。上述几种蛋白酶和肽酶专一性及其应用列于表 12-3。

表 12-3　常见蛋白酶和肽酶的专一性及其应用

类型	酶	来源	主要作用位点	其他部位	特殊应用
肽链内切酶	梭菌蛋白酶	梭菌	Arg		
	鼠颌下腺蛋白酶	鼠颌下腺	Arg		
	Armillariamellea 蛋白酶	*Armillariamellea*	↓Lys	Arg	
	内肽酶 Lys-C	—	Lys		0.1%SDS 或 8mol/L 脲存在下仍起作用
	赖氨酰内肽酶		Lys		
	胰蛋白酶		Arg、Lys		Lys-Pro、Arg-Pro 作用极慢；加 TPCK 抑制胰凝乳蛋白酶
	二羧酸酐修饰胰蛋白酶	胰脏	Arg		
	金黄色葡萄球菌蛋白酶	金黄色葡萄球菌	Glu	Asp	不水解 Glu-Pro
	胰凝乳蛋白酶	胰脏	Trp、Phe、Tyr	Leu、Met、Asn、His	C-端为 Pro 不能水解；加 TLCK 抑制胰蛋白酶
	胃蛋白酶	胃黏膜	Trp、Phe、Tyr、Leu、Met	各种酸性氨基酸	低 pH 下作用,用于二硫键鉴定
	弹性蛋白酶	胰脏	中性脂肪族氨基酸		
	嗜热菌蛋白酶	嗜热芽孢杆菌	Leu、Ile、Met、Phe、Trp、Val	Ala、Tyr、Thr	可在 60℃ 下应用
	木瓜蛋白酶	番木瓜	Arg、Lys、Gly-Phe-X-Y 中的 X-Y 键	广泛	不作用酸性氨基酸
	枯草芽孢杆菌蛋白酶	枯草芽孢杆菌	芳香族和脂肪族氨基酸		其他酶不能水解出足够小片段时用

续表

类型	酶	来源	主要作用位点	其他部位	特殊应用
端肽酶	羧肽酶 A	胰脏	以 Tyr、Trp、Phe 等为 C-末端的键	高 pH 时 Lys 释放快	Gly 及酸性氨基酸释放慢，不作用于 Pro、Hpy
	羧肽酶 B	胰脏	以 Arg、Lys 为 C 末端的键		不作用于 X-Pro、Hpy
	羧肽酶 C	枯草芽孢杆菌	各种氨基酸释放速度不同		应用较少
	羧肽酶 Y	面包酵母	各种氨基酸、疏水氨基酸释放较快		十分有用，还能水解氨基酸酯、酰胺
	亮氨酸氨肽酶	猪肾	N 端为疏水氨基酸	极性氨基酸释放慢	不作用于 Pro 亚胺端（人肝的酶）
	氨肽酶 M	猪肾	N 端各种氨基酸		Pro 亚胺端作用慢，pH 适应范围广
	二肽氨肽酶	肠黏膜	释放 N 端二肽		二肽供色谱-质谱联用

2. 糖链顺序分析用工具酶

糖类的生物化学近 30 多年来的发展十分迅速，特别是糖蛋白和糖脂涉及细胞互相识别、分泌和摄取、变异和转化以及细胞调节等许多重要生物学功能，受到了生物化学家和化学家们的广泛重视。但糖链因其糖有多个羟基成键，其异构体之多，是核酸、蛋白质不能相比的。因此，糖链顺序分析十分困难。目前这方面的技术还不很完备。由于酶具有高度专一性，从糖链顺序分析研究一开始，人们就十分重视寻找专一性强的工具酶。目前，已经获得了不少用于糖链分析的工具酶。如糖蛋白或糖脂上的寡糖组分能够采用特定的酶进行释放：糖苷酶能够专一性水解 O-连接或 N-连接的寡糖；脂酶可以将糖脂中大部分脂类分子水解下来。下面着重介绍糖苷酶在糖链顺序分析中的应用。

糖蛋白中的寡糖链与蛋白质之间的连接主要有 N-糖肽链和 O-糖肽链（图 12-2）。N-糖链连接在 Asn-X-Ser/Thr 序列中，其中的 X 为除 Pro 以外的任意氨基酸残基；O-糖链的结构比 N-糖链简单，连接位点比 N-糖链多，常出现在 Ser、Thr、羟赖氨酸（Hyl）和羟脯氨酸（Hyp）等氨基酸残基上。通过酶解或化学裂解的方法可以断开糖链与肽链特定位置上的键，得到完整的糖链。

从糖蛋白释放完整的寡糖可以采用糖苷酶。糖苷酶可分为两类：一是内切糖苷酶（endoglycosidase），它们专一性水解聚糖链内部糖苷键；二是外切糖苷酶（exoglycosidase），它们只能从聚糖链的非还原端逐个切下单糖残基，而且对单糖基和糖苷键类型有专一性。例如 β-半乳糖苷酶（β-galactosidase）专门水解 Galβ（1→4）GlcNAc 连接的 Gal；神经氨酸酶（neuraminidase）断裂唾液酸 Sia α（2→3/6）Gal 的连接。

酶法水解糖肽常用的酶有糖苷肽酶 A（glycopeptidase A）、肽-N-糖苷酶 F（N-peptide glycosidase F，PNGase F）、内切 β-N-乙酰半乳糖胺酶、内切 β-N-乙酰葡萄糖胺酶（endo-β-N-

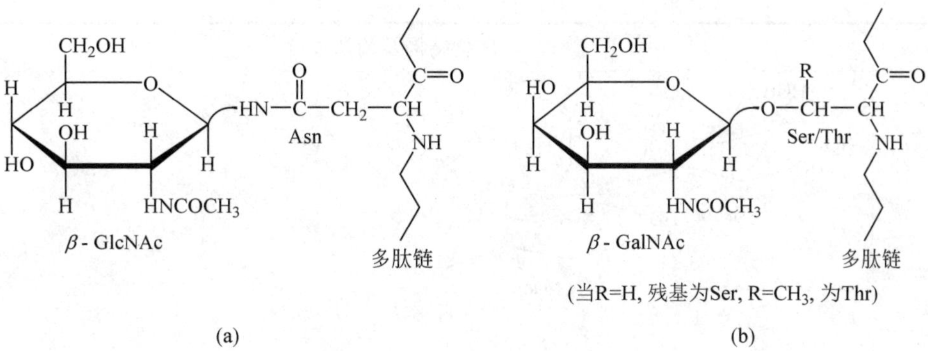

（a）N-糖肽键；（b）O-糖肽键

图 12-2　寡糖链与蛋白质之间的连接方式

acetylglucosa minidase H，Endo H）、内切 α-N-乙酰半乳糖胺酶、内切 β-半乳糖苷酶。酶法具有高效专一、条件温和等特点，其中 Endo H 和 PNGase F 最常用。前者断开 2 个 N-乙酰葡萄糖胺（GlcNAc-GlcNAc）之间的糖苷键，将其中 1 个 N-乙酰葡萄糖胺基团留在多肽链上；后者能解开天冬酰胺与乙酰葡萄糖胺基团（Asn-GlcNAc）之间的连接。

PNGase F 酶是目前糖蛋白组学研究中应用最为广泛的一种 N-糖蛋白鉴定方法。该酶催化活性极高，几乎可以作用于所有的 N-糖链，包括高甘露糖型、杂合型和复杂型糖链等多种类型的 N-糖链。同时使天冬酰胺转变为天冬氨酸，造成相对分子质量增加 0.98，从而起到质量标记 N-糖基化位点的作用。这种方法应用十分方便，但是不能区分自发脱氨基和酶促去糖基化。与 PNGase F 不同，Endo H 在去糖基化时会将 N-糖链五糖核心中与天冬酰胺相连的 N-乙酰葡糖胺（GlcNAc）以外的部分切除，而在糖基化位点处留下 GlcNAc，从而起到标记糖基化位点的作用。天冬酰胺连接的内切糖苷酶的发现为研究这类糖肽的糖链释放开创了新纪元。

已报道的有 5 种内切 β-N-乙酰氨基葡萄糖酶，它们是内切 β-N-乙酰氨基葡萄糖苷酶-D、H、C_1、C_{11} 和 L。它们的底物专一性如表 12-4 所示。

表 12-4　常见内切糖苷酶的特性

酶	底物结构及酶切位点
内切 β-N-乙酰氨基葡萄糖苷酶：D 和 C_1 酶	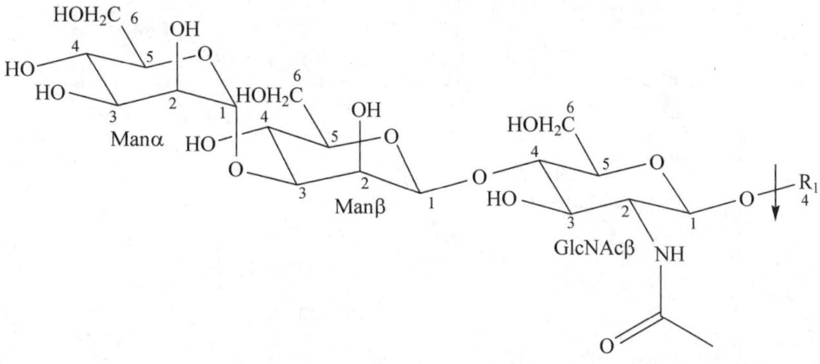

酶	底物结构及酶切位点
H 酶	
C₁₁ 酶	
L 酶	

酶	底物结构及酶切位点
内切 β-N-乙酰氨基葡萄糖苷酶	
内切 β-半乳糖苷酶(肺炎双球菌)	
产黄素角质溶解菌	

* 表 12-9 中 R＝糖基或氢；R₁＝Glc NAc-Asn，Fucα1→6Glc NAc-Asn，Glc NAc，Fucα1→6Glc NAc，Glc NAcOH 或 Fucα1→6Glc NAcOH；R₂＝Glc NAc-Asn，Glc NAc，或 Glc NAcOH；R₃＝Ser 或 Thr；R₄＝Glc 或 Glc NAc；R₅＝Glc，Glc-ceramide，或 Glc NAc；指向箭头的 ↑ 或 ↓ 表示酶切位点。

表中 5 种内切 β-N-乙酰氨基葡萄糖苷酶都是切断 Asn 连接的糖肽近肽链外的 β1→4 糖苷键。这一类糖肽中的糖-多肽链是通过 N-乙酰葡萄糖胺 β1-天冬酰胺(Glc NAc β1-Asn)键连接。内切 α-N-乙酰氨基半乳糖苷酶、内切 β-半乳糖苷酶(三种不同来源)作用底物的糖肽是另一类型的糖肽，即糖链通过 N-乙酰半乳糖胺-α-Ser/Thr 键连接的。糖链释放后就可以进行糖链序列分析，外切糖苷酶已成为确定糖链顺序的有用工具。例如，在许多糖蛋白的复杂型糖链中广泛存在的九糖(Galβ1→4 Glc NAcβ1→2Manα1→6 Galβ1→4 Glc NAcβ1→2Manα1→3Manβ1→4 Glc NAcβ1→4 Glc NAcOH)，通过外切糖苷酶消化和在 Bio-GelP-4 柱上层析分离，很容易获得其顺序。

外切糖苷酶有许多种，如经 β-N-乙酰氨基己糖苷酶消化，有 2 个 N-乙酰葡萄糖胺被除去，经 α-甘露糖苷酶、β-甘露糖苷酶和 β-N-乙酰氨基己糖苷酶顺序保温，可以分别释放 2 个甘露糖,1 个甘露糖和 1 个 N-乙酰葡萄糖胺。外切糖苷酶中已发现一些糖苷配基专一性不同的酶。例如,从一种曲霉菌($Aspergillus\ saitoi$)纯化的 α-甘露糖苷酶能解离 Manα1→2Man 键,却不能解离 Manα1→3Man 和 Manα1→6Man 键。这是鉴定天冬酰胺链接的高甘露糖型的糖链的有效工具酶。另一些外切糖苷酶与各种寡糖的作用,有非常复杂的糖苷配基专一性,这对复杂的 Asn 链接的糖链结构分析十分有用。例如从肺炎双球菌纯化的 β-N-乙酰氨基已糖苷酶,可以作用 GlcNAcβ1→2Man,GlcNAcβ1→3Gal 和 GlcNAcβ1→6Gal 键,但不解离 GlcNAcβ1→4Man 和 GlcNAcβ1→6Man 键。已广泛用于糖链结构分析。

12.2.3 医药用工具酶

维护人类健康,有赖于医疗水平的提高和药物技术的发展,酶在这方面扮演着多样而重要的角色。总体而论,酶在医药领域中的应用主要有三个方面,即①疾病诊断;②疾病治疗;③药物制造(特别是新药的研制开发)。

1. 疾病诊断用工具酶

准确而及时地诊断病症,可以有效地提高疾病治疗效果。临床医学上建立的诊断技术多种多样,其中酶学诊断技术占有重要地位。一方面,酶具有高效、专一的催化特点,因此酶学诊断方法可靠、简便而又快捷;另一方面,应用于疾病诊断的酶技术一般程序比较简单,成本较低,因而这种诊断技术应用面很广。随着酶学理论和技术的进步,临床诊断用工具酶发展迅速。目前,有关的酶学诊断技术有两种,一种是通过检测体内某种酶活力的变化而诊断疾病;另一种是通过酶法检测体内某些物质的含量而判断疾病发生。

人体作为一个复杂的代谢系统,其处于健康状态时,体液中某些酶的含量及活性都比较恒定。但当疾病发生时,由于代谢状态变化或在某些调节机制作用下,某种或某些酶的活性发生明显变化。这些与病理过程紧密联系的酶活性水平可以作为临床诊断的重要指标。目前,用作临床诊断指标的酶有 50 多种,其中常用工具酶如表 12-5 所示。如血清中的谷丙转氨酶(GPT)活性是肝炎临床诊断的一个重要指标,其酶学依据为:根据组织分布的特点,GPT 主要存在于肝细胞中,在肝外(如血清)细胞中则很少;肝炎损伤肝细胞导致 GPT 从肝脏释放到血液中,从而引起血清中 GPT 活力上升,其上升幅度与炎症程度正相关。SOD 可作为矽肺诊断的指标。矽肺是由于粉尘中的 SiO_2 引起自由基反应启动膜的脂质过氧化反应而导致膜损伤,引起肺泡巨噬细胞破坏与分解而造成矽肺。通过测定 SOD 的含量作为矽肺诊断指标。

表 12-5 临床医学诊断中的常用工具酶

酶 名	酶 源	临床医学诊断用途
诊断指标用工具酶		
α-淀粉酶	血清、血浆、尿液	急性胰腺炎、肾炎、肝炎诊断
溶菌酶	组织积液、唾液、血清	结核病诊断
腺苷脱氨酶	组织积液、唾液、血清	结核病诊断
胆碱酯酶	血清	肝炎诊断
谷丙转氨酶	血清	肝炎、心肌梗死症诊断
谷草转氨酶	血清	肝炎、心肌梗死症诊断
碱性磷酸酶	血清	佝偻病、软骨病、骨瘤诊断
酸性磷酸酶	血清	前列腺癌、肝炎、红细胞病变诊断

续表

酶 名	酶 源	临床医学诊断用途
诊断指标用工具酶		
γ-谷胺酰转肽酶	血清	肝癌、胆道癌、胰头癌、肝硬化、阻塞性黄疸症诊断
精氨琥珀酸裂解酶	血清	急、慢性肝炎诊断
胃蛋白酶	血清	胃癌、十二指肠溃疡症诊断
磷酸葡萄糖变位酶	血清	肝炎、癌症诊断
醛缩酶	血清	肝炎、心肌梗死、癌症诊断
碳酸酐酶	血清	坏血症、贫血症诊断
乳酸脱氢酶	血清	肝炎、肝癌、心肌梗死症诊断
山梨醇脱氢酶	血清	急性肝炎诊断
5-核苷酸酶	血清	阻塞性黄疸、肝癌诊断
脂肪酶	血清	急性胰腺炎、胰腺癌、胆管炎诊断
单胺氧化酶	血清	肝炎、糖尿病、甲亢症诊断
亮氨酸氨肽酶	血清	肝癌、阴道癌、阻塞性黄疸症诊断
诊断试剂用工具酶		
脲酶	刀豆	测定血、尿中尿素含量以诊断肝、肾病变
尿酸酶	牛肾	测定血、尿中尿酸含量以诊断痛风症
3-磷酸甘油醛脱氢酶	兔肌	测定血中三酰甘油含量以诊断肝部病变
肌酸激酶	兔肌	测定肌苷或肌酸含量以诊断心肌梗死、肌炎或肌肉创伤
胆固醇氧化酶	*Norcardia erythropotis*	测定血清胆固醇含量以诊断血脂紊乱
乙醇氧化酶	*Candida boidinlii*	检测体内乙醇含量以诊断肝胆疾病或急性酒精中毒
葡萄糖氧化酶	*Aspergilius niger*	测定血清、尿液中葡萄糖含量以诊断糖尿病

注：临床医学诊断中的指标酶多取自人血清，而且多数情况下不宜采用溶血血清作为酶源。

疾病发生常引起人体体液中某些物质含量的变化。譬如，糖尿病导致尿液或血液中葡萄糖含量升高；痛风症导致血液中尿酸含量上升。这些病理相关物质的含量可以作为临床诊断的重要依据。运用分析化学方法如液相/气相色谱技术或毛细管电泳技术检测，则面临仪器昂贵、操作复杂、目标物质提取困难等诸多问题；但酶法分析独具特色。应用葡萄糖氧化酶和过氧化氢酶的联合作用，可以直接检测血液或尿液样品中的葡萄糖含量，不需提取目标物质即可完成糖尿病临床诊断。这两种酶都可以应用固定化技术制成酶试纸或酶电极，临床检测过程更加快速便捷。此外，利用尿酸酶测定血液尿酸含量以诊断痛风症，利用胆碱酯酶或胆固醇氧化酶检测血液胆固醇含量以诊断心血管疾病，都是临床诊断上常用的酶法检测技术，同样这些酶可以经固定化制成电极装置以简化操作过程。

酶标免疫检测技术发展较快。这种酶化学与免疫学有机结合的技术，其要点是先将"标记酶"（如常用的碱性磷酸酶或过氧化物酶）与某种抗原或抗体结合；然后将这种酶标抗体或抗原与待检测的抗原或抗体结合；最后通过酶催化反应的相关定量转化关系测定酶含量，进而推算酶-抗体-抗原复合物中的待测的抗原或抗体的含量，从而诊断某种疾病的发生。这种技术可用于临床诊断病毒或病原菌感染所导致的疾病，如乙型肝炎、疱疹、麻疹及血吸虫病等。随着细胞工程与单克隆抗体技术的发展，酶标免疫检测技术正朝着精细化、快速化和便捷化的方向迅速发展。

2. 疾病治疗用工具酶

酶在疾病治疗方面的应用是一个古老而又崭新的话题。在历史上,人们很早就利用饴治疗消化不良。但在科学水平低下的古代,人们还不知道从酶学机制出发主动将酶用于疾病的治疗。随着现代酶学的发展,越来越多的酶被开发作为药物用于疾病治疗。用于疾病治疗的酶统称为药用酶。由于酶的高效性和生命分子属性,作为药物具有疗效明显、毒副作用小等优点,在医疗上的应用越来越广泛。目前临床使用的药用酶种类已有700多种,大致可以划分为以下五类(表12-6)。

表 12-6　一些常用的治疗用工具酶

酶名	酶源	剂型	给药方式及用途
助消化酶类			
胃蛋白酶	胃黏膜	粉、片、糖浆	口服为主,助消化
胰酶	猪胰	肠溶片、多酶片	口服为主,助消化
高峰淀粉酶	米曲霉	肠溶片、糖浆	口服为主,助消化
胰脂肪酶	猪牛胰脏	肠溶片、多酶片	口服为主,助消化
纤维素酶	米曲霉	液剂、粉剂	口服为主,助消化
β-半乳糖苷酶	米曲霉	粉剂	口服为主,助乳糖消化
抗炎、清瘀用酶			
溶菌酶	鸡蛋清	片剂、滴剂、外用膏剂	口服、外用、滴鼻等, 抗炎, 抗出血
菠萝蛋白酶	菠萝皮、茎	肠溶剂	口服,抗炎助消化
链激酶	微生物	油膏剂	局部清瘀,清瘀溶解血栓
木瓜蛋白酶	木瓜果乳汁	肠溶片	口服,抗炎助消化
胶原酶	溶组织梭菌	油膏、注射剂	外用、注射,清洗
胰蛋白酶	牛胰	粉剂、注射剂、肠溶片	口服、注射,局部清洁,抗炎
胰凝乳蛋白酶	牛胰	粉剂、注射剂、肠溶片	口服、注射,局部清洁,抗炎
尿酸酶	牛肾、微生物	注射剂、人工细胞	口服、体外循环
脲酶	刀豆	固定化酶、人工细胞	口服、体外循环
超氧化物歧化酶	猪、牛血红细胞	注射剂、片剂	口服、注射, 消炎, 抗辐射, 抗衰老
心血管疾病用酶			
激肽释放酶	猪胰	片剂	口服,降血压
弹性蛋白酶	猪胰	片剂	口服,降血压血脂
促凝血酶原激酶	脑	外用止血剂	外用,促凝血
细胞色素 C	猪、牛心脏	注射剂	静注
辅酶 Q_{10}	猪心、微生物	注射剂	静注
辅酶 A	猪心、微生物	注射剂	注射
链激酶	人血	注射剂	注射,溶血栓
尿激酶	人尿	注射剂	静注,溶血栓
链激酶	微生物	外用膏剂、注射剂	静注、外用,溶血栓
蚯蚓纤溶酶	蚯蚓	粉剂	口服
肿瘤治疗用酶			
L-天冬酰胺酶	大肠杆菌	注射剂	体外循环、酶微囊、PEG 长效酶白血病治疗
谷氨酰胺酶	*Streptoverticillium griseocaneum*	注射剂	酶微囊,Ehrlich 肉瘤治疗

续表

酶名	酶源	剂型	给药方式及用途
肿瘤治疗用酶			
羧基肽酶	胰岛素细胞	注射剂	Murine 白血病临床治疗给药方式研究中
L-亮氨酸脱水酶	小鼠肝细胞	注射剂	Ehrlich 腹水癌临床治疗给药方式研究中
L-精氨酸酶	人血清	注射剂	Walker 氏肉瘤给药方式研究中
遗传性缺酶症治疗用酶			
氨基己糖酶 A	小鼠胃黏膜	注射剂	载酶脂质体，Tay-Scach 病治疗
α-半乳糖苷酶	小鼠肝细胞	注射剂	微囊酶，Fabry 病治疗
β-葡萄糖脑苷酶	哺乳动物溶酶体	注射剂	载酶红细胞，Gaucher 病治疗
酸性麦芽糖酶	双歧杆菌	注射剂	载酶脂质体，Pomps 病治疗
苯丙氨酸氨基裂解酶	大肠杆菌	固定化酶	体外循环装置，苯丙酮尿症治疗

常用的药用酶有五大类：

（1）促进消化酶类。食物中的各种成分，如蛋白质、糖和脂类物质都可以在相应的水解酶的作用下消化，被人体吸收。人类很早就利用这些酶或含有这些酶的食物作为消化促进剂。由于这些消化酶制剂的最适 pH 为中性或微碱性，因此需要同胃酸中和剂 NaHCO₃ 同时服用。随着酶学研究的深入，人们开发出复合消化剂酶类药物，这类酶制剂不仅可以促进胃部消化，也可促进肠道消化，治疗范围明显扩大，疗效显著增强。如将纤维素酶、耐酸性淀粉酶、耐酸性蛋白酶、脂肪酶和胰酶按一定比例组合，制备的复合消化剂除了治疗一般的消化不良和食欲不振外，还可治疗临床上的急性肠胃炎，以及促进术后消化机能的恢复。

（2）炎症治疗相关酶类。研究表明，酶类药物在治疗临床炎症方面效果明显。各种来源的蛋白酶，包括少数的核酸酶类，若能在被人体消化道吸收后仍保持活性状态，则很有希望被开发成为理想的消炎剂。目前，市面上最常见的酶类消炎剂是溶菌酶制剂；其次为菠萝蛋白酶和胰凝乳蛋白酶制剂。这些消炎酶类药物一般制成肠溶片的形式，以促进其药效的发挥。关于如何促进蛋白酶消炎剂在人体内的吸收，维持蛋白酶的体内活性，延长药物作用时间，增强药物疗效，仍然是当前和未来药用酶研究的一个热门话题。

（3）心血管疾病治疗用酶。心血管疾病的治疗、血栓的清除一直是医学领域的难题。在这方面，酶类药物可以发挥独特的作用。提高血液中的蛋白水解酶的水平，有利于促进血栓溶解。目前，用于这方面临床治疗的酶类主要有链激酶、尿激酶、凝血酶和曲霉蛋白酶等。

（4）肿瘤治疗用酶。在肿瘤的临床治疗方面，酶类药物的作用一直备受关注。有些酶可以选择性地作用于肿瘤组织的营养物质或只干扰破坏肿瘤组织的代谢活动，而不影响正常的组织细胞，如天冬酰胺酶或谷氨酰胺酶对白血病的治疗；有些酶可作为抗原刺激免疫系统而增强机体对抗肿瘤的能力，如神经氨基酸苷酶的作用；还有的酶可以作为抗肿瘤药物的激活剂，如尿激酶可以提高丝裂霉素对肿瘤的抑制效率。目前，核酶（包括脱氧核酶）和抗体酶在研制开发肿瘤治疗新药领域越来越受到关注。

（5）遗传性缺陷症治疗用酶。遗传缺陷症的产生是由于体内代谢系统某些重要酶的缺失，补充相应的酶并模拟其在体内的催化环境，使机体完成自身酶系统所不能完成的代谢环节，对于治疗某些遗传缺陷症十分有效。比如，将苯丙氨酸氨基裂解酶以固定化酶制剂的形式通过体外循环装置给苯丙酮酸尿症患者服用,可以有效地缓解临床症状。

治疗用酶的实例很多,如 SOD 在医学上具有重要应用。SOD 是一种广泛存在于生物体内,能清除生物体内的超氧阴离子自由基(O_2^-),维持机体中自由基产生和清除动态平衡的一种金属酶,具有保护生物体、防止衰老和治疗疾病等作用。人体内经常不断地产生自由基,特别是在病理过程中产生大量的 O_2^-,这些 O_2^- 反过来促进病情加重,因而 SOD 在清除 O_2^- 中则显得异常重要。肺气肿是由于肺组织的中性白细胞含弹性蛋白酶及弹性蛋白酶抑制剂不平衡所致。弹性蛋白酶抑制剂包括 α-蛋白酶抑制剂及支气管黏膜蛋白抑制剂两种,均可受 O_2^- 攻击而失活,导致肺气肿。类风湿关节炎、全身性红斑狼疮等自身免疫性疾病由于机体丧失阻止自身组分的抗体形成,而产生自体抗体。这些抗体引起吞噬细胞吞噬而表现出病理状态。吞噬细胞在吞噬过程中产生大量的 O_2^-,O_2^- 攻击机体而加剧病变。某些药物中毒、氧中毒、大气污染综合征和老年性白内障等疾病的发生均与 O_2^- 相关联。机体内的 O_2^- 可以引起各种疾病,SOD 作为 O_2^- 的天然清除剂,在正常情况下,O_2^- 与 SOD 保持动态平衡;但在病理状态下产生过量的 O_2^-,机体本身产生的 SOD 不能完全清除,这些过多的 O_2^- 则对机体产生危害。因此通过注射或口服 SOD 药物增加机体中的 SOD,达到治疗疾病的作用。目前,许多研究者根据 SOD 的无致敏性和无抗原性的特点,采用 SOD 制剂来治疗疾病。如直接注射 SOD 制剂于发炎的关节部位来缓解类风湿关节炎;口服 SOD 治疗药物对抗生素中毒有较好的疗效;SOD 还可促进骨折后细胞分裂、增殖和骨的生长,缩短骨折愈合时间。

虽然 SOD 研究广泛,但其临床应用仍有一定困难。如静脉注射 SOD 在体内半衰期短(仅为 6min),口服有可能在胃肠道被破坏,能否被吸收也是问题。人体内 SOD 过少会引起许多疾病,但 SOD 过多也会引发某些疾病,例如精神病。正常人 SOD 平均为 58.1μg/mL 血或 461.4μg/g Hb;而各种精神病患者 SOD 含量较正常人高出约 27%。原来 O_2^- 是吲哚胺双加氧酶的一种底物。该酶的一种作用是可降解二甲基色胺或 5-羟色胺,而二甲基色胺是作为脑中一种代谢中间物而正常存在的一种致幻剂。SOD 水平过高,则导致 O_2^- 含量过少,使吲哚胺双加氧酶不能起作用,这样脑中致幻剂积累过多即易引起精神错乱。随着对 SOD 研究的日益深入,SOD 作为一种新型酶制剂,在医药、农业、保健品、食品等方面必将得到广泛的应用。

3. 酶在制药领域的应用

酶催化具有高效专一的特点,酶促转化不但速度快,而且副反应少,产物相对单一,这非常符合医疗行业对药剂纯度的要求。因此,酶法制药在现代医药工业中占有十分重要的地位,不少贵重药物都是采用酶法生产。

(1) 酶法生产手性药物或中间体。手性药物是分子结构具有手性特征的药物,目前世界上的合成药物中,约 40% 为手性药物。传统化学法合成的手性药物,多数以消旋体形式上市。由于起药效作用的通常只是其中一种对映体,而另一对映体药效很差,甚至有不良副作用。1992年美国食品和药物管理局(FAD)规定手性药物应以单一对映体形式上市。单一对映体药物可用手性拆分或手性合成(即不对称合成)的方法制备。由于酶具有高度特异性,在手性药物的开发中倍受青睐,已成为研究热点和发展方向。如采用猪胰脂肪酶等对环氧丙醇丁酸酯进行拆分,可以得到单一对映体。环氧丙醇是一个非常重要的手性药物合成的中间体,可以用于合成 β-受体阻断剂类药物、治疗艾滋病的 HIV 蛋白酶抑制剂、抗病毒药物等。非甾体抗炎类手性药

物如萘普生、布洛芬、酮基布洛芬等的生产中用脂肪酶在有机介质中进行消旋体拆分,可得到
S-构型的活性成分:2-芳基丙酸的衍生物(CH_3CHArC)。它广泛用于治疗关节炎、风湿病的消
炎镇痛药物。

(2) 青霉素酰化酶合成 β-内酰胺类抗生素。β-内酰胺抗生素包括青霉素和头孢霉素,是临
床医学广泛应用的抗生素,酶法生产是其重要来源。应用青霉素酰化酶既可以催化青霉素或头
孢霉素水解生成 6-氨基青霉烷酸(6-APA)或 7-氨基头孢霉烷酸(7-ACA);又可以催化青霉素
酰基化,从 6-APA 或 7-ACA 出发合成新型的青霉素或头孢霉素。这些新型的内酰胺抗生素由
于其侧链基团的改变而具有新的抗菌性质,甚至具有 β-内酰胺酶活性,于是耐药性降低,临床使
用范围有所扩大。固定化青霉素酰胺酶是医药工业上广泛应用的一种固定化酶,可用多种方法
固定化,1973 年已用于工业化生产制造各种半合成青霉素和头孢霉素。同一种固定化青霉
素酰胺酶只要改变 pH 条件,就可以催化青霉素或头孢霉素水解生成 6-APA 或 7-ACA;也可以
催化 6-APA 或 7-ACA 与其他羧酸衍生物反应合成新的具有不同侧链基团的青霉素或头孢
霉素。

将固定化酶技术与生物反应器结合应用于抗生素生产,将会导致以发酵工业和化学合成工
业为基础的抗生素生产行业乃至整个制药行业的根本性变革。我国已经应用大环内酯-4-丙酯
化酶固定化技术以及产米卡链霉菌突变菌株固定化技术将螺旋霉素转化为丙酰螺旋霉素。酶
法生产其他药物还包括治疗帕金森氏综合征的多巴、抗肿瘤与抗病毒药物阿糖苷或阿糖腺苷、
胰岛素等。

(3) 新药研制与工程酶的应用。在制药领域,新药研制与开发一向同酶学理论的新进展以
及新型酶的出现密切相关。与传统酶学研究相比,抗体酶、核酶和脱氧核酶是现代酶学研究的
新型酶,这些新酶的涌现很大程度上改变着传统的制药工艺和药物设计理念。有关抗体酶的应
用见本书第 11 章相关部分。

值得注意的是,目前新药设计的主流思想是根据药物在生物体内可能的作用目标(酶或受
体)来设计药物。按照这种理念设计的药物称为酶标药物。在抗生素工业方面,人们认识到细
菌对青霉素的耐药性缘于青霉素诱导合成的青霉素酰胺酶可以促进青霉素水解,故针对青霉素
酰胺酶设计合适的抑制剂,作为酶标药物与青霉素共同作用,有望消除细菌对青霉素的抗性,增
强该抗生素的临床药效。近年来研究发现,对人类健康构成巨大威胁的艾滋病的感染和传播与
艾滋病病毒颗粒表面的蛋白酶关系密切。因此,该蛋白酶抑制剂的研究以及基于相关抑制剂的
靶标药物设计成为临床医学关注的热点,人们希望由此找到防止艾滋病病毒感染和治疗艾滋病
的新方法。

12.3　同工酶分析与应用

同工酶(isozymes)是指结构和性质不尽相同,但能催化相同化学反应的一类酶。同工酶分
析技术作为在分子水平上研究生命现象的重要手段之一,在遗传学、育种学、发育生物学、生理
学、分类学、医学和病理学中得到了日益广泛的应用。同工酶作为一组分子标志物,利用酶灵敏
而专一的检测之便,显现生物物种或个体基因型的共性和个性。这给遗传育种学家和分类学家
们提供了一种精良的判别遗传标志的工具;而发育生物学家,则利用生物个体发育进程中,不
同分化程度的细胞,在同工酶基因表达上的差异,有效地标志细胞类型及细胞在不同条件下的

分化程度情况,以及个体发育与系统发生之间的关系等。生物化学家和生理学家更关心不同器官组织中,同工酶的动力学、底物专一性、辅因子专一性、变构等性质的差异,从而解释它们的代谢功能差别。医学和临床诊断学家们则把器官组织血清及其他液体中同工酶谱的变化,看作机体组织损伤、遗传缺陷或肿瘤分化的分子标记物等。同工酶的研究和应用已得到迅速发展。

12.3.1　同工酶分类

同工酶在自然界普遍存在,最早由 Fischer 在 1895 年发现。20 世纪 50 年代初期(Meister,1950;Neilands,1952)分离提纯了心肌中的两种乳酸脱氢酶;1957 年,Hunter 和 Markert 将淀粉凝胶电泳和组织化学染色法结合起来,建立了最初的酶谱技术,成功用于数种酯酶和其他酶的分离鉴定。1959 年,Markert 和 Moller 系统总结了前人的研究成果,提出同工酶的概念。1964 年国际应用化学联合会和国际生物化学联合会(IUPAC/IUB)确认了酶的多型性(Polymorphism)和同工酶的概念。将同工酶定义为:在同一种属中,由不同基因座或等位基因编码的多肽链单体、同聚体或异聚体,其理化和生物性质不同,但能催化相同化学反应的酶。同工酶种类多,通常根据同工酶的成因,将其分为两大类:

1. 遗传成因或原发性成因同工酶类

这类同工酶的酶蛋白或亚基是由不同基因编码而成,也简称原级同工酶(primary isozyme)。可进一步根据编码基因座异同而分成两个亚类:①多基因座(multiple genetic locus)同工酶。这类同工酶的酶蛋白或其亚基,由染色体上不同基因座的基因编码;或者由不同细胞合成酶的不同亚基;或者在个体发育不同阶段,基因座的表达有所不同。因而,这类同工酶的酶谱,可能存在组织差异性、同一组织内的发育阶段差异(彩图 12-3A)。②复等位基因(multiple alleles)同工酶。在二倍体基因组中,每一基因座有分别来自父本 DNA 和母本 DNA 的两个基因。若是两个有差异的等位基因的杂合子,将产生两个有差异的酶亚基,从而产生在许多性质上相近的同工酶(彩图 12-3B)。若是两个相同等位基因的纯合子,则只合成一种酶亚基,但是这并不排除该亚基形成同二聚体。同工酶分析中应尽可能取纯系的个体材料。

2. 转译后成因或继发性成因同工酶类

多肽链转译后,常发生各种修饰反应,因而,由修饰的和未修饰的亚基经不同组合产生同工酶。即转移后成因或继发性成因的同工酶,也称次级同工酶(secondary isozyme)。修饰反应很多,例如加糖链、肽链部分切除、磷酸化、甲基化、酰胺键的水解、二硫键的形成等。这将产生分子结构上有差别但免疫学性质相同的同工酶。

除上述两类成因的同工酶外,现在还发现,某些同工酶,可能是由同一基因或一个原始的共同基因的转录产物,经不同的加工而成有差异的 mRNA 所编码。因而,它们的氨基酸组成和有限水解的肽谱相似。显然,这样的同工酶是转录后加工水平上不同而产生的。值得注意的是,酶分离提取过程,也可能产生酶结构上的改变,从而造成所谓酶的表面多样性,而被误认为是同工酶,这是同工酶分析中应当排除的。

12.3.2　同工酶的鉴定

同工酶的鉴定主要包括两点:①鉴定其真伪,即排除酶的表面多样性;②鉴定同工酶的类型,即确定其成因。鉴定方法可大致归纳为三大类:①生物化学的方法,如动力学方法、肽谱分析、末端分析、氨基酸组成分析和序列分析、亚基组成分析等;②生物学方法,主要是遗传学的方法,如常规杂交、细胞杂交、基因定位等;③免疫学的方法,如免疫扩散、免疫电泳等。通过各种鉴定相互印证,方可得出可靠的结论。通常从看到酶的异质性起,到最后阐明其成因,需要经历很长时间的研究。

1. 酶的表面多样性鉴别

酶的表面多样性产生的原因很多,主要有三方面:①酶样品提取过程形成的表面多样性。例如,非生理性的离子浓度,可以导致酶与配体的非特异结合,从而改变酶的表面性质。细胞破碎时,因蛋白酶类释放,致使被检酶部分降解;或糖苷酶类致使酶表面糖链降解。如具有 N-乙酰神经氨酸支链的酶,糖链的降解将明显改变酶分子的表面电荷性质,从而改变其电泳迁移率等,造成表面多样性。②酶分离过程产生的表面多样性。例如电泳时,酶可以与缓冲溶液中的某种成分结合,或电泳过程因次级键的破坏或重建,改变酶亚基的组成。离子交换色谱和亲和色谱过程,强烈的洗脱条件,甚至造成酶蛋白变性等。③误检。在酶活性检测时,通常底物浓度远比生理状态高许多,因而可能使某些底物专一性不严格的非被检酶发生反应,被误作为"同工酶"。例如,一些蛋白酶可作用于酯键,因而可能在酯酶检测时,被误认为酯酶"同工酶";天冬氨酸转氨酶具有酪氨酸转氨酶活性,而可能误作酪氨酸转氨酶的"同工酶"等。

2. 预防造成酶表面多样性的途径

以下措施可防止酶表面多样性:①酶样品制备过程,抽提液离子强度勿过高,操作在低温下进行。②在提取液中加入适量的螯合剂(EDTA、柠檬酸),可抑制需金属离子的蛋白酶;特殊地加入苯甲烷磺酰氯(phenylmethan sulfonylflouride,PMSF)或苯脒(benzamidine)抑制丝氨酸蛋白酶类。③添加保护。例如添加非酶蛋白;添加聚蔗糖(ficoll)或蔗糖,对保护糖链防止降解有利。④严格控制提取和分离的条件。如缓冲液的离子种类、离子强度、pH 等,都应注意选择。尽量避免造成人为多样性出现。

3. 排除同工酶表面多样性的实验

确认酶的表面多样性需要进行多方面实验:①选择性抑制实验。基于同工酶常有相近的反应条件,因而采用 pH 抑制、热抑制和化学试剂抑制实验,可以排除表面多样性。如在酶活性检测反应系统中加入非被检酶的抑制剂,或适当稀释底物,或改用被检酶的逆反应底物,常可抑制非被检酶。反之,可用被检酶的抑制剂确认非被检酶的存在。某些因检测系统或酶样污染杂物而产生的表面多样性,通常电泳酶带迁移率具有随机性,重复实验时不能重现。②免疫化学实验。一般来说,除多基因座同工酶外,其他成因的同工酶,通常具有相同的免疫化学性质,或可以发生交叉反应。因此,获得纯同工酶进行免疫化学实验是排除表面多样性的重要手段。③混合酶样本分离方法实验。目前同工酶谱分析仍是有效的研究手段之一,而电泳分离技术存在不同的分辨率,其中薄层凝胶等电聚焦电泳分辨率最高。如鸟类的 LDH 同工酶,在 PAGE条件下,一般难于获得十多条酶带;在等电聚焦电泳时,则可区分开来。只有用高分辨率的方法证明某些酶带是重现性好的酶带,才排除了表面多样性。

12.3.3　同工酶谱分析技术

酶谱技术是一种研究酶多种形式的基本技术。自酶谱技术诞生以来,人们一直都很注重方法的改进,以便提高工作效率和可靠性。下面介绍几种常用的酶谱分析技术。

1. 电泳酶谱复印技术

PAGE 分离的酶样品通常在一块电泳胶板或胶柱只能一次性地直接染色,得到一种酶的酶谱。当生物样品极微量而又需要获得多种酶谱时,直接鉴定法往往限制了研究成果的范围。酶谱复印技术提供一种扩大信息量的途径。复印材料可选用琼脂(糖)胶或乙酸纤维素薄膜。

(1) 琼脂(糖)胶复印:将精琼脂或琼脂糖加热熔化后,配成1%(W/V)左右的溶胶,加入被检酶的底物至一定浓度。如检测 LDH 同工酶,溶液用 0.1mol/L 磷酸缓冲液 pH7.4 制备,内含乳酸钠 0.11mol/L 趁热将溶胶涂布于玻璃板上,厚度约 1~1.5mm,长宽视电泳凝胶而定。样品电泳后,将电泳胶小心转移覆盖于琼脂(糖)凝胶上,并用玻璃棒轻轻辗压,排除其间的气隙。然后在 37℃ 保温一定时间(视酶的检测方法灵敏度和样品量而定),再转移至另一琼脂胶上,进行另一种酶的复印;同时将已复印的琼脂(糖)胶在相应反应系统中显色。如此反复,一般每块电泳胶可复印 4 次左右。

(2) 乙酸纤维素薄膜复印:先将薄膜切成一定大小,浸于水中充分湿润后,用滤纸吸去膜上多余的水分,再浸于被检酶的底物缓冲液中。待其饱和平衡后取出,吸去多余液体,覆盖于电泳胶表面。同样使其充分接触,保温,取下膜显色。一般也可复印 4 次左右。复印保温时间,第一次短(几分钟),以后逐次增加。不同酶采用不同的材料复印时,应事先进行条件实验,再作批量样品分析。

2. 两种酶谱同时显示

在电泳凝胶板上,经过一次染色而同时获得两种酶的图谱,是一种酶谱新技术(周虞灿等,1991)。以 SOD 和 LDH 两种酶同时显色的方法为例,由于 LDH 使乳酸脱氢,经 NAD 和 PMS 传递,最后使 NBT 还原成蓝色甲䐶;而 SOD 恰好相反,由 NADH 被氧化型 PMS 氧化时产生的超氧离子 O_2^-,被歧化酶歧化,使 NBT 不能还原成蓝色甲䐶。因此,在同一块电泳凝胶板上,可以同时在相同反应试剂中显出各自的酶谱,LDH 呈蓝色酶带;SOD 呈无色透明的酶带。

3. 酶谱带相对分子质量测定

单一的纯蛋白(酶)可以用各种方法测其相对分子质量。但是,提纯一种同工酶带则很困难。因此很多同工酶的相对分子质量还没有测定过。罗美中等用普通 PAGE 和梯度 PAGE 结合判断的方法,测定玉米酯酶和过氧化物同工酶的一些酶带的相对分子质量。作者利用玉米自交系幼苗叶片和根酶谱的系间差异和器官专一性,在 PAGE 后,确定了酶带命名、品系和器官间酶谱的共同带和区别带。酶带的相对分子质量由梯度胶上的标准蛋白与样品同时电泳后,切下来单独用考马斯亮蓝法染色后,作标准曲线。酶带进行活性染色,根据各酶带的 m_R 值,即可求知其相对分子质量。玉米酯酶同工酶 E_1、E_2、E_3^F、E_3^S、a、b 和 c 各酶带的相对分子质量分别为 <20000、35200、33000、28500、29900、28500 和 34000。

4. 酶谱的计算机描绘方法

酶电泳图谱的记录主要有直接绘图、摄影、薄层光电扫描等方法。其中摄影法虽能摄下图谱的实物,但印制的图片常会使原先颜色浅淡的谱带丢失;扫描法记录的图谱,不仅需要昂贵的薄层扫描仪,而且所得扫描曲线图不够直观;扫描结果常与实物像不完全一致。因此,直接绘图法仍是必要的记录方式。但直接绘图法单凭肉眼观察和手工描绘,常会存在一定的人为误差。计算机描绘电泳图谱使电泳图谱描绘准确性和效率大为提高。

12.3.4 同工酶的应用

同工酶分析技术经过 50 多年的发展越来越成熟,在分子水平的科学研究上起了十分巨大的作用,并在动物、植物、微生物、农业和医学等方面都有广泛的应用。早期的研究大多数停留在一种或少数几种酶谱带的异同上，如 LDH、EST 等；20 世纪 90 年代以后开始大规模研究十几种甚至几十种同工酶的表达模式。迄今为止，被详细研究的同工酶已有几百种。主要的同工酶种类有：LDH、POX、GAT、SOD、EST、淀粉酶 AMY、乙醇脱氢酶 ADH、苹果酸脱氢酶 MDH、葡萄糖 6 磷酸脱氢酶 G6PDH、异柠檬酸脱氢酶 IDH、延胡索酸酶 FUM、谷氨酸脱氢酶 GDH、α 磷酸甘油脱氢酶 α-GPDH、苹果酸酶 ME、ATP 酶、山梨醇脱氢酶 SDH、谷草转氨酶 GOT、酸性磷酸酯酶 ACP、碱性磷酸酯酶 ALP 等。其中研究最多的几种酶是 LDH（研究最多，也是研究最清楚的一种酶）、SOD、EST、MDH、ADH、G6PDH 等。目前同工酶研究的趋势是利用同工酶手段研究种群遗传结构，分析遗传变异和系统发育。

1. 同工酶在植物系统学研究中的应用

已经广泛应用同工酶分析技术研究植物间的亲缘关系，并获得了较为准确的结果。张淑改等分析了松科四种植物酯酶同工酶谱发现：同一器官在不同种间及同一种内不同组织器官间酯酶同工酶谱差异明显。Brewbaker 分析了玉米的叶、茎、花、种子等不同器官和组织的过氧化物酶（POX）同工酶。结果显示各组织的酶谱差异很大，而且大多数组织有其专一的同工酶带，说明高等植物同工酶具有发育阶段特异性和组织特异性。有人证明小麦的 POX 的活性与株高呈高度负相关。植物 POX 同工酶是植物适应环境变化并能灵敏反应的一类酶，常被作为植物抗逆性的标志。研究发现大庆石化污染区植物 POX 同工酶含量增高，酶带增多，酶活性增强，标志着抗石化空气污染的能力增强。

2. 同工酶与动物分类和发育研究的关系

同工酶是由等位基因或不同基因位点基因所决定的，其谱带的相似性反映了物种遗传上的相近性。陈凤英研究了 25 种脊椎动物不同组织 LDH 同工酶谱与种系发育的关系上进行了相关性研究。乔新美分析了我国长江雌性中华绒螯蟹的酯酶、LDH、MDH 同工酶，发现它们的同工酶存在一定程度的差异，从而推断出这两个水系的中华绒螯蟹是不同种群或两个亚种。Castrillo 等采用同工酶结合 RAPD 技术对北卡罗来纳州和西弗吉尼亚州的 24 个种群的海狸进行了分类研究，使用了 9 种同工酶和 10 种 RAPD 引物。根据出现的 26 条同工酶带和 141 条 RAPD 带，将这 24 个种群分成了 14 个类，其中 3 类由多个种群构成。同工酶进行物种分类时，结合 RAPD 等现代分子生物学检测方法可以使分类更确切可靠。从本质上讲，动物种间乃至种内的区别是基因的差别，而同工酶是由于基因不同表达而成的一组功能相似的蛋白质。同工酶分析可以更直接地揭示不同动物体内在的差别及进化上的相关性，从而使分类的科学性、准确性大大提高。

胚胎发育早期蛋白质合成完全依靠卵子发生过程中从母体获得的 mRNA，这些重要蛋白质（包括同工酶）基本由母体 mRNA 指导合成并保持恒定或缓慢下降。Frankel 等人对鲤科鱼类研究发现：鱼类胚胎发育早期是 LDH-B4 占优势；肌肉细胞分化时 LDH-A4 开始合成；而肝细胞形态发生变化时，LDH-C 亚基开始合成；因而推测肝细胞形态和功能分化可能是鱼类 LDH-C 基因激活所必需的刺激因素。郑元林等发现东方铃蟾 LDH 同工酶在不同发育阶段及不同组织中有特异性，心脏中 LDH1 占优势，骨骼肌和肝脏中以 LDH5 占优势，脑中 LDH1 与 LDH5 的相对含量接近。

3. 同工酶与基因遗传研究的关系

随着现代的分子生物学的发展，正在揭示同工酶表型变化及其内在的基因机制。20 世纪 70 年代初 Fritz 等提出：LDH 同工酶表达的调控过程十分复杂，主要涉及 LDH A、B 亚基的合成,在各四聚体之间亚基的交换,A、B 亚基的降解及各四聚体的降解。张辉分析了黑斑蛙 LDH 和 EST 同工酶的谱带。发现肝脏中 LDH 有 4 条主带、2 条附带,并推测这 4 条主带是两个基因位点指导合成的四聚体形式的同工酶,而两个附带可能是亚基被修饰后的产物;而眼球 LDH 有 6 条主带及数条附带,表明黑蛙眼球的 LDH 由 3 个基因位点决定。分析黑斑蛙 EST 发现有 13 条带、10 个基因位点,其中 Est1、Est3、Est5、Est6、Est7、Est9、Est10 为单态位点,而 Est2、Est4、Est8 为由两个等位基因组成的多态位点。

12.4 固定化酶的应用与前景

酶的固定化研究始于 20 世纪 60 年代中期,随后快速发展。80 年代初达到鼎盛时期,每年约发表 1000 多篇论文和近 200 项专利,所报道的固定化方法多达 100 种以上。固定化酶和固定化技术广泛应用于工农业、医学和临床诊断、化学分析、环境保护与新能源开发、基础理论研究等方面。

12.4.1 在工农业生产上的应用

目前,固定化酶已用于大规模生产氨基酸、核苷酸、果糖浆、半合成抗生素母核和农畜产品深度加工等方面。如采用固定化氨基酰化酶生产 L-氨基酸,固定化葡萄糖异构酶从葡萄糖生产高果糖浆,固定化乳糖酶去除牛乳中的乳糖,固定化脂肪酶生产可可油替代品,固定化耐热蛋白酶制造甜味剂-天冬甜精等;其中固定化葡萄糖异构酶生产果糖浆的应用规模最大。

1. 固定化氨基酰化酶生产 L-氨基酸

L-型氨基酸的需求量在食品、饲料、医药、科研等领域与日俱增。氨基酸生产主要有 3 种途径:一是化学合成(如 Gly、Ala、Met、Phe 等);二是酸水解蛋白质(如胱氨酸等多种氨基酸);三是微生物发酵(如 Glu、Lys 等)。利用氨基酰化酶将化学合成的 DL-型混合氨基酸拆分生产 L-型氨基酸是最好的方法。1969 年,日本田边制药公司采用 DEAE-葡聚糖凝胶将米曲霉氨基酰化酶固定化,用于拆分 DL 乙酰氨基酸,连续生产 L-氨基酸。这是世界上第一种用于工业化生产的固定化酶,生产成本仅为游离酶的 60%。现已研制了各种固定化氨基酰化酶,日本已设计了利用固定化氨基酰化酶连续生产 L-氨基酸的酶反应器系统,并能自动控制。我国研制的固定化酶不仅可以拆分天然蛋白质组分 α-氨基酸,而且可以拆分其他 α-氨基酸。例如拆分乙酰-DL-α-氨基丁酸,为生产乙胺丁醇开辟了一条新的工艺路线。L-Asp 在医药、食品和化工等方面有着广泛用途,其工业生产以前采用化学合成和发酵法。现已研制了固定化细胞(常用大肠杆菌)进行 L-Asp 连续生产的工艺。上海市工业微生物研究所与天厨味精厂协作,采用 120 升柱式反应器,连续使用 60 多天,先后生产出 5 吨 L-Asp。质量合格并已出口到德国。2014 年 Ke 等人利用多壁碳纳米管吸附固定化 BCL 脂肪酶(洋葱伯克霍尔德脂肪酶),并用于 1-苯乙醇手性拆分反应。结果发现拆分反应平衡所需的时间从几天缩短到 10min。显示出巨大的应用前景。

2. 葡萄糖和果葡糖浆生产

酶法生产葡萄糖由 α-淀粉酶将淀粉液化,再用葡萄糖淀粉酶糖化为葡萄糖。医药用葡萄糖不必考虑甜度;如作食用,其甜度只有蔗糖的 74%。但它的异构体果糖的甜度却是蔗糖的 173.3%。利用微生物的葡萄糖异构酶将淀粉生产的葡萄糖异构化,可得到 40%~50% 转化率的果葡糖浆。随着酶固定化技术的兴起，60 年代开始固定化淀粉酶和葡萄糖异构酶的研制，并很快实现了工业化生产。目前日本已成为世界上果葡糖浆最大的生产国。我国在这方面的研究也取得了可喜的成就，现已建成年产万吨果葡糖浆生产的设备。葡萄糖异构酶成为世界上生产规模最大的一种固定化酶。

3. 核苷酸生产

核苷酸是核酸合成研究中的重要原料，也可用作医药工业原料或直接作为药物使用。以前采用水溶性核糖核酸酶降解法生产 3′-核苷酸效率很低；而用 5′-磷酸二酯酶降解核糖核酸生产 5′-核苷酸成本较高。20 世纪 70 年代，中国科学院上海生物化学研究所已先后研制成固定化酶生产技术，并投入生产，具有高效、生产成本低等明显优势。多聚次黄嘌呤-胞嘧啶核苷酸（Poly I-C）是一种干扰素诱导物，可用于治疗病毒病。1979 年，我国研究人员将 E. coli 的多核苷酸磷酸化酶偶联到 ABSE-交联琼脂糖上，成功地用于工业生产 Poly I-C，连续生产一年而不失活。

4. 农畜产品深加工

牛乳的乳糖婴儿不能消化，会引起消化不良或腹泻。美、日等国大力开展了固定化 β-半乳糖苷酶连续制造脱乳糖牛乳的研究，由于乳糖水解生成果糖，增加了甜度，因而用于制造冰淇淋和炼乳也更为有利。干酪制造中需要用凝乳酶，此酶最初由小牛胃膜分离，现改用微生物凝乳酶。但由于干酪需求增长快，酶源紧缺，而固定化凝乳酶可以连续使用。啤酒中含有许多酚类，在长期放置过程中，会与多肽结合形成冷混浊。添加木瓜蛋白酶等蛋白酶水解其中的蛋白质，可以防止冷混浊现象。固定化木瓜蛋白酶和固定化多酚氧化酶可用于啤酒处理。蔗糖生产时，常因压榨出的糖汁中存在葡聚糖，给澄清工序带来麻烦。采用固定化葡聚糖酶处理糖汁，能有效地分解葡聚糖。除上述简要介绍的应用之外，还有许多工业上的应用，如甾体激素类药物生产、有机酸的生产等，也有大量的研究报道，在此不再列举。

12.4.2　固定化酶与治疗

目前，酶已在内科、外科、口腔科、皮肤科、耳鼻喉科、眼科、妇科、放射科等临床治疗方面广泛应用，并已发展成一个新的医学分支——酶疗法。但由于酶的蛋白质属性，会产生免疫反应；溶液酶易被网状内皮系统移除或被各种蛋白酶水解；常不能保持最适的治疗浓度。选用适当的载体和方法，制成各种治疗目的的固定化酶，为酶法治疗开辟了良好的前景。目前固定化酶在治疗酶缺乏症、癌症、代谢异常症以及制造人工脏器等方面，已取得了引人注目的成果。例如固定化 L-天冬酰胺酶可用于治疗白血病。L-天冬酰胺酶能分解 L-Asn 生成 L-Asp 和 NH$_3$。由于人体正常细胞有 L-天冬酰胺合成酶，可以合成 L-Asn，因而细胞的蛋白质合成不受影响。癌细胞本身缺少或没有 L-天冬酰胺合成酶，因而 L-Asn 被注射的 L-天冬酰胺酶分解后，就缺少了合成蛋白质的一种原料，蛋白质合成受影响，最终导致癌细胞死亡。微囊酶可治疗先天性酶缺乏症。缺乏苯丙氨酸羟化酶的患者，不能使苯丙氨酸转变为酪氨酸，而是变为苯丙酮酸、苯乳酸等随尿排出。患者智力发育迟缓，又称精神幼稚病。将该酶和 NAD 制成微胶囊固定化酶，直接注射患儿体内，能有效地治疗此症。

药用酶可通过固定化提高其稳定性及缓释性、并可除去免疫原性。如采用大孔径 N-聚氨乙基丙烯酰胺为载体固定化前列腺素合成酶合成前列腺素衍生物 E1，显示出良好的活性及贮存稳定性；微囊固定化过氧化氢酶具有良好的酶活性及稳定性，在临床检测及卫生防疫方面具有广泛用途；葡聚糖磁性纳米微粒固定化 L-天冬酰胺酶具有通过血液注射治疗急性淋巴白血病的医用前景。固定化酶在临床分析中已得到良好应用,如 SBA-4JD 型尿素氮葡萄糖分析仪的关键部件是由 3 种酶复合而成的固定化酶膜电极,可以通过血液或尿液中尿素的变化检测运动后的疲劳程度。固定化脲酶由酶与离子交换树脂一起制成微小胶囊脲酶可分解尿素生成 NH_3 和 CO_2;利用固定化脲酶和活性炭一起制成的体外循环装置可用于治疗肾脏疾病(人工肾),而且大大提高了疗效。此外,荧光素酶的生物传感器在医学等诸多领域有着潜在的应用前景。固定化酶在医药上的应用,还有许多问题需要解决。包括载体选择、固定化方法、载体物质进入人体后的代谢途径、固定化酶在体内环境下的性状变化等都需要深入探讨。

12.4.3　固定化酶与环境保护和新能源开发

环境保护和能源问题是 21 世纪人类面临的两大全球性难题。固定化酶和固定化细胞技术的应用是解决这两大难题的重要方法。在环境保护方面,固定化酶和固定化细胞的作用有两点:一是用于环境监测;二是用于污染物处理。固定化酶的重要用途之一是处理废水中一些有毒有害物质,防止或减轻污染。酚类化合物是废水中一类常见的高含量污染物,漆酶可以氧化酚类化合物;因而固定化漆酶应用较为广泛。固定化热带假丝酵母的复合酶系能分解酚,可用于处理含酚废水。固定化多酚氧化酶柱与氧电极结合,可以检测出水中 20mg/L 的酚;固定化胆碱酯酶能检测空气或水中的微量酶抑制剂(如有机磷农药),灵敏度可达 0.1mg/L;固定化硫氰酸酶可用于检测氰化物。

由于废水组分复杂,利用单一的固定化酶处理很难收到好的效果。采用多酶固定化体系组合处理才能使有机物完全矿化和保持无害稳定排放。如德国有人将 9 种有机磷农药降解酶共价组合固定在多孔玻璃珠和硅胶上制成固定化酶,处理含硫磷农药废水,可获得 95% 以上的处理效果。连续工作 70 天,酶的活性变化不大。说明多种酶的组合协同作用优于单一酶固定化的效果。日本学者采用固定化的淀粉酶处理淀粉废水和造纸废水;美国科学家报道了二氧化硅凝胶为载体的固定化酶传感器可以监测大气中二氧化碳的含量变化。利用固定化酶布、酶粒、酶片或装成多酶柱,可以根据污染源的数量、污染物的性质进行选配。如造纸厂废水中含有大量淀粉和白土混悬的胶态物,用固定化 α-淀粉酶可以连续处理这种废水中的胶态悬浮淀粉,使纤维沉淀分离除去。利用固定化反硝化小球菌还原硝酸和亚硝酸盐的能力,可以处理含硝酸和亚硝酸盐的废水。利用固定化丁酸梭菌的酶系,分解乙醇产生 H_2,已被用来处理酒精厂的生产废水。而 H_2 又是重要的能源物质,这就起了变废为宝的作用。

虽然有许多微生物可以产生 H_2,但产氢系统不稳定。有人利用固定化丁酸梭菌连续产氢,稳定性比天然细胞好。重水 D_2O 是铀裂变反应堆中的快中子慢化剂;而氚又是热核反应废水的污染物(HTO)。因此,在核能利用中,分离 H、D、T 是重要环节。近年来,已研制固定化氢酶代替催化 H-T 交换反应的催化剂铂。不仅价格便宜,而且催化活性高得多,对 CO 和 O_2 的抗性也较大。利用固定化氢产生菌分解废水中的有机物,将 H_2 导入由 Pt 阳极和炭棒阴极组成的电池,和空气中的 O_2 反应而产生电流;同时废水的生化耗氧量下降。再将废水引入装有固定化好气微生物的反应器,可将生化耗氧量进一步降低到 50mg/L 以下,这种系统即是生化电池系统。既产电能,又净化污水,一举两得。

12.4.4　在酶分析中的应用

固定化酶在分析化学和临床诊断中的应用早已受到人们重视。20 世纪 60 年代酶法分析专著问世时,已有专章论述固定化酶在分析检测中应用;现在固定化酶在分析化学中的应用已相当广泛。从固定化酶的应用形式看,有简便快速酶试纸、灵敏专一的酶电极,以及与分光光度计、荧光计或电量计结合使用的酶柱和酶管等。如固定化葡萄糖氧化酶、过氧化物酶试纸,可用于检测糖(尿糖、血糖等);固定化乳糖酶试纸,用于检测癌症病人粪、尿中的排泄乳糖含量,可作为诊断指标之一。LDH、葡萄糖氧化酶、脲酶、乙醇脱氢酶、苹果酸脱氢酶柱与分光光度计组合成的自动分析仪,可用于临床检测乳酸、葡萄糖、尿素、乙醇、L-苹果酸等。还有广泛用于测定糖类、氨基酸、有机酸等的各种酶电极(酶传感器)。酶传感器是采用固定化酶作为敏感元件的生物传感器。常见类型包括酶电极传感器、酶热敏电阻传感器、酶场效应管传感器等。下面仅简单介绍酶电极和酶柱(管)感应分析器。

1. 酶电极(酶传感器)

酶电极研制应用较早,但至今仍是热门研究课题。酶电极由固定化酶与各种电化学电极(如离子选择电极、氧化还原电极等)组合而成。它将酶的专一性、灵敏性与电化学测量的简便性有机结合,因而既有酶的分子识别和选择性催化功能,又有电化学分析响应快、操作简便的特点,能够快速有效检测样品中某种化合物含量。1962 年,Clark 和 Lyons 提出模型;1967,年 Updike 和 Hicks 最先制造出用于葡萄糖定量分析的酶电极,从而开辟了一种新型自动分析仪器的研制途径。目前,酶电极已广泛用于糖类、氨基酸、有机酸、激素、醇类等物质的测定。

酶电极主要有电流型和电位型两种。电流型酶电极是利用酶促反应产物在电极上发生氧化或还原反应产生电流信号,在一定条件下,测得的电流信号与被测物质浓度呈线性关系。基础电极常用氧电极、过氧化氢电极等,还可以采用近年来开发的经修饰的铂、钯、金等基础电极。电位型酶电极是将酶促反应所引起的物质量的变化转化为电位信号输出,电位信号大小与底物浓度的对数值呈线性相关。常用基础电极有 pH 电极、气敏电极(CO_2、NH_3)等,基础电极影响着酶电极的响应时间、检测下限等性能。电位型酶电极的适用范围取决于底物的溶解度和基础电极的检出限。一般为 10^{-3} mol/L,当选择的基础电极合适时,可达 10^{-5} mol/L。常见的电流型酶电极和电位型酶电极列于表 12-7。

表 12-7 常见的酶电极

测定对象	酶	检测电极
电位型酶电极		
尿素	脲酶	NH_3、CO_2、pH
中性脂质	脂肪酶	pH
扁桃苷	葡萄糖苷酶	CN^-
L-精氨酸	精氨酸酶	NH_3
L-谷氨酸	谷氨酸脱氨酶	NH_4^+
L-天冬氨酸	天冬酰胺酶	NH_4^+
L-赖氨酸	赖氨酸脱氨酶	CO_2
青霉素	青霉素酶	pH
苦杏仁苷	苦杏仁苷酶	CN^-
硝基化合物	硝基还原酶-亚硝基还原酶	NH_4^+
亚硝基化合物	亚硝基还原酶	NH_3

续表

测定对象	酶	检测电极
电流型酶电极		
葡萄糖	葡萄糖氧化酶	O_2、H_2O_2
麦芽糖	淀粉酶	Pt
蔗糖	转化酶＋旋光酶＋葡萄糖酶	O_2
半乳糖	半乳糖酶	Pt
尿酸	尿酸氧化酶(尿酸酶)	O_2
乳酸	乳酸氧化酶	O_2
胆固醇	胆固醇氧化酶	O_2、H_2O_2
L-氨基酸	L-氨基酸酶	O_2、H_2O_2、I_2
磷脂质	磷脂酶	Pt
单胺	单胺氧化酶	O_2
苯酚	酪氨酸酶	Pt
乙醇	乙醇氧化酶	O_2
丙酮酸	丙酮酸脱氧酶	O_2

目前,国际上研制成功的酶电极有几十种。典型的电流型酶电极有葡萄糖传感器、乳酸传感器和胆固醇电极等;典型的电位型酶电极有尿素电极、GPT 传感器、氨基酸电极、青霉素电极等。分别介绍如下:

(1) 葡萄糖传感器。葡萄糖传感器是研究最早、应用最广的酶电极之一,是利用固定化葡萄糖氧化酶制成的能够测定葡萄糖含量的酶电极。采用聚丙烯酰胺包埋葡萄糖氧化酶制成 $25 \sim 50 \mu m$ 的酶膜,再包在极谱分析的氧电极上。将制成的酶电极与含有葡萄糖的体液或组织接触,酶膜上的葡萄糖氧化酶催化葡萄糖氧化生成葡萄糖酸。反应如下:

$$C_6H_{12}O_6 + 2H_2O + O_2 \xrightarrow{\text{葡萄糖氧化酶}} C_6H_{12}O_7 + 2H_2O_2$$

酶促反应中消耗氧,能够造成电极表面氧扩散电流降低。在一定范围内,葡萄糖浓度、氧浓度的降低与电极电流呈直线关系,由此推知样品中葡萄糖含量(图 12-4)。根据消耗的氧、生成的葡萄糖酸、过氧化氢的量,可分别采用氧电极、pH 电极或 H_2O_2 电极来测定葡萄糖含量。其中 pH 电极灵敏度较低,最低检出限为 $10^{-3} \mathrm{mol/L}$;氧电极灵敏度中等,最低检出限为 $10^{-4} \mathrm{mol/L}$;H_2O_2 电极本底电流小、灵敏度高,最低检出限可达 $10^{-8} \mathrm{mol/L}$。

(2) 乳酸传感器。乳酸传感器是利用 LDH 催化乳酸脱氢氧化生成丙酮酸研制而成的,用于检测样品中的乳酸含量。血液中的乳酸浓度是反映人体体力消耗程度的重要指标。在体育运动和科学训练中乳酸检测十分必要,国际上已有成熟的乳酸传感器商品仪器。LDH 的固定化方法与葡萄糖氧化酶基本相同。最初依靠氧气传递电子,现改用介质四硫富瓦烯或二茂铁修饰法。首先在玻碳电极上滴加一

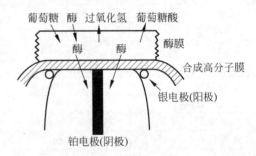

图 12-4 葡萄糖氧化酶电极

滴用 Nafion 调制的介质四硫富瓦烯(TTF)并晾干,再用牛血清白蛋白和戊二醛将 LDH 固定到

电极表面修饰层,制成乳酸传感器。根据电极上电流变化就可以迅速测定血液中乳酸的含量。催化反应如下:

$$L\text{-乳酸} + \text{LDH (FAD)} \longrightarrow \text{丙酮酸} + \text{LDH (FADH}_2)$$

$$\text{LDH (FADH}_2) + 2\,\text{TTF}^+ \longrightarrow \text{LDH (FAD)} + 2\,\text{TTF} + 2\,\text{H}^+$$

$$2\,\text{TTF} - 2e \longrightarrow 2\,\text{TTF}^+$$

(3) 胆固醇电极。胆固醇电极是利用胆固醇酶和胆固醇氧化酶催化反应检测血清胆固醇含量的电流型酶传感器。催化反应如下:

$$\text{胆固醇酯} + \text{H}_2\text{O} \xrightarrow{\text{胆固醇酯酶}} \text{游离胆固醇} + \text{ROOH}$$

$$\text{游离胆固醇} + \text{O}_2 \xrightarrow{\text{胆固醇氧化酶}} \text{胆甾烯酮} + \text{H}_2\text{O}_2$$

根据反应中氧的消耗将胆固醇氧化酶膜和胆固醇酯酶/胆固醇氧化酶复合酶膜的氧电极分别置于反应池内,测定氧电流的下降值。在一定条件下,电流变化量与胆固醇浓度呈线性相关。以此作为临床诊断指标。

(4) 尿素电极。尿素电极是利用固定化脲酶制成的可以测定尿素的电位型酶电极。脲酶催化尿素水解生成氨和 CO_2。商品化尿素电极已用于临床上定量分析患者血液或体液中的尿素,并作为肾功能诊断的重要指标。该法能够迅速测定大量样品,酶电极反复使用 3 周,脲酶不丧失活力。

(5) 氨基酸电极。利用聚丙烯酰胺凝胶包埋 L-氨基酸氧化酶制成酶膜,将其覆盖在单价阳离子敏感的玻璃电极上。制成的酶电极浸入 L-氨基酸溶液时,L-氨基酸氧化酶催化氨基酸氧化脱氨。反应生成的 NH_4^+ 可进行电位测定。由于电极电位与 L-氨基酸浓度成正比,因而可用于 L-氨基酸含量的快速测定。

(6) 青霉素电极。青霉素电极是利用固定化青霉素氨基-β 内酰胺酶制成的快速测定青霉素含量的电位型酶电极。青霉素氨基-β 内酰胺酶催化青霉素水解生成青霉素噻唑酸,反应体系 H^+ 浓度增加。因此,可用玻璃 pH 电极测定 pH 的变化。酶反应过程中,酶电极电位与青霉素浓度和 H^+ 浓度都遵守 Nernst 方程。所以,根据电极电位的变化可以测定青霉素的浓度。

2. 酶柱/管感应分析器

酶管是固定化酶分析的自动化、连续化方面的新发展。酶管是将酶直接共价结合于尼龙管或聚苯乙烯管(内径 1mm、长 3m)的内壁。待测溶液通过酶管时,生成的产物可以在自动分析系统中连续测定。目前已有脲酶、葡糖氧化酶、酪氨酸酶等酶管研制成功。该法的显著优点是连续、快速、自动地测定微量样品。如采用戊二醛固定脲酶或葡萄糖氧化酶于尼龙管,制成的酶管与分光光度计组成测定尿素或葡萄糖的自动分析系统每天可以测定 150 个样品,酶管连续使用 30 天仍然相当稳定。常见的酶管自动分析仪列于表 12-8。

表 12-8　酶管自动分析仪

酶管	分析方法	测定物质
脲酶	比色法	尿素
尿酸酶	分光法	尿酸
精氨酸酶	比色法	L-精氨酸
天冬酰胺酶	比色法	L-天冬酰胺

续表

酶管	分析方法	测定物质
酪氨酸酶	分光法	L-酪氨酸、L-多巴酚、儿茶酚
乙酰胆碱酯酶	分光法	乙酰胆碱
醇脱氢酶	分光法	乙醇
苹果酸脱氢酶	分光法	草酰乙酸
葡萄糖氧化酶	比色法	葡萄糖
己糖激酶＋葡萄糖-6-磷酸脱氢酶	分光法	葡萄糖
蔗糖酶＋葡萄糖氧化酶	比色法	蔗糖
β-半乳糖苷酶＋葡萄糖氧化酶	比色法	乳糖
葡萄糖淀粉酶＋葡萄糖氧化酶	比色法	麦芽糖
丙酮酸激酶＋乳酸脱氢酶	分光法	丙酮酸、乳酸、NADH 等
碱性磷酸酯酶＋腺苷酸脱氨酶	分光法	AMP、ADP、ATP、腺苷、脱氧腺苷
磷酸甘油酸激酶＋甘油醛-3-磷酸脱氢酶	分光法	甘油酸-3-磷酸、甘油酸-1,3-二磷酸

肌红蛋白和血红蛋白具有类似于一氧化氮还原酶、过氧化物酶和细胞色素 P450 等的酶活性,且材料易得、价格便宜。武汉大学邹国林研究室的刘慧宏用魔芋多糖水凝胶作为固定化材料,制备了这两种蛋白质的修饰电极。它们稳定性好,在水或水与有机溶剂混合液中均能实现蛋白质与电极间的直接电子传递。运用循环伏安法和方波伏安法的原理,计算了蛋白质氧化还原过程的热力学和动力学参数。研究结果表明,固定在电极表面的肌红蛋白或血红蛋白能电催化还原氧气、一氧化氮、过氧化物和氯代乙烷,其催化电流与底物的浓度在一定浓度范围内呈线性关系,可以用于这些物质的定量测定。总之,固定化酶和固定化技术具有独特的优越性,其应用范围还在不断地扩大。

12.5　应用酶工程

12.5.1　酶在食品工业领域中的应用

民以食为天,现代之食,已不仅为果腹而已,更需要美食,即要求食品质好味佳,因而现代食品工业对酶的应用研究日益深广。酶在食品工业领域的应用日趋广泛,包括酶在食品生产、加工、食品保鲜、品质改善等方面的应用。目前,国内外广泛应用于食品工业领域的酶约有 20 多种,它们大多数已是目前大规模工业化生产的酶(表 12-9)。

表 12-9　食品工业中常用的一些酶

酶　名	来　源	主要用途
α-淀粉酶	枯草芽孢杆菌、米曲霉、黑曲霉	液化淀粉,制造糊精、葡萄糖、饴糖、果葡糖浆等
β-淀粉酶	麦芽、巨大芽孢杆菌、多黏芽孢杆菌	啤酒酿造
糖化酶	黑曲霉、红曲霉、根霉、内孢霉	糖化淀粉,生产葡萄糖、果葡糖
异淀粉酶	气杆菌、假单孢杆菌	制造直链淀粉、麦芽糖
右旋糖酐酶	霉菌	生产果糖
纤维素酶	木霉、青霉	生产葡萄糖、酒精
果胶酶	霉菌	果汁澄清、酒精生产

酶　名	来　　源	主要用途
葡萄糖异构酶	放线菌、细菌	生产高果糖糖浆
葡萄糖氧化酶	黑曲霉、青霉	蛋白加工、食品保鲜、抗氧化剂
蛋白酶	胰脏、木瓜、枯草芽孢杆菌、霉菌	澄清啤酒，酒精生产、水解蛋白多肽、氨基酸
氨基酰化酶	霉菌、细菌	L-氨基酸制备
天冬氨酸酶	大肠杆菌、假单孢杆菌	由反丁烯二酸制造天冬氨酸
磷酸二酯酶	柑橘青霉、米曲霉	生产食品增味剂单核苷酸
色氨酸合成酶	细菌	生产色氨酸
核苷酸磷化酶	酵母	生产 ATP
溶菌酶	蛋清、微生物	食品杀菌保鲜
柑苷酶	黑曲霉	除去橘汁苦味、水果加工
橙皮苷酶	黑曲霉	防止柑橘罐头及橘汁浑浊
木瓜蛋白酶	木瓜	嫩肉剂、果汁澄清剂
菠萝蛋白酶	菠萝	嫩肉剂、果汁澄清剂
无花果蛋白酶	无花果	嫩肉剂、果汁澄清剂
过氧化氢酶	猪肝、牛肝、黑曲霉	食品抗氧化剂
脂酶	*Penicillium rogueforti*、假丝酵母	乳酪生产、调味剂制备
凝乳酶	小牛、霉菌、酵母	制作奶酪

1. 酶在淀粉原料食品生产加工中的应用

淀粉是食品的主要原料,用淀粉生产的食品品种繁多,有些产品以其为主要结构成分;有些产品以淀粉加工制得的糖类或糊精为重要成分。酶在食品工业上的应用主要涉及后者。

(1) 酶法生产淀粉水解产物。淀粉可以用酸、碱或酶水解,制得各种不同水解程度的糖类产物(从各种糊精至葡萄糖)。酶法水解现在已普遍用于工业制糖。20 世纪 50 年代末研究成功的葡萄糖淀粉酶水解淀粉生产葡萄糖新工艺,彻底废除了沿用 100 多年的酸水解传统工艺,并使淀粉得糖率从 80% 提高到 99%。极大地促进了酶在食品工业的应用。工业上把以淀粉为底物的酶,统称为淀粉酶。实际上,淀粉酶种类很多,来源甚广,工业上常用于淀粉水解的主要有 α-淀粉酶、糖化酶、异淀粉酶和 β-淀粉酶等。α-淀粉酶是将淀粉链内切为长短不一的可溶性产物(各种糊精等),故又称为液化淀粉酶。若要将淀粉水解为葡萄糖,工业上采用葡萄糖淀粉酶(习惯称为糖化酶)水解。因此,采用这种"双酶法"水解淀粉,就可以由淀粉制得葡萄糖。葡萄糖精制后可以医用,如果用于食品生产,则甜度太低,但是将葡萄糖转化为果糖,就可以大大提高甜度。工业上就是将淀粉水解得到的葡萄糖,经葡萄糖异构酶转化成果糖而用于食品加工。由于葡萄糖异构成果糖得到的产品是葡萄糖和果糖的混合物(图 12-5),称为果葡糖浆,用于食品生产中的甜味剂,消费量很大。2003 年全世界生产由淀粉水解得到的果葡糖浆超过 900 万吨。目前最大的生产厂家,日处理葡萄糖 2000 吨以上。

双酶法水解淀粉制取葡萄糖的工艺如下:将淀粉制成 30%～50% 的淀粉乳,调 pH 6.0～6.5,加入一定量的 α-淀粉酶,在 80～90℃ 保温 45min 左右;若用耐热性 α-淀粉酶,可采用喷射式反应器在 120℃ 下经 20～30s 内液化,得到葡萄糖当量(DE 值)为 12～18 的液化液;冷至 60℃ 左右,调节 pH 至 4.5 左右,保温 48～72h 得糖化液(DE95～96)。采用活性炭、离子交换剂脱色后,结晶或喷雾干燥为葡萄糖成品。发酵工业中,淀粉质原料由双酶法制得的淀粉糖液直接用于发酵。

淀粉水解制得的葡萄糖精制后,才可用葡萄糖异构酶生产果葡糖浆(图 12-5)。工业上使用的葡萄糖异构酶实为一种木糖异构酶(EC 5.3.1.5),是一种催化 D-木糖、D-葡萄糖、D-核糖等异构为对应酮糖的酶。由于葡萄糖异构化为果糖具有重要的经济意义,因此工业上习惯把 D-木糖异构酶称为葡萄糖异构酶。巨大芽孢杆菌中存在葡萄糖专一的异构酶。木糖异构酶作用的最适 pH 因来源而异,大多数在 pH 6.5～8.0。最适作用温度很宽,从 25～75℃;近年在嗜热菌中分离的异构酶,可在 100℃ 下反应。D-木糖异构酶相对分子质量在 $(80～190)×10^3$,pI 4.9。该酶受 Ca^{2+}、Cu^{2+}、Ni^{2+} 抑制,而淀粉水解时所用 α-淀粉酶是加 Ca^{2+} 保护。故所得葡萄糖要转化为果葡糖浆时,必须将葡萄糖液经层析等方法除去其中的有害金属离子。目前工业上生产果葡糖浆一般采用固定化酶。固定化葡萄糖异构酶生产能力非常惊人,一般 1kg 固定化酶可转化葡萄糖 2000～4000kg。固定化葡萄糖异构酶生产果葡糖浆年产量已达到 1000 多万吨,成为固定化酶最成功的典范。

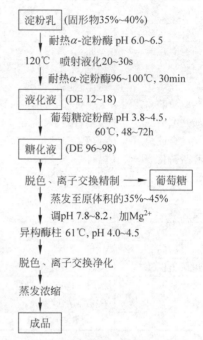

淀粉乳 (固形物35%～40%)
↓ 耐热α-淀粉酶 pH 6.0～6.5
120℃ 喷射液化20～30s
↓ 耐热α-淀粉酶96～100℃, 30min
液化液 (DE 12～18)
↓ 葡萄糖淀粉酶 pH 3.8～4.5, 60℃, 48～72h
糖化液 (DE 96～98)
↓
脱色、离子交换精制 → 葡萄糖
↓ 蒸发至原体积的35%～45%
调pH 7.8～8.2, 加Mg^{2+}
异构酶柱 61℃, pH 4.0～4.5
↓
脱色、离子交换净化
↓
蒸发浓缩
↓
成品

(固形物71%,含果糖42%、葡萄糖52%)

图 12-5　果葡糖浆生产工艺流程

饴糖是我国传统的由淀粉制得的糖,主要成分是麦芽糖。家庭或作坊式的生产,古已有之。以大米、糯米等为原料,加一些大麦芽或稻谷芽,利用其中的淀粉酶(α-淀粉酶、β-淀粉酶和 R-酶)将淀粉水解成含 30%～40%麦芽糖和 60%～70%糊精的饴糖(即麦芽糖浆)。R-酶是一种植物体内存在的脱支淀粉酶,可以脱去淀粉的支链。β-淀粉酶又称淀粉 1,4-麦芽糖苷酶,催化淀粉从非还原端顺次切下一个个麦芽糖单位,并将原来麦芽糖还原端 C-1 上的羟基构型由 α-型转为 β-型。酶法生产麦芽糊精是用工业生产的 α-淀粉酶液化米粉浆,再用 β-淀粉酶进一步水解而得。产品含麦芽糖可达 60%～70%。若轻度液化的液化液,用 β-淀粉酶和脱支酶进一步水解,可制成高麦芽糖浆或超高麦芽糖浆。淀粉在 α-淀粉酶的作用下,可以制得糊精,控制酶反应条件,还可得到含有一定量麦芽糖的麦芽糊精。食品生产加工中,常用糊精和麦芽糊精作增稠剂、填充剂和吸收剂。

(2) 环状糊精的生产。环状糊精(cyclodextrin,CD)是由 6～12 个 α-D-吡喃葡萄糖单位经 α-1,4 位连接而成的环式化合物,可以看作一段淀粉链闭环而成的化合物,具有独特的圆筒状立体结构,中间空隙为疏水区,空间大小因葡萄糖单位数不同而异。因此,CD 能与许多小分子有机物形成包接化合物,具有广泛的用途。在食品生产加工中,可用作稳定剂,防止某些香料的香味挥发,香料和脂溶性维生素等免受酸或光分解;用作食品生产的乳化剂、缓释剂;还可改变香料、色素等物质的物化性质(溶解度、色、味等)。日益受到食品生产加工工业的青睐。环状糊精应用最广的是 α-CD(6 元环)、β-CD(7 元环)和 γ-CD(8 元环)。由淀粉经环糊精生成酶(cyclodextringlycosyltransferase,CGTase 或 CGT)催化生成。该酶学名为环麦芽糊精葡萄糖基转移酶(EC2.4.1.19),可水解淀粉为麦芽低聚糖,又可将麦芽低聚糖转移至其他受体。产生该酶的菌种很多,现在工业生产的菌种主要是碱性芽孢杆菌,生产的酶催化淀粉生成环状糊精,主要为 β-CD。酶促反应最适 pH 4.7～7.0,热稳定温度 50～65℃。β-CD 通常用木薯淀粉、甘薯淀粉和可溶性淀粉为原料生产,工艺流程如下:

淀粉浆→加热糊化→冷却→加 CGT 转化→终止反应→

加 α-淀粉酶液化→脱色→过滤→浓缩→结晶→分离→干燥→产品

淀粉加水调成 5％的浆液,常压下 100℃糊化 15min,冷至 55℃,按每克淀粉加 CGT 酶 400～600U,在 pH 6.0,50～55℃下,转化 16～20h,然后加热至 100℃,15mim,使酶失活,终止反应。为使反应液中未转化的淀粉和界限糊精进一步水解,加 α-淀粉酶处理,以利于后续操作。根据 CGT 的催化特点,还可以在淀粉乳中加入 10％～20％的蔗糖,生产偶联糖用于食品,使食品具有防蛀牙的功能。

2. 酶在蛋白质类食品厂生产加工中的应用

蛋白质是食品中的主要营养成分之一。蛋白质类食品是指以蛋白质为主要成分或以蛋白质为主要成分加工而成的食品。如蛋、鱼、肉、乳、花生仁、玉米、大豆等都是含蛋白质丰富的食物或食品加工原料。应用于蛋白质类食品生产加工的酶主要是多种蛋白酶、脂肪酶、乳糖酶、过氧化氢酶、溶菌酶等。蛋白酶是水解蛋白质肽键的酶类,种类很多,来源很广。不同的蛋白酶作用于蛋白质的位点有差别,在蛋白质类食品生产加工中的功能也有差别。从商业角度考虑,用于食品生产加工的酶主要来源于工业发酵生产的食品级微生物酶,如枯草芽孢杆菌蛋白酶、黑曲霉蛋白酶等,还有少数植物蛋白酶,如木瓜蛋白酶、菠萝蛋白酶等。它们在蛋白质类食品生产加工方面应用广泛。

(1) 生产蛋白质水解产品。蛋白质在蛋白酶作用下,可得到蛋白胨、多肽、氨基酸等产物。一般用蛋白酶水解蛋白质得到的产物,统称为水解蛋白。这些产物在食品、医药、饲料、细胞培养等方面有广泛的用途。例如,蛋白质轻度水解的蛋白胨,广泛用于各类细胞培养;各种肉类水解的产物,不仅是很好的营养食品、保健食品,也可生产调味品等;鱼类水解产物常用来生产营养食品、饲料等;花生、大豆蛋白质也被广泛使用。蛋白质在蛋白酶作用下,完全水解生成 20 种氨基酸,用于强化营养食品的加工,也可用于医药。

蛋白质水解产物可以液化体形式应用,也可以经过干燥制成固体产品使用。明胶是一种可溶于热水的蛋白质凝胶,在食品工业和制药工业中有广泛的用途。以富含胶原蛋白质的动物的皮或骨等为原料,将其切割搅碎,加入适量碱性蛋白酶,在 28℃,pH 6～10 的条件下,水解 6～24h,然后调 pH 3.5～4.0,升温至 50℃,作用 30min 灭活酶,再调 pH 6～7,在 60℃的水中提取 1h,使明胶充分溶解,过滤得明胶溶液,加 1％的活性炭脱色后得可溶性明胶。

(2) 乳类加工。乳类加工的食品多种多样,营养丰富。干酪的生产是乳蛋白的酶法加工中的重要应用。干酪又称奶酪,是乳中的酪蛋白凝固而成的一种营养价值高、容易消化吸收的食品。牛乳的蛋白质中,含有三种酪蛋白,即 α-酪蛋白、β-酪蛋白和 κ-酪蛋白,三者的比例为 3：2：1。κ-酪蛋白可保护蛋白质胶体不凝固。干酪的生产是将牛奶用乳酸菌发酵成酸奶,然后用凝乳蛋白酶将可溶性 κ-酪蛋白水解为不溶性的副 κ-酪蛋白,加入 Ca^{2+} 后,副 κ-酪蛋白可与之结合而凝固。α-酪蛋白和 β-酪蛋白对钙离子不稳定,加上失去了 κ-酪蛋白的保护作用,所以一起凝固。再经过切块、加热、压榨、熟化,即成干酪成品。

乳中含有乳糖,除婴儿外,大多数东方成人不能消化,有的婴儿由于遗传原因不能消化乳糖。因此,乳品加工中,将经过巴氏灭菌的奶,加入适量乳糖酶(即 β-半乳糖苷酶)处理,使 80％

以上的乳糖分解为半乳糖和葡萄糖，制成低乳糖奶。在乳品加工中，已广泛使用的酶还有过氧化氢酶用于牛奶消毒；婴儿奶粉中添加溶菌酶防腐；乳中加脂肪酶使黄油生香等。

（3）肉类嫩化。动物的某些组织，特别是老龄动物的肉类，由于胶原蛋白的交联作用，形成粗糙、坚韧的结缔组织，影响肉的质量和食用价值。应用各种蛋白酶处理肉类，将交联状态的肌肉组织蛋白适量水解，而使其变得松弛，这就是所谓嫩化作用。商品食品级蛋白酶都可用于肉类嫩化，但目前使用效果较好的酶是木瓜蛋白酶或菠萝蛋白酶制剂（如商品嫩肉粉）。肉类嫩化处理的方法，在家庭中常用嫩肉粉涂抹切好的肉，在 60～65℃ 放置一段时间后再作进一步加工。肉类大规模嫩化处理，一是用 60℃ 的木瓜蛋白酶液浸泡肉块，可使肉质变软嫩化。二是在动物屠宰前 5～10min，颈静脉注射蛋白酶液，肉类在贮存和加工过程就会嫩化，效果更好。美国有实验表明，牛肉在屠宰前注射木瓜蛋白酶液，可使嫩化肉比例提高 23％～42％。

3. 酶在果蔬类食品生产加工中的应用

果蔬类食品是指以各种水果或蔬菜为主要原料加工而成的食品，包括各种果汁、果酒、果酱和各种水果和蔬菜类罐头等。果蔬加工中，常用的酶类有果胶酶、纤维素酶、半纤维素酶、淀粉酶、漆酶等。在加工过程中，应用适当的酶制剂可以提高加工产品的产量和质量。例如柑橘果实中含有苦味物质柚苷，应用柚苷酶（β-鼠李糖苷酶）处理，可以使柚苷水解为无苦味的柚配质-7-葡萄糖苷（普鲁宁）和鼠李糖。柑橘中含有橙皮苷，会使橙汁等出现白色浑浊，影响产品质量。应用鼠李糖苷酶-橙皮苷酶，使橙皮苷水解为橙皮素-7-葡萄糖苷和鼠李糖，从而有效地防止柑橘类罐头制品出现白色浑浊。

水果中含有大量的果胶类物质，生产果酒和果汁时难于过滤，不仅出汁率低，而且果汁浑浊。在水果加工过程加入果胶酶处理，有利于压榨、过滤、离心分离，防止果胶引起的浑浊。现已广泛用于果汁等生产加工。漆酶（一种多酚氧化酶）可以使果实的多酚类物质氧化，生成大块的难溶物，也可免除胶质物堵塞过滤膜或过滤布，利于固液分离。许多蔬菜含有花青素，在不同的 pH 条件下呈现不同的颜色，在光照或高温下变为褐色，与金属离子反应则呈紫色，对果蔬产品的外观有一定的影响。采用一定浓度的花青素酶处理水果、蔬菜，可使花青素水解，以防变色，从而保证产品质量。

4. 食品的酶法保鲜

氧气是影响食品质量的主要因素之一，葡萄糖氧化酶是一种有效的除氧保鲜剂。该酶催化葡萄糖与氧反应生成葡萄糖酸和 H_2O_2。在食品领域具有广泛的应用价值，包括果汁保鲜、茶叶保鲜、对虾保鲜等，特别是在葡萄酒和啤酒领域应用广泛。将葡萄糖氧化酶加到罐装果汁、水果罐头、果酒、啤酒等含有葡萄糖的食品和饮料中，起到防止食品氧化变质的效果。蛋类制品中含有少量葡萄糖，会与蛋白质反应生成小黑点，降低溶解性，从而影响产品质量。应用葡萄糖氧化酶于蛋品加工，可使葡萄糖完全氧化，以保持蛋品的色泽和溶解性。葡萄糖氧化酶不仅广泛用于果汁、啤酒、油脂、奶粉、罐头等的除氧保鲜，而且还可用于蛋品加工中脱糖、葡萄糖的定量分析、金属腐蚀和医学上的快速检验等方面。

在罐头食品、果汁、啤酒等食品中添加 SOD 可以作为抗氧化剂，防止过氧化物酶引起的食品变质和腐败现象；也可以作为水果和蔬菜的保鲜剂。漆酶催化反应是一种需氧酶，在沙拉、蛋黄酱的制作中添加漆酶消除其中的溶解氧，可避免食品产生不良的异味。微生物的污染会引起食品变质、腐败。采用溶菌酶进行食品保鲜，不但效果好，而且还可避免其他加工方法（如加热、添加防腐剂等）带来的不良影响。

5. 食品添加剂的酶法生产

食品添加剂是指食品加工过程，为改善食品品质和色、香、味、防腐以及加工需要而加入食品中的天然或化学合成物质，如酸味剂、甜味剂、增鲜剂、增稠剂、乳化剂、强化剂等。采用酶法生产的酸味剂有乳酸、苹果酸。采用 D-乳酸脱氢酶催化丙酮酸还原，可得 D-乳酸；采用 2-氯丙酸水解法也可得到乳酸，所用的酶为 L-2-卤代酸脱水酶时，则以 L-2-氯丙酸为底物生成 L-乳酸；若选用 D-2-卤代酸脱水酶，则以 D-2-氯丙酸为底物生成 D-乳酸。苹果酸采用延胡索酸水合酶（或延胡索酸酶）催化反丁烯二酸生产。现有厂家已采用固定化延胡索酸酶或固定化产氨杆菌进行连续生产。

酶法生产的甜味剂，除前述果葡糖浆等外，阿斯帕塔（aspartame, L-天冬氨酰-L-苯丙氨酸甲酯）是目前广泛使用的甜味剂。由 L-Asp 和 L-苯丙氨酸甲酯通过嗜热菌蛋白酶催化缩合而成。反应中的 Asp 的氨基需要苯酯化加以保护，以免产生天冬氨酸二肽等副产物。鲜味剂的酶法生产则是从蛋白质的酶水解产物中分离 L-Glu、L-Asp 等，L-谷氨酸钠盐是最常用的鲜味剂，一些国家许可使用 L-Glu、L-谷氨酸铵、L-谷氨酸钾、L-谷氨酸钙和 L-天冬氨酸钠。RNA 经 $5'$磷酸二酯酶催化水解，生成 4 种 $5'$-核苷酸，其中 $5'$-鸟苷酸（$5'$-GMP）和由腺苷酸脱氨酶将 $5'$-AMP 脱氨而得到肌苷酸，都是强力鲜味剂。在味精中加入 5%～10% 的核苷酸增鲜剂可以大大增强鲜味。

酶在食品生产加工方面应用最早最广泛的有脂肪酶和蛋白酶。脂肪酶和蛋白酶广泛用于加快奶酪的熟化和香味的产生。脂肪酶水解释放的短链脂肪酸可以增加食品本身的风味、香味和质构，在奶制品生产中不可或缺。还有所谓风味酶的发现和应用值得一提。例如用奶油风味酶作用于含乳脂的巧克力、冰淇淋、人造奶油等食品，可使这些食品具有奶油的风味。洋葱风味酶处理过的甘蓝等蔬菜，可使其具有洋葱的风味。

12.5.2　酶在绿色化工领域中的应用

酶催化反应一般在常温、常压和近于中性条件下进行，具有投资少、能耗低且操作安全等特点，特别在改善劳动条件、减少三废排放和保护环境等方面显示出极大优势。酶是可生物降解的蛋白质，是理想的绿色催化剂。酶几乎可以催化所有类型的有机化学反应，包括氧化、还原、脱羧、脱氨、水解、脱水、甲基化、脱甲基化、卤化、酰胺化、乙酰化、脱甲氧基化、糖苷化、核苷化、磷酸化、酯化、基团转移、缩合、异构化、环氧化等。因此，酶广泛应用于轻工、化工等方面。主要有以下三个方面：①应用于原料处理；②应用于各种轻工、化工产品的生产；③帮助增强产品的使用效果。

1. 酶在原料处理方面的应用

许多轻工原料在加工之前需要经过原料处理。采用酶法处理可以缩短原料处理时间，增强处理效果，提高产品质量。一些常见的用于原料处理的酶列于表 12-10。

（1）发酵原料的处理。发酵工业大多数以淀粉为主要原料。许多微生物由于本身缺乏淀粉酶系（霉菌除外），无法直接利用淀粉进行发酵，必须先经过原料处理，将淀粉转化成可供利用的单糖或二糖。如酒精、酒类、甘油、乳酸、氨基酸、核苷酸等发酵所使用的酵母或细菌等微生物，一般都不能直接利用淀粉发酵，而需要加酶处理（表 12-10）。

（2）纺织原料的处理。某些纤维原料的表面上附着有一些短小的纤维，这种纤维制成的纺织品，外观质量会受到一定的影响。使用纤维素酶处理，水解去除表面的短小纤维，可以使纤维表面柔和、光滑、有光泽,显著提高制品质量。如在棉纺工业中,淀粉酶取代烧碱、硫酸、过氧化氢等用于织物的退浆处理;纤维素酶用于纤维素纤维及其混纺织物的减量整理,如牛仔服的酶洗整理等。酶制剂用于皮革生产始于 20 世纪 70 年代酶法皮革脱毛软化,经蛋白酶和脂肪酶处理的皮革质量提高,极大地降低了废水的污染。

（3）制浆、造纸原料的处理。木质素大量存在于造纸原料中,若不除去会使纸张变成黄褐色,降低强度,严重影响纸张的质量。目前常用碱法制浆除去木质素,这会造成严重的环境污染。如用木质素酶处理,可以通过水解除去木质素,不但提高了纸张的质量,而且大大减轻了环境污染。制浆漂白是造纸过程中的一个重要环节,常用二氯化盐进行漂白,既污染环境,又影响纸的光泽和强度。目前国际上已经采用木聚糖酶、半纤维素酶、木质素过氧化物酶等进行漂白,不仅使环境污染程度大为减轻,而且使纸的强度和光泽得以改善。回收利用的纸张上的油墨等污迹一般难以完全除去,影响了纸的光洁度,采用化学药剂处理,费用较高,而应用纤维素酶处理再生纸,可显著降低成本。

木聚糖酶用于纸浆漂白可节约漂白剂和提高浆料漂白度。1986 年,Viikari 等首先提出用木聚糖酶处理硫酸盐纸浆不但增强其漂白性能,还减少后续漂段的用氯量;随后 Wang 等人用商品木聚糖酶 Cartazymes HS 对白杨木的硫酸盐纸浆进行了预处理,结果纸浆亮度达到了95%,且减少了 18% 的氯用量。实践表明应用木聚糖酶预漂白技术不仅对纸浆强度无显著影响,而且可大大降低碱用量和废液中的有机氯含量,降低造纸业对环境的污染。此外,淀粉酶和纤维素酶用于纤维改性和脱墨可促进油墨脱除、提高脱墨浆白度,改善滤水性及提高卫生纸的柔软度;漆酶用于木质素改性和废水处理,可提高含机械浆料的强度、降低废水色度及 BOD/COD 值;过氧化氢酶可降解漂白后残余过氧化氢。

（4）生丝的脱胶处理。天然蚕丝的主要成分是丝蛋白,它是一种有光泽的不溶于水的蛋白质。丝蛋白的表面包裹着一层丝胶,在缫丝过程中,为了提高丝的质量必须进行脱胶处理。采用胰蛋白酶、木瓜蛋白酶或微生物蛋白酶处理,可在比较温和的条件下催化丝胶蛋白水解,进行生丝脱胶,从而显著提高生丝的质量。

（5）羊毛的除垢处理。羊毛在染色之前需经预处理,除去羊毛表面的鳞垢,才能使羊毛着色。羊毛表面的鳞垢是一些蛋白质堆积而成的聚合体,利用枯草芽孢杆菌蛋白酶或其他适宜的蛋白酶处理,通过其催化作用可以除去羊毛表面上存在的鳞垢,提高羊毛的着色率,并保持羊毛的特点,显著提高羊毛制品的质量。此外,酶还广泛用于皮革的脱毛处理、烟草原料的处理、甜菜、蜜糖的处理等方面。

表 12-10　酶在原料处理方面的应用

名称	来源	作用	生产中的应用
淀粉酶	动物(唾液、胰脏等)、植物(麦芽、山蓟菜)及微生物	作用于可溶性淀粉、直链淀粉、糖原等 α-1,4-葡聚糖,水解 α-1,4-糖苷键的酶	用于发酵工业中的原料处理和织物的退浆处理
纤维素酶	真菌包括木霉属、曲霉属和青霉属	水解纤维	纤维素纤维及其混纺织物的减量整理;对再生纸进行处理
碱性蛋白酶	主要霉菌、细菌,其次为酵母、放线菌	水解蛋白质	皮革脱毛软化
脂肪酶	霉菌和细菌	水解脂肪	皮革脱毛软化

续表

名称	来源	作用	生产中的应用
木质素酶	放线菌	水解木质素	造纸原料处理
木聚糖酶	木霉菌	分解酿造或饲料工业中的原料细胞壁以及 β-葡聚糖,降低酿造中物料的黏度,促进有效物质的释放	促进纸浆漂白
木瓜蛋白酶	木瓜	水解蛋白质	生丝的脱胶处理
枯草芽孢杆菌蛋白酶	枯草芽孢杆菌	水解蛋白质	羊毛的除垢处理

2. 酶在轻工、化工产品制造方面的应用

酶的催化作用可将原料转变为所需的轻工、化工产品,或除去不需要的物质从而得到所需的产品。利用酶或固定化酶催化作用可以将各种底物转化成 D-氨基酸,或将各种底物转化为 L-氨基酸,或将 DL-氨基酸拆分生产 L-氨基酸。有多种酶可用于 L-氨基酸的生产,其中有些已采用固定化酶进行连续生产。

(1) 化妆品工业。脂肪酸酯在化妆品上应用广泛,是润肤剂、防晒剂、沐浴露等的原料和添加剂。传统的生产方法是用化学催化剂在高温下合成,有时温度可达 160℃,在如此高的温度下产品经常变色;传统化学合成的产品因含有不饱和化合物等副产物而具有难闻的气味。通常要对产品进行漂白、除臭、干燥、过滤等下游处理,造成产量降低。生物催化剂酶的出现改变了这种不利的局面。酶可以在较低的温度下催化合成脂肪酸酯,避免了变色和副产物的产生,产品不再有难闻的气味,这对化妆品来说非常重要。20 世纪 80 年代开始利用脂肪酶合成了许多具有不同特性的脂肪酸酯,生产脂肪酸酯的成本仅比传统的方法略高一些。Unichem International 公司已经利用固定化的毛霉脂肪酶来代替传统的酸法生产十四酸异丙酯、棕榈酸异丙酯和棕榈酸 2-乙基己基酯,产品质量较高。最经济有效生产脂肪酸酯是应用酶的填充床反应器,得到的产品不需要进一步的净化处理,反应时间通过调节生物催化剂的量来优化。酶催化合成可省去许多下游净化处理步骤,总的生产时间比传统的化学合成大为缩短。

蓖麻油酸盐抗醇是常用的化妆品成分,酶法合成具有明显优势。蓖麻油酸是植物中存在的不饱和烃基脂肪酸。它能和十六醇酯化生成在皮肤温度可以融化并被吸收的酯蜡。在化妆品中(尤其是唇膏),这种酯蜡可以使皮肤和赫膜更加柔软而不油腻。传统的化学合成中必须使用过量的醇,即使在净化后产品中仍然有大量的十六醇残留(10%~30%);而酶法生产的应用使聚酯的数量大大减少,也不需要使用过量的十六醇。

(2) 酒精工业和有机酸工业。酒精和有机酸都是以淀粉为原料采用微生物发酵生产的重要化工产品。淀粉必须经淀粉酶处理分解成糖才能被微生物利用转化成酒精或有机酸。酒精生产过程中,淀粉糖化经历了从大麦芽到曲霉菌、从固体培养到液体培养曲霉菌的过程。在一百多年的历程中,酒精企业最棘手的问题是将淀粉转化成糖。1966 年,日本完成双酶法淀粉工业制糖后,酶制剂生产从酒精企业独立出来。商品酶制剂不断进步,简捷的糖化工艺使酒精企业可以稳定地扩大生产规模,发酵罐的容积增大到 4200m³,使代替石油的燃料酒精得以实现。在推行双酶法工艺的同时,酒精工业成功地运用了化学工业的先进设备和工艺,如喷射液化技术、螺旋板换热器、强制回流和室外蒸馏等,使传统酒精工业提升到现代化生物工程行业。长链二羧酸是香料、树脂、合成纤维的原料,利用微生物加氧酶与脱氢酶氧化 $C_9 \sim C_{18}$ 正烷烃来制造,二羧酸是正烷烃氧化分解(末端氧化与 ω-氧化之后)的中间产物。采用生物工程方法生产的有机酸主要有:柠檬酸、乳酸、衣康酸和苹果酸等,一般以淀粉为原料。与酒精工业相似,不断引进新的酶水解工艺,如加入中温和高温 α 淀粉酶、采用连续喷射液化和清液发酵工艺等取得了明显的经济效益。

(3)其他精细化工。20 世纪 50 年代初期已经发现了催化丙烯腈水合生成丙烯酰胺的水合酶,80 年代中期日本发现了一个初具生产性能的微生物菌种,首先实现酶法生产丙烯酰胺。目前,反应的转化率和选择性都超过了 99%,产品纯度和成本都优于化学合成的丙烯酰胺。我国在 2000 年实现了万吨级生物法丙烯酰胺的工业化,目前已有 10 万吨的生产能力,达国际领先水平,这是酶用于精细化工原料产业化的成功实例。1995 年,日本天野制药公司申请了第一个双酶法(乙醇酸氧化酶和过氧化氢酶)生产乙醛酸的专利。乙醇酸氧化酶首先将乙醇酸转化为乙醛酸过氧化物,过氧化氢酶则将乙醇酸氧化产生的过氧化氢分解,从而大大提高乙醛酸的转化率,简化了分离纯化工艺。1995 年,美国杜邦公司采用基因工程菌生产乙醛酸,乙醛酸的转化率和选择性都接近 100%;且投资少、成本低,有利于保护环境。2020 年,华中科技大学闫云君研究组制备了一种新型多空微球体固定化脂肪酶,成功用于 (R,S)-1-苯乙醇的高效拆分。

生物催化技术能解决化学法进行不对称合成与拆分所需的手性源以及产生无效对映体引起的环境问题,降低能耗、溶剂和助剂用量,可直接用于不对称合成。以生物催化生产 D-泛酸内酯为例,DL-泛酸内酯在 D-泛酸内酯水解酶的存在下,发生不对称水解反应,制备 D-泛酸内酯,所得产品的立体定向性 D 型光学纯度达 97.1‰e. e. (enantiomer excess,e. e. ,对映体过量值)。1999 年,日本富士药业用生物催化法生产 D-泛酸内酯的生产规模达 3000 吨/年。与化学拆分法相比较,生物催化法能耗下降 30%,有机溶剂用量减少 49%,盐类用量减少 61%,耗水量减少 40%,废水中 BOD 下降 62%。

3. 加酶增强产品的使用效果

某些轻工产品通过添加一定量的酶,可以显著的增强产品的使用效果。最成功的实例是洗涤剂工业的加酶洗涤剂。洗涤剂中添加适量的酶可以大大缩短洗涤时间,提高洗涤效果。根据洗涤对象的不同,添加的酶种类也不相同,其中使用量最大的是碱性蛋白酶。酶在洗涤剂工业中的应用已有一百多年历史,加酶洗涤剂是酶在化工中用量最大、应用最广的典型例子。1913 年,德国 Otto Rêhm 等人发现胰蛋白酶可以分解油脂和蛋白质,在洗衣剂中加入胰蛋白酶可在较低温度下很快将衣物洗净,并在当年申请专利。第二次世界大战后,瑞士和丹麦的几家公司分别对含酶洗涤剂进行改良。NOVO 公司采用地衣芽孢杆菌发酵生产出了名为 Alcalase 的微生物碱性蛋白酶,这种酶在 pH 8~10 具有较好的活性和稳定性。经过几年的改良,研发出性能良好的 Biotex 预浸洗剂。从此西欧和美国开始普及含酶洗涤剂。但 1969 年前,洗涤剂添加用酶仅有碱性蛋白酶一种,酶的剂型为细粉状,加入方式为混拌。在生产和使用过程中,由于酶的粉尘飞扬,引起工人和消费者表皮和黏膜出现了不同程度的过敏和溃疡,使人们对酶产生了误解。20 世纪 70 年代初期,NOVO 公司将酶、惰性填料和蜡制成酶颗粒,后又经反复研究,采用胶囊技术成功制成了现在使用的粒状酶。这种方法有效解决了粉状酶的缺陷,同时由于复合加酶洗涤剂的开发,含酶洗涤剂得到快速发展。

20 世纪 80 年代后的洗涤剂用酶单位活力越来越高,剂型发展越来越快,从细粒状到外包裹小球状,再发展到双色包裹小球状颗粒,在生产和使用过程中克服了酶粉飞扬现象。从酶品种来看,除对原有的碱性蛋白酶不断优化外,还相继开发出碱性脂肪酶、碱性淀粉酶和碱性纤维素酶等多种洗涤剂用酶,从而使加酶洗涤剂的品种不断更新,质量不断提升。20 世纪 80 年代中期洗涤剂用酶在世界工业酶总销售额中占 25% 左右,20 世纪 90 年代中期上升到 5 亿美元,占工业酶总销售额的 40%。1988 年,世界上首次推出能工业化生产的用于洗涤剂工业的碱性脂肪酶 Lipolase,有名的"Tide"洗涤剂最先添加;目前脂肪酶已成为洗涤行业中的第二大酶制剂。此外,将适当的酶添加到牙膏、牙粉或漱口水中,制备而成的加酶牙膏、牙粉和漱口水具有增加洁齿效果、减少牙垢病、防治龋齿发生的功效。

加酶饲料是将各种水解酶如淀粉酶、蛋白酶、植酸酶、纤维素酶和半纤维素酶等添加到家禽、家畜的饲料中,可以增加饲料的可消化性,促进家禽、家畜的生长,提高家禽的产蛋率等。由于幼龄家禽、家畜体内蛋白酶、淀粉酶、脂肪酶等活性较弱,必须在饲料中给予适当补充,以提高禽、畜的健康水平。禽、畜体内缺乏分解非淀粉多糖如纤维素、果胶、木聚糖等的酶系,在饲料中适量添加纤维素酶、果胶酶、木聚糖酶等,可以将这些非淀粉多糖水解,释放其中的营养成分,容易被消化吸收,从而提高饲料的利用率和转化率。

4. 植酸酶在饲料工业中的应用

植酸酶是一种能水解植酸的磷酸酶类。它能将植酸磷(六磷酸肌醇)降解为肌醇和无机磷酸。此酶分为两类:3-植酸酶(EC.3.1.3.8)和 6-植酸酶(EC.3.1.2.6)。植酸酶广泛存在于植物、动物和微生物中,如玉米、小麦等高等植物,枯草芽孢杆菌、假单孢杆菌、乳酸杆菌、大肠杆菌等原核微生物及酵母、根霉、曲霉等真核微生物中。在谷物、豆类和油料等作物籽实中,磷的基本贮存形式是植酸磷,其含量高达 1%~3%,占植物总磷的 60%~80%。由于单胃动物缺乏分解植酸的酶,以植酸磷形式存在的磷难以被利用,导致磷源浪费。为了满足动物对磷的需求,必须在饲料中添加无机磷,提高了饲料成本;同时造成高磷粪便污染环境。

添加植酸酶能将饲料中植酸磷水解成无机磷和肌醇,这种新型单胃动物饲料添加剂主要应用于猪、鸡、鸭等单胃动物和水产养殖类动物,应用范围广、需求量大。在欧洲使用广泛,在我国目前还没有商品化的植酸酶生产。植酸酶的应用能够极大地减轻江河、湖泊等水域环境的磷污染,有效缓解水体富营养化。如滇池、太湖水体严重污染,其关键因子是水体中的氮和磷过量。我国每年从畜禽粪便中排出的磷就达 250 万吨之多,是水体富营养化污染的罪魁祸首之一。植酸酶的使用将使畜禽粪便中磷的排出量减少 40%~75%,即每年磷的排放量减少约 180 万吨,将大大减轻江河等水域环境的磷污染。利用基因工程手段可解决目前植酸酶生产成本过高、植酸酶性质不能满足动物营养及饲料加工的要求等问题,将促进植酸酶的产业化生产与其在养殖业中的广泛应用。

12.5.3 酶在生物工程中的应用

酶在生物工程中的应用包括两个方面,一方面是基因工程离不开工具酶(见 12.2.1 节);另一方面是基因工程技术拓展了酶在转基因动植物和重组工程菌的应用。

1. 酶法破除细胞壁

细胞壁对维持细胞的形状和结构起着重要作用,可保护细胞免遭外界因素的破坏。微生物和植物细胞的表层都具有细胞壁。在生物工程和生化分离过程中,常常都需要破除细胞壁提取胞内物质。如胞内酶、胰岛素及干扰素等基因工程菌的产物,天然抗氧化剂等植物细胞次级代谢物等都存在于细胞内。酶法破除细胞壁是常用的方法之一。

（1）破壁酶。酶法破除细胞壁常常根据细胞结构和细胞壁组分的不同选择不同的酶。溶菌酶、蜗牛酶、几丁质酶等常用于破除细胞壁。溶菌酶能够有效破除细菌细胞壁，已成为研究细胞壁结构的一种强有力的工具酶。细菌的细胞壁主要成分是肽多糖，革兰氏阴性菌的细胞壁除了肽多糖以外，还有一层脂多糖。去除革兰氏阳性菌（G^+）的细胞壁常用蛋清中分离得到的溶菌酶，而对革兰氏阴性菌（G^-）则需要溶菌酶和 EDTA 共同作用才能达到较好的破壁效果。蜗牛酶含有多种水解酶（其中包括 β-1,3-葡聚糖酶）常用于破除酵母细胞壁。酵母的细胞壁比细菌细胞壁坚硬，分为内外两层，外层由磷酸甘露糖和蛋白质组成，内层由 β-葡聚糖构成细胞壁的骨架。β-1,3-葡聚糖酶能够水解作为细胞壁骨架的 β-葡聚糖，而使细胞壁破坏。由于蜗牛的消化液中含有较多的 β-1,3-葡聚糖酶，常用于破壁酵母的细胞壁。此外，将 β-葡聚糖酶、磷酸甘露糖酶和蛋白酶联合作用，可使细胞壁的内外两层同时破坏，从而显著提高破壁效果。

霉菌的细胞壁结构比较复杂，不同种属的霉菌，因其细胞壁结构和组分有较大差别，所选用的酶亦有所不同。毛霉、根霉等霉菌破壁时主要采用放线菌或细菌产生的壳多糖酶、几丁质酶及蛋白酶等多种酶的混合物。米曲霉、黑曲霉和青霉等半知菌纲霉菌破壁时主要使用 β-1,3-葡聚糖酶和几丁质酶的混合物。植物细胞壁主要由纤维素、半纤维素、木质素和果胶等组成。破除植物细胞壁主要采用纤维素酶、半纤维素酶和果胶酶组成的混合酶。这几种酶大多数是由霉菌发酵生产。

（2）原生质体制备。由于溶菌酶具有破坏细菌细胞壁的功能，用其处理革兰氏阳性细菌得到原生质体，广泛用于生物技术、生物工程。除去细胞壁后由细胞膜及胞内物质组成的微球体，称为原生质体。原生质体由于解除了细胞壁这一扩散障碍，有利于物质透过细胞膜而进出细胞内外，在生物工程中很有应用价值。如原生质体融合技术可使两种不同特性的细胞原生质体交融结合，而获得具有新的遗传特性的细胞；固定化原生质体发酵，可使细胞内产物不断分泌到胞外发酵液中，而且有利于氧气和营养物质的传递吸收，可提高产率又可连续发酵生产；在基因工程中，将受体细胞制成原生质体，就可提高体外重组 DNA 进入细胞的效率等。因此，溶菌酶是基因工程、细胞工程、发酵工程中必不可少的工具酶。生物工程产业的发展对溶菌酶制剂的需求量与日俱增。

（3）纤维素酶用于中药提取预处理。近年来，纤维素酶在各个领域的应用极为广泛，在中草药提取方面的工业化应用已进入开发阶段。大部分中药材的细胞壁由纤维素构成，植物的有效成分往往包裹在细胞壁内。纤维素是 D-葡萄糖以 1,4-糖苷键连接而成，纤维素酶能够水解1,4-糖苷键，有利于有效成分的提取。国内有学者采用纤维素酶预处理黄檗提取小檗碱，其有效成分小檗碱的收率可从 0.87% 提高到 1.16%。还有人将其用于黄连、穿心莲提取的预处理。结果发现黄连中小檗碱收率从 2.51% 提高到 4.23%；穿心莲内酯收率从 0.25% 提高到 0.32%，有效成分的收率均有明显提高。预示纤维素酶用于某些中草药提取的预处理具有良好的应用前景。

2. 酶在基因工程中的应用实例

基因工程技术的快速发展极大地拓展了酶在转基因动植物和重组工程菌的应用。包括一些重要的功能基因和抗性基因在基因工程中的应用。

（1）几丁质酶在抗真菌病基因工程中的应用。植物和细菌的几丁质酶能以几丁质为底物，在离体情况下采用几丁质酶处理真菌，能有效抑制真菌生长。原因可能是几丁质酶能够分解真菌的细胞壁所致。Toyoda 等人 1991 年用纯化的几丁质酶处理离体的大麦胚芽鞘以观察对小麦白粉菌（*Erysiphe graminisf sp. hordei*）的影响。结果发现：在短短的 2h 内病菌吸器被完全消解。将几丁质酶注射到活体大麦胚芽鞘内，发现正在发育中的病菌吸器被完全消解；而已经成熟的病菌吸器并未改变形状，但菌丝的伸长受到抑制。基于以上研究结果，作者提出：通过基因工程手段将几丁质酶基因导入大麦，可望获得抗白粉菌的大麦新品种。经过许多科学家多年的努力，将外源几丁质酶基因转入各种植物构建转基因植物的研究已取得重大进展。如英国已成功获得了多种转几丁质酶基因植物包括烟草、大豆、棉花、水稻和玉米。这些转基因植物表达几丁质酶，不仅可以抗真菌，而且对植物线虫、昆虫和其他一些病原微生物都具有抗性。此外，表达外源几丁质酶基因的番茄、马铃薯、莴苣和甜菜等多种转基因作物已经研究成功，有些已开始进行田间试验，有望在不久的将来推向实用应用。

（2）超氧化物歧化酶在转基因植物中的应用。SOD 在转基因植物中的过量表达能不同程度地提高植物抵抗逆境的能力，如 MnSOD 基因的过量表达能够提高转基因植物对氧胁迫的耐受性。日本学者 Tanaka 等人将酵母线粒体 Mn-SOD 导入烟草、苜蓿的叶绿体后，其转基因植株对臭氧及干旱胁迫的抗性增强。Van Camp 等人将拟南芥 Fe-SOD 基因转化烟草叶绿体并过量表达，结果发现转基因植株叶绿体质膜和光合系统 II 对甲基紫精（MV）和高盐过氧化胁迫的抗性增强。

（3）酶在培育抗除草剂作物新品种中的应用。除了利用几丁质酶基因和超氧化物歧化酶基因可以培育出抗病虫、抗逆的转基因植物外，还可以将抗除草剂酶基因导入作物中培育抗除草剂的作物新品种。已研究的抗除草剂酶基因包括草甘膦还原酶基因（*gox*）、阿特拉津氯水解酶基因（*atzA*）、乙酰辅酶 A 转移酶基因（*bar*）、2,4-D 单氧酶基因（*tfDA*）、谷胱甘肽还原酶基因（*GS1* 和 *GS2*）等；已获得抗除草剂转基因作物主要有抗草甘膦、抗草丁膦、抗阿特拉津、抗 2,4-D 类的大豆、小麦、水稻、棉花、玉米、烟草、马铃薯等品种。例如抗草丁膦的乙酰辅酶 A 转移酶基因（*bar*）成功导入水稻、油菜、小麦、大麦等 20 多种植物，其中抗草丁膦的转基因油菜在加拿大等国大量种植；抗阿特拉津的阿特拉津氯水解酶基因（*atzA*）和抗草甘膦的谷胱甘肽还原酶基因（*GS1* 和 *GS2*）已经分别导入水稻，培育的转基因水稻抗除草剂能力明显提高。此外，日本学者 Inui 等人将人的解毒基因——细胞色素氧化酶基因（*cyp1A1*、*2B6*、*2C9* 等）导入水稻、马铃薯，获得的转基因水稻和转基因马铃薯对多种除草剂具有抗性。

利用生物工程技术阐明植物自身的抗病机制，并通过转基因技术提高植物抗真菌病害、抗逆境能力的研究，将成为继抗除草剂、抗病毒、抗虫害等应用后的又一个重要研发目标。

12.5.4　酶在环境保护中的应用

随着科学技术的不断发展，人类开发利用自然资源的能力和对能源的需求不断扩大，与此同时，环境受到来自生产、生活废弃物的污染日趋加剧，已对人类的生存安全和人类健康构成重大威胁。人类的生产生活与自然环境密切相关，地球环境不断恶化已成为举世瞩目的重大问题。如何保护和改善环境质量是人类面临的重要课题。近年来酶在环保方面的应用日益受到关注。

1. 水质净化

水是万物生存之本，生命之源。但人类活动使大量的工业、农业和生活废弃物排入水中，水体污染日益严重。大多数的废水处理主要是物理化学处理和生物处理过程。而随着工业的飞速发展难降解有机污染物的排放日益增多，使用传统的物理化学和生物处理方法已很难达到满意的去除效果。酶处理具有以下优点：①能处理难降解的化合物、高浓度或低浓度废水；②操作条件宽松,pH、温度和盐度的范围很广；③处理过程的控制简便易行。近年来酶在水处理中的作用日益受到重视,采用固定化酶制成酶布、酶片、酶粒、酶粉和酶柱等已用于处理工业废水。

（1）含酚废水处理。辣根过氧化物酶（HRP）是在酶处理废水中运用最多的一种酶,主要集中在含酚污染物的处理方面。有过氧化氢存在时,它能催化多种有毒的芳香族化合物的氧化。HRP 可以与一些难以去除的污染物一起沉淀,形成多聚物而除去。由一些真菌产生的漆酶是一种多酚氧化酶和含铜糖蛋白酶,能直接分解各种酚类染料、取代酚、氯酚、硫酚、芳香胺等。漆酶还可降解与木质素有关的二苯基甲烷、有机磷化合物等。由于漆酶的非选择性,还能同时减少多种酚类的含量。来源于稻瘟菌 *Pyricularia oryae* 的漆酶固定在溴化氰活化的 Sepharose 4B 上,其固定化效率为 100%、固定酶的活性为 63%,可以有效地去除酚类化合物。

过氧化物酶也被广泛应用于废水处理。由白腐真菌分泌的三种胞外酶包括木质素过氧化物酶、乙二醛氧化酶和漆酶能降解木质素及与木质素结构相似的多种有机化合物（如多氯联苯、多氯脱氧对二苯及多环芳香簇碳水化合物）,在治理重油、多环芳香烃、四氯苯酚的污染中得到了广泛应用。酪氨酸酶可以催化单酚化合物氧化为邻苯二酚类化合物,进一步分解为醌类化合物。后者在水溶液中不稳定,经过一系列化合物酶催化和化学催化反应,自身聚合或与其他物质（有机胺类化合物等）聚合反应形成不溶于水的大分子物质而沉淀。目前利用酪氨酸酶处理工业废水的技术已经成熟。

（2）含氰废水处理。氰化物水合酶能把氰化物转变为氨和甲酸盐,该酶有很强的亲和力和稳定性,且能处理的氰化物质量浓度低于 0.02mg/L。氰化物水合酶能水解氰化物生成甲酰胺。这类酶可由多种真菌获得,它们被固定后有更好的稳定性,更利于含氰废水的处理,在治理含酚废水、印染废水和造纸废水方面具有广阔前景。

（3）农药废水处理。农药在农业生产中的大量使用,迫切需要开发新型的有效处理农药污染的技术。德国科学家采用共价结合的方法,将降解对硫磷等 9 种农药的酶固定在多孔玻璃柱上；所得的固定化酶的活力提高约 350 倍。用这种方法所制得的酶柱用于处理含磷的农药污水时,其去除率可达 90% 以上。此外,还可以将降解多种农药的酶同时固定在同一载体上,这样就可以同时高效处理多种农药废水。

（4）食品工业废水处理。将固定化蛋白酶应用于粮食加工废水的预处理,其后续工艺可以采用任何一种生物处理法。因为固定化蛋白酶已将废水中不易生化降解的大分子转化为易于生物降解的小分子,大大提高了废水的可生化性。固定化蛋白酶稳定、可重复使用的特点,使得将酶应用于废水处理成为一种经济可行的方法,具有良好的发展前景。

（5）富营养化水体与含氮废水处理。现代农业的快速发展,化肥的大量使用和排放,氮污染形成的富营养化水体日益严重。含有硝酸盐、亚硝酸盐的地下水、富营养化水体或工业废水,可以采用固定化硝酸还原酶（nitrate reductase,EC1.7.99.4)、亚硝酸还原酶（nitrate reductase,EC1.7.99.3)和一氧化氮还原酶（nitric-oxide reductase,EC1.7.99.2)共同处理,使硝酸根、亚硝酸根逐步还原,最终成为氮气。减轻环境污染。

2. 石油与工业废油处理

脂酶应用于被污染环境的生物修复以及废物处理是一个新兴的领域。微生物脂酶甘油酯水解酶能催化一系列反应,包括水解、醇解、酸解、酯化和氨解等。石油开采和炼制过程中产生的油泄漏,脂加工过程中产生的含脂废物,都可以用不同来源的脂酶进行有效处理。相关报道表明,每年大约有 200 万吨的石油排入海水中,若不及时处理,不仅会对鱼类等海洋生物的生存环境造成严重危害,而且石油中的有害物质还会通过食物链进入人体危害人类健康。用含酶和其他成分的复合剂处理海水中的石油,可以将石油降解为微生物所需的营养成分,从而为浮在油表面的细菌提供养料,使这些分解石油的细菌迅速繁殖,以达到快速降解石油的目的。

酶在工业废油的处理中也有广泛的应用前景。脂酶生物技术应用于被污染环境的修复以及废物处理是一个新兴的领域。脂加工过程中产生的含脂废物以及饮食业产生的废物都可以用不同来源的脂酶进行有效处理。酶法生产生物柴油日益受到人们的青睐,可利用餐饮业废油脂和工业废油脂为原料,变废为宝的同时也降低了生物柴油的生产成本。利用酵母菌等亲脂微生物从工业废水产生单细胞蛋白等报道都显示出了脂酶的诱人前景。此外,脂酶还可用于液体肥皂的制造、净化空气排放的废气等。

3. 白色污染

当前各个领域使用的各种高分子材料,绝大多数都是非生物降解或不完全降解的材料,据统计,全世界每年有 2500 万吨这样的材料用后丢弃,严重污染了环境,是一个世界性的难题。开发可生物降解高分子材料的传统方法包括天然高分子的改造法、化学合成法等,但效果不佳。可生物降解的高分子材料的生物合成法包括微生物发酵和酶法合成,该方法主要是利用生物体的代谢产物来合成目标产物,因此产品生物兼容性好,能弥补传统的合成法的一些缺陷。酶法合成可生物降解高分子兼有化学法和微生物法的优点。它以酶代替化学催化剂,高效率、高选择性地催化某一化学反应,催化条件温和,克服了微生物法代谢产物复杂、产物难分离的缺点。酶促合成法所开发的可生物降解的高分子材料主要包括聚酯类、聚糖类和聚酰胺类等。

由于生物降解高分子材料的开发具有重要的社会意义,因此越来越受到世界各国的重视。利用生物法合成可降解的高分子材料是开发可生物降解高分子材料和减少白色污染的重要途径之一。

4. 环境监测

环境监测是了解环境状况、掌握环境质量变化、进行环境保护的一个重要环节。酶在环境监测方面的应用越来越广泛,已在农药、有害化合物、重金属和微生物污染的监测等方面取得重要成果(表 12-11)。

表 12-11　一些常见用于环境监测的酶类

名称	来源	功能
胆碱酯酶	人体、昆虫	检测有机磷农药的污染
亚硫酸盐氧化酶	哺乳动物、植物	制成安培型生物传感器,检测 SO_2 形成的酸雨雾样品
胆碱氧化酶	产碱菌	检测氨基甲酸酯类农药
乳酸脱氢酶	哺乳动物	检测水中重金属污染及其危害
β2 葡聚糖苷酶	部分细菌、真菌、昆虫	测定饮用水和食品中的大肠杆菌

(1) 利用胆碱酯酶监测有机磷农药残留污染。胆碱酯酶催化胆碱酯水解生成胆碱和有机酸。有机磷农药是胆碱酯酶和乙酰胆碱酯酶的一种抑制剂,胆碱酯酶的活性变化来判定受检对象是否受到有机磷农药的污染。20 世纪 80 年代末,Gray 等人首次用丁酰硫代胆碱酯酶检测有机磷农药;随后黄雁等研制出一种简易快速测定有机磷农药的酶片和生色基片。用乙酰胆碱酯酶电极和单片机结合研制的掌上型有机磷农药现场检测仪可测定敌敌畏、对硫磷。采用固定

化胆碱酯酶的受抑制情况,检测空气、水和食品中微量的酶抑制剂(有机磷等),灵敏度可达 0.1mg/L。乙酰胆碱酯酶电极检测有机磷的灵敏度可达 0.1μg/L。华中师范大学张玮莹、林跃河等人(2014)采用一步电化学沉积法原位合成了一个金纳米-壳聚糖-生物素复合界面,构建了乙酰胆碱酯酶生物传感器,实现了对有机磷农药的检测,检测限达到 1μg/mL,为有机磷农药残留的定量检测提供了新途径。

(2) 微量有害化合物的监测。将固定化酶涂布在电极上制成生物修饰电极(酶传感器)可用于监测环境中的一些微量化学物质如苯吡咯、氯代芳烃、氟代芳烃、硝酸盐、磷酸盐以及甲醇等。具有方便、快速灵敏等特点。Marty 等将含有亚硫酸盐氧化酶的肝微粒体固定在醋酸纤维膜上和氧电极制成安培型生物传感器,可对 SO_2 形成的酸雨雾样品进行检测。朱玲等人研制的胆碱氧化酶生物传感器用于检测氨基甲酸酯类农药西维因获得成功。酶传感器目前已在环境监测中取得诱人的成就,并具有广阔的应用前景。

(3) 利用乳酸脱氢酶的同工酶监测重金属污染。乳酸脱氢酶有 5 种同工酶。它们具有不同的结构和特性。通过检测家鱼血清乳酸同工酶(SLDH)的活性变化,可以检测水中重金属污染的情况及其危害程度。镉和铅的存在可以使 $SLDH_5$ 活性升高;汞污染使 $SLDH_1$ 活性升高;铜的存在则引起 $SLDH_4$ 的活性降低。

(4) 监测微生物污染。酶学和免疫学测定法常用于环境微生物监测。利用酶联免疫分析法原理,采用双抗体夹心法,研制出的微生物快速检验盒,2h 即可检测出沙门菌、李斯特菌等。应用酶联免疫技术研制的全自动免疫分析仪可快速灵敏地鉴定空肠弯曲杆菌和葡萄球菌肠毒素等。日本、美国、英国等都在研究 β2 葡聚糖苷酶活性法测定饮用水和食品中的大肠杆菌。将 4-甲基香豆素基-β-葡聚糖苷酸掺入选择性培养基中,培养受检样品。如果样品中含有大肠杆菌,培养基中的 4-甲香豆素基β-D-葡聚糖苷酸将分解产生甲基香豆素;后者在紫外光的照射下发出荧光,由此可以监测水或者食品中是否有大肠杆菌污染。

12.5.5 酶在新能源及其他领域中的应用

我们日常生活中的每一个方面,包括衣、食、住、行都离不开能源。随着生产的发展和人口的增加,人们对能源的需要量越来越多,然而,作为我们生活中主要能源的石油和煤炭是不可再生的,也终将枯竭。因此,寻找新的替代能源将是人类面临的一个重大课题。生物技术的飞速发展,将在研发可再生能源替代石油等矿物资源方面做出贡献。

1. 酶在乙醇生产方面的应用

乙醇广泛应用于化学工业、食品工业、日用化工、医药卫生等领域。生物乙醇作为一种新型生物燃料,是目前世界上可再生能源的发展重点。乙醇汽油(在汽油中掺加 10% 燃料乙醇)得到了越来越多的关注。生物乙醇很可能成为未来的石油替代物。

应用酶工程和发酵工程可将淀粉、纤维素等再生性资源转化为乙醇。目前生物乙醇主要是采用淀粉类作物为原料,通过酵母发酵生产。由于酵母菌不能直接利用淀粉和纤维素,淀粉需要各种淀粉酶(包括 α-淀粉酶、β-淀粉酶、异淀粉酶、糖化酶等)的催化生成酵母可利用的葡萄糖。酵母在厌氧条件下将其转化成乙醇及 CO_2。这种传统的发酵工艺原料成本高,且利用率低。如第一代燃料乙醇——玉米乙醇由于粮食价格的大幅反弹而成本上涨。此外,用于生产乙醇的原料还有甘蔗、甜菜、甜高粱等糖料作物,但不管是淀粉类作物还是糖料作物,都影响到人类的食物来源。

　　第二代燃料乙醇——纤维素乙醇则来源广泛。纤维素是地球上最丰富的有机物,是一个潜在的可再生物质资源宝库,包括林木、农作物秸秆、农副产品加工下脚料等。以廉价的富含纤维素的生物废料为原料生产生物乙醇,已经成为现今研究的热点。纤维素通过纤维素酶催化得到葡萄糖,进一步发酵生产乙醇,可以显著降低原料成本。但纤维素乙醇用酶成本较高,其大规模商业化生产仍然是世界性的难题。经测算,目前玉米乙醇的生产成本仍低于纤维素乙醇,玉米乙醇的生产成本大约是 1.5 美元/加仑;而纤维素乙醇——第二代燃料乙醇,生产成本为 3~4.5 美元/加仑,至少需要几年时间研制高效纤维素酶制剂来降低成本。2008 年 11 月 24 日,全球最大的第二代酶制剂工厂在江苏太仓正式投产;与此同时,美国农业部正在采取措施,使转基因玉米种植更加容易,以提高乙醇行业的玉米消费量,这表明生物燃料具有广阔的应用前景。第二代燃料乙醇的生产成本有望在不久的将来大幅下降,整个生物质能源产业必将迅速发展。

　　2. 酶在生物柴油生产中的应用

　　生物柴油包括植物柴油和动物柴油,与其他替代燃料相比,其优点明显。①具有良好的环境相容性;②具有较好的低温发动机启动性能;③具有较好的润滑性能和良好的燃料性能;④具有较好的安全性能;⑤具有可再生性能。生物柴油制备过程如图 12-6 所示。

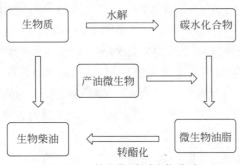

图 12-6　从生物质到生物柴油

　　目前,生物柴油在工业上大多采用化学方法生产。但化学法合成生物柴油存在工艺复杂、能耗高、成本高、污染环境等缺点;而且酯化产物难于回收;产品色泽深,在高温下容易变质。酶法生产生物柴油具有条件温和、反应时间短;醇用量小、无污染排放等优点。具有良好的应用前景。近年来利用微生物脂肪酶取代酸碱催化剂催化转酯化反应生产生物柴油获得成功。巴西研究人员应用脂肪酶将棕榈油反酯化获得质量符合 D6751 规格的高质量的生物柴油产品。研究者将不同来源的脂肪酶固定于混合支撑的聚硅氧烷-聚乙烯醇上。研究表明:反应效率与酶的来源有关。最佳结果是采用 $P.\ fluorescens$ 脂肪酶反应 24h,酶促转化率超过 98%,接近完全转化;而且脂肪酸乙酯纯度高、无甘油、含水量低(0.02%)、相对密度(0.8)、黏度(4.97 厘泊)等各项性质均符合 ASTM D6751 规格。这是目前巴西生物柴油生产的最好技术方案之一。

　　我国酶法生产生物柴油的研究亦取得了重大进展。李俐林等人以叔丁醇为反应介质,利用固定化脂肪酶催化油脂原料中的甲醇醇解反应制备生物柴油,消除了甲醇和甘油对酶的毒害作用,显著延长了酶的使用寿命。当用菜籽油为原料,叔丁醇和油脂的体积比为 1:1,甲醇与油脂的质量比为 4:1,结合使用两种脂肪酶(3% 的 Lipozyme TL™ 和 1% 的 Novozym 435),反应条件为 35℃、130r/min 反应 12h,生物柴油得率可达 95%。在 200kg/d 的规模下,该工艺制得的生物柴油产品完全满足德国和美国的生物柴油标准。脂肪酶重复使用 200 批次,酶活性没有明显下降。在叔丁醇介质体系中,多种油脂底物包括大豆油、棉籽油、桐子油、乌桕油、废弃食用油(泔水油、地沟油)等都能被有效转化成生物柴油,而且脂肪酶保持良好的稳定性。

北京化工大学"十一五"期间完成了生物柴油高产脂肪酶菌株发酵工艺研究,获得具有自主知识产权的脂肪酶高产菌种。脂肪酶发酵水平为 8000U/mL,成本大为降低,仅 100 元/kg(10 万 U/g);同时开发了膜固定化酶新工艺,建成年产 200 吨生物柴油的中试生产装置。该装置利用固定化脂肪酶技术,连续操作,以植物油或废油为原料生产生物柴油的转化率均可达到95%以上。粗产品经过分离精制后各项指标完全符合德国生物柴油生产标准。近年来华中农业大学吴谋成教授主持设计的以油菜籽为原料、不经压榨直接提取油脂并转化为生物柴油的工艺方案,有效地解决了以前油菜籽等原料生产生物柴油时生产成本高、环境污染严重的难题。"油菜籽直接转化生物柴油技术"工艺路线科学合理,生产过程中不会产生过多的废水和废液。利用制备生物柴油后的饼粕中提取浓缩蛋白,回收植酸、多糖、多酚的综合加工工艺,大大提高了油菜籽的综合利用价值,市场潜力大、竞争力强、应用前景广。

生物柴油的明显优势受到世界各国政府的高度关注。据报道 2016 年全球生物柴油产量创下历史新高。达到 3280 万吨,同比激增 11%(即增加了 310 万~320 万吨)。近年来,酶法生产生物柴油取得了重大突破。Wang 等人(2010)以大豆油为原料使用 Amberlite IPA-93 阴离子交换树脂固定化脂肪酶 ROL 催化合成生物柴油得率达 90.5%;Zeng 等人(2017)采用脂肪酶催化菜籽油脱臭馏出物合成生物柴油的得率达到 94.3%。2018 年,华中科技大学闫云君研究组在脂肪酶工程、酶法生物柴油制备及其高值化技术方面取得了重大突破,通过理性设计获得的耐热米赫根毛霉脂肪酶的表观融化温度从 45℃提高到 73℃,用固定化 PFL 催化餐饮废油制备生物柴油,转化率达 95%,为生物柴油大规模生产奠定了良好基础。

3. 酶在氢气和生物电池制造方面的应用

随着工业的发展,污染日益严重,以氢能为代表的高效清洁能源越来越成为社会生存与发展的必然选择。氢能燃料电池电动汽车已被列为 21 世纪十大高技术之首。氢气作为新能源的优点是环保无污染,资源广泛,热值大。缺点则是目前制取成本大,保存难。氢可以与氧反应生成水,同时放出大量热能。生物制氢技术是以废糖液、纤维素废液和污泥废液为原料,采用微生物培养方法制取氢气。通过厌氧菌在无氧条件下的生命活动,可以将葡萄糖、糖蜜等原料发酵,转化为氢气。研究表明,用包埋法制备的固定化丁酸梭状芽孢杆菌等厌氧菌细胞,可以用于氢气的连续生产。在细胞发酵产氢的过程中,氢化酶(hydrogenase,EC 1.18.3.1)起着重要的作用。氢化酶很不稳定而且容易失活,因此对于提高氢化酶的稳定性就至关重要。由于微生物发酵产氢的研究起步较晚,离实际应用还有较大的距离。

利用固定化酶或固定化微生物制造燃料电池(生物化学电池、微生物电池),将化学能转变成电能,是一个意义重大的研究领域。将固定化葡萄糖氧化酶装到铂电极上,制成酶电极,与银电极组成燃料电池。在葡萄糖氧化酶催化下,可使葡萄糖产生葡萄糖酸和电子。这电子与 H^+ 可以使该电池产生电流。固定化酶和固定化微生物在将化学能转变为电能时十分稳定,容易处理,所以酶在电极表面的有效固定是生物燃料电池的一个关键问题。

微生物电池是利用微生物代谢产生的电极活性物质(如 H_2 等),通过阳极氧化后获得电流的电池。在反应槽中,加入酒精厂的工业废水(含葡萄糖 $8 \times 10^4 \, \mu g/L$)和固定化氢产生菌,通过发酵可以连续产生 H_2。然后,将 H_2 输送到燃料电池的阳极,将空气送入阴极。这个燃料电池的阳极是铂黑-镍网,阴极是钯黑-镍网,两极之间是尼龙制的过滤器,两个电极的一端都插入电解液(8mol/L)中，另一端以导线相连。这样，就构成了一个燃料电池。生物燃料电池工业化应用尚未成熟。但生物燃料电池的潜在市场是巨大的，因为它原料的广泛可取性以及能够提供清洁高效的能量，生物燃料电池技术的适用性和灵活性必将扩展其潜在的市场。生物燃料电池在新能源开发上一定具有广阔的应用前景。

4. 酶在军事上的应用

在现代国防军事领域，酶的应用价值同样不容忽视。目前，酶在军事上主要用于治疗生化毒剂中毒症、监测并预警生物化学武器攻击以及研制开发军用生物传感器。军事上使用最多的是乙酰胆碱酯酶传感器，它是当前世界各国化学战剂侦测设备的核心元件。这种传感装置可以有效检测低浓度神经性毒剂，如沙林检出剂量为 0.1～0.15mg/L。这种基于乙酰胆碱酯酶的酶分析技术于 20 世纪 50 年代发明，但至今仍在神经性毒剂侦测包和报警器中广泛使用。例如，瑞典国防研究院所开发的侦毒试纸；美军制作的可对绝大多数化学战剂进行快速、准确检测的自侦报警器；荷兰的 A2CAL 报警系统、英国的 NAIAD 防化报警探测器以及我国自主研制的化学战剂酶报警器都利用了乙酰胆碱酯酶与其抑制剂间的酶学作用原理。在新型生物战免疫传感器研制领域，美国军事研究机构成功研制了应用于实战的包含尿素酶标记性抗荧光素抗体的免疫传感器，可以快速、灵敏地检测生物战剂气体溶胶中的各种毒素和病源性微生物，包括拉弗菌、蓖麻素、肉毒毒素和葡萄球菌肠毒素 B。虽然各国十分重视化学战剂免疫传感器的研制开发，但由于毒剂分子结构相对简单、免疫原性较弱、难以获得高亲和力抗体，现已实用化的免疫传感器在稳定性和智能化方面均不令人满意，也难以适应未来战争的需要。这方面生物酶工程和新兴的抗体酶(催化抗体)技术大有用武之地。

在化学武器防护领域，酶的应用也很广泛。将基因工程高效表达的重组胆碱酯酶制剂应用于防毒面具和工事过滤器，可以极大地增强这些装备的抗化生武器能力。将革兰氏阴性菌中含有的有机磷杀虫剂水解酶或纤毛状原生动物体内的梭曼水解酶通过接枝技术结合到含碳纤维上，以此为材料制备的防毒衣不仅能吸附过滤毒剂，还具有自动消毒的功能，其应用前景十分诱人。

在神经毒剂中毒防治方面，乙酰胆碱酯酶、丁酰胆碱酯酶和羧酸酯酶作为毒剂消除剂广泛用于军事医学临床防治有机磷毒剂中毒。实验已经证实牛血浆乙酰胆碱酯酶能保护兔子免受数个中毒剂量的神经毒剂梭曼的毒害。目前，军事医学领域正利用人血清高密度脂蛋白材料结合基因工程技术积极开展人肝 G 类毒剂水解酶制备工艺的研究，期望获得与人体同源的酶制剂用于预防和治疗神经毒剂中毒。这方面的新酶尤其值得注意，如来自交替单胞菌属(Alteromonas)细菌的脯氨肽酶，就是一种新型的有机磷酸酐水解酶。由于该酶可以降解大多数肽酶不能作用的脯氨酸或羟脯氨酸肽键，因此在军用神经性化学毒剂梭曼、沙林和塔崩的解毒中有着特殊的用途。

有机磷水解酶(organophosphorus hydrolase，OPH)是一种广泛存在于多种生物体内的由有机磷降解酶基因(opd)编码的酯酶，该酶可以水解包括有机磷杀虫剂和神经毒化学战剂等一大类有机磷化合物。有机磷水解酶类不仅可用于降解有机磷农药修复被污染的土壤和环境，而且可以用于清除战争中遭受诸如沙林、梭曼等有机磷毒剂污染的各种器物。由于酶水解有机磷化合物的反应高效特异(酶水解的效率为化学水解的 40～450 倍)、反应条件温和、无刺激性、固化酶易储存、用量小、成本低等优点，酶法解毒在处理神经毒化学战剂及有机磷毒物污染等方面具有良好的应用前景。Dumas 等人分离制备的有机磷水解酶不仅能够高效降解甲基对硫磷等有机磷农药,而且可以分解梭曼和沙林等毒剂,显示出潜在的应用前景。1993年Cheng等人从水蛹交替单胞菌(*Alteromonoas undina*)分离纯化的脯氨酸二肽酶OPAA水解梭曼的比活力达1.85U/mg,相当于337mg梭曼/(min·mg)蛋白质。该酶还能水解毒剂塔崩的P-C键和HCN。具有良好的应用前景。

以上只是酶应用的几个主要方面。21世纪生物工程面临的任务是为人类解决能源问题、提供食物、解决环境污染问题、提供医疗保健药物等,而酶工程将发挥至关重要的作用。未来化学工业的大部分反应将用酶反应来完成,许多有用物质将由小巧、高效节能、没有公害的生物反应器来生产。酶反应将为人类生产氢、甲烷等燃料,提供电力、固定氮气等。酶反应器将用于治理三废、转化纤维素为再生资源,为人类提供糖类、油脂、蛋白质及其他食物原料等。总之,酶的应用前景十分广阔。

参 考 文 献

[1] 布赫霍尔茨 K,卡谢 V,博恩舒尔 U T,等. 生物催化剂与酶工程[M]. 魏东芝,等译. 北京：科学出版社,2008.

[2] 由德林. 酶工程原理[M]. 北京：科学出版社,2011.

[3] 厉朝龙,杨歧生,陈枢青. 生物化学与分子生物学[M]. 北京：中国医药科技出版社,2001.

[4] 朱圣庚,徐长法. 生物化学[M]. 4 版. 北京：高等教育出版社,2017.

[5] 李斌. 食品酶工程[M]. 北京：中国农业大学出版社,2010.

[6] 李鹏,邹国林,沈恂. 博莱霉素 A_5、Fe^{2+}、O_2 混合的化学发光研究[J]. 生物物理学报,1996,12(4)：719.

[7] 李鹏,邹国林. ·OH 在博莱霉素 A_5 介导的 DNA 断链反应中的作用[J]. 生物化学与生物物理学报,1997,29(1)：92.

[8] 李鹏,邹国林,沈恂. 有氧溶液中博莱霉素 A_5 与铁的复合物的瞬态荧光的研究[J]. 生物物理学报,1997,13(1)：128.

[9] 李鹏,邹国林. 博莱霉素 A_5 的类酶性研究[J]. 武汉大学学报(自然科学版),1997,43(4)：517.

[10] 李良铸,李明晔. 最新生化药物制备技术[M]. 北京：中国医药科技出版社,2002.

[11] 李得加,李海成,邹国林. 血红蛋白/聚邻苯二胺膜电极的制备及其电催化性能的研究[J]. 武汉大学学报(理学版),2003,49(4)：501.

[12] 李得加,邹国林. 血红蛋白模拟辣根过氧化物酶在酶联免疫分析中的应用[J]. 武汉大学学报(理学版),2003,49(6)：765.

[13] 李得加,蔡小强,邹国林,等. 锰取代血红蛋白的制备及其类酶活性的研究[J]. 武汉大学学报(理学版),2004,50(2)：239.

[14] 李得加,彭小伟,邹国林,等. 正丁醇中氯化血红素催化邻苯二胺氧化反应中间体[J]. 武汉大学学报(理学版),2005,51(2)：241.

[15] 邢淑婕. 酶工程[M]. 北京：高等教育出版社,2008.

[16] 刘慧宏,万永清,邹国林. 固定化辣根过氧化物酶在有机溶剂/水混合溶液中的电化学[J]. 物理化学学报,2006,22：868.

[17] 刘慧宏,万永清,邹国林. 固定化肌红蛋白的氧化还原反应和类酶活性研究[J]. 武汉大学学报(理学版),2006,52(4)：461.

[18] 许建和. 生物催化工程[M]. 上海：华东理工大学出版社,2008.

[19] 邹国林,朱汝璠. 酶学[M]. 武汉：武汉大学出版社,1997.

[20] 邹国林,夏璐,李鹏. 有机溶剂可溶的超氧化物歧化酶的制备及其性质[J]. 生物化学与生物物理学报,1996,28(1)：83.

[21] 邹国林,胡萍,李鹏. 硬脂酸修饰超氧化物歧化酶的制备及其性质研究[J]. 生物化学杂志,1996,12(1)：64.

[22] 邹国林,陈洁. 聚磷酸酯修饰超氧化物歧化酶的制备及其性质[J]. 中国生化药物杂志,1996,17(5)：197.

[23] 邹国林,高成卓,皮新春,等. 限制性核酸内切酶 *Pst* I 星号活力的研究[J]. 武汉大学学报(自然科学版),1999,45(6)：873.

[24] 邹国林,罗时文,曾勇,等. 有机溶剂对限制性内切酶 *Bsp* 63 I 和 *Bsp* 78 I 专一性和活力的影响[J]. 武汉大学学报(自然科学版),1991,37(3)：135.

[25] 邹国林,曹新文,朱汝璠. 一步肝素琼脂糖亲和层析法分离纯化限制性核酸内切酶 *Pst* I[J]. 生物化学与生物物理进展,1985,(2)：64.

[26] 邹国林,曹新文,史平,等. 一种灵敏实用的 DNase I 定量测活方法[J]. 生物化学与生物物理进展,1986,(3)：61.

[27] 邹国林,桂兴芬,钟晓凌,等. 一种 SOD 的测活方法——邻苯三酚自氧化法的改进[J]. 生物化学与生物

物理进展,1986,(4):71.

[28] 邹国林,陈东明,程林,等.超氧化物歧化酶活力测定曲线的线性化研究[J].武汉大学学报(自然科学版),1996,42(6):779.

[29] 邹国林,胡文玉,邱涛,等.几种超氧化物歧化酶测活方法灵敏度的研究[J].武汉大学学报(自然科学版),1997,43(2):233.

[30] 邹国林,章俊军,李鹏.Ribozyme 是唯一的非酶催化剂吗?[J].大自然探索,1998,17(4):86.

[31] 沈萍,陈向东.微生物学[M].2 版.北京:高等教育出版社,2009.

[32] 陈宁.酶工程[M].北京:中国轻工业出版社,2011.

[33] 陈守文.酶工程[M].2 版.北京:科学出版社,2015.

[34] 陈惠黎,李茂深,朱运松.生物大分子的结构和功能[M].上海:上海医科大学出版社,1999.

[35] 杜翠红,方俊,刘越.酶工程[M].武汉:华中科技大学出版社,2014.

[36] 肖连冬,张彩莹.酶工程[M].北京:化学工业出版社,2008.

[37] 吴梧桐,李文杰,奚涛,等.现代生化药学[M].北京:中国医药科技出版社,2002.

[38] 吴敬.酶工程[M].北京:科学出版社,2016.

[39] 吴士筠,周岿,张凡.酶工程技术[M].武汉:华中师范大学出版社,2009.

[40] 张今,曹淑桂,罗贵民,等.分子酶学工程导论[M].北京:科学出版社,2003.

[41] 张楚富.生物化学原理[M].2 版.北京:高等教育出版社,2011.

[42] 居乃琥.酶工程手册[M].北京:中国轻工业出版社,2011.

[43] 周济铭.酶工程[M].北京:化学工业出版社,2008.

[44] 罗贵民.酶工程[M].2 版.北京:化学工业出版社,2008.

[45] 禹帮超,刘德立.应用酶学导论[M].武汉:华中师范大学出版社,1994.

[46] 禹帮超,周念波,刘德立.酶工程[M].3 版.武汉:华中师范大学出版社,2014.

[47] 胡兴,张裕英,邹国林,等.血红蛋白生物催化合成导电聚苯胺[J].化学学报,2005,63(1):33.

[48] 胡兴,邹国林,林敏,等.四磺基铁(II)酞菁生物模拟合成导电聚苯胺[J].化学学报,2008,66(3):385.

[49] 胡兴,邹国林.血红蛋白催化导电聚苯胺合成的模板功能[J].武汉大学学报(理学版),2004,50(6):769.

[50] 赵永芳.生物化学技术原理及应用[M].3 版.北京:科学出版社,2002.

[51] 郜金荣,叶林柏.分子生物学[M].武汉:武汉大学出版社,1999.

[52] 骆华,李得加,邹国林.四羧基锰酞菁作为超氧化物歧化酶和过氧化物酶模拟酶的研究[J].武汉大学学报(理学版),2004,50(2):243.

[53] 郭勇.酶工程原理与技术[M].北京:高等教育出版社,2010.

[54] 郭勇.酶工程[M].4 版.北京:科学出版社,2016.

[55] 郭立泉,王红宇.酶工程[M].长春:东北师范大学出版社,2011.

[56] 唐双焱,邹国林,金建明.牦牛血超氧化物歧化酶电泳多谱带现象研究[J].动物学报,2000,46(4):422.

[57] 袁勤生,赵健.酶与酶工程[M].2 版.上海:华东理工大学出版社,2012.

[58] 陶慰孙,李惟,姜涌明,等.蛋白质分子基础[M].2 版.北京:高等教育出版社,1995.

[59] 黄俊潮,李得加,邹国林.四磺基钴酞菁/MCM-41 的制备、表征及其催化性能[J].武汉大学学报(理学版),2006,52(4):457.

[60] 梅乐和,岑沛霖.现代酶工程[M].北京:化学工业出版社,2011.

[61] 曹军卫,马辉文.微生物工程[M].北京:科学出版社,2002.

[62] 梁传伟,张苏勤.酶工程[M].北京:化学工业出版社,2006.

[63] 普雷斯科特 L M,哈利 J P,克莱因 D A,等.微生物学[M].5 版.沈萍,彭珍荣,等译.北京:高等教育出版社,2003.

[64] AGRESTIA J J, ANTIPOVC E, ABATEA A R, et al. Ultrahigh-throughput screening in drop-based microfluidics for directed evolution[J]. Proc Natl Acad Sci USA,2010,107(9):4004.

[65] AHARONI A, THIEME K, CHIU C P C, et al. High-throughput screening methodology for the directed evolution of glycosyltransferases[J]. Nat Methods,2006,3(8):609.

［66］ AMSTUTZ P，PELLETIER J N，GUGGISHERG A，et al. In vitro selection for catalytic activity with ribosome display［J］. J Am Chem Soc，2002，124：9396.

［67］ ARNOLD F H，GEORGIOU G. Directed enzyme evolution［M］. New York：Humana Press，2003.

［68］ BANCERZ R. Industrial application of lipases［J］. Postepy Biochem，2017，63(4)：335.

［69］ BORNSCHEUER U T，HÖHNE M. Protein Engineering［M］. New York：Humana Press，2018.

［70］ CAI YONGJUN，BAO WEI，ZOU GUOLIN，et al. Directed evolution improves the fibrinolytic activity of nattokinase from Bacillus natto［J］. FEMS Microbiol Lett，2011，325：155.

［71］ FERNANDEZ G A，UGUEN M，LABORATOIRE J F. Phage display as a tool for the directed evolution of enzymes［J］. Trends Biotechnol，2003，21(9)：408.

［72］ GARRETT R H，GRISHAM C M. Biochemistry［M］. 6th ed. Boston：Cengage Learning，2011.

［73］ HU XING，XU FANGMEI，ZOU GUOLIN. Iron(Ⅱ) tetrasulfophthalocyanine biomimetic synthesis of conducting molecular complex of polyaniline and lignosulfonate［J］. Biomacromolecules，2006，7(3)：981.

［74］ HU XIN，SHU XIAOSHUN，ZOU GUOLIN，et al. Hemoglobin-biocatalyzed synthesis of conducting polyaniline in micellar solutions［J］. Enzyme Microbial Technol，2006，38(5)：675.

［75］ HU XING，ZHANG YUYING，ZOU GUOLIN，et al. Hemoglobin-biocatalyzed synthesis of a conducting molecular complex of polyaniline and sulfonated polystyrene［J］. Synthetic Metals，2005，150：1.

［76］ HU XING，CHEN DONGMING，ZOU GUOLIN. Hemoglobin biocatalyst polymerization of aniline dy UV-vis spectraphotometry［J］. Wuhan Univ J Nat Sci. 2005，10(2)：460.

［77］ HUANG JUNCHAO，LI DEJIA，ZOU GUOLIN，et al. A novel fluorescent method for determination of peroxynitrite using folic acid as a probe［J］. Talanta，2007，72(4)：1283.

［78］ JIA YAN，LIU HUI，ZOU GUOLIN，et al. Functional analysis of propeptide as an intramolecular chaperone for in vivo folding of subtilisin nattokinase［J］. FEBS Lett，2010，584：4789.

［79］ JIA YAN，ZOU GUOLIN. Four residues of propeptide are essential for precursor folding of nattokinase［J］. Acta Biochim Biophys Sinica，2014，46(11)：957.

［80］ JUJJAVARAPU S E，DHAGAT S. Evolutionary trends in industrial production of α-amylase［J］. Recent Pat Biotechnol，2019，13(1)：4.

［81］ KISS G，MORETTI R，BAKER D，et al. Computational enzyme design［J］. Angew Chem Int，2013，52：2.

［82］ LEE Y F，TAWFIK D S，GRIFFITHS A D. Investigating the target recognition of DNA cytosine-5 methyltransferase *Hha* I by library selection using in vitro compartmentalization［J］. Nucleic Acids Res，2002，30(22)：4937.

［83］ LI DEJIA，LI HAICHENG，ZOU GUOLIN. Fluorescence spectra and enzymatic property of hemoglobin as mimetic peroxidase［J］. Wuhan Univ J Nat Sci，2003，8(3)：875.

［84］ LI DEJIA，LUO HUA，ZOU GUOLIN，et al. Potential of peroxynitrite to promote the conversion of oxyhemoglobin to methemoglobin［J］. Acta Biochim Biophys Sinica，2004，36(2)：87.

［85］ LI DEJIA，WANG LILIN，ZOU GUOLIN，et al. Spectrophotometric determination of peroxynitrite using o-phenylenediamine as a probe［J］. Anal Lett，2004，37(14)：2949.

［86］ LI DEJIA，YANG RUNWEI，ZOU GUOLIN，et al. Reactions of peroxynitrite and nitrite with organic molecules and hemoglobin［J］. Biochemistry(Moscow)，2005，70(10)：1173.

［87］ LI DEJIA，ZOU GUOLIN. Identification of intermediate and product from methemoglobin-catalyzed oxidation of o-phenylenylenediamine in two-phase aqueous-organic system［J］. Biochemistry(Moscow)，2005，70(1)：92.

［88］ LI HAICHENG，LI DEJIA，ZOU GUOLIN，et al. Study on the intermediate in the o-phenylenediamine oxidative reaction using hemoglobin as a mimetic peroxidase in aqueous-organic two phase［J］. Wuhan Univ J Nat Sci，2002，7(1)：117.

［89］ LI HAICHENG，ZOU GUOLIN. Intermediate of oxidation reaction in using hemin as mimetic peroxidase in organic solvent［J］. Bull Acad Sci DPR Korea(Biology)，2002，5(4)：53.

[90]　LI HUAPING, HU ZHENG, ZOU GUOLIN, et al. A novel extracellular protease with fibrinolytic activity from the culture supernatant of *Cordyceps sinensis*: purification and characterization[J]. Phytotherapy Res, 2007, 21: 1234.

[91]　LIU HUIHONG, ZOU GUOLIN. Electrochemical investigation of immobilized hemoglobin: redox chemistry and enzymatic catalysis[J]. J Biochem Biophys Methods, 2006, 68: 87.

[92]　LIU HUIHONG, WAN YONGQING, ZOU GUOLIN. Redox reactions and enzyme-like activities of immobilized myoglobin in aqueous/organic mixtures[J]. J Electroanal Chem, 2006, 594: 111.

[93]　LUI HUIHONG, WAN YONGQING, ZOU GUOLIN. Direct electrochemistry and electrochemical catalysis of immobilized hemoglobin in ethanol-water mixture[J]. Anal Bioanal Chem, 2006, 385: 1470.

[94]　LIU S L, WEI D Z. Effect of organic cosolvent on kinetic resolution of tert-leucine by penicillin G acylase from *Kluyvera citrophila*[J]. Bioprocess and Biosystems Engineering, 2006, 28(5): 285.

[95]　LIU YANBIN, WU FAN, ZOU GUOLIN. Electrophoresis mobility shift assay and biosensor used in studying the interaction between bleomycin A_5 and DNA[J]. Anal Chimica Acta, 2007, 599: 340.

[96]　LOVE K R, SWOBODA J G, NOREN C J, et al. Enabling glycosyltransferase evolution: a facile substrate-attachment strategy for phage-display enzyme evolution[J]. Chem BioChem, 2006, 7: 753.

[97]　MASTROBATTISTA E, TALY V, CHANUDET E. High-throughput screening of enzyme libraries: in vitro evolution of a β-galactosidase by fluorescence-activated sorting of double emulsions[J]. Chem Biol, 2005, 12: 1291.

[98]　MINTEE S D. Enzyme stabilization and immobilization[M]. New York: Humana Press, 2011.

[99]　NAGAR S, ARGIKAR U A, TWEEDIE D J. Enzyme kinetics in drug metabolism[M]. New York: Humana Press. 2014.

[100]　NELSON D L, COX M M. Principles of biochemistry[M]. 7th ed. New York: W. H. Freeman and Company, 2017.

[101]　OLSEN M J, STEPHENS D, GRIFFITHS D, et al. Function-based isolation of novel enzymes from a large library[J]. Nature Biotechnology, 2000, 18: 1071.

[102]　ORTIZ DE MONTELLANO P R. Cytochrome P450: structure, mechanism and biochemistry[M]. 3rd ed. New York: Kluwer Academic/Plenum Publishers, 2005.

[103]　PAN NINA, CAI XIAOQIANG, ZOU GUOLIN, et al. Unfolding features of bovine testicular hyaluronidase studied by fluorescence spectroscopy and fourier transformed infrared spectroscopy[J]. J Fluorescence. 2005, 15(6): 841.

[104]　PEDERSEN H, HIDER S, SUTHERLIN D P, et al. A method for directed evolution and functional cloning of enzymes[J]. Proc Natl Acad Sci USA, 1998, 95: 10523.

[105]　REYMOND J L. Enzyme assays[M]. Weinheim: WILEY-VCH, 2006.

[106]　SAMUELSON J C. Enzyme Engineering[M]. New York: Humana Press, 2013.

[107]　SHUKLA P. Synthetic biology perspectives of microbial enzymes and their innovative applications[J]. Indian J Microbiol, 2019, 59(4): 401.

[108]　SOUMILLION P, JESPERS L, BOUCHET M, et al. Phage display of enzymes and in vitro selection for catalytic activity[J]. Appl Biochem Biotechnol. 1994, 47: 175.

[109]　SVENDSEN A. Enzyme functionality[M]. New York: Marcel Dekker Inc, 2004.

[110]　TANAKA F, ALMER H, LERNER R A, et al. Catalytic single-chain antibodies possessing β-lactamase activity selected from a phage displayed combinatorial library using a mechanism-based inhibitor[J]. Tetrahedron Lett, 1999, 40: 8063.

[111]　TAWFIK D S, GRIFFITHS A D. Man-made cell-like compartments for molecular evolution[J]. Nat Biotechnol, 1998, 16(7): 652.

[112]　VANWETSWINKEL S, MARCHAND-BRYNAERT J, FASTREZ J. Selection of the most active enzymes from a mixture of phage-displayed β-lactamase mutants[J]. Bioorg Medic Chem Lett, 1996,

6(7): 789.

[113] VARADARAJAN N, RODRIGUEZ S, HWANG B Y, et al. Highly active and selective endopeptidases with programmed substrate specificities[J]. Nat Chem Biol, 2008, 4(5): 290.

[114] WANG JINSONG, ZHENG ZHONGLIANG, ZOU GUOLIN, et al. Cloning, expression, characterization and phylogenetic analysis of arginine kinase from greasyback shrimp (*Metapenaeus ensis*)[J]. Comp Biochem Physiol, 2009, 153: 268.

[115] WANG WEIDONG, WANG JINSONG, ZOU GUOLIN, et al. Mutation of residue arginine 330 of arginine kinase results in the generation of the oxidized form more susceptible[J]. Int J Biol Macromolecules, 2013, 54: 238.

[116] WENG MEIZHI, ZHENG ZHONGLIANG, ZOU GOULIN, et al. Enhancement of oxidative stability of the subtilisin nattokinase by site-directed mutagenesis expressed in *Escherichia coli*[J]. Biochim Biophys Acta -Proteins Proteomics, 2009, 1794: 1566.

[117] WENG MEIZHI, ZOU GOULIN. Thermostability of subtilisin nattokinase obtained by site-directed mutagenesis[J]. Wuhan Univ J Nat Sci, 2014, 19(3): 229.

[118] WENG MEIZHI, ZOU GOULIN. Improving the activity of the subtilisin nattokinase by site-directed mutagenesis and molecular dynamics simulation[J]. Biochem Biophys Res Commun, 2015, 465: 580.

[119] YANG G, WITHERS S G. Ultrahigh-throughput FACS-based screening for directed enzyme evolution [J]. Chem BioChem. 2009, 10: 2704.

[120] YE MAOQING, HU ZHENG, ZOU GUOLIN, et al. Purification and characterization of acid deoxyribonuclease from the cultured mycelia of *Cordyceps sinensis*[J]. J Biochem Mol Biol, 2004, 37 (4): 466.

[121] ZAKS A, KLIBANOV A M. Enzymatic catalysis in organic media at 100℃ [J]. Science. 1984, 224: 1249.

[122] ZAKS A, KLIBANOV A M. Enzyme-catalyzed processes in organic solvents[J]. Proc Natl Acad Sci U S A. 1985, 82: 3192.

[123] ZHANG XINCHAO, WANG WEIDONG, ZOU GUOLIN, et al. PPIase independent chaperone-like function of recombinant human cyclophilin A during arginine kinase refolding[J]. FEBS Lett, 2013, 587 (6): 666.

[124] ZHANG XINCHAO, WANG WEIDONG, ZOU GUOLIN, et al. Evidences of monomer, dimer and trimer of recombinant human cyclophilin[J]. Protein Peptide Lett, 2011, 18(12): 1188.

[125] ZHENG ZHONGLIANG, ZUO ZHENYU, ZOU GUOLIN, et al. Construction of a 3D model of nattokinase, a novel fibrinolytic enzyme from *Bacillus natto*-a novel nucleophilic catalytic mechanism for nattokinase[J]. J Mol Graph Mod, 2005, 23: 373.

[126] ZHENG ZHONGLIANG, YE MAOQING, ZOU GUOLIN, et al. Probing the importance of hydrogen bonds in the active site of the subtilisin nattokinase by site-directed mutagenesis and molecular dynamics simulation[J]. Biochem J, 2006, 395: 509.

[127] ZOU GUOLIN, GAO CHENGZHUO, PI XINCHUN, et al. Alteration of the specificity of *pst* I restriction endonuclease[J]. Wuhan Univ J Nat Sci, 2000, 5(3): 361.

[128] ZUO ZHENYU, ZHENG ZHONGLIANG, ZOU GUOLIN, et al. Cloning, DNA shuffling and expression of serine hydroxymethyltransferase gene from *Escherichia coli* strain AB90054[J]. Enzyme Microbiol Technol, 2007, 40: 569.

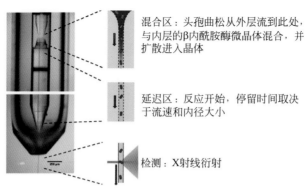

混合区：头孢曲松从外层流到此处，与内层的β内酰胺酶微晶体混合，并扩散进入晶体

延迟区：反应开始，停留时间取决于流速和内径大小

检测：X射线衍射

彩图 4-13　混合注射串行晶体学实验装置

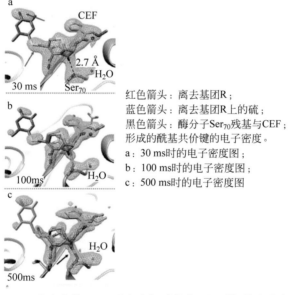

红色箭头：离去基团R；
蓝色箭头：离去基团R上的硫；
黑色箭头：酶分子Ser_{70}残基与CEF；
形成的酰基共价键的电子密度。
a：30 ms时的电子密度图；
b：100 ms时的电子密度图；
c：500 ms时的电子密度图

彩图 4-14　头孢曲松(CEF)反应降解过程中不同时间的电子密度图

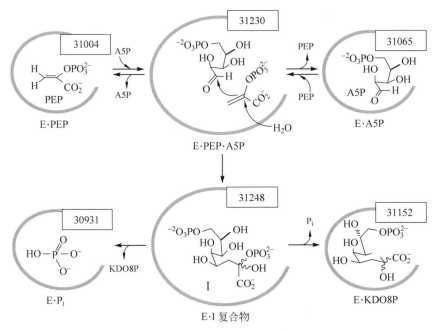

彩图 4-15　KDO8P 合成线路图

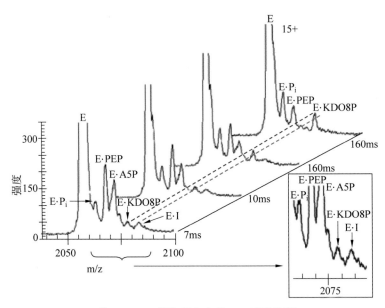

彩图 4-16　催化反应中的 ESI 质谱检测

（引自 Li Z L，Sau A K，Shen S D，et al. J Am Chem Soc，2003，125：9938—9939）

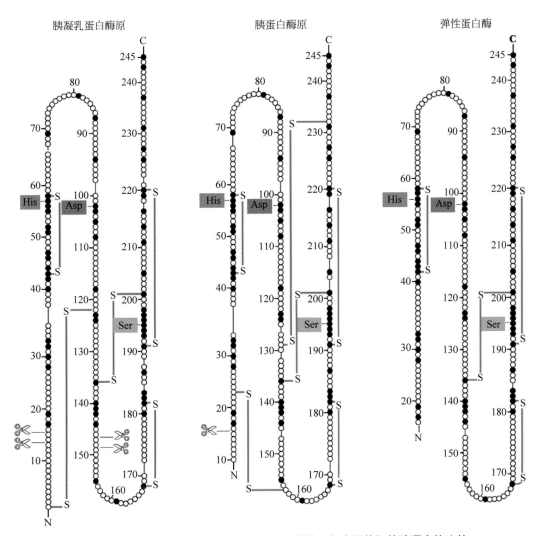

彩图 4-20　胰凝乳蛋白酶原、胰蛋白酶原和弹性蛋白酶原的氨基酸顺序的比较

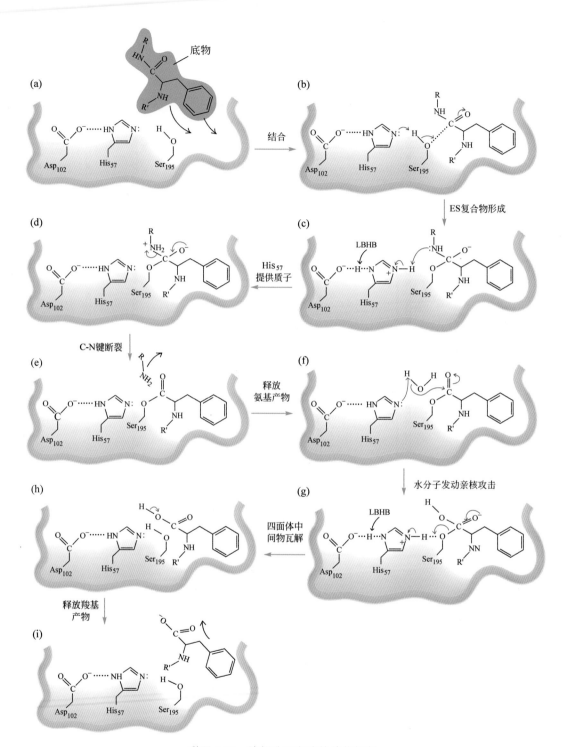

彩图 4-23　胰凝乳蛋白酶的催化机制

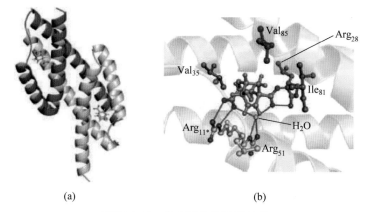

(a)　　　　　　　　　　　　　　　(b)

彩图 4-27　分支酸变位酶的结构

（a）分支酸变位酶与底物结合的结构图；（b）分支酸变位酶与底物结合部位的特写

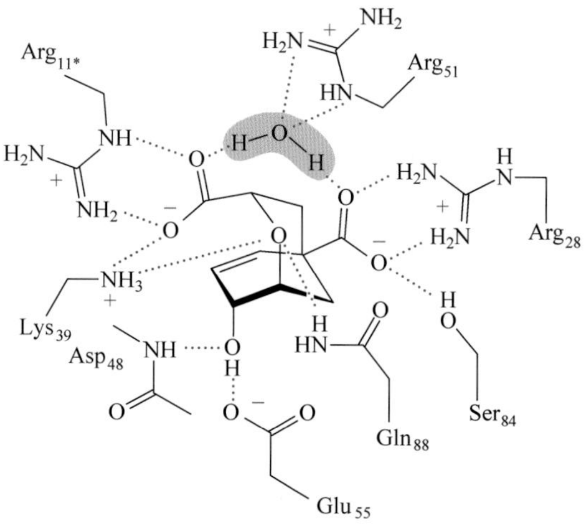

彩图 4-28　分支酸变位酶活性中心通过静电及氢键相互作用稳定过渡态类似物

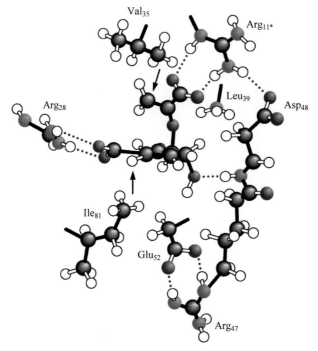

彩图 4-30　分支酸以 NAC 的形式结合到分支酸变位酶的活性中心

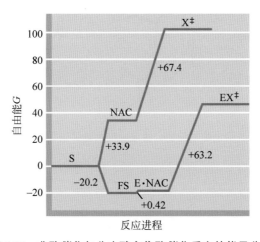

彩图 4-31　非酶催化与分支酸变位酶催化反应的能量分布图

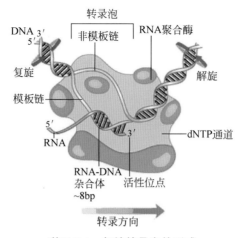

彩图 5-1　起始转录泡的形成

（引自张楚富《生物化学原理》高等教育出版社，2011）

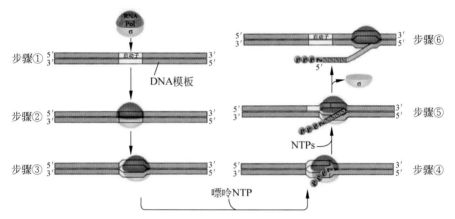

彩图 5-2　基因转录从起始向延伸转变

①识别启动子：聚合酶全酶结合到 DNA 并移向启动子；②RNA 聚合酶/启动子复合物的形成；③启动子处 DNA 解链；④RNA 转录起始（第一个核苷酸通常为嘌呤核苷酸）；⑤RNA 聚合酶全酶催化添加 4 个核苷酸；⑥解离，核心酶催化转录延长。（引自张楚富《生物化学原理》高等教育出版社，2011）

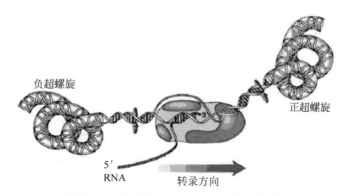

彩图 5-3　转录泡中 DNA/RNA 杂合体的形成

（引自 Nelson & Cox：Lehninger Principles of Biochemisry，2008，5th Editionb）

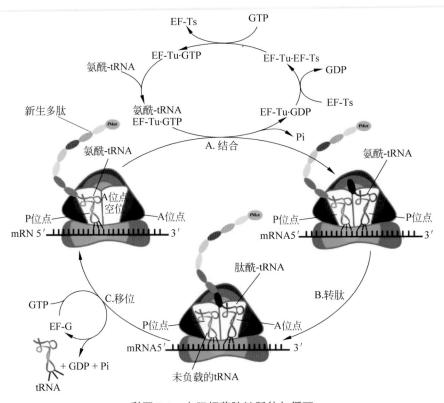

彩图 5-6　大肠杆菌肽链延伸与循环

（引自张楚富《生物化学原理》高等教育出版社 2011）

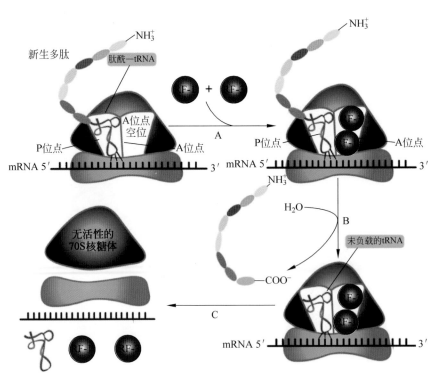

彩图 5-7　肽链合成的终止

A：RF 进入 A 位；B：肽链水解；C：大小亚基和 mRNA 解离

（引自张楚富《生物化学原理》高等教育出版社 2011）

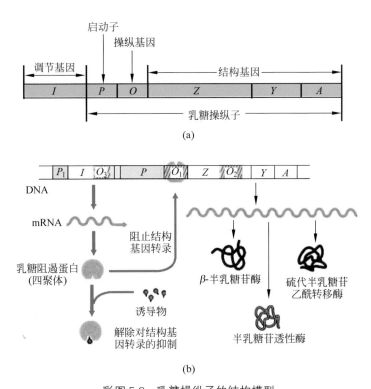

彩图 5-8　乳糖操纵子的结构模型

(a) Jacob 和 Monod 提出的乳糖操纵子模型；(b) 阻遏蛋白对乳糖操纵子的阻遏

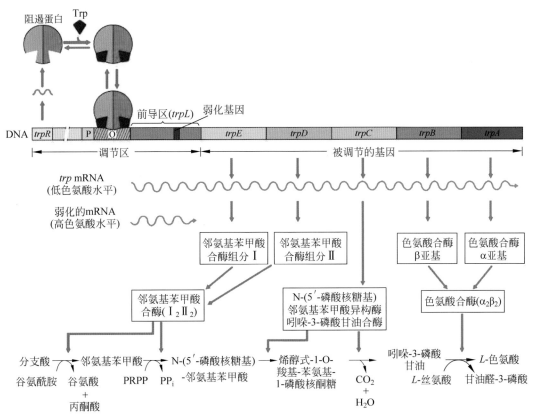

彩图 5-9　色氨酸操纵子的组织结构和色氨酸(Trp)对操纵子的调节

(引自 Nelson &Cox Lehninger Principles of Biochemisry, 2008, Fifth Edition)

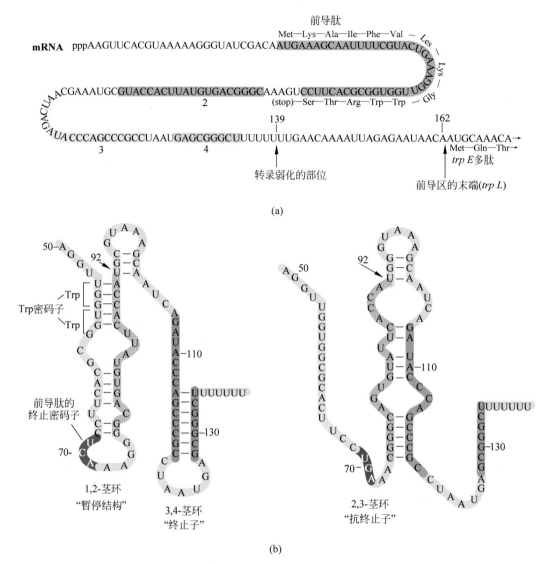

(b)

彩图 5-10　弱化基因转录产物能形成的茎环结构

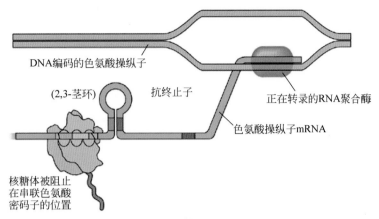

(a) 当Trp缺乏时

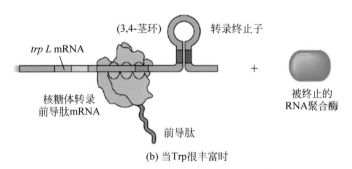

(b) 当Trp很丰富时

彩图 5-11　弱化基因对色氨酸操纵子的调节

(引自 R H Garrett & C M Grisham：Biochemistry，2005，Third Edition)

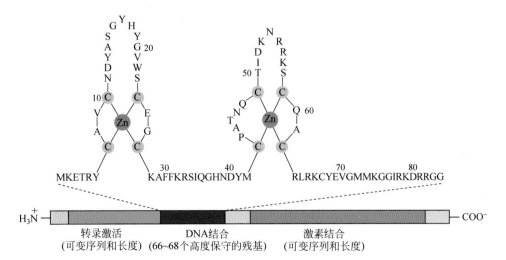

彩图 5-12　典型的类固醇激素受体

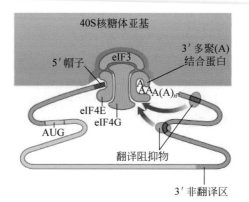

彩图 5-13　真核生物 mRNA 的翻译调控

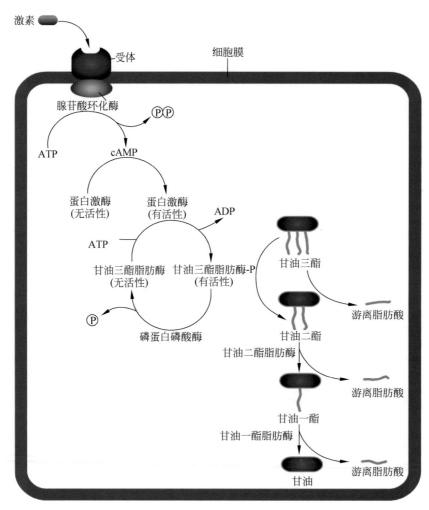

彩图 5-15　酶与脂肪动员过程

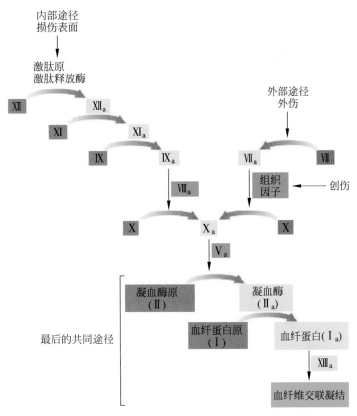

彩图 5-29　血液凝固中的酶原激活

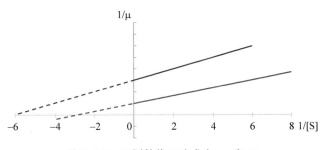

彩图 6-2　双倒数作图法求出 μ_m 和 K_s

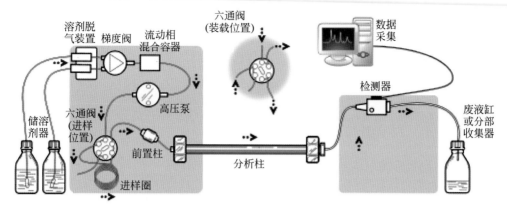

彩图 7-5　高效液相层析仪工作原理

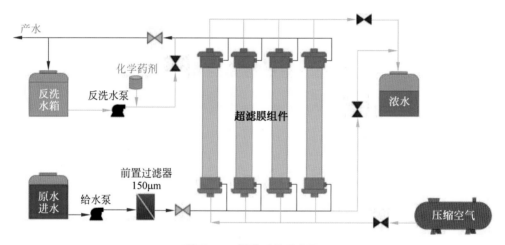

彩图 7-6　超滤系统示意图

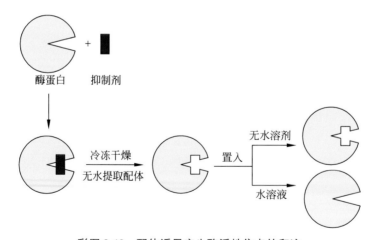

彩图 9-10　配体诱导产生酶活性位点的印迹

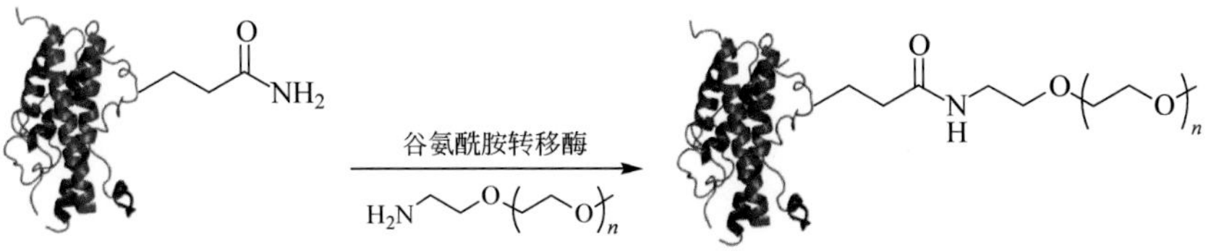

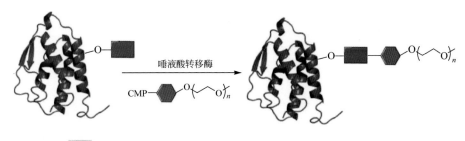

彩图 10-19　谷氨酰胺转移酶催化的聚乙二醇化

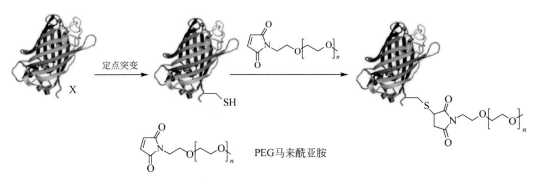

■　N-乙酰半乳糖胺

CMP——胞苷一磷酸-唾液酸活化的PEG

彩图 10-20　唾液酸转移酶催化的聚乙二醇化

PEG马来酰亚胺

彩图 10-21　酶特定位点的聚乙二醇化

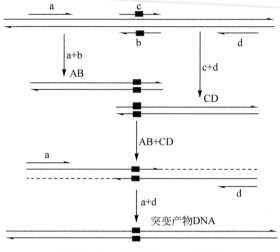

彩图 10-24　重叠延伸 PCR 原理图

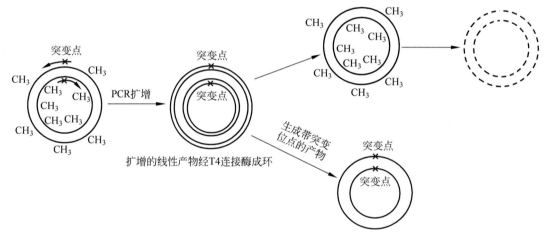

彩图 10-25　反向 PCR 原理图

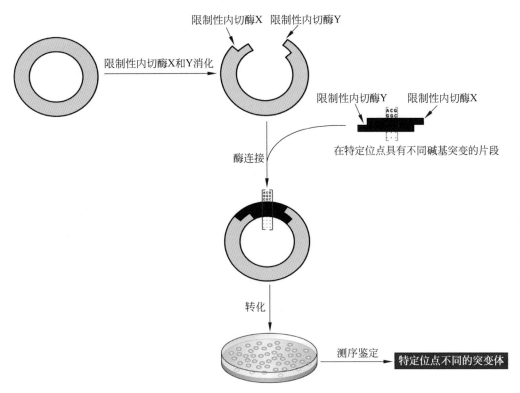

彩图 10-26 盒式突变原理

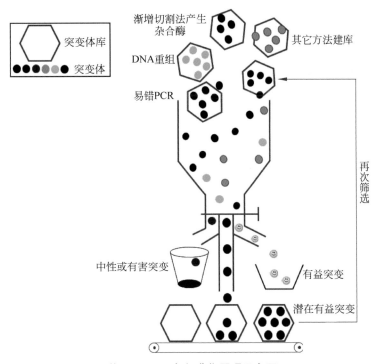

彩图 10-27 定向进化原理示意图

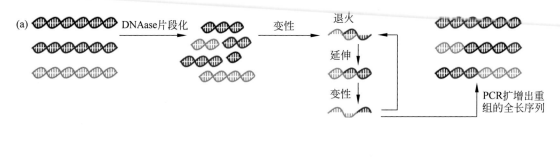

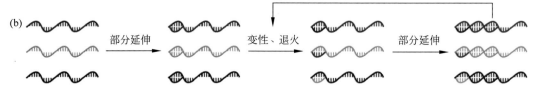

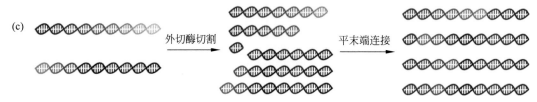

彩图 10-28 定向进化原理示意图

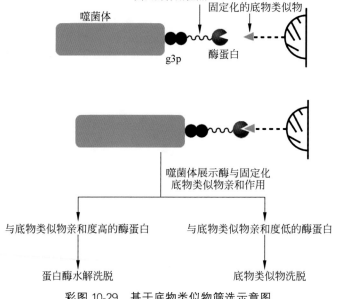

彩图 10-29 基于底物类似物筛选示意图

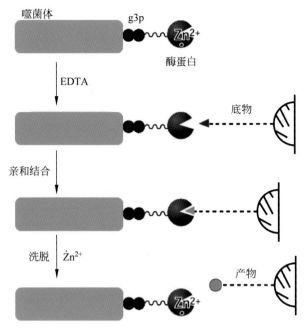

彩图 10-30　基于底物的筛选示意图

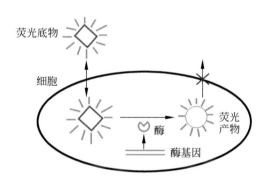

彩图 10-33　荧光产物细胞内富集策略

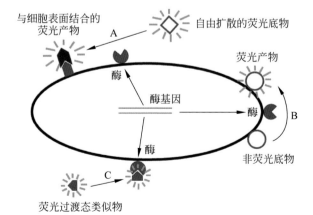

彩图 10-34　荧光产物细胞表面富集策略

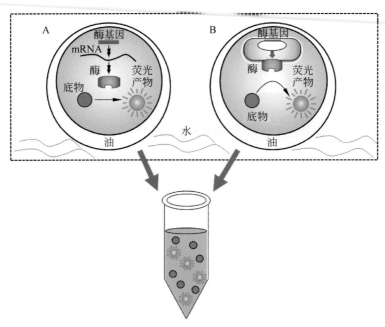

彩图 10-35　基于体外区隔化的展示策略

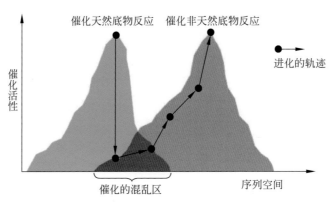

彩图 10-39　酶的混乱性与酶新功能进化的关系

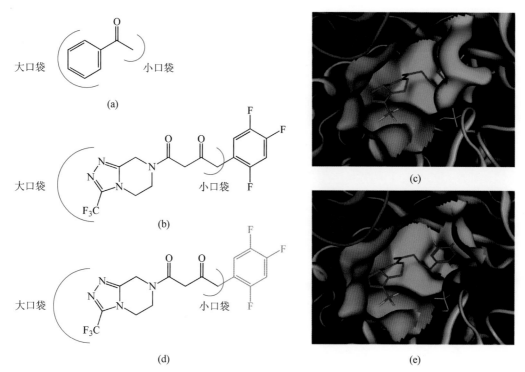

彩图 10-40　转氨酶 ATA－117 进化策略

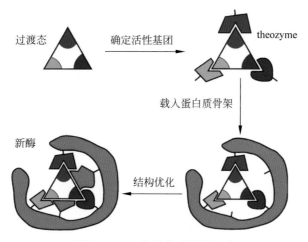

彩图 10-41　酶的从头设计策略

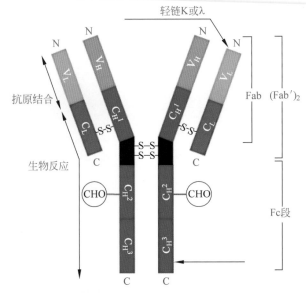

彩图 11-10　IgG 抗体的结构

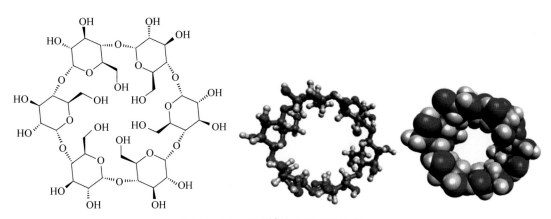

彩图 11-14　环糊精的分子式及结构式

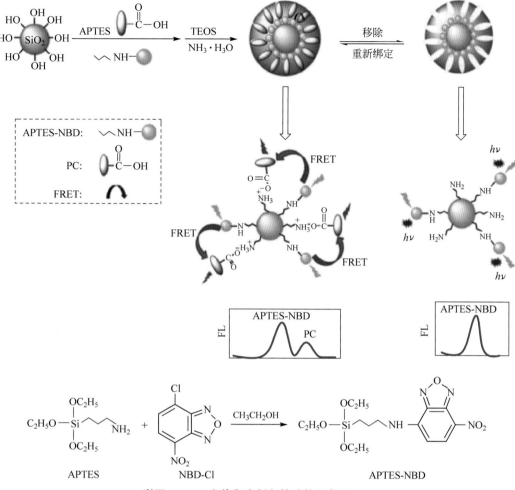

彩图 11-16　主体印迹制备策略的示意图

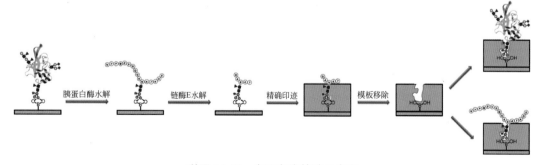

彩图 11-17　表面印迹策略示意图

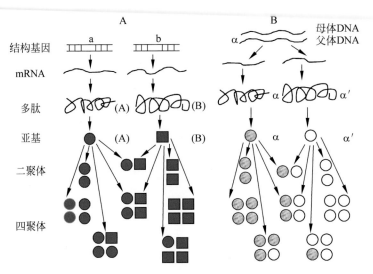

A多基因座同工酶；B复等位基因同工酶

彩图 12-3　多基因座形成的同工酶谱